高校土木工程专业教材

预应力结构原理与设计

熊学玉　主编

黄鼎业　主审

同济大学　　熊学玉、蔡　跃

华侨大学　　林雨生

浙江大学　　金伟良　　编著

重庆大学　　秦士洪

上海大学　　李春祥

安徽建筑工业学院　　孙　强

中国建筑工业出版社

图书在版编目(CIP)数据

预应力结构原理与设计/熊学玉主编.—北京：中国建筑工业出版社，2004（2022.9重印）
高校土木工程专业教材
ISBN 978-7-112-06886-9

Ⅰ.预… Ⅱ.熊… Ⅲ.预应力结构—高等学校—教材 Ⅳ.TU378

中国版本图书馆CIP数据核字(2004)第093757号

高校土木工程专业教材
预应力结构原理与设计
熊学玉 主编
黄鼎业 主审
*
中国建筑工业出版社出版、发行(北京西郊百万庄)
各地新华书店、建筑书店经销
北京圣夫亚美印刷有限公司印刷
*
开本：787×1092毫米 1/16 印张：23 字数：556千字
2004年10月第一版 2022年9月第八次印刷
定价：**39.00**元
ISBN 978-7-112-06886-9
(20760)

本书内容主要包括：绪论、预应力混凝土设计计算基础、受弯构件设计、受拉构件设计、受压构件设计、构件的抗裂验算、局部承压设计及构造措施、抗冲切设计与计算、超静定结构的设计与计算、后张无粘结预应力混凝土平板设计、预应力混凝土结构的抗震设计、防火设计、预应力混凝土特种结构设计、预应力组合结构设计、预应力混凝土叠合受弯构件设计、体外预应力结构设计、预应力钢结构设计、预应力砌体结构、预应力结构的耐久性、预应力结构施工技术。

本书可作为土木工程专业的专业课教材和函授学生的教材，也可作为从事预应力结构设计、施工的工程技术人员的参考书。

* * *

责任编辑：王　跃　吉万旺
责任设计：崔兰萍
责任校对：刘玉英

前　言

1998年，教育部新的本科专业目录，已将建筑工程、交通土建工程、矿井建设、城镇建设、涉外建筑工程、饭店工程等专业合并扩宽为一个土木工程专业。编写适用于宽口径专业的专业课——《预应力结构原理与设计》的教材是实施教学改革所必要的。

预应力结构由于其优良的结构性能已成为当今最有发展前途的现代结构之一。现代预应力结构的主要特征由原来简单受力结构构件转变为预应力复杂结构；其次，现代预应力结构已广泛应用于各种结构材料领域（除大量的混凝土结构外，还应用于钢结构、砖石结构和木结构等）；预应力结构还不断追求自身理论、技术和材料的革新，以最大限度发挥其潜在的性能优势。

本教材的编写宗旨以建立基本概念、阐述基本理论为重点，使学生学完后能够在以后的预应力结构设计中掌握各种设计原理和方法，而不拘泥于规范的具体规定。本教材力求广泛体现当前预应力领域的研究成果，因此涉及的内容涵盖了从预应力概念、材料、基本构件到结构体系的诸多内容，教师在授课时可根据课程内容要求和课时安排选择适当部分进行教学，其余部分供学生自学。

本书可作为土木工程专业的专业课教材和函授学生的教材，也可作为从事预应力结构设计、施工的工程技术人员学习的参考书。

本书由多所高校长期担任课程教学和科研的教师共同编著，全书由熊学玉主编，同济大学黄鼎业审定。其中第1、2、8章由同济大学蔡跃编著，第3、5、10章由同济大学熊学玉和华侨大学林雨生共同编著，第4、9、13、16章由同济大学熊学玉编著，第6、18、19章由浙江大学金伟良编著，第7、15章由同济大学熊学玉和重庆大学秦士洪共同编著，第11、17章由上海大学李春祥编著，第12、14、20章由安徽建筑工业学院孙强编著。

在编著工作中，参考了有关单位和专家的资料，谨致谢意。

由于编著者水平有限，书中难免会有不足甚至错误之处，敬请读者批评指正。

同济大学　熊学玉

2004年8月

目　录

第1章　绪　　论

1.1　预应力结构在国内外的发展简史

1.1.1　国外的发展简史[1,2,3]

预应力的原理应用于生产已有很悠久的历史。我国早就利用这原理制造木桶、木盆和车轮。但是预应力技术真正成功地应用在工程上还不到一个世纪。1886年，美国的杰克森(P. H. Jackson)取得了用钢筋对混凝土拱进行张拉以制作楼板的专利。德国的陶林(W. Dohring)于1888年取得了用加有预应力的钢丝浇入混凝土中以制作板和梁的专利。这也是采用预应力筋制作混凝土预制构件的首次创意。

奥地利的孟特尔(J. Mandl)于1896年首先提出用预加应力以抵消荷载引起的应力的概念。1900年德国的柯南(M. Koenen)进行了将张拉应力为60MPa的钢筋浇筑于混凝土中的实验，观察到混凝土的初始预压应力由于混凝土收缩而丧失的现象。1908年美国的斯坦纳(C. R. Steiner)提出两次张拉以减少预应力损失的建议并取得了专利，于混凝土强度较低的幼龄期进行第一次张拉以破坏钢筋与混凝土之间的粘结，于混凝土硬化后再二次张拉。奥地利的恩丕格(F. EmPerger)于1923年创造了缠绕预应力钢丝以制作混凝土压力管的方法，钢丝应力为160～800MPa。

无粘结预应力筋的概念是美国的迪尔(R. H. Dill)于1925年提出的。他采用涂隔离剂的高强钢筋，于混凝土结硬后进行张拉并用螺帽锚固。德国的费勃(R. Farber)于1927年取得了在混凝土中能滑动的无粘结预应力筋的专利，当时采用在钢材表面涂刷石蜡或将预应力筋放在铁皮套管或硬纸套管内以防止钢材与混凝土的粘结。

1928年以前，预应力混凝土技术基本上处在探索阶段，那时只有一些少量的局部的设想和试制，而且先后都失败了。预应力混凝土在早期活动中提出的各种方法与专利，由于当时对混凝土和钢材在应力状态下的性能缺少认识，施加的预应力太小，效果不明显，所以都没有能得到推广应用。

预应力混凝土进入实用阶段与法国工程师弗雷西奈(F. Freyssinet)的贡献是分不开的。他在对混凝土和钢材性能进行大量研究和总结前人经验的基础上，考虑到混凝土收缩和徐变产生的损失，于1928年指出了预应力混凝土必须采用高强钢材和高强混凝土。弗氏这一论断是预应力混凝土在理论上的关键性突破。从此，对预应力混凝土的认识开始进入理性阶段，但对预应力混凝土的生产工艺，当时并没有解决。

1938年德国的霍友(E. Hoyer)研究成功靠高强细钢丝(直径0.5～2mm)和混凝土之间的粘结力而不靠锚头传力的先张法，可以在长达百米的墩式台座上一次同时生产多根构件。1939年，弗雷西奈研究成功锚固钢丝束的弗式锥形锚具及其配套的双作用张拉千斤顶。1940年，比利时的麦尼尔(G. Magnel)研究成功一次可以同时张拉两根钢丝的麦式模块锚。这些成就为推广先张法与后张法预应力混凝土提供了切实可行的生产工艺。德国

1934 年用后张法建成了较大跨度的桥梁，1938 年制造了预应力钢弦混凝土；1938 年法国用双作用千斤顶张拉钢丝束；1940 年英国采用预应力混凝土芯棒和薄板制作预应力混凝土构件；1941 年苏联采用连续配筋法；1943 年美国、比利时提出了电热法；1944 年法国设想采用膨胀水泥的化学方法获得预应力。

预应力混凝土的大量推广，开始于第二次世界大战结束后的 1945 年。当时西欧由于战争给工业、交通、城市建设造成大量破坏，急待恢复或重建，而钢材供应异常紧张，一些原来采用钢结构的工程，纷纷改用预应力混凝土结构代替，几年之内西欧和东欧各国都取得了蓬勃的发展。应用的范围从桥梁和工业厂房，后来扩大到土木、建筑工程的各个领域。从 20 世纪 50 年代起，美国、加拿大、日本、澳大利亚等国也开始推广预应力混凝土。为了促进预应力技术的发展，1950 年还成立了国际预应力混凝土协会(简称 FIP)，有四十多个会员国参加，每四年举行一次大会，交流各国在理论和实践方面的经验，这是预应力技术进入推广和发展阶段的重要标志。1953 年在英国伦敦举行了首届国际预应力混凝土会议，以后先后在荷兰阿姆斯特丹、德国柏林、捷克布拉格等地召开了第二届至第六届国际预应力混凝土会议。在这段时间，有些国家拟订了预应力混凝土设计规范，许多国家在土木建筑、交通、桥梁、水利、港道及其他工程上采用预应力混凝土。

1.1.2 国内的发展简史[4,5]

预应力混凝土技术在我国应用和发展时间较短。1956 年以前基本上处于学习试制阶段，先是 1950 年在上海等地开始学习和介绍国外预应力混凝土的经验，后于 1954 年铁道部试制预应力混凝土轨枕，1955 年丰台桥梁厂开始试制 12m 跨度的桥梁。1956 年是准备推广预应力混凝土的重要一年，原建筑工程部北京工业设计院等单位试设计了一些预应力拱形和梯形屋架、屋面板和吊车梁。太原工程局等重点单位试制成功了跨度为 24m、30m 的桁架，跨度为 6m、吨位 30t 的吊车梁，宽 1.5m、长 6m 的大型屋面板和预应力芯棒空心板等预应力混凝土构件。铁道部、冶金部和电力部亦先后设计和试制一些预应力混凝土构件，为推广预应力混凝土作了技术方面的准备。从 1957 年到 1964 年，预应力混凝土处于逐步推广阶段，1957 年 3 月和 1958 年元月分别在北京和太原召开了两次预应力混凝土技术经验交流会，原建筑工程部、铁道部、电力部、交通部和北京建工局等所属单位，交流了预应力混凝土生产经验和科研成果。同年建筑科学研究院编制了《预应力钢筋混凝土施工及验收规范》(建规 3—60)。北京工业设计院等单位于 1960 年左右设计了一批预应力混凝土标准构件和参考图集。在材料方面，根据我国合金资源建立了普通低合金钢体系；在设计方面，制订了我国钢筋混凝土和预应力混凝土设计规范；在构件方面，设计和试制了一批新型的预应力混凝土结构；在施工工艺和机具设备方面，根据我国的生产特点采用土洋结合的办法，试制成功了许多新的机具设备，出现了许多新的生产工艺，使我国预应力技术焕然一新。

在我国房屋建筑工程中，开始主要用预应力混凝土以代替单层工业厂房中的一些钢屋架、木屋架和钢吊车梁，后来逐步扩大到代替多层厂房和民用建筑中的一些中小型钢筋混凝土构件和木结构构件。既采用高强钢材制作跨度大、荷载重和技术要求高的结构；又不为国外经验所束缚，结合我国实际，采用中强、低强钢材制作中、小跨度的预应力构件。常用的预应力预制构件有 12～18m 的屋面大梁，18～36m 的屋架，6～9m 的槽形屋面板，6～12m 的吊车梁，12～33m 的 T 形梁和双 T 形梁，V 形折板，马鞍形壳板，预应力圆孔空心板和檩条等。此外，还少量采用一些无粘结预应力升板结构和预应力框架结构。

近二三十年，预应力混凝土的应用已逐步扩大到居住建筑、大跨和大空间公共建筑、高层建筑、高耸结构、地下结构、海洋结构、压力容器、大吨位囤船结构等各个领域。

1.2 预应力结构的发展现状[7,25]

预应力发展到今天，不仅广泛应用于桥梁、建筑、轨枕、电杆、桩、压力管道、贮罐、水塔等，而且也扩大应用到高层、高耸、大跨、重载与抗震结构、土木工程、能源工程、海洋工程、海洋运输等许多新的领域。例如美国发展推广的后张法平板结构在新加坡40层办公楼中得到了应用。马来西亚预应力建筑高达76层，泰国的无粘结预应力平板建造的35层、27层、22层的商场、办公、贸易用大楼及印度尼西亚雅加达的办公贸易大厦等。

美国芝加哥的一幢50层公寓，采用了7.9m长、17.8cm厚的预应力楼板，跨高比为44.3。德克萨斯州的一幢35层的公寓建筑应用了预应力楼板，并有5.5m的悬臂梁。前联邦德国建造了预应力悬挂式的高层建筑，还建造了预应力悬索大跨空间结构，室内净空面积达270m×100m；在贝尔格莱德建造的大跨度飞机库中，其双坡预应力桁架的跨度达135.8m。

在桥梁方面，国外最大跨度的简支梁桥是阿尔姆桥，跨径为76m，最大跨径的T形梁桥是270m的巴拉丰来松森大桥，预应力连续梁桥的最大跨径是92m的瑞士摩塞尔大桥。英国用悬臂法施工的箱形桥梁跨度最大的达240m；西班牙建成的预应力桥面梁板斜拉索桥，跨度达440m。世界上最大跨度预应力连续刚构桥是20世纪80年代建成的澳大利亚的给脱威桥，主跨260m。

在特种结构方面，如原子反应堆压力容器(PCRV)，美国、前联邦德国已建造了高温气体炉，原子反应堆存储容器(PCCV)以美国及法国为中心已建造了100座以上。

加拿大建成贮存12000t水泥烧结料后张预应力圆形筒仓，内仓直径65.2m，地上高度40m，地下深度24m。加拿大还建成了553m高的预应力混凝土电视塔。

法国建造12000m^{3}大型预应力液化气罐多个。

此外，印尼还有预应力巨型货船，石油开采平台也采用了预应力混凝土。挪威于北海水深216m处建造了格尔法克斯(Gullfaksc)C形采油平台，油灌底部面积有16000m^2，总高度262m，在油罐壁、底板、环梁与裙壁板均水平施加预应力，在管桩与罐壁中采用竖向预加应力，这是世界上最大的混凝土平台。

在预应力高强混凝土管桩方面(简称PHC桩)，日本采用量很大，其用量占整个基础用桩量的80%以上，美国、德国、意大利、前苏联以及东南亚地区也已大量发展和生产使用。美国后张预应力管桩，直径为0.914～2.389m，壁厚12.7～17.78cm，管段长4.88m，采用C70混凝土。前苏联最大预应力管桩管径达5m，管长6～12m，壁厚为8～14cm。管桩为方桩混凝土用量的70%，省钢30%～50%，价格为钢桩的1/3。

预应力基础应用也有新的发展，在新加坡71层旅馆的建筑中，后张法预应力筏基得到了应用。上海政德路车库亦采用了超长预应力基础。

我国预应力混凝土也有不少新的应用与发展，如图1.2-1～图1.2-10，在房屋建筑中，我国应用预应力建造了不少多层和高层建筑，并在工业民用建筑中的大跨度、大柱网及承重荷载中得到推广，其结构有现浇后张预应力(有粘结或无粘结)和预制先张预应力两大类。

图 1.2-1　上海大剧院工程

(该剧院钢屋架为空间框架结构，重达 5800t，净提升高度为 25.45m)

图 1.2-2　东方明珠电视塔

(塔高 460m，为世界第三、亚洲第一高塔)

图 1.2-3　福州宜发大厦 33 层预应力平板结构

图 1.2-4　东莞国际中心预应力钢结构工程

（三榀主桁架跨度为 90m，采用空间钢桁架，上、下弦杆采用薄壁钢管。为了加强结构的安全度和节省钢材用量，减少桁架跨中位移，在桁架下弦钢管中设置预应力缆索。主桁架之间采用上、下杆为钢管的连系次桁架，跨度为 27m）

图 1.2-5　上海松江游泳馆

（屋面的中央 35m×31.2m 范围内采用大跨预应力井式梁刚架结构）

图 1.2-6　上海政德路地下车库超长结构

此外，在多层、高层的抗震建筑中，应用了单向及双向有粘结预应力楼板与叠合连续板、梁结构，薄板的长度为 7～8m。这种预制现浇整体预应力建筑在北京的外交公寓、小区建设、中国银行、昆仑饭店、西苑饭店以及武汉、长沙等地的高层建筑中广泛采用。

图 1.2-7 黄河小浪底工程

（黄河干流地区最具影响力和调控能力的综合性大型水利枢纽工程，
中国第三大水利工程，其泄洪排沙的关键工程——排沙洞共三条，
全长 3300m，其中采用预应力混凝土衬砌）

图 1.2-8 天津彩虹大桥

（桥面是由预应力混凝土纵横梁板组成，横梁采用后张预应力混凝土梁结构，
纵梁采用先张预应力混凝土空心板梁结构）

现浇后张有粘结与无粘结单向、双向预应力超静定结构建筑也得到了推广，如部分预应力框架结构在工业、民用建筑中已推广 800 余万平方米，最高应用到 21 层，最大跨度为 40m，最大柱网为 18m×18m，无粘结预应力 T 形板、平板、升板、板柱结构，均用于办公楼、仓库、展厅、厂房、体育建筑及高层建筑中，目前应用的板跨多为 7～12m，高跨比为 1/45～1/25，建成的最高建筑为 63 层。近期，我们还将无粘结预应力创新地应用于工业建筑的多层多跨框架结构中，当应用于宽扁梁时，其高跨比还可达 1/30。

图 1.2-9　南京长江二桥

（该桥跨度目前在同类桥梁中属国内第一、世界第三）

图 1.2-10　济南污水处理厂[1]

（该污水处理厂设计了 3 座容量各为 10536m^3 的预应力卵形消化池，

地面上为壳体部分，高度为 29m，最大内径为 24m）

---

[1] 以上部分图片来自柳州欧维姆有限公司网站和上海同吉预应力工程有限公司。

在公共和工业建筑中，应用了有夹层、无夹层的无粘结预应力的井式网格梁板结构。最大跨度为上海松江游泳馆工程 35m×31.2m。后张竖向预应力及预制后张整体预应力也在民用建筑中得到应用和发展。前者建成了 6 层、18 层的大开间高层建筑，并扩大到预应力砌块建筑之中。预应力板柱结构用于住宅、宾馆、办公楼与厂房、仓库等，公共建筑的最高修建到 16 层。另外高层建筑转换层(梁、厚板、桁架)亦多采用了预应力结构。

预应力大悬臂结构除用于中央电视塔塔座悬挑结构外，在高层图书馆的挑结构、体育建筑看台大挑、悬挑大雨篷等均有应用，山西国际大厦大悬臂达 10.18m，厦门国际机场大悬臂达 11m。此外在电影院、娱乐城、高层办公楼、多层厂房中，也较多地应用了大悬臂结构。

近期又建成了长达 160m 的厦门太古机库预应力结构；首都国际机场新航站楼、停车楼、航华综合楼、外交部新楼、建材集团金隅大厦、电教中心；天津劝业场新楼、百货大楼；南京新华大厦；北京东方广场、世纪坛建筑；杭州黄龙体育中心以及湖南、湖北、浙江、山西、山东、福建宜发大厦等 200 多个有粘结、无粘结预应力工程。

在桥梁结构中，预应力混凝土桥已占主导地位。跨径 50m 以内的公路桥梁，极大部分是预应力的；T 形刚构桥最大跨度已做到达 170m(我国虎门桥)；斜拉索桥跨度日益扩大，南京长江二桥跨度为世界第三，杨浦大桥为 602m，法国 Normardie 桥为 865m，不久斜拉桥跨度即可扩大到 1000m 用以代替悬索桥。在预应力斜拉桥方面，现已建成的铜陵长江公路大桥 432m，是亚洲第二大双索面斜拉桥。这些斜拉桥与悬索桥的建成标志着我国预应力桥的建造技术达到了世界先进水平。

在特种结构工程中已建有电视塔、水池、筒仓以及圆形、方形清水池与消化池、蛋形污水处理池与核电站压力容器等，国内外的电视塔极大部分都采用预应力的，如高度为 553m 的加拿大的 CN 塔，高度为 468m 的上海东方明珠塔等. 海上石油开采平台，特别是在恶劣条件下工作的平台，如北海的石油平台，基本上都是预应力的，这些都是国内外著名的高大精尖结构。

至于一般传统结构，预应力混凝土也做出巨大贡献，例如，到 1995 年为止，我国铁道系统已采用 40m 跨以内桥梁达 30000 孔，铺设预应力轨枕 60000km 以上；在新建公路桥梁中，20m 跨以上的预应力桥占 85%以上；采用预应力混凝土结构的工业厂房已超过 10 亿 m^2，采用预应力构件的城镇住宅和农村住房超过 30 亿 m^2。以上庞大数字表明预应力混凝土已成为我国最主要的结构材料之一。

在预应力桩方面，我国还应用了先张法生产的长达 52m 截面为 600mm×600mm 的预应力方桩、广泛应用的冷拔低碳钢丝预应力内圆外方桩以及大孔径直径达 1.2m 的后张预应力的钢绞线长桩，并且用于宁波北仑港和连云港等港口工程中；后张预应力桩亦用于上海的高层建筑软土地基中。近年来我国南方还生产应用了 $\phi300 \sim \phi450$ 预应力高强混凝土管桩(PHC 桩)，其混凝土强度为 C80，有效预压应力≥4.91MPa。近 3 年来符合国际和日本JESA 5337—1987 标准生产近 50 万 m 的管桩，不仅用于国内的工业与民用高层建筑，还用于桥梁、码头、基础等。此外，也销往港、澳等地，受到了海内外用户的欢迎。

预应力还在基础及连续墙和岩、地锚中成功地应用，在北京、江苏、浙江等地先后应用过无粘结预应力筋的筏形基础与有粘结预应力的板式基础，应用至今性能良好。

黄河小浪底引水压力洞(ϕ6500mm。壁厚500mm)，于1986年由中国建筑科学研究院与黄河水利委员会设计院采用后张法无粘结预应力环段进行试验，并用游动紧缩式环形锚具，仅在一个缺口内预加应力，并经内部加压的环向受力试验研究在国内首次获得成功。

总之，预应力技术发展到今天已经在工程的各个领域得到了应用，并且，还将进一步扩大，预应力的前景是光明的，预应力的技术还将进一步得到发展。

1.3 预应力结构的概念

钢筋混凝土结构是由钢筋和混凝土两种性质不同的材料组成的。它与钢、木结构相比，具有经济、耐火、耐久、整体、可塑和就地取材等优点，因而成为当前建筑结构的主要材料。尤其在钢材和木材供不应求的情况下，钢筋混凝土的应用范围更加广泛。但是，普通钢筋混凝土结构有其固有的缺点，当钢筋应力远未达到钢筋的强度限值时，拉区混凝土早就开裂。而且随着荷载的增加，旧的裂缝不断展开，新的裂缝相继出现。裂缝出现和展开，使构件的刚度下降、变形增加，以至构件尚未破坏而失去使用价值。由于普通钢筋混凝土出现裂缝早，在使用阶段裂缝较宽和变形较大，这就使得普通钢筋混凝土的应用受到许多限制：首先构件跨度受到限制，例如普通钢筋混凝土梁的跨度一般很少超过10m，当跨度较大时，构件截面尺寸增加很大，这样会造成材料不经济和使用不合理；其次应用场合受到限制，对那些具有侵蚀性介质厂房的构件以及水池、油库等不允许出现裂缝的结构，应用普通钢筋混凝土不仅浪费材料，而且不能很好满足使用要求；再次高强钢材在普通钢筋混凝土结构中不能充分发挥作用，因为钢筋应力远未达到强度限值时，构件就因裂缝太宽或变形太大而失去使用价值。广大土建工作者为了改善普通钢筋混凝土结构的受力性能，限制裂缝的出现和展开，减小构件的变形，扩大钢筋混凝土结构的应用范围，在长期的生产实践和科学实验中，人们摸索出一套预加应力的方法，创造了预应力混凝土结构。

1.3.1 预应力混凝土的定义[5,8]

一个比较好的预应力混凝土定义、是美国混凝土学会(ACI)的定义：

“预应力混凝土是根据需要人为地引人某一数值与分布的内应力，用以部分或全部抵消外荷载应力的一种加筋混凝土。”

这一定义的专业性、科学性都很强，但通俗性不足，难为一般工程人员和非专业人员所理解和接受，这也是预应力混凝土的推广和普及、在国内外都受到阻力的原因之一。为此我国预应力专家建议从反向荷载出发，将预应力混凝土的定义改为：

“预应力混凝土是根据需要人为地引人某一数值的反向荷载、用以部分或全部抵消使用荷载的一种加筋混凝土。”

这样理解比较直观，通俗易懂。例如对承受45kN/m使用荷载的一根混凝土梁，用抛物线后张束预先施加35kN/m，方向向上的反向荷载，则这根梁在使用荷载下就只承受10kN/m方向向下的使用荷载了(梁端的轴向压力，还有利于提高截面的抗裂能力)。预加应力可以抵消使用荷载，其优越性是显而易见的，是看得见摸得着的。因此明确提出采用反向荷载的定义、对普及和推广预应力混凝土大有好处。

也可用其他材料来制作预应力结构，例如：

预应力技术+钢结构=预应力钢结构

预应力技术+组合结构=预应力组合结构

预应力技术+砖石结构=预应力砖石结构

预应力技术+木结构=预应力木结构

这就大大扩大了预应力技术在结构工程领域中的应用。

按上述概念，所谓预应力混凝土结构，即结构在承受外荷载以前，预先采用某种人为的方法，在结构内部造成一种应力状态，使结构在使用阶段产生拉应力的区域先受到压应力，这项压应力与使用阶段荷载产生的拉应力抵消一部分或全部，从而推迟裂缝的出现和限制裂缝的开展，提高结构的刚度。例如有一钢筋混凝土轴心受拉构件，承受轴心拉力 P，截面内产生拉应力假定为 $2N/mm^2$(图 1.3-1b)，现在采用某种方法，在荷载作用以前，人为地预加一个轴心压力，使构件截面预先得 $2N/mm^2$ 的压应力(图 1.3-1a)。这时，当作用轴心拉力 P 时，截面内产生的应力状态既不是图 1.3-1(a)的应力状态，也不是图 1.3-1(b)的应力状态，而是二者之和，截面应力全部抵消为零(图 1.3-1c)。

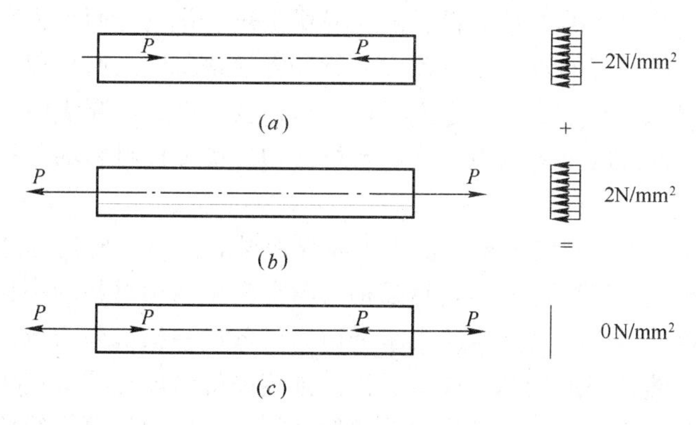

图 1.3-1　轴心受拉构件在预加应力前后截面应力变化示意图

再例如有一钢筋混凝土简支梁，在使用荷载 q 的作用下，中和轴上面受压，下面受拉。其应力分布如图 1.3-2(b)所示。现在采用某种方法，在使用荷载作用以前，在梁的下边缘人为地预加一个压力 P，使梁下部产生压应力，上部产生拉应力，或者全部产生压应力，其应力分布大致如图 1.3-2(a)所示。这时当使用荷载作用在构件上时，截面应力状

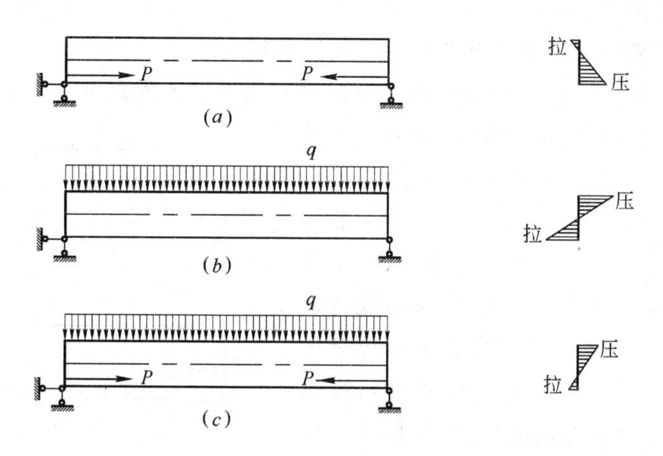

图 1.3-2　简支梁在预加应力前后截面应力变化示意图

态既不是图 1.3-2(a)的应力状态，亦不是图 1.3-2(b)的应力状态，而是二者之和(图 1.3-2c)，使用荷载产生的应力被抵消一部分，拉区应力大大减小。这样就改善了构件的应力状态，延缓裂缝的出现和限制裂缝的展开，从而提高构件的刚度，减小构件的变形。

用预先加力的办法防止构件开裂的道理，不仅在钢筋混凝土结构中运用，而且在我们日常生活中亦是经常运用的。例如木桶、木盆，为了防止水从缝隙中流出，在存水以前，用几道箍把桶箍紧，使木片之间预加一个压应力，把木片挤压紧，当存水时，木片之间产生张力(即拉力)，这个张力被预加的压力抵消，这样就不至于在木片之间产生缝隙而漏水。再例如搬书时，总是用手挤着书，给书一个正压力，从而增加书与书之间的摩擦力，使在搬运过程中，中间的书不至于掉下来。类似这种情况很多，像自行车车轮打气也是这个道理。

1.3.2 对预应力混凝土的三种理解[8]

(1) 第一种理解——预加应力使混凝土由脆性材料成为弹性材料

这一概念把预应力混凝土基本看做混凝土经过预压后从原先抗拉弱抗压强的脆性材料变为一种既能抗拉又能抗压的弹性材料。由此混凝土被看作承受两个力系，即内部预应力和外部荷载。外部荷载引起的拉应力被预应力所产生的预压应力所抵消。在正常使用状态下混凝土没有裂缝出现，甚至没有拉应力出现。这是全预应力混凝土结构的情形，在这两个力系作用下所产生的混凝土的应力、应变及挠度均可按弹性材料的计算公式考虑，并在需要时叠加。

(2) 第二种理解——预加应力充分发挥了高强钢材的作用，使其与混凝土能共同工作

这种概念是将预应力混凝土看做是高强钢材与混凝土两种材料的一种结合，它也与钢筋混凝土一样，用钢筋承受拉力、混凝土承受压力以形成一抵抗外力弯矩的力偶。在预应力混凝土结构中采用的是高强钢筋。如果要使高强钢筋的强度充分被利用，必须使其有很大的伸长变形，但是，如果高强钢筋也像普通钢筋混凝土的钢筋那样简单地浇筑在混凝土体内，那么在工作荷载作用下高强钢筋周围的混凝土势必严重开裂，构件将出现不能容许的宽裂缝和大挠度。因此，用在预应力混凝土中的高强钢筋必须在与混凝土结合之前预先张拉，从这一观点看，预加应力只是一种充分利用高强钢材的有效手段，所以预应力混凝土又可看成是钢筋混凝土应用的扩展，这一概念清晰地告诉我们：预应力混凝土也不能超越材料本身的强度极限。

(3) 第三种理解——预加应力平衡了结构外荷载

这种概念把预加应力的作用主要看做是试图平衡构件上的部分或全部的工作荷载。如果外荷载对梁各截面产生的力矩均被预加力所产生的力矩抵消，那么一个受弯的构件就可以转换成一轴心受压的构件。如图 1.3-3 所示的抛物线形设置预应力筋的简支梁，在预加力 N 作用下，梁体可以看成承受向上的均匀荷载，以及轴向力 N。如果作用在梁上的也是荷载集度为 q 方向向下的均布荷载，那么，两种效应抵消后梁在工作荷载下仅受轴向力 N 的作用，即梁不发生挠曲也不产生反拱。如果外荷载超过

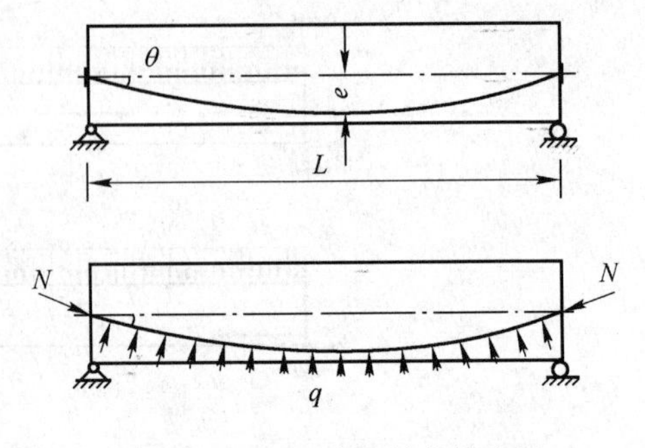

图 1.3-3 抛物线配筋的简支梁

预加力所产生的反向荷载效应，则可用荷载差值来计算梁截面增加的应力，这种把预加力看成实现荷载平衡的概念是由林同炎(T. Y. Lin)教授提出的。这种方法大大简化了复杂难解的预应力混凝土结构的设计与分析，尤其适用于超静定预应力混凝土梁。

对于同一个预应力混凝土可以有三个不同的概念，它们之间并没有相互的矛盾，仅仅是从不同的角度来解释预应力混凝土的原理。第一种概念正是全预应力混凝土弹性分析的依据；第二种概念则是强度理论，它指出预应力混凝土也不能超越其材料自身强度的界限；第三种概念则为复杂的预应力混凝土结构的设计与分析提供了简捷的方法。

1.4 预应力结构的优越性及应用范围

1.4.1 预应力结构的优越性[5,12,13]

预应力混凝土与普通钢筋混凝土相比，有许多优点：

(1) 提高了构件的抗裂度与抗渗性，改变了结构的受力性能

由于在构件的受拉区预加压应力，因此在使用荷载作用下，拉区的拉应力减小，从而推迟了裂缝的出现和限制了裂缝的宽度，提高了构件的抗裂度。由于结构抗裂度的提高，因此改善了结构的受力性能，增强了结构的抗侵蚀和抗渗能力。

(2) 提高了构件的刚度，减小了构件的变形

由于预应力推迟了裂缝的出现和限制了裂缝的宽度，因此构件的刚度削弱较小，变形亦就减小；另一方面，由于预压应力引起构件反拱，能抵消一部分使用阶段外荷载产生的挠度，使构件的实际挠度减小。根据实测和计算，预应力混凝土受弯构件在短期荷载作用下的挠度，一般为非预应力构件的 30%～50%，故预应力混凝土构件一般都能满足刚度要求。

(3) 可以减小混凝土梁的剪力和主拉应力

预应力混凝土梁的曲线筋(束)，可使混凝土梁在支座附近承受的剪力减小，又由于混凝土截面上预压应力的存在，使荷载作用下的主拉应力也相应减小，有利于减薄混凝土梁腹的厚度，这也是预应力混凝土梁能减轻自重的原因之一。

(4) 结构安全、质量可靠

施加预应力时，预应力筋(束)与混凝土都将经受一次强度检验。如果在预应力筋张拉时预应力筋和混凝土都表现出良好的质量，那么，在使用时一般也可以认为是安全可靠的。

(5) 提高受剪承载力

纵向预应力的施加可延缓混凝土构件中斜裂缝的形成，提高其受剪承载力。

(6) 改善卸载后的恢复能力

混凝土构件上的荷载一旦卸去，预应力就会使裂缝完全闭合，大大改善结构构件的弹性恢复能力。

(7) 提高耐疲劳强度

预应力作用可降低钢筋中应力循环幅度，而混凝土结构的疲劳破坏一般是由钢筋的疲劳(而不是由混凝土的疲劳)所控制的。

(8) 可调整结构内力

将预应力筋对混凝土结构的作用作为平衡全部和部分外荷载的反向荷载，成为调整结构内力和变形的手段。

(9) 节约材料，降低造价

由于预加应力提高了构件的抗裂度和刚度，因此一方面可以减小构件截面尺寸，节约混凝土用量；另一方面充分发挥了钢筋的作用，一些高强度材料得到有效的使用。同时可以减少某些构造钢筋，从而节约了钢材。特别是某些大跨度结构和特种结构，可以用预应力混凝土结构代替钢结构，这样大大节约了钢材，降低了造价。一般预应力混凝土能节约混凝土20%～40%，钢材30%～50%。

(10) 扩大钢筋混凝土应用范围

预应力混凝土结构由于提高了抗裂度和刚度，可以采用高强钢材，结构自重减小，因此钢筋混凝土的应用范围扩大。首先可以应用在大跨度工程上。例如非预应力屋架，一般跨度做到18m，预应力混凝土屋架，可扩大到20多米、30多米，甚至更大。再例如大型屋面板，普通钢筋混凝土一般做到6m，预应力混凝土一般做到12m；普通钢筋混凝土吊车梁一般做到6m，预应力混凝土吊车梁做到12m和18m。此外，大型油库、水池等抗渗要求较高的结构，采用预应力混凝土都能取得良好的效果。

(11) 增强了结构的耐久性

预应力不仅提高抗裂度，而且能增加混凝土的密实程度。因而提高了构件的抗渗和抗侵蚀能力，延长了结构的寿命。对承受重复荷载的构件，预应力能改善构件受力状况，提高构件抗疲劳性能。

(12) 提高结构的稳定性

在轴心受压的构件中，实施了预应力可以增加构件的稳定性，例如截面为30cm×30cm的、长度为20m的预应力混凝土桩的临界压力比较同规格的普通钢筋混凝土桩的稳定性可以提高3倍。

(13) 可以作为拼装手段，有助于构件工厂化

预应力可以作为构件拼装手段，系紧装配式结构的接头。因此许多大型和中型构件都可以在构件厂分件预制，运到现场拼装。

预应力混凝土与普通钢筋混凝土结构相比，虽然要增加一些预应力设备和预加应力一套工序，但是这些与预应力带来的优点相比是微不足道的，而且是容易办到的。

正如任何事情都具有两面性，预应力混凝土结构也存在着一些缺点：

(1) 工艺较复杂，质量要求高，因而需要配备一支技术较熟练的专业队伍。

(2) 需要有一定的专门设备，如张拉机具、灌浆设备等。

(3) 预应力反拱不易控制，它将随混凝土的徐变增加而加大，可能影响结构使用效果。

(4) 预应力混凝土结构的开工费用较大，对于跨径小、构件数量少的工程，成本较高。

但是，以上缺点是可以设法克服的。例如应用于跨径较大的结构，或跨径虽不大但构件数量很大时，采用预应力混凝土就比较经济。总之，只要我们从实际出发，合理地进行设计和妥善安排，预应力混凝土结构就能充分发挥其优越性。

1.4.2 预应力混凝土的使用范围[7]

由于预应力混凝土结构具有上述多方面的优点，所以目前在世界各国中，已逐渐的用它来代替了普通混凝土的使用。非但如此，某些预应力钢筋混凝土构件的承载能力已经发展到和钢结构差不多相等的地步。例如在高度的技术条件下制成 330mm 高的预应力混凝土工字梁，可以和 220mm 高的工字钢梁同样承担 40kN·m 的弯矩。前者的自重为 0.362kN/m，后者的自重为 0.33kN/m，相差仅为 8.8%。综合而言，预应力钢筋混凝土结构可以使用于下列各项工程中：

(1) 房屋工程。在工业建筑中，应用最广泛的是屋盖的承重结构，诸如屋架梁、桁架、大跨度屋面板等。屋面板的跨度越大，采用预应力混凝土的优越性愈显著。在民用房屋的梁板结构中也应用得很多，在房屋中的其他部分，如刚架、连续梁、拱、柱及薄壳屋顶，均可采用预应力结构。

(2) 基础工程。工业房屋的重型基础或有振动性的设备基础，如采用双向或三向预应力配筋，则效果很大。其他如沉井、沉箱、桩也可采用预应为混凝土建造。

(3) 给排水工程。采用预应力混凝土可以制成承受 10～15 个大气压的压力水管，足够满足给排水工程中的应用，又如水塔、水池等构筑物，也宜采用预应力混凝土建造。

(4) 水利工程。在水利工程中的各种构筑物，诸如水坝、码头、船坞及围堰等，往往因对抗裂、抗渗性要求较高，故亦宜采用预应力混凝土建造。

(5) 交通运输工程。在第二次世界大战以后，欧洲各国采用预应力混凝土修复很多铁路和公路的桥梁。

(6) 其他工程。预应力混凝土其他方面的应用尚在日益扩展中，如电杆、高压输电塔、筒仓、水泥库、矿道、防空洞、船身、灯塔及建筑的加固等方面均可采用。

思 考 题

1. 预应力混凝土与普通钢筋混凝土相比有哪些优缺点？
2. 预应力混凝土结构的应用范围有哪些？

第2章　预应力混凝土设计计算基础

2.1　材料及锚固体系

2.1.1　混凝土

(1) 预应力混凝土的性能要求

预应力结构用混凝土由于结构的需要，常需满足下列要求[4]：

1) 强度高。高强混凝土可以减少结构中混凝土的用量、减轻自重，以利于适应大跨径的要求；钢材强度越高，对混凝土的强度要求也相应提高，以充分发挥预应力筋的弹性性能。高强混凝土具有较高的弹性模量，从而具有更小的弹性变形和与强度有关的塑性变形，可以减少预应力损失。对先张法构件来说，高强混凝土可以有效地提高粘结强度。同时采用高强混凝土能提高锚固端的受压承载力。

2) 收缩徐变小。收缩徐变对混凝土中的预压应力损失有较大的影响，采用收缩徐变小的混凝土可以有效地提高预应力筋中的应力值。

3) 早强、快硬。采用快硬早强混凝土可以尽早施加预应力，加快施工进度，提高模板和施工设备的利用率，提高混凝土结构的经济效益。

4) 良好的耐久性。为满足预应力结构的耐久性要求，混凝土应有足够的抗渗透性、抗碳化和抗有害介质入侵的能力。并且混凝土应对预应力筋、锚具连接器等无腐蚀性影响，因此对耐久性有重大影响的氯离子含量和碱含量也应加以限制。预应力构件的混凝土氯离子含量不得超过0.06%(自然状态的氯离子含量)，即混凝土的拌合物中不得掺入含氯化物的外加剂。氯离子的含量按水泥总重量的百分率计算。

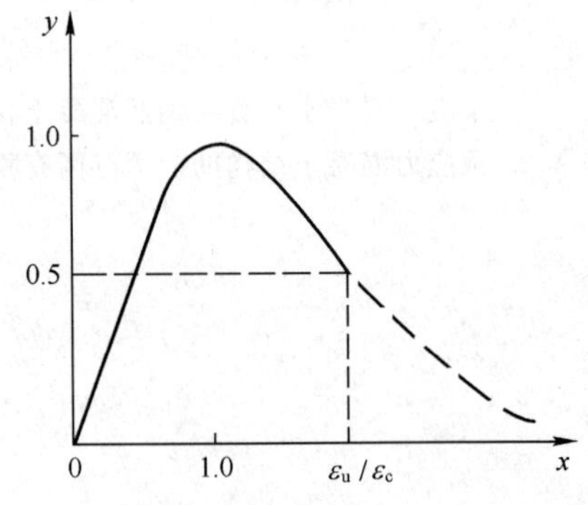

图 2.1-1　混凝土单轴受压的应力-应变曲线

(2) 混凝土的强度[11]

1) 混凝土的轴压本构关系[11]

混凝土单轴受压的应力-应变曲线(图 2.1-1)方程可按下列公式确定：

当 $x \leqslant 1$ 时

$$y=\alpha_a x+(3-2\alpha_a)x^2+(\alpha_a-2)x^3 \tag{2.1-1}$$

当 $x>1$ 时

$$y=\frac{x}{\alpha_d(x-1)^2+x} \tag{2.1-2}$$

$$x=\frac{\varepsilon}{\varepsilon_c} \tag{2.1-3}$$

$$y=\frac{\sigma}{f_c^*} \tag{2.1-4}$$

式中 α_a、α_d——单轴受压应力-应变曲线上升段、下降段的参数值，按表 2.1-1 采用；

f_c^*——混凝土的单轴抗压强度(f_{ck}、f_c 或 f_{cm})；

ε_c——与 f_c^* 相应的混凝土峰值压应变，按表 2.1-1 采用。

混凝土单轴受压应力-应变曲线的参数值 **表 2.1-1**

f_c^* (N/mm²)	15	20	25	30	35	40	45	50	55	60
$\varepsilon_c(\times 10^{-6})$	1370	1470	1560	1640	1720	1790	1850	1920	1980	2030
α_a	2.21	2.15	2.09	2.03	1.96	1.90	1.84	1.78	1.71	1.65
α_d	0.41	0.74	1.06	1.36	1.65	1.94	2.21	2.48	2.74	3.00
$\varepsilon_u/\varepsilon_c$	4.2	3.0	2.6	2.3	2.1	2.0	1.9	1.9	1.8	1.8

注：ε_u 为应力-应变曲线下降段上应力等于 $0.5f_c^*$ 时的混凝土压应变。

2）混凝土的强度等级要求

混凝土是结构中的主要受力材料，对结构的性能影响很大。混凝土的强度等级是混凝土性能的标志。混凝土的强度等级应按立方体抗压强度标准值确定。立方体抗压强度标准值系指按照标准方法制作养护的边长为 150mm 的立方体试件，在 28d 龄期用标准试验方法测得的具有 95%保证率的抗压强度。

我国《混凝土结构设计规范》(GB 50010—2002)中规定预应力混凝土结构的混凝土强度等级不应低于 C30；当采用钢绞线、钢丝、热处理钢筋作预应力筋时，混凝土强度等级不宜低于 C40。

混凝土轴心抗压强度(棱柱体强度)标准值 f_{ck} 与混凝土立方体抗压强度标准值 $f_{cu,k}$ 之间有折算公式(2.1-5)，如下[11]：

$$f_{ck}=0.88\alpha_{c1}\alpha_{c2}f_{cu,k} \tag{2.1-5}$$

式中 α_{c1}——棱柱体强度与立方体抗压强度的比值，当混凝土强度等级小于等于 C50 时，$\alpha_{c1}=0.76$，对 C80 取 $\alpha_{c1}=0.82$，中间按线性规律变化；

α_{c2}——考虑脆性折减的系数，对 C40 取 $\alpha_{c2}=1.0$，对 C80 取 $\alpha_{c2}=0.82$，中间按线性规律变化。

考虑到结构中的混凝土强度与试件混凝土强度之间的差异，对混凝土强度修正系数取为 0.88。

混凝土轴心抗压强度设计值与轴心抗压强度标准值之间的关系为：

$$f_c=f_{ck}/\gamma_c=f_{ck}/1.4 \tag{2.1-6}$$

混凝土轴心抗拉强度标准值与设计值按下列公式计算：

$$f_{tk}=0.88\times 0.395f_{cu,k}^{0.55}(1-1.645\delta)^{0.45}\times\alpha_{c2} \tag{2.1-7}$$

$$f_t=f_{tk}/\gamma_c=f_{tk}/1.4 \tag{2.1-8}$$

变异系数 δ 的取值见表 2.1-2。

变异系数 δ 的值 **表 2.1-2**

$f_{cu,k}$	C15	C20	C25	C30	C35	C40	C45	C50	C55	C60～C80
δ	0.21	0.18	0.16	0.14	0.13	0.12	0.12	0.11	0.11	0.10

由以上关系可得各强度等级混凝土的强度标准值和设计值如表 2.1-3 所示。

混凝土强度的标准值和设计值（N/mm²） **表 2.1-3**

强度种类	混凝土强度等级										
	C30	C35	C40	C45	C50	C55	C60	C65	C70	C75	C80
f_{ck}	20.1	23.4	26.8	29.6	32.4	35.5	38.5	41.5	44.5	47.4	50.2
f_{tk}	2.01	2.20	2.39	2.51	2.64	2.74	2.85	2.93	2.99	3.05	3.11
f_c	14.3	16.7	19.1	21.1	23.1	25.3	27.5	29.7	31.8	33.8	35.9
f_t	1.43	1.57	1.71	1.80	1.89	1.96	2.04	2.09	2.14	2.18	2.22

注：1. 计算现浇钢筋混凝土轴心受压及偏心受压构件时，如截面的长边或直径小于 300mm，则表中混凝土强度设计值应乘以 0.8 的系数；当构件的质量（如混凝土成型、截面和轴线尺寸等）确有保证时，可不受此限制；
2. 离心混凝土的强度设计值应按专门标准取用。

(3) 混凝土的特性

1) 混凝土的收缩[5][7]

混凝土的收缩是指混凝土在不受力的情况下，由于所含水分的蒸发及其他物理化学原因引起的体积缩小，主要与混凝土的品质和构件所处的环境等因素有关。普通混凝土的收缩，随时间的增加而增加，一般在第一年中可达到 $\varepsilon_s=(150\sim400)\times10^{-6}$，1 年后仍有所增加，但初期发展较快，7d 龄期可达 $\varepsilon_s/4$，2 周可达 $0.3\sim0.4\varepsilon_s$，1 个月后约为 $0.5\varepsilon_s$，3 个月后收缩应变可达到终极值的 $0.7\sim0.8\varepsilon_s$。一般按 $\varepsilon_s=200\times10^{-6}$ 计算。当无可靠资料时，混凝土的收缩应变终极值参见表 2.1-4。混凝土的收缩变形过程如图 2.1-2 所示。

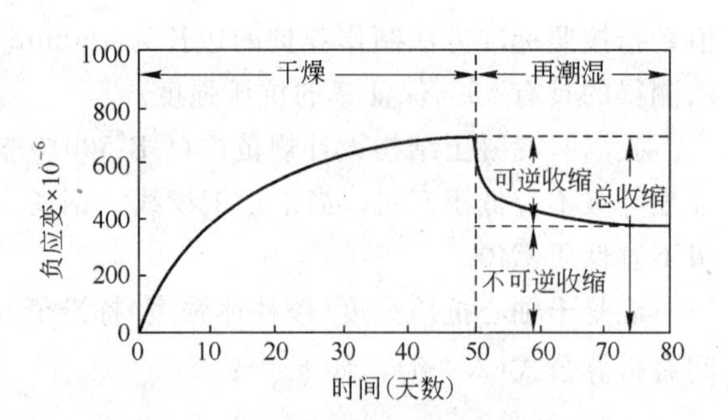

图 2.1-2 混凝土收缩变形的过程

混凝土的收缩应变和徐变应变终极值[11] **表 2.1-4**

终极值		收缩应变终极值 ε_∞（$\times10^{-4}$）				徐变系数终极值 φ_∞			
理论厚度 $\frac{2A}{\mu}$(mm)		100	200	300	≥600	100	200	300	≥600
预加力时的混凝土龄期(d)	3	2.5	2.00	1.70	1.10	3.0	2.5	2.3	2.0
	7	2.30	1.90	1.60	1.10	2.6	2.2	2.0	1.8
	10	2.17	1.86	1.60	1.10	2.4	2.1	1.9	1.7
	14	2.00	1.80	1.60	1.10	2.2	1.9	1.7	1.5
	28	1.70	1.60	1.50	1.10	1.8	1.5	1.4	1.2
	≥60	1.40	1.40	1.30	1.00	1.4	1.2	1.1	1.0

混凝土收缩与许多因素有关。水泥浆越多，收缩越显著；水泥强度等级越高，收缩越大；砂石质量越差，收缩量越大；混凝土挠捣密实，收缩量小；养护好，收缩量小；骨料的弹性模量愈低，收缩愈大。

对混凝土产生收缩的原因存在不同的解释。一种理论认为混凝土的收缩由混凝土的凝缩和干缩两部分组成。凝缩是指水泥浆胶体在凝固和硬化过程中产生的收缩。干缩是指混凝土硬化后含水量逐步蒸发而产生的收缩。另一种理论认为是由于毛细管的作用，混凝土内部由骨架和小孔隙组成，水分在孔隙中形成凹形液面而产生表面张力，对孔壁产生垂直压力而引起水泥浆胶体的压缩。这两种理论，并不是互相对立的，实际上这两个因素的影响同时存在。

2）混凝土的徐变[17]

混凝土的徐变是指在一持续应力作用下，应变随时间不断增长的现象，是一种依赖于应力状态和时间的非弹性性质变形。

当水化水泥浆体受到持续应力作用时，根据施加应力的大小及持续时间，水化硅酸钙将失去大量物理吸附水，浆体将出现徐变应变。混凝土的徐变随时间的变化过程如图 2.1-3 所示。

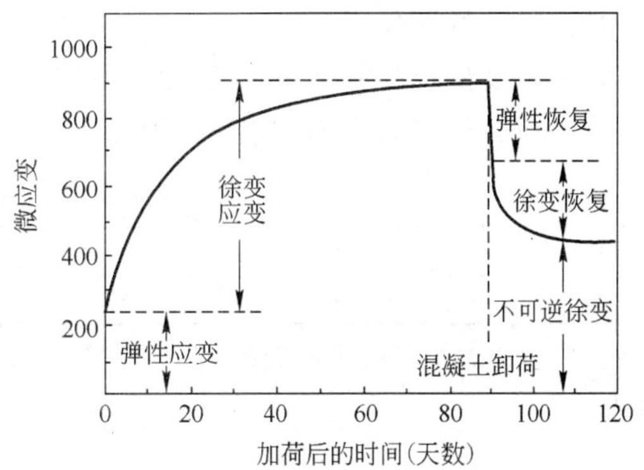

图 2.1-3　混凝土徐变变形的过程

混凝土中徐变的原因比较复杂。通常认为，除水分移动外还有其他因素对徐变现象起作用。混凝土中应力—应变关系的非线性，特别当应力大于最大荷载的30%～40%时，可清楚得看出过渡区微裂缝对徐变的作用。当混凝土徐变并露置于干燥条件下时，由于干燥收缩引起过渡区附加的微裂缝开裂而引起徐变应变的增加。

骨料发生延迟的弹性变形也是混凝土徐变的另一原因。因为水泥浆体和骨料粘合在一起，当荷载转移至骨料时作用于水泥浆体上的应力逐渐减小，而随着骨料上荷载的增加，荷载逐渐转变成弹性变形。因此，骨料的延缓弹性变形对总徐变起着作用。

影响混凝土徐变的主要因素有荷载集度、持荷时间、混凝土的品质、加载龄期及构件的工作环境等。加载应力越大，徐变量越大；加载时混凝土的龄期越短，混凝土的徐变越大；水灰比大，徐变量大；骨料的弹性模量高，混凝土的徐变大；振捣密实、养护好的混凝土徐变量小。混凝土的徐变在加载初期发展特别快，而后逐渐减慢。当无可靠资料时，混凝土的徐变系数终极值参见表 2.1-4。

3）变形模量（E_c，E_c^f）

我国《混凝土结构设计规范》（GB 50010—2002）中弹性模量的计算公式为：

$$E_c=\frac{10^5}{2.2+\dfrac{34.7}{f_{cu,k}}}(\mathrm{N/mm^2})\tag{2.1-9}$$

可以看出，混凝土的弹性模量随混凝土强度等级的提高而提高。因为高强度混凝土的密实性好，骨料质量高。混凝土在重复荷载作用下的疲劳弹性模量 E_c^f 仅为其在一般荷载作用下的弹性模量 E_c 的 40%～50%。混凝土的弹性模量和疲劳变形模量值如表

2.1-5所示。

混凝土的弹性模量和疲劳变形模量（$\times 10^4 N/mm^2$） 表 2.1-5

混凝土强度等级	C30	C35	C40	C45	C50	C55	C60	C65	C70	C75	C80
E_c	3.00	3.15	3.25	3.35	3.45	3.55	3.60	3.65	3.70	3.75	3.80
E_c^f	1.3	1.4	1.5	1.55	1.6	1.65	1.7	1.75	1.8	1.85	1.9

4）疲劳强度

混凝土的疲劳强度是指混凝土在重复荷载作用下的极限强度。对于承受重复荷载的预应力混凝土构件，不仅要进行静力强度验算，还要验算其疲劳强度。混凝土的疲劳强度计算公式如下：

轴心抗压疲劳强度 $$f_c^f=\gamma_\rho f_c \tag{2.1-10}$$

轴心抗拉疲劳强度 $$f_t^f=\gamma_\rho f_t \tag{2.1-11}$$

疲劳强度修正系数 γ_ρ 根据疲劳应力比值 ρ_c^f 按表 2.1-6 取用。

疲劳应力比值 ρ_c^f 的计算公式如下：

混凝土疲劳强度修正系数 表 2.1-6

ρ_c^f	$\rho_c^f<0.2$	$0.2\leqslant\rho_c^f<0.3$	$0.3\leqslant\rho_c^f<0.4$	$0.4\leqslant\rho_c^f<0.5$	$\rho_c^f\geqslant0.5$
γ_ρ	0.74	0.80	0.86	0.93	1.0

注：当采用蒸汽养护时，养护温度不宜超过 60℃；超过时，计算需要的混凝土强度的设计值应提高 20%。

$$\rho_c^f=\frac{\sigma_{c,\min}^f}{\sigma_{c,\max}^f} \tag{2.1-12}$$

式中 $\sigma_{c,\min}^f$、$\sigma_{c,\max}^f$——构件疲劳验算时，截面同一纤维上的混凝土最小应力、最大应力。

5）混凝土的耐久性

耐久性是混凝土在长时期内保持其强度和外观形状的能力。为提高耐久性，混凝土必须具有能抵抗气候作用、化学侵蚀、磨损和其他破坏过程的特性。我国《混凝土结构设计规范》(GB 50010—2002)中对混凝土的耐久性从组成成分的角度加以限制，基本要求主要从水灰比、水泥用量、混凝土的强度等级、氯离子的含量及碱含量加以控制。

6）轻骨料混凝土[17]

骨料密度在 1120kg/m^3 以下的骨料通常作为轻骨科，用于配制各种轻混凝土。天然的轻骨料是将火成岩中的火山岩如浮石、火山渣或凝灰岩经过破碎等加工后即得。人造的轻骨料可用多种材料通过热处理来制取，如粘土、页岩、板岩、硅藻土、珍珠岩、蛭石、高炉矿渣和粉煤灰等。

轻骨料的重量轻是由于具有蜂窝状或高度多孔的微观结构。应当注意的是，多孔的有机材料在混凝土潮湿的碱性环境中不能耐久，故不宜用作骨料。孔隙较少、孔结构为均匀分布的细孔的轻骨料，其强度一般较高，可以用来配制结构混凝土。

采用轻骨料后混凝土的密度可降至 10～20kN/m^3，可减轻构件和结构的自重，减小构件截面尺寸，改善强度重量比，提高经济效益。

7）改性混凝土[23]

纤维混凝土。在混凝土中掺加钢纤维、抗碱玻璃纤维或合成纤维而成，以大幅度提高混凝土的抗拉强度、断裂韧性。

聚合物混凝土。是以有机聚合物与无机材料复合而成。可分为三类：

（1）聚合物混凝土（PC）是由聚合物和骨料聚合而成，其中没有其他的粘结材料。PC具有良好的抗化学侵蚀性、较高的强度和弹性模量。

（2）乳胶-改性混凝土（LMC）是在常用的水泥混凝土中以一种聚合物乳胶代替部分拌合水而成。乳胶在养护后会形成连续的具有粘附性的聚合物薄膜，包裹在水泥水化物、骨料颗粒甚至毛细管孔上面，阻止了水和有害溶液的入侵。

（3）浸渍混凝土（PIC）是将聚合物浸渍或渗滤入混凝土内的一种形式。聚合物填充了混凝土中的微裂缝和孔隙，增强其耐久性和耐腐蚀性。由于其内部没有可冰冻的水，所以对冰冻作用有良好的耐久性。

（4）外加剂

为获得高强、收缩、徐变小并利于施工的混凝土，可添加外加剂。外加剂按产生的效果可分为四大类[23]：

1）减水剂。减水剂可以减少用水量，改善混凝土的和易性，提高混凝土的弹性模量和早期强度。同时由于用水量的减少使得混凝土中的毛细孔隙减少，提高了抗渗透性。

2）加气剂。加气剂在混凝土拌合物中造成大量的小气泡，能改善混凝土的抗冻融性。在浇筑和振捣混凝土时起到润滑作用，减少离析和含水量。

3）膨胀剂。膨胀剂依靠自身或与水泥中的某些成分的反应，在水化过程中产生有制约的膨胀。添加膨胀剂可以有效的减少由于混凝土收缩引起的预应力损失，并且可以提高构件的抗裂强度。

4）调凝剂。掺速凝剂的混凝土弹性模量、粘结力、抗剪强度均有下降，且混凝土的收缩较大。掺缓凝剂的混凝土有利于提高混凝土的耐久性，对干缩也有一定的控制作用；但延缓了混凝土达到放张强度的时间，延长了工期。

选用外加剂应以不引起预应力筋和钢筋的腐蚀为前提，如氯盐类外加剂等不宜选用，尽量减少混凝土的收缩和徐变变形，提高混凝土的粘结力、抗裂性和耐久性。

2.1.2 预应力筋

（1）预应力筋的性能要求

由于预应力混凝土自身的要求，预应力钢材需满足下列要求：

1）强度高。结构构件中混凝土预压应力的大小，取决于预应力筋张拉力的大小。考虑到构件在制作和使用过程中，由于混凝土的收缩、徐变、钢筋的松弛、锚具的变形等引起预应力的损失，因此只有采用高强钢材，才能建立较高的有效预应力值。

2）具有一定的塑性。施工过程中，预应力筋常需弯折且锚固段预应力筋要承受较大应力。因此，预应力筋要满足一定的抗弯折能力。高强度钢材的塑性性能一般较低，为保证钢筋破坏前的较大变形，预应力筋也应具有足够的塑性性能。

3）良好的加工性能。预应力筋在加工后其力学性能应不受到影响。良好的加工性能也是保证加工质量的重要条件。

4）良好的粘结力。先张法构件的预应力主要靠预应力筋和混凝土之间的粘结力来实现；而后张法构件也要求预应力筋与灌浆料之间有良好的粘结力以保证协同工作。

5）低松弛。高强钢筋在持续的高应力状态下会发生较大的松弛，这将大大减少预压应力值，所以采用低松弛的钢材以减少由此引起的松弛损失。

6）耐腐蚀。预应力筋的直径相对较小，强度较高，对腐蚀更敏感，尤其是应力腐蚀。预应力筋的腐蚀将导致结构的提前破坏。为保证结构的安全性，预应力筋应具有良好的耐腐蚀性。

7）稳定性好。经过二次加工的钢筋力学性能离散程度大，质量不稳定，如用于工程往往造成隐患，影响结构的安全性。因此，我国《混凝土结构设计规范》（GB 50010—2002）中规定预应力钢筋宜采用预应力钢绞线、钢丝，也可采用热处理钢筋。

（2）预应力筋产品体系

预应力筋按其材料可分为钢材类预应力筋和非钢材类预应力筋。作为预应力筋使用的主要是预应力钢材，但近年来，非钢材预应力筋也大量涌现和应用。

钢材类预应力筋

1）预应力钢筋[8]

① 钢绞线

预应力混凝土用钢绞线是用冷拔钢丝制造而成的。在钢绞线机上以一种较粗的直钢丝为中心，其余钢丝围绕其进行螺旋状绞合，再经低温回火处理而成。中心钢丝的直径加大范围不小于2.5%。钢绞线的规格有2、3、7或19根股等。钢丝的捻距为12～16倍的钢绞线公称直径之间，捻向一般为左捻。钢绞线截面图如图2.1-4所示。

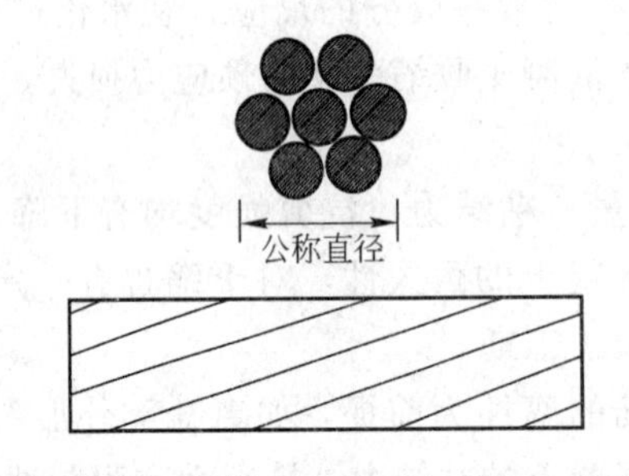

图2.1-4　钢绞线截面图

模拔钢绞线是在普通钢绞线绞制成型时通过一个模子拔制，并对其进行低温回火处理而成的。由于每根钢丝在积压接触时被压扁，使钢绞线的内部间隙和外径都大大减少，提高了钢绞线的密度，因此在同样直径的后张预应力管道中，预应力筋的吨位可增加20%。而且由于周边面积增大，更易于锚固。

钢绞线的优点是截面集中，直径较大，比较柔软，运输和施工方便，便于操作，与混凝土或灌浆材料咬合均匀而充分，具有良好的锚固延性，因而被越来越广泛的应用。最常用的是7股钢绞线，1×2和1×3钢绞线在先张法预应力混凝土构件中被应用。经绞制的钢绞线呈螺旋形，故其弹性模量较单根钢丝略低。

② 热处理钢筋

热处理钢筋通常是用热轧中低碳低合金钢筋经淬火和回火调质热处理而成。先加热至900℃左右，并保持恒温，然后淬火，以提高钢筋的抗拉强度，再经450℃左右的中温或低温回火处理，以改变其塑性性能。热处理钢筋按其外形分为带纵肋和不带纵肋两种。

热处理钢筋具有强度高、线材长、弹性模量高、粘结性能好和松弛小的特点。直径在6～10mm之间，强度在1400MPa左右，盘圆供应。可直接用于预应力混凝土结构中，施工中可免去冷拉、对头焊接等工作，有利于施工，尤其是用于先张法构件中。

③ 高强钢丝

预应力混凝土用高强钢丝按外形可分为光面、螺旋肋和刻痕三种；按交货状态可分为冷拉及矫直回火(消除应力)两种。高强钢丝系采用优质碳素钢盘条经过几次冷拔而形成的达到所需直径和强度的钢丝。之后，若用机械方式进行压痕就成为刻痕钢丝；若对钢丝进行低温(一般低于500℃)矫直回火处理后便成为矫直回火钢丝。

高强钢丝经矫直回火后由冷拔产生的残余应力得以消除，比例极限、屈服强度和弹性模量均有提高，塑性性能得到改善。通常称这种钢丝为消除应力钢丝。

若在一定的温度和拉应力下进行应力消除回火处理，然后再冷却至常温，即可得到低松弛钢丝。这种经过处理后的钢丝的松弛值仅为普通钢丝的0.25～0.33，大大减少了钢丝的松弛。

2）无粘结预应力筋

无粘结预应力筋是以专用的防腐润滑脂作涂料层，由聚乙烯塑料作护套的钢绞线或碳素钢丝束，如图2.1-5。在施加预应力后，无粘结预应力筋沿全长与周围混凝土没有粘结，构件变形时无粘结预应力筋可以在孔道里自由地滑动。

无粘结预应力筋的涂料层应具有良好的化学稳定性；对周围的材料无侵蚀作用，不透水，不吸湿，抗腐蚀性能强；润滑性能好，摩擦阻力小；在－20～＋70℃温度范围内，高温不流淌，低温不变脆，并有一定的韧性。

无粘结预应力筋的护套材料应采用聚乙烯或聚丙烯，严禁使用聚氯乙稀，护套材料应有足够的韧性，抗磨及抗冲击性，对周围的材料无侵蚀作用，在－20～＋70℃温度范围内，低温不脆化，高温化学性能稳定性好。

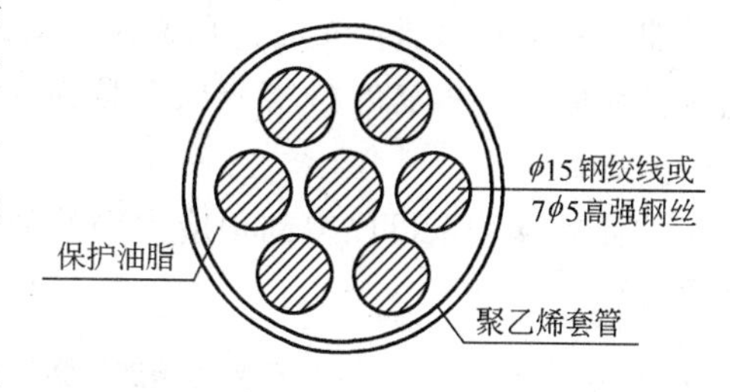

图2.1-5　无粘结预应力筋截面

3）体外预应力筋[10]

体外预应力混凝土结构所采用的预应力索一般由钢绞线组成，包括普通光面钢绞线、镀锌钢绞线或环氧喷涂钢绞线和外包聚乙烯防护的无粘结钢绞线、环氧喷涂无粘结钢绞线、环氧喷涂无粘结钢绞线成品索等。体外预应力筋截面图如图2.1-6所示。

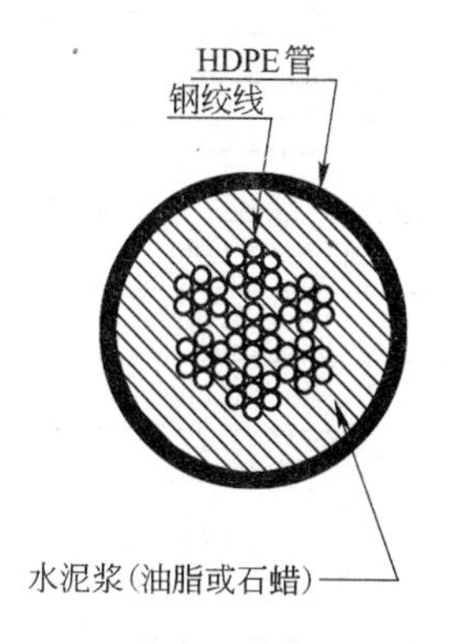

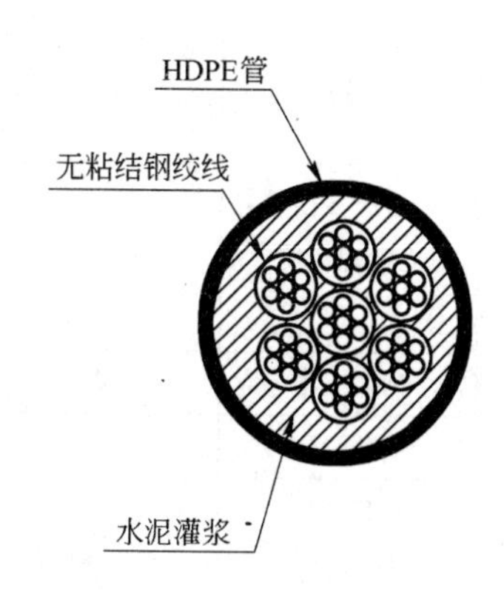

图2.1-6　体外预应力筋截面图

非钢材预应力筋

非钢材预应力筋主要指连续纤维增强塑料(Continuous Fiber Reinforced Plastics，简称 FRP)。主要有以下几种：

碳纤维加劲塑料(CFRP)：由碳纤维与环氧树脂复合而成。

玻璃纤维加劲塑料(GFRP)：由玻璃纤维与环氧树脂或聚酯树脂复合而成。

芳纶纤维加劲塑料(AFRP)：由芳纶纤维与环氧树脂或乙烯树脂复合而成。

FRP 材料的表面形态有光滑的、螺旋纹的、网状的等；截面形状有棒形、绞线形及编织物形等。FRP 预应力筋与高强预应力钢材相比，具有表观密度小，抗拉强度高，耐腐蚀性能好，温度影响小，耐疲劳和非磁性的优点。且其应力-应变关系直至材料断裂仍几乎是线性，弹性模量约为钢筋的一半，这将减少由于混凝土收缩、徐变引起的预应力损失。但 FRP 预应力筋也有受力不均匀、极限延伸率差、抗剪强度低、耐火性能差、成本高和难以用常用的锚具锚固等不足之处。

(3) 预应力筋的材料性能

1) 预应力筋的强度[11]

预应力筋必须采用高强材料，而提高钢材强度的方法通常有两种：一是从改善钢材的组成成分，添加某些合金元素，如碳、锰、硅、铬等；一是通过加工工艺提高其强度，如冷拉、冷拔、冷扭、冷轧或调质热处理、高频感应热处理和余热处理等。

预应力钢绞线、钢丝和热处理钢筋的强度标准值系根据其极限抗拉强度 f_{ptk} 确定，条件屈服点系根据其极限抗拉强度确定。对预应力钢绞线、钢丝和热处理钢筋用 $0.85f_{ptk}$ 作为条件屈服点。钢筋的材料分项系数为 $\gamma_s=1.2$，故抗拉强度设计值 $f_{py}=0.85f_{ptk}/\gamma_s=0.85f_{ptk}/1.2$。

按此换算关系可以得到预应力筋的强度设计值，如表 2.1-7 所示，其中 f'_{py} 为抗压强度设计值。

预应力钢筋的强度标准值和设计值(N/mm^2)　　**表 2.1-7**

种类		符号	f_{ptk}	f_{py}	f'_{py}
钢绞线	1×3	ϕS	1860	1320	390
			1720	1220	
			1570	1110	
	1×7		1860	1320	390
			1720	1220	
消除应力钢丝	光面螺旋肋	ϕP ϕH	1770	1250	410
			1670	1180	
			1570	1110	
	刻痕	ϕI	1570	1110	410
热处理钢筋	40Si2Mn	ϕH ϕT	1470	1040	400
	48Si2Mn				
	45Si2Cr				

注：当预应力钢绞线、钢丝的强度标准值不符合表 2.1-7 的规定时，其强度设计值应进行换算。

常用预应力筋的弹性模量如表 2.1-8 所示。

钢筋弹性模量（$\times 10^5$ N/mm²） **表 2.1-8**

种 类	E_s
热处理钢筋	2.0
消除应力钢丝（光面钢丝、螺旋肋钢丝、刻痕钢丝）	2.05
钢绞线	1.95

注：必要时钢绞线可采用实测的弹性模量。

2）预应力筋的疲劳性能

钢筋在重复荷载作用下，基本力学性能之所以有显著的变化，其原因是钢筋在重复荷载作用下，一方面层状珠光体变成粒状珠光体，非稳定组织变成稳定组织；另一方面晶格滑移逐渐减弱，晶粒过劲而产生破坏，因而钢材产生疲劳特性。

影响钢筋的疲劳强度的主要因素是钢筋的疲劳应力幅 Δf_{py}^{f}，Δf_{py}^{f} 的限值应由钢筋的疲劳应力比值 ρ_{p}^{f} 按表 2.1-9 采用。

预应力筋的疲劳应力幅限值（N/mm²） **表 2.1-9**

种 类			Δf_{py}^{f}	
			$0.7 \leqslant \rho_{p}^{f} < 0.8$	$0.8 \leqslant \rho_{p}^{f} < 0.9$
消除应力钢丝	光 面	f_{ptk}	210	140
		f_{ptk}	200	130
	刻 痕	f_{ptk}	180	120
钢绞线			120	105

注：1. 当 $\rho_{p}^{f} \geqslant 0.9$ 时，可不做钢筋疲劳验算；
2. 当有充分依据时，可对表中规定的疲劳应力幅限值作适当调整。

预应力钢筋的疲劳应力比值

$$\rho_{p}^{f} = \frac{\sigma_{p,min}^{f}}{\sigma_{p,max}^{f}} \tag{2.1-13}$$

式中 $\sigma_{p,min}^{f}$、$\sigma_{p,max}^{f}$——构件疲劳验算时，截面同一层预应力筋的最小应力、最大应力。

影响疲劳强度还有其他许多因素，例如钢筋截面形式，螺纹肋条造成的应力集中，钢筋表面的损伤等。

3）预应力筋的松弛和徐变

松弛是指在长度固定条件下和温度保持 20℃时，应力随时间而发生的损失。在预应力结构中，由于收缩、徐变等原因而使构件长度随时间的增长而缩短，因此预应力筋长度并不是固定不变，而是随时间的增长而缩短的。这样，预应力筋的实际损失值要比在试验室条件下的长期损失值小得多。

松弛损失随时间发展而变化，开始几小时内损失特别大，100 小时以后逐渐缓慢，持续发展的时间很长，一般都用 1000 小时损失值和以后的发展趋势来进行理论的分析和推测。在一定的初始应力之下，松弛随时间的变化符合对数形式的变化规律。同时松弛损失随温度的上升而急剧增加，40℃条件下 1000 小时松弛约为 20℃条件下的 1.5 倍。所以当预应力筋处于超过 20℃较多的环境条件时要特别注意。此外，张拉应力越大，松弛损失越小；超张拉可以减少应力损失。

预应力筋钢材的徐变，是指在应力维持固定不变的条件下，钢材应变随时间而发生的增长。在一些预应力筋不断发生徐变伸长的结构，例如拱桥的拉杆、斜拉桥的拉索等，在设计中必须考虑徐变。

徐变值要通过徐变试验来确定。像松弛一样，徐变也随应力和温度的提高而剧烈增加。徐变量与张拉应力值有关，张拉应力大，徐变变形大；超张拉应力大，徐变变形小，维持时间越长，徐变量越小。

4）预应力筋的腐蚀[14]

钢材暴露在大气中或在腐蚀性介质中会发生锈蚀现象。钢材的冶金成分和结构是直接影响其抗腐蚀性能的因素。混凝土结构中的钢筋由于水或腐蚀介质侵入孔隙，也会发生锈蚀。由锈蚀产生的氧化铁皮体积要膨胀几十倍，导致混凝土开裂，保护层剥落，腐蚀速度加快，以至未到设计使用年限，结构物就会提前破坏。

在施工过程中如果电流通过筋束且筋束接地也会引起腐蚀。在腐蚀出现时，应力大的预应力筋中会发生应力腐蚀。

钢材的应力腐蚀是指钢材在拉应力与腐蚀介质同时作用下发生的腐蚀现象。应力腐蚀破坏的特征是钢材在远低于破坏应力的情况下发生的断裂，事先无预兆而突然性破坏，断口与拉力方向垂直。高强预应力筋的强度高、变形小、直径小，对应力腐蚀较为敏感。高强热处理钢筋对应力腐蚀更具敏感性。对钢丝和钢绞线，应力腐蚀断裂时间为 1.5～5 小时。

EN10138 中规定钢丝在 NH_4SCN 中的应力腐蚀时间最小为 2 小时，中等为 5 小时；对钢绞线，当钢丝直径小于 4mm 时，最小值为 1.5 小时，中等为 4 小时；当钢筋直径≥4mm时，最小值为 2 小时，中等为 5 小时。

预应力筋的防腐蚀技术有很多种类，如镀锌、镀锌铝合金、涂塑、涂尼龙、阴极保护以及涂环氧有机涂层等，可根据工程实际和环境情况选用。

2.1.3　锚固体系

（1）锚固体系的基本概念和要求

预应力锚固体系是预应力混凝土技术的重要组成部分。完善的锚固体系包括锚具、夹具、连接器及锚下支承系统等。

作为工具重复使用的叫做夹具或工作锚，一般用于先张法；作为构件组成的一部分使用的叫做锚具，用于后张法。

锚具是保证预应力混凝土结构安全可靠的技术关键，在后张法构件中，它又作为构件的一部分，长期固定在构件上以维持预应力。因此，锚具应满足下列要求：

1）锚固性能安全可靠且不能损伤钢筋；

2）滑移、变形小，预应力损失小；

3）构造简单，易加工，施工方便；

4）用钢量少，价格便宜；

5）施工设备简便，张拉锚固迅速。

连接器是将多段预应力筋连接成一条完整束的装置。

锚下支承系统是指与锚具相配套的布置在锚固区混凝土中的锚垫板、螺旋筋或钢筋网片等。锚下支承系统是作为局部承压、抗劈裂的加强结构。

（2）锚固体系的分类

锚具的形式繁多，按照其传力及锚固原理来说，可分为：

1）机械承压锚固类。靠预应力筋端部采用机械加工的方法，直接支承在混凝土上，如镦头锚、螺纹锚等。

2）摩阻锚固类。利用楔形锚固原理，借张拉钢筋回缩带动锚楔或锥销将钢筋楔紧而锚固，如锥形锚、楔形锚和 OVM、XM、YM 锚具。

3）粘结力锚固类。利用钢筋与混凝土之间的粘结力进行锚固。主要用于先张法构件的预应力筋锚固以及后张自锚中。

预应力筋用锚具、夹具和连接器按锚固方式不同，可分为夹片式(多孔夹片锚具、JM锚具等)、支承式(镦头锚具、螺丝杆端锚具等)、锥塞式(钢质锥形锚具、槽销锚具等)和握裹式锚具(压花锚具、挤压锚具等)四种。

（3）常用锚具的应用和优劣性分析

1）锥形锚。是借助于摩阻力锚固的，主要用于钢丝束的锚固。其优点是锚固方便，锚具面积小，便于布置；但是锚固时钢丝的回缩量大，应力损失较其他锚具大。而且，锥形锚的锚塞受到动力作用时，有可能松动，滑丝的几率相对较大，使钢丝回缩，因此必须对预留孔道进行压力灌浆。而且接长和重复张拉比较困难。

2）镦头锚。可用于锚固钢丝束。锚固时的应力损失较小；镦头工艺，操作简便迅速，施工比较方便，应用灵活。但它对钢丝的下料长度的精度要求较高，误差不得超过 1/3000。

3）螺纹锚具。当采用高强精轧钢筋作为预应力钢筋时，可采用螺纹锚具。螺纹锚具钢筋的受力明确，锚固可靠，构造简单，施工方便，但对钢筋的下料长度的要求比较精确。

4）夹片锚。夹片式锚具一般是利用钢绞线回缩带进夹片的自锚式锚具。夹片式锚具的锚固性能稳定，应力均匀，安全可靠，锚固钢绞线的范围亦较大。

（4）预应力结构中锚具性能的要求[9]

1）预应力结构中锚具性能的要求

预应力筋用锚具、夹具和连接器的性能均应符合现形国家标准《预应力筋用锚具、夹具和连接器》GB/T 14370 的规定。

在预应力筋强度等级已确定的条件下，预应力筋-锚具组装件的静载锚固性能试验结果，应同时满足锚具效率系数 η_a 等于或大于 0.95 和预应力筋总应变 ε_{apu} 等于或大于 2.0% 两项要求。

锚具效率系数

$$\eta_a=\frac{F_{apu}}{\eta_p F_{pm}} \tag{2.1-14}$$

式中 F_{apu}——预应力筋锚具组装件的实测极限拉力；

F_{pm}——预应力筋的实际平均极限抗拉力，由预应力钢材试件实测破断荷载平均值计算得出；

η_p——预应力筋的效率系数，η_p 应按下列规定取用：预应力筋-锚具组装件在预应力钢材为 1～5 根时，$\eta_p=1$；6～12 根时，$\eta_p=0.99$；13～19 根时，$\eta_p=$

0.98；20 根以上时，$\eta_p=0.97$。

用于承受静、动荷载的预应力混凝土结构，其预应力筋-锚具组装件，除应满足静载锚固性能要求外，尚应满足循环次数为 200 万次的疲劳性能试验。疲劳应力上限为预应力钢丝或钢绞线抗拉强度标准值 f_{ptk} 的 65%（当为精轧螺纹钢筋时，疲劳应力上限为屈服强度的80%），应力幅度不应小于 80MPa。对于主要承受较大动荷载的预应力混凝土结构，要求所选锚具能承受的应力幅度可适当增加，具体数值可由工程设计单位根据需要确定。

在抗震结构中，预应力筋-锚具组装件还应满足循环次数为 50 次的周期荷载试验。组装件用钢丝或钢绞线时，试验应力上限应为 $0.8f_{ptk}$；用精轧螺纹钢筋时，应力上限应为其屈服强度的 90%。应力下限均应为相应强度的 40%。

锚具尚应满足分级张拉、补张拉和放松拉力等张拉工艺的要求。锚固多根预应力筋的锚具，除应具有整束张拉的性能外，尚宜具有单根张拉的可能性。

2）锚具的选用

锚具的选用，应根据结构要求、产品技术性能和张拉施工方法，按表 2.1-10 的要求。

锚具的选用 **表 2.1-10**

预应力筋品种	选用锚具形式和锚固部位		
	张拉端	固定端	
		安装在结构之外	安装在结构之内
钢绞线及钢绞线束	夹片锚具	夹片锚具 挤压锚具	压花锚具 挤压锚具
高强钢丝束	夹片锚具 镦头锚具 锥塞锚具	夹片锚具 镦头锚具 挤压锚具	挤压锚具 镦头锚具
精轧螺纹钢筋	螺母	螺母	—

（5）夹具和连接器的性能要求[9]

1）夹具

夹具应具有下列性能：

① 当预应力筋夹具组装件达到实际极限拉力时，全部零件不应出现肉眼可见的裂缝和破坏；

② 有良好的自锚性能；

③ 有良好的松锚性能；

④ 能安全地重复使用。

如果夹具需要大力敲击才能松开，必须证明其对预应力筋的锚固无影响，且对操作人员安全不造成危险时，才能采用。

夹具的静载锚固性能，应由预应力筋夹具组装件静载试验测定的夹具效率系数 η_g 确定。夹具效率系数 η_g 按下式计算：

$$\eta_g=\frac{F_{gpu}}{F_{pm}} \tag{2.1-15}$$

式中　F_{gpu}——预应力筋夹具组装件的实测极限拉力。

夹具的静载锚固性能应符合下列要求：

$$\eta_g \geqslant 0.92 \tag{2.1-16}$$

当预应力筋-夹具组装件达到实测极限拉力时，应由预应力筋的断裂，而不应由夹具的破坏导致试验的终结。

2）连接器

永久留在混凝土结构或构件中的预应力筋连接器，应符合锚具的性能要求；用于先张法施工且在张拉后还将放张和拆卸的预应力筋连接器，应符合夹具的锚固性能要求。

2.1.4　灌浆材料

灌浆材料的作用主要有两点：一是保护预应力筋，以免锈蚀；二是使预应力筋与构件有良好有效的粘结以控制裂缝的间距并减轻锚具的负荷。

对灌浆用的灰浆质量的要求是：密实、匀质；有较高的抗压强度和粘结强度(70mm×70mm×70mm 立方体试块在标准养护条件下 28d 的强度不应低于构件混凝土强度等级的80%，且不低于 30MPa)；还有较好的流动性和抗冻性，并具有快硬性质。

为了减少水泥结硬时的收缩，保证孔道内水泥浆密实可在灰浆中掺加适量的(约为水泥重量的 0.005%～0.015%)膨胀剂，但应控制其膨胀率不大于 5%。水泥浆的水灰比以 0.4～0.45 为宜；3h 泌水率宜控制在 2%，最大不得超过 3%[20]。

孔道灌浆用的水泥浆应具有较大的流动性、较小的干缩性和泌水性；灌浆用水应是可饮用的清洁水，不含对水泥或预应力筋有害的物质，不得使用海水；外加剂用于孔道灌浆时，应不含有对预应力筋有侵蚀性的氯化物、硫化物及硝酸盐等。

2.2　初始张拉应力与张拉控制应力

初始张拉应力 σ_{con} 是指预应力筋开始张拉时所达到的应力，张拉控制应力是指预应力筋张拉时需要达到的应力，由于这个应力是由张拉设备压力表直接度量的，因此可以作为计算基点，所以现有规范都是以其作为预应力损失扣除的起点。对于非超张拉初始张拉应力等于张拉控制应力，超张拉时初始张拉应力大于张拉控制应力，而现有规范都是按照张拉控制力来计算预应力损失，这在精确计算时有些偏差，因此建议超张拉时以初始张拉应力作为预应力损失扣除的基点。

一般而言，张拉控制应力越高，所建立的预应力损失值也越大，构件抗裂性能和刚度都可以提高，但是如取太高，则：(1)易产生脆性破坏，即开裂荷载接近破坏荷载；(2)反拱过大不易恢复；(3)由于钢材不均匀性而使钢筋拉断；(4)后张法构件还可能在预拉区出现裂缝或产生局压破坏[21]。因此规范对张拉控制力规定了上限值，见表 2.2-1。

先张法的 σ_{con} 一般比后张法要高。这主要是由于后张法时，构件在张拉钢筋的同时混凝土已经发生弹性压缩，不必再考虑混凝土弹性压缩而引起的应力降低；先张法构件，混凝土是在钢筋放张后才发生弹性压缩，故确定实际预应力值时，要考虑混凝土压缩引起的应力值降低。

另一方面，预应力值也不能定的太低。否则扣除损失后就没什么预应力，达不到预应力的效果，所以规范规定了张拉控制应力的下限值，见表 2.2-1。

张拉控制应力限值[11]　　表 2.2-1

钢筋种类	上限		下限
	先张法	后张法	
消除应力钢丝、钢绞线	$0.75f_{ptk}$	$0.75f_{ptk}$	$0.4f_{ptk}$
热处理钢筋	$0.70f_{ptk}$	$0.65f_{ptk}$	$0.4f_{ptk}$

注：由于新规范不再推荐冷加工钢筋，对 σ_{con} 可参考相关规程。

当符合下列情况之一时，表 2.2-1 中的张拉控制应力上限值可提高 $0.05f_{ptk}$：

(1) 要求提高构件在施工阶段的抗裂性能而在使用阶段受压区内设置的预应力钢筋；

(2) 要求部分抵消由于应力松弛、摩擦、钢筋分批张拉以及预应力钢筋与张拉台座之间的温差等因素产生的预应力损失。

2.3 预应力损失计算

2.3.1 概述

所谓的预应力损失指的是预应力钢筋的张拉应力在构件的施工及使用过程中，由于张拉工艺和材料特性等原因而不断降低。预应力混凝土结构(或构件)中的预压应力是通过张拉预应力钢筋实现的，因此凡能使预应力钢筋产生缩短的因素都将造成预应力损失。损失计算准确与否，与结构的抗裂性、裂缝、挠度和反拱等使用性能有很密切的关系。估计过大，则会产生不希望的过大的反拱；反之，又会导致过早的开裂。由此可见，准确估计和计算预应力损失在预应力工程中是何等重要。一直以来，损失计算是预应力混凝土领域的重要研究课题之一。

根据目前的研究，一般都将预应力损失分为两类：瞬时损失和长期损失。瞬时损失指的是施加预应力时短时间内完成的损失，包括锚具变形和钢筋滑移，混凝土弹性压缩，先张法蒸汽养护及折点摩阻，后张法孔道摩擦及分批张拉等损失。长期损失指的是考虑了材料的时间效应所引起的预应力损失，主要包括了混凝土的收缩、徐变和预应力应力松弛损失。

对预应力瞬时损失，包括摩擦损失、锚固损失、混凝土弹性压缩损失等的计算，到目前为止基本达成了一致的计算原则。但是对于预应力的长期损失，由于：(1)影响预应力长期损失各因素的效应，在预应力结构全部工作时间内各不相同；(2)近年来的研究工作加深了对各时间效应因素——混凝土的徐变、收缩和预应力筋的松弛相互作用的认识，钢材松弛损失率受到混凝土徐变使预应力钢筋应力不断降低的影响；反之，混凝土的徐变率又受到预应力钢筋松弛损失的影响；(3)不同的应力、环境、加荷龄期、材料变异性及其他不变因素，都会影响预应力损失；(4)随着部分预应力混凝土的广泛应用(包括无粘结部分预应力混凝土结构)，要求设计人员对使用阶段的有效预应力值获得更精确的数值，以有效地控制结构在使用阶段的裂缝和变形性能。但是，非预应力钢筋的存在，增加了损失计算的困难；因为它阻碍了混凝土的收缩和徐变变形，从而在混凝土中产生了拉应力，即减少了混凝土的预压应力；另一方面，由于钢筋混凝土的收缩、徐变小于相应混凝土的收缩徐变，因而减少了预应力钢筋的预应力损失；(5)对预应力损失的内力变化规律的研究，不可避免地要求探明任意时间的损失值及其影响因素。这就决定了预应力长期损失的复杂性，各国学者、专家根据自己的试验结果及有关假设和推导提出了不同的理论。

目前，关于预应力损失的计算方法大体上可分为三类：

(1) 总损失估算法(综合估算法)

在进行初步设计计算时，对许多构件并不需要求得非常精确的预应力损失值，这时候可采用综合估算来估计预应力损失。尽管损失计算的误差虽有可能影响结构的使用性能，但对受弯构件的抗弯强度来说，除非采用的是无粘结筋或有效预应力小于 $0.5f_{pu}$，是几乎没有影响的。对一些比较熟悉的常规结构构件，设计工程师根据规范的规定并参照类似结构构件过去设计的经验数据，是不难设计出使用性能良好的结构的。综合估算法以其简单和实用性仍被广泛采用。

早在1958年，美国混凝土学会与土木工程学会(ACI-ASCE)第423委员会提出的“预应力混凝土结构设计建议”就对混凝土弹性压缩、收缩、徐变和钢材的松弛引起的总损失值(不包括摩擦损失和锚具损失)作出规定：

先张法　　　241MPa

后张法　　　172MPa

上述损失值被1963年的ACI规范和美国公路桥梁规范(AASHTO)所采纳，设计了大量的具有良好工作性能的房屋结构和桥梁结构。随着工程实践的发展考虑到对松弛应力估计偏低，于1975年作了修定，具体数值见表2.3-1，美国后张混凝土协会(PTI)也于1976年在其手册中规定了总损失值，具体数值见表2.3-2。

AASHTO 规程总损失值　　　**表 2.3-1**

预应力钢筋种类	总损失值(MPa)	
	$f_c=27.6$(MPa)	$f_c=34.5$(MPa)
先张钢绞线	—	310
后张钢绞线或钢丝	221	228
钢　　筋	152	159

注：后张钢丝或钢绞线的总损失值不包括摩擦损失。

PTI 建议的总损失值　　　**表 2.3-2**

预应力筋种类	总损失值(MPa)	
	板	梁 或 小 梁
应力消除处理的1860MPa的钢绞线与强度为1655MPa的钢丝	210	240
高强粗钢筋	138	170
低松弛1860MPa钢绞线	100	138

表中数值仅适用于中等条件下的一般结构和构件。如果混凝土在强度很低时就承受高预应压力，或者混凝土处于非常干燥或非常潮湿的暴露条件下，总损失值会有很大的差别。

由于混凝土和钢材的性能，养护与湿度条件，预加应力的时间和大小以及预应力工艺等的诸多因素的影响，要定出一个统一的预应力总损失值是很困难的。林同炎提出总损失及个组成因素损失的平均值，用预加力百分比表示，见表 2.3-3。

预加力百分比　　表 2.3-3

	先张(%)	后张(%)
混凝土弹性压缩	4	1
混凝土收缩	7	6
混凝土徐变	6	5
钢材松弛	8	8
总损失	25	20

注：1. 此表已考虑了适当的超张拉以降低松弛和克服摩擦和锚固损失，凡未被克服的摩擦损失必须另加；

2. 当条件偏离一般情况时应根据条件作相应增减。

(2) 分项计算法

工程设计中为了简化起见，采用将各种损失值分项计算在进行累积叠加的方法来求预应力总损失。这也是我国现行规范目前采用的损失计算方法。

(3) 精确估算法[21]

随着电子计算机的飞速发展，以及对预应力各时间效应因素——混凝土徐变、收缩和钢筋应力松弛相互作用研究的深化，近年来提出了一套可以求得比较精确的预应力损失计算方法。美国混凝土学会(PCI)预应力损失委员会提出了时步分析法。此法以除去各项瞬时损失后的初始预应力作为长期损失计算的基点。可根据需要的精度，将产生的预应力损失的时间分成若干个阶段(建议至少取四个，当荷载有显著变化时，还要增加额外的时间阶段)。在任一时间阶段内引起损失的预加力应取前一时段末的数值。通过增加时段的数量，亦即减少每一时段的时间长短就可以使总损失计算的精度提高到要求的程度。

2.3.2 我国规范预应力损失计算[6][11]

我国现行规范对预应力损失采用分项计算法，以下分项讨论各种损失的计算方法。

(1) 锚具变形和预应力钢筋内缩引起的预应力损失 σ_{l1}

对于后张混凝土构件，在预应力筋内的拉力通过锚具传递给构件的瞬间，一方面锚具本身受力后要压缩变形，另一方面在夹持锚片进行顶锚及锚固时钢筋均会产生一定的内缩，从而使得预应力降低；对于先张构件，当预应力筋的拉力在放松千斤顶时通过锚具传给台座过程中，也发生锚具变形和钢筋回缩，导致了预应力的降低。

规范对这种预应力损失分成了三类情况进行讨论：

1) 直线预应力钢筋

直线预应力筋 σ_{l1} 的计算公式：

$$\sigma_{l1}=\frac{a}{l}E_{\mathrm{s}} \tag{2.3-1}$$

式中 a——张拉端锚具变形和钢筋内缩值，按表 2.3-4 采用；

l——张拉端与锚固端之间的距离；

E_{s}——钢筋的弹性模量。

锚具变形及钢筋内缩值 a(mm) **表 2.3-4**

锚具类别		a
夹承式锚具	螺帽缝隙	1
	每块后加垫板缝隙	1
锥塞式锚具		5
夹片式锚具	有顶压时	5
	无顶压时	6～8

这里的支承式锚具指的是锥形螺杆锚具、筒式锚具、镦头锚具等；夹片式锚具包括JM12锚具、QM锚具、XM锚具、OVM锚具等。表中a值或其他类型的锚具的a值也可根据实测确定。

对于由块体拼成的结构，其预应力损失σ_{l1}尚应计入块体间填缝的预压变形。当采用混凝土或砂浆作为填缝材料时，每条填缝的预压变形值可取1mm。

2）圆弧形预应力钢筋

需要说明的是用公式(2.3-1)计算σ_{l1}只适用于直线形式的预应力钢筋，这主要是因为没有考虑钢筋内缩时遇到的反向摩擦。当采用弧形或折线形钢筋时若忽略这种反向摩擦力的影响，那么所计算的σ_{l1}将会有很大误差。由于反向摩擦作用，σ_{l1}在张拉端最大，随着距张拉端的距离的增大而逐渐递减。这种影响只有在反向摩擦影响长度l_f范围内存在，见图2.3-1。

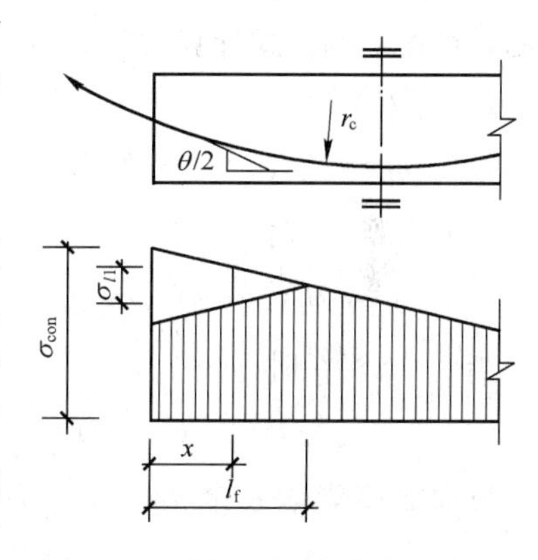

图 2.3-1　圆弧形预应力钢筋因锚具变形和预应力钢筋内缩引起的预应力损失σ_{l1}

这里假定反向摩擦影响长度l_f范围内反向摩擦与正向摩擦相等。

规范对圆弧形(或抛物线形)预应力钢筋，距张拉端x处的预应力损失σ_{l1}按下列公式计算：

$$\sigma_{l1}=2\sigma_{con}l_f\left(\frac{\mu}{\gamma_c}+\kappa\right)\left(1-\frac{x}{l_f}\right) \tag{2.3-2}$$

其中反向摩擦影响长度l_f(m)可按下列公式计算：

$$l_f=\sqrt{\frac{aE_s}{1000\sigma_{con}\left(\frac{\mu}{\gamma_c}+\kappa\right)}} \tag{2.3-3}$$

式中　σ_{con}——预应力钢筋的张拉控制应力；

γ_c——圆弧形预应力钢筋的曲率半经(m)；

κ——考虑孔道每米长度局部偏差的摩擦系数，可按表2.3-5采用；

μ——预应力筋与孔道壁之间的摩擦系数，可按表2.3-5采用；

x——张拉端至计算截面的距离(m)；

a——张拉端锚具变形和钢筋内缩值(mm)，可按表2.3-4采用；

E_s——预应力钢筋的弹性模量。

钢丝束、钢绞线与孔道壁的摩擦系数　　表 2.3-5

孔道成型方式	κ	μ
预埋金属波纹管	0.0015	0.25
预　埋　钢　管	0.0010	0.30
橡胶管或钢管抽芯成型	0.0014	0.55

注：1. 表中系数也可根据实测数据确定；

2. 当采用钢丝束的钢质锥形锚具及类似形式的锚具时，尚应考虑锚环口处的附加摩擦损失，其值可根据实测数据确定。

3）两条圆弧段组成的预应力钢筋

端部为直线段（长度为 l_0），后接两段近似圆弧（圆弧对应的圆心角 $\theta \leqslant 30°$）组成的预应力钢筋，可按下列公式计算（图 2.3-2）：

当 $x \leqslant l_0$ 时

$$\sigma_{l1}=2i_1(l_1-l_0)+2i_2(l_f-l_1) \quad (2.3\text{-}4)$$

当 $l_0<x \leqslant l_1$ 时

$$\sigma_{l1}=2i_1(l_1-x)+2i_2(l_f-l_1) \quad (2.3\text{-}5)$$

当 $l_1<x \leqslant l_f$ 时

$$\sigma_{l1}=2i_2(l_f-x) \quad (2.3\text{-}6)$$

反向摩擦影响长度 l_f(m)可按下列公式计算：

$$l_f=\sqrt{\frac{aE_s}{1000i_2}-\frac{i_1(l_1^2-l_0^2)}{i_2}+l_1^2} \quad (2.3\text{-}7)$$

$$i_1=\sigma_a(\kappa+\mu/r_{c1}) \quad (2.3\text{-}8)$$

$$i_2=\sigma_b(\kappa+\mu/r_{c2}) \quad (2.3\text{-}9)$$

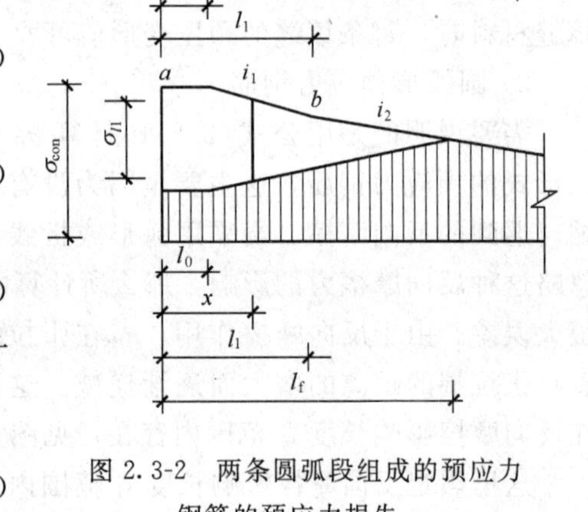

图 2.3-2　两条圆弧段组成的预应力钢筋的预应力损失 σ_{l1}

式中　i_1、i_2——第一、二段圆弧形预应力钢筋中应力近似直线变化的斜率；

r_{c1}、r_{c2}——第一、二段圆弧形预应力钢筋的曲率半径；

l_1——两圆弧段的反弯点离预应力钢筋端点的水平投影长度；

σ_a、σ_b——预应力钢筋应力在 a、b 点的应力。

4）折线形预应力钢筋

当折线形预应力钢筋的锚固损失消失于折点 c 之外时，由于锚具变形和钢筋内缩，在反向摩擦影响长度 l_f 范围内的预应力损失值 σ_{l1} 可按下列公式计算（图 2.3-3）：

当 $x \leqslant l_0$ 时　　$\sigma_{l1}=2\sigma_1+2i_1(l_1-l_0)+2\sigma_2+2i_2(l_f-l_1)$　　(2.3-10)

当 $l_0<x \leqslant l_1$ 时　　$\sigma_{l1}=2i_1(l_1-x)+2\sigma_2+2i_2(l_f-l_1)$　　(2.3-11)

当 $l_1<x \leqslant l_f$ 时　　$\sigma_{l1}=2i_2(l_f-x)$　　(2.3-12)

反向摩擦影响长度 l_f(m)可按下列公式计算：

$$l_f=\sqrt{\frac{aE_s}{1000i_2}-\frac{i_1(l_1^2-l_0^2)+2i_1l_0(l_1-l_0)+2\sigma_1l_0+2\sigma_2l_1}{i_2}+l_1^2} \quad (2.3\text{-}13)$$

$$i_1=\sigma_{con}(1-\mu_{\theta})\kappa \tag{2.3-14}$$

$$i_2=\sigma_{con}[1-\kappa(l_1-l_0)](1-\mu\theta)^2\kappa \tag{2.3-15}$$

$$\sigma_1=\sigma_{con}\mu\theta \tag{2.3-16}$$

$$\sigma_2=\sigma_{con}[1-\kappa(l_1-l_0)](1-\mu\theta)\mu\theta \tag{2.3-17}$$

式中　i_1——预应力钢筋在 bc 段中应力近似直线变化的斜率；

　　i_2——预应力钢筋在折点 c 以外应力近似直线变化的斜率；

　　l_1——张拉端起点至预应力钢筋折点 c 的水平投影长度。

为了减少锚具变形和钢筋内缩引起的预应力损失，可采取的措施有：

① 采用超张拉，可以部分地抵消锚固损失；

② 对直线预应力钢筋可采用一端张拉方法；

③ 选择锚具变形和内缩值较小的锚具；

④ 减少垫板块数或螺帽个数；

⑤ 先张法时选择长一点的台座。

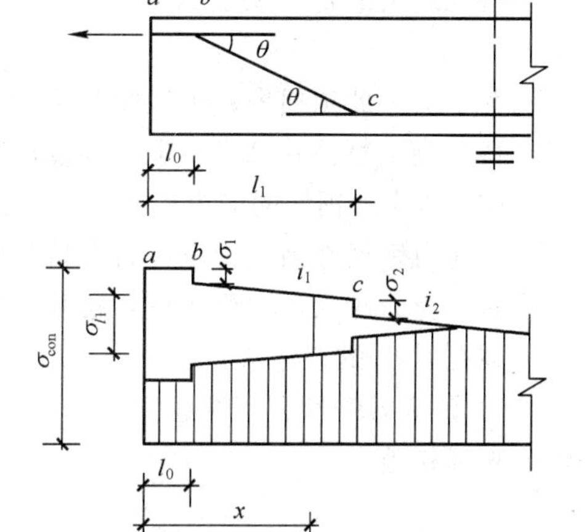

图 2.3-3　折线形预应力钢筋的预应力损失 σ_{l1}

(2) 预应力钢筋与孔道壁之间的摩擦引起的预应力损失 σ_{l2}

在后张法施工张拉过程中，首先千斤顶张拉和锚固体系中存在摩擦，其次在力筋和孔道壁之间存在由长度效应和曲率效应引起的摩擦，这些在摩擦损失的计算过程中都是必须考虑的。

规范对 σ_{l2} 采用如下的计算公式(图 2.3-4)：

$$\sigma_{l2}=\sigma_{con}\left(1-\frac{1}{e^{\kappa x+\mu\theta}}\right) \tag{2.3-18}$$

当 $(\kappa x+\mu\theta)\leqslant 0.2$ 时，σ_{l2} 可按下式近似计算：

$$\sigma_{l2}=(\kappa x+\mu\theta)\sigma_{con} \tag{2.3-19}$$

式中　x——从张拉端至计算截面的孔道长度，亦可近似取该段孔道在纵轴上的投影长度(m)；

　　θ——张拉端至计算截面曲线孔道部分切线的夹角(rad)；

　　κ——考虑孔道每米长度局部偏差的摩擦系数，可按表 2.3-5 采用；

　　μ——预应力钢筋与孔道壁之间的摩擦系数，可按表 2.3-5 采用。

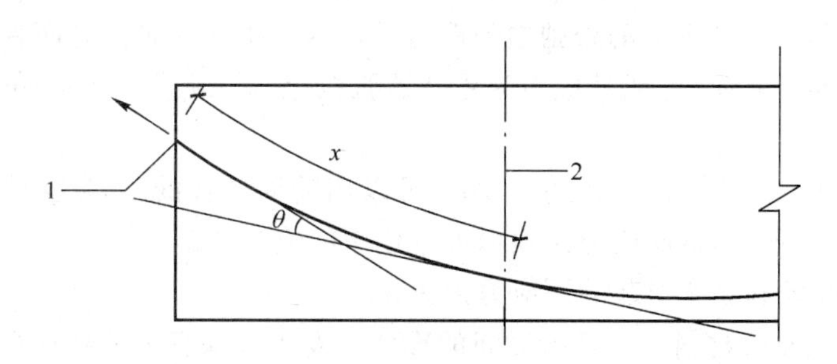

图 2.3-4　预应力摩擦损失计算

为了减少摩擦引起的预应力损失，可以采取的措施有：

1）采用超张拉或者两端张拉；

2）在接触材料表面涂水溶性润滑剂，以减小摩擦系数；

3）提高施工质量，减少钢筋位置偏差。

（3）预应力钢筋与张拉台座之间温差引起的预应力损失 σ_{l3}

在先张法施工过程中，为了缩短生产周期，通常在浇筑混凝土后用蒸汽养护。在升温的过程中，预应力钢筋与台座之间存在温差，此时固定在台座上的预应力钢筋受热伸长导致应力降低而损失。

规范给出的 σ_{l3} 计算公式：

$$\sigma_{l3}=2\Delta t(\mathrm{N/mm^2}) \tag{2.3-20}$$

为了减少此项损失，可以采用两次升温养护，即首先按设计允许的温差范围控制升温，待混凝土凝固并具有一定的强度后再进行第二次升温。

（4）预应力钢筋的应力松弛引起的预应力损失 σ_{l4}

预应力钢筋在高应力下，若保持其长度不变，随着时间的增长，应力逐渐降低。一般来说张拉应力越大、温度越高，松弛量也越大。

规范对 σ_{l4} 的规定有：

1）预应力钢丝、钢绞线

普通松弛

$$\sigma_{l4}=0.4\psi\left(\frac{\sigma_{\mathrm{con}}}{f_{\mathrm{ptk}}}-0.5\right)\sigma_{\mathrm{con}} \tag{2.3-21}$$

此处，一次张拉时，$\psi=1.0$；采用超张拉时，$\psi=0.9$

低松弛

当 $\sigma_{\mathrm{con}}\leqslant 0.5f_{\mathrm{ptk}}$ 时，取 $\sigma_{l4}=0$；

当 $\sigma_{\mathrm{con}}\leqslant 0.7f_{\mathrm{ptk}}$ 时，

$$\sigma_{l4}=0.125\left(\frac{\sigma_{\mathrm{con}}}{f_{\mathrm{ptk}}}-0.5\right)\sigma_{\mathrm{con}} \tag{2.3-22}$$

当 $0.7f_{\mathrm{ptk}}<\sigma_{\mathrm{con}}\leqslant 0.8f_{\mathrm{ptk}}$ 时，

$$\sigma_{l4}=0.2\left(\frac{\sigma_{\mathrm{con}}}{f_{\mathrm{ptk}}}-0.575\right)\sigma_{\mathrm{con}} \tag{2.3-23}$$

为了减少此项损失可以采用超张拉的方法。

2）热处理钢筋

一次张拉

$$\sigma_{l4}=0.05\sigma_{\mathrm{con}} \tag{2.3-24}$$

超张拉

$$\sigma_{l4}=0.035\sigma_{\mathrm{con}} \tag{2.3-25}$$

热处理钢筋是按冷拉钢筋的松弛损失取值的，这里指的超张拉有两种形式：从应力为零开始直接张拉至 $1.03\sigma_{\mathrm{con}}$；或从应力为零开始张拉至 $1.05\sigma_{\mathrm{con}}$，持荷 2min 以后，再卸载至 σ_{con}。

如果需要求出 σ_{l4} 随时间变化的值，那么可以用前面计算的 σ_{l4} 乘以时间影响系数，时间影响系数见表 2.3-7 中钢筋应力松弛损失一栏中的值。

（5）混凝土收缩和徐变引起的预应力损失 σ_{l5}

混凝土是一种复合材料，它随着时间的推移会发生错综复杂的物理和化学变化，由于混凝土的收缩或徐变导致受拉区和受压区预应力钢筋的预应力的损失 σ_{l5}、σ'_{l5}。影响的因素很多，按其来源大致可以分成五大类：结构、材料、工艺、环境、时间。

规范对此损失的计算公式如下：

1）先张法构件：

$$\sigma_{l5}=\frac{45+280\sigma_{pc}/f'_{cu}}{1+15\rho} \tag{2.3-26}$$

$$\sigma'_{l5}=\frac{45+280\sigma'_{pc}/f'_{cu}}{1+15\rho'} \tag{2.3-27}$$

2）后张法构件：

$$\sigma_{l5}=\frac{35+280\sigma_{pc}/f'_{cu}}{1+15\rho} \tag{2.3-28}$$

$$\sigma'_{l5}=\frac{35+280\sigma'_{pc}/f'_{cu}}{1+15\rho'} \tag{2.3-29}$$

式中 σ_{pc}、σ'_{pc}——在受拉区、受压区预应力钢筋合力点处的混凝土法向压应力；

f'_{cu}——施加预应力时的混凝土立方体抗压强度；

ρ、ρ'——受拉区、受压区预应力钢筋和非预应力钢筋的配筋率；对先张法构件 $\rho=(A_p+A_s)/A_0$，$\rho'=(A'_p+A'_s)/A_0$；对后张法构件，$\rho=(A_p+A_s)/A_n$，$\rho'=(A'_p+A'_s)/A_n$；对于对称配筋构件，ρ、ρ'应按钢筋总截面面积的一半计算。

σ_{pc}、σ'_{pc}的值不应大于 $0.5f'_{cu}$；当 σ'_{pc}为拉应力时，取零；计算混凝土的法向压应力 σ_{pc}、σ'_{pc}时，可根据构件制作情况考虑自重的影响；在年平均相对湿度低于 40%的干燥气候条件下使用的结构，由于混凝土收缩较大，按上述公式计算的损失应当增加 30%；当采用泵送混凝土时，宜根据实际情况考虑混凝土收缩徐变引起的预应力损失值的增大影响。

对于重要的结构，当需要考虑施加预应力时混凝土龄期、结构理论厚度等因素对混凝土收缩徐变的影响时、以及需要考虑不同时间的影响时，比较精确的 σ_{l5}、σ'_{l5}计算可按如下方法计算。

1）由混凝土收缩徐变引起的预应力损失终极可按下列公式计算：

$$\sigma_{l5}=\frac{0.9\alpha_p\sigma_{pc}\phi_\infty+E_s\varepsilon_\infty}{1+15\rho} \tag{2.3-30}$$

$$\sigma'_{l5}=\frac{0.9\alpha_p\sigma'_{pc}\phi_\infty+E_s\varepsilon_\infty}{1+15\rho'} \tag{2.3-31}$$

式中 σ_{pc}——受拉区预应力钢筋合力点处，由预加力(扣除相应阶段预应力损失)和梁自重产生的混凝土法向压应力，其值不大于 $0.5f'_{cu}$；对简支梁可取跨中截面与 1/4 跨度处截面的平均值；对连续梁和框架可取若干有代表性截面的平均值；

σ'_{pc}——受拉区预应力钢筋合力点处，由预加力(扣除相应阶段预应力损失)和梁自重产生的混凝土法向压应力，其值不大于 $0.5f'_{cu}$，当 σ'_{pc}为拉应力时，取零；

ϕ_∞——混凝土徐变系数终极值；

ε_∞——混凝土收缩应变终极值；

E_s——预应力钢筋弹性模量；

α_p——预应力钢筋弹性模量与混凝土弹性模量的比值；

ρ、ρ'——受拉区、受压区预应力钢筋的配筋率；对先张法构件 $\rho=(A_p+A_s)/A_0$，$\rho'=(A'_p+A'_s)/A_0$；对后张法构件 $\rho=(A_p+A_s)/A_n$，$\rho'=(A'_p+A'_s)/A_n$；对于对称配筋构件，ρ、ρ'应按钢筋总截面面积的一半计算。

混凝土徐变系数终极值和收缩应变终极值应由实验实测得出，当无可靠资料时可以按表2.1-4采用。在年平均相对湿度低于40%的条件下使用的结构，表2.1-4列数值应增加30%。

注：1. 预加力时的混凝土龄期，对先张法构件可取3～7d，对后张法构件可取7～28d；

2. A为构件截面面积，u为该截面与大气接触的周边长度；

3. 当实际构件的理论厚度和预加力时的混凝土龄期为表2.1-4列数值的中间值时，可按线性内插法确定。

2）考虑时间影响的混凝土收缩和徐变引起的预应力损失值，可按公式(2.3-30)、式(2.3-31)计算的终极值乘以时间影响系数得到，影响系数见表2.3-6。

随时间变化的预应力损失系数 **表2.3-6**

时　间　(d)	钢筋应力松弛系数	混凝土收缩徐变系数
2	0.50	—
10	0.77	0.33
20	0.88	0.37
30	0.95	0.40
40	1.00	0.43
60		0.50
90		0.60
180		0.75
365		0.85
1095		1.00

混凝土收缩徐变引起的预应力损失在预应力总损失中的占的比重较大，减少的措施有：

1）控制混凝土法向压应力，其值不大于$0.5f'_{cu}$；

2）采用高强度等级水泥，以减少水泥用量；

3）采用级配良好的骨料及掺加高效减水剂，减少水灰比。

4）振捣密实，加强养护。

（6）环向预应力引起的预应力损失σ_{l6}

σ_{l6}是当环形构件采用螺旋式预应力钢筋作配筋时，由于混凝土的局部挤压造成的，规范对σ_{l6}计算作了如下规定：

当环形构件的直径$d\leqslant 3$m时，　$\sigma_{l6}=30\text{N/mm}^2$　(2.3-32)

当环形构件的直径$d>3$m时，　$\sigma_{l6}=0$　(2.3-33)

除了上述5项损失外，这里需要指出的是：

后张法构件采用分批张拉时，应当考虑后批张拉钢筋所产生的混凝土弹性压缩(或伸长)对先批张拉钢筋的影响，将先批张拉钢筋的张拉控制应力σ_{con}增加(或减少)$\alpha_E\sigma_{pci}$。此处，σ_{pci}为后批张拉钢筋在先批张拉钢筋重心处产生的的混凝土法向应力。

(7) 预应力损失的组合和下限值

在设计时可以将预应力损失分为两批：①混凝土预压完成前出现的损失 $\sigma_{l\mathrm{I}}$，即第一批损失；②混凝土预压完成后出现的损失 $\sigma_{l\mathrm{II}}$，即第二批损失。它们的组合见表 2.3-7。

各阶段预应力损失值的组合 **表 2.3-7**

预应力损失值的组合	先张法构件	后张法构件
混凝土预压前(第一批)损失 $\sigma_{l\mathrm{I}}$	$\sigma_{l1}+\sigma_{l2}+\sigma_{l3}+\sigma_{l4}$	$\sigma_{l1}+\sigma_{l2}$
混凝土预压后(第二批)损失 $\sigma_{l\mathrm{II}}$	σ_{l5}	$\sigma_{l4}+\sigma_{l5}+\sigma_{l6}$

注：1. 先张法构件由于钢筋应力松弛引起的损失值在第一批和第二批损失中所占的比例，如需区分，可根据实际情况确定；

2. 对先张法构件也列有 σ_{l2}，这是指先张法预应力钢筋采用折线形配筋情况时，考虑预应力钢筋转向处摩擦引起的应力损失，其数值可按实际情况确定。

考虑到各项损失的离散性，计算的损失值与实际值会有偏差，为了确保预应力结构的抗裂性，规范规定了预应力损失 σ_l 的下限值，即小于下列数值时，应按下列数值取用：

先张法 $100\mathrm{N/mm^2}$

后张法 $80\mathrm{N/mm^2}$

2.4 预应力混凝土结构的荷载效应组合

我国现行混凝土结构设计规范对预应力混凝土超静定结构中次内力的影响有明确的规定。

后张法预应力混凝土超静定结构，在进行正截面受弯承载力计算及抗裂验算时，在弯矩设计值中次弯矩应参与组合；在进行斜截面受剪承载力计算及抗裂验算时，在剪力设计值中次剪力应参与组合。

次弯矩、次剪力及其参与组合的计算应符合下列规定：

(1) 按弹性分析计算时，次弯矩 M_2 宜按下列公式计算：

$$M_2 = M_r - M_1 \tag{2.4-1}$$

$$M_1 = N_p e_{pn} \tag{2.4-2}$$

式中 N_p——预应力钢筋及非预应力钢筋的合力；

e_{pn}——净截面重心至预应力钢筋及非预应力钢筋合力点的距离；

M_1——预加力 N_p 对净截面重心偏心引起的弯矩值；

M_r——由预加力 N_p 的等效荷载在结构构件截面上产生的弯矩值。

次剪力宜根据构件各截面次弯矩的分布按结构力学方法计算。

(2) 在对截面进行受弯及受剪承载力计算时，当参与组合的次弯矩、次剪力对结构不利时，预应力分项系数应取 1.2；有利时应取 1.0。在对截面进行受弯及受剪的抗裂验算时，参与组合的次弯矩和次剪力的预应力分项系数应取 1.0。

当整个结构或结构的一部分超过某一特定状态，而不能满足设计规定的某一功能要求时，则称此特定状态为结构对该功能的极限状态。设计中的极限状态往往以结构的某种荷载效应，如内力、应力、变形、裂缝等超过相应规定的标志为依据。根据设计中要求考虑的结构功能，结构的极限状态在总体上可分为两大类，即承载能力极限状态和正常使用极限状态。对承载能力极限状态，一般是以结构的内力超过其承载能力为依据。对正常使用极限状态，一般是以结构的变形、裂缝、振动参数超过设计允许的限值为依据。在当前的设计中，有时也通过结构应力的控制来保证结构满足正常使用的要求，例如地基承载应力的控制。对所考虑的极限状态，在确定其荷载效应时，应对所有可能同时出现的活荷载作用加以组合，求得组合后在结构中的总效应。考虑荷载出现的变化性质，包括出现的与否和不同的方向，这种组合可以多种多样，因此还必须在所有可能组合中，取其中最不利的一组作为该极限状态的设计依据。

2.4.1　按承载能力极限状态设计时的荷载效应组合

对于承载能力极限状态的荷载效应组合，应根据所考虑的设计状况，选用不同的组合；对持久和短暂设计状况，应采用基本组合；对偶然设计状况，应采用偶然组合。并应采用下列设计表达式进行设计：

$$\gamma_0 S \leqslant R \tag{2.4-3}$$

式中　γ_0——结构重要性系数；

S——荷载效应组合的设计值；

R——结构构件抗力的设计值，应按各有关建筑结构设计规范的规定确定。

结构重要性系数应按下列规定采用：

1）对安全等级为一级或设计使用年限为100年及以上的结构构件，不应小于1.1；

2）对安全等级为二级或设计使用年限为50年的结构构件，不应小于1.0；

3）对安全等级为三级或设计使用年限为5年的结构构件，不应小于0.9。

注：对设计使用年限为25年的结构构件，各类材料结构设计规范可根据各自情况确定结构重要性系数的取值。

（1）基本组合

对于基本组合，荷载效应组合的设计值S应从下列组合值中取最不利值确定：

1）由可变荷载效应控制的组合：

$$S = \gamma_G S_{GK} + \gamma_{Q1} S_{Q1K} + \sum_{i=2}^{n} \gamma_{Qi} \psi_{ci} S_{Qik} \tag{2.4-4}$$

式中　γ_G——永久荷载的分项系数；

γ_{Qi}——第i个可变荷载的分项系数；其中γ_{Q1}为可变荷载Q_1的分项系数；

S_{GK}——按永久荷载标准值G_K计算的荷载效应值；

S_{QiK}——可变荷载标准值Q_{ik}计算的荷载效应值，其中S_{Q1K}为诸可变荷载效应中起控制作用者；

ψ_{ci}——可变荷载Q_i的组合值系数；

n——参与组合的可变荷载数。

2）由永久荷载效应控制的组合：

$$S = \gamma_G S_{GK} + \sum_{i=2}^{n} \gamma_{Qi} \psi_{ci} S_{QiK} \tag{2.4-5}$$

注：1. 基本组合中的设计值仅适用于荷载与荷载效应为线性的情况。

2. 当对S_{Q1K}无法明显判断时，依次以各可变荷载效应为S_{Q1K}，选其中最不利的荷载效应组合。

3. 当考虑以竖向的永久荷载效应控制的组合时，参与组合的可变荷载仅限于竖向荷载。

对于一般排架、框架结构，基本组合可采用简化规则，并应按下列组合值中取最不利值确定：

1）由可变荷载效应控制的组合：

$$S=\gamma_{G}S_{GK}+\gamma_{Q1}S_{Q1K}$$

$$S=\gamma_{G}S_{GK}+0.9\sum_{i=2}^{n}\gamma_{Qi}S_{QiK} \tag{2.4-6}$$

2）由永久荷载效应控制的组合仍按公式(2.4-5)采用。

基本组合的荷载分项系数，应按下列规定采用：

1）永久荷载的分项系数：

① 当其效应对结构不利时

—对由可变荷载效应控制的组合，应取 1.2；

—对由永久荷载效应控制的组合，应取 1.35；

—对预应力混凝土超静定结构，此内力的分项系数应取 1.2。

② 当其效应对结构有利时

——般情况下应取 1.0；

—对结构的倾覆、滑移或漂浮验算，应取 0.9；

—对预应力混凝土超静定结构，此内力的分项系数应取 1.0。

2）可变荷载的分项系数：

——般情况下应取 1.4；

—对标准值大于 $4kN/m^2$ 的工业房屋楼面结构的活荷载应取 1.3。

注：对于某些特殊情况，分项系数可按建筑结构有关设计规范的规定确定。

（2）偶然组合

偶然组合是指一种偶然作用与其他可变荷载相结合。对偶然状况设计状况(包括撞击、爆炸、火灾事故的发生)，均应采用偶然组合进行设计。建筑结构可采用下列原则之一按承载能力极限状态进行设计：

1）按作用效应的偶然组合进行设计或采取防护措施，使主要承重结构不致因出现设计规定的偶然事件而丧失承载能力；

2）允许主要承重结构因出现设计规定的偶然事件而局部破坏，但其剩余部分具有在一段时间内不发生连续倒塌的可靠度。

由于偶然荷载的出现是罕遇事件，它本身发生的概率极小，因此，对偶然设计状况，允许结构丧失承载能力的概率比持久和短暂状况可大些。考虑到不同偶然荷载的性质差别较大，目前还难以给出具体统一的设计表达式。偶然组合荷载效应组合的设计值宜按下列规定确定：偶然荷载的代表值不乘分项系数；与偶然荷载同时出现的其他荷载可根据观测资料和工程经验采用适当的代表值；不必同时考虑两种偶然荷载；设计时应区分偶然事件发生时和发生后的两种不同设计状况。

虽然我们对大部分偶然荷载还不能系统地掌握，但对于地震荷载我们还是能够较为准确地把握住其对结构物的影响。《建筑结构抗震设计规范》(GB 50011—2001)规定：

结构构件的截面抗震验算，应采用下列设计表达式：

$$S\leqslant R/\gamma_{RE} \tag{2.4-7}$$

式中 γ_{RE}——承载力抗震调整系数，除另有规定外，应按表 2.4-1 采用；

R——结构构件承载力设计值。

承载力抗震调整系数　　表 2.4-1

材料	结构构件	受力状态	γ_{RE}
钢	柱，梁		0.75
	支撑		0.80
	节点板件，连接螺栓		0.85
	连接焊缝		0.90
砌体	两端均有构造柱、芯柱的	受剪	0.9
	抗震墙其他抗震墙	受剪	1.0
混凝土	梁	受弯	0.75
	轴压比小于 0.15 的柱	偏压	0.75
	轴压比不小于 0.15 的柱	偏压	0.80
	抗震墙	偏压	0.85
	各类构件	受剪、偏拉	0.85

结构构件的地震作用效应和其他荷载效应的基本组合，应按下式计算：

$$S=\gamma_G S_{GE}+\gamma_{Eh}S_{Ehk}+\gamma_{EV}S_{EVk}+\psi_W\gamma_W S_{Wk} \tag{2.4-8}$$

式中　S——结构构件内力组合的设计值，包括组合的弯矩、轴向力和剪力设计值；

γ_G——重力荷载分项系数，一般情况应采用 1.2，当重力荷载效应对构件承载能力有利时，不应大于 1.0；

γ_{Eh}、γ_{EV}——分别为水平、竖向地震作用分项系数，应按表 2.4-2 采用；

γ_W——风荷载分项系数，应采用 1.4；

S_{GE}——重力荷载代表值的效应，有吊车时，尚应包括悬吊物重力标准值的效应；

S_{Ehk}——水平地震作用标准值的效应，尚应乘以相应的增大系数或调整系数；

S_{EVk}——竖向地震作用标准值的效应，尚应乘以相应的增大系数或调整系数；

S_{Wk}——风荷载标准值的效应；

ψ_W——风荷载组合值系数，一般结构取 0.0，风荷载起控制作用的高层建筑应采用 0.2。

地震作用分项系数　　表 2.4-2

地震作用	γ_{Eh}	γ_{EV}
仅计算水平地震作用	1.3	0.0
仅计算竖向地震作用	0.0	1.3
同时计算水平和竖向地震作用	1.3	0.5

注：当仅计算竖向地震作用时，各类结构构件承载力抗震调整系数均宜采用 1.0。

2.4.2　按正常使用极限状态设计时的荷载效应组合

对于正常使用极限状态，应根据不同的设计要求，采用荷载的标准组合、频遇组合或准永久组合，并应按下列设计表达式进行设计：

$$S\leqslant C \tag{2.4-9}$$

式中　C——结构或结构构件达到正常使用要求的规定限值，例如变形、裂缝、振幅、加速度、应力等的限值，应按各有关建筑结构设计规范的规定采用。

（1）标准组合

对于标准组合，荷载效应组合的设计值 S 应按下式采用：

$$S = S_{GK} + S_{Q1K} + \sum_{i=2}^{n} \psi_{ci} S_{Qik} \tag{2.4-10}$$

注：组合中的设计值仅适用于荷载与荷载效应为线性的情况。

（2）频遇组合

频遇组合系指永久荷载标准值、主导可变荷载的频遇值与伴随可变荷载的准永久值的效应组合。对于频遇组合，荷载效应组合的设计值 S 应按下式采用：

$$S = S_{GK} + \psi_{f1} S_{Q1K} + \sum_{i=2}^{n} \psi_{qi} S_{Qik} \tag{2.4-11}$$

式中　ψ_{f1}——可变荷载 Q_1 的频遇值系数；

ψ_{qi}——可变荷载 Q_i 的准永久值系数。

注：组合中的设计值仅适用于荷载与荷载效应为线性的情况。

（3）准永久组合

对于准永久组合，荷载效应组合的设计值 S 可按下式采用：

$$S = S_{GK} + \sum_{i=1}^{n} \psi_{qi} S_{Qik} \tag{2.4-12}$$

注：组合中的设计值仅适用于荷载与荷载效应为线性的情况。

思　考　题

1. 预应力结构对混凝土、钢材、锚固体系有哪些性能要求？
2. 我国《混凝土结构设计规范》(GB 50010—2002)对张拉控制应力规定是怎样的？
3. 预应力损失共有几种？简述每一种损失的计算方法。
4. 一后张预应力混凝土梁，其中曲线预应力筋为 $\phi^{s}15$ 钢绞线，线型如图 1 所示。孔道采预埋金属波纹管，计算单端张拉和两端张拉时 a、b、c、d、e 各点摩擦损失 σ_{l2}，并绘出沿梁全长预应力钢绞线的应力分布图。

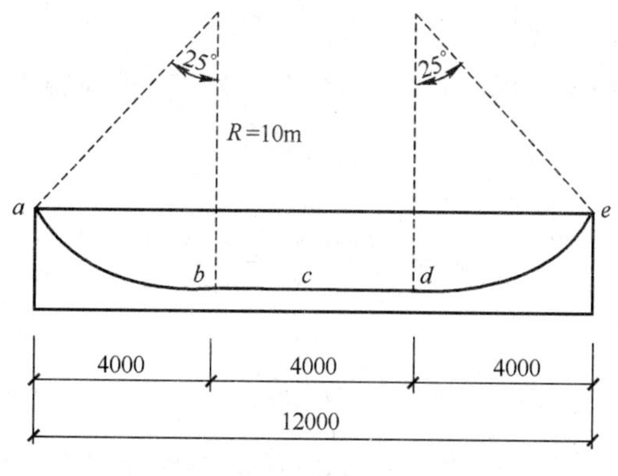

图 1　线性图

5. 试说明预应力是如何参与荷载组合的。

第3章 预应力混凝土受弯构件设计

3.1 预应力混凝土受弯构件正截面承载力计算

3.1.1 有粘结预应力受弯构件正截面破坏形态及基本假定[11]

(1) 破坏形态:

预应力混凝土受弯构件，随预应力钢材性能、混凝土强度及配筋率不同，而与普通钢筋混凝土受弯构件一样可分为三类破坏形态，即带有塑性性质的适筋梁破坏、带有脆性破坏性质的超筋梁破坏和少筋梁破坏。

(2) 基本假定:

1) 平截面假定。

即受弯前后，沿截面高度混凝土应变与离开中性轴的距离成正比。

2) 不考虑混凝土的抗拉强度。

即从正截面裂缝顶端到中性层间有一小部分受拉区混凝土抗拉强度所承担的拉力很小。故偏安全又适应于简化而将其忽略不计。

3) 变形协调假定。

即预应力钢材与混凝土有很好的粘结强度，由荷载引起的钢材应变与相同位置混凝土应变相同。

4) 混凝土的极限压应变和应力-应变本构关系。

根据国内外受弯构件和偏心受压构件试验表明，混凝土的极限压应变与混凝土的强度等级、钢筋品种、配筋率、截面形状、箍筋配置、施加预应力大小等许多因素有关。所得试验值离散性大，范围在0.002～0.007；国内近年来试验表明，无屈服台阶钢筋的试验梁极限压应变的统计平均值为0.0034，有屈服台阶钢筋的试验梁约为0.0029，而国内外各类混凝土规范的极限压应变值也不尽相同。

我国的《混凝土结构设计规范》(GB 50010—2002)对混凝土的受压的应力和应变曲线按下式规定取用:

当 $\varepsilon_c \leqslant \varepsilon_0$ 时:

$$\sigma_c = f_c\left[1-\left(1-\frac{\varepsilon_c}{\varepsilon_0}\right)^n\right] \tag{3.1-1}$$

当 $\varepsilon_0 < \varepsilon_c \leqslant \varepsilon_{cu}$ 时:

$$\sigma_c = f_c \tag{3.1-2}$$

$$n = 2-\frac{1}{60}(f_{cu,k}-50) \tag{3.1-3}$$

$$\varepsilon_0 = 0.002+0.5(f_{cu,k}-50)\times 10^{-5} \tag{3.1-4}$$

$$\varepsilon_{cu} = 0.0033-(f_{cu,k}-50)\times 10^{-5} \tag{3.1-5}$$

式中　σ_c——混凝土压应变为 ε_c 时的混凝土压应力；

f_c——混凝土轴心抗压强度设计值；

ε_0——混凝土压应力刚达到 f_c 时的混凝土压应变，当计算的 ε_0 小于 0.002 时，取为 0.002；

ε_{cu}——正截面的混凝土极限压应变，当处于非均匀受压时，按式(3.1-5)计算，如计算的 ε_{cu} 值大于 0.0033，取为 0.0033；当处于轴心受压时取为 ε_0；

$f_{cu,k}$——混凝土立方体抗压强度标准值；

n——系数，当计算值大于 2.0 时，取为 2.0。

(3) 纵向钢筋的应力取等于钢筋应变与其弹性模量的乘积但其绝对值不应大于其相应的强度设计值。纵向受拉钢筋的极限拉应变取为 0.01。

受弯构件偏心受力构件正截面受压区混凝土的应力图形可简化为等效的矩形应力图。

矩形应力图的受压区高度 x 可取等于按截面应变保持平面的假定所确定的中和轴高度乘以系数 β_1。当混凝土强度等级不超过 C50 时，β_1 取为 0.8，当混凝土强度等级为 C80 时，β_1 取为 0.74，其间按线性内插法确定。

矩形应力图的应力值取为混凝土轴心抗压强度设计值 f_c 乘以系数 α_1。当混凝土强度等级不超过 C50 时，α_1 取为 1.0，当混凝土强度等级为 C80 时，α_1 取为 0.94，其间按线性内插法确定。

(4) 预应力混凝土结构纵向受拉钢筋屈服与受压区混凝土破坏同时发生时的相对界限受压区高度 ξ_b 应按下式计算：

$$\xi_b=\frac{\beta_1}{1+\frac{0.002}{\varepsilon_{cu}}+\frac{f_{py}-\sigma_{p0}}{E_s\varepsilon_{cu}}} \tag{3.1-6}$$

式中　ξ_b——相对界限受压区高度，$\xi_b=x_b/h_0$；

x_b——界限受压区高度；

h_0——截面有效高度：纵向受拉钢筋合力点至截面受压边缘的距离。

注：当截面受拉区内配置有不同种类或不同预应力值的钢筋时受弯构件的相对界限受压区高度应分别计算，并取其小值。

(5) 纵向钢筋应力应按下列规定确定：

1) 纵向钢筋应力宜按下列公式计算：

普通钢筋

$$\sigma_{si}=E_s\varepsilon_{cu}\left(\frac{\beta_1 h_{0i}}{x}-1\right) \tag{3.1-7}$$

预应力钢筋

$$\sigma_{pi}=E_s\varepsilon_{cu}\left(\frac{\beta_1 h_{0i}}{x}-1\right)+\sigma_{p0i} \tag{3.1-8}$$

2) 纵向钢筋应力值也可以按下列近似公式计算：

普通钢筋

$$\sigma_{si}=\frac{f_y}{\xi_b-\beta_1}\left(\frac{x}{h_{0i}}-\beta_1\right) \tag{3.1-9}$$

预应力钢筋

$$\sigma_{pi}=\frac{f_{py}-\sigma_{p0i}}{\xi_{b}-\beta_{1}}\left(\frac{x}{h_{0i}}-\beta_{1}\right)+\sigma_{p0i} \tag{3.1-10}$$

3）按式(3.1-7)～式(3.1-10)计算的纵向钢筋应力应符合下列条件：

$$-f'_{y}\leqslant\sigma_{si}\leqslant f_{y} \tag{3.1-11}$$

$$\sigma_{p0i}-f'_{py}\leqslant\sigma_{pi}\leqslant f_{py} \tag{3.1-12}$$

当计算的 σ_{si} 为拉应力且其值大于 f_{y} 时，取 $\sigma_{si}=f_{y}$；当 σ_{si} 为压应力且其值大于 f'_{y} 时，取 $\sigma_{si}=-f'_{y}$。当计算的 σ_{pi} 为拉应力且其值大于 f_{py}时，取 $\sigma_{pi}=f_{py}$；当 σ_{pi} 为压应力且其值大于 $\sigma_{p0i}-f'_{py}$ 的绝对值时，取 $\sigma_{pi}=\sigma_{p0i}-f'_{py}$。

式中 h_{0i}——第 i 层纵向钢筋截面重心至截面受压边缘的距离；

x——等效矩形应力图形的混凝土受压区高度；

σ_{si}，σ_{pi}——第 i 层纵向普通钢筋、预应力钢筋的应力，正值代表拉应力，负值代表压应力；

f'_{y}，f'_{py}——纵向普通钢筋、预应力钢筋的抗压强度设计值；

σ_{p0i}——第 i 层纵向预应力钢筋截面重心处混凝土法向应力等于零时的预应力钢筋应力。

3.1.2 预应力混凝土受弯构件正截面承载力计算的特点

在破坏阶段，预应力混凝土受弯构件的性能与普通钢筋混凝土受弯构件基本相同，但也有其自身特点。混凝土开裂后，随着荷载增大，预应力混凝土受弯构件性能趋近于普通钢筋混凝土受弯构件，混凝土与钢材应力继续增大。混凝土受压区塑性发展如同普通钢筋混凝土受弯构件，当受拉区钢材达到其极限应力后，混凝土受压区边缘应变达到极限压应变，构件耗尽承载力而破坏。但是，预应力混凝土受弯构件在接近破坏时受力性能与普通钢筋混凝土受弯构件比较仍有显著区别：

其一，在未受外荷载时，预应力混凝土受弯构件中的预应力筋已有应力，即扣除各项损失后的有效预应力不为零，而普通钢筋混凝土受弯构件未受荷载时应力为零；

其二，预应力混凝土受弯构件中一般采用高强钢材(钢丝、钢绞线等)，其特点是无明显屈服台阶，钢材进入塑性变形后，其应力随变形增长而提高是未知量，需在给定钢材应力应变曲线后才能进行截面分析，否则需采用条件屈服强度作为破坏时高强钢材极限应力的简化方法；而在普通钢筋混凝土受弯构件中，一般均采用有明显屈服台阶的软钢，钢材应力可以由平截面假定和理想弹塑性材料应力应变假定确定。

3.1.3 正截面承载力计算[11]

对于受弯构件正截面承载力计算较精确的方法，可以用变形协调方法，结合实际预应力筋的应力—应变曲线，用试算法反复迭代，最后求得受压区高度、预应力筋极限应力和抗弯承载或其他未知量。这种方法虽精确但繁琐不实用，所以通常采用以条件屈服强度替代无明显屈服台阶预应力筋极限应力的简化方法，这样就可如同普通钢筋混凝土受弯构件正截面承载力计算方法，通过力系平衡建立起计算公式。

(1) 矩形截面正截面受弯承载力计算

矩形截面或翼缘位于受拉边的倒 T 形截面受弯构件其正截面受弯承载力应符合下列规定计算(如图 3.1-1)：

$$M\leqslant\alpha_{1}f_{c}bx\left(h_{0}-\frac{x}{2}\right)+f'_{y}A'_{s}(h_{0}-a'_{s})-(\sigma'_{p0}-f'_{py})A'_{p}(h_{0}-a'_{p}) \tag{3.1-13}$$

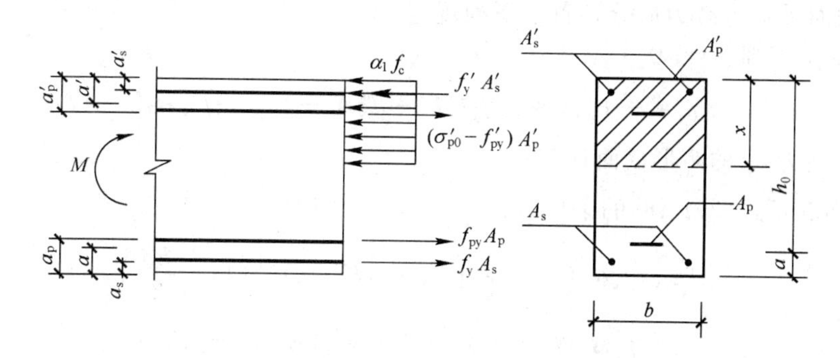

图 3.1-1　矩形截面受弯构件正截面承载能力计算

混凝土受压区高度应按下列公式确定：

$$\alpha_1 f_c bx = f_y A_s - f'_y A'_s + f_{py} A_p + (\sigma'_{p0} - f'_{py}) A'_p \tag{3.1-14}$$

混凝土受压区高度尚应符合下列条件：

$$x \leqslant \xi_b h_0$$
$$x \geqslant 2a' \tag{3.1-15}$$

式中　M——弯矩设计值；

α_1——系数，当混凝土强度等级不超过 C50 时，α_1 取为 1.0，当混凝土强度等级为 C80 时，α_1 取为 0.94，其间按线性内插法确定；

f_c——混凝土轴心抗压强度设计值；

A_s、A'_s——受拉区、受压区纵向普通钢筋的截面面积；

A_p、A'_p——受拉区、受压区纵向预应力钢筋的截面面积；

σ'_{p0}——受压区纵向预应力钢筋合力点处混凝土法向应力等于零时的预应力钢筋应力；

b——矩形截面的宽度；

h_0——截面有效高度；

a'_s、a'_p——受压区纵向普通钢筋合力点、预应力钢筋合力点至截面受压边缘的距离；

a'——受压区全部纵向钢筋合力点至截面受压边缘的距离，当受压区未配置纵向预应力钢筋或受压区纵向预应力钢筋应力$(\sigma'_{p0} - f'_{py})$为拉应力时，公式中的 a' 用 a'_s 代替。

(2) 翼缘位于受压区的 T 形、I 形截面受弯构件(图 3.1-2)

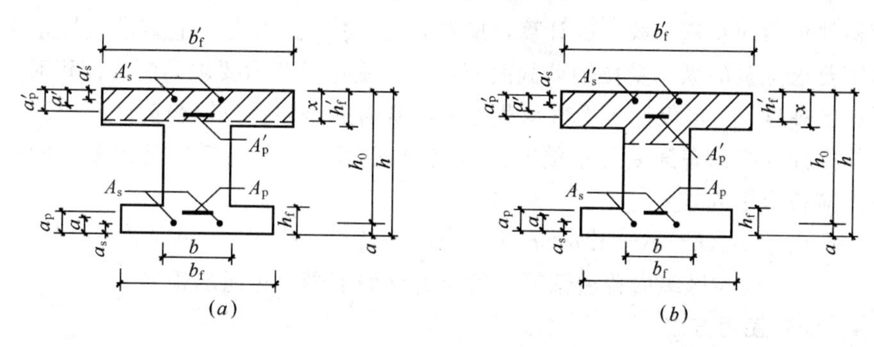

图 3.1-2　I 形截面受弯构件受压区高度位置

$(a)\, x \leqslant h'_f$；$(b)\, x > h'_f$

其正截面受弯承载力应分别符合下列规定：

1）当满足下列条件时：

$$f_{y}A_{s}+f_{py}A_{p}\leqslant\alpha_{1}f_{c}b_{f}'h_{f}'+f_{y}'A_{s}'-(\sigma_{p0}'-f_{py}')A_{p}' \quad (3.1\text{-}16)$$

应按宽度为 b_{f}' 的矩形截面计算；

2）当不满足式(3.1-16)的条件时：

$$M\leqslant\alpha_{1}f_{c}bx\left(h_{0}-\frac{x}{2}\right)+\alpha_{1}f_{c}(b_{f}'-b)h_{f}'\left(h_{0}-\frac{h_{f}'}{2}\right)$$
$$+f_{y}'A_{s}'(h_{0}-a_{s}')-(\sigma_{p0}'-f_{py}')A_{p}'(h_{0}-a_{p}') \quad (3.1\text{-}17)$$

混凝土受压区高度应按下列公式确定：

$$\alpha_{1}f_{c}[bx-(b-b_{f}')h_{f}']=f_{y}A_{s}-f_{y}'A_{s}'+f_{py}A_{p}+(\sigma_{p0}'-f_{py}')A_{p}' \quad (3.1\text{-}18)$$

式中 h_{f}'——T形、I形截面受压区的翼缘高度；

b_{f}'——T形、I形截面受压区的翼缘计算宽度按表3.1-1规定确定。

T形、I形及倒L形截面受弯构件翼缘计算宽度 b_{f}' 　　　**表3.1-1**

情况			T形、I形截面		倒L形截面
			肋形梁、板	独立梁	肋形梁、板
1	按计算跨度 l_0 考虑		$l_0/3$	$l_0/3$	$l_0/6$
2	按梁(纵肋)净距 S_n 考虑		$b+S_n$	—	$b+S_n/2$
3	按翼缘高度 h_{f}' 考虑	$h_{f}'/h_0\geqslant0.1$	—	$b+12h_{f}'$	—
		$0.1>h_{f}'/h_0\geqslant0.05$	$b+12h_{f}'$	$b+6h_{f}'$	$b+5h_{f}'$
		$h_{f}'/h_0<0.05$	$b+12h_{f}'$	b	$b+5h_{f}'$

注：1. 表中 b 为腹板宽度；

2. 如肋形梁在梁跨内设有间距小于纵肋间距的横肋时则可不遵守表列情况3的规定；

3. 对加腋的T形、I形和倒L形截面，当受压区加腋的高度 $h_h\geqslant h_{f}'$ 且加腋的宽度 $b_h\leqslant3h_h$ 时，其翼缘计算宽度可按表列情况3的规定分别增加 $2b_h$(T形、I形截面)和 b_h(倒L形截面)；

4. 独立梁受压区的翼缘板在荷载作用下经验算沿纵肋方向可能产生裂缝时，其计算宽度应取腹板宽度 b。

按上述公式计算T形、I形截面受弯构件时，混凝土受压区高度尚应符合式(3.1-15)要求。T形、I形及倒L形截面受弯构件位于受压区的翼缘计算宽度 b_{f}' 按表3.1-1所列情况中的最小值取用。

受弯构件正截面受弯承载力的计算，应符合 $x\leqslant\xi_{b}h_{0}$。当由构造要求或按正常使用极限状态验算要求配置的纵向受拉钢筋截面面积大于受弯承载力要求的配筋面积时，计算的混凝土受压区高度 x，可仅计入受弯承载力条件所需的纵向受拉钢筋截面面积。

当计算中计入纵向普通受压钢筋时，应当保证 $x\geqslant2a'$；当不满足此条件时，正截面受弯承载力应符合下列规定：

$$M\leqslant f_{py}A_{p}(h-a_{p}-a_{s}')+f_{y}A_{s}(h-a_{s}-a_{s}')+(\sigma_{p0}'-f_{py}')A_{p}'(a_{p}'-a_{s}') \quad (3.1\text{-}19)$$

式中 a_{s}、a_{p}——受拉区纵向普通钢筋、预应力钢筋至受拉边缘的距离。

3.1.4 公式使用方法

综上，预应力混凝土受弯构件截面极限承载能力计算方程基本类似于与普通钢筋混凝土受弯构件计算。如同普通钢筋混凝土受弯构件公式应用方法，无论配筋设计还是截面承载能力复核，其核心无非是解两个未知数：对于复核问题即为求 x 和截面承载能力 M_u，对于设计问题为求 x 和受拉预应力筋的面积。应用的技巧在于避免解联立方程，选择合适方程求解 x。这些内容实际上与普通钢筋混凝土受弯构件的计算是一致的。

3.1.5 无粘结预应力混凝土受弯构件正截面破坏形态及结构计算特点

(1) 无粘结预应力混凝土的概述

20 世纪 70 年代以后，在预应力混凝土领域内出现一种预应力筋直接设置在混凝土体外，或者预应力筋设置在混凝土体内，但孔道不需进行灌浆的无粘结预应力混凝土结构。这种无粘结预应力混凝土的预应力筋在纵向的两锚固点间可以自由滑动，在混凝土梁体中起着拉杆的作用，其受力具有内部超静定结构的特性，见图 3.1-3。

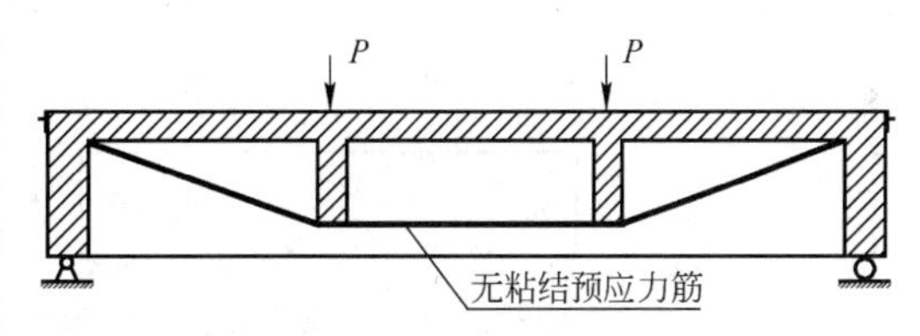

图 3.1-3 无粘结预应力混凝土梁

无粘结预应力混凝土有两种形式：一种是预应力筋仍然设置在混凝土体内但与混凝土没有粘结在一起，预应力筋在孔道的两个锚固点间可以自由滑动，这种形式主要用于房屋结构；另一种是预应力筋设置在混凝土体外，亦称体外索无粘结预应力混凝土，这种形式施工最为简便，多用于桥梁结构与跨径较大的房屋结构，用于箱形结构最合适。

(2) 无粘结预应力混凝土的破坏形态及结构计算特点

无粘结预应力混凝土结构具有无需预留孔道、无需灌浆、经济性好、预应力筋有更换的可能性等优点。由于无粘结预应力混凝土结构的预应力筋与混凝土不是粘结在一起，因此，它的受力性能与通常的有粘结预应力混凝土结构不同，即预应力筋在梁体内的变形不像有粘结预应力混凝土那样，预应力筋与周围的混凝土有相同的应变；无粘结预应力混凝土结构中无粘结预应力筋的变形是由两个锚固点间的变形累积而成的，如果忽略局部孔道的摩擦力影响，那么无粘结筋的应变在两相邻锚固点间是均匀的。这样在通常设计中的控制截面破坏时，无粘结筋的应力达不到设计强度。因此，无粘结预应力混凝土梁的抗弯极限承载力要比相应的有粘结预应力混凝土梁低。已有研究的资料表明，无粘结梁的抗弯极限承载力较同等条件下的有粘结梁低 10%～30%。

无粘结预应力混凝土结构的无粘结预应力筋与混凝土没有粘结在一起，因此无粘结筋可以看作起拉杆作用的独立杆件。这样无粘结预应力混凝土就是具有内部多余联系的静定或超静定结构。试验与理论分析都证实：无粘结梁在混凝土开裂之前，其受力性能与有粘结梁相似，但在混凝土开裂后则明显不同，无粘结梁在混凝土开裂后其受力形态更接近于带拉杆的扁拱，而不同于梁；同时在混凝土开裂后平截面变形假定只适用于混凝土梁体的平均变形，而不适用于无粘结筋。无粘结预应力混凝上梁还由于在梁破坏时无粘结筋的极限应力达不到其抗拉极限强度，因此破坏时更显得脆性。

通常，不配置有粘结非预应力筋的无粘结预应力混凝土受弯构件在最大弯矩区段内将只出现一条或很少的几条裂缝，其中一条主裂缝一经产生即迅速展开、其上部呈叉形。图 3.1-4(a)所示为纯无粘结预应力混凝土受弯构件裂缝的开展情况，随着裂缝的迅速开展，截面中性轴上升，混凝土受压应变增加很快，挠度增加较快，但预应力筋的应变增加较慢，最后无粘结预应力混凝土受弯构件产生类似带拉杆的扁拱的破坏形式。而有粘结后张预应力混凝土受弯构件在承受荷载时，任一截面预应力筋的变形与它周围混凝土的变形是协调的，有粘结预应力筋的最大应力出现在最大弯矩截面处。有粘结预应力混凝土受弯构件的裂缝分布较均匀，间距较小，裂缝和挠度增加较慢，如图 3.1-4(*b*)所示。试验表明，与相同配筋无粘结预应力混凝土受弯构件相比，开裂后在相同荷载下有粘结预应力混凝土受弯构件的挠度较小。

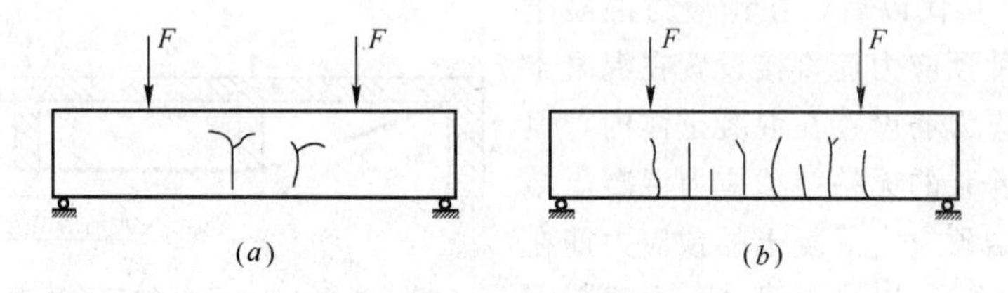

图 3.1-4　使用荷载下预应力混凝土受弯构件的裂缝分布

(*a*)无粘结受弯构件；(*b*)有粘结受弯构件

无粘结预应力混凝土受弯构件极限承载能力较低的原因在于：在无粘结预应力混凝土受弯构件中，由于无粘结筋和混凝土发生纵向的相对滑动，无粘结筋的应力基本沿全长均匀分布。当受弯构件的受压区混凝土达到极限应变时，无粘结筋的应变增量比有粘结筋小。受弯构件破坏时，无粘结筋的极限应力小于最大弯矩截面处有粘结筋的极限应力，所以无粘结受弯构件的极限承载力低于有粘结受弯构件。

纯无粘结预应力混凝土受弯构件具有裂缝条数少、裂缝和挠度发展快以及脆性破坏形态等不利特性，这大大影响了纯无粘结预应力混凝土受弯构件在工程实践中推广应用。

无粘结部分预应力混凝土受弯构件与纯无粘结预应力混凝土受弯构件性能不同。研究表明，混合配筋的无粘结部分预应力混凝上，可以有效地克服纯无粘结预应力混凝土受弯构件的不利特性。配置一定数量的有粘结非预应力钢筋的无粘结预应力混凝土受弯构件，对改善纯无粘结受弯构件的使用性能非常有利。试验表明，相同条件下，无粘结部分预应力混凝土受弯构件采用混合配筋后，其工作性能、强度和延性可能达到和有粘结部分预应力混凝土受弯构件相同甚至更好的状态。

当非预应力筋的配筋率达到 0.3%，且非预应力筋在极限状态下的拉力不低于预应力筋与非应力筋两者拉力之和的 25%，即 $A_s f_{sy}/(A_s f_{sy}+A_p\sigma_{pu})\geqslant 0.25$（其中 σ_{pu}为无粘结预应力筋的极限应力），则这种无粘结预应力混凝上受弯构件的受力性能与有粘结预应力混凝土受弯构件基本类似，荷载—挠度曲线也有不开裂弹性、开裂弹性和塑性三个阶段，如图 3.1-5 所示。破坏特征是有粘结非预应力筋首先屈服，然后裂缝迅速向上伸展，受压区越来越小。最后由于受压区混凝土被压碎而导致构件破坏，呈现弯曲破坏特征。有试验表明，当无粘结部分预应力混凝土受弯构件采用混合配筋时，相同条件下，无粘结部分预应力混凝土受弯构件与有粘结部分预应力混凝土受弯构件相比，其

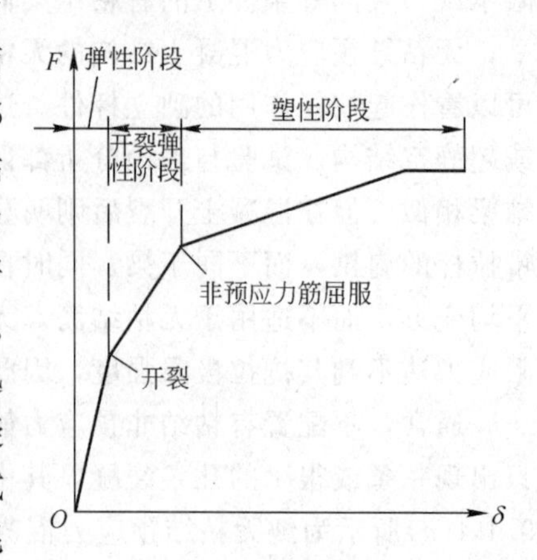

图 3.1-5　无粘结部分预应力混凝土受弯构件荷载—挠度曲线

工作性能、强度和延性相同甚至更好。

在无粘结部分预应力混凝土受弯构件中，无粘结预应力筋的极限应力与非预应力筋的配筋率有关。试验表明，配置一定数量的非预应力筋有利于提高无粘结预应力筋的极限应力值，改善梁的受弯延性。但是，当有粘结非预应力钢筋超过所需的数量时，将导致梁中无粘结预应力筋的极限应力下降。

3.1.6 无粘结预应力筋的极限应力

计算无粘结预应力混凝土受弯构件的极限承载力，关键是确定构件在达到极限承载力时无粘结筋中的极限应力值。无粘结预应力受弯构件预应力筋的应力，随荷载变化的规律与有粘结预应力筋是不同的，如图 3.1-6 所示。由图 3.1-6 可清楚地看到，无粘结预应力筋的应力增量总是低于有粘结预应力筋的应力增量，随着荷载的增大，这个差距越来越大。当构件达到极限荷载时，无粘结预应力筋的极限应力都不可能超过钢筋的条件屈服强度 $f_{0.2}$。其原因如前所述，当有粘结预应力混凝土受弯构件承受荷载时，任何截面处预应力筋的应变变化都是与其周围混凝土的应变变化相协调的，故有粘结预应力筋的最大应力发生在最大弯矩截面处；而无粘结预应力混凝土受弯构件承受荷载后，由于无粘结预应力筋能发生纵向相对滑动，沿预应力筋通长的应变(或应力)几乎是一样的，其应变的变化值等于沿应力筋全长周围混凝土应变变化的平均值。这样，当受弯构件由于受压区混凝土达到极限应变导致弯曲破坏时，无粘结预应力筋中的最大应变将比有粘结预应力筋的最大应变小。所以，无粘结预应力筋的极限应力将低于有粘结预应力筋的极限应力。

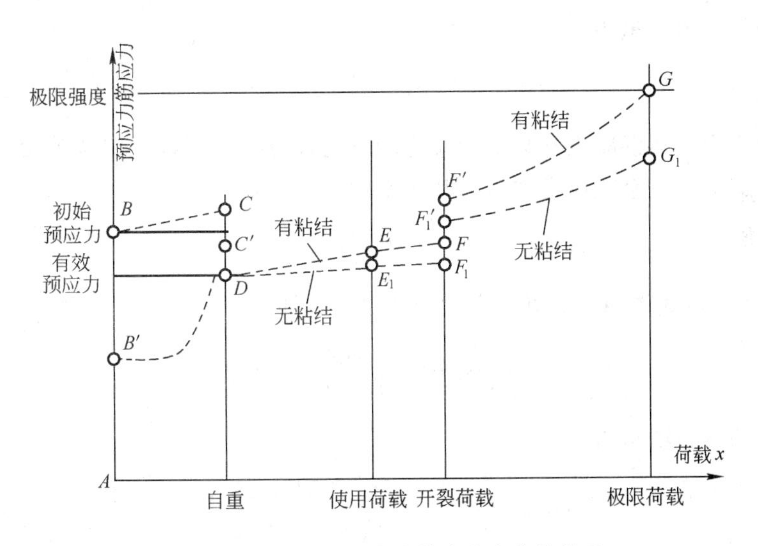

图 3.1-6 荷载—预应力筋应力变化的关系

在混凝土开裂之前，无粘结预应力筋的应力增量很小；在混凝土开裂后，预应力筋应力增加较快。无粘结预应力筋的极限应力与有效预应力、预应力筋和有粘结非预应力筋的配筋率、梁的高跨比、钢筋和混凝土的材料特性、荷载形式、预留套管以及预应力筋摩擦力等因素有关。

(1) 无粘结筋的应力增量的计算

由于无粘结筋的变形不服从平截面变形假定，从而，外荷载产生的无粘结筋的应力计算比较复杂。由于无粘结预应力混凝土结构的预应力筋与混凝土没有粘结在一起，在外荷载作用下梁弯曲时，无粘结筋起拉杆的作用，因此，无粘结预应力混凝土结构可以看成一种具有多余联系的结构。

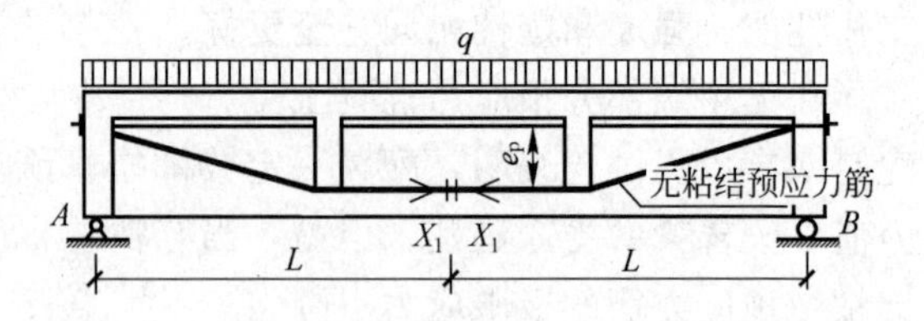

图 3.1-7 简支梁无粘结预应力筋的拉杆作用

混凝土开裂前，荷载作用下产生的应力增量可以用结构力学的方法求解。图 3.1-7 所示的简支无粘结梁，在外荷载作用下预应力筋的多余力 X_1 为：

$$X_1=-\frac{\Delta_{1q}}{\delta_{11}} \tag{3.1-20}$$

$$\Delta_{1q}=-\int\frac{M^0y(e)}{E_cI_c}ds \tag{3.1-21}$$

$$\delta_{11}=\int\frac{y^2(e)}{E_cI_c}ds+\frac{l_p}{E_pA_p} \tag{3.1-22}$$

式中 $y(e)$——预应力筋坐标方程；

M^0——外荷载产生的弯矩；

l_p——预应力筋长度。

对于在满跨均布荷载下，预应力筋按二次抛物线布置时，有

$$X_1=\frac{ql^2}{8e_p}\left(1+\frac{8n_ple_p^2A_p}{15l_pI_c}\right) \tag{3.1-23}$$

预应力筋的应力增量为：

$$\Delta\delta_p=\frac{X_1}{A_p} \tag{3.1-24}$$

无粘结预应力筋在混凝土开裂前的应力增量的计算，也可以近似认为无粘结预应力筋的应变增量等于混凝土全梁应变增量总和的平均值，即：

$$\Delta\varepsilon_p=\frac{\Delta}{l} \tag{3.1-25}$$

式中 Δ——在外荷载作用下混凝土全梁应变之和，即

$$\Delta=\int\varepsilon_c ds=\int\frac{M^0y(e)}{E_cI_c}ds \tag{3.1-26}$$

无粘结筋的应力增量为：

$$\Delta\sigma_p=E_p\frac{\Delta}{l}=\frac{n_p}{l}\int\frac{M^0y(e)}{I_c}ds \tag{3.1-27}$$

在满跨均布荷载作用下，无粘结筋的应力增量可近似取相应的有粘结预应力梁应力增量的一半，即

$$\Delta\sigma_p=\frac{n_pM^0y(e)}{2I_c} \tag{3.1-28}$$

(2) 无粘结筋的极限应力增量

无粘结预应力筋在承载能力极限状态下的应力增量是无粘结梁的抗弯强度以及强度设计中的一个重要指标。在无粘结梁中，由于无粘结筋的变形不服从变形的平截面假定，因此，当梁体的混凝土开裂后无粘结筋变形的影响因素很复杂。对于无粘结筋的极限应力增

量的计算方法目前普遍认为：无粘结预应力混凝土受弯构件中无粘结筋的极限应力与构件的跨高比、荷载分布形式、预应力筋与非预应力钢筋的强度及配筋率、有效预应力值以及混凝土的强度等因素有关。受弯构件无粘结预应力筋在承载能力极限状态下的极限应力：

$$\sigma_p = \sigma_{pe} + \Delta\sigma_p \tag{3.1-29}$$

式中 σ_{pe}——有效预应力(扣除全部预应力损失后)；

$\Delta\sigma_p$——极限应力增量。

注意，无粘结筋的最大应力不大于预应力筋的抗拉设计强度。

我国《无粘结预应力混凝土结构技术规程》(JGJ/T 92—93)关于无粘结预应力钢筋极限应力增量的计算公式如下：

该规程对于同时配有有粘结非预应力钢筋的无粘结预应力混凝上结构，其无粘结预应力钢筋的极限应力以综合配筋指标 β_0 表示。对采用碳素钢丝、钢绞线作无粘结预应力筋的受弯构件，在承载能力极限状态下无粘结预应力筋的应力设计值建议按下列公式计算：

1）对跨高比小于等于 35，且 $\beta_0 \leqslant 0.45$ 的构件：

$$\sigma_p = \frac{1}{1.2}[\sigma_{pe} + (5000 - 770\beta_0)] \tag{3.1-30}$$

$$\beta_0 = \beta_p + \beta_s = \frac{A_p\sigma_{pe}}{\alpha_1 f_c b h_p} + \frac{A_s f_y}{\alpha_1 f_c b h_p} \tag{3.1-31}$$

式中 β_0——综合配筋指标；

σ_{pe}——扣除全部预应力损失后，无粘结预应力筋的有效预应力。

2）对跨高比大于 35，且 $\beta_0 \leqslant 0.45$ 的构件：

$$\sigma_p = \frac{\sigma_{pe} + (250 - 380\beta_0)}{1.2} \tag{3.1-32}$$

无粘结筋的应力 σ_p 均不应小于无粘结预应力筋的有效预应力 σ_{pe}，也不应大于无粘结预应力筋的抗拉强度设计值 f_{py}。

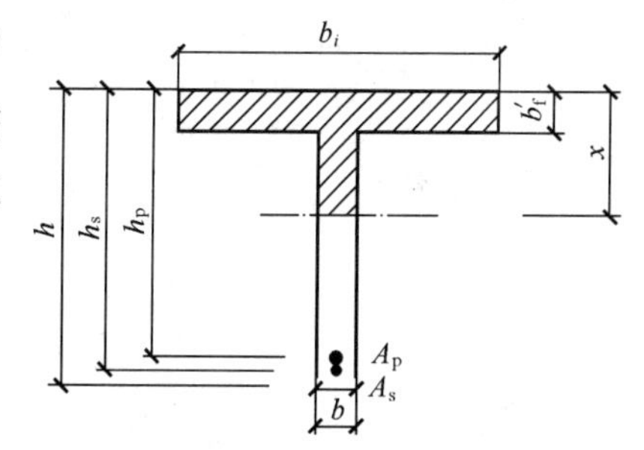

图 3.1-8 T 形截面

3.1.7 计算举例

(1) 有粘结预应力混凝土受弯构件计算举例

【计算资料】

已知一混合配筋的部分预应力混凝土 T 形截面受弯构件，截面尺寸及主要参数见图 3.1-8 和如下：

$b_f'=1100$mm，$b=300$mm，$h=900$mm，$h_f'=160$mm，$h_p=750$mm，$h_s=800$mm

$A_p=2940\text{mm}^2$，$f_{py}=1320$MPa，$A_s=1847\text{mm}^2$，$f_y=360$MPa，$f_c=23.1$MPa

试采用简化分析方法计算正截面抗弯承载力。

【解】

1）截面混凝土受压区形状判别和高度计算

$$f_c b_f' h_f' = 23.1\times10^{-3}\times1100\times160 = 4066\text{kN} <$$

$$A_p f_{py} + A_s f_y = 2940\times1320\times10^{-3} + 1847\times360\times10^{-3} = 4546\text{kN}$$

则 $x > h_f'$。

于是，混凝土受压区高度可按式(3.1-18)计算：

即：$4546 = 4066 + 1.0\times23.1\times300\times(x-160)$

从而解得：$x=229\text{mm}$

2）正截面抗弯承载能力计算

由式(3.1-16)，得：

$$M_u=\alpha_1 f_c bx\left(h_0-\frac{x}{2}\right)+\alpha_1 f_c(b_f'-b)h_f'\left(h_0-\frac{h_f'}{2}\right)+f_y'A_s'(h_0-a_s')$$

$$-(\sigma_{p0}'-f_{py}')A_p'(h_0-a_p')$$

$$=1\times23.1\times300\times229\times(775-229/2)+1\times23.1\times(1100-300)$$

$$\times160\times(775-160/2)$$

$$=2188\text{kN}\cdot\text{m}$$

(2) 无粘结预应力混凝土受弯构件计算举例

【计算资料】

某无粘结预应力混凝土 T 形截面梁，截面外形尺寸和配筋如图 3.1-9。

已知：C40 混凝土，$f_c=19.1\text{MPa}$，预应力筋采用 $\phi^s15.2$ 钢绞线，$f_{ptk}=1860\text{MPa}$，$A_p=840\text{mm}^2$，非预应力筋采用 HRB400，$f_y=360\text{MPa}$，$A_s=1964\text{mm}^2$，扣除预应力损失后的有效预应力 $\sigma_{pe}=1020\text{MPa}$，梁的跨高比小于 35。求该梁的极限弯矩 M_u。

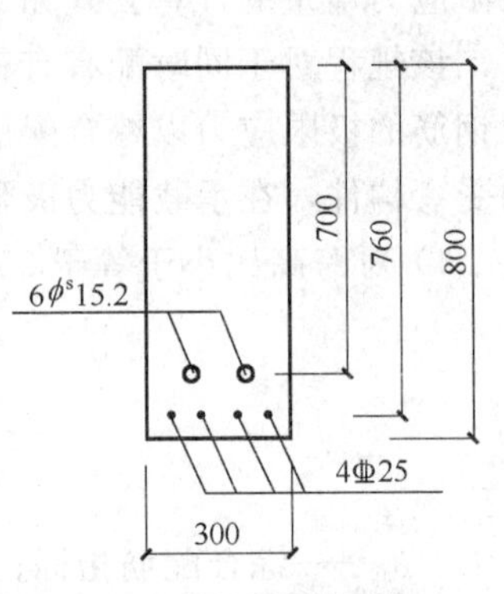

图 3.1-9　矩形截面梁

【解】

由于梁的跨高比<35

且 $\beta_0=\beta_p+\beta_s=\dfrac{A_p\sigma_{pe}}{\alpha_1 f_c bh_p}+\dfrac{A_s f_y}{\alpha_1 f_c bh_p}=\dfrac{840\times1020+1964\times360}{1.0\times19.1\times300\times700}=0.390$

且满足 $\beta_0<0.45$ 的要求。

$$\sigma_p=\frac{1}{1.2}[\sigma_{pe}+(500-770\beta_0)]=1016$$

$$x=\frac{f_yA_s+\sigma_pA_p}{\alpha_1 f_c b}=\frac{1964\times360+1016\times840}{19.1\times300}$$

$$=272\text{mm}$$

$$M_u=\sigma_pA_p(h-a_p-x/2)+f_yA_s(h-a_s-x/2)$$

$$=1016\times840\times(700-136)+1964\times360+(760-136)$$

$$=922.5\text{kN}\cdot\text{m}$$

3.2　预应力混凝土受弯构件斜截面承载力计算

3.2.1　预应力混凝土斜截面破坏形态

预应力混凝土受弯构件沿斜截面破坏情况类似于普通钢筋混凝土受弯构件。斜裂缝出现前的应力状态，可按弹性理论分析；斜裂缝出现后至破坏，由于受压区塑性发展，受拉区已退出工作状态，即无所谓主拉应力，而构件斜截面承载力则要通过极限平衡关系分析得到。

斜截面破坏形态有沿斜截面剪切破坏和斜截面弯曲破坏两种形式，前者一般情况是梁内纵向钢筋配置较多，且锚固可靠，阻碍斜裂缝分开的两部分相对转动，受压区混凝土在压力和剪力的共同作用下被剪断或压碎，致使结构构件的抗剪能力不足以抵抗荷载剪切效应而破坏；后者一般情况是梁内纵向钢筋配置不足或锚固不良，钢筋屈服后斜裂缝割开的两个部分绕公共铰转动，斜裂缝扩张，受压区减少，致使混凝土受压区被压碎而告破坏。

3.2.2 预应力混凝土受弯构件斜截面承载力分析

(1) 预应力对斜截面抗剪承载力的影响

国内外大量试验表明，预应力对构件抗剪承载力起着有利的作用，预应力受弯构件比相应的普通钢筋混凝土受弯构件不仅斜截面抗裂性能好，并具有较高的抗剪承载力。其原因是，在出现斜裂缝前，纵向预压力减小了主拉应力并改变了其作用方向，由此预应力提高了斜裂缝出现时的荷载，而且因斜裂缝倾角的减少而增大了斜裂缝的水平投影长度，从而提高了腹筋抗剪的作用；若有弯起预应力钢筋则其竖向分力还可部分抵消荷载剪力。

在斜裂缝出现后，预应力在受拉区混凝土中的预压应力能阻止裂缝开展、减小裂缝宽度，减缓斜裂缝沿截面高度的发展，增大剪压区高度，并且加大斜裂缝之间骨料的咬合作用，从而提高构件抗剪承载力。

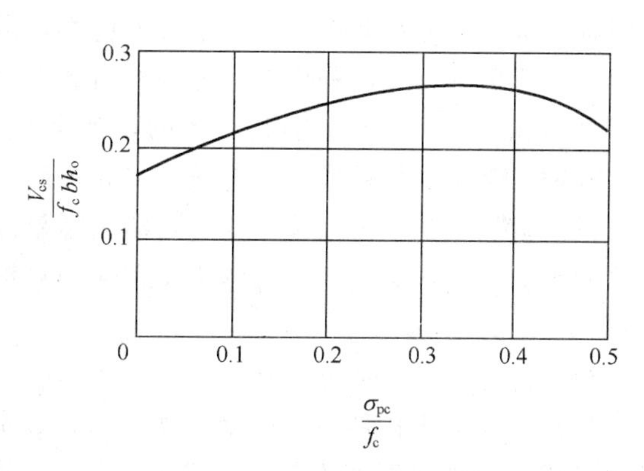

图 3.2-1 预应力对受弯构件抗剪承载力的影响

但是，预应力对提高梁抗剪承载力的这种作用并不是无限的。从试验结果（图3.2-1）看，当换算截面重心处的混凝土预压应力 σ_{pc} 与混凝土心抗压强度 f_c 之比为0.3～0.4之间时，这种有利作用反而有下降趋势，所以对预应力的抗剪承载力的有利作用应有限制。

(2) 预应力对抗剪承载力的有利作用及斜裂缝的出现问题

近30年，国内外做了大量预应力构件的剪切承载力试验，得到了大量的资料和数据，但是由于这一问题的复杂性，至今还没有形成一个被大家所接受的抗剪强度计算方法。但是，对剪切裂缝的形式和分类，极限状态下构件的性能以及预应力对抗剪强度的有利作用等问题，各国研究者的看法是相近的。

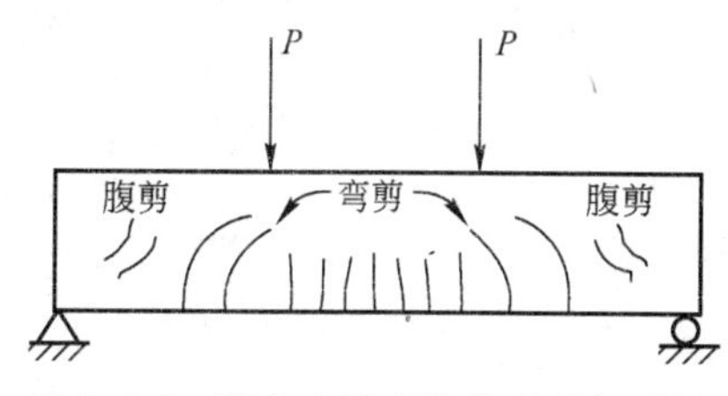

图 3.2-2 预应力受弯构件的剪切裂缝

实验研究表明，预应力混凝土受弯构件与普通钢筋混凝土受弯构件一样，主要有两类剪切裂缝，这两类斜裂缝分别称为腹剪斜裂缝与弯剪斜裂缝，如图3.2-2所示。腹剪斜裂缝往往首先在剪跨区梁腹中的某一点出现，随后分别向支座和荷载点斜向延展，主要受剪力控制。通常出现在薄腹预应力混凝土受弯构件支座附近及承受集中荷载的构件和剪跨比较小的构件。弯剪斜裂缝是弯曲裂缝的斜向扩展，它的扩展主要是因为剪应力和弯曲拉应力的组合作用所致。若构件不配抗剪箍筋，且剪跨比较大，这种弯剪裂缝会迅速延伸到受压区，构件可能会突然破坏，通常称为斜拉破坏。若配有抗剪箍筋，且剪跨比也不过大，则箍筋将抑制斜裂缝的发展，混凝土承受的一部分剪力转为箍筋承受，构件最后发生剪压破坏。

构件的剪切破坏是较突然的，预兆不如受弯破坏明显，所以在设计预应力混凝土构件时通常要求在弯曲破坏之前不发生剪切破坏。

(3) 预应力筋对抗剪承载力的有利作用

国内数家单位曾进行了100多根预应力混凝土梁的抗剪承载力的试验研究。结果表明预应力受弯构件抗剪承载力较相应的钢筋混凝土受弯构件抗剪承载力提高，表现在两个方面：

1) 直线预应力筋的预应力及曲线预应力筋的水平分力能阻滞斜裂缝的出现和发展，增加混凝土剪压区的高度，从而能较大程度提高混凝土剪压区承担剪力的能力，使预应力混凝土梁的抗剪承载力高于具有相同截面和配筋的钢筋混凝土梁。

2) 跨度较大的预应力受弯构件，一般预应力筋为曲线布置形式。曲线预应力筋或折线预应力筋的等效荷载将抵消一部分外剪力，预应力弯起筋的应力增量的竖向分力通常与外荷载产生的剪力方向相反，这样在外荷载作用下混凝土承受的剪力较小。一般地，预应力筋的布置与构件的弯矩图是一致的，预应力筋的弯起区一般是构件承受弯矩较小的区域。这样，甚至在构件发生抗弯破坏时，弯起区仍保持不开裂，对简支构件有粘结预应力弯起筋在剪切区的应力增量很小，可略去增量部分引起的抗剪承载力的增加。

目前，许多国家的规范都考虑了预应力对构件抗剪承载力的提高作用，但计算方法上不同。

(4) 斜裂缝出现时的剪力

预应力混凝土构件在斜裂缝出现之前，基本上处于弹性工作状态，因而出现斜裂缝的应力可用材料力学方法计算。在荷载作用下，截面上的剪力 V 和弯矩 M 使梁端产生较大的主拉应力和主压应力以致形成斜裂缝。

在荷载及预应力共同作用下的主拉应力和主压应力可用莫尔圆或公式求得。如图3.2-3所示，在梁内任一微元体上，作用着由外载和预应力共同作用产生的正应力及剪应力，且可按下述公式计算：

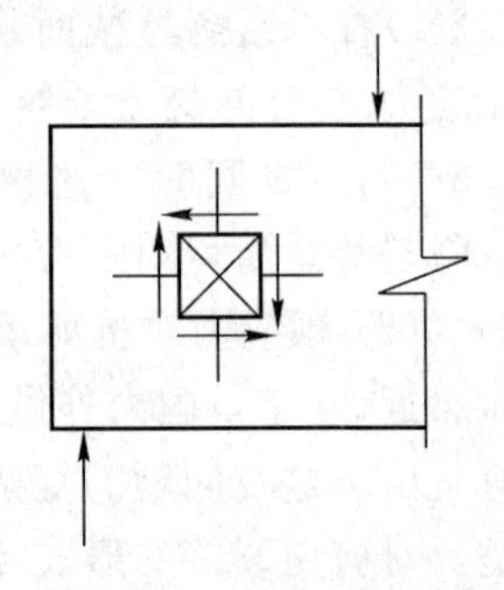

图3.2-3 预应力受弯构件的主拉应力

1) 由外载引起的弯曲应力及剪应力

设任一截面上承受由外荷引起的弯矩 M_k 及剪力 V_k，则截面上任一点的正应力和剪应力为：

$$\sigma_q=\frac{M_k y_0}{I} \tag{3.2-1}$$

$$\tau_q=\frac{V_k S}{bI} \tag{3.2-2}$$

式中 y_0——截面重心至所计算纤维处的距离；

S——所计算纤维以上部分的截面面积对构件截面重心轴的面积矩。

根据弹性理论及实测结果，在集中荷载作用点附近将产生竖向正应力和剪应力，而且，在集中荷载作用点附近，竖向 σ_y 及 τ 呈曲线变化。我国规范为简化计算，假定在作用点两边梁高0.6倍内直线变化，其最大值和分布情况如图3.2-4所示。

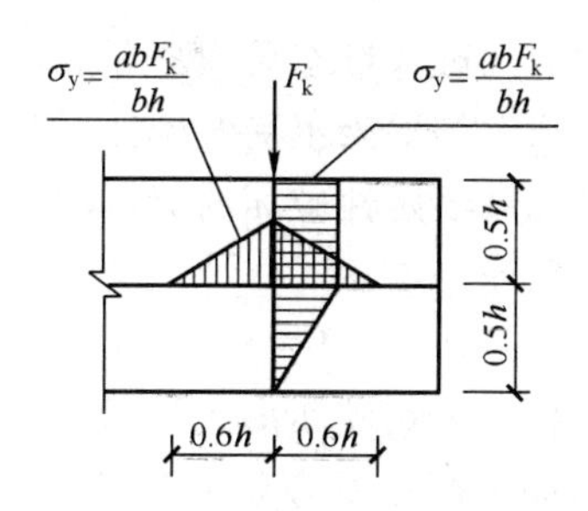

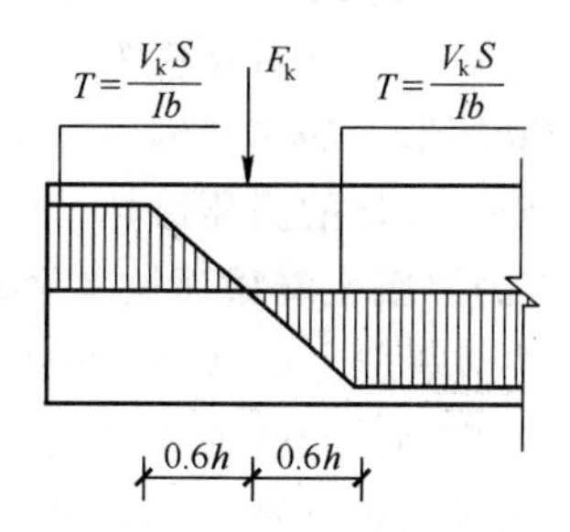

图 3.2-4

需要指出的是，垂直正应力 σ_y 对斜截面的抗裂度起有利作用。剪力在集中荷载作用点处也减小，若不考虑这一项的影响是偏于安全的。

2）由预应力产生的 σ_x 及 τ

由预应力筋产生的 σ_x 及 τ 可由预应力筋的等效荷载来分析，如某计算截面处，预应力等效荷载将产生一与外荷载相反的弯矩和剪力，这一弯矩和剪力在斜裂缝出现之前可与外荷载产生的弯矩和剪力相叠加。显然，预应力等效荷载与外荷载相反，故预应力的引人将减小该点的正应力与剪应力，斜裂缝将推迟出现。

3）总的正应力和剪应力

微元体上总的正应力和剪应力由上述两项叠加：

$$\sigma_x=\sigma_{pc}+\sigma_q=\sigma_{pe}+(M_xy/I) \tag{3.2-3}$$

$$\tau=\tau_{pc}+\tau_p=\frac{[V_k-V_p]S}{Ib} \tag{3.2-4}$$

若在集中荷载附近，还应考虑由荷载产生的 σ_y。

根据莫尔圆，微元体上的主拉应力 σ_{tp} 和主压应力 σ_{cp} 可用下式求得：

$$\frac{\sigma_{tp}}{\sigma_{cp}}=-\frac{(\sigma_x-\sigma_y)}{2}\pm\sqrt{\left(\frac{\sigma_x-\sigma_y}{2}\right)^2+\tau^2} \tag{3.2-5}$$

式(3.2-5)中的 σ_x、σ_y、σ_{pe}、M_xy/I 的正负号规定如下：

拉应力为正，压应力为负。

计算混凝土的主拉应力和主压应力时，应选择剪跨内不同位置的截面，且对该截面的重心处及腹宽剧烈改变处分别验算。

试验研究表明，在平面应力状态下，压应力对开裂时的抗拉强度有影响，当主压应力较大时，开裂时的主拉应力小于混凝土的抗拉强度。因此，我国规范在规定斜截面抗裂度验算时允许主拉应力取混凝土抗拉强度乘以一个折减系数，并要求压应力在一定的范围内。规范规定如下：

① 混凝土的主拉应力：

对严格要求不出现斜裂缝的构件：$\sigma_{tp}\leqslant 0.85f_{tk}$ (3.2-6)

对一般要求不出现裂缝的构件： $\sigma_{tp}\leqslant 0.95f_{tk}$ (3.2-7)

② 混凝土的主压应力：

$$\sigma_{tp}\leqslant 0.6f_{ck} \tag{3.2-8}$$

式中 f_{tk}、f_{ck}——混凝土的抗拉强度标准值和混凝土的轴心拉压强度标准值。

(5) 其他因素对斜截面抗剪承载力的影响

试验还表明，预应力度对预应力受弯构件的剪切破坏形态无明显影响，剪跨比、腹板配筋率仍是影响破坏形态的主要因素。类似于普通钢筋混凝土受弯构件，其剪切破坏形态也有三种：属于脆性破坏的斜压破坏、斜拉破坏和属于延性破坏的剪压破坏。

3.2.3 预应力混凝土斜截面抗剪承载力计算

(1) 斜截面抗剪承载力计算公式的形式

鉴于预应力受弯构件与普通钢筋混凝土受弯构件剪切破坏形式相同，一般预应力受弯构件斜截面抗剪承载力的计算公式，是在普通钢筋混凝土受弯构件的计算公式的基础上，考虑预应力对抗剪能力的提高作用而建立起来的。

就其形式而言，斜截面抗剪承载力计算公式可归类于三种：

形式一 $$V_u = k_p V_c + V_{sv} + V_b \tag{3.2-9}$$

形式二 $$V_u = V_c + k_p V_{sv} + V_b \tag{3.2-10}$$

形式三 $$V_u = V_c + V_{sv} + V_b + V_p \tag{3.2-11}$$

式中 V_c、V_{sv}、V_b——分别为普通钢筋混凝土受弯构件中混凝土、箍筋和弯起钢筋的抗剪承载力；

k_p——预应力对受弯构件抗剪承载力的提高系数；

V_p——预应力所提供的抗剪承载力。

第一种形式反映出预应力提高了梁内混凝土的抗剪承载力但并不影响普通钢筋抗剪能力的概念，国外有许多规范采用这种形式；

第二种形式，直观上是预应力的存在提高了箍筋的抗剪能力，概念上比较模糊，尚不够合理；

形式三可以在不改动普通钢筋混凝土梁抗剪承载力计算公式方法基础上，简单添加上预应力抗剪承载力这一项。国内规范主要采用后两种形式。以下对形式三表示的斜截面抗剪承载力计算公式作一介绍：

(2) 预应力的抗剪承载力

根据配有箍筋的矩形截面预应力混凝土梁的试验结果，并取低值，V_p 的简化公式为：

$$V_p = 0.05 N_{p0} \tag{3.2-12}$$

式中 N_{p0}——计算截面上混凝土法向预应力为零时，即消压状态时，预应力和非预应力筋的合力，并且按前述有限预应力作用理由，当 $N_{p0} > 0.3 f_c A_0$ 时，取 $N_{p0} = 0.3 f_c A_0$，A_0 为构件的换算截面面积。

对于有下述情况之一时，应取 $V_p = 0$，即不计预应力所提供的抗剪作用：

① 当 N_{p0} 所产生的弯矩与外荷载弯矩同方向时；

② 预应力混凝土连续梁及允许出现裂缝的部分预应力混凝土简支梁，由于缺乏试验资料，偏安全地忽略 V_p。

此外，应注意按此计算的 V_p，只考虑了预应力筋合力 N_{p0} 这一主要因素，而未计及预应力筋合力对于换算截面形心偏心距 e_{p0} 的影响。

(3) 斜截面抗剪承载力计算公式

有了 V_p，不难得到预应力混凝土受弯构件斜截面抗剪承载力计算公式：

$$V \leqslant V_u = V_{cs} + V_b + V_p \tag{3.2-13}$$

式中　V——斜截面剪力设计值；

V_u——斜截面抗剪承载力；

V_{cs}——斜截面上混凝土和箍筋提供的抗剪承载力；

V_b——斜截面上弯起钢筋提供的抗剪承载力。

试验研究表明，剪弯截面的平均剪应力与箍筋的配筋率和钢筋屈服强度的乘积成正比。根据矩形截面简支梁的实测数据的变化趋势，考虑混凝土棱柱体强度大小的影响，选用两个综合性无量纲参数，建立如下斜截面上混凝土和箍筋抗剪承载力的经验公式：

$$\frac{V_{cs}}{f_t b h_0}=\alpha_1+\alpha_2\frac{f_{yv}}{f_t}\cdot\frac{A_{sv}}{bs} \tag{3.2-14}$$

式中　b、h_0——构件的宽度和有效高度；

α_1、α_2——经验系数，由试验确定；

f_{yv}——箍筋抗拉强度设计值；

A_{sv}——配置在同一截面内箍筋各肢的全部截面面积；

s——箍筋间距。

其余符号意义同前。

在集中荷载作用下（包括作用有多种荷载，其中集中荷载对支座截面或节点边缘所产生的剪力值占总剪力值的75％以上的情况）的独立梁，由无腹筋和不同箍筋配筋率的简支梁的试验结果，可分别确定系数α_1、α_2，从而可得：

$$V_{cs}=\frac{1.75}{\lambda+1}f_t b h_0+f_{yv}h_0\frac{A_{sv}}{s} \tag{3.2-15}$$

式中　λ——计算截面的剪跨比，可取$\lambda=a/h_0$，a为计算截面至支座或节点边缘距离，当$\lambda<1.5$取$\lambda=1.5$，当$\lambda>3$取$\lambda=3$。

其余符号意义同前。

同样，在均布荷载作用下，也由无腹筋和不同箍筋配筋率的简支梁的试验结果，分别确定系数α_1、α_2，得：

$$V_{cs}=0.7f_t b h_0+1.25f_{yv}h_0\frac{A_{sv}}{s} \tag{3.2-16}$$

斜截面上弯起钢筋提供的抗剪承载力V_b，当仅配箍筋时$V_b=0$；否则，在考虑钢筋应力不均匀系数0.8后：

$$V_b=0.8f_{sy}A_{sb}\sin\alpha_s+0.8f_{py}A_{pb}\sin\alpha_p \tag{3.2-17}$$

式中　A_{sb}、A_{pb}——分别为与验算的斜截面相交的非预应力弯起钢筋和预应力弯起钢筋的全部截面面积；

α_s、α_p——分别为弯起的非预应力筋和预应力筋的切线倾角。其余符号意义同前。

（4）公式限制条件

上述预应力混凝土受弯构件斜截面承载力计算公式仅适用于剪压破坏情况，公式使用时的上、下限分别为：

1）上限值——最小截面尺寸。

当构件的截面尺寸较小而剪力过大时，就可能在梁的腹部产生很大的主拉应力和主压应力，使梁发生斜压破坏（或腹板压坏），或在构件中产生过宽的斜裂缝。这种情况下，试验研究表明梁的抗剪承载力取决于混凝土的抗压强度及梁的截面尺寸，过多地配置腹筋并不能无限提高梁的抗剪承载力，因此构件斜截面抗剪承载力的上限值限制条件，也即截面最小尺寸条件为：

对于一般梁($h_w/b\leqslant 4$)，应满足：$V\leqslant 0.25f_cbh_0$

对于薄腹梁($h_w/b\geqslant 6$)，为防止使用荷载下斜裂缝开展过宽，控制更严，应满足：$V\leqslant 0.20f_cbh_0$

对于中等梁($4<h_w/b<6$)，按上两式直线插值计算。

式中 h_w——截面腹板高度，矩形截面为有效高度 h_0，T 形截面为 h_0 减去翼缘高，I 形截面为 h_0 减去上、下翼缘高；

b——腹板宽度。

其余符号意义同前。

以上条件不满足时，应加大截面尺寸或提高混凝土强度等级。

2）下限值——按构造要求配置箍筋条件。

试验表明，梁斜裂缝出现后，斜裂缝处原由混凝土承受的拉力全部由箍筋承担，使箍筋拉应力增加很多，若箍筋配置量过小，则斜裂缝一旦出现后，箍筋应力很快达到其屈服强度，而不能有效地抑制斜裂缝的发展，乃至箍筋拉断，构件发生斜拉破坏。

矩形、T 形和 I 字形截面的一般受弯构件当满足下述条件时可不进行斜截面抗剪承载力计算，但必须按构造要求配置箍筋，其配筋率需满足最小配筋的要求：

$$V\leqslant V_c+V_p \tag{3.2-18}$$

当均布荷载为主时：

$$V_c=0.7f_tbh_0 \tag{3.2-19}$$

当集中荷载为主时：

$$V_c=\frac{1.75}{\lambda+1}f_tbh_0 \tag{3.2-20}$$

式中符号意义同前。

若上式不满足时，应按斜截面承载力计算要求配置箍筋。

3.2.4 斜截面抗弯承载力计算[11]

按斜截面的受弯破坏形态，取斜截面左半部分为脱离体(见图 3.2-5)作用点(转动铰)

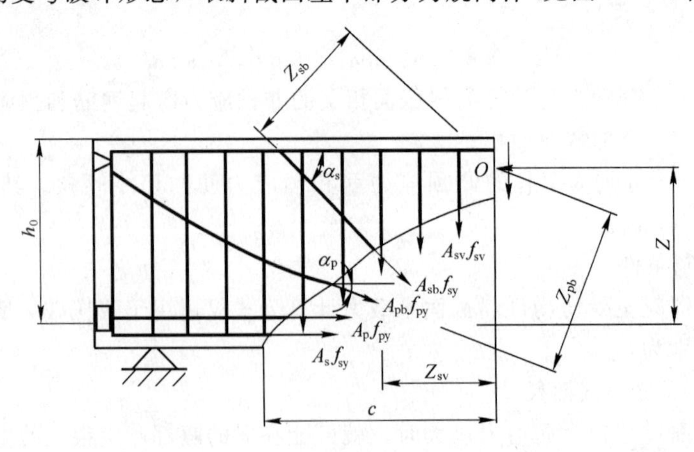

图 3.2-5　受弯构件斜截面抗弯承载力计算图式

取矩 $\Sigma M_0=0$，得：

$$M \leqslant (f_{sy}A_s+f_{py}A_p)Z+\Sigma f_{sy}A_{sb}Z_{sb}+\Sigma f_{py}A_{pb}Z_{pb}+\Sigma f_{yv}A_{sv}Z_{sv} \tag{3.2-21}$$

式中　M——通过斜截面顶端正截面内最大的弯矩设计值；

A_p、A_{pb}——分别为与斜截面相交的纵向预应力筋、弯起预应力筋的截面面积；

A_s、A_{sb}、A_{sv}——分别为普通纵向钢筋、弯起钢筋和箍筋的截面面积；

Z——纵向预应力筋和普通钢筋合力点至受压区合力点 O 的力臂长度；

Z_{pb}、Z_{sb}、Z_{sv}——分别为弯起预应力筋合力点、弯起普通钢筋合力点和箍筋合力点至受压区合力点 O 力臂长度。

其他符号意义同前。

斜截面的水平投影长度，按破坏斜截面的抗剪承载力(刚好是剪力设计值条件)确定(可用试算法)：

$$V=\Sigma f_y A_{sb}\sin\alpha_s+\Sigma f_{py}A_{pb}\sin\alpha_p+\Sigma f_{yv}A_{sv} \tag{3.2-22}$$

式中　V——为斜截面受压区末端的剪力设计值；

其他符号意义同前。

计算斜截面的抗弯承载力时，其最不利斜截面位置应选在预应力筋减少处、箍筋间距变化处和混凝土腹板宽度突变处。预应力混凝土受弯构件斜截面抗弯承载力如同普通钢筋混凝土梁一样，一般采用构造措施予以保证，取代承载力计算。

需要指出，同正截面承载力计算一样，本节给出的方程和公式也是最基本的形式。

3.2.5　预应力开洞梁的抗剪强度计算

随着大跨度多层工业厂房在轻工、纺织、仪器、仪表工业中的应用，常需要在预应力混凝土大梁腹中开设孔洞，以便各种管道通过，从而达到降低层高，取得良好的经济效益。梁腹开洞后，导致抗弯和抗剪强度的不同程度的削弱。但是大多数工程结构，若受压区高度小于孔洞上弦杆高度时，抗弯能力基本上不变，但开洞对抗剪强度削弱较大，因而梁开洞后的抗剪承载力计算很重要。为适应工程设计的需要，通过实验和理论研究，人们提出了相应的计算方法。

试验表明，开洞梁有三种剪切破坏形式：(1)弦杆外无洞区剪坏；(2)上弦杆剪坏；(3)下弦杆剪坏(图 3.2-6)。

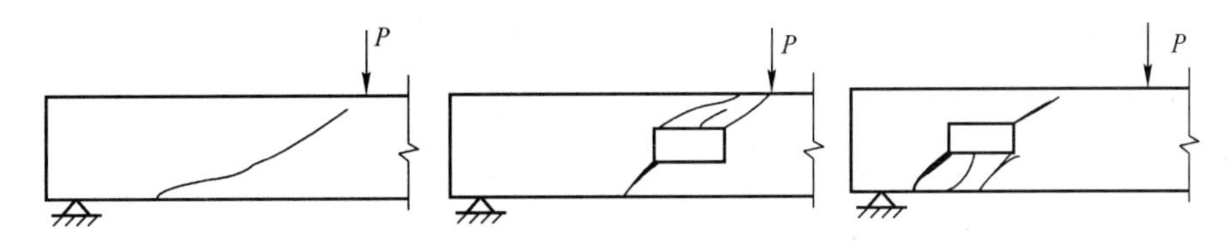

图 3.2-6　开洞梁的破坏形式

(1) 影响开洞梁剪切承载力的主要因素

除影响实腹剪切承载力的主要因素之外，开洞梁还有两个重要因素：(a)孔心剪跨比；(b)孔洞的位置、大小、孔洞与孔洞的间距。

如图 3.2-7 所示，孔心剪跨比是指孔心截面处外弯距与外剪力的比与梁的有效高度 h_0 的比值，按下式确定：

$$\alpha_{ck}=M_k/V_k h_0 \tag{3.2-23}$$

随着孔心剪跨比的增加，梁的上弦杆抗剪强度降低。这是因为孔心剪跨比较大，下弦的剪切刚度比上弦减小，导致上弦承受的剪力增大，这样若上、下弦杆的配箍一样，易产生上弦杆首先剪切破坏。当孔心剪跨比较小时，剪切破坏将从上弦剪切破坏转化为下弦杆的剪切破坏。

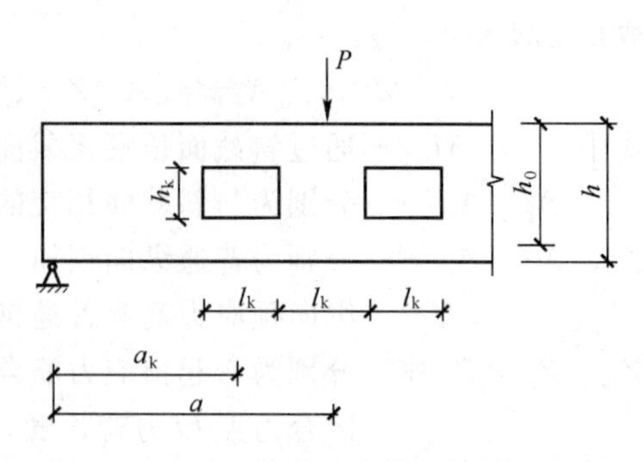

图 3.2-7　孔心剪跨比及孔洞位置和尺寸

试验表明，孔洞高度 h_k 与梁高 h 之比是影响开洞梁抗剪的另一个重要因素，h_k/h 之比较小，开洞对梁的承载力影响较小。当 $h_k/h<1/3$ 时，并开洞在梁轴线位置，则在采取构造措施后，可认为基本不影响其抗剪承载力。为保证两洞之间小柱不产生破坏，建议 h_k/l_b 及 l_k/l_b 不小于1。

预应力的作用使下弦杆形心处受压，上弦杆形心处为受拉或受压(但受压值较小)。作用于弦杆的压力可抵消外载作用下的一大部分拉力，并抑制垂直裂缝和斜裂缝的发生和延伸，从而提高了下弦杆的抗剪能力。同时，当预应力作用使上弦杆受拉时，减小了外载作用下的一部分压力。从而提高了上弦杆的抗剪能力，因而预应力在一定程度上提高了孔洞处的抗剪承载力。

(2) 预应力混凝土开洞梁的抗剪承载力计算

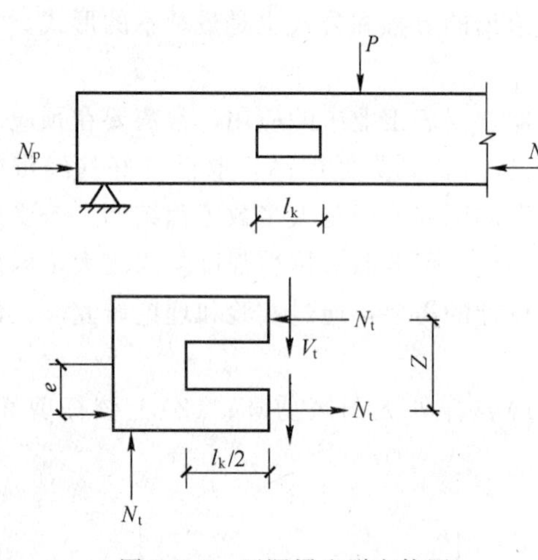

图 3.2-8　开洞梁和脱离体图

梁腹开洞后，将孔洞区段分为上、下两个部分弦杆，上弦杆为压弯剪构件，下弦杆为拉弯剪构件。只要求得弦杆剪切刚度，剪力分配问题就得到解决，但压力和拉力的存在，使弦杆的剪切刚度减小。根据试验研究，我们用一个刚度折减系数 k_t 及 k_b 来考虑。下面我们简单介绍开洞梁上、下弦杆的剪切分配的计算及开洞梁抗剪承载力的计算：

1）基本假定：假定上、下弦杆的反弯点在弦杆的中点，因而，在图 3.2-8 中脱离体的上、下弦杆中间截面上只有轴力和剪力的作用。

孔道中心截面上的外弯矩 M，由预应力引起的弯矩 $N_{pe}\cdot e$ 及上弦和下弦组成的力偶平衡。预应力引起的轴力由上、下弦杆平均分配。

2）上下弦杆的轴力 N_t 及 N_b：

根据上述假定，上、下弦杆的轴力分配为：

$$N_t=\frac{M-N_p\cdot e}{Z}+\frac{1}{2}N_p \tag{3.2-24}$$

$$N_b=\frac{M-N_p\cdot e}{Z}-\frac{1}{2}N_p \tag{3.2-25}$$

式中　N_t——上弦杆形心处的轴向压力；

N_b——下弦杆形心处的轴向拉力；

Z——上、下弦杆形心之距。

3）上下弦杆的混凝土应力：

$$\sigma_t = N_t / A_t \tag{3.2-26}$$

$$\sigma_b = \begin{cases} N_b / A_b（当 \sigma_b < f_t） \\ f_t \qquad （当 \sigma_b > f_t） \end{cases} \tag{3.2-27}$$

式中　σ_t、σ_b——分别为上、下弦杆混凝土的应力；

A_t、A_b——分别为上、下弦杆混凝土的毛面积。

4）上、下弦杆的剪切刚度折减系数 k_t 及 k_b

$$k_t = 1 + 0.108(\sigma_t / f_c) - 1.108(\sigma_t / f_c)^2 \tag{3.2-28}$$

当 $k_t > 1$，取 $k_t = 1$；

$$k_b = [3 - 3(\sigma_t / f_c)] / [3 + (\sigma_t / f_c)^4] \tag{3.2-29}$$

若 $N_b < 0$，则 k_b 用 k_t 公式计算。

这样，上、下弦杆所分担的剪力 V_t 及 V_b 由下式表示：

$$V_t = \frac{k_t A_t}{k_t A_t + k_b A_b} V \tag{3.2-30}$$

$$V_b = V - V_t \tag{3.2-31}$$

上、下弦杆的剪力、弯矩和轴力求得后，就可分别按压弯剪和拉弯剪构件的公式验算其受剪承载力。

3.3　预应力混凝土受弯构件挠度计算

预应力混凝土构件所使用的材料一般都是高强度材料，相对普通钢筋混凝土来说同样承载能力下其截面尺寸较小，同时，预应力混凝土结构构件的跨度较大。因此，应注意验算预应力混凝土受弯构件的挠度，防止过大的下挠度（或反拱度）影响构件的正常使用。

钢筋混凝土和预应力混凝土受弯构件在正常使用极限状态下的挠度，可根据构件的刚度用结构力学方法计算。在等截面构件中，可假定各同号弯矩区段内的刚度相等，并取用该区段内最大弯矩处的刚度；当计算跨度内的支座截面刚度不大于跨中截面刚度的两倍或不小于跨中截面刚度的 1/2 时，该跨也可按等刚度构件进行计算，其构件刚度可取跨中最大弯矩截面的刚度。

受弯构件的挠度应按荷载效应标准组合并考虑荷载长期作用影响的刚度 B 进行计算。

3.3.1　外荷载作用下的挠度

预应力混凝上受弯构件的挠度是由使用荷载产生的下挠度和预应力引起的上挠度（又称为反拱挠度）两部分组成。一般情况下，预应力混凝土的总挠度一般是相对较小的。

（1）使用荷载作用下的短期挠度[11]

在使用荷载作用下，预应力混凝土（包括全预应力混凝土与部分预应力混凝土）受弯构件的挠度，可近似地按材料力学的公式进行计算。计算中所涉及的构件抗弯刚度按以下方法计算。

1）对使用阶段不出现裂缝的构件，其短期刚度为：

$$B_s = 0.85 E_c I_0 \tag{3.3-1}$$

式中　E_c——混凝土的弹性模量；

I_0——构件换算截面的惯性矩；

0.85——考虑在使用荷载前已存在的非弹性变形而采用的刚度折减系数。

2）对使用阶段允许出现裂缝的构件，其短期刚度为：

$$B_s = \frac{0.85E_c I_0}{k_{cr} + (1 - k_{cr})\omega} \tag{3.3-2}$$

$$k_{cr} = \frac{M_{cr}}{M_k} \tag{3.3-3}$$

$$\omega = \left(1.0 + \frac{0.21}{\alpha_E \rho}\right)(1 + 0.45\gamma_f) - 0.7 \tag{3.3-4}$$

$$M_{cr} = (\sigma_{pc} + \gamma f_{tk}) W_0 \tag{3.3-5}$$

$$\gamma_f = \frac{(b_f - b)h_f}{bh_0} \tag{3.3-6}$$

式中　α_E——钢筋弹性模量与混凝土弹性模量的比值；

ρ——纵向受拉钢筋配筋率：对钢筋混凝土受弯构件，取 $\rho = A_s/(bh_0)$；对预应力混凝土受弯构件，取 $\rho = (A_p + A_s)/(bh_0)$；

I_0——换算截面惯性矩；

γ_f——受拉翼缘截面面积与腹板有效截面面积的比值；

b_f、h_f——受拉区翼缘的宽度、高度；

k_{cr}——预应力混凝土受弯构件正截面的开裂弯矩 M_{cr} 与弯矩 M_k 的比值，当 $k_{cr} > 1.0$ 时，取 $k_{cr} = 1.0$；

σ_{pc}——扣除全部预应力损失后，由预加力在抗裂验算边缘产生的混凝土预压应力；

γ——混凝土构件的截面抵抗矩塑性影响系数。

对预压时预拉区出现裂缝的构件，B_s 应降低 10%。

混凝土构件的截面抵抗矩塑性影响系数 γ 可按下列公式计算：

$$\gamma = \left(0.7 + \frac{120}{h}\right)\gamma_m \tag{3.3-7}$$

式中　γ_m——混凝土构件的截面抵抗矩塑性影响系数基本值，可按正截面应变保持平面的假定，并取受拉区混凝土应力图形为梯形、受拉边缘混凝土极限拉应变为 $2f_{tk}/E_c$ 确定；对常用的截面形状，γ_m 值可按表 3.3-1 取用；

截面抵抗矩塑性影响系数基本值 γ_m　　**表 3.3-1**

项　次	1	2	3		4		5
截面形状	矩形截面	翼缘位于受压区的T形截面	对称I形截面或箱形截面		翼缘位于受拉区的倒T形截面		圆形和环形截面
			$b_f/b \leqslant 2$、h_f/h 为任意值	$b_f/b > 2$、$h_f/h < 0.2$	$b_f/b \leqslant 2$、h_f/h 为任意值	$b_f/b > 2$、$h_f/h < 0.2$	
γ_m	1.55	1.50	1.45	1.35	1.50	1.40	$1.6 \sim 0.24r_1/r$

注：1. 对 $b_f' > b_f$ 的I形截面，可按项次 2 与项次 3 之间的数值采用；对 $b_f' < b_f$ 的I形截面，可按项次 3 与项次 4 之间的数值采用；

2. 对于箱形截面，b 系指各肋宽度的总和；

3. r_1 为环形截面的内环半径，对圆形截面取 r_1 为零。

h——截面高度(mm)：当 $h<400$ 时，取 $h=400$；当 $h>1600$ 时，取 $h=1600$；对圆形、环形截面，取 $h=2r$，此处，r 为圆形截面半径或环形截面的外环半径。

(2) 使用荷载作用下的长期挠度

矩形、T 形、倒 T 形和 I 形截面受弯构件的长期刚度 B_l 按下式计算：

$$B_l=\frac{M_\mathrm{k}}{M_\mathrm{q}(\theta-1)+M_\mathrm{k}}B_\mathrm{s} \tag{3.3-8}$$

式中 M_k——按荷载效应的标准组合计算的弯矩，取计算区段内的最大弯矩值；

M_q——按荷载效应的准永久组合计算的弯矩，取计算区段内的最大弯矩值；

B_S——荷载效应的标准组合作用下受弯构件的短期刚度；

θ——考虑荷载长期作用对挠度增大的影响系数。

考虑荷载长期作用对挠度增大的影响系数 θ 可按下列规定取用；

1) 钢筋混凝土受弯构件

当 $\rho'=0$ 时，取 $\theta=2.0$；当 $\rho'=\rho$ 时，取 $\theta=1.6$；当 ρ' 为中间数值时，θ 按线性内插法取用。此处，$\rho'=A'_\mathrm{s}/(bh_0)$，$\rho=A_\mathrm{s}/(bh_0)$。

对翼缘位于受拉区的倒 T 形截面，θ 应增加 20%。

2) 预应力混凝土受弯构件，取 $\theta=2.0$。

3.3.2 预应力的反拱挠度

预应力混凝土受弯构件的向上反拱挠度，是由预加力引起的，它与荷载引起的向下挠度方向相反，故又称反挠度或反拱度。这一反拱度受混凝土徐变的影响随时间的增长而增大。构件在预应力作用下的反拱，可用结构力学方法按刚度 $E_\mathrm{c}I_0$ 计算。考虑到预压应力的长期作用影响，应将计算求得的施加预应力时引起的反拱值乘以增大系数 2.0。

一种简单计算预应力反拱的简单的方法是用竖向等效荷载来代替预应力的作用，这样就可以直接利用一些力学手册中常用荷载的挠度计算公式来求得反拱。例如抛物线型预应力钢筋对混凝土引起的向上的等效均布荷载为：

$$q=\frac{8N_\mathrm{p}e}{L^2} \tag{3.3-9}$$

我们知道对于简支梁由均布荷载得跨中挠度为：

$$f=\frac{5}{384}\frac{qL^4}{EI} \tag{3.3-10}$$

将等效荷载 q 代入式(3.3-10)，得：

$$f=\frac{5}{384}\frac{L^4}{EI}\times\frac{8N_\mathrm{p}e}{L^2}=\frac{5}{48}\cdot\frac{N_\mathrm{p}eL^2}{EI} \tag{3.3-11}$$

关于截面惯性矩 I 的取值，由于预应力筋面积一般都不大，对不开裂截面取用毛截面不会有很大的误差。如果截面配筋较多，则宜采用换算截面的惯性矩以提高计算的精度。对恒载较小的构件，应考虑反拱过大对使用的不利影响。

表 3.3-2 列出了常用线型下预应力梁的反拱挠度。

各种预应力筋线型对应的梁的反拱挠度[5] 　　　表 3.3-2

预应力筋线型	跨中反拱挠度
e; L	$f=\frac{5}{48}\frac{N_{p}eL^{2}}{EI}$
e; L/2, L/2	$f=\frac{1}{12}\frac{N_{p}eL^{2}}{EI}$
e; L/3, L/3, L/3	$f=\frac{23}{216}\frac{N_{p}eL^{2}}{EI}$
e; L/4, L/2, L/4	$f=\frac{11}{96}\frac{N_{p}eL^{2}}{EI}$
e; L	$f=\frac{1}{8}\frac{N_{p}eL^{2}}{EI}$
e; L_1, L_2, L_2, L_1	$f=\frac{N_{p}e}{6EI}\ (2L_{1}^{2}+6L_{1}L_{2}+3L_{2}^{2})$
e_1, e_2, e_1+e_2; L	$f=\frac{1}{8}\frac{N_{p}e_{1}L^{2}}{EI}+\frac{5}{48}\frac{N_{p}e_{2}L^{2}}{EI}$

3.3.3 预应力混凝土挠度计算方法

按荷载短期效应组合(M_s)并考虑荷载长期效应组合影响的长期刚度 B_l 计算求得 f_1，减去考虑预应力长期影响求得的反拱度 f_2，即为预应力混凝土受弯构件在使用阶段的挠度 f，即

$$f=f_1-f_2 \tag{3.3-12}$$

按上式求得的挠度值不应超过规范的要求。

3.3.4 徐变对挠度的影响

本节前几部分讨论的由预应力和荷载引起的挠度和反拱，都是在荷载短期作用下出现的弹性变形，计算比较简单。而在持久荷载作用下，由于受到预应力损失值和混凝土徐变的影响，要计算预应力构件的长期挠度是比较复杂的。

就预应力混凝土简支梁而言，预加应力将使梁产生向上的反拱。混凝土的收缩、徐变和钢材的松弛损失使初始预加力引起的反拱随预加力的降低而逐渐减小。然而，徐变有双

重的作用，一方面由于引起预应力的损失而减小反拱，另一方面却又由于加大了负曲率而增大反拱。一般情况下，后一项作用是主要的，以致尽管预加力减小，而反拱则不断增大。

严格来讲，预应力混凝土梁的挠度由三部分组成：一是由作用荷载产生的挠度 f_1；第二部分是预加力所产生的反拱 f_2；这两部分变形均受混凝土徐变的影响；另外无论预应力和荷载存在与否；混凝土必然收缩，因拉、压区用钢量不同也会产生挠度，因此第三部分的挠度 f_3 是由混凝土收缩引起的。同时考虑预加力、作用荷载、收缩和徐变影响下梁的挠度时是很复杂的事，此处只考虑由混凝土徐变引起的挠度，而不考虑混凝土收缩引起的挠度。

(1) 混凝土的徐变系数[5]

试验表明，若混凝土承受的应力不高(大约为 $0.5f_{ck}$，亦即不超过轴压强度的一半)，徐变应变与应力大体上呈线性关系。因此，徐变应变与初始弹性应变的关系可以用一个徐变系数来表达。

在欧洲，徐变系数 Φ_{cp} 常指应力长期作用下的总应变 δ_t(瞬时弹性应变加徐变应变)与应力作用时立即发生的瞬时应变 δ_i 的比值，即

$$\Phi_{cp}=\frac{\delta_t}{\delta_i} \tag{3.3-13}$$

徐变系数的准确测定是很难的，主要原因是很难剔除收缩的影响。从设计角度出发，通常认为 Φ_{cp} 取用 3 是安全的。对先张构件，预加力作用时混凝土的龄期短，Φ_{cp} 值可能会高一些；对后张构件，施加预应力时间迟，Φ_{cp} 值可能要低一些。

澳洲 1988 年混凝土规范(简称 AS3600)和 1994 年规范补充(简称 AS3600 Suppl)，其中提出了求解混凝土收缩与徐变公式，公式中系数由给出的曲线确定，给出的混凝土收缩公式为：

$$\Phi_{cp}=K_2\cdot K_3\Phi_{cp\cdot b} \tag{3.3-14}$$

式中 $\Phi_{cp\cdot b}$——基本徐变系数，可取 2.5；

K_2——与构件尺寸、温度、湿度相关的系数；

K_3——混凝土强度系数。

(2) 考虑混凝土徐变时预应力梁的反拱

受混凝土徐变的影响，梁的反拱增加，考虑混凝土徐变计算预应力混凝土梁的反拱挠度时只需在预应力引起的反拱 f_2 上乘以徐变系数 $\Phi_{cp}(t)$。所以考虑徐变时梁的反拱可表示为：

$$f_{2cp}(t)=K_{cp}f_2\Phi_{cp}(t) \tag{3.3-15}$$

式中，Φ_{cp} 由式(7-4-2)确定；K_{cp} 为拉、压钢筋对徐变的影响系数。Branson 提出：

$$K_{cp}=0.85/(1+50A'_s/bh_0) \tag{3.3-16}$$

式中 A'_s——受压区钢筋截面面积。

对重要的或特殊的预应力混凝土受弯构件的长期反拱值，可根据专门的试验分析确定或采用合理的收缩、徐变计算方法经分析确定。

3.3.5 预应力混凝土受弯构件挠度计算实例

【例】 一矩形截面简支梁，截面宽 250mm、高 500mm，跨度 9m，抛物线预应力筋

在跨中距梁底为75mm，在两端距梁顶面为125mm，如图 3.3-1 所示。初始预加力为250kN，混凝土自重为25kN/m，弹性模量 $E_c=32kN/mm^2$。梁承受的外荷载为 $2kN/m^2$。求梁在初始预加力、自重和外荷载同时作用下的跨中瞬时挠度。

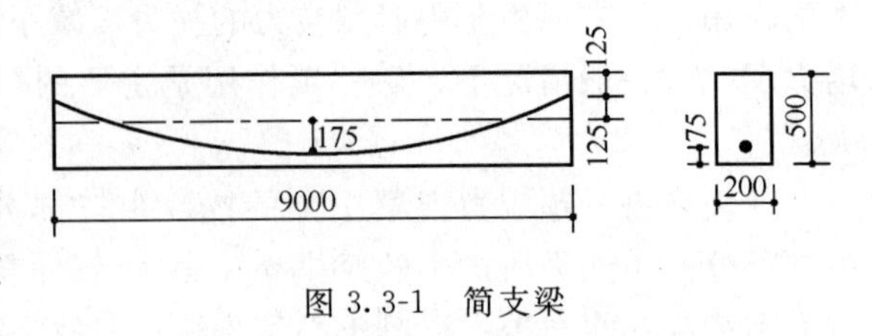

图 3.3-1 简支梁

【解】

预应力筋的偏心距　　$e_1=-125mm$，$e_2=175mm$

梁的自重为 $G=0.25\times0.50\times25=3.125kN/m=3.125\times10^{-3}kN/mm$

均布活荷载　　$Q=2\times10^{-3}kN/mm$

毛截面惯性矩　　$I=250\times500^3/12=2604.1\times10^6mm^4$

由预加力引起的跨中瞬时反拱 f_2 为：

$$f_2=\frac{1}{8}\frac{N_p e_1 L^2}{EI}+\frac{5}{48}\frac{N_p e_2 L^2}{EI}=\frac{250\times(-125)\times9000^2}{8\times32\times2604.1\times10^6}+\frac{5\times250\times(175+125)\times9000^2}{48\times32\times2604.1\times10^6}$$

$=-37.97+75.94=37.94mm$(向上)

由自重加活荷载产生的瞬时挠度 f_1 为

$$f_1=\frac{5}{384}\cdot\frac{(G+Q)L^4}{EI}=\frac{5(3.125\times10^{-3}+0.002)\times9000^4}{384\times32\times2604.1\times10^6}=5.25mm(向下)$$

所以总挠度 $f=37.94-5.25=32.69mm$(向上)

3.4 预应力混凝土构件疲劳验算

3.4.1 概述

由于预应力混凝土构件材料的永存预应力很高，且在正常使用荷载作用下允许构件开裂，构件截面开裂后钢筋应力将大幅度增加，因而应力变化幅度也较大。同时，部分预应力混凝土结构，通常是用于活载与恒载比值较大的场合，特别是对于经常承受反复荷载的部分预应力混凝土构件来说，疲劳始终是一个应该重视的问题[10]。

(1) 材料的疲劳强度

1) 预应力钢筋疲劳强度[11]

国内外的实验资料表明，影响钢筋疲劳寿命(即荷载重复次数)的主要因素是应力变化幅度 $\Delta\sigma^f$，其次是最小应力 σ^f_{min}。对于预应力筋来说，其疲劳强度还与其粘结性能密切相关，且与预应力度也有密切关系。因为预应力度小，出现的裂缝宽度就较大，相应地对预应力筋与混凝土粘结性能的破坏也较大，因而使疲劳强度下降。钢筋的疲劳应力变化幅度，可按下式校核：

$$\Delta\sigma^f=\alpha_f[\sigma^f_{max}-\sigma^f_{min}]<[\Delta\sigma^f] \tag{3.4-1}$$

式中　$\Delta\sigma^f$——由疲劳验算荷载引起的受拉钢筋的应力变化幅度；

σ^f_{max}、σ^f_{min}——按弹性理论(即按平截面变形假定；受压区混凝土应力图形为三角形；受拉区开裂后混凝土不参加受拉工作)由疲劳验算荷载算得的钢筋最大与最小应力；

α_f——按弹性理论计算的应力增大系数，考虑构件在反复荷载作用下受拉区钢筋可能产生非弹性变形和残余应力，使实际应力较按弹性理论计算的大；α_f 与荷载重复次数有关，由试验资料得，当荷载重复次数为 200～400 万次时，可取 $\alpha_f=1.3$；

$[\Delta\sigma^f]$——钢筋应力变化幅度容许值，应由试验确定；当缺乏该项试验数据时，其值可参照有关规范取用。

我国《混凝土结构设计规范》(GB 50010—2002)中给出了预应力钢筋疲劳应力幅的限值，见表 3.4-1 所示。

预应力钢筋疲劳应力幅限值[11]（N/mm²）　　**表 3.4-1**

预应力筋种类			Δf_{py}^f	
			$0.7\leqslant\rho_p^f<0.8$	$0.8\leqslant\rho_p^f<0.9$
消除应力钢丝	光　面	$f_{ptk}=1770$、1670	210	140
		$f_{ptk}=1570$	200	130
	刻　痕	$f_{ptk}=1570$	180	120
钢　铰　线			120	105

表 3.4-1 中 ρ_p^f 为预应力钢筋疲劳应力比值，按下式计算：

$$\rho_p^f=\frac{\sigma_{p,min}^f}{\sigma_{p,max}^f} \tag{3.4-2}$$

式中　$\sigma_{p,min}^f$、$\sigma_{p,max}^f$——构件疲劳验算时，同一层预应力钢筋的最小应力、最大应力。

并规定当 $\rho_p^f\geqslant0.9$ 时，可不做疲劳验算，且当有充分依据时，可对表 3.4-1 中规定的疲劳应力幅值作适当调整。

2）混凝土疲劳强度

混凝土的疲劳强度一般不起控制作用，不必进行疲劳强度验算。研究成果表明：混凝土没有一个相应于重复荷载次数 $N\to\infty$的所谓“耐劳极限”；N 数值与混凝土的最大应力 σ_{max}的关系更为密切，而不是应力幅度 $\Delta\sigma_c$ 和最小应力 σ_{min}；抗压疲劳强度的折减系数，一般可用于抗弯、抗拉和抗剪的情况。

3.4.2　预应力混凝土构件疲劳验算

(1) 疲劳验算的基本假定

需作疲劳验算的受弯构件，其正截面疲劳应力应按下列基本假定进行计算[11]：

1）截面应变保持平面；

2）受压区混凝土的法向应力图形取为三角形；

3）对钢筋混凝土构件，不考虑受拉区混凝土的抗拉强度，拉力全部由纵向钢筋承受；对要求不出现裂缝的预应力混凝土构件，受拉区混凝土的法向应力图形取为三角形；

4）采用换算截面计算。

(2) 受弯构件正截面疲劳强度验算

在疲劳验算中，荷载应取用标准值；对吊车荷载应乘以动力系数，吊车荷载的动力系数应按现行国家规范《建筑结构荷载规范》(GB 50009—2001)的规定取用。对跨度不大于 12m 的吊车梁，可取用一台最大吊车荷载。

我国《混凝土结构设计规范》(GB 50010—2002)中规定对预应力混凝土受弯构件疲劳验算时，应计算下列部位的应力：

1）正截面受拉区和受压区边缘纤维的混凝土应力及受拉区纵向预应力钢筋、非预应力钢筋的应力幅；

2）截面重心及截面宽度剧烈改变处的混凝土主拉应力；

3）受压区纵向预应力钢筋可不进行疲劳验算。

对要求不出现裂缝的预应力混凝土受弯构件，其正截面的混凝土、纵向预应力钢筋和非预应力钢筋的最小、最大应力和应力幅应按下列公式计算：

① 受拉区或受压区边缘纤维的混凝土应力：

$$\sigma_{c,min}^{f} \text{或} \sigma_{c,max}^{f} = \sigma_{pc} + \frac{M_{min}^{f}}{I_0} y_0 \tag{3.4-3}$$

$$\sigma_{c,max}^{f} \text{或} \sigma_{c,min}^{f} = \sigma_{pc} + \frac{M_{max}^{f}}{I_0} y_0 \tag{3.4-4}$$

② 受拉区纵向预应力钢筋的应力及应力幅：

$$\Delta\sigma_{p}^{f} = \sigma_{p,max}^{f} - \sigma_{p,min}^{f} \tag{3.4-5}$$

$$\sigma_{p,min}^{f} = \sigma_{pe} + \alpha_{pE} \frac{M_{min}^{f}}{I_0} y_{0p} \tag{3.4-6}$$

$$\sigma_{p,max}^{f} = \sigma_{pe} + \alpha_{pE} \frac{M_{max}^{f}}{I_0} y_{0p} \tag{3.4-7}$$

③ 受拉区纵向非预应力钢筋的应力及应力幅：

$$\Delta\sigma_{s}^{f} = \sigma_{s,max}^{f} - \sigma_{s,min}^{f} \tag{3.4-8}$$

$$\sigma_{s,min}^{f} = \sigma_{se} + \alpha_{E} \frac{M_{min}^{f}}{I_0} y_{0s} \tag{3.4-9}$$

$$\sigma_{s,max}^{f} = \sigma_{se} + \alpha_{E} \frac{M_{max}^{f}}{I_0} y_{0s} \tag{3.4-10}$$

式中 $\sigma_{c,min}^{f}$、$\sigma_{c,max}^{f}$——疲劳验算时受拉区或受压区边缘纤维混凝土的最小、最大应力，最小、最大应力以其绝对值进行判别；

σ_{pc}——除全部预应力损失后，由预加力在受拉区或受压区边缘纤维处产生的混凝土法向应力；

M_{max}^{f}、M_{min}^{f}——疲劳验算时同一截面上在相应荷载组合下产生的最大、最小弯矩值；

α_{pE}——预应力钢筋弹性模量与混凝土弹性模量的比值，$\alpha_{pE}=E_s/E_c$；

I_0——换算截面的惯性矩；

Y_0——受拉区边缘或受压区边缘至换算截面重心的距离；

$\sigma_{p,min}^{f}$、$\sigma_{p,max}^{f}$——疲劳验算时所计算的受拉区预应力钢筋的最小、最大应力；

$\Delta\sigma_{p}^{f}$——疲劳验算时所计算的受拉区一层预应力钢筋的应力幅；

σ_{pe}——扣除全部预应力损失后所计算的受拉区一层预应力钢筋的有效预应力；

y_{0s}、y_{0p}——所计算的受拉区一层非预应力钢筋、预应力钢筋截面重心至换算截面重心的距离；

$\sigma^{f}_{s,min}$、$\sigma^{f}_{s,max}$——疲劳验算时所计算的受拉区一层非预应力钢筋的最小、最大应力；

$\Delta\sigma^{f}_{s}$——疲劳验算时所计算的受拉区一层非预应力钢筋的应力幅；

σ_{se}——消压弯矩 M_0 作用下所计算的受拉区一层非预应力钢筋中产生的应力；此处 M_{p0} 为受拉区一层非预应力钢筋截面重心处的混凝土法向预应力等于零时的相应弯矩值。

公式(3.4-3)、(3.4-4)中的 σ_{pc}、$(M^{f}_{min}/I_0)y_0$、$(M^{f}_{max}/I_0)y_0$，当为拉应力时以正值代入；当为压应力时以负值代入；公式(3.4-9)、(3.4-10)中的 σ_{se} 以负值代入。

预应力混凝土受弯构件正截面的疲劳应力应符合下列规定：

1）受拉区或受压区边缘纤维的混凝土应力：

① 当为压应力时，

$$\sigma^{f}_{cc,max} \leqslant f^{f}_{c} \tag{3.4-11}$$

② 当为拉应力时，

$$\sigma^{f}_{ct,max} \leqslant f^{f}_{t} \tag{3.4-12}$$

2）受拉区纵向预应力钢筋的应力幅：

$$\Delta\sigma^{f}_{p} \leqslant \Delta f^{f}_{py} \tag{3.4-13}$$

3）受拉区纵向非预应力钢筋的应力幅：

$$\Delta\sigma^{f}_{s} \leqslant \Delta f^{f}_{y} \tag{3.4-14}$$

式中 $\sigma^{f}_{cc,max}$——受拉区或受压区边缘纤维混凝土的最大压应力(取绝对值)，按公式(3.4-3)或公式(3.4-4)计算确定；

$\sigma^{f}_{ct,max}$——受拉区或受压区边缘纤维混凝土的最大拉应力，按公式(3.4-3)或公式(3.4-4)计算确定；

$\Delta\sigma^{f}_{p}$——受拉区纵向预应力钢筋的应力幅，按公式(3.4-5)计算；

Δf^{f}_{py}——预应力钢筋疲劳应力幅限值，按表3.4-1采用；

$\Delta\sigma^{f}_{s}$——受拉区纵向非预应力钢筋的应力幅，按公式(3.4-8)采用；

Δf^{f}_{y}——非预应力钢筋疲劳应力幅限值；并规定当受拉区纵向预应力钢筋、非预应力钢筋各为同一钢种时，可仅各验算最外层钢筋的应力幅。

预应力混凝土构件的疲劳往往是由于预应力筋的拉伸破坏而产生的。预应力筋的耐疲劳能力和它周围混凝土的粘结情况有密切的关系。当粘结情况良好时即使预应力筋应力很高，只要混凝土未开裂或只产生肉眼不可见裂缝，钢筋的应力幅度就较小，一般也不致发生疲劳破坏；当粘结情况不良或混凝土已产生肉眼可见到的裂缝时，在裂缝附近的粘结应力就遭破坏，耐疲劳能力则与预应力筋的有效预应力值大小有关。

(3) 受弯构件斜截面疲劳强度

试验研究表明，在重复荷载作用下，梁的内力不断发生重分布，随着荷载作用次数的增加，箍筋应力逐渐增大，受力最大的箍筋首先被疲断，而使其他箍筋的应力突增，随着箍筋的逐根疲断，剩余的箍筋和混凝土不足以继续承受疲劳上限剪力，最终剩余的箍筋达到屈服强度进而被拉断，剪压区混凝土在剪压复合应力的作用下破坏，梁丧失承裁能力。因此可以认为，无粘结预应力混凝土梁的斜截面疲劳破坏是由箍筋的疲断所引起的，第一根箍筋的疲断是梁达到斜截面疲劳极根状态标志，我们可以通过控制箍筋应力来达到控制斜截面不发生剪切疲劳破坏的目的[39]。

部分预应力混凝土构件的斜截面疲劳问题，是一个非常复杂的问题。在正常配筋的情况下，斜截面的疲劳破坏总是从斜裂缝处某一肢箍筋开始发生断裂而引起。因此，斜截面的疲劳验算主要是控制箍筋的应力问题，也就是控制截面的主拉用力不超过允许值。

我国《混凝土结构设计规范》（GB 50010—2002）中规定预应力混凝土受弯构件斜截面混凝土的主拉应力应符合下列规定：

$$\sigma_{tp}^{f} \leqslant f_{t}^{f} \tag{3.4-15}$$

式中 σ_{tp}^{f}——预应力混凝土受弯构件斜截面疲劳验算纤维处的混凝土主拉应力。

总地说来，部分预应力混凝土构件，只要预应力度选择得当，一般不致发生疲劳破坏。但是，疲劳问题毕竟是应当给予重视的课题，而且还有待做更深入的研究。

思 考 题

1. 预应力混凝土受弯构件正截面有哪几类破坏形态？

2. 有粘结和无粘结预应力混凝土正截面受弯性能有何差异？

3. 预应力混凝土斜截面破坏形态是什么样子的？

4. 预应力混凝土简支梁，跨度 18m，截面尺寸 $b \times h = 400\text{mm} \times 1200\text{mm}$。简支梁上作用恒载标准值 25kN/m，活载标准值 15kN/m。梁上配置有粘结低松弛高强钢丝束 $\phi 5 (A_p = 1764\text{mm}^2)$，$\sigma_{con} = 0.75 f_{ptk}$，预应力损失可以取为 25%，镦头锚具，两端张拉，孔道采用预埋波纹管成型，预应力筋的曲线布置如图 1 所示。梁混凝土强度等级为 C40，普通钢筋采用 HRB335 热轧钢筋。

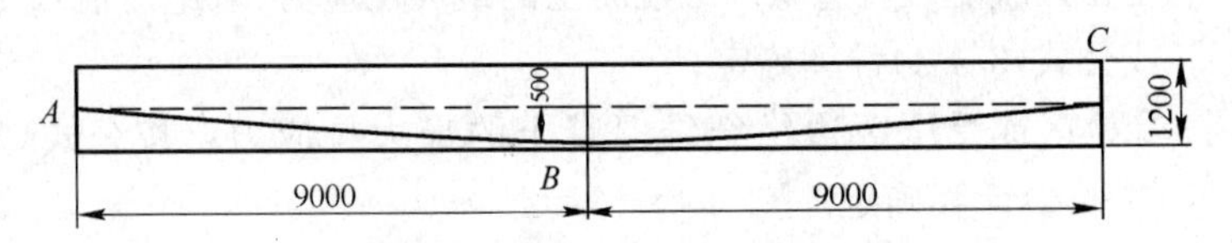

图 1 简支梁的预应力曲线

(1) 对此梁进行正截面设计；

(2) 对此梁进行斜截面设计；

(3) 求此梁的跨中挠度。

第 4 章　预应力混凝土受拉构件设计

4.1 概　　述

预应力混凝土受拉构件常见的形状有直线形如桁架的下弦、拱桥的吊杆、挡土墙的锚杆、张拉台座下的拉杆；有圆形如水罐、筒仓、储液罐、密闭壳等；有抛物线形如用于悬索桥的受拉构件[5]。预应力受拉构件的应用如图 4.1-1 所示。

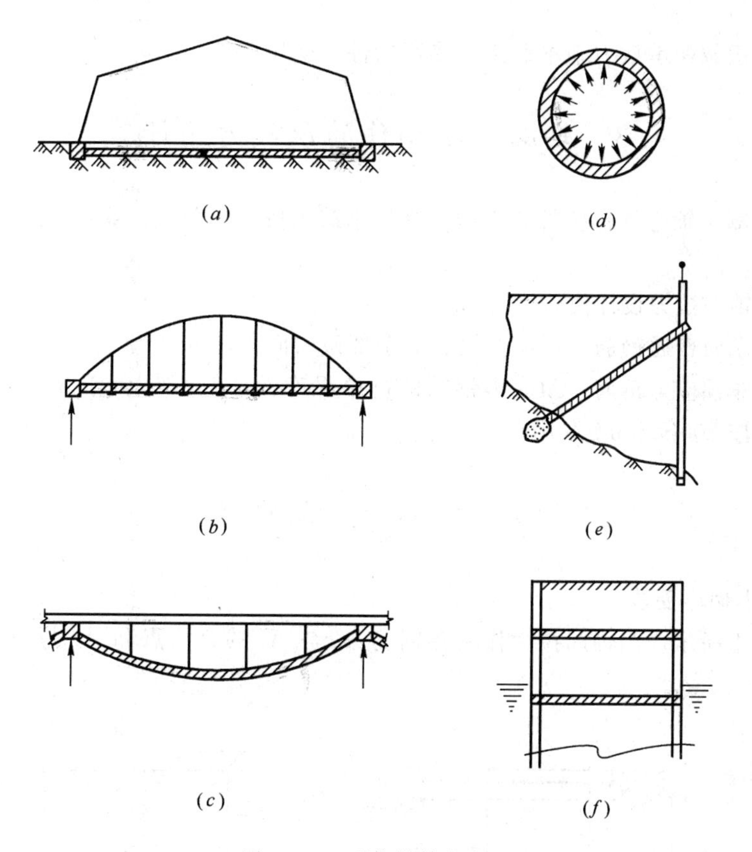

图 4.1-1　受拉构件的应用

同普通钢筋混凝土或钢拉杆相比较，预应力拉杆有其独特的优点：

(1) 抗裂性好。正常工作荷载下可以设计成不开裂的。

(2) 抗腐蚀性好。混凝土在由于预压力的作用不开裂，钢材有可靠的保护。

(3) 可以充分利用高强钢材的强度，实现良好的经济效益。

(4) 具有一定的防火性能。

(5) 构件的变形可以有效地加以控制。

4.2 受拉构件的破坏状态及基本假定

轴心受拉构件最终破坏时，截面全部裂通，所有拉力全部由钢筋(预应力筋和普通钢筋)承担。

偏心受拉构件随偏心距 e_0 的大小，有大偏心和小偏心受拉两种破坏形态。小偏心受拉破坏形态为全截面开裂贯通，拉力完全由钢筋承担。大偏心受拉破坏形态为部分截面受拉，部分截面受压，裂缝出现后，开展并延伸发展，受压区面积减少，破坏时受拉钢筋屈服，继而受压区混凝土达到极限强度破坏。

当轴向拉力作用在钢筋 A_s 与 A_p 的合力点和 A'_s 与 A'_p 的合力点之间时为小偏心受拉破坏。当轴向拉力作用在钢筋 A_s 与 A_p 的合力点和 A'_s 与 A'_p 的合力点之外时，为大偏心受拉破坏[10]。

受拉构件正截面承载力基本假定与受弯构件、受压构件相同。

4.3 轴心受拉构件的承载力的计算

预应力混凝土轴心受拉构件的正截面受拉承载力按下列公式计算：

$$N \leqslant f_y A_s + f_{py} A_p \tag{4.3-1}$$

式中 N——轴向拉力设计值；

A_s、A_p——纵向普通钢筋、预应力钢筋的全部截面面积；

f_y、f_{py}——非预应力钢筋、预应力钢筋的抗拉强度设计值；f_y 大于 300N/mm^2 时，仍按 300N/mm^2 取用。

4.4 偏心受拉构件

4.4.1 小偏心受拉

如图 4.4-1 所示，当轴向拉力作用在钢筋 A_s 与 A_p 的合力点和 A'_s 与 A'_p 的合力点之间时：

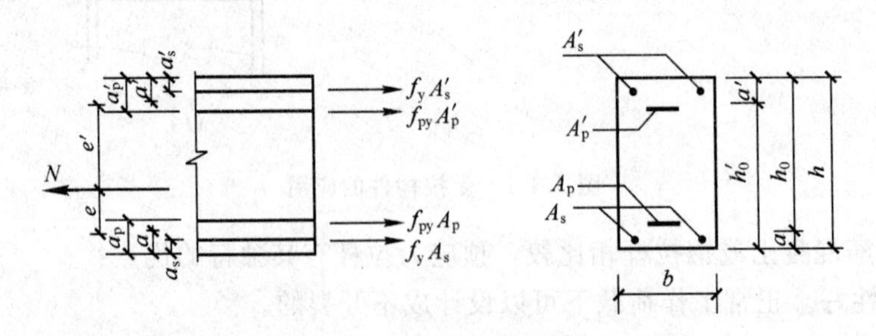

图 4.4-1 矩形截面小偏心受拉构件正截面受拉承载力计算

$$Ne \leqslant f_y A'_s (h_0 - a'_s) + f_{py} A'_p (h_0 - a'_p) \tag{4.4-1}$$

$$Ne' \leqslant f_y A_s (h'_0 - a_s) + f_{py} A_p (h'_0 - a_p) \tag{4.4-2}$$

式中 f_y 大于 300N/mm² 时，仍按 300N/mm² 取用。

4.4.2　大偏心受拉

如图 4.4-2 所示，当轴向拉力不作用在钢筋 A_s 与 A_p 的合力点和 A'_s 与 A'_p 的合力点之间时：

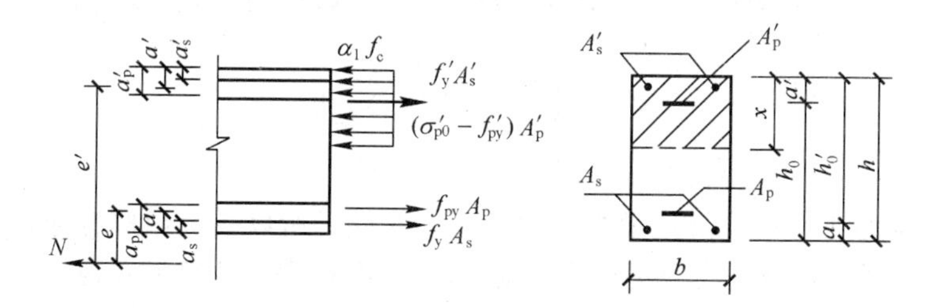

图 4.4-2　矩形截面小偏心受拉构件正截面受拉承载力计算

$$N \leqslant f_y A_s + f_{py} A_p - f'_y A'_s + (\sigma_{p0} - f'_{py}) A'_p - \alpha_1 f_c b x \tag{4.4-3}$$

$$Ne \leqslant \alpha_1 f_c b x \left(h_0 - \frac{x}{2}\right) + f'_y A'_s (h_0 - a'_s) - (\sigma_{p0} - f'_{py}) A'_p (h_0 - a'_p) \tag{4.4-4}$$

且混凝土的受压区高度应满足

$$x \leqslant \xi_b h_0 \tag{4.4-5}$$

当计算中计入纵向普通受压钢筋时，尚应满足

$$x \geqslant 2a' \tag{4.4-6}$$

当 $x<2a'$时，应按公式(4.4-2)计算。

4.4.3　斜截面抗剪

矩形、T 形和 I 形截面的钢筋混凝土偏心受拉构件其斜截面受剪承载力应符合下列规定：

$$V \leqslant \frac{1.75}{\lambda+1} f_t b h_0 + f_{yv} \frac{A_{sv}}{s} h_0 - 0.2N \tag{4.4-7}$$

式中　N——与建立设计值 V 相应的轴向拉力设计值；

　　　λ——计算截面的剪跨比。

当右边的计算值小于 $f_{yv}\frac{A_{sv}}{s}h_0$ 时，应取等于 $f_{yv}\frac{A_{sv}}{s}h_0$，且 $f_{yv}\frac{A_{sv}}{s}h_0$ 值不得小于 $0.36 f_t b h_0$。

思　考　题

1. 预应力混凝土受拉构件有哪些优点？

2. 预应力混凝土受拉构件有哪几种破坏状态？

3. 一预应力混凝土屋架下弦杆，混凝土 C40，配置 4 根 ϕ12 的 HRB335 热扎钢筋、8ϕ^s15.24 钢铰线（$f_{ptk}=1860\text{N/mm}^2$），永久荷载标准值产生的轴向拉力 360kN，可变荷载标准值产生的轴向拉力 140kN，试计算其极限承载力。

第5章　预应力混凝土受压构件设计

5.1　概　　述

轴心受压构件在使用阶段仅承受压力，不会开裂，所以一般做成普通钢筋混凝土。对工厂预制的轴心受压构件，为防止构件在制作、运输和吊装过程中开裂，往往采用预加应力。风荷载和地震效应也会引起构件的轴向拉应力以及很高的弯曲应力。在实际结构中，由于荷载位置的偏差，混凝土组成的不均匀性以及施工制造的误差等原因，严格的轴向压力的构件是很少见的。故对于弯矩与轴力比值很高，混凝土截面大部分产生拉应力的偏心受压构件，或是受轴向力较大的构件，施加预压应力是很有利的。工程中常见的预应力受压构件有框架柱、预应力桩、桁架杆件和预应力电杆等[19]。

5.2　破坏形态和基本假定

5.2.1　破坏形态与特征

预应力混凝土偏心受压构件与普通钢筋混凝土偏心受压构件相似，随偏心距大小、配筋率不同，其破坏特征也不同。从破坏形态、破坏性质及决定其极限强度的主要因素分析，偏心受压构件的破坏形态可分为以下两种情况[10]：

(1) 受拉破坏

当轴向压力的偏心距 e_0 较大而远离偏心压力一侧受拉钢筋的配筋率又不高时，构件破坏始于远离压力侧受拉钢筋(预应力筋和非预应力筋)屈服或达到极限强度，受拉区横向裂缝迅速开展并向受压区延伸，迫使受压区混凝土面积缩小，边缘压应变增大，最后导致靠近轴向压力一侧的受压区混凝土被压碎。破坏特征为：临近破坏时截面转角较大，有明显征兆，具有塑性破坏的性质。其承载力的大小由远离轴向压力的一侧的钢筋决定。这种破坏都发生在轴向压力偏心距较大的情况，故习惯上也称为大偏心受压破坏。

(2) 受压破坏

当轴向压力的偏心距 e_0 较小，或是远离偏心压力一侧受拉钢筋的配筋率过高时，截面大部分受压或全部受压。构件破坏是由于受压区混凝土的边缘压应变达到极限值，而远离偏心压力一侧的钢筋有可能受拉也有可能受压，但其应力未达到相应的屈服强度设计值。靠近轴向压力一侧的混凝土却因压应力较大而先行压碎，构件即告破坏。这种破坏常发生在轴向压力的偏心距较小的情况，故习惯上称为小偏心受压破坏。破坏特征为：临近破坏时截面转角不大，无明显征兆，具有脆性破坏的性质。其承载能力主要取决于受压区混凝土及靠近偏心压力一侧受压钢筋(包括预应力筋和非预应力筋)。

5.2.2　基本假定

预应力混凝土受压构件正截面承载力的基本假定同普通混凝土受弯构件和受拉构件的

基本假定是一致的，即平截面假定，不考虑混凝土的抗拉强度、变形协调假定、混凝土的应力应变关系及纵向钢筋的应力和极限拉应变等(详细可参见 3.1 节中的基本假定)。需要说明的是，预应力混凝土构件中常用的无屈服台阶预应力筋，其极限强度的简化处理方法是忽略其进入塑性变形后强度增长，而直接用条件屈服强度作为其极限强度，这与非预应力混凝土受弯构件不同。

5.3 偏心受压构件设计[11]

(1) 矩形应力图的确定

矩形应力图的受压区高度 x 可取等于按平截面假定所确定的中和轴高度乘以 β_1。当混凝土强度等级不超过 C50 时，β_1 取为 0.8，当混凝土强度等级为 C80 时，β_1 取为 0.74，其间按线性内插法确定。

矩形应力图的应力值取为混凝土轴心抗压强度设计值乘以 α_1。当混凝土强度等级不超过 C50 时，α_1 取为 1.0，当混凝土强度等级为 C80 时，α_1 取为 0.94，其间按线性内插法确定。

(2) 如图 5.3-1 所示，矩形截面偏心受压构件正截面受压承载力计算公式如下：

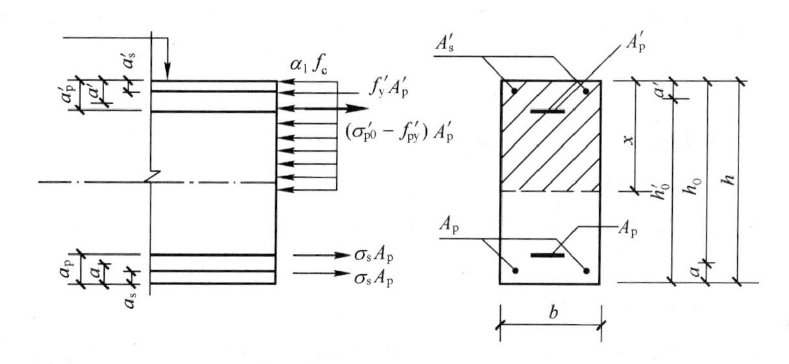

图 5.3-1　矩形截面偏心受压构件正截面受压承载力计算

$$N\leqslant\alpha_1 f_c bx+f'_y A'_s-\sigma_s A_s-(\sigma'_{p0}-f'_{py})A'_p-\sigma_p A_p \tag{5.3-1}$$

$$Ne\leqslant\alpha_1 f_c bx\left(h_0-\frac{x}{2}\right)+f'_y A'_s(h_0-a'_s)-(\sigma'_{p0}-f'_{py})A'_p(h_0-a'_p) \tag{5.3-2}$$

$$e=\eta e_i+\frac{h}{2}-a \tag{5.3-3}$$

$$e_i=e_0+e_a \tag{5.3-4}$$

式中　e——轴向压力作用点至纵向普通受拉钢筋和预应力受拉钢筋的合力点的距离；

η——受压构件考虑二阶弯矩影响的轴向压力偏心距增大系数，按公式(5.3-5)计算；

σ_s、σ_p——受拉边或受压较小边的纵向普通钢筋、预应力钢筋的应力；

e_i——初始偏心距；

a——纵向普通受拉钢筋和预应力受拉钢筋的合力点至截面近边缘的距离；

e_0——轴向压力对截面重心的偏心距：$e_0=M/N$；

e_a——附加偏心距，应取 20mm 和偏心方向截面最大尺寸的 1/30 两者中的较大值。

偏心距增大系数 η 可按下列公式计算：

$$\eta=1+\frac{1}{1400e_i/h_0}\left(\frac{l_0}{h}\right)^2\xi_1\xi_2 \tag{5.3-5}$$

$$\xi_1=\frac{0.5f_cA}{N} \tag{5.3-6}$$

$$\xi_2=1.15-0.01\frac{l_0}{h} \tag{5.3-7}$$

式中 l_0——构件的计算长度；

h——截面高度；

ξ_1——偏心受压构件的截面曲率修正系数，当 $\xi_1>1$ 时，取 $\xi_1=1.0$；

ξ_2——构件长细比对截面曲率的影响系数，当 $l_0/h<15$ 时，取 $\xi_2=1.0$；

A——构件的截面面积。

注：当偏心受压构件的长细比 $l_0/i\leqslant 17.5$ 时，可取 $\eta=1.0$。

(3) 大偏心和小偏心的判断

对预应力混凝土构件纵向受拉钢筋屈服与受压区混凝土破坏同时发生时的相对界限受压区高度 ξ_b 按下列公式计算：

$$\xi_b=\frac{\beta_1}{1+\frac{0.002}{\varepsilon_{cu}}+\frac{f_{py}-\sigma_{p0}}{E_s\varepsilon_{cu}}} \tag{5.3-8}$$

式中 ξ_b——相对界限受压区高度：$\xi_b=x_b/h_0$；

x_b——界限受压区高度；

h_0——截面有效高度，即纵向受拉钢筋合力点至截面受压边缘的距离；

f_{py}——预应力钢筋抗拉强度设计值，按表 2.1-7 采用；

E_s——钢筋弹性模量，按表 2.1-8 采用；

σ_{p0}——受拉区纵向预应力钢筋合力点处混凝土法向应力等于零时的预应力钢筋应力，对先张法构件 $\sigma_{p0}=\sigma_{con}-\sigma_l$，对后张法构件 $\sigma_{p0}=\sigma_{con}-\sigma_l+\alpha_E\sigma_{pc}$；

ε_{cu}——非均匀受压时的混凝土极限压应变，按公式(5.3-9)计算；

$$\varepsilon_{cu}=0.0033-(f_{cu,k}-50)\times 10^{-5} \tag{5.3-9}$$

如果计算的 ε_{cu} 值大于 0.0033，取为 0.0033；

$f_{cu,k}$——混凝土立方体抗压强度标准值；

β_1——系数，按上述规定计算。

当 $\xi>\xi_b$ 时为小偏心受压构件，当 $\xi\leqslant\xi_b$ 时为大偏心受压构件。此处，ξ 为相对受压区高度，$\xi=x/h_0$。

5.3.1 小偏心受压构件

当 $\xi>\xi_b$ 时为小偏心受压构件，小偏心受压构件承载力按公式(5.3-1)和(5.3-2)计算。钢筋的应力 σ_s、σ_p 可按 3.1 节相关规定确定。

矩形截面非对称配筋的小偏心受压构件，当 $N>f_cA$ 时，尚应按下列公式进行验算：

$$Ne'\leqslant\alpha_1f_cbx\left(h_0-\frac{x}{2}\right)+f'_yA'_s(h_0-a'_s)-(\sigma'_{p0}-f'_{py})A'_p(h_0-a'_p) \tag{5.3-10}$$

$$e'=h/2-a'-(e_0-e_a) \tag{5.3-11}$$

e'——轴向压力作用点至受压区纵向普通钢筋和预应力钢筋的合力点的距离。

I形截面非对称配筋的小偏心受压构件，当 $N>f_cA$ 时，还应按下列公式验算：

$$Ne'\leqslant f_c\left[bh\left(h_0'-\frac{h}{2}\right)+(b_f-b)h_f\left(h_0'-\frac{h_f}{2}\right)+(b_f'-b)h_f'\left(\frac{h_f'}{2}-a'\right)\right]$$

$$+f_y'A_s(h_0'-a_s)-(\sigma_{p0}-f_{py}')A_p(h_0'-a_p) \tag{5.3-12}$$

$$e'=y'-a'-(e_0-e_a) \tag{5.3-13}$$

式中 y'——截面重心至离轴向压力较近一侧受压边的距离，当截面对称时，$y'=h/2$。

5.3.2 大偏心受压构件

当 $\xi\leqslant\xi_b$ 时为大偏心受压构件，大偏心受压构件承载力按公式(5.3-1)和(5.3-2)计算。钢筋的应力取 $\sigma_s=f_y$，$\sigma_p=f_{py}$。

当计算中计入纵向普通钢筋时，受压区的高度应满足：

$$x\geqslant 2a'$$

不满足时，按公式(5.3-14)计算：

$$Ne_s'\leqslant f_{py}A_p(h-a_p-a_s')+f_yA_s(h-a_s-a_s')+(\sigma_{p0}'-f_{py}')A_p'(a_p'-a_s') \tag{5.3-14}$$

式中 e_s'——轴向压力作用点至受压区纵向普通钢筋合力点的距离。

$$e_s'=\eta e_i-\frac{h}{2}+a_s \tag{5.3-15}$$

偏心受压构件除应计算弯矩作用平面的受压承载力以外，还应按轴心受压构件验算垂直于弯矩作用平面的受压承载力，此时可不计入弯矩的作用，但应考虑稳定系数 φ 的影响。

5.4 算　　例

【例】 已知，如图所示，$b=600$mm，$h=800$mm，构件计算长度 $l_0=6$m；C50 混凝土，$f_c=23.1$N/mm²；$f_s=f_s'=300$N/mm²，$A_s=A_s'=1963$mm²(各 4 Φ 25)，$a_s=a_s'=40$mm；$f_{py}=1320$N/mm²，有效预应力 $\sigma_{pe}=1050$N/mm²；外荷载产生的 $N=1587$kN，$M_0=1904$kN·m；求预应力筋的面积 A_p。

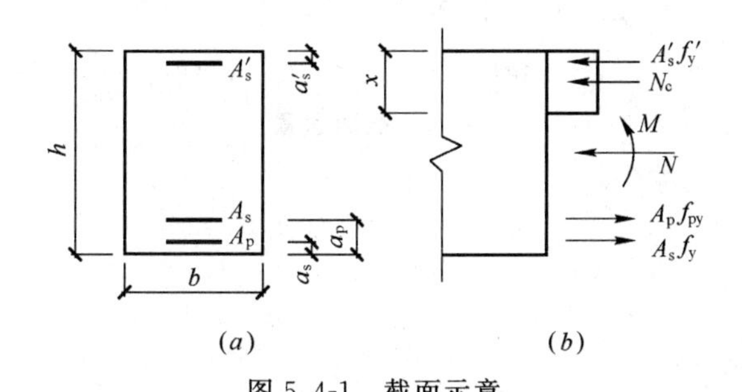

图 5.4-1 截面示意

【解】 轴向压力对截面重心的偏心距 $e_0=M/N=1.2$m

附加偏心距 $e_a=800/30=26.7$mm>20mm，取 26.7mm，$e_i=e_a+e_0=1.227$m

计算偏心距增大系数 η：

$$\zeta_1=0.5f_cA/N=0.5\times23.1\times600\times800/1478000=3.75>1\text{，取 }\zeta_1=1$$

$$\zeta_2=1.15-0.01l_0/h=1.15-0.01\times6/0.8=1.075$$

$$\eta=1+\frac{1}{1400e_i/h_0}\left(\frac{l_0}{h}\right)^2\zeta_1\zeta_2=1+\frac{1}{1400\times1.227/0.73}\left(\frac{6}{0.8}\right)^2 1\times1.075=1.0257$$

上式中，h_0 取 A_s 和 A_p 的中点离受压边的距离，计算弯矩 $M=Ne_i\eta=1997\text{kN}\cdot\text{m}$

一般来说，预应力受压构件为大偏心受力，$N_c=\alpha_1 f_c bx$，C50 的 $\alpha_1=1$，平衡方程

$$N_c+A'_s f'_y-A_s f_s-A_p f_{py}=N$$

$$A'_s f'_y(0.5h-a'_s)+N_c(0.5h-0.5x)+A_s f_s(0.5h-a_s)+A_p f_{py}(0.5h-a_p)=M$$

求解得：$x=259.3\text{mm}$，$A_p=1520\text{mm}^2$，配 11 根钢绞线 $A_p=11\times139=1529\text{mm}^2$

相对受压区高度 $\xi=x/h_0=259.3/730=0.355$

计算相对界限受压区高度 ξ_b：

由预应力产生的混凝土应力 $\sigma_{pc}=\dfrac{1050\times1529}{600\times800}+\dfrac{1050\times1529\times300}{600\times800^2/6}=1087\text{N/mm}^2$

$$\sigma_{p0}=\sigma_{pe}+\alpha_E\sigma_{pc}=1050+\frac{19.5}{3.45}10.87=1111.4\text{N/mm}^2$$

C50 的 $\beta_1=0.8$，$\xi_b=\dfrac{\beta_1}{1+\dfrac{0.002}{\varepsilon_{cu}}+\dfrac{f_{py}-\sigma_{p0}}{E_s\varepsilon_{cu}}}=0.414>\xi$，为大偏心受压构件。

思 考 题

1. 预应力混凝土受压构件有哪几种破坏形态？

2. 如图 1 所示，$b=550\text{mm}$，$h=750\text{mm}$，构件计算长度 $l_0=6\text{m}$；C50 混凝土，$f_c=23.1\text{N/mm}^2$；$f_s=f'_s=300\text{N/mm}^2$，$A_s=A'_s=1963\text{mm}^2$（各 4 Φ 25），$a_s=a'_s=40\text{mm}$；$f_{py}=1320\text{N/mm}^2$，有效预应力 $\sigma_{pe}=1050\text{N/mm}^2$；外荷载产生的 $N=1400\text{kN}$，$M_0=2000\text{kN}\cdot\text{m}$。求预应力筋的面积 A_p。

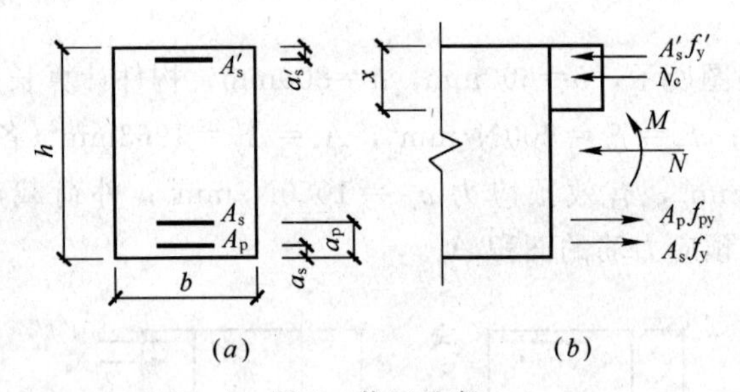

图 1 截面示意

第6章 预应力混凝土构件的抗裂验算

6.1 预应力构件中裂缝的出现、分布及特征

许多混凝土结构、砌体结构在建设过程和使用过程中出现了不同程度和不同形式的裂缝，这是一个相当普遍的现象。近代科学技术关于混凝土强度的综合研究以及大量的工程实践所提供的经验都表明：钢筋混凝土结构出现裂缝是不可避免的；在保证结构的安全性和耐久性的前提下，裂缝是人们可以接受的材料特性。虽然结构设计是建立在强度的极限承载力基础上的，但大多数工程的使用标准却是由裂缝控制的。钢筋混凝土结构的裂缝影响到结构的美观，也可能影响结构的正常使用与耐久性。当裂缝宽度达到一定的数值时，还可能危及结构的安全。正确地评价混凝土结构中的裂缝，对结构的评估、鉴定和维护具有非常重要的现实意义。

6.1.1 预应力构件裂缝的出现

预应力混凝土构件中裂缝的出现和普通混凝土构件基本相同。由于混凝土的抗压强度高，而抗拉强度则低得多，钢筋混凝土结构往往是带裂缝工作的。一般认为，在混凝土结构内，当截面上的实际拉应力超过材料的实际抗拉强度后便会出现裂缝，其形态与主拉应力的性质有关。预应力构件由于预先对构件的受拉区混凝土施加了一个预压应力，造成一种人为的应力状态。当构件承受外荷载后，混凝土中将产生拉应力，于是，混凝土中事先已存在的预压应力将全部或部分抵消荷载产生的拉应力，使得在正常使用状态下，结构不会出现裂缝或推迟出现裂缝，从而提高了结构的抗裂性能，扩大了其使用领域。在预应力构件中，当构件下边缘混凝土中的拉应力达到其抗拉强度时，构件并不立即出现裂缝。由于混凝土的塑性，受拉区应力并非按线性变化，而呈曲线分布(图 6.1-1)。按曲线分布的应力图形所能抵抗的弯矩较大于下边缘应力为 f_{tk} 的三角形应力图形所能抵抗的弯矩，为便于抗裂计算，可将曲线分布的应力图形折算成下边缘为 γf_{tk} 的等效三角形应力图形(γ 为混凝土塑性影响系数)，因此只有当 $\sigma_c-\sigma_{pcII}=\gamma f_{tk}$ 时，截面才可能出现裂缝，达到抗裂极限状态。

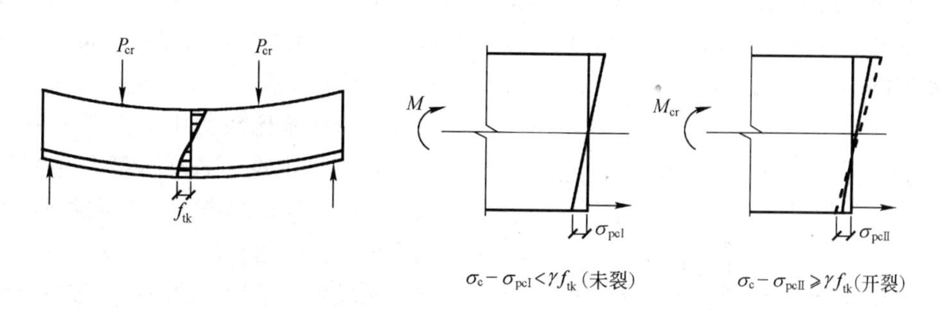

图 6.1-1 混凝土构件截面的受力状况

6.1.2 预应力构件裂缝的分布及特征

根据预应力钢筋与混凝土有无粘结，预应力混凝土构件可分为有粘结构件和无粘结构件，二者在裂缝的分布及特征等方面有较大的不同。

按照 Saliger 于 1936 年根据拉杆试验提出的粘结-滑移理论，在有粘结预应力混凝土构件中，当轴拉力很小，构件尚未出现裂缝前，钢筋和混凝土中的拉应力 σ_s 和 σ_c 沿构件轴线都是均匀分布的(图 6.1-2*b*)。随着轴拉力的增大，构件将出现第一条裂缝 1-1(图 6.1-2*a*)，第一条裂缝出现的位置是随机的。当第一条裂缝出现后，由于钢筋的受拉应变比混凝土大得多，钢筋和混凝土不再保持应变协调，受拉张紧的混凝土分别向裂缝截面两边回缩，混凝土与钢筋表面产生相对滑移，形成一条内外宽度相近的裂缝。开裂后，裂缝截面混凝土退出工作，应力为零，全部拉力由钢筋承受，使受拉钢筋的应变和应力突然增大，形成一峰值(图 6.1-2*c*)。由于沿钢筋长度上的应力发生了变化，从而产生了粘结应力(图 6.1-2*d*)。通过混凝土与钢筋之间的粘结应力，在沿构件长度方向，钢筋的应力将逐渐传递给混凝土，经过一段长度的传递(即应力传递长度)，当钢筋传递给混凝土的应力使其应变达到混凝土的极限拉应变值时，便会出现另一条裂缝，如此反复，裂缝不断出现，直至两条裂缝之间的间距小于应力传递长度的两倍，则两裂缝之间将不可能再出现新的裂缝(因为通过粘结应力的积累，尚不足以使混凝土中的拉应力达到抗拉极限强度)。一般在荷载标准值作用下，构件中裂缝基本出齐，间距基本稳定，裂缝大致成等间距分布。如果再增大荷载，只会使已有裂缝宽度增大，一般将不再出现新裂缝。

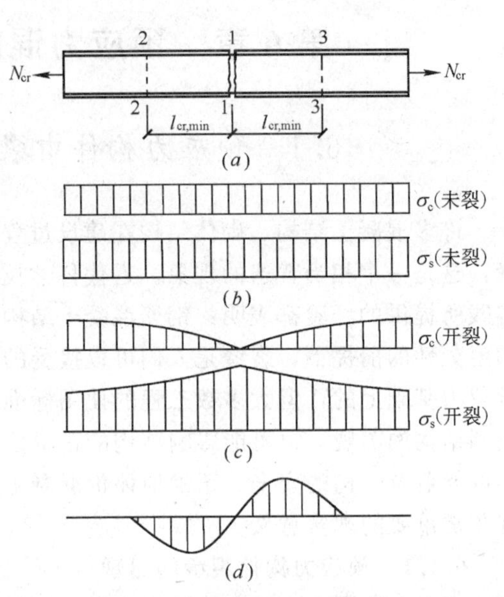

图 6.1-2 混凝土构件开裂过程

对于无粘结预应力混凝土构件，由于预应力钢筋与混凝土之间没有粘结作用，就会产生纵向相对滑动。如果忽略摩擦的影响，可认为预应力钢筋的应力沿全长是相同的，其应变等于预应力钢筋全长周围混凝土应变变化的平均值。因此，当梁截面受压区的混凝土达到极限压应变时，无粘结预应力钢筋的应变将比相应有粘结预应力钢筋的应变来得低；而当梁截面达到受弯承载力极限状态时，无粘结预应力钢筋的应力将低于有粘结预应力钢筋的应力，不能达到其抗拉强度设计值。另外，由于预应力钢筋与混凝土之间没有粘结，钢筋无法把力传递给混凝土，因而以后将不会再出现裂缝。纯无粘结预应力混凝土梁的挠度较大，开裂荷载较低，裂缝比较集中，特别是在低配筋梁中一般只出现一条或少数几条裂缝，其宽度和高度随荷载增加而急剧发展，使梁顶的混凝土很快达到极限压应变，致使构件破坏突然发生，呈较大的脆性，破坏时没明显的预兆，延性差，如图 6.1-3 所示。

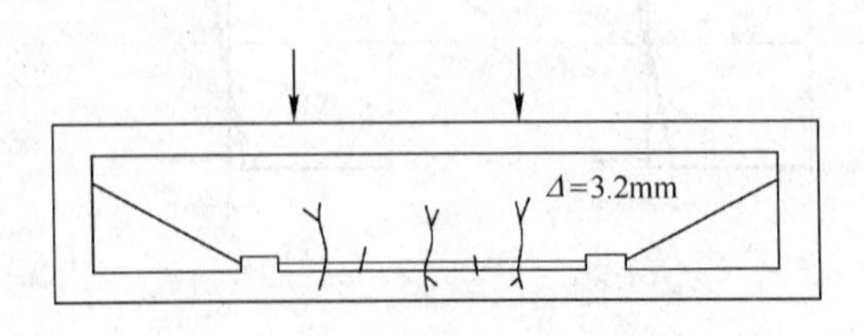

图 6.1-3 无粘结试验梁的裂缝分布

6.2 环境对预应力混凝土结构裂缝控制等级的影响

预应力混凝土结构所处的环境是确定裂缝控制等级的重要因素。室内正常环境、室内潮湿环境、露天环境、腐蚀性环境等对结构物的影响是各不相同的，如在相对湿度低于60%的环境中，混凝土中的钢筋很少发生腐蚀，即使发生也是很轻微的；相对湿度在60%以上的，腐蚀将随湿度的增大而增加；在干湿循环环境中，钢筋腐蚀最为严重；而在永久饱和的混凝土中，钢筋不会腐蚀。因此，根据结构构件所处环境等级的不同，应采用不同的裂缝控制等级及最大裂缝宽度。

6.2.1 环境等级的分类

根据《混凝土结构设计规范》(GB 50010—2002)的规定，混凝土结构的环境等级分类可按表6.2-1所示。

混凝土结构的环境类别 **表6.2-1**

环境类别		条件
一		室内正常环境
二	*a*	室内潮湿环境：非严寒和非寒冷地区的露天环境，与无侵蚀性的水或土壤直接接触的环境
	b	严寒和寒冷地区的露天环境，与无侵蚀性的水或土壤直接接触的环境
三		使用除冰盐的环境；严寒和寒冷地区冬期水位变动的环境；滨海室外环境
四		海水环境
五		受人为或自然的侵蚀性物质影响的环境

注：严寒和寒冷地区的划分应符合国家现行标准《民用建筑热工设计规范》GB 50176的规定。

6.2.2 裂缝控制等级的划分

确定裂缝控制等级需根据结构构件的功能要求、结构构件所处的环境条件、钢筋对腐蚀的敏感性、荷载长期效应作用等四方面的因素来确定。根据这些因素，裂缝控制等级可以划分为以下三级：

一级——严格要求不出现裂缝的构件

要求按荷载效应的标准组合进行计算时，构件受拉边缘混凝土不应产生拉应力。

二级——一般要求不出现裂缝的构件

要求按荷载效应的准永久组合进行计算时，构件受拉边缘混凝土不应产生拉应力，而按荷载效应的标准组合进行计算时，构件受拉边缘混凝土允许产生拉应力，但拉应力不应超过$\alpha_{ct}\gamma f_{tk}$，此处α_{ct}为混凝土拉应力限制系数，γ为受拉区混凝土塑性影响系数，f_{tk}混凝土抗拉强度标准值。

三级——允许出现裂缝的构件

最大裂缝宽度w_{max}按荷载效应标准组合并考虑荷载效应的准永久组合的影响进行计算，其计算值不应超过表6.2-2规定的最大裂缝宽度[w]。

通常情况下，预应力混凝土构件应满足裂缝控制的一级和二级的要求，而部分预应力混凝土构件还应满足裂缝控制的三级的要求。

6.2.3 最大裂缝宽度限制

当结构构件允许出现裂缝时，应根据结构类别和表6.2-1规定的环境类别，按表6.2-2

的规定选用不同的裂缝控制等级及最大裂缝控制宽度。

预应力结构构件的裂缝控制等级及最大裂缝宽度限制 **表 6.2-2**

环 境 类 别	预应力钢筋混凝土结构	
	裂缝控制等级	$[w]$ (mm)
一	三	0.2
二	二	—
三	一	—

注：1. 表中的规定适用于采用预应力钢丝、钢绞线及热处理钢筋的预应力混凝土构件；当采用其他类别的钢丝或钢筋时，其裂缝控制要求可按专门标准确定；

2. 在一类环境下，对预应力混凝土屋面梁、托梁、屋架、屋面板和楼板，应按二级裂缝控制等级进行验算；在一类和二类环境下，对需做疲劳验算的预应力混凝土吊车梁，应按一级裂缝控制等级进行验算；

3. 表中规定的预应力混凝土构件的裂缝控制等级和最大裂缝宽度限值仅适用于正截面的验算；

4. 对于烟囱、筒仓和处于液体压力下的结构构件，其裂缝控制要求应符合专门标准的有关规定；

5. 对于处于四、五类环境下的结构构件，其裂缝控制要求应符合专门标准的有关规定；

6. 表中的最大裂缝宽度限值用于验算荷载作用引起的最大裂缝宽度。

6.3 正常使用阶段预应力混凝土构件裂缝宽度验算

众所周知，混凝土在硬化过程中，由于温度、湿度的变化以及不同材料间热膨胀系数的差异，沿水泥石与钢筋的粘结面上和水泥石与骨料的粘结面上，就可能形成许多微裂缝，水泥石自身也可能被拉裂。因此，在使用前，钢筋混凝土结构内部往往已产生许多微裂缝。在使用过程中，由于荷载以及温度变化、混凝土收缩、支座不均匀沉降等因素的影响，钢筋混凝土结构可能扩展、贯通乃至形成较宽和较长的可见裂缝。对于部分预应力混凝土结构也是如此。由此可见，影响混凝土构件产生裂缝以及影响裂缝开展的因素很多，而且各影响因素又有较大的随机性，因此到目前为止，对于裂缝的计算仍没有完善、统一的计算公式。

6.3.1 影响裂缝宽度的主要因素

影响预应力混凝土构件裂缝宽度的因素很多，总的来说，有消压后的钢筋应力、钢筋类型、混凝土保护层、混凝土的受拉面积、受拉区的钢筋分布即预应力筋和非预应力筋的数量和直径、混凝土的强度、预加应力的方法、横向钢筋、荷载变化过程等。

6.3.2 裂缝宽度的验算

对在正常使用阶段允许出现裂缝的预应力混凝土构件，即裂缝控制等级为三级的构件，应验算其最大裂缝宽度，使之符合下列规定：

$$w_{max} \leqslant [w] \tag{6.3-1}$$

式中 w_{max}——按荷载效应标准组合并考虑荷载效应准永久组合的影响计算的最大裂缝宽度；

$[w]$——最大裂缝宽度限值，按表 6.2-2 选用。

(1) w_{max}的计算

对预应力混凝土轴心受拉和受弯构件，按荷载效应标准组合并考虑荷载效应准永久组合的影响计算的最大裂缝宽度(mm)可按下列公式进行计算：

$$w_{max}=\alpha_{cr}\psi\frac{\sigma_{sk}}{E_s}\left(1.9c+0.08\frac{d_{eq}}{\rho_{te}}\right) \tag{6.3-2}$$

$$\psi=1.1-0.65\frac{f_{tk}}{\rho_{te}\sigma_{sk}} \tag{6.3-3}$$

$$d_{eq}=\frac{\Sigma n_i d_i^2}{\Sigma n_i \nu_i d_i} \tag{6.3-4}$$

$$\rho_{te}=\frac{A_s+A_p}{A_{te}} \tag{6.3-5}$$

式中 α_{cr}——构件受拉特征系数，按表6.3-1采用；

ψ——裂缝间纵向受拉钢筋应变不均匀系数：当$\psi<0.2$时，取$\psi=0.2$；当$\psi>1$时，对直接承受重复荷载的构件，取$\psi=1$；

σ_{sk}——按荷载效应标准组合计算的钢筋混凝土构件纵向受拉钢筋的应力或预应力混凝土构件纵向受拉钢筋的等效应力；

E_s——钢筋弹性模量；

c——最外层纵向受拉钢筋外边缘至受拉区底边的距离(mm)：当$c<20$时，取$c=20$；当$c>65$时，取$c=65$；

ρ_{te}——按有效受拉混凝土截面面积计算的纵向受拉钢筋配筋率；在最大裂缝宽度计算中，当$\rho_{te}<0.01$时，取$\rho_{te}=0.01$；

A_{te}——有效受拉混凝土截面面积：对轴心受拉构件，取构件截面面积；对受弯、偏心受压和偏心受拉构件，取$A_{te}=0.5bh+(b_f-b)h_f$，此处，b_f、h_f为受拉翼缘的宽度、高度；

A_s——受拉区纵向非预应力钢筋截面面积；

A_p——受拉区纵向预应力钢筋截面面积；

d_{eq}——受拉区纵向钢筋的等效直径(mm)；

d_i——受拉区第i种纵向钢筋的公称直径(mm)；

n_i——受拉区第i种纵向钢筋的根数；

ν_i——受拉区第i种纵向钢筋的相对粘结特性系数，按表6.3-2采用。

注：1. 对承受吊车荷载但不需做疲劳验算的受弯构件，可将计算求得的最大裂缝宽度乘以系数0.85；
2. 对$e_0/h_0\leqslant0.55$的偏心受压构件，可不验算裂缝宽度。

预应力混凝土构件受力特征系数 α_{cr} **表6.3-1**

构件受力特征	构件受力特征系数 α_{cr}
受弯、偏心受压	1.7
偏心受拉	—
轴心受拉	2.2

钢筋相对粘结特性系数 ν_i **表6.3-2**

钢筋类别	先张法预应力钢筋			后张法预应力钢筋		
	带肋钢筋	螺旋肋钢丝	刻痕钢丝、钢绞线	带肋钢筋	钢绞线	光面钢丝
ν_i	1.0	0.8	0.6	0.8	0.5	0.4

注：对环氧树脂涂层带肋钢筋，其相对粘结特性系数应按表中系数的0.8倍取用。

(2) σ_{sk}的计算

轴心受拉构件：

$$\sigma_{sk}=\frac{N_k-N_{p0}}{A_p+A_s} \tag{6.3-6}$$

受弯构件：

$$\sigma_{sk}=\frac{M_k\pm M_2-N_{p0}(z-e_p)}{(A_p+A_s)z} \tag{6.3-7}$$

$$e=e_p+\frac{M_k\pm M_2}{N_{p0}} \tag{6.3-8}$$

式中 N_k、M_k——按荷载效应标准组合计算的轴向力值、弯矩值；

A_p——受拉区纵向预应力钢筋截面面积：对轴心受拉构件，取全部纵向预应力钢筋截面面积；对受弯构件，取受拉区纵向预应力钢筋截面面积；

z——受拉区纵向非预应力钢筋和预应力钢筋合力点至截面受压区合力点的距离，且不大于 $0.87h_0$；

由图 6.3-1 可见，如将图 6.3-1(a)转换为图 6.3-1(b)，即为偏心受压状态，因此力臂 z 可按偏心受压构件方法计算：

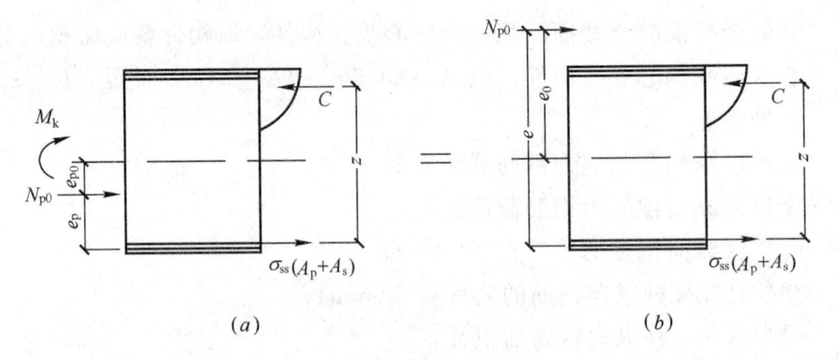

图 6.3-1 预应力混凝土结构截面的偏心受力

$$z=\left[0.87-0.12(1-\gamma_f')\left(\frac{h_0}{e}\right)^2\right]h_0 \tag{6.3-9}$$

其中 e 按(6.3-8)式计算，b_f'、h_f' 分别为受压区翼缘的宽度、高度，当 $h_f'>0.2h_0$ 时，取 $h_f'=0.2h_0$；

$$\gamma_f'=\frac{(b_f'-b)h_f'}{bh_0} \tag{6.3-10}$$

式中 A_s——受拉区纵向非预应力钢筋截面面积：对轴心受拉构件，取全部纵向非预应力钢筋截面面积；对偏心受拉构件，取受拉较大边的纵向非预应力钢筋截面面积；对受弯、偏心受压构件，取受拉区纵向非预应力钢筋截面面积；

e_p——混凝土法向预应力等于零时全部纵向预应力和非预应力钢筋的合力 N_{p0} 的作用点至受拉区纵向预应力和非预应力钢筋合力点的距离；

M_2——后张法预应力混凝土超静定结构构件中的次弯矩；

e——轴向压力作用点至纵向受拉钢筋合力点的距离；

γ_f'——受压翼缘截面面积与腹板有效截面面积的比值；

N_{p0}——混凝土法向预应力等于零时，全部纵向预应力和非预应力钢筋的合力。

注：在公式(6.3-7)、(6.3-10)中，当 M_2 与 M_k 的作用方向相同时，取加号；当 M_2 与 M_k 的作用方向相反时，取减号。

6.4 预应力混凝土结构裂缝控制的名义拉应力法[37][38]

现代预应力混凝土结构，无论从其结构或是承载能力来看都带来了许多新情况和新问题。通过各类典型预应力结构受力特性的研究，已经表明：由于超静定约束及预应力结构受力特点的复杂化(结构体系的复杂性，柱、墙或筒体的约束，结构轴向变形及预应力工艺的影响等)，迫切需要一种具有一定普遍意义的正常使用极限状态下正截面抗裂验算的计算方法。而名义拉应力法就是满足这种条件的一种比较简便的正截面抗裂验算的计算方法。

由英国学者 Abeles 提出的名义拉应力法是假设混凝土截面未开裂，按均质截面计算出混凝土的名义拉应力，然后再依据大量的试验数据建立起最大裂缝宽度与其相对应的混凝土容许名义拉应力。

依据名义拉应力法的基本原理，在对预应力混凝土结构正截面应力计算时，作如下的基本假定：(1)平截面假定。设梁在受轴压力(即外荷载下轴压力和综合轴压力)和弯矩(即外荷载下弯矩和综合弯矩)作用下，即使梁的截面已开裂，仍认为梁截面保持为平面，且垂直于梁的纵向纤维。(2)不考虑普通钢筋的影响。对处于正常使用状态的预应力混凝土结构，截面处于弹性工作阶段或者即使截面已开裂，由于普通钢筋的应力很小，考虑与否对截面抗裂计算不会产生大的影响，但却可大大简化公式的推导。

该方法由于相对裂缝宽度计算来得简便，虽然显得有些粗糙，但对于混凝土这样一种离散性很大的材料，采用该方法是能够满足实际工程设计精度要求的。《英国混凝土结构规范》(CP110)自 1976 年开始采用名义拉应力法，到 1989 年《英国混凝土结构规范》(BS8110 修订版)中仍沿用此法。我国的《部分预应力混凝土结构设计建议》也采用了这一种方法。

使用名义拉应力法首先需要计算出在设计弯矩与预应力作用下的截面受拉边缘混凝土的最大法向拉应力(即名义拉应力)，然后依据混凝土的允许名义拉应力对应的裂缝宽度表(表 6.4-1)，即可达到裂缝控制的目的。其中名义拉应力的计算公式为：

$$\sigma_{ct}=\frac{M_k}{W}-\left(\frac{N_y}{A}+\frac{N_y e_y}{W}\right) \tag{6.4-1}$$

式中 M_k——按荷载短期效应组合计算的弯矩值；

N_y、e_y——分别为扣除预应力损失后的有效预加力及预应力筋的偏心距；

A、W——分别为不考虑开裂及钢筋影响的混凝土截面面积和弹性抵抗矩。

我国的《公路钢筋混凝土及预应力混凝土桥涵设计规范》(JTJ 023—85)还规定表 6.4-1 中的数值应乘以表 6.4-2 中考虑高度影响的系数。

混凝土容许名义拉应力 σ_{ct}(MPa) **表 6.4-1**

构件类别	裂缝宽度 w_{max} (mm)	混凝土强度等级		
		C30	C40	≥C50
后张构件（灌浆）	0.10	3.2	4.1	5.0
	0.15	3.5	4.6	5.6
	0.20	3.8	5.1	6.2
	0.25	4.1	5.6	6.7
先张构件	0.10	—	4.6	5.5
	0.15	—	5.3	6.2
	0.20	—	6.0	6.9
	0.25	—	6.5	7.5

构件高度修正系数 **表 6.4-2**

构件高度(mm)	≤200	400	600	800	≥1000
修正系数	1.1	1.0	0.9	0.8	0.7

当在截面受拉区靠近边缘处有附加非预应力普通钢筋时，混凝土容许名义拉应力可以有所提高、其增值与附加普通钢筋占混凝土截面受拉区面积的百分率成正比。当附加普通钢筋为1%时，对表6.4-1所指的后张法构件可以增加4.0N/mm²；对先张法构件则为3.0N/mm²。对于各种情况，名义拉应力最大不得超过混凝土设计强度等级的1/4。

6.5 预应力混凝土结构的早期裂缝

在工业与民用建筑的各种现浇钢筋混凝土结构中，经常会发现混凝土出现早期裂缝。

对于预应力混凝土结构来说，其在受外荷载之前出现的裂缝即为预应力混凝土结构的早期裂缝。预应力混凝土结构的早期裂缝虽然可在使用荷载下闭合，对构件的强度影响不大，但却会使结构构件在使用阶段的抗裂性能和刚度产生不利影响，因此应按具体情况对制作、运输和施工等施工阶段进行早期裂缝验算。

6.5.1 早期裂缝产生的原因

对于非预应力混凝土结构来说，由于早期裂缝的类型各不相同，早期裂缝产生的原因也不尽相同，经综合材料性能试验、理论分析以及大量的工程实践经验，认为非预应力混凝土工程出现早期裂缝主要是由下述三个方面所引起的：水泥用量的影响、温度的影响、养护条件的影响。

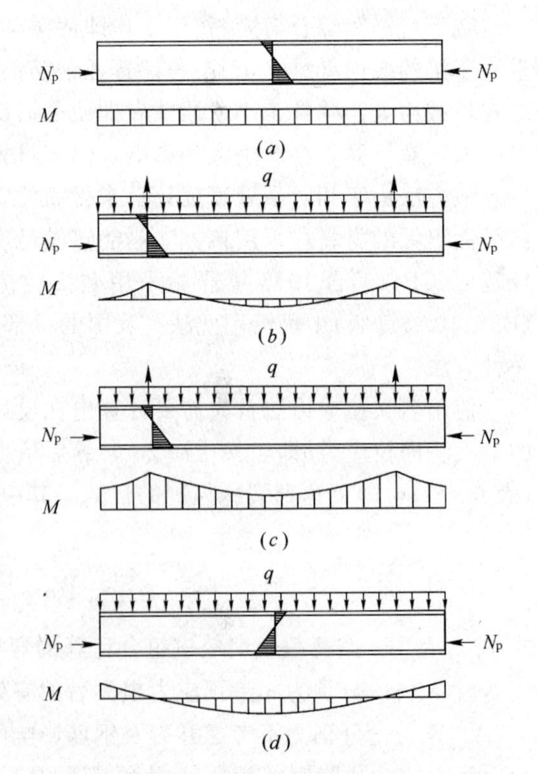

图 6.5-1 预应力混凝土结构全过程受力状态
(a)张拉钢筋；(b)运输吊装；(c)施工阶段；(d)使用阶段

对于预应力混凝土构件来说，其在张拉（或放张）、运输和吊装等施工阶段的受力状态和构件在使用阶段的受力状态是不同的，如图 6.5-2 所示。由图 6.5-1(a)可见，在张拉钢筋时，构件受到偏心预压力截面下边缘受压，上边缘可能受拉或受压，若预加应力过大，便会出现反拱裂缝；运输吊装时，支点或吊点距梁端有一定距离，梁端伸臂部分在自重作用下产生负弯矩，亦使支点或吊点截面下边缘受压，上边缘受拉，如图 6.5-1(b)所示，它与偏心预压力引起的负弯矩相叠加，如果混凝土的拉应力超过抗拉强度，预拉区便将出现裂缝，并随时间的增长裂缝不断开展。由于施工阶段的受力状态(图 6.5-1c)和使用阶段大部分截面下边缘受拉、上边缘受压的受力状态(图 6.5-1d)也是不同的，从而造成不利的受力状态。另外，如果截面下边缘压应力过大，会致使构件产生纵向裂缝，因此尚需进行强度验算。

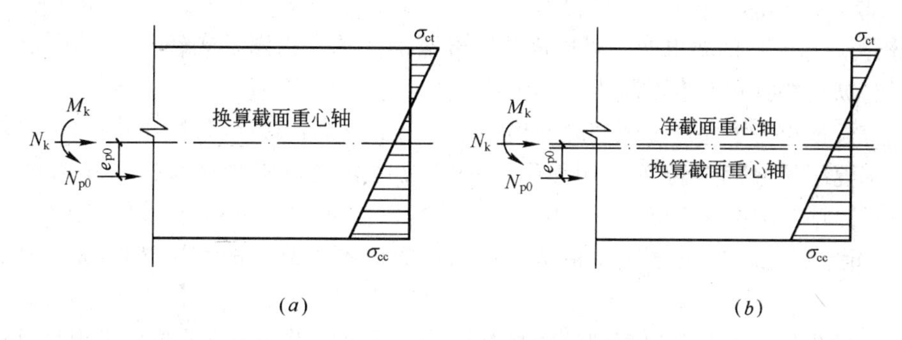

图 6.5-2 不同张拉情况下的截面几何状况

(a)先张法构件；(b)后张法构件

6.5.2 早期裂缝的验算

规范对早期裂缝的控制是通过限制边缘纤维混凝土应力值不超过允许值的方法，来满足预拉区不允许或允许出现裂缝的要求同时保证预压区的抗压强度。施工阶段预拉区不允许出现裂缝的构件或预压时全截面受压的构件。

凡属于以下情况，宜按施工阶段预拉区不允许出现裂缝的情况考虑：

(1) 在使用荷载作用下受拉区允许出现裂缝的构件(以避免裂缝上下贯通)。

(2) 经受重复荷载作用，需做疲劳验算的吊车梁。为了避免使用阶段抗裂度降低，影响构件的工作性能。

(3) 预拉区有较大翼缘的构件。由于翼缘部分混凝土的抗裂弯矩作用较大，一旦出现裂缝，钢筋应力有较大增长，裂缝宽度开展较大且不易控制。

在预加力、自重及施工荷载作用下，其截面边缘的混凝土法向应力应符合下列规定：

$$\sigma_{ct} \leqslant f'_{tk} \tag{6.5-1}$$

$$\sigma_{cc} \leqslant 0.8 f'_{ck} \tag{6.5-2}$$

截面边缘的混凝土法向应力可按下列公式计算：

$$\sigma_{cc}(\sigma_{ct}) = \sigma_{pc} + \frac{N_k}{A_0} \pm \frac{M_k}{W_0} \tag{6.5-3}$$

式中 σ_{cc}、σ_{ct}——相应的施工阶段计算截面边缘纤维的混凝土压应力、拉应力；

f'_{tk}、f'_{ck}——与各施工阶段混凝土立方体抗压强度 f'_{cu} 相应的抗拉强度标准值、抗压强度标准值；

N_k、M_k——构件自重及施工荷载的短期效应组合在计算截面产生的轴向力值、弯矩值；

W_0——验算边缘的换算截面弹性抵抗矩。

注：1. 预拉区系指施加预应力时形成的截面拉应力；

2. 公式(6.5-3)中，当 σ_{pc} 为压应力时，取正值；当 σ_{pc} 为拉应力时，取负值；当 N_k 为轴向拉力时，取负值；当 N_k 为轴向压力时，取正值；当 M_k 产生的边缘纤维应力为压应力时式中符号取“+”号，拉应力时式中符号取“－”号；

3. 国内外试验及实践均表明，一般构件在预加应力过程中不会因纵向弯曲而失稳，故在计算 σ_{cc} 时可不考虑其影响。

当符合式(6.5-1)的要求时，可以满足不开裂的要求，当满足式(6.5-2)的要求时，一般不会引起纵向裂缝和发生混凝土受压破坏。

施工阶段预拉区不允许出现裂缝的构件除应满足验算公式(6.5-1)和式(6.5-2)外，为了防止由于混凝土收缩和温差作用而引起的预拉区裂缝，还要求预拉区纵向钢筋的配筋率$(A'_s+A'_p)/A$不应小于 0.2%，其中 A 为构件截面面积。对于后张法构件，考虑到在施工阶段 A'_p 与混凝土之间无粘结力或粘结力尚不可靠，故在上述配筋率中不考虑 A'_p。

施工阶段预拉区不允许出现裂缝的板类构件，预拉区纵向钢筋的配筋可根据具体情况按实践经验确定。

对施工阶段允许出现裂缝而在预拉区不配置纵向预应力钢筋的构件，对这类构件需要控制预拉区的裂缝宽度和高度，其截面边缘的混凝土法向应力应符合下列规定：

$$\sigma_{ct} \leqslant 2f'_{tk} \tag{6.5-4}$$

$$\sigma_{cc} \leqslant 0.8f'_{ck} \tag{6.5-5}$$

式中 σ_{cc}、σ_{ct}——相应的施工阶段计算截面边缘纤维的混凝土压应力、拉应力；

f'_{tk}、f'_{ck}——与各施工阶段混凝土立方体抗压强度 f'_{cu} 相应的抗拉强度标准值、抗压强度标准值。

式(6.5-4)中限制边缘混凝土拉应力的值的目的是限制预拉区的裂缝宽度和高度，一般情况下也可满足施工阶段对构件承载力的要求。需要注意的是，对于施工阶段预拉区允许出现裂缝而在预拉区不配置纵向预应力钢筋的构件，截面边缘混凝土拉应力 σ_{ct} 的限值与预拉区非预应力钢筋的配筋率密切相关。当 $\sigma_{ct}=2f'_{tk}$ 时，预拉区纵向钢筋的配筋率 A'_s/A 不应小于 0.4%；当 $f'_{tk}<\sigma_{ct}<2f'_{tk}$ 时，则在 0.2%和 0.4%之间按线性内插法确定。预拉区的纵向非预应力钢筋的直径，对于光面钢筋不宜大于 12mm，对于变形钢筋不宜大于 14mm 并应沿构件预拉区的外边缘均匀配置。

对于吊装阶段预应力构件，由于受自重和动力的影响，σ_{cc}、σ_{ct} 可按下式计算：

$$\sigma_{ct}=\frac{N_p}{A}-\frac{N_p e}{I}y'-\frac{1.5M_q}{I}y' \tag{6.5-6}$$

$$\sigma_{cc}=\frac{N_p}{A}+\frac{N_p e}{I}y+\frac{1.5M_q}{I}y \tag{6.5-7}$$

式中 M_q——构件自重在吊点截面处所引起的负弯矩；

1.5——构件自重的动力系数。

思 考 题

1. 简述预应力构件裂缝的分布及特征。
2. 环境对预应力混凝土结构裂缝控制等级有何影响？
3. 条件同第 3 章思考题 4，按一般要求不出现裂缝验算其抗裂性能。

第7章　预应力混凝土局部承压设计及构造措施

在预应力混凝土梁中，预张力作为一个荷载集中地作用在构件总高度内较小的一部分。用机械式锚具的后张法梁，荷载作用在端面上，而先张法梁则是沿传递长度逐渐作用。这两种情况下，只有离开端部一定距离(约等于梁的高度)后，混凝土的压应力才呈线性分布，与作用力总偏心控制的应力分布相应。纵向压应力由集中作用转移为线性分布，将产生横向(垂直方向)的拉应力，可能引起构件的纵向开裂。混凝土应力的图形和数值，取决于钢束作用的集中力位置和分布。一般地，在端区内沿荷载轴很短距离处有高的爆裂应力，而在荷载作用面有很高的剥裂应力。这些不利应力均会使预应力混凝土构件产生局部破坏。为此设计时必须加强端部的抵抗能力。

7.1　先张法预应力混凝土构件锚固区设计

7.1.1　传递长度

在先张法预应力构件中，预应力是靠钢筋与混凝土之间的粘结力传递的。钢筋应力传递到混凝土截面上不是一下子完成的，也不需要靠钢筋整个长度上的粘结力传递，而只是在端部某一区段内就能完成，这段区域称为自锚区。自锚区内钢筋的长度称为传递长度 l_{tr}。

如图7.1-1取一隔离体进行分析，当放张钢筋时，钢筋在构件端部要发生内缩或滑移。在端面 a 预应力钢筋恢复到原来截面，预拉应力为零，而在构件端面以内，钢筋的内缩受到周围混凝土的阻止，引起纵向压应力，并主要由此形成的摩擦力在钢筋和混凝土之

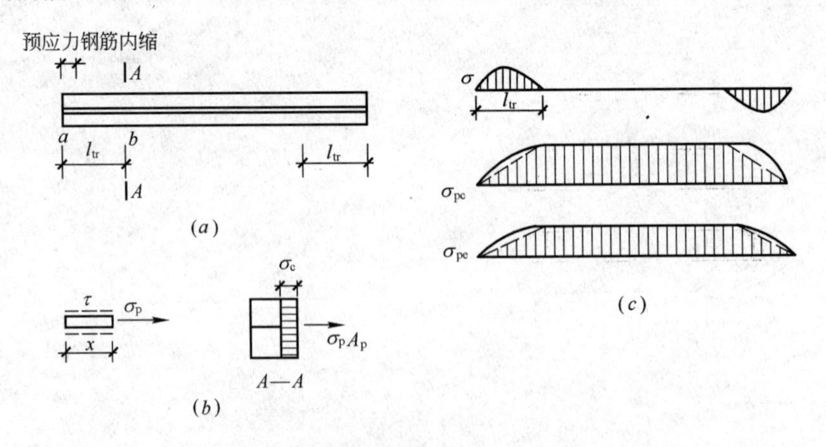

图7.1-1　放张钢筋时脱离体的受力分析

(a)放松钢筋时预应力钢筋的回缩；(b)钢筋表面的粘结应力 τ 及截面A-A的应力分布；(c)粘结应力，钢筋拉应力及混凝土预压应力沿构件长度的分布

间产生粘结应力。随距端面截面距离 x 的增大，由于粘结应力的积累，预应力钢筋的预拉应力 σ_p 将增大，相应混凝土中的预压应力 σ_p 也将增大，当 x 达到预应力钢筋的传递长度 l_{tr}(图 7.1-1a 中 a 截面与 b 截面之间的距离)时，在 l_{tr}长度内的粘结力与预拉力 $\sigma_p A_p$ 平衡，自 l_{tr}长度以外，预应力钢筋才建立起稳定的预拉应力 σ_{pe}，相应的混凝土建立起有效的预压应力 σ_{pc}，即预应力钢筋中的应力和混凝土中的预压应力才保持稳定不变。预应力钢筋在其传递长度范围内的实际应力变化可参看图 7.1-1(c)，在计算时实际应力可近似地认为按线性变化(图 7.1-1c 虚线所示)，在构件端部(a 点)为零，在传递长度 l_{tr}末端为有效预应力 σ_{pe}。试验表明，当采用骤然放松预应力钢筋的施工工艺时，锚固端可能局部受损而影响应力传递，设计时的起点(a 点)应从距构件顶端 $0.25l_{tr}$处开始计算(图 7.1-2)。对先张法构件的端部，进行斜截面受剪承载力计算以及正截面、斜截面抗裂验算时应考虑预应力钢筋在其预应力传递长度 l_{tr}范围内的实际应力值的变化。

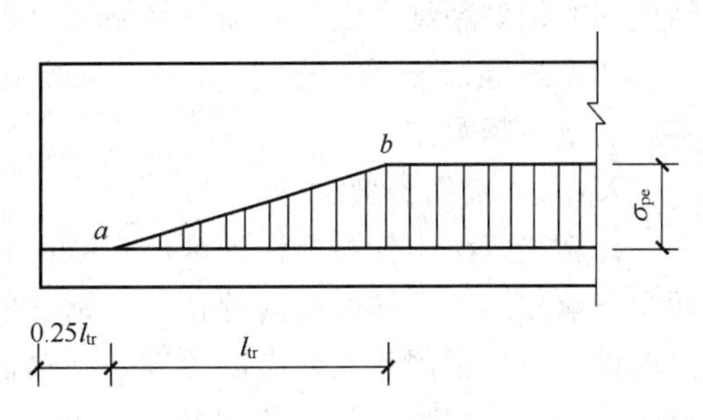

图 7.1-2　端部受损后的应力分布

通过试验量测分析并结合工程实践，我国《混凝土结构设计规范》(GB 50010—2002)规定，预应力传递长度 l_{tr}可按下列公式确定：

$$l_{tr}=\alpha\frac{\sigma_{pe}}{f'_{tk}}d \tag{7.1-1}$$

式中　σ_{pe}——放张时预应力钢筋的有效预应力值，对先张法构 $\sigma_{pe}=\sigma_{con}-\sigma_{l1}-\alpha_E\sigma_{pc}$；

d——预应力钢筋的公称直径；

α——预应力钢筋的外形系数，按表 7.1-1 采用；

f'_{tk}——与放张时混凝土立方体抗压强度 f'_{cu}相应的轴心抗拉强度标准值。

预应力钢筋的外形系数 α　　**表 7.1-1**

钢筋类型	刻痕钢丝	螺旋肋钢丝	3 股钢绞线	7 股钢绞线
外形系数 α	0.19	0.13	0.16	0.17

ACI 规定的传递长度计算公式为：

$$l_t=\frac{f_{pe}}{3}d_b \tag{7.1-2}$$

式中　l_t——传递长度，in；

d_b——钢绞线名义直径，in；

f_{pe}——有效预应力，ksi。

表 7.1-1 中没有列出光面碳素钢丝的 α 值，因为除非有专门的粘结锚固措施，它已不再用于先张自锚的预应力构件中；表中也没有列出热处理钢筋的 α 值，目前只有个别构件在先张法中采用热处理钢筋，必要时它的 α 值可按螺旋肋钢丝的 α 值取用。

预应力传递长度 l_{tr}的大小，主要取决于钢筋和混凝土的粘结力。粘结力一般包括三部分：一部分是混凝土在硬化过程中，钢筋和混凝土之间产生的粘着力，它约占总粘结力的10%左右；第二部分是由于混凝土收缩等因素，形成对钢筋挤压而产生的摩擦力，它约占总粘结力的15%～20%；第三部分是由于钢筋表面凹凸不平而产生的机械咬合力，它约占总粘结力的70%～75%。而粘结力的绝对值又与下列因素有关：

(1) 与混凝土强度等级有关。强度等级越高，粘结力越大。

(2) 与钢筋表面形状有关。一般经刻痕、扭结处理的钢筋粘结力大，光面钢筋粘结力小。

(3) 与混凝土的密实度有关。混凝土越密实，粘结力越大。

7.1.2 锚固长度

计算先张法构件端部锚固区的正截面和斜截面受弯承载力时，锚固区内的预应力钢筋的抗拉强度设计值在锚固起点处应取为零，在锚固终点处应取为 f_{py}，两点之间可按线性内插法确定，如图 7.1-3 所示。

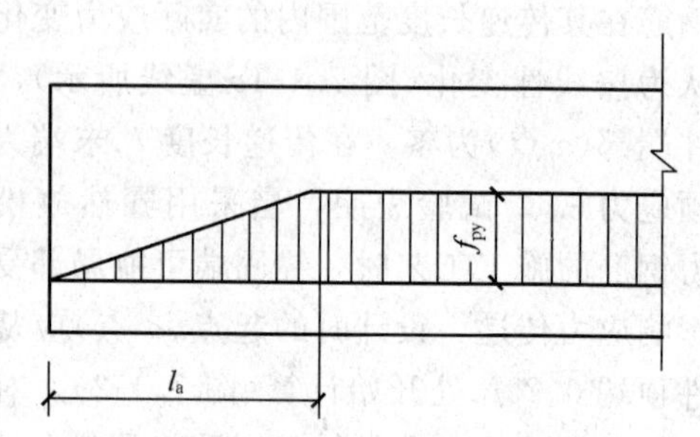

图 7.1-3 先张法预应力钢筋在锚固长度范围内的应力变化

锚固长度 l_a 可按下式计算：

$$l_a=\alpha\frac{f_{py}}{f_t}d \tag{7.1-3}$$

式中 f_{py}——锚固的预应力钢筋的抗拉强度设计值；

f_t——混凝土轴心抗拉强度设计值；当混凝土强度等级高于 C_{40} 时，按 C_{40} 取值；

α——预应力钢筋的外形系数，按表 7.1-1 采用；

d——预应力钢筋的公称直径。

同样，当采用骤然放松预应力钢筋的施工工艺时，先张法预应力筋锚固长度 l_a 的起点应从距构件顶端 $0.25l_{tr}$ 处开始计算，l_{tr} 为预应力传递长度。

7.2 后张法预应力混凝土构件端部设计

后张法构件的预压力是通过锚具经垫板传递给混凝土的。由于预压力很大，而锚具下的垫板与混凝土的传力接触面积往往很小，锚具下的混凝土将承受较大的局部压力。在这种局部压力的作用下，局部承压破坏有两种情况：一种是由于集中压力的作用，在锚具与混凝土接触面处局部压碎；另一种是由于压力曲线垂直方向的拉应力达到混凝土抗拉强度极限出现裂缝而破坏。为了防止这两种破坏，一方面要有足够的局部承压面积，另一方面要设置钢筋网片，以限制其横向扩张，从而提高局部承压能力。

7.2.1 端部应力分析[29]

构件端部锚具下的应力状态是很复杂的。如图 7.2-1(a)、(b)所示，在截面 AB 的较小面积 A_l(宽度为 $2R_l$)上受到总预压力 N_p，设其平均压应力为 p_1，此压应力从受荷面积 A_l 逐渐扩散到一个较大的面积上。如构件截面面积为 A_b，总宽为 $2R$，则一般认为离受荷端(横截面 AB)$2R$ 处的横截面 CD 上，压应力 $p(<p_1)$ 已均匀分布，为全截面受压。$ABCD$ 就是局部受压区，对预应力混凝土构件称为锚固区。在 p_1 和 p 的共同作用下，锚

固区内的混凝土实际处于较复杂的三向应力状态。

由平面应力问题分析得出(图 7.2-1c)，在锚固区中任何一点将产生 σ_x、σ_y 和 τ 三种应力。σ_x 为沿 x 方向(即纵向)的正应力，在块体 $ABCD$ 中的绝大部分 σ_x 都是压应力，在纵轴 ox 上其值较大，其中又以 O 点为最大，即等于 p_1。σ_y 为沿 y 方向(即横向)的正应力，在块体的 $AOBGFE$ 部分，σ_y 是压应力；在 $EFGDC$ 部分，σ_y 是拉应力，图 7.2-1(c)最大的横向拉应力发生在 H 点。当荷载 N_p 逐渐增大，以致 H 点的拉应力 σ_y 超过混凝土的抗拉强度时，混凝土即开裂，形成纵向裂缝，如强度不足，则会导致局部受压破坏。

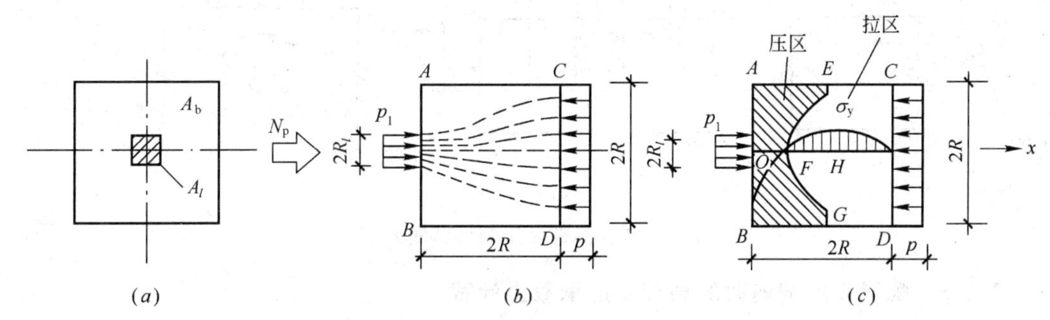

图 7.2-1　构件端部混凝土局部受压时的内力分布

7.2.2　端部受压区截面尺寸限制条件

试验表明，当局压区配筋过多时，压板底面下的混凝土会产生过大的下沉变形，为限制此下沉变形不致过大，端部受压区截面尺寸应有最小限值。

配制间接钢筋的混凝土结构构件，其局部受压区的截面尺寸应符合下列要求：

$$F_l \leqslant 1.35\beta_c\beta_l f_c A_{ln} \tag{7.2-1}$$

$$\beta_l = \sqrt{\frac{A_b}{A_l}} \tag{7.2-2}$$

式中　F_l——局部受压面上作用的局部荷载或局部压力设计值；对后张法预应力混凝土构件中的锚头局压区的压力设计值，应取 1.2 倍张拉控制力；

f_c——混凝土轴心抗压强度设计值；在后张法预应力混凝土构件的张拉阶段验算中，应根据相应阶段的混凝土立方体抗压强度 f'_{cu} 以线性内插法确定；

β_c——混凝土强度影响系数：当混凝土强度等级不超过 C50 时，取 $\beta_c=1.0$；当混凝土强度等级为 C80 时，取 $\beta_c=0.8$；其间按线性内插法确定；

β_l——混凝土局部受压时的强度提高系数；

A_l——混凝土局部受压面积(不应扣除孔道、凹槽部分的面积)；

A_{ln}——混凝土局部受压净面积；对后张法构件，应在混凝土局部受压面积中扣除孔道、凹槽部分的面积；

A_b——局部受压的计算底面积(不应扣除孔道、凹槽部分的面积)，可由局部受压面积与计算底面积按同心、对称的原则确定；对常用情况，可按图 7.2-2 取用。

计算底面积 A_b 的取值采用了“同心、对称”的原则。要求计算底面积 A_b 与局压面积 A_l 具有相同的重心位置，并呈对称；沿 A_l 各边向外扩大的有效距离不超过受压板短边尺寸 b(对圆形承压板，可沿周边扩大一倍 d)。

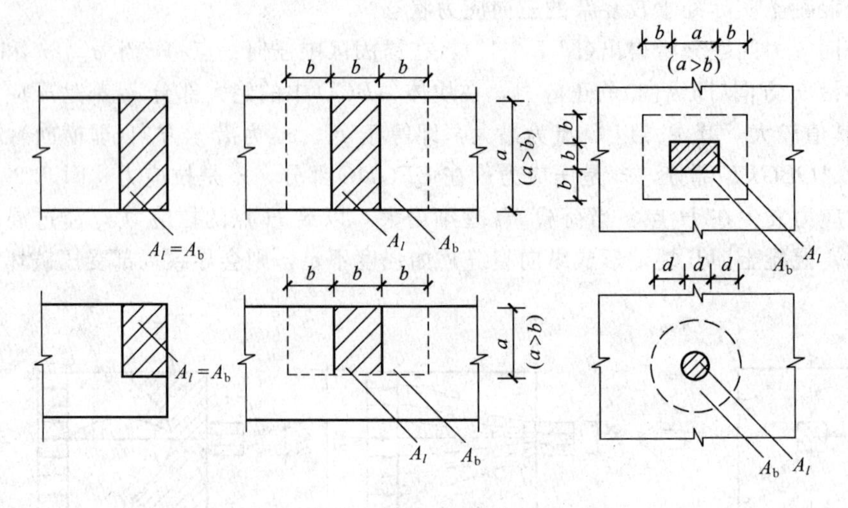

图 7.2-2　局部受压的计算底面积

7.2.3　配置间接钢筋时的局部受压承载力计算

试验表明，配置方格网式或螺旋式间接钢筋的局部受压承载力由混凝土项承载力和间接钢筋项承载力之和组成，当核心面积 $A_{cor} \geqslant A_l$ 时(图 7.2-3)，局部受压承载力应符合下列规定：

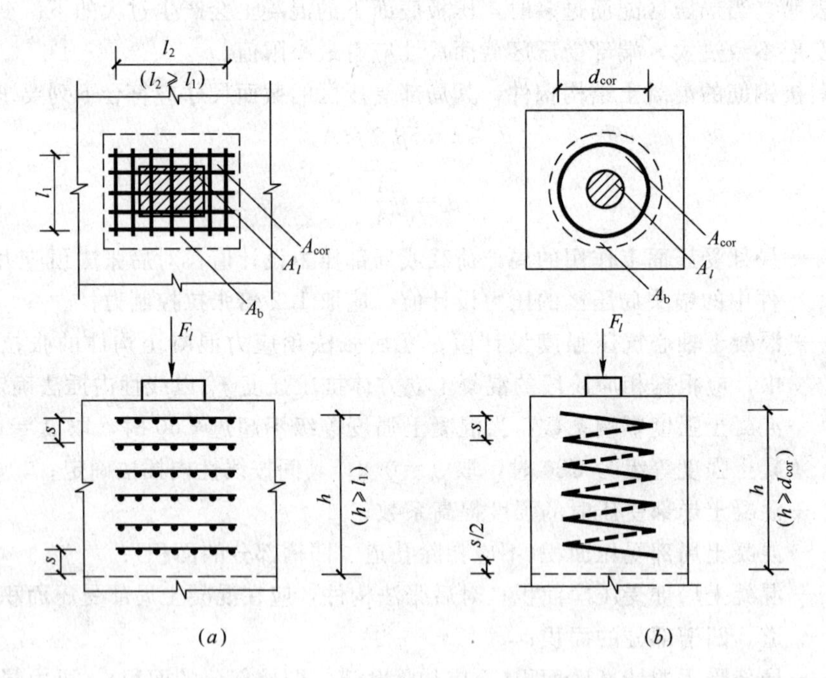

图 7.2-3　局部受压区的间接钢筋

(a)方格网式配筋；(b)螺旋式配筋

$$F_l \leqslant 0.9(\beta_c \beta_l f_c + 2\alpha \rho_v \beta_{cor} f_y) A_{ln} \tag{7.2-3}$$

$$\beta_{cor} = \sqrt{\frac{A_{cor}}{A_l}} \tag{7.2-4}$$

当为方格网式配筋时(图 7.2-3a)其体积配筋率 ρ_v 应按下列公式计算：

$$\rho_v=\frac{n_1A_{s1}l_1+n_2A_{s2}l_2}{A_{cor}s} \tag{7.2-5}$$

为避免长、短两个方向配筋相差过大而导致钢筋不能充分发挥强度，公式(7.2-5)中钢筋网两个方向上单位长度内钢筋截面面积的比值不宜大于 1.5。

当为螺旋式配筋时(图 7.2-3b)，其体积配筋率 ρ_v 应按下列公式计算：

$$\rho_v=\frac{4A_{ss1}}{d_{cor}s} \tag{7.2-6}$$

式中 β_{cor}——配置间接钢筋的局部受压承载力提高系数，式(7.2-4)中当 $A_{cor}>A_b$ 时，应取 $A_{cor}=A_b$；

f_y——钢筋抗拉强度设计值；

α——间接钢筋对混凝土约束的折减系数：当混凝土强度等级不超过 C50 时，取 1.0；当混凝土强度等级为 C80 时，取 0.85；其间按线性内插法确定；

A_{cor}——方格网式或螺旋式间接钢筋内表面范围内的混凝土核心面积，其重心应与 A_l 的重心重合，计算中仍按同心、对称的原则取值；

ρ_v——间接钢筋的体积配筋率(核心面积 A_{cor} 范围内单位混凝土体积所含间接钢筋的体积)；

n_1、A_{s1}——方格网沿 l_1 方向的钢筋根数、单根钢筋的截面面积；

n_2、A_{s2}——方格网沿 l_2 方向的钢筋根数、单根钢筋的截面面积；

A_{ss1}——单根螺旋式间接钢筋的截面面积；

d_{cor}——螺旋式间接钢筋内表面范围内的混凝土截面直径；

s——方格网式或螺旋式间接钢筋的间距，宜取 30～80mm。

公式(7.2-3)中引入了系数 α 是因为间接钢筋项承载力与其体积配筋率有关，且随混凝土强度等级的提高，该项承载力有降低的趋势，系数 α 的引用就是为了反映这个特性；为适当提高可靠度，将公式右边抗力项乘以系数 0.9；公式中还规定了当 $A_{cor}>A_b$ 时，应取 $A_{cor}=A_b$ 的要求，这是为了能保证充分发挥间接钢筋的作用，且能确保安全。

间接钢筋应配置在图 7.2-3 所规定的高度 h 范围内，对方格网式钢筋，不应少于 4 片；对螺旋式钢筋，不应少于 4 圈。对柱接头，h 尚不应小于 $15d$，d 为柱的纵向钢筋直径。目前钢绞线锚具下的垫板，多为带肋的喇叭状，其预压应力传递十分复杂，可采用有限元方法进行设计计算，或参考生产厂家的说明进行设计。

7.2.4 算例

【例】 一预应力混凝土屋架下弦杆，截面尺寸为 250×160(mm)，端部尺寸见图 7.2-4(a)、(b)孔道为 2Φ50，混凝土强度等级为 C45(f_c=21.1N/mm²)，采用后张法一端张拉，锚具为 JM12 型，孔道为冲压橡皮管抽芯成型，张拉控制应力 σ_{con} 为 595N/mm²，张拉时混凝土的强度为 f'_c=19.5N/mm²，预应力钢筋配筋量为 1131mm²，横向钢筋(间接钢筋)采用 4 片 ϕ6 方格焊接网片(图 7.2-4b)，间距 s=50mm，网片尺寸见图(7.2-4d)，试验算此杆的端部局部受压承载力。

【解】 (1) 端部受压区截面尺寸验算

JM12 锚具的直径为 100mm，锚具下垫板厚 20mm，局部受压面积可按压力 F_l 从锚

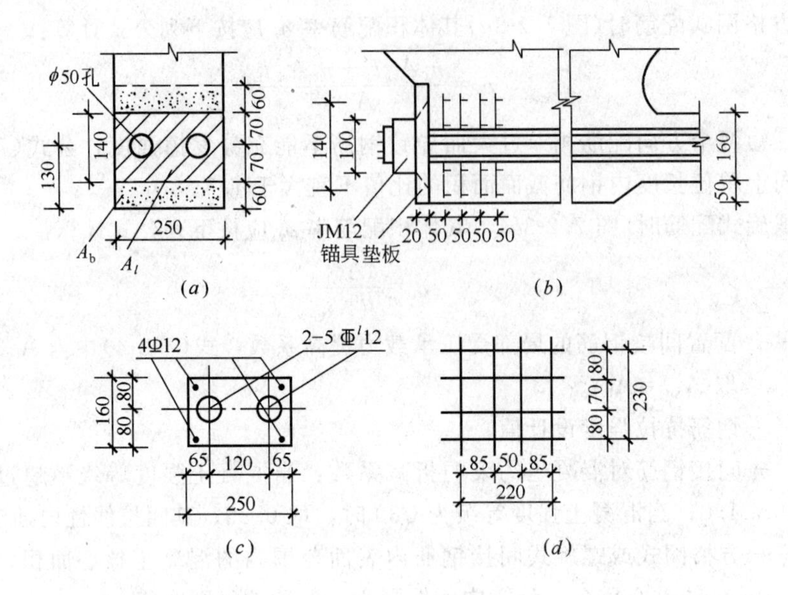

图 7.2-4 屋架下弦

(a)受压面积图；(b)下弦端节点；(c)下弦截面配筋；(d)钢筋网片

具边缘在垫板中按 45°扩散的面积计算，在计算局部受压的计算底面积时，近似的按图 7.2-4(a)两实线所围的矩形面积代替两个圆面积。

锚具下局部受压面积

$$A_l=250\times(100+2\times20)=35000\text{mm}^2$$

$$A_b=250\times(140+2\times60)=65000\text{mm}^2$$

$$\beta_c=\sqrt{\frac{A_b}{A_l}}=\sqrt{\frac{65000}{35000}}=1.36$$

按式(7.2-1)，有

$$F_l=1.2\sigma_{con}A_p=1.2\times595\times1131=807534\text{N}\approx808\text{kN}$$

$$A_{ln}=35000-2\times\frac{\pi}{4}\times50^2=31075\text{mm}^2$$

$$1.35\beta_c\beta_l f_c A_{ln}=1.35\times1.0\times1.36\times19.5\times31075\approx1112.5\text{kN}>F_l=808\text{kN}(\text{满足要求})$$

(2) 局部受压承载力计算

$$A_{cor}=220\times230=50600\text{mm}^2<A_b=65000\text{mm}^2$$

$$\beta_{cor}=\sqrt{\frac{A_{cor}}{A_l}}=\sqrt{\frac{50600}{35000}}=1.2$$

横向钢筋的体积配筋率为：

$$\rho_v=\frac{n_1A_{s1}l_1+n_2A_{s2}l_2}{A_{cor}s}=\frac{4\times28.3\times220+4\times28.3\times230}{50600\times50}=0.02$$

按式(7.2-3)，有

$$0.9(\beta_c\beta_l f_c+2\alpha\rho_v\beta_{cor}f_y)A_{ln}=0.9\times(1.36\times1.0\times19.5+2\times0.02\times1.2\times210)\times31075$$

$$\approx1023.3\text{kN}>F_l=808\text{kN}(\text{满足要求})$$

7.3 局部承压构造要求

无论是先张法预应力混凝土构件还是后张法预应力混凝土构件，除应根据计算进行端部配筋之外，还应满足一定的构造要求。

7.3.1 先张法预应力构件端部的构造措施

先张法构件端部应采取配筋措施予以加强。这一方面是为了防止在预应力巨大的局部压力下构件不致开裂；另一方面是为使端部混凝土受到约束，能够完成传递预应力，建立起受力所必须的预压应力值。具体的构造措施因构件类型的不同而不同。

(1) 螺旋配筋

对单根预应力钢筋或钢筋束，可以在构件端部设置长度不小于150mm且不少于4圈螺旋钢筋(图7.3-1)，由于螺旋钢筋圈对混凝土的约束作用，可以保证其在预应力钢筋放张时承受巨大的压力而不致发生裂缝或局压破坏。

(2) 支座垫板插筋

有的情况下，在支座处布置螺旋钢筋有困难，而由于预制构件与搁置支座座连接的需要，在构件端部预埋了支座垫板，并相应配有埋件的锚筋。可以利用支座垫板上的锚筋(插筋)代替螺旋筋约束预应力钢筋。条件是预应力钢筋必须从两排插筋中穿过，并且插筋数量不少于4根，长度不少于120mm(图7.3-2)。在我国预制的屋面板端部多采用这种措施。

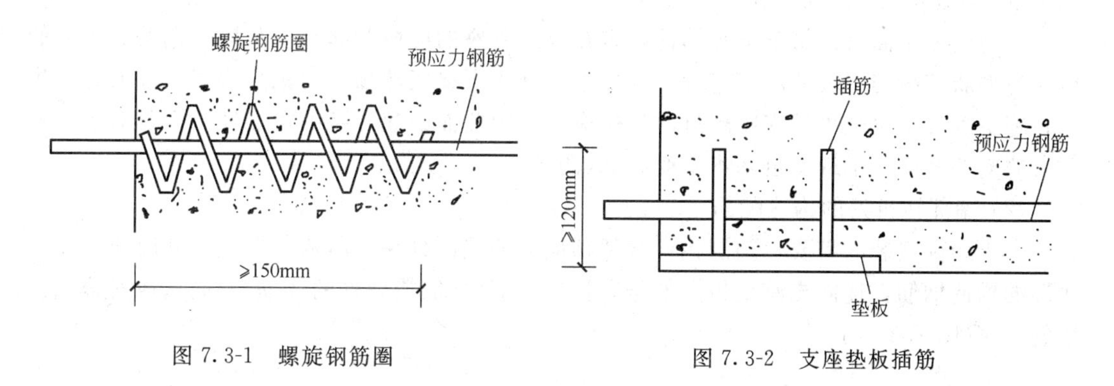

图7.3-1 螺旋钢筋圈　　图7.3-2 支座垫板插筋

(3) 钢筋网片

对分散布置的多根预应力钢筋，或当构件端截面较大，预应力钢筋较多时，每根钢筋都加螺旋钢筋圈有困难时，则可以采取在构件端部加钢筋网片的方法来解决。提高构件端部混凝土局压强度的钢筋网片一般用细直径钢筋焊接或绑扎，应设置3～5片，宽度能够覆盖预应力钢筋端部局部承压的范围，深度不小于$10d$(d为预应力钢筋的公称直径)。钢筋网片的布置如图7.3-3所示。

(4) 横向构造配筋

对采用预应力钢丝配筋的薄板，由于端面尺寸有限，前述局部加强配筋的措施均难以执行。应在板端100mm范围内适当加密横向钢筋。这些构造筋同样可以起到避免局压破坏，控制板端裂缝的作用(图7.3-4)。

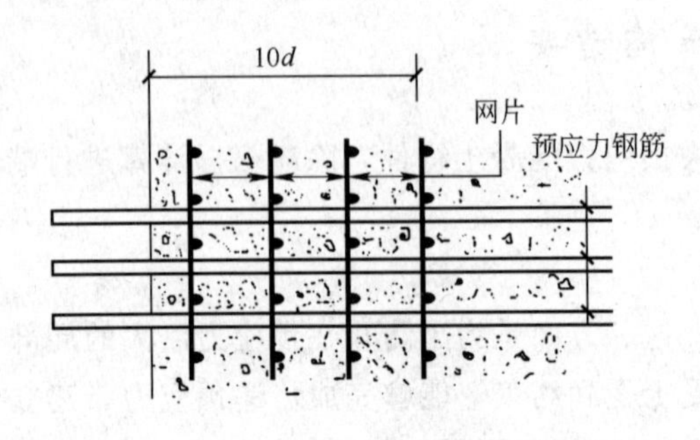

图 7.3-3　钢筋网片

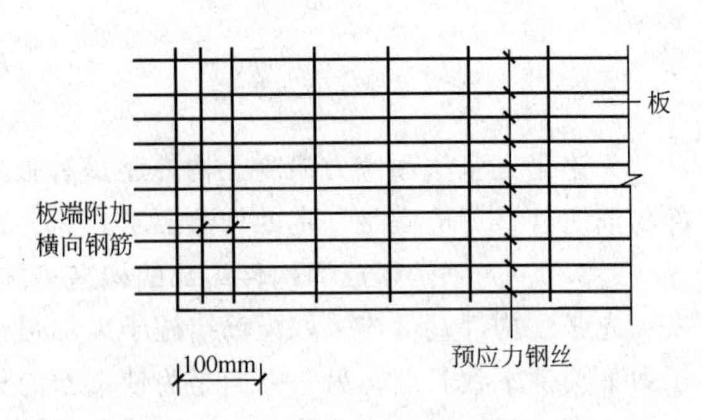

图 7.3-4　薄板端部构造配筋

（5）支座焊接时的构造配筋

对预应力钢筋在构件端部全部弯起的受弯构件或直线配筋的先张法构件，当构件端部与下部支撑结构焊接时，如构件长度较大，应考虑混凝土收缩、徐变及温度变化所产生的不利影响(可能引起纵向的约束应力)，在构件端部会引起裂缝。为此，应在相应部位配置足够的非预应力纵向构造钢筋。

7.3.2　后张法预应力构件端部的构造措施

对后张法预应力混凝土构件，为避免预应力钢筋在构件端面过分集中而造成局部受压破坏及裂缝，构件的端部尺寸应考虑锚具的布置、张拉设备的尺寸和局部受压的要求，并宜按下列规定配置间接钢筋：

（1）弯起部分预应力钢筋

对预应力屋面梁、吊车梁等构件，宜在靠近支座的区域弯起部分预应力钢筋，弯起的预应力钢筋宜沿构件端部均匀布置。这样不仅减小了梁底部预应力钢筋密集造成的应力集中和施工困难，也减少了支座附近的主拉应力和因此而引起开裂的可能性，而且对于弯矩不大的支座截面，承载力也基本不受影响(图 7.3-5)。

（2）端部转折处的构造配筋

出于构件安装的需要，预制构件端部预应力筋锚固处往往有局部凹进。此时应增设折线形的构造钢筋，连同支座垫板上的竖向构造钢筋(插筋或埋件的锚筋)共同构成对锚固区域的约束(图 7.3-6)。

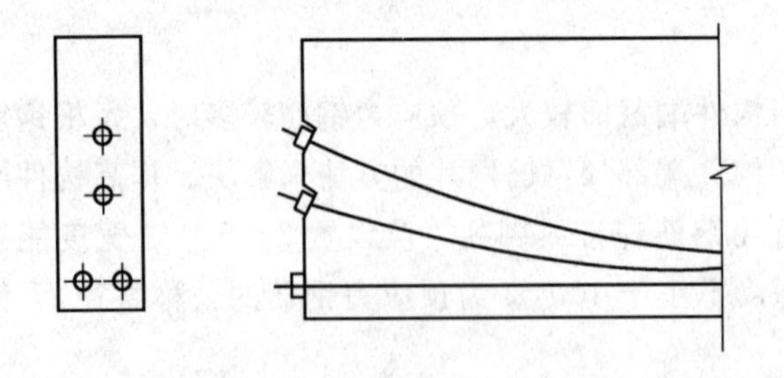

图 7.3-5　弯起部分预应力钢筋

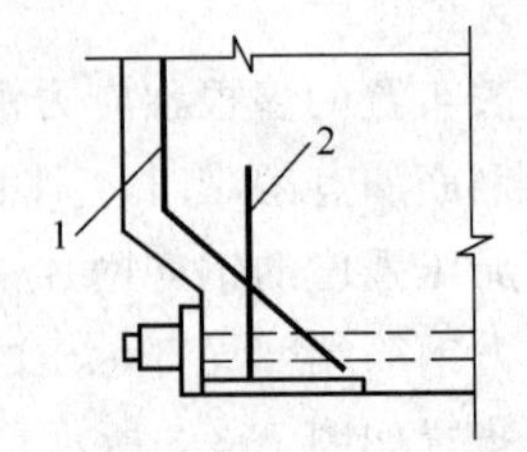

图 7.3-6　端部凹进处构造配筋

1—折线构造钢筋；2—竖向构造钢筋

（3）预埋钢垫板的设置

在预应力钢筋的锚夹具下及张拉设备压头的支承处，应有事先预埋的钢垫板以避免巨大的预压应力直接作用在混凝土上，其尺寸由构造布置确定。

（4）防止孔道壁劈裂的配筋

由于构件端部尺寸有限，集中应力来不及扩散，端部局部承压区以外的孔道仍可能劈裂。因此，还应在局压的间接配筋区以外加配附加箍筋或网片。其范围为长度 l 不小于 $3e$（e 为截面中心线上部或下部预应力钢筋合力点至邻近边缘的距离）但不大于 $1.2h$（h 为构件端部截面高度），高度为 $2e$，其体积配筋率 ρ_V 不应小于 0.5%（图 7.3-7）。

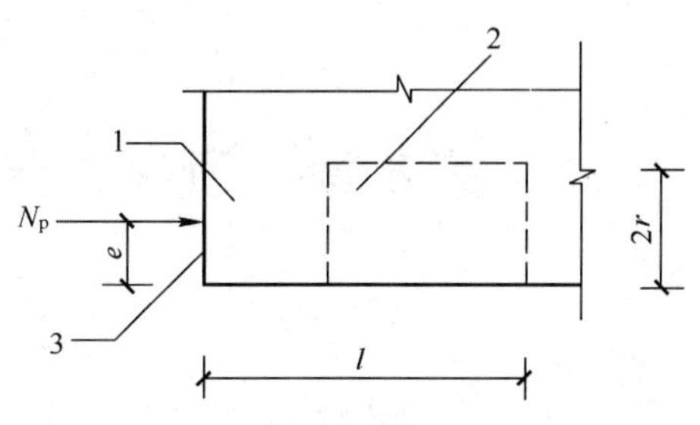

图 7.3-7　防止沿孔道劈裂的配筋范围
1—局部受压间接钢筋配置区；
2—附加配筋区；3—构件端面

（5）附加竖向钢筋

如果构件端部预应力钢筋无法均匀布置而需集中布置在截面下部或集中布置在上部和下部时，由于预加力的偏心，容易在截面中部引起拉应力而开裂。此时，应在构件端部 $0.2h$（h 为构件端部截面高度）范围内设置附加竖向焊接钢筋网、封闭式箍筋或其他形式的构造钢筋。附加竖向钢筋宜采用带肋钢筋，其截面面积应符合下列要求：

当 $e \leqslant 0.1h$ 时

$$A_{sv} \geqslant 0.3\frac{N_p}{f_y} \tag{7.3-1}$$

当 $0.1h < e \leqslant 0.2h$ 时

$$A_{sv} \geqslant 0.15\frac{N_p}{f_y} \tag{7.3-2}$$

式中　N_p——作用在构件端部截面重心线上部或下部预应力钢筋的合力，仅考虑混凝土预压前的预应力损失；

e——截面重心线上部或下部预应力钢筋的合力点至截面近边缘的距离；

f_y——附加竖向钢筋的抗拉强度设计值，但不应大于 300N/mm^2。

当 $e > 0.2h$ 时，可根据实际情况适当配置构造钢筋。

当端部截面上部和下部均有预应力钢筋时，附加竖向钢筋的总截面面积应按上部和下部的预应力合力分别计算的数值叠加后采用。

思　考　题

1. 先张法与后张法局部承压设计的主要区别是什么？
2. 预应力混凝土局部承压的主要构造措施有哪些？

第8章　预应力混凝土抗冲切设计与计算

8.1　概　　述

一般来说，承担均布荷载或线荷载、且支承于梁上或墙上的板中，剪力一般并不危险，因为在这种情况下板的单位长度内的剪力不大。但是，对于受到集中荷载作用时(如预应力无梁楼盖、楼板中板柱节点处)剪应力比弯曲应力更危险，这个时候其承载力受剪力控制。在板柱结构中，由于柱支承着双向板，所以在靠近柱子处就有很高的剪应力，产生冲切或冲剪破坏。此时，围绕柱子出现斜裂缝。破坏面从柱子处的板底斜向伸展至顶面，形成圆锥面或棱锥面——“冲切破坏锥”。斜裂缝与水平线的倾角 θ 取决于板的配筋和预加应力的程度，一般在 20°～45°之间。冲切破坏是一种脆性破坏。

无附加钢筋的预应力混凝土平板的受冲切承载力主要取决于混凝土的强度和混凝土的有效预压应力值的大小。其他的影响因素有：板的有效高度、受拉钢筋、柱的边长和形状，以及边界条件和板的双向性质。为了提高其抗冲切承载力，可采用带柱帽、托板和各种配筋的加强措施。

8.2　我国规范的抗冲切规定[6][11]

8.2.1　不配置抗冲切钢筋的板

(1) 无开洞板

在局部荷载或集中反力作用下，不配置抗冲切钢筋的预应力混凝土板，其受冲切承载力可以按下列公式计算(如图 8.2-1)：

$$F_l \leqslant (0.7\beta_h f_t + 0.15\sigma_{pc,m})\eta u_m h_0 \tag{8.2-1}$$

公式(8.2-1)中的影响系数 η 应按照下列两公式计算，取其中的较小值：

$$\eta_1 = 0.4 + \frac{1.2}{\beta_s} \tag{8.2-2}$$

$$\eta_2 = 0.5 + \frac{\alpha_s h_0}{4u_m} \tag{8.2-3}$$

式中　F_l——局部荷载设计值或集中反力设计值；对板柱结构的节点，取柱所承受的轴向压力设计值的层间差值减去柱顶冲切破坏锥体范围内板所承受的荷载设计值；

β_h——截面高度影响系数，当 $h \leqslant 800$mm 时，取 $\beta_h = 1.0$；当 $h \geqslant 2000$mm 时，取 $\beta_h = 0.9$，其间按线性内插法取用；

f_t——混凝土轴心抗拉强度设计值；

$\sigma_{pc,m}$——临界截面周长上两个方向混凝土有效预压应力按长度的加权平均值，其值宜

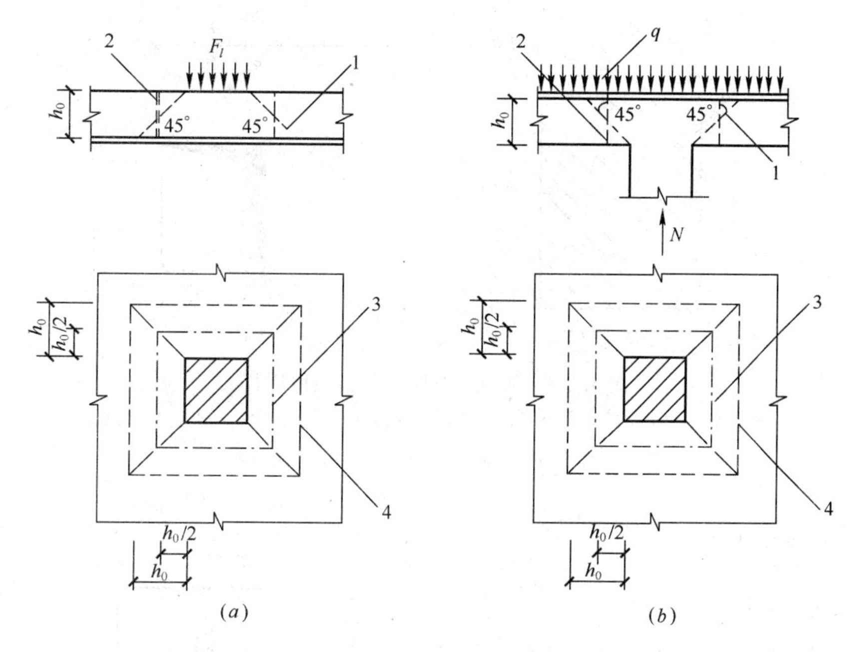

图 8.2-1 板受冲切承载力计算

(a)局部荷载作用下；(b)集中反力作用下

1—冲切破坏锥体的斜截面；2—临界截面；3—临界截面的周长；4—冲切破坏锥体的底面线

控制在 1.0～3.5N/mm² 范围内；

u_m——临界截面周长：距离局部荷载或集中反力作用面积周边 $h_0/2$ 处板垂直截面的最不利周长；

h_0——截面有效高度，取两个配筋方向的截面有效高度的平均值；

η_1——局部荷载或集中反力作用面积形状的影响系数；

η_2——临界截面周长与板截面有效高度之比的影响系数；

β_s——局部荷载或集中反力作用面积为矩形时的长边与短边尺寸的比值，β_s 不宜大于 4；当 $\beta_s<2$ 时，取 $\beta_s=2$；当面积为圆形时，取 $\beta_s=2$；

α_s——板柱结构中柱类型的影响系数：对中柱，取 $\alpha_s=40$；对边柱，取 $\alpha_s=30$；对角柱，取 $\alpha_s=20$。

(2) 开洞板

当板开有孔洞且孔洞至局部荷载或集中反力作用面积边缘的距离不大于 $6h_0$ 时，受冲切承载力仍按(8.2-1)计算，计算中取用的临界截面周长 u_m，应扣除局部荷载或集中反力作用面积中心至开孔外边画出两条切线之间所包含的长度(图 8.2-2)。

在实际工程中，有时会遇到局部荷载或集中反力作用在板的自由边缘附近的情况，以及局部荷载作用面积呈不规则形状时，应考虑选择最不利的临界截面周长 u_m，以策安全。图 8.2-3 列出了一些典型的情况，可供设计的时候参考[4][24]。

8.2.2 配置抗冲切钢筋的板

在局部荷载或集中反力作用下，当受冲切承载力不满足公式(8.2-1)的要求，且板厚又受到限制时，可以配置箍筋或弯起钢筋。为了避免在使用阶段冲切裂缝开展过宽和为了

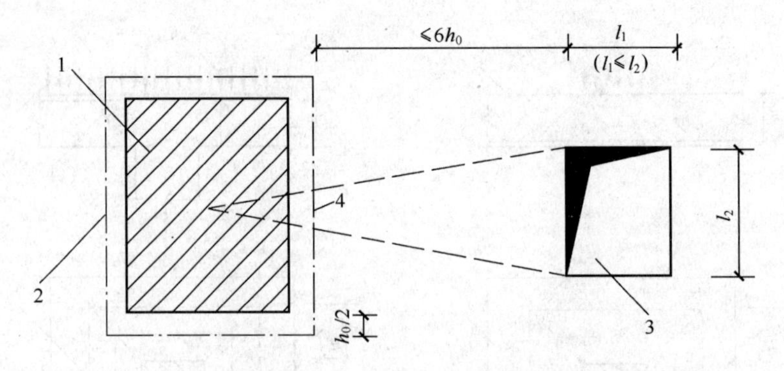

图 8.2-2　邻近孔洞时的临界截面周长

1—局部荷载或集中反力作用面；2—临界截面周长；3—孔洞；4—应扣除的长度

注：当图中 $l_1>l_2$ 时，孔洞边长 l_2 用 $\sqrt{l_1 l_2}$ 代替。

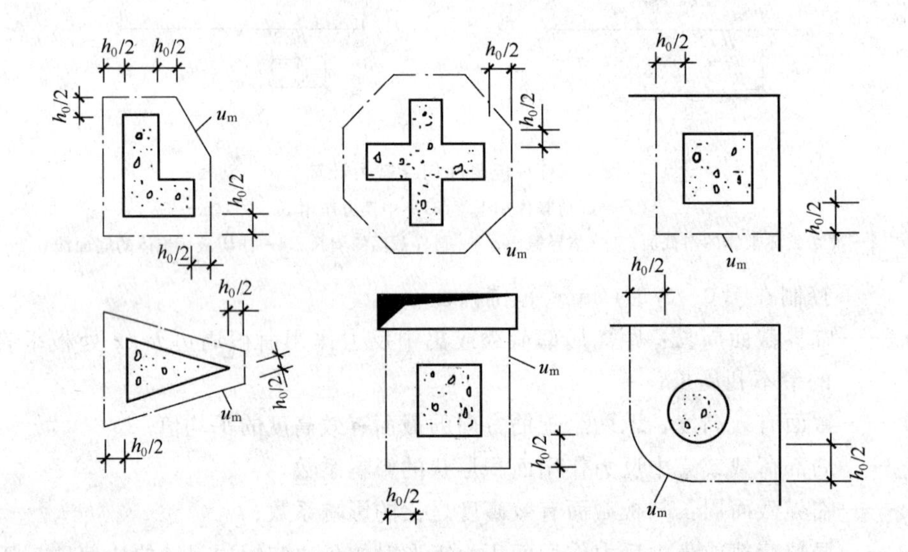

图 8.2-3　不规则情况下的冲切破坏锥体的最不利临界截面周长

使抗冲切钢筋能够充分发挥强度，此时，受冲切截面应符合下列条件：

$$F_l \leqslant 1.05 f_t \eta u_m h_0 \tag{8.2-4}$$

受冲切承载力可以按下列公式计算：

(1) 配置箍筋时

$$F_l \leqslant (0.35 f_t + 0.15\sigma_{pc,m})\eta u_m h_0 + 0.8 f_{yv} A_{svu} \tag{8.2-5}$$

(2) 配置弯起钢筋时

$$F_l \leqslant (0.35 f_t + 0.15\sigma_{pc,m})\eta u_m h_0 + 0.8 f_y A_{sbu} \sin\alpha \tag{8.2-6}$$

式中　A_{svu}——与呈 45°冲切破坏锥体斜截面相交的全部箍筋截面面积；

A_{sbu}——与呈 45°冲切破坏锥体斜截面相交的全部弯起钢筋的截面面积；

α——弯起钢筋与板底面底夹角。

混凝土板中配置抗冲切箍筋或弯起钢筋时，应符合下列构造要求：

1) 板的厚度不应小于 150mm；

2）按计算所需的箍筋及相应的架力钢筋应配置在与45°冲切破坏锥面相交的范围内，且从集中荷载作用面或柱截面边缘向外的分布长度不应小于1.5h_0（图8.2-4a）；箍筋应做成封闭式，直径不应小于6mm，间距不应大于$h_0/3$；

3）弯起钢筋可由一排或两排组成，其弯起角度可在30°～45°之间选取，弯起钢筋的倾斜段应与冲切破坏锥面相交（图8.2-4b），交点应在集中荷载作用面或柱截面边缘以外（1/2～2/3）h的范围内。弯起钢筋直径不宜小于12mm，且每一方向不宜少于3根。

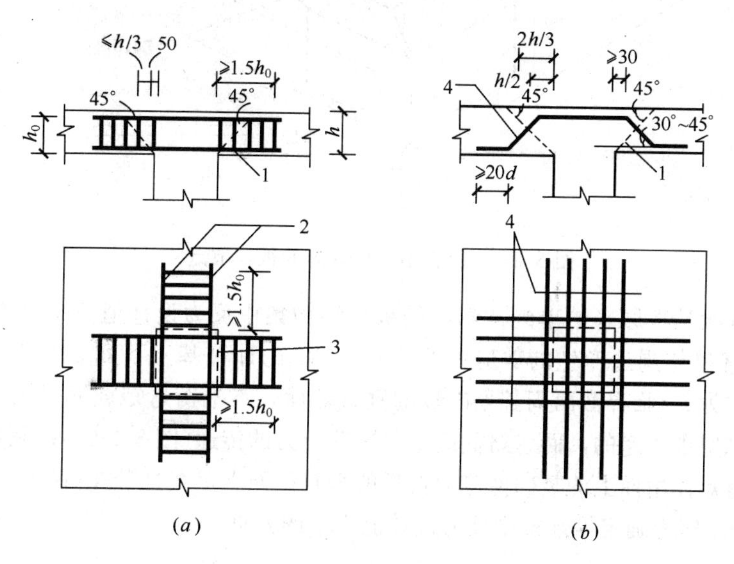

图8.2-4　板中抗冲切钢筋布置

（a）用箍筋作抗冲切钢筋；（b）用弯起钢筋作抗冲切钢筋

注：图中尺寸单位：mm

1—冲切破坏锥面；2—架力钢筋；3—箍筋；4—弯起钢筋

当有可靠依据时，可配置其他有效形式的抗冲切钢筋（如工字钢、槽钢、抗剪锚栓和扁钢U形箍等）。对配置抗冲切钢筋的冲切破坏锥体以外的截面按公式（8.2-1）进行受冲切承载力计算，此时，u_m应取配置抗冲切钢筋的冲切破坏锥体以外0.5h_0处的最不利周长。

8.2.3　考虑板柱节点传递不平衡弯矩的板

在承担重力荷载的无梁平板或无梁楼板的楼盖中，其板柱节点上有可能存在不平衡弯矩。不平衡弯矩的传递使柱周围板内的剪力分布不均匀，还降低了节点的抗剪强度。剪力和不平衡弯矩使通过在柱周围板内的危险截面表面上的弯、扭和剪切的组合来传递的。其冲切受力特性和破坏形态比单纯冲切更为复杂，目前对其破坏机理尚未完全搞清（图8.2-5）。

（1）受冲切承载力计算

规范对于板柱结构在竖向荷载、水平荷载作用下考虑不平衡弯矩传递时采用前面8.2-1和8.2-2中的相应公式计算，只是有一点要特别注意，原来公式中的集中反力设计值F_l应以等效集中反力设计值$F_{l,eq}$代替。

（2）等效集中反力设计值$F_{l,eq}$的计算

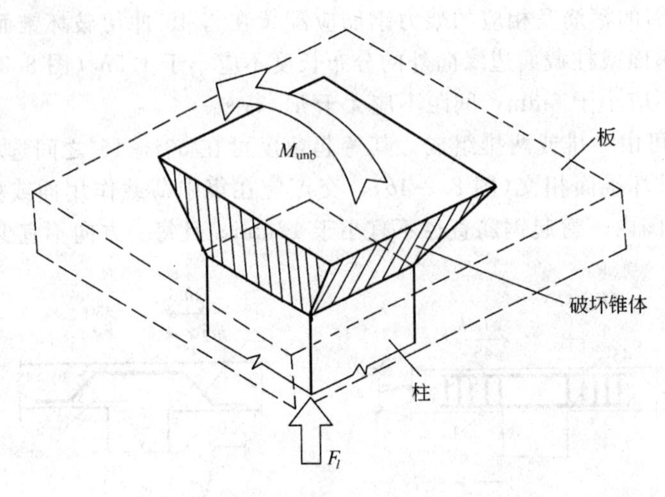

图 8.2-5　存在不平衡弯矩的板柱节点

$F_{l,eq}$的计算就是将原来的单纯冲切时的板柱结构集中反力设计值 F_l，再加上由不平衡弯矩 M_{unb}在破坏锥体周边产生的剪应力的总和。$F_{l,eq}$的计算基于下列 3 个假定：将破坏锥体的倾斜面转化为 u_m 临界截面周长处的板的垂直截面，不平衡弯矩就通过板的垂直截面上的竖向剪应力来实现传递的，而忽略截面上水平剪应力的传递(图 8.2-6*a*)；假定由不平衡弯矩产生的，沿弯矩作用面上的竖向剪应力在板的垂直截面上呈线性分布(图 8.2-6*c*)；以最大的竖向剪应力 τ_{max}作为确定等效集中反力设计值 $F_{l,eq}$的依据。

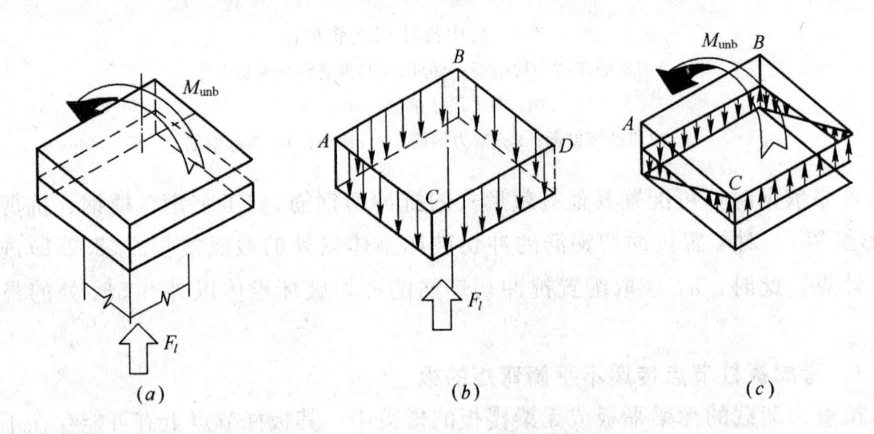

图 8.2-6　板柱节点的剪应力分布

(*a*)将破坏锥体的侧面转化为临界周长处板的垂直截面；

(*b*)由 F_l 产生的剪应力分布；(*c*)由不平衡弯矩产生的剪应力分布

规范规定对等效集中反力设计值 $F_{l,eq}$可按下列情况确定：

1）传递单向不平衡弯矩的板柱节点

当不平衡弯矩作用平面与柱矩形截面两个轴线之一相重合时，可按下列两种情况进行计算：

① 由节点受剪传递的单向不平衡弯矩 a_0M_{unb}，当其作用的方向指向图 8.2-7 的 *AB* 边时，等效集中反力设计值可按下列公式计算：

$$F_{l,\mathrm{eq}}=F_l+\frac{a_0 M_{\mathrm{unb}} a_{\mathrm{AB}}}{I_{\mathrm{c}}}u_{\mathrm{m}}h_0 \tag{8.2-7}$$

$$M_{\mathrm{unb}}=M_{\mathrm{unb,c}}-F_l e_{\mathrm{g}} \tag{8.2-8}$$

② 由节点受剪传递的单向不平衡弯矩 $a_0 M_{\mathrm{unb}}$，当其作用的方向指向图 8.2-7 的 CD 边时，等效集中反力设计值可按下列公式计算：

$$F_{l,\mathrm{eq}}=F_l+\frac{a_0 M_{\mathrm{unb}} a_{\mathrm{CD}}}{I_{\mathrm{c}}}u_{\mathrm{m}}h_0 \tag{8.2-9}$$

$$M_{\mathrm{unb}}=M_{\mathrm{unb,c}}+F_l e_{\mathrm{g}} \tag{8.2-10}$$

式中 F_l——在竖向荷载、水平荷载作用下，柱所承受的轴向压力设计值的层间差值减去冲切破坏锥体范围内板所承受的荷载设计值；

a_0——计算系数，可按本节(3)条计算；

M_{unb}——竖向荷载、水平荷载对轴线 2(图 8.2-7)产生的不平衡弯矩设计值；

$M_{\mathrm{unb,c}}$——竖向荷载、水平荷载对轴线 1(图 8.2-7)产生的不平衡弯矩设计值；

a_{AB}、a_{CD}——轴线 2 至 AB、CD 边缘的距离；

I_{c}——按临界截面计算的类似极惯性矩，按 8.3.3(3)条计算；

e_{g}——在弯矩作用平面内轴线 1 至轴线 2 的距离，按 8.3.3 (3)条计算；对中柱和弯矩作用平面平行于自由边的边柱截面，$e_{\mathrm{g}}=0$。

2）传递双向不平衡弯矩的板柱节点

在竖向荷载和水平荷载作用下，当节点受剪传递的两个方向不平衡弯矩为 $a_{0\mathrm{x}}M_{\mathrm{unb,x}}$、$a_{0\mathrm{y}}M_{\mathrm{unb,y}}$时，等效集中反力设计值可按下列公式计算：

$$F_{l,\mathrm{eq}}=F_l+\tau_{\mathrm{unb,max}}u_{\mathrm{m}}h_0 \tag{8.2-11}$$

$$\tau_{\mathrm{unb,max}}=\frac{a_{0\mathrm{x}}M_{\mathrm{unb,x}}a_{\mathrm{x}}}{I_{\mathrm{cx}}}+\frac{a_{0\mathrm{y}}M_{\mathrm{unb,y}}a_{\mathrm{y}}}{I_{\mathrm{cy}}} \tag{8.2-12}$$

式中 $\tau_{\mathrm{unb,max}}$——双向不平衡弯矩在临界截面上产生的最大剪应力设计值；

$M_{\mathrm{unb,x}}$、$M_{\mathrm{unb,y}}$——竖向荷载、水平荷载引起对临界截面周长重心处 x 轴、y 轴方向的不平衡弯矩设计值，可按公式(8.2-8)或公式(8.2-10)同样的方法确定；

$a_{0\mathrm{x}}$、$a_{0\mathrm{y}}$——x 轴、y 轴的计算系数，可按 8.3.3(3)条计算；

I_{cx}、I_{cy}——对 x 轴、y 轴按临界截面计算的类似极惯性矩，按照 8.3.3(3)条确定；

a_{x}、a_{y}——最大剪应力 $\tau_{\max}$作用点至 x 轴、y 轴的距离。

当考虑不同的荷载组合下会产生上述两种情况时，应取其中的较大值作为板柱节点受冲切承载力计算用的等效集中反力设计值。

3）板柱节点考虑受剪传递单向不平衡弯矩的受冲切承载力计算中，与等效集中反力设计值 $F_{l,\mathrm{eq}}$有关的参数和图 8.2-7 中所示的几何尺寸，可按下列公式计算：

① 中柱(图 8.2-7a)：

$$I_{\mathrm{c}}=\frac{h_0 a_{\mathrm{t}}^3}{6}+2h_0 a_{\mathrm{m}}\left(\frac{a_{\mathrm{t}}}{2}\right)^2 \tag{8.2-13}$$

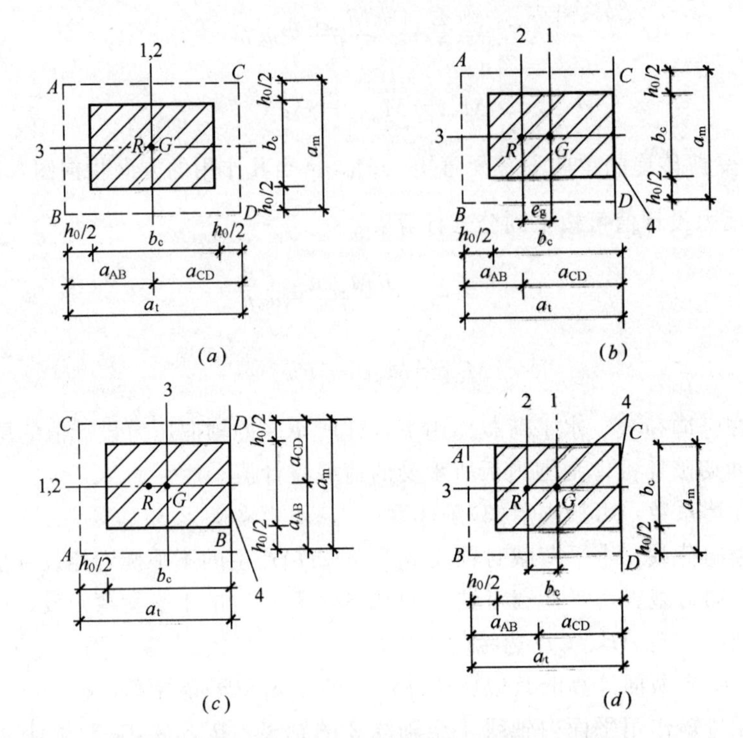

图 8.2-7 矩形柱及受冲切承载力计算的几何参数

(a)中柱截面；(b)边柱截面(弯矩作用平面垂直于自由边)；

(c)边柱截面(弯矩作用平面平行于自由边)；(d)角柱截面

1—通过柱截面重心 G 的轴线；2—通过临界截面周长重心 g 的轴线；

3—不平衡弯矩作用平面；4—自由边

$$a_{AB}=a_{CD}=\frac{a_t}{2} \tag{8.2-14}$$

$$e_g=0 \tag{8.2-15}$$

$$a_0=1-\frac{1}{1+\frac{2}{3}\sqrt{\frac{h_c+h_0}{b_c+h_0}}} \tag{8.2-16}$$

② 边柱：

弯矩作用平面垂直于自由边(图 8.2-7b)

$$I_c=\frac{h_0 a_t^3}{6}+h_0 a_m a_{AB}^2+2h_0 a_t\left(\frac{a_t}{2}-a_{AB}\right)^2 \tag{8.2-17}$$

$$a_{AB}=\frac{a_t^2}{a_m+2a_t} \tag{8.2-18}$$

$$a_{CD}=a_t-a_{AB} \tag{8.2-19}$$

$$e_g=a_{CD}-\frac{h_c}{2} \tag{8.2-20}$$

$$a_0=1-\frac{1}{1+\frac{2}{3}\sqrt{\frac{h_c+h_0/2}{b_c+h_0}}} \tag{8.2-21}$$

弯矩作用平面平行于自由边(图 8.2-7c)

$$I_c=\frac{h_0 a_t^3}{12}+2h_0 a_m\left(\frac{a_t}{2}\right)^2 \tag{8.2-22}$$

$$a_{AB}=a_{CD}=\frac{a_t}{2} \tag{8.2-23}$$

$$e_g=0 \tag{8.2-24}$$

$$a_0=1-\frac{1}{1+\frac{2}{3}\sqrt{\frac{h_c+h_0}{b_c+h_0/2}}} \tag{8.2-25}$$

③ 角柱(图 8.2-7d):

$$I_c=\frac{h_0 a_t^3}{12}+h_0 a_m a_{AB}^2+h_0 a_t\left(\frac{a_t}{2}-a_{AB}\right)^2 \tag{8.2-26}$$

$$a_{AB}=\frac{a_t^2}{2(a_m+a_t)} \tag{8.2-27}$$

$$a_{CD}=a_t-a_{AB} \tag{8.2-28}$$

$$e_g=a_{CD}-\frac{h_c}{2} \tag{8.2-29}$$

$$a_0=1-\frac{1}{1+\frac{2}{3}\sqrt{\frac{h_c+h_0/2}{b_c+h_0/2}}} \tag{8.2-30}$$

在按公式(8.2-11)、公式(8.2-12)考虑传递双向不平衡弯矩的受冲切承载力计算中，如将③条的规定视作 x 轴(或 y 轴)的类似极惯性矩、几何尺寸及计算系数，可将前述的 x 轴(或 y 轴)的相应参数进行置换确定。

当边柱、角柱部位有悬臂板时，临界周长可计算至垂直于自由边的板端处，按此计算的临界截面周长应与按中柱计算的临界截面周长相比较，并取其中的较小值。在此基础上，按前述方法确定板柱节点考虑传递双向不平衡弯矩的受冲切承载力计算所用的等效集中反力设计值 $F_{l,eq}$ 的有关参数。

8.3 有 柱 帽 板[41]

有柱帽板的配筋基本上按 8.2.1～8.2.3 规定计算，这里主要讲一下柱帽设计。

常用的矩形柱帽有无帽顶板的、有折线顶板的以及有矩形帽顶板的三种形式，如图 8.3-1。第一种用于轻荷载；第二种用于重荷载，可使荷载自板到柱的传力过程比较缓慢，但施工较复杂，其中 h_1/h_2 最好为 2/3；第三种的传力条件稍次于第二种，但是施工方便。这些柱帽中的拉、压应力均较小，所以钢筋都可按构造放置。靠墙的边柱的半柱帽内，其钢筋配置宜与中间柱帽相仿。

柱帽尺寸及配筋，应满足柱帽边缘处平板的受冲切承载力的要求。当满布荷载时，无梁楼盖中的内柱柱帽边缘处平板，可认为承受中心冲切。

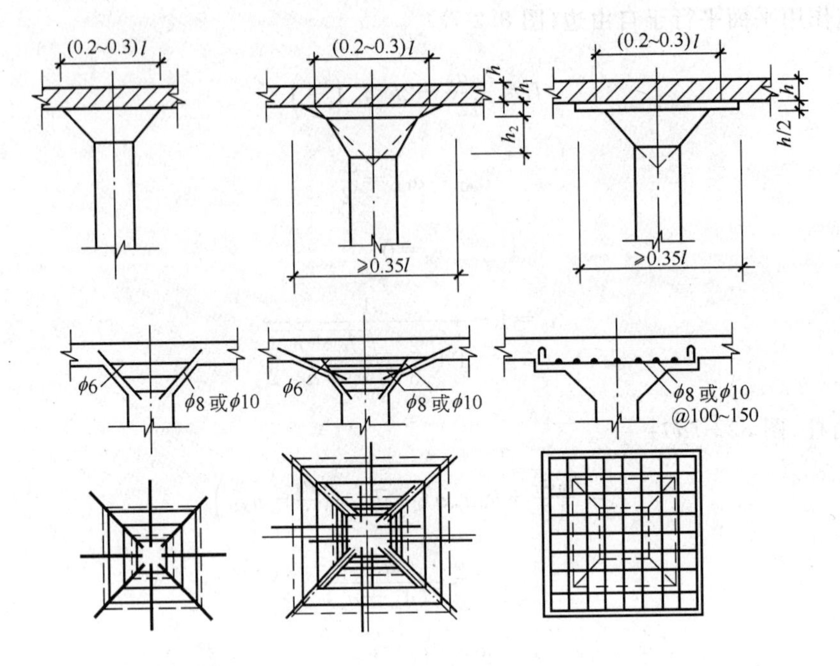

图 8.3-1　柱帽的类型及钢筋配置

8.4　配型钢剪力架的板[4][16]

型钢剪力架是互相垂直的型钢焊接组装体，用它连续通过柱截面，可使冲切破坏锥体直径扩大，从而扩大冲切破坏截面周长，增加混凝土的抗冲切截面积，以减低混凝土中的剪应力。在现浇板柱体系中，还可考虑剪力架承担柱上板带中的部分弯矩，型钢剪力架设计应当符合下列规定：

(1) 型钢剪力架每个伸臂末端可削成与水平面呈30°～60°斜角。

(2) 型钢剪力架每个伸臂的刚度与混凝土组合板截面刚度的比值 α_a 不应小于 0.15，$\alpha_a=\dfrac{E_a I_a}{E_c I_{0cr}}$，其中 E_a 为型钢的弹性模量；I_a 为型钢截面惯性矩；E_c 为板的混凝土弹性模量；I_{0cr}为组合板裂缝截面的换算截面惯性矩，计算惯性矩 I_{0cr}时，按型钢和非预应力钢筋的换算面积以及混凝土受压区的面积计算确定，此时组合板截面宽度取垂直于所计算弯矩方向的柱宽 b_c 与板的有效高度 h_0 之和，型钢的全部受压翼缘应位于距混凝土板的受压翼缘 $0.3h_0$ 范围内，剪力架型钢高度不应大于其腹板厚度的 70 倍。

(3) 当板用型钢剪力架来增强冲切承载力，其冲切面周界截面应垂直于板的平面，并且此截面应通过剪力架每个伸臂从柱面到伸臂端部距离的 3/4，即 $3/4(l_a-b_c/2)$(图 8.4-1)。此计算截面位置使其周边为最小，而且距柱周边不应小于 $h_0/2$。同时，此计算截面混凝土所承担之剪应力不应超过 $0.7f_t$。

型钢剪力架法设计方法如下：

(1) 对配置受冲切型钢剪力架的冲切破坏锥体以外的截面，受冲切承载力可按下式计算：

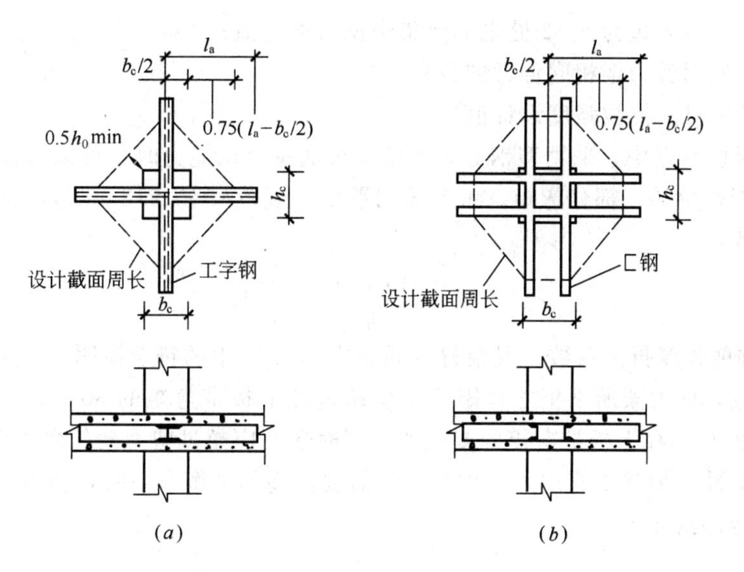

图 8.4-1　剪力架及其计算冲切面

(a)工字钢焊接剪力架；(b)槽钢焊接剪力架

$$F_{le} \leqslant 0.7 f_t u_{md} h_0 \tag{8.4-1}$$

式中　F_{le}——距柱周边为 $h_0/2$ 处的等效反力设计值，当无侧向约束时 $F_{le}=F_l$，有侧向约束时 $F_{le}=F_{l,eq}$；

u_{md}——设计截面周长。

由式(8.4-1)求得：

$$u_{md} \geqslant \frac{F_{le}}{0.7 f_t h_0} \tag{8.4-2}$$

(2) 从图 8.4-1(a)中看出，u_{md}可近似由下式计算：

$$u_{md}=4\sqrt{2}\left[\frac{3}{4}\left(l_a-\frac{b_c}{2}\right)+\frac{b_c}{2}\right] \tag{8.4-3}$$

式中　l_a——剪力架伸臂长度；

b_c——方形柱的边长。

工字钢焊接剪力架伸臂长度 l_a 可由下列公式确定：

$$l_a=\frac{u_{md}}{3\sqrt{2}}-\frac{b_c}{6} \tag{8.4-4}$$

槽钢焊接剪力架的伸臂长度可按图 8.4-1(b)所示的计算截面周长，用上述类似方法确定。

(3) 剪力架每个伸臂根部的弯矩设计值及受弯承载力应满足下列要求：

$$M_d=\frac{F_{le}}{2\eta}\left[h_a+\alpha_a\left(l_a-\frac{h_c}{2}\right)\right] \tag{8.4-5}$$

$$\frac{M_d}{W} \leqslant f \tag{8.4-6}$$

式中　h_c——计算弯矩方向的柱子尺寸；

h_a——剪力架每个伸臂型钢的全高；

F_{le}——距柱周边为 $h_0/2$ 处之等效集中反力设计值；

η——型钢剪力架相同伸臂的数目；

f——钢材的抗拉强度设计值。

(4) 在板柱节点中，采用型钢剪力架增强板的抗冲切能力时，可以考虑剪力架每个伸臂承担柱上板带中的一部分弯矩。参考美国混凝土规范(ACI 318—89)，所承担的弯矩值可按下式计算：

$$M_{ua}=\frac{\phi\alpha_a F_l}{2\eta}\left(l_a-\frac{h_c}{2}\right) \tag{8.4-7}$$

式中，ϕ 为抗剪强度折减系数；其余符合同公式(8.4-5)中的符合说明。

但要注意，剪力架所承担之弯矩值不应超过柱上板带弯矩的30%，也不应超过沿剪力架伸臂长度 l_a 上柱上板带弯矩的变化值，同时还不应超过剪力架的弯矩设计值 M_d。

剪力架抗冲切加强措施用于板柱节点间需要传递不平衡弯矩时，剪力架应有足够的锚固将该弯矩传递给柱子。

思 考 题

1. 简述不开洞板冲切验算的方法。
2. 简述型钢剪力架法设计方法。

第9章　超静定结构的设计与计算

9.1　概　　述

随着对预应力超静定结构性能的试验和理论研究的深入，预应力钢筋的产量和品种的不断增加和性能的完善，预应力锚夹具和张拉设备的逐步配套和完善，以及无粘结预应力新技术的开发和应用，预应力超静定结构在土木工程中得到越来越广泛的应用。近年来，随着人们对建筑空间和建筑形式越来越高的要求，大跨度预应力混凝土框架结构体系、大空间预应力混凝土井式刚架结构体系、预应力混凝土多跨刚架和连续梁都得到了广泛的推广应用。

与预应力静定结构相比，超静定预应力结构有许多优点：

(1) 超静定结构在给定的跨度和荷载下，其设计弯矩比相应的静定结构要小，构件截面尺寸相应减小，节约材料，结构的自重更轻；

(2) 超静定结构的跨中和支座处的弯矩分布相对比较均匀；

(3) 超静定结构具有内力重分布的特性，因此其承载能力更大；

(4) 超静定结构的整体刚度大，荷载作用下构件的变形小，因此可以适当增大结构的跨度或减少截面尺寸；

(5) 预应力混凝土框架的刚性节点，为抵抗风荷载或地震荷载引起的水平力提供了良好的结构性能；

(6) 后张预应力钢筋束可以在混凝土连续梁或框架梁中连续布置，使同一束预应力筋既能抵抗跨中正弯矩又能抵抗支座负弯矩，进一步节约了钢材；

(7) 相对于简支结构，超静定预应力结构可以节约中间支座处的锚具，可节省张拉劳动量，降低工程造价，实现良好的经济效益。

当然预应力混凝土超静定结构也有不足之处，在设计与施工中，应注意以下几点并采取适当的处理措施：

(1) 在多跨连续结构中，通常预应力筋随弯矩图连续多波布置，对具有多次反向曲线的预应力筋，其摩擦损失值可能较大。通常可采用超张拉、从两端张拉或无粘结预应力技术以及控制张拉束的长度和曲率来减少摩擦损失。在允许的情况下，可采用变截面或在梁端加腋，使预应力筋平直，以减少摩擦损失。

(2) 超静定结构中同一截面可能存在正、负交变弯矩，使预应力筋较难布置。一般可在反向受拉部位增配非预应力普通钢筋进行处理。

(3) 最大负弯矩峰值常常控制梁全长所需要的预应力筋数量。设计中，对这些截面除了采用较高的截面或增配预应力筋外，还可按部分预应力的设计原理，增加非预应力普通钢筋来补足强度的不足。后者对提高整个结构的延性很有帮助，地震区的连续结构应按此方法进行结构设计。

(4) 超静定结构施加预应力时，梁产生的轴向压缩变形将对与它相连的具有约束作用支撑构件产生较大的附加弯矩。可采用将梁设计成在支承处能移动或使柱子能自由变形的措施，以减少此弯矩值。

(5) 预应力超静定结构的设计计算比较复杂，需要考虑由预加力在结构内产生的次弯矩、次剪力和次轴力的影响，次内力一般比较大，设计时不能忽视。有时尚需考虑由混凝土收缩徐变、温度变化及支座下沉等所引起的次内力。但这些次内力常可被利用，为设计带来经济性。

(6) 超静定结构的施工比较麻烦。张拉顺序对结构内力有很大的影响，所以设计时应考虑工况对结构的影响。

9.2 弹 性 分 析

在预应力简支梁中，施加预加应力后，构件产生的变形未受到任何约束，预应力不会引起任何支座反力。对静定梁不管施加多少预应力，预应力仅影响梁的内部应力，而不会引起次内力或附加反应。外部内力按静力学的计算方法确定，内力大小取决于恒载和活荷载的大小，而不受预应力的影响。

预应力超静定结构在施加预加力以后，预加应力使构件产生的变形受到冗余支承的约束，支座中产生与构件变形方向相反的附加反力(称之为次反力)，次反力必将引起附加的弯矩和剪力(称之为次弯矩和次剪力)，即超静定结构内由于施加预应力将产生次内力。

我们称由预加力偏心所引起的混凝土内的弯矩为主弯矩；由于预加力引起的支座反力所产生的弯矩称为次弯矩。预加力在结构上引起的综合弯矩为：$M_{综}=M_{主}+M_{次}$。

$$M_{主}=-N_{p}(x)y_{p}(x) \tag{9.2-1}$$

式中 $N_{p}(x)$——距锚固端 x 处预应力筋的有效预应力合力值；

$y_{p}(x)$——距锚固端 x 处预应力合力值至截面重心轴的距离。

由于次弯矩是次反力产生的，因此任意两个相邻支座之间的次弯矩是呈线性变化的，即：

$$M_{次}=Ax+B \tag{9.2-2}$$

式中 A、B 为常数。

所谓次弯矩并不是因为其在数量上的次要，而是因为它是预加力的次生物。次弯矩在数值上并不一定比主弯矩小，在结构的计算中往往起很重要的作用。预加力同时产生的次剪力、次轴力等，设计中应予以考虑。

9.3 压力线、线性变换和吻合索

9.3.1 压力线

压力线是指各截面上的压力中心的连线。压力线是一个很重要的概念，在静定和超静定预应力混凝土结构分析中是很有用的。次弯矩也可以用压力线的移动来反映。如前所述，当结构上的荷载增加时，截面上的弯矩增加，在截面不开裂的情况下，预应力混凝土结构主要靠内力臂的增加来抵抗外弯矩的增大，也就是说，压力线将随外载的变化而移动。

当静定结构不受外荷载作用时，不管对其施加多少预应力，预应力仅影响其内部应力。当没有外荷载作用时，外弯矩是零，其内部抵抗弯矩必为零，因此预应力筋合力作用线(简称 *c. g. s* 线)与截面内混凝土预压应力合力作用线(即压力线，简称 *C* 线)重合，两者处于平衡状态。

设一预应力简支梁受到直线预应力筋和使截面下边缘受拉的外弯矩 M 的共同作用。预加力的大小为 N_p，在外荷载 M 作用下，压力线将按 M/N_p 向重心方向移动，压力线的偏心距为$(e-M/N_p)$，作用在截面上的正弯矩为(N_pe-M)，等于 N_p 和压力线偏心距$(e-M/N_p)$的乘积，如图 9.3-1 所示。因此，如果截面上压力线的位置能够确定，则截面由预应力和外弯矩引起的总内力可以用预加力和压力线的偏心距求得。

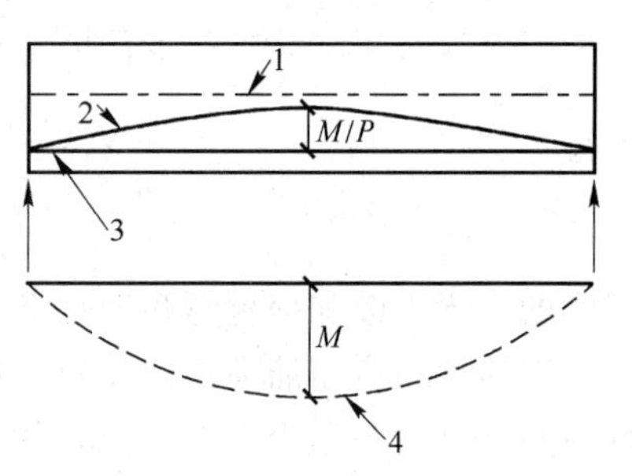

图 9.3-1 简支梁的压力线

1—重心轴；2—压力线(预应力+自重引起的)；3—由预应力引起的压力线；4—由自重引起的弯矩

压力线的偏心是指截面上压力合力点的偏心，而不是预应力筋位置的偏心。同样，如果一负弯矩 M 作用于截面，压力线将向下按 M/N_p 移至预应力筋位置以下，此时，压力线的偏心距为$(e+M/N_p)$。

对于预应力超静定结构，即使不加外荷载，由于结构的超静定，使梁内产生次弯矩，为抵抗这些弯矩，*C* 线不再与 *c. g. s* 线重合，*C* 线偏离 *c. g. s* 线的距离为：

$$a=\frac{M_{次}}{N_p}$$

由支座反力产生的次弯矩在跨内线性变化，因此与次弯矩成正比的偏离距离 a 也必然按线性变化，即 *C* 线是线性地偏离 *c. g. s* 线，而且具有同 *c. g. s* 线同样的本征形状。

9.3.2 线性变换

线性变换是指将预应力连续梁的预应力束(*c. g. s* 线)在各中间支座处的位置移动(平移或转动)，而不改变该束在每一跨内的本征形状(即预应力筋的曲率和弯折)。预应力束在梁端的偏心距也保持不变。

具有相同本征形状的 *c. g. s* 线对应的荷载图沿跨度也相同，因为荷载是用弯矩的二阶导数来表示的。由于荷载图相同最后的弯矩图必然也相同，所以 *C* 线的位置也相同。即：在连续梁中，任何 *c. g. s* 线经线性变换到其他位置，都不改变原来压力线(*C* 线)的位置。即线性变换不改变由预应力引起的混凝土截面内的内力。

应当指出，尽管 *C* 线和综合弯矩均保持不变，但由预加力引起的主弯矩、次反力和次弯矩都是随 *c. g. s* 线的线性变换而变化的。

从等效荷载的观点来看，预应力对结构的作用可用等效荷载代替，符合线性变换的不同预应力筋产生的等效荷载相等，从而有相等的综合弯矩，但主弯矩和次弯矩则可能并不相等。

应当注意，线形变换不包括在梁端的移动，因为梁端的任何移动都会改变端部弯矩的大小，从而影响各跨的弯矩，改变 *C* 线的位置。

为进一步说明线性变换的性质，现以一两跨连续梁为例分析。预应力筋在中间支座处

的偏心距为 e，抛物线筋的垂度仍是 $f=1.5e$，端部无偏心（图 9.3-2a、9.3-3a）。用弯矩面积法求解，选中间支座的力矩为多余约束。对图 9.3-2 所示的预应力筋线形，可得：

$$\delta_{11}=\frac{2}{EI}\times\left(\frac{1}{2}\times l\times\frac{2}{3}\right)=\frac{2l}{3EI}$$

$$\Delta_{1N}=\frac{2N_p}{EI}\left[-\frac{2}{3}lf\times\frac{1}{2}+\frac{1}{2}le\times\frac{2}{3}\right]=\frac{2N_pl}{3EI}(e-f)$$

可得：

$$X_1=-\frac{\Delta_{1N}}{\delta_{11}}=N_p(f-e)=0.5N_pe$$

$$M_{次}=X_1\ \overline{M_1}$$

该梁的主弯矩图和综合弯矩图如图 9.3-2(b)、(c)所示。

现移动预应力筋在中间支座处的位置，使在中间支座处的偏心距为 0（图 9.3-3a），仍以中间支座的力矩为多余约束，用弯矩面积法求解：

$$\Delta_{1N}=\frac{2N_p}{EI}\left(-\frac{2}{3}lf\right)=-\frac{N_p}{3EI}lf$$

$$X_1=N_pf=1.5N_pe$$

由于中间支座的偏心距的变化，使其在中间支座处的次弯矩改变 N_pe；而主弯矩也减少了 N_pe。主弯矩的改变值与次弯矩的改变值大小相等。

梁的主弯矩图和综合弯矩图如图 9.3-3(b)、(c)所示。

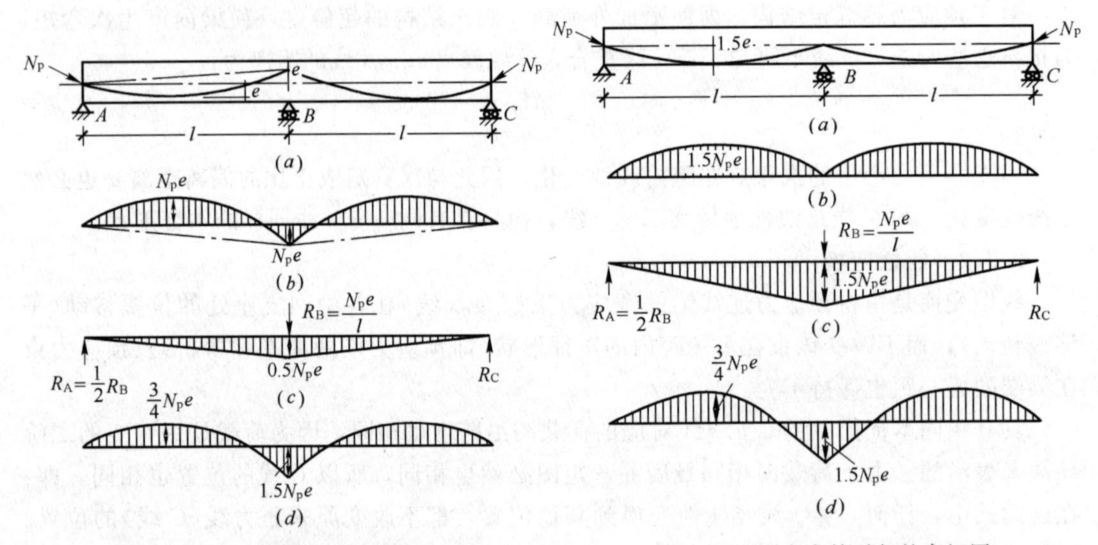

图 9.3-2　预应力筋引起的弯矩图　　图 9.3-3　预应力筋引起的弯矩图

(a)梁的立面图；(b)主弯矩图；(c)次弯矩图；(d)综合弯矩图

由图 9.3-2(d)和 9.3-3(d)可见，两个预应力筋束本征形状相同的情况下，主弯矩是不同的，但其综合弯矩却是相同的。

线性变换的概念对超静定预应力结构设计中预应力筋的布置非常有用，它允许在不改变结构的混凝土压力线位置的条件下，调整预应力筋合力线的位置以适应结构构造上的要求。例如，当预应力筋的保护层不够时，它可以帮助结构工程师在保持结构的 C 线和混凝土应力不改变的条件下重新选定 $c.g.s$ 线。

但由于线性变换，不同预应力筋产生的主弯矩和次弯矩都是不一样的，也即不同预应力筋布置情况下超静定结构(构件)的极限承载力是不同的。因此，在实际工程中，我们可利用线性变换来调整预应力筋的布置既保证使用性能，又保证在极限破坏状态下能充分发挥预应力筋的作用。

9.3.3 吻合索

在预应力混凝土超静定结构中，预应力筋的布置有一种比较特殊的方式，即所谓“吻合索”。吻合索是指能产生和 *c.g.s* 线相重合的 *C* 线的一根 *c.g.s* 线。吻合索在超静定结构中不产生次反力，因而在结构中也就没有次弯矩。最明显的吻合索就是处处与混凝土形心轴相重合的预应力筋线形。

静定结构中的每一根预应力筋都是吻合的。就超静定结构来说，也有很多条吻合索。对于不沉降支座上的连续梁，任一外荷载组合所产生的每一个实际弯矩图，按任一比例绘制，得到的就是该梁的吻合索的一个位置。

两个或多个吻合索叠加将产生另一个吻合索，而一吻合索和一非吻合索叠加将产生一个非吻合索。任何 *C* 线都是吻合索，因为它是根据作用在连续梁上的荷载所引起的弯矩而得到的。

在预应力工程设计中，预应力筋采用吻合索布置对结构性能来说常常不是一种理想的布置，有时要利用次弯矩来改善结构在使用荷载下的性能。当然，若采用吻合索，可避免次弯矩的计算，简化了结构分析。吻合索除了对连续梁的分析比较容易外，在实际工程中很少有采用吻合索的必要。良好的 *c.g.s.* 线的位置的实际选择，取决于得到一条理想的压力线，以满足各种实际要求，而不是预应力筋的吻合性与非吻合性。

在预应力连续梁的工程设计中，对预应力筋合力线的布置，一般都是：在支座截面尽可能放得高些，而在跨中截面则尽量放得低些，使得两者都有较大的预加力的偏心距，以充分发挥预应力筋在预应力结构中的最佳效用和提高截面的抗弯能力。这样的布置一般都不会形成吻合索。

9.4 预应力筋的线形布置

9.4.1 预应力筋的设计原则

预应力混凝土结构的一种概念是指通过施加预加力来平衡外部荷载，从而达到控制结构的截面开裂与变形的目的。选择并确定合适的预应力筋的外形和位置是进行预应力混凝土结构构件设计时的关键。所谓预应力筋的设计，就是选择合理的预应力筋的曲线布置形状及预应力筋用量，来达到平衡外部荷载、控制结构开裂与变形这个目的。

根据预应力结构的基本原理，预应力筋的布置原则应遵循下列原则：

(1) 预应力筋的外形和位置应尽可能与弯矩图一致，合理的预应力筋的布置形状应该是使张拉预应力筋所产生的等效荷载与外部荷载的分布在形式上应基本一致；

(2) 为了获得较大的截面抵抗弯矩，控制截面处的预应力筋应尽量靠近受拉边缘布置，以提高其抗裂能力及承载能力；

(3) 尽可能减少预应力筋的摩擦损失和锚固损失，增大有效预应力值，以提高施加预应力的效益和构件的抗裂性；

(4) 为方便施工、减少锚具、提高工作效率，预应力筋在各跨间应尽可能连续布置，并应使端部构造简单；

(5) 应综合考虑有关其他因素，如保护层的厚度、防火要求、次弯矩(对预应力超静定结构)、防腐蚀以及构造要求等。

对于主要承受分布荷载的结构，预应力筋纵向布置成下垂的抛物线形状，而对于主要承受集中荷载的结构，宜在集中荷载作用点布置成折线形状。

对于简支梁端或连续梁边支座的梁端，由于外载作用下截面的弯矩值为零，因此预应力筋的中心在端截面的位置应居于截面中心处；而对于框架梁的梁端或连续梁中支座的梁端截面，预应力筋应靠顶边缘，以便有效控制截面负弯矩。

但对顶层边柱处梁端例外，尽管截面存在负弯矩，但由于预应力筋靠近顶边缘布置对边柱顶端截面受弯不利，易造成更大偏心的弯压受力状态，所以在满足梁端截面负弯矩作用下的截面应力控制要求的情况下，宜尽可能将预应力筋中心布置在离截面中心更近一些。

9.4.2 束形几何关系

单根抛物线的几何关系特征值如图 9.4-1(*a*)所示。抛物线表达式 $y=e\left(\frac{x}{l}\right)^2$，端点斜率 $\tan\theta=2e/l$，在 $x=0$ 处，曲率半径 $r_c=\frac{l^2}{2e}$。

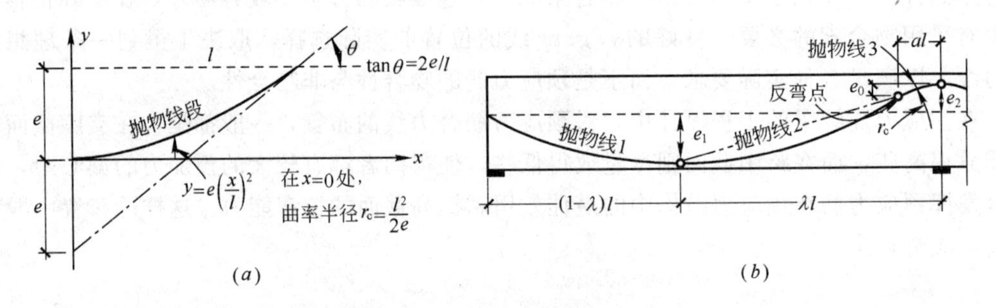

图 9.4-1 抛物线束形几何关系

由几根抛物线组成的预应力筋的线形如图 9.4-1(*b*)。

在最大偏心距 e_1 处，抛物线 1 和抛物线 2 相切，斜率均为零，所以其连接是光滑的。为使得抛物线 2 和抛物线 3 的连接亦光滑，两段抛物线在反弯点处的斜率必须相等，则有

$$\frac{2(e_1+e_2-e_0)}{(\lambda-a)l}=\frac{2e_0}{\alpha l} \tag{9.4-1}$$

且反弯点须在连接两个最大偏心距点的直线上，故有

$$e_0=\frac{\alpha}{\lambda}(e_1+e_2) \tag{9.4-2}$$

抛物线 2 和抛物线 3 在反弯点处的共同切线的斜率为：

$$\tan\theta=\frac{2(e_1+e_2)}{\lambda l} \tag{9.4-3}$$

抛物线 3 的曲率半径为：

$$r_c=\frac{\alpha\lambda l^2}{2(e_1+e_2)} \tag{9.4-4}$$

在支座处布置凸形预应力筋是为了避免预应力筋产生扭结，也称其为过渡曲线。过渡曲线的长度 αl 根据梁的尺寸和预应力筋的柔度确定，但应保证其曲率半径大于规定的最小曲率半径。我国《混凝土结构设计规范》(GB 50010—2002)中给出了根据工程经验的最小曲率半径的规定：后张法预应力混凝土构件中，曲线预应力钢丝束、钢绞线的曲率半径不宜小于 4m；对折线配筋的构件，在预应力钢筋弯折处的曲率半径可适当减少。

表 9.4-1 和表 9.4-2 中给出了常用预应力筋束形几何和等效荷载的关系。

端跨预应力束偏心距、固端弯矩及等效荷载[4]　　　表 9.4-1

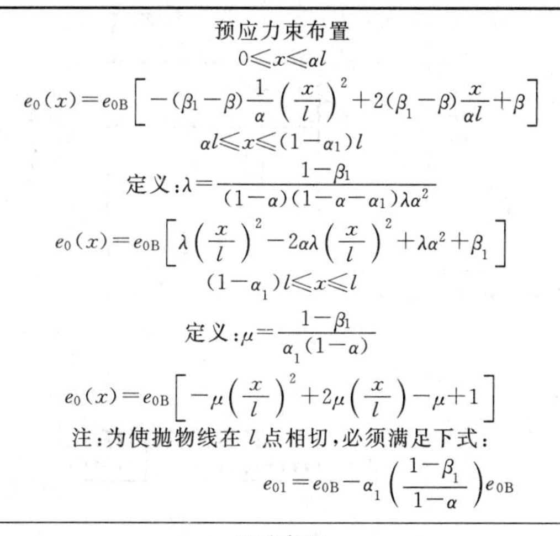 预应力束布置 $0\leqslant x\leqslant \alpha l$ $e_0(x)=e_{0B}\left[-(\beta_1-\beta)\frac{1}{\alpha}\left(\frac{x}{l}\right)^2+2(\beta_1-\beta)\frac{x}{\alpha l}+\beta\right]$ $\alpha l\leqslant x\leqslant(1-\alpha_1)l$ 定义：$\lambda=\frac{1-\beta_1}{(1-\alpha)(1-\alpha-\alpha_1)\lambda\alpha^2}$ $e_0(x)=e_{0B}\left[\lambda\left(\frac{x}{l}\right)^2-2\alpha\lambda\left(\frac{x}{l}\right)^2+\lambda\alpha^2+\beta_1\right]$ $(1-\alpha_1)l\leqslant x\leqslant l$ 定义：$\mu=\frac{1-\beta_1}{\alpha_1(1-\alpha)}$ $e_0(x)=e_{0B}\left[-\mu\left(\frac{x}{l}\right)^2+2\mu\left(\frac{x}{l}\right)-\mu+1\right]$ 注：为使抛物线在 l 点相切，必须满足下式： $e_{01}=e_{0B}-\alpha_1\left(\frac{1-\beta_1}{1-\alpha}\right)e_{0B}$	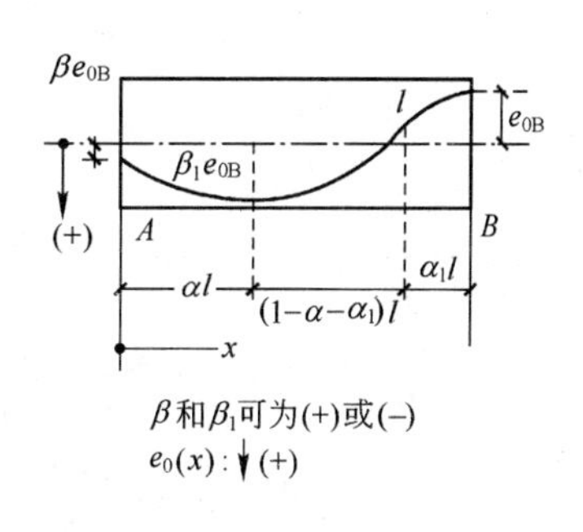
固端弯矩 $m_{BA}=-Fe_{0B}[-\beta\alpha+(1+\alpha-\alpha_1)^2-\alpha_1(1-\alpha)$ $-\beta_1(3-3\alpha_1+\alpha_1^2+2\alpha-\alpha\alpha_1)]$	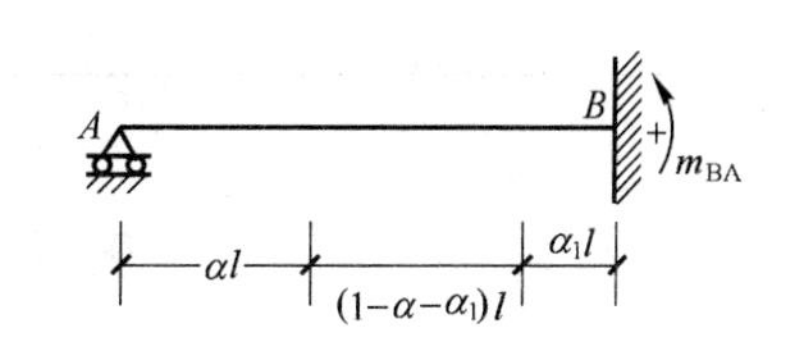
等效荷载(一端固定) $\omega_1=\frac{-2P(\beta_1-\beta)e_{0B}}{(\alpha l)^2}$ $\omega_2=2P\lambda e_{0B}l^2$ $\omega_3=-2P\mu e_{0B}l^2$ 注：必须考虑端部影响	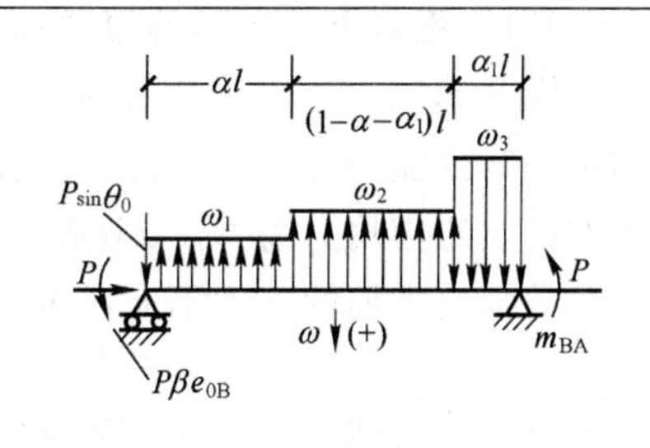

内跨预应力束偏心距、固端弯矩及等效荷载　　　表 9.4-2

预应力束布置 $-\frac{l}{2}\leqslant x\leqslant-\left(\frac{1}{2}-\alpha_2\right)l$ 定义：$v=\frac{2(1-\beta_2)}{\alpha_2}$ $e_0(x)=e_{0B}\left[-v\left(\frac{x}{l}\right)^2-v\left(\frac{x}{l}\right)-\frac{v}{4}+1\right]$ $-\left(\frac{1}{2}-\alpha_2\right)l\leqslant x\leqslant\left(\frac{1}{2}-\alpha_2\right)l$	

续表

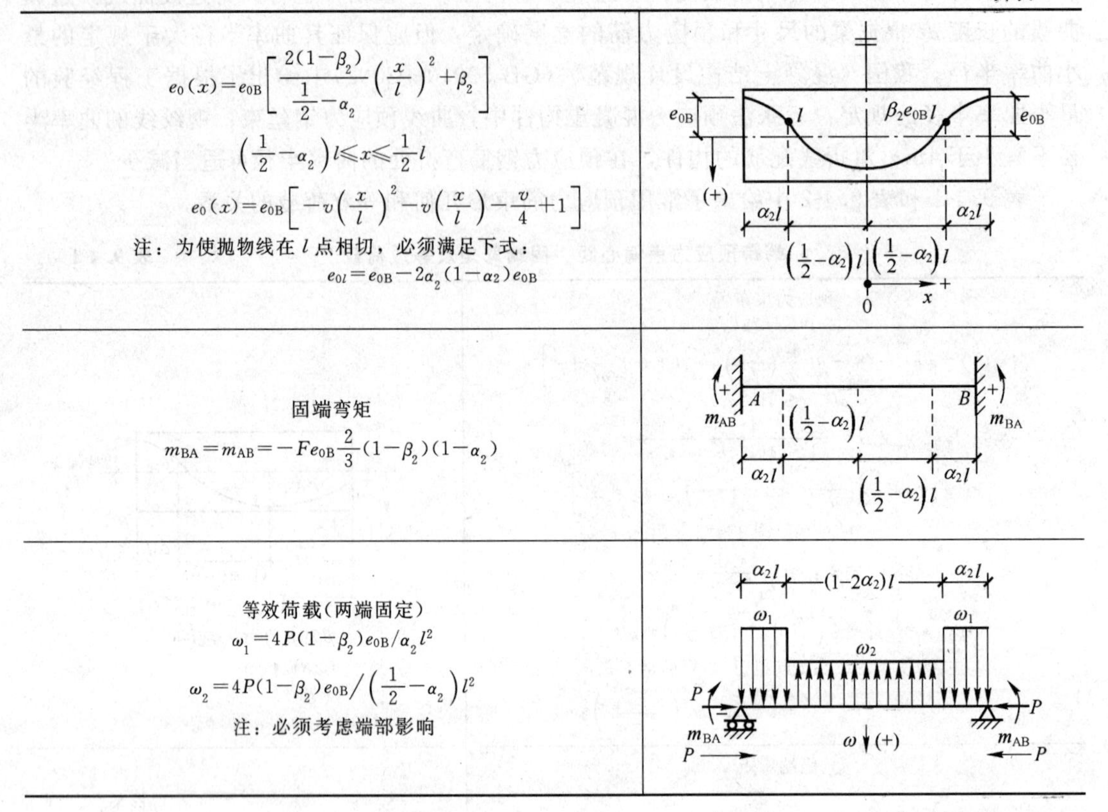

$e_0(x)=e_{0B}\left[\dfrac{2(1-\beta_2)}{\frac{1}{2}-\alpha_2}\left(\dfrac{x}{l}\right)^2+\beta_2\right]$ $\left(\frac{1}{2}-\alpha_2\right)l \leqslant x \leqslant \frac{1}{2}l$ $e_0(x)=e_{0B}\left[-v\left(\dfrac{x}{l}\right)^2-v\left(\dfrac{x}{l}\right)-\dfrac{v}{4}+1\right]$ 注：为使抛物线在 l 点相切，必须满足下式： $e_{0l}=e_{0B}-2\alpha_2(1-\alpha_2)e_{0B}$	
固端弯矩 $m_{BA}=m_{AB}=-Fe_{0B}\dfrac{2}{3}(1-\beta_2)(1-\alpha_2)$	
等效荷载（两端固定） $\omega_1=4P(1-\beta_2)e_{0B}/\alpha_2 l^2$ $\omega_2=4P(1-\beta_2)e_{0B}\Big/\left(\dfrac{1}{2}-\alpha_2\right)l^2$ 注：必须考虑端部影响	

9.5 等效荷载的计算

9.5.1 直线配筋引起的等效荷载

如图 9.5-1(a)所示一配置折线形预应力筋的简支梁，预应力筋的两端通过混凝土截面的形心。预加力为 N_p，两段直线的倾角分别为 θ_1、θ_2。因此，该折线预应力筋在 C 点产生的向上的作用力为 N_p ($\sin\theta_1+\sin\theta_2$)。由于预应力筋的偏心 e 与混凝土梁的长度相比很小，故预应力筋的斜度不大，可近似取为 $\cos\theta\approx1.0$，$\tan\theta_1\approx\sin\theta_1$，$\tan\theta_2\approx\sin\theta_2$。

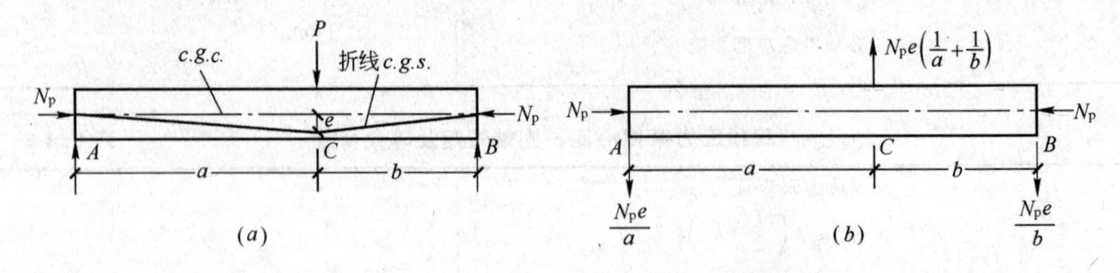

图 9.5-1 折线预应力筋引起的等效荷载

所以，折线预应力筋在 C 点处的等效荷载为：

$$N_p(\tan\theta_1+\tan\theta_2)=N_pe\left(\frac{1}{a}+\frac{1}{b}\right) \tag{9.5-1}$$

在两端锚固处对混凝土 A 端产生向下的竖向分力为：$N_p\sin\theta_1=N_pe/a$；B 端产生向下的竖向分力为：$N_p\sin\theta_2=N_pe/b$；水平压力 $N_p\cos\theta_1=N_p\cos\theta_2=N_p$，如图 9.5-1($b$)所示。

9.5.2　曲线配筋引起的等效荷载

曲线预应力筋在连续梁中最为常见，且通常采用二次抛物线形式。抛物线的特点是沿其全长的曲率固定不变。图 9.5-2(a)所示为一简支梁配置抛物线筋，跨中的偏心距为 e，梁端的偏心距为零。

由预加力 N_p 引起的弯矩图也是抛物线的，如图 9.5-2(b)，则距梁左端 x 处的弯矩值为：

$$M(x)=\frac{4N_pe}{l^2}(l-x)x \tag{9.5-2}$$

由弯矩和荷载的关系可知，将 M 对 x 求二次导数，即可得出此弯矩引起的等效荷载：

$$\omega_p(x)=-\frac{d^2M(x)}{dx^2}=-\frac{8N_pe}{l^2} \tag{9.5-3}$$

式中负号表示方向向上，故曲线预应力筋的等效荷载为向上的均布荷载，如图 9.5-2(c)所示。

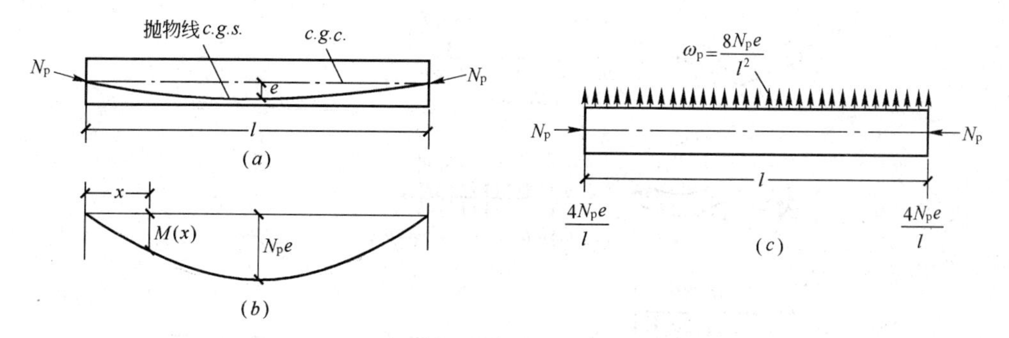

图 9.5-2　抛物线预应力筋引起的等效荷载

曲线筋的抛物线方程为：

$$y=4e\left[\frac{x}{l}-\left(\frac{x}{l}\right)^2\right] \tag{9.5-4}$$

故，曲线预应力筋在梁端部锚固处的作用力与梁纵轴的倾角 θ 有：

$$\tan\theta=\left(\frac{dy}{dx}\right)_{x=0或1}=\pm\frac{4e}{l} \tag{9.5-5}$$

由于曲线筋的垂度相对于跨度很小，故曲线筋在端部的斜率也较小，因此可以近似地取，$\cos\theta\approx1.0$，$\tan\theta\approx\sin\theta$。

因此，预应力筋在构件端部锚固处的水平作用力近似取为：$N_p\cos\theta\approx N_p$，竖向作用力近似取为 $N_p\sin\theta\approx4N_pe/l$。水平作用力对梁体混凝土为一轴向压力，使梁全截面产生纵向预压应力；端部锚固处 d 竖向作用力直接传入支承结构，可以不予考虑。

常用预应力筋线形的等效荷载和弯矩如图 9.5-3 所示。如果梁的重心轴不是直线，而预应力筋为直线，并通过两端混凝土截面的形心，则除梁端面承受的水平力 N_p 外，梁内各截面尚应考虑由于偏心距引起的弯矩(图 9.5-3e)。对截面高度有变化的构件，应计入由于不同截面的重心差在交界处引起的集中弯矩(图 9.5-3i)。

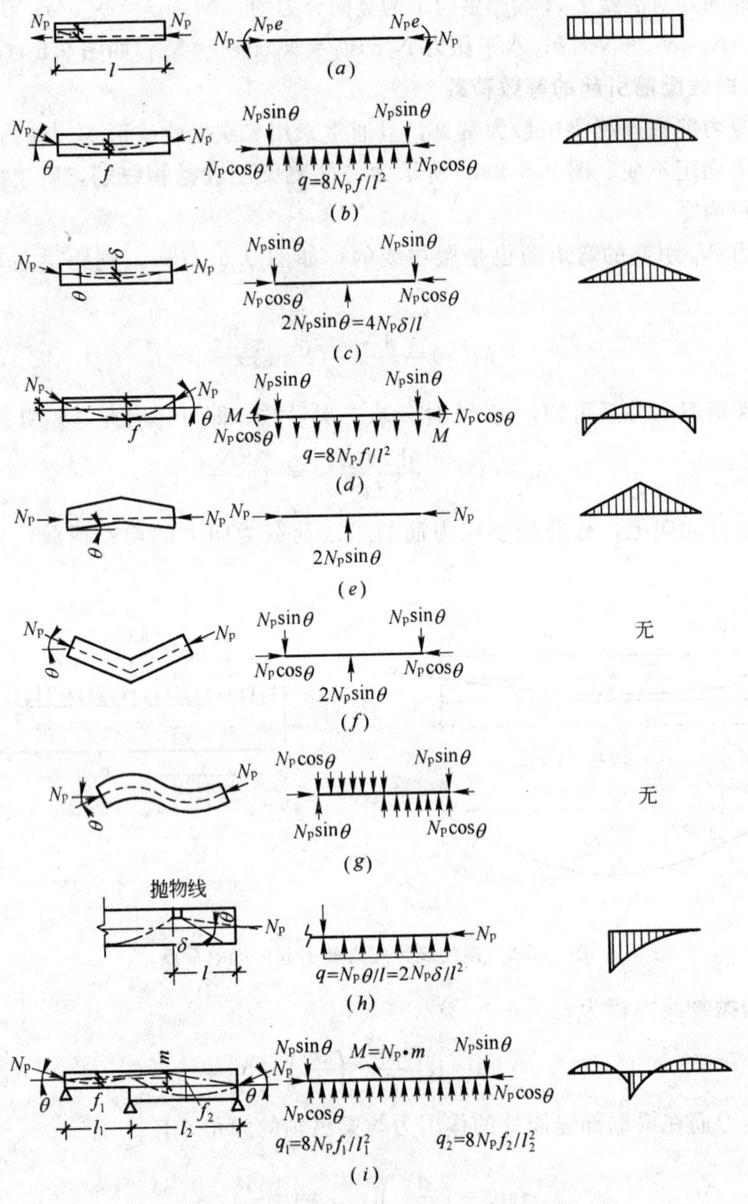

图 9.5-3　常用预应力筋线形的等效荷载图

9.5.3　变截面结构的等效荷载计算[5]

在结构设计中，由于结构构件的受力状态并非处处相等，构件各截面受力状态的差异使得各截面抗裂、极限承载能力相差很大。为实现结构的优化设计，充分发挥各截面的潜能，使得各截面的安全度基本一致，设计中常采用变截面结构，如在支座弯矩较大处加腋，以及顶层大梁为满足建筑设计的要求采用折线形变高度梁等。

等效荷载的大小由预应力筋的形状及预应力筋的杆端截面位置确定，而与构件及结构本身无关。但等效荷载在构件或结构中产生的内力与构件或结构的几何特征有关。用等效荷载法求预应力混凝土结构的综合弯矩通常可按下列几步求得：

(1) 按预应力筋的几何形状、有效预应力及端部偏心距求得预应力等效荷荷载；

(2) 按结构的实际几何形状绘出轴线位置线；

(3) 将第(1)步求出的等效荷载作用在第(2)步求得的实际轴线上；

(4) 用力法或位移法计算综合弯矩。

预应力筋和混凝土构件之间的相互作用的大小和特征取决于预应力筋的实际形状和混凝土构件的实际几何形状，即预应力筋的形心线与混凝土结构构件的形心线之间的相对位置。静定结构中，预应力的作用对各截面来说只与偏心距 e 及有效预应力 N_p。

因此对变截面预应力梁，可以保持预应力筋形心线 $c.g.s$ 和混凝土的形心线 $c.g.c$ 的相对位置不变，拉直截面的轴线，按照新得到的预应力筋线形即可计算出等效荷载和综合弯矩。

抛物线简支梁和折线形简支梁的轴线、等效荷载及结构计算简图如图 9.5-4 和图 9.5-5所示。

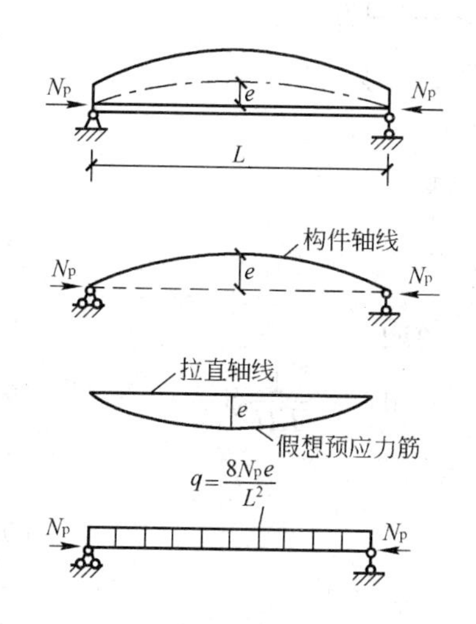

图 9.5-4　抛物线形变截面梁的等效荷载

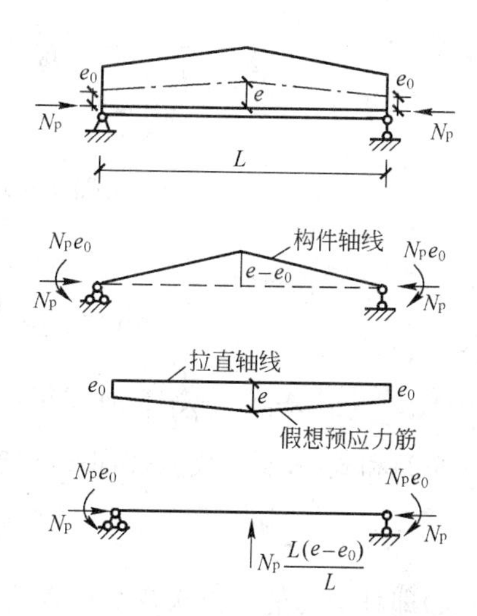

图 9.5-5　折线形变截面梁的等效荷载

9.6　约 束 次 内 力 法

与其他计算预应力结构内力的方法相比，约束次内力法有许多的优点：

(1) 直接体现了次弯矩的产生是由于应力对结构的作用引起的结构变形受到超静定约束所致，物理概念明确；

(2) 不需计算等效荷载和综合弯矩，用于整体结构的分析时，比现有的计算方法更简捷明了；

(3) 较容易与现有的平面杆系结构计算程序连接，从而很方便地完成内力计算；

(4) 可以克服采用等效荷载法计算平面杆系结构时，忽略次剪力的误差；

(5) 在利用程序计算约束次内力时，可以较方便地考虑有效预应力沿预应力筋全长变化分布的情况。

9.6.1　约束次内力法的基本原理[32][42]

众所周知，求解超静定结构内力最简便的方法是位移法。位移法的基本原理是先求出结构各杆单元在荷载作用下的固端弯矩，然后根据刚度方程或弯矩分配法求解结构的内力。由此可知，求解结构在预应力作用下，即主弯矩作用下产生的次弯矩，关键在于求解结构各杆单元在主弯矩作用下杆端产生的固端次弯矩，这里称之为约束次弯矩。

现以一端固定一端铰支的杆单元为例，用力法求解其约束次弯矩。

预应力沿预应力筋为 $N_p(x)$，预应力筋的偏心距为 $e(x)$，则 $M_主=N_p(x)e(x)$ 主弯矩图如图 9.6-1(*b*)所示。设主弯矩受到超静定约束在 A 端产生的次弯矩为 X，力法方程为：

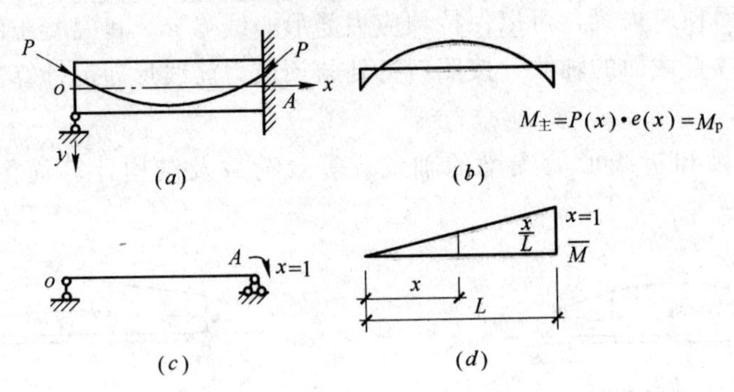

图 9.6-1　力法求解次弯矩

$$\delta_{11}X+\Delta_{1p}=0 \tag{9.6-1}$$

式中

$$\delta_{11}=\frac{1}{EI}\int_0^l \overline{M}\cdot\overline{M}\mathrm{d}x=\frac{l}{3EI} \tag{9.6-2}$$

$$\Delta_{1p}=\frac{1}{EI}\int_0^l M_主\overline{M}\mathrm{d}x=\frac{1}{EIl}\int_0^l M_主\cdot x\mathrm{d}x=\frac{1}{EIl}S_A \tag{9.6-3}$$

将式(9.6-2)和式(9.6-3)代入(9.6-1)整理得：

$$X=-\frac{3}{l^2}S_A \tag{9.6-4}$$

式(9.6-4)即杆单元的约束次弯矩计算公式。

同理可对其他两种形式的杆单元进行求解，可很方便地推导出表 9.6-1 所示三种常见等刚度杆单元由预应力作用而产生的约束次弯矩。

表中：

$$A=\int_0^l N_p(x)y(x)\mathrm{d}x=\int_0^L M_主\ \mathrm{d}x \tag{9.6-5}$$

$$S_A=\int_0^l N_p(x)\cdot y_p(x)x\mathrm{d}x=\int_0^L M_主\cdot x\mathrm{d}x \tag{9.6-6}$$

预应力作用下杆端的约束次弯矩公式　　**表 9.6-1**

约束形式 \ 支座约束次弯矩	m_{ij}	m_{ji}
i j	0	$-\frac{3}{L^2}S_A$
i j	$\frac{4}{L}A-\frac{6}{L^2}S_A$	$\frac{2}{L}A-\frac{6}{L^2}S_A$
i j	$\frac{A}{L}$	$-\frac{A}{L}$

A 即预应力筋的有效预应力 $N_p(x)$ 对杆件单元截面形心轴的偏心产生的弯矩图的面积，简称为主弯矩图面积。当结构在考虑各种预应力损失后的有效预应力 $N_p(x)$ 作用下，各杆端的约束次弯矩计算出后，即可采用力学的方法求出结构的次弯矩。坐标系统的约定见图 9.6-2。

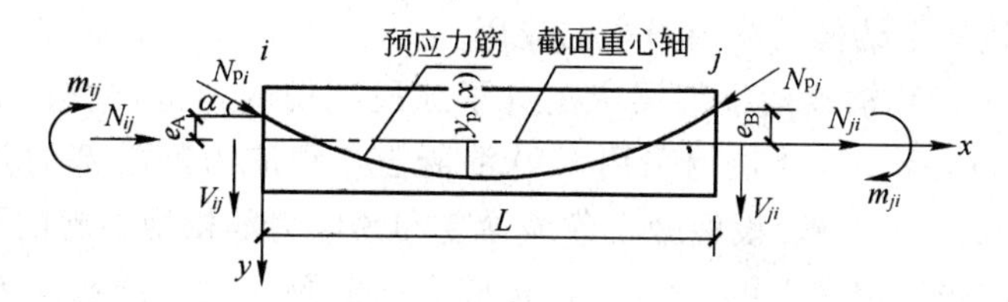

图 9.6-2　杆单元坐标系(EI=常量)

当结构在有效预应力作用下，各杆端约束次弯矩求出后，即可采用结构分析程序或弯矩分配法求解在有效预应力作用下超静定预应力混凝土结构的次弯矩。

9.6.2　约束次内力法的计算方法

如果不计预加力的水平分量与 $N_p(x)$ 之间的差异(误差很小)，且不考虑杆单元剪切变形的影响，则图 9.6-2 所示的平面杆单元由约束次弯矩法，可计算出其约束次剪力：

$$V_{ij}=-V_{ji}=\frac{M_{ij}+m_{ji}}{L} \tag{9.6-7}$$

杆件的约束次轴力可由下式计算：

$$N_{ij}=-N_{ji}=-\frac{1}{L}\int_0^L N_p(x)\mathrm{d}x \tag{9.6-8}$$

常见的三种约束情况下的约束次内力公式见表 9.6-2。

有效预应力作用下的约束次内力公式　　　　**表 9.6-2**

杆件单元约束类型	约束次弯矩		约束次轴力		约束次剪力
	m_{ij}	m_{ji}	N_{ij}	N_{ji}	$V_{ij}=-V_{ji}$
i j	$\frac{A}{L}$	$-\frac{A}{L}$			0
i j	$\frac{4}{L}A-\frac{6}{L^2}S_A$	$\frac{2}{L}A-\frac{6}{L^2}S_A$	$-\frac{1}{L}\int_0^L N_p(x)\mathrm{d}x$	$\frac{1}{L}\int_0^L N_p(x)\mathrm{d}x$	$\frac{6}{L}A-\frac{12}{L^2}S_A$
i j	0	$-\frac{3}{L^2}S_A$			$-\frac{3}{L^3}S_A$

实际工程应用中，为简化次内力的计算，可用杆单元内的有效预加力的平均值来近似计算约束次弯矩。显然当 N_p 为定值时，则：

$$A=N_p\int_0^L e_p(x)\mathrm{d}x \tag{9.6-9}$$

$$S_A=N_p\int_0^L e_p(x)x\mathrm{d}x \tag{9.6-10}$$

即主弯矩图面积 A 可由杆单元内有效预加力平均值乘以预应力筋线形与截面形心线围成

的面积求得，主弯矩图面积矩 S_A 可由杆单元内有效预加力平均值乘以预应力筋线形与截面形心线围成的面积对 y 轴的面积矩而得到，也就是说，由预应力筋线形就可计算出约束次内力。文献［36］中给出各种线形布筋的约束次内力公式。

现以计算某一单跨预应力混凝土对称框架的次内力作为例子来说明约束次内力法在计算预应力混凝土超静定结构的次内力中的应用。

【例 9.1】 某对称框架的框架梁中配置了三段相切的二次抛物线形预应力筋，其几何尺寸如图 9.6-3 所示，梁及柱均采用 C40 混凝土，预应力筋端部的张拉控制力 $N_{con}=1160kN(\sigma_{con}=1040N/mm^2)$，设混凝土收缩徐变和预应力筋松弛引起的预应力损失沿预应力筋不变，占端部张拉控制力的 13.2%，预应力筋的预应力摩擦损失和锚具回缩损失沿预应力筋直线变化，$\kappa=0.003$，$\mu=0.3$，$a=1mm$，$E_p=2\times10^5N/mm^2$。计算预应力在梁中引起的约束次内力和框架的次内力。

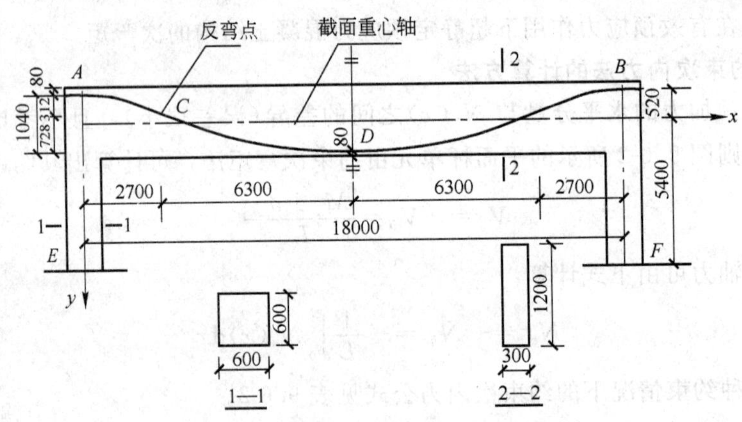

图 9.6-3 单跨预应力混凝土对称框架

【解】 (1) 计算简图：

利用结构的对称性，取其计算简图如图 9.6-4 所示。

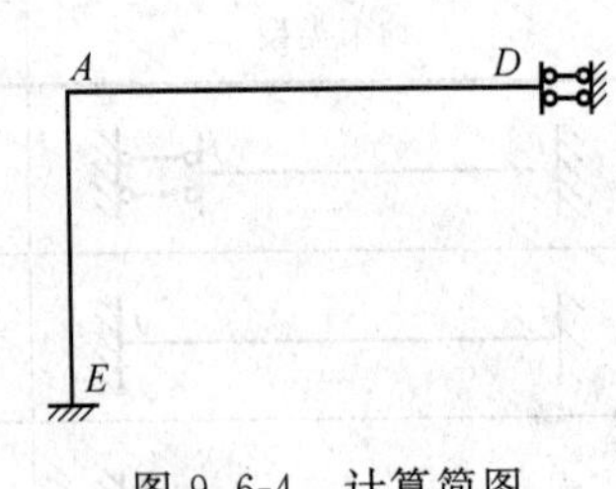

图 9.6-4 计算简图

构件的截面几何特征：

框架梁：面积 $A_b=3.6\times10^5mm^2$，惯性矩 $I_b=4.32\times10^{10}mm^4$；

框架柱：面积 $A_b=3.6\times10^5mm^2$，惯性矩 $I_b=1.08\times10^{10}mm^4$。

(2) 有效预应力作用下约束次弯矩的计算：

1) 张拉控制力 N_{con} 作用于构件产生的约束次弯矩：

$$A_{con}=N_{con}\int_0^{\frac{L}{2}}y_p(x)\mathrm{d}x$$

$$=\left[\frac{2}{3}\times6.3\times0.728-(0.42-0.312)\times9-\frac{2}{3}\times2.7\times0.312\right]\times1160$$

$$=1767.84\ \mathrm{kN\cdot m^2}$$

则由表 9.6-2 的公式知：$m_{AD,con}=2A_{con}/L=1767.84/9=196.43kN\cdot m$；

2) 预应力筋松弛和混凝土收缩徐变产生的约束次弯矩：

$$m_{AD,l_{4,5}}=13.2\%\times196.43=25.83kN\cdot m$$

3）预应力锚具变形和钢筋内缩损失产生的约束次弯矩：

由题意可知：曲线筋 AC 的方程为：$y=0.0428x^2-0.42$，其曲率半径 $r_c=1/y''=11.68\text{m}$。若忽略端部直线段对锚固损失的影响，则有：

$$l_f=\sqrt{\frac{a\cdot E_p}{1000\sigma_{con}(\mu/r_c+\kappa)}}=\sqrt{\frac{1\times2\times10^5}{1000\times1014\times(0.3/11.68+0.003)}}=2.62\text{m}<2.7\text{m}$$

则有：
$$\begin{aligned}A_{l1}&=2N_{con}(\mu/r_c+\kappa)\int_0^{l_f}(l_f-x)\cdot y_p(x)\mathrm{d}x\\&=2\times1160\times(0.3/11.68+0.003)\int_0^{2.62}(2.62-x)(0.0428x^2-0.42)\mathrm{d}x\\&=-84.75\text{kN}\cdot\text{m}^2\end{aligned}$$

则由表 9.6-2 的公式知：$m_{AD},l_1=2A_{l1}/L=-84.75/9=-9.24\text{kN}\cdot\text{m}$；

4）预应力摩擦损失引起的约束次弯矩：

因预应力筋是由曲线筋组成，须分段计算积分。曲线筋和 CD 的方程分别为：$y=0.0428x^2-0.42$ 和 $y=-0.0183x^2$，所以，

$$\theta_{AC}=|\theta_A-\theta_C|=|y_A-y_C|=|0-0.231|=0.231$$
$$\theta_{CD}=|\theta_C-\theta_D|=|y_C-y_D|=|0-0.231|=0.231$$

当 $x=9\text{m}$ 时，$\theta=\theta_{AC}+\theta_{CD}=0.462$，

$$\kappa x+\mu\theta=0.003\times9+0.3\times0.462=0.166<0.2,$$

所以 $N_{l2}=N_{con}(\kappa x+\mu\theta)$，则有：

$$\begin{aligned}A_{l2}&=N_{con}\int_0^{\frac{L}{2}}(\kappa x+\mu\theta)\cdot y_p(x)\mathrm{d}x\\&=1160\times\left\{\int_0^{2.7}(0.003x+0.3\times2\times0.0428x)\times(0.0428x^2-0.42)\mathrm{d}x\right.\\&\quad+\int_{2.7}^{9}[0.003x+0.3\times(0.231+|0.231+2\times0.0183x-0.033|)\\&\quad\left.\times(-0.0183x^2+0.33x-0.8653)]\mathrm{d}x\right\}=3342.81\text{kN}\cdot\text{m}^2\end{aligned}$$

则由表 9.6-2 的公式知：$m_{AD,l2}=2A_{l2}/L=342.81/9=38.09\text{kN}\cdot\text{m}$；

5）有效预应力在梁端引起的约束次弯矩：

$$\begin{aligned}m_{AD}&=m_{AD,con}-m_{AD,l1}-m_{AD,l2}-m_{AD,l4,5}\\&=196.43-(-9.42)-38.09-25.93\\&=141.83\text{kN}\cdot\text{m};\end{aligned}$$

（3）有效预应力作用下约束次剪力由表 9.6-2 可知：$V_{AD}=V_{DA}=0$；

（4）有效预应力作用下约束次轴力的计算：

1）预应力锚具变形和钢筋内缩损失产生的约束次轴力：

$$\begin{aligned}N_{AD,l1}&=\frac{2}{L}\times2N_{con}(\mu/r_c+\kappa)\int_0^{l_f}(l_f-x)\mathrm{d}x\\&=\frac{1}{9}\times2\times1160\times(0.3/11.68+0.003)\int_0^{2.62}(2.62-x)\mathrm{d}x\\&=25.38\text{kN};\end{aligned}$$

2）预应力摩擦损失引起的约束次轴力：

$$N_{AD,l2} = \frac{2}{L} \times N_{con}\int_0^{\frac{L}{2}} (\kappa x + \mu\theta)\mathrm{d}x$$

$$= \frac{1}{9} \times 1160 \times \left\{\int_0^{2.7} (0.003x + 0.3 \times 2 \times 0.0428x)\mathrm{d}x\right.$$

$$\left. + \int_{2.7}^{9} [0.003x + 0.3 \times (0.231 + | 0.231 + 2 \times 0.0183x - 0.033 |)]\mathrm{d}x\right\}$$

$$= 55.76\ \mathrm{kN};$$

3）有效预应力在梁端引起的约束次轴力为：

$$N_{AD} = (1-\beta)N_{con} - N_{AD,l1} - N_{AD,l2}$$

$$= (1-0.132)\times1160 - 25.38 - 55.76 = 925.24\mathrm{kN};$$

（5）有效预应力作用下结构次内力的计算：

利用矩阵位移法可以求得有效预应力作用下结构次内力，结果略。

9.7 超静定梁的收缩、徐变及其次内力[23]

9.7.1 徐变次内力的计算

混凝土的徐变使其弹性模量降低，结构的变形增大。由于超静定预应力结构存在多余联系，徐变变形受到约束，构件不能像预应力混凝土静定结构自由变形，导致结构产生次内力。徐变变形是与应力和时间密切联系的一种非弹性变形，因此，由于徐变产生的次内力计算要比预加力产生的次内力计算复杂得多。计算方法有狄辛格(Dischinger)法、扩展的狄辛格法等。

狄辛格(Dischinger)方法是在不计滞后弹性影响的假设下，建立时间增量 $\mathrm{d}\tau$ 内变形增量的协调微分方程计算徐变次内力。混凝土的徐变理论采用老化理论，徐变系数的数学模式采用 Dischinger 公式(9.7-1)。

$$\varphi(t,\tau) = \varphi_{k\tau}[1 - e^{-\beta(t-\tau)}] \tag{9.7-1}$$

（1）时间增量 $\mathrm{d}\tau$ 内结构总变形增量 $\mathrm{d}\Delta$

在 $\mathrm{d}\tau$ 时间增量内，混凝土总应变的增量 $\mathrm{d}\varepsilon$ 为：

$$\mathrm{d}\varepsilon_r = \frac{\mathrm{d}\sigma_\tau}{E} + \frac{\sigma_\tau}{E}\mathrm{d}\varphi(t,\tau) \tag{9.7-2}$$

式(9.7-2)的物理意义是：假定在 $\mathrm{d}\tau$ 时间增量内，混凝土的弹性模量不变，则总应变增量等于应力增量 $\mathrm{d}\sigma_\tau$ 引起的弹性应变增量与应力状态 σ_τ 引起的徐变增量之和。

其中
$$\sigma_\tau = \sigma_0 + \sigma_c(\tau) \tag{9.7-3}$$

σ_0——τ_0 时刻的初始应力值；

$\sigma_c(\tau)$——徐变引起的应力变化量。

由徐变变形计算公式为：

$$\Delta_{kp} = \int_l\int_F \varepsilon(x,y)\sigma(x,y)\mathrm{d}F\mathrm{d}x \tag{9.7-4}$$

因此可得 $\mathrm{d}\tau$ 内结构总变形增量的公式为：

$$\mathrm{d}\Delta_{kp} = \int_l \frac{\mathrm{d}M(t)\,\overline{M}_K}{EI}\mathrm{d}x + \int_l \frac{M_0\,\overline{M}_K}{EI}\mathrm{d}x\mathrm{d}\varphi(t,\tau) + \int_l \frac{M(t)\,\overline{M}_K}{EI}\mathrm{d}x\mathrm{d}\varphi(t,\tau) \tag{9.7-5}$$

式中　$M(t)$——徐变次力矩；

M_0——外荷载作用在超静定结构上所引起的弯矩；

$\overline{M}_K$——单位虚载作用在超静定结构 k 点上所引起的弯矩。

第一项为弹性瞬时应变增量，第二项为初始应力 σ_0 引起的徐变变形，第三项为徐变次内力 $M(t)$引起的徐变变形增量。

(2) 增量变形协调微分方程

同力法原理一样，沿多余约束方向的变形协调条件为：

$$d\Delta_{kp}=0$$

即

$$\int_l \frac{dM(t)\,\overline{M}_K}{EI}dx+\int_l \frac{M_0\,\overline{M}_K}{EI}dx d\varphi(t,\tau)+\int_l \frac{M(t)\,\overline{M}_K}{EI}dx d\varphi(t,\tau)=0 \quad (9.7\text{-}6)$$

(3) 徐变产生的次内力的计算实例

一两跨连续梁见图 9.7-1，采用逐跨架设法施工。第一施工阶段先架设梁段 1，经若干天后又架设梁段 2，1、2 梁段连接后即由一静定带伸臂简支梁转换为两跨连续梁。梁段 1 混凝土的加载龄期为 τ_1，梁段 2 混凝土的加载龄期为 $\tau_2(\tau_2>\tau_1)$。

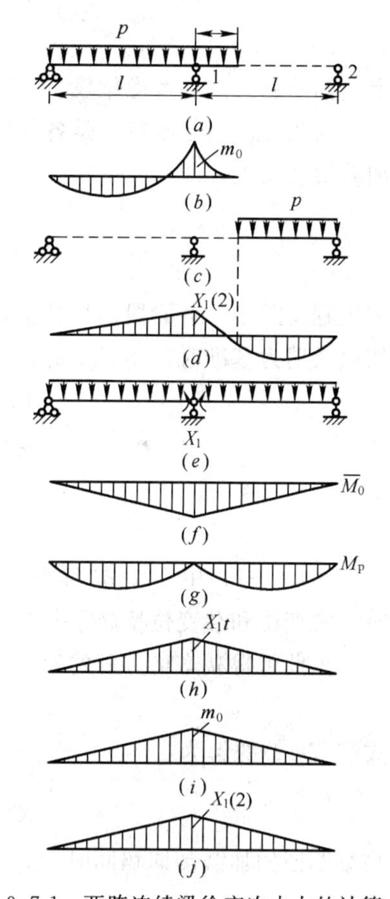

图 9.7-1　两跨连续梁徐变次内力的计算

取基本结构为简支梁，结构因混凝土徐变引起的次内力以支座 1 上的冗余力 X_{1t}表示。在时间增量 $d\tau$ 内，在支座 1 上多余联系的增量变形协调条件方程为：

$$d\Delta_{1p}=0$$

公式(9.7-5)中 $M(t)$、M_0、$\overline{M}_K$、$dM(t)$等符号都应符合本题的相应表示式。如：

1) $\overline{M}_K=\overline{M}_1$，由于计算变形不在结构 k 点，而在结构的支座 1 的位置上，所以$\overline{M}_1$ 为 $X_{1t}=1$ 在基本结构上引起的弯矩。

2) $M(t)=X_{1t}\overline{M}_1$，$dM(t)=dX_{1t}\overline{M}_1$。

3) M_0 为结构的初始内力，$M_0=X_{10}M_1+M_p$，X_{10}为支座 1 上的初始内力，图(9.7-1)中为 $m_0+X_1(2)$，M_p 为由外荷载 p 在基本结构上产生的内力，即图(9.7-1)中的弯矩图。考虑到梁段 1、2 的加载龄期不同，计算变形增量时应分段积分，即

$$\begin{aligned}d\Delta_{1p}&=dx_{1t}\int_l \frac{\overline{M}_1^2}{EI}dx+x_{10}\int_l \frac{\overline{M}_1^2}{EI}dx d\varphi(t,\tau)\\&\quad+\int_l \frac{M_p\,\overline{M}_1^2}{EI}dx d\varphi(t,\tau)+x_{1t}\int_l \frac{\overline{M}_1^2}{EI}dx d\varphi(t,\tau)\end{aligned}$$

当考虑两段梁的加载龄期不同时，上式为：

$$d\Delta_{1p} = dx_{1t}\int_0^{2l}\frac{\overline{M}_1^2}{EI}dx + X_{10}\left\{\int_0^{(1+\xi)l}\frac{\overline{M}_1^2}{EI}dxd\varphi(t,\tau_1) + \int_{(1+\xi)l}^{2l}\frac{\overline{M}_1^2}{EI}dxd\varphi(t,\tau_2)\right\}$$

$$+\int_0^{(1+\xi)l}\frac{M_p\overline{M}_1}{EI}dxd\varphi(t,\tau_1) + \int_{(1+\xi)l}^{2l}\frac{M_p\overline{M}_1}{EI}d\varphi(t,\tau_2)$$

$$+X_{1t}\left\{\int_0^{(1+\xi)l}\frac{\overline{M}_1^2}{EI}dxd\varphi(t,\tau_1) + \int_{(1+\xi)l}^{2l}\frac{\overline{M}_v}{EI}dxd\varphi(t,\tau_2)\right\} \tag{9.7-7}$$

令，$\delta_{11} = \int\frac{\overline{M}_1^2}{EI}dx, \delta_{1p} = \int\frac{M_p\overline{M}_1}{EI}dx$，代入公式(9.7-7)得：

$$d\Delta_{1p} = dx_{1t}\delta_{11} + X_{10}d\varphi(t,\tau_2)\left\{\delta_{11}^{(1)}\frac{d\varphi(t,\tau_1)}{d\varphi(t,\tau_2)+\delta_{11}^{(2)}}\right\} + d\varphi(t,\tau_2)$$

$$\times\left\{\delta_{1p}^{(1)}\frac{d\varphi(t,\tau_1)}{d\varphi(t,\tau_2)} + \delta_{1p}^{(2)}\right\} + X_{1t}d\varphi(\tau,\tau_2)\left\{\delta_{(11)}^{(1)}\frac{d\varphi(t,\tau_1)}{d\varphi(t,\tau_2)} + \delta_{(11)}^{(2)}\right\} \tag{9.7-8}$$

上角标的意义是：考虑梁段1、2的不同加载龄期，表示按梁段1、2的积分范围。

老化理论的基本特征是各加载龄期不同的徐变曲线在时刻 t 的徐变增长率相同，而与加载龄期无关，即

$$\frac{d\varphi(t,\tau)}{dt} = \varphi_k\beta e^{-\beta_t} \tag{9.7-9}$$

在工程实践中，各梁段的加载龄期虽然不同但加载的时间历程却是相等的。当以梁段2的加载龄期为基准时，则梁1的加载时间历程为 $t=t'+\tau$，梁2的加载历程为 t'，因此，有

$$\frac{d\varphi(t,\tau_1)}{d\varphi(t,\tau_2)} = \frac{\varphi_k\beta e^{-\beta(t'+\tau_1)}}{\varphi_k\beta e^{-\beta t'}} = e^{-\beta_{\tau 1}} \tag{9.7-10}$$

令

$$\delta_{11}^* = \delta_{(11)}^{(1)}e^{-\beta\tau_1} + \delta_{(11)}^{(2)}$$
$$\delta_{1p}^* = \delta_{1p}^{(1)}e^{-\beta\tau_1} + \delta_{1p}^{(2)} \tag{9.7-11}$$

式(9.7-11)中 δ_{11}^*、δ_{1p}^* 称为徐变体系的常变位和载变位。物理意义是在计算时间增量时，常变位和载变位反映了各梁段加载龄期的不同影响。

由此可得狄辛格方程的简写形式为：

$$[\delta_{11}^*(x_{1t}+x_{10}) + \delta_{10}^*]d\varphi_1 + \delta_{11}dx_{1t} = 0 \tag{9.7-12}$$

式(9.7-12)的解为：

$$X_{1t} = (X_1^* - X_{10})[1 - e^{-\frac{\delta_{11}^*}{\delta_{11}}\varphi_1}] \tag{9.7-13}$$

当梁割断的加载龄期相同时，$\delta_{11}^* = \delta_{11}$，$\delta_{1p}^* = \delta_{1p}$ 徐变体系即弹性体系。此时结构徐变次内力的解为：

$$X_{1t} = (X_1 - X_{10})[1 - e^{-\varphi t}] \tag{9.7-14}$$

式(9.7-14)可以推广到多次超静定结构徐变次内力，只要以相应的矩阵式来代替单一的常变位与载变位表示的方程即可。

$$[F^*(X_{1t} + X_{i0} + D^*)]d\varphi_t + FdX_{it} = 0 \tag{9.7-15}$$

式中　F^*——结构徐变体系的柔度矩阵；

$$F^{*}=\begin{bmatrix}\delta_{11}^{*} & \delta_{12}^{*} & \cdots & \delta_{1n}^{*}\\ \vdots & \vdots & & \vdots\\ \vdots & \vdots & & \vdots\\ \delta_{n1}^{*} & \delta_{n2}^{*} & \cdots & \delta_{nn}^{*}\end{bmatrix}$$

F——结构弹性体系的柔度矩阵；

$$F=\begin{bmatrix}\delta_{11} & \delta_{12} & \cdots & \delta_{1n}\\ \vdots & \vdots & & \vdots\\ \vdots & \vdots & & \vdots\\ \delta_{n1} & \delta_{n2} & \cdots & \delta_{nn}\end{bmatrix}$$

D^{*}——徐变体系载变位列阵；

$$D^{*}=\{\delta_{1p},\delta_{2p},\cdots,\delta_{np}\}^{T}$$

X_{1t}^{*}——冗余力列阵；

$$X_{1t}^{*}=\{X_{1t},X_{2t},\cdots,X_{nt}\}^{T}$$

X_{10}^{*}——初始力列阵。

$$X_{10}^{*}=\{X_{10},X_{20},\cdots,X_{n0}\}^{T}$$

9.7.2 收缩次内力的计算

混凝土的收缩变形是其本身物理特性之一，对超静定结构也同样会产生次内力。混凝土的收缩速度受到空气湿度、温度等环境条件的影响。在简化分析时，一般假定收缩的变化规律与徐变的变化规律相似，即

$$\varepsilon_{s}(t)=\frac{\varphi(t,\tau)\varepsilon_{s}(\infty)}{\varphi(\infty,\tau)} \tag{9.7-16}$$

式中 $\varepsilon_{s}(t)$——任意时刻 t 的收缩徐变；

$\varepsilon_{s}(\infty)$——收缩应变在 $t\to\infty$ 时的终极值。

当采用狄辛格方法时，则在时间增量 $d\tau$ 内，混凝土的总应变增量 $d\varepsilon$ 可改写为：

$$d\varepsilon_{r}=\frac{d\sigma_{\tau}}{E}+\frac{\sigma_{\tau}}{E}d\varphi(t,\tau)+\frac{\varepsilon_{s}(\infty)}{\varphi(\infty,\tau)}d\varphi(t,\tau) \tag{9.7-17}$$

增量变形协调方程为：

$$\left[\delta_{11}^{*}X_{1t}+\frac{\delta_{10,s}}{\varphi(\infty,\tau)}\right]d\varphi_{t}+\delta_{11}X_{1t}=0 \tag{9.7-18}$$

式中 $\delta_{10,s}$——混凝土收缩在结构冗余力方向产生的变形。

其解为：

$$X_{1t}=X_{1s}^{*}(1-e^{-\frac{\delta_{11}^{*}}{\delta_{11}}\varphi_{t}})/\varphi(\infty,\tau) \tag{9.7-19}$$

式中 X_{1s}^{*}——收缩必须引起的徐变体系上的稳定力（沿结构的多余力方向）。

值得注意的是在分析收缩引起的结构次内力时，在结构的常变位、载变位的计算中，必须考虑轴力项的影响。混凝土收缩引起的结构次内力与徐变引起的结构次内力有所不同，它与作用在结构上的外荷载无关。对于一般的预应力经典结构，其收缩变形并不受到强大的约束，可只计算结构的收缩位移，而忽略结构次内力的计算。

9.8 支座沉降及其次内力

基础的沉降与地基土的物理力学性质有关，一般规律是随时间的递增，沉降逐渐接近终值。在简化分析时，假定沉降变化规律类似于徐变变化规律，其表达式为：

$$\Delta_{\mathrm{d}}(t)=\frac{\Delta_{\mathrm{d}}(\infty)\varphi(t,\tau)}{\varphi(\infty,\tau)} \tag{9.8-1}$$

式中 $\Delta_{\mathrm{d}}(t)$——t 时刻的基础沉降值；

$\Delta_{\mathrm{d}}(\infty)$——$t=\infty$时的基础沉降值。

考虑地基土的性质，式(9.8-1)可改写为：

$$\Delta_{\mathrm{d}}(t)=\Delta_{\mathrm{d}}(\infty)\left[1-e^{-\mathrm{p}(\mathrm{t}-\tau)}\right] \tag{9.8-2}$$

式中 p——基础沉降增长速度。

p 值可根据实测地基土的资料确定，一般为：

$p=36$ 粉质与粉质土，接近瞬时沉降；

$p=14\sim4$ 粉质土与粉质黏土；

$p=1$ 黏土。

对于两跨连续梁，若采用换算弹性模量法，则因基础沉降所产生的次内力的力法方程为：

$$\delta_{11}^{\oplus}X_{1\mathrm{t}}+\delta_{11}^{\mathrm{d}}X_{1\mathrm{d}}+\Delta_{\mathrm{dp}}+X_{10}\Delta_{1\mathrm{p}}^{\oplus}=0 \tag{9.8-3}$$

式中 Δ_{dp}——墩台基础 t 时刻的沉降值在基本结构冗余力方向产生的载变位；

$X_{1\mathrm{d}}$——基础 t 时刻的沉降值在基本结构冗余力分析产生的弹性内力；

δ_{11}^{d}——弹性内力 $X_{1\mathrm{d}}$在冗余力分析产生的徐变变形。

计算分析表明，基础沉降在冗余力分析产生的弹性内力 $X_{1\mathrm{d}}$，因混凝土徐变随时间的增加而逐渐松弛，其松弛程度正比于基础的沉降增长速度。

9.9 超静定结构的内力重分布

9.9.1 预应力连续梁的弯矩重分布

结构在受力过程中当外荷载超过使用阶段(弹性阶段)荷载，某些截面达到极限受弯承载力，如果截面处具有在基本不变的抵抗弯矩下塑性转动的能力，结构的弯矩分布将不同于按线弹性结构分析所求的弯矩分布，即发生了弯矩重分布。预应力混凝上连续梁在外荷载作用下，预压受拉区混凝土开裂后其结构受力性能不同于线弹性体系的连续梁，主要表现在弯矩的分布不同于按线弹性结构分析所求的弯矩分布。这是由于在梁体的混凝土开裂后其截面刚度发生了较大的变化，其受力性能更趋于复杂化。一般地，对于等截面的连续梁在外荷载作用下，内支座处出现裂缝后，其内力重分布就表现出内支座截面的弯矩增量要比按线弹性结构分析的值小，而跨内正弯矩的增量则比按线弹性所求的值大。

考虑塑性内力重分布的分析方法设计超静定混凝土结构，具有充分发挥结构潜力、节约材料、简化设计和方便施工等优点。弯矩调幅法是钢筋混凝土结构考虑内力重分布分析方法中的一种。在预应力混凝土结构设计中，对于连续梁内力重分布的考虑，各国规范有关主要研究文献都是通过对支座负弯矩和跨内正弯矩的调幅来实现的。

对低配筋截面破坏前各个最大弯矩控制截面处会形成塑性铰截面发生很大的变形；而对超配筋截面，可能在未发生明显转动之前，混凝土受压区就会突然压溃。因此，美国ACI规范中规定极限荷载时弯矩重分布的调幅为截面配筋指标的函数。

ACI 318—89中规定当满足下列两个条件时：

(1) 有粘结钢筋的最小配筋面积为：$A_{s,min}=0.004A$，A为弯曲受拉边至毛截面形心轴之间的受拉截面面积；

(2) 截面配筋指标ω_p、$[\omega_p+d/d_p(\omega-\omega')]$或$[\omega_{pw}+d/d_p(\omega_\omega-\omega'_\omega)]$均不大于$0.24\beta_1$。

其中
$$\omega_p=\frac{A_p\sigma_{pu}}{bd_pf'_c}=\rho_p\frac{\sigma_{pu}}{f'_c} \tag{9.9-1}$$

$$\omega=\frac{A_sf_y}{bdf'_c}=\rho\frac{f_y}{f'_c} \tag{9.9-2}$$

$$\omega'=\frac{A'_sf_y}{bdf'_c}=\rho'\frac{f_y}{f'_c} \tag{9.9-3}$$

式中 ω_{pw}、ω_ω、ω'_ω——带翼缘截面中的配筋指数，其计算方法同ω_p、ω、ω'，但b取腹板宽度b_w；

f'_c——混凝土的圆柱体抗压强度。

预应力混凝土连续梁承载力极限状态（图9.9-1）内力重分布后，在支座弯矩调幅为：

$$\delta=20\left[1-\frac{\omega_p+\dfrac{d}{d_p}(\omega-\omega')}{0.36\beta_1}\right]\% \tag{9.9-4}$$

式中 β_1——混凝土矩形受压区高度的折算系数。

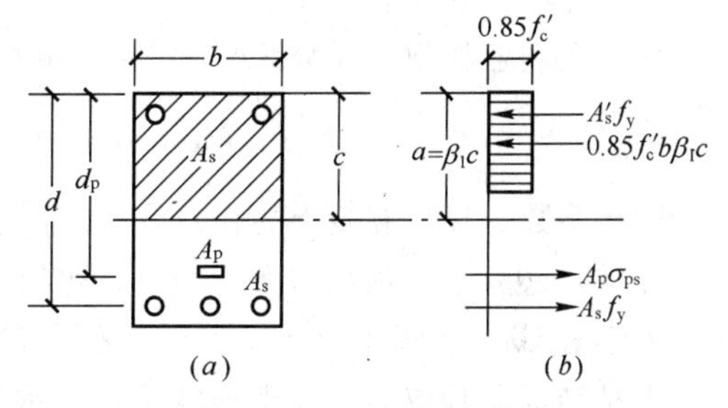

图9.9-1 承载力极限状态

我国《混凝土结构设计规范》(GB 50010—2002)中规定：对后张法预应力混凝土框架梁及连续梁，在满足纵向受力钢筋最小配筋率的条件下，当截面相对受压区高度$\xi\leqslant0.3$时，可考虑内力重分布，支座截面弯矩可按10%调幅，并应满足正常使用极限状态验算要求；当$\xi>0.3$时，不应考虑内力重分布。

对于无粘结部分预应力混凝土连续梁，尤其是体外无粘结预应力混凝土梁，其内力重分布的延性要求主要取决于非预应力筋的含量。由于无粘结预应力筋起着内部多余联系的拉杆作用，其内力重分布的规律就更复杂，我国《无粘结预应力混凝土结构技术规程》中未考虑连续梁、板由塑性承受的弯矩重分布。

9.9.2 弯矩重分布中次弯矩的影响

预加力在超静定梁中产生的次弯矩与结构刚度及约束条件有关，当预应力混凝土结构开裂后，结构的刚度发生了变化，因此，预加力次力矩也会随之发生变化。次弯矩的存在改变了连续梁弹性阶段的弯矩分布规律，将提早或推迟第一个塑性铰出现时的荷载，甚至还可能改变第一个塑性铰出现的位置。

对于内力重分布如何考虑预加力产生的次弯矩的影响，至今国内外的研究结论还不太一致。因此，预加力次弯矩对塑性极限弯矩是不具影响的。FIP认为在极限承载力阶段，延性好的超静定结构可能转变为机构，由其约束所产生的次内力将消失。ACI规范认为即使是延性好的超静定结构，在极限承载力阶段，控制截面的塑性铰的转动能力将受到预应力束的限制，因此次弯矩仍然存在于结构中。

连续梁内力重分布的必要条件是形成塑性铰的截面必须要有足够的延性。对于部分预应力混凝土连续梁，由于设置有非预应力钢筋，塑性铰的转动角比全预应力混凝土梁大，但比普通钢筋混凝土梁小，这样部分预应力混凝土梁也很难形成完全的理想铰，尤其在预应力度比较高的情形。因此，预加力次弯矩不会完全消失，就此观点来看，要使结构设计更合理则应当考虑预加力次力矩对内力重分布的影响。国外考虑预加力次弯矩的不同表达有：

(1) 预加力次弯矩不参与重分布

以美国ACI规范为代表，认为预加力次力矩不参与重分布，即

$$M_{p}=(1-\alpha)(-M_{load})+M_{r} \tag{9.9-5}$$

式中 M_{load}——外荷载产生的弯矩；

M_{r}——预应力次力矩；

α——重分配系数。

(2) 次弯矩参与重分布

如澳大利亚桥规NAASRA—1988，将次力矩与外荷载弯矩一起进行重分布。

$$M_{p}=(1-\alpha)\times(-M_{load}+M_{r}) \tag{9.9-6}$$

调幅系数α只与混凝土的相对受压区高度ξ有关。

此外，还有不将预加力次弯矩直接进行重分布，而将其作为一种影响参数来考虑的做法，如学者Campbell和Moucessian就是将次弯矩作为一种弯矩比的参数。

无粘结部分预应力混凝土连续梁内力重分布中预加力次弯矩的影响更为复杂，目前的理论分析与试验研究中都还未能单独考虑，因此，应将预加力视为一种荷载，在受力的全过程中进行分析。我国《无粘结预应力混凝土结构技术规程》中未考虑连续梁、板由塑性承受的弯矩重分布。

近些年来，我国国内开展了后张法预应力混凝土连续梁内力重分布的试验研究，并探讨次弯矩存在对内力重分布的影响。据上述试验研究及有关文献的分析和建议，对存在次弯矩的后张法预应力混凝土超静定结构，其弯矩重分布规律可描述为：

$$(1-\beta)M_{d}+\alpha M_{2}\leqslant M_{u} \tag{9.9-7}$$

式中 α——次弯矩消失系数；

β——直接弯矩的调幅系数，$\beta=1-M_{a}/M_{d}$。

此处，M_{a}为调整后的弯矩值，M_{d}为按弹性分析算得的荷载弯矩设计值；它的变化幅度是：$0\leqslant\beta\leqslant\beta_{max}$，此处，$\beta_{max}$为最大调幅系数。次弯矩随结构构件刚度改变和塑性铰转动而逐渐消失，它的变化幅度是：$0\leqslant\alpha\leqslant1.0$，且当$\beta=0$时，取$\alpha=1.0$；当$\beta=\beta_{max}$时，可取$\alpha$接近为0。且$\beta$可取其正值或负值，当取$\beta$为正值时，表示支座处的直接弯矩向跨

中调幅；当取 β 为负值时，表示跨中的直接弯矩向支座处调幅。在上述试验结果与分析研究的基础上，规定对预应力混凝土框架梁及连续梁在重力荷载作用下，当受压区高度 $x \leqslant 0.30h_0$ 时，可允许有限量的弯矩重分配，其调幅值最大不得超过 10%；同时可考虑次弯矩对截面内力的影响，但总调幅值不宜超过 20%。

预应力筋的有效预应力水平，预应力筋与非预应力筋的匹配关系不同，预应力超静定结构的塑性转角也不同，弯矩调幅也就不同。

9.10 荷载平衡法

9.10.1 荷载平衡法的基本原理

荷载平衡法是由林同炎教授于 1963 年在美国著文提出的，该法大大简化了超静定预应力结构的分析和设计计算。在进行荷载分析时，等效荷载法由于不需要计算预加力引起的次反力和次弯矩而简化了超静定梁的分析和设计，为预应力连续梁、板、壳体和框架的设计提供一种很有用的分析工具。

前述可知，预应力的作用可用等效荷载代替，不同形状的预应力筋将产生不同的等效荷载。因此，我们可以根据给定的外荷载的大小和形式确定相应的预应力筋的形状和预应力的大小，使得等效荷载的分布形式与外荷载的分布形式相同，作用相反。当外荷载为均布荷载时，预应力束的线形可取抛物线形，所需选用的预加力的大小，则根据所要平衡掉的荷载 q_b 的大小以及预应力筋的垂度而定。这样的预应力束产生的等效荷载将与外荷载的作用方向相反，可使梁上一部分以至全部的外荷载被预应力产生的反向荷载所抵消。当外荷载为集中荷载时，预应力束的线形可取折线形，其弯折点设在集中荷载作用处，预应力束的等效荷载为与外荷载作用方向相反的集中荷载。如若外荷载在同一跨内既有均布荷载，又有集中荷载作用，则该跨预应力束的线形可取抛物线与折线的结合。

显然，由预应力平衡掉的那部分荷载不再对结构构件产生弯曲变形和弯曲应力。若外荷载全部被预应力筋引起的等效荷载所平衡，则在外荷载和预应力共同作用下，结构所承受的竖向荷载为零，而成为一个轴向受压的结构，只受到轴心压力的作用而没有弯矩，也没有竖向挠度。当然，在设计计算中，没有必要用预应力去平衡全部外荷载，这是很不经济的，因为平衡荷载选取得愈大，耗用的预应力筋也愈多。

如梁承受的荷载超过 q_b，由荷载差额 q_{nb} 引起的弯矩 M_{nb} 可以用通常的弹性分析方法计算。由 M_{nb} 引起的应力可用熟识的公式 $\sigma = My/I$ 求得。这就意味着对预应力梁的分析就变成了对非预应力梁的分析。

为进一步说明现分别以承受均布荷载和集中荷载的简支梁为例。梁 b 受集中荷载 P 作用，预应力筋如图 9.10-1(a)布置，预应力筋产生的等效荷载为 $2N_p\sin\theta$，当 $P = 2N_p\sin\theta$ 时，梁所承受的竖向荷载为零。梁 a 承受的外部荷载为均布荷载(图 9.10-1b)，大小为 q，预应力筋产生的等效荷载为 q_b，当 $q_b = q$，即等效荷载与外荷载相衡时，此时梁只承受一轴向压力 $\sigma = N_p\cos\theta / A_c$，既无反拱也无挠度，处于平直状态。

特别要注意的是，为保证荷载平衡，简支梁两端的预应力筋的形心线必须过截面的重心，即预应力的偏心距为零，否则偏心距引起的端部弯矩将干扰梁的平衡，使梁处于受弯状态。对于连续结构，预应力筋必须通过边跨外端的截面形心；对于悬臂梁的悬臂端处的

$c.g.s$ 线的切线必须水平。

（1）双向板的荷载平衡

二维预应力板的应用很广泛，与一维梁的不同之处是纵向预应力筋与横向预应力筋的作用效应相互叠加，因此，纵、横两个方向的预应力设计密切相关。

荷载平衡法的基本原理同样适用。为抵消给定的荷载，使得结构在给定荷载和预加力作用下板在纵、横两个方向只有均布压应力，而没有弯矩，此时板既不上拱也不下挠；若外荷载超过平衡荷载，则未被平衡掉的荷载将按作用在非预应力弹性板上的荷载进行分析计算。

现以四边简支的双向板(图 9.10-2)为例进行分析。对四边简支的双向板纵、横向均布置抛物线形预应力筋，即对板的两个方向都施加了向上的作用力，被平衡掉的上部均布荷载为 q_b。设两个方向的预加力分别为 N_x、N_y：

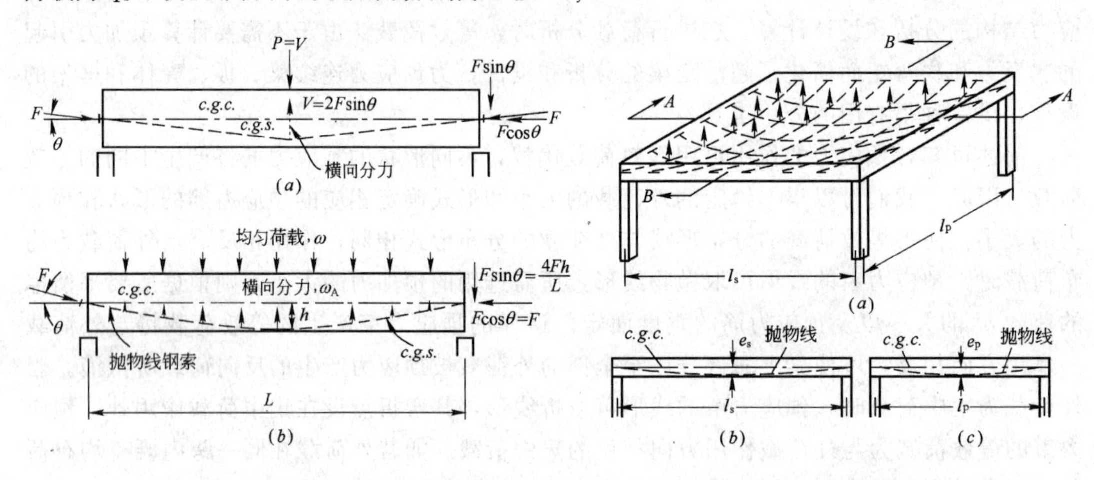

图 9.10-1　简支梁的等效荷载　　　　图 9.10-2　四边简支板的荷载平衡

$$q_b = \frac{8N_x e_x}{l_x^2} + \frac{8N_y e_y}{l_y^2} \tag{9.10-1}$$

满足式(9.10-1)的 N_x 和 N_y 的组合有无穷多种。显然，最经济的设计方案是短边方向承受大部分的荷载。对正方形板，则纵横向各承担一半的荷载。然而在实际工程中纵向和横向一般都要求有一定的预压应力，以满足使用的要求。例如，为防止屋面漏水，至少要有 1.4MPa 的均匀压应力；为防止混凝土的开裂，至少要有 1.0MPa 的均匀压应力。实际荷载与被平衡掉的荷载之间的差值所引起的弯矩，可按弹性板的理论进行分析或查静力手册求得。

（2）刚架的荷载平衡

用荷载平衡法设计分析刚架很容易，因为很快就能定出一种使刚架中全部构件均处于压应力下的情况。对未被平衡掉的荷载，按普通弹性刚架分析即可。我们只需考虑未平衡荷载和轴向压缩的影响而不必考虑弯曲效应，问题便简单多了。

现以一简单单层单跨刚架为例(图 9.10-3)，为抵消掉均布荷载 q 而使梁处于完全不受弯的状态，预应力筋采用抛物线形状，预加力为：

$$N_p = \frac{ql^2}{8e} \tag{9.10-2}$$

当梁的跨度较小而柱子较细长时，设计时梁的抛物线预应力筋的中心线应通过两端梁和柱截面混凝土中心线（c. g. c 线）的交点而无偏心，这样柱子就不需施加预应力以平衡梁端的预应力偏心弯矩。如果梁跨较长而柱子较短时，则预应力筋的两端应尽量布置得高一些，以加大预应力筋的垂度，N_1 值可相应减少。在这种情况下，柱子中必须布置有偏心的预应力筋，以抵消 N_1 产生的弯矩 N_1e_1，并使

$$N_2e_2=N_1e_1 \tag{9.10-3}$$

式中 N_2——柱中的预加力；

e_2——柱中预应力筋的偏心距。

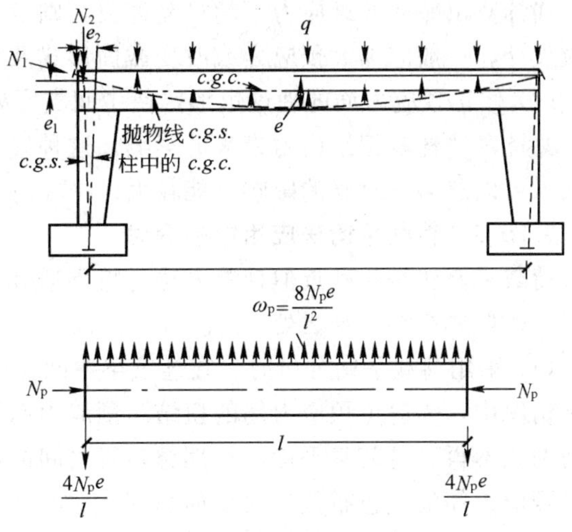

图 9.10-3 预应力刚架

当刚架按上述原理设计时，刚架中各构件截面均承受均布压应力，其中梁中的压应力为 N_1/A_1，柱中的压应力为$(N_2+V_2)/A_2$，此处 V_2 为作用在柱子上的竖向荷载，A_1、A_2 分别为梁和柱的截面面积。由于柱子上无横向荷载，故仅需考虑柱两端的弯矩，此时，柱中的预应力筋可配置成直线形。

需要注意的是，外荷载的作用虽然已经由预应力筋的等效荷载所抵消，但是梁在均布压应力状态下将发生弹性压缩以及收缩和徐变变形。这些变形都将使柱顶向内移动并在梁和柱中引起弯矩。设计时这些弯曲应力必须予以考虑，应将其组合到尚未平衡掉的荷载所引起的内力中。必要时可改变 c. g. s 线或在梁和柱中另加预应力筋或非预应力筋来抵抗这项弯矩。由梁的收缩和徐变变形而使柱子受弯引起的应力，考虑到柱子的挠曲变形时，可采用折减后的弹性模量进行计算。

9.10.2 荷载平衡法的设计步骤

（1）首先根据跨高比确定截面高度，截面高度与宽度之比 h/b 约为 2～3。

（2）选定需要被平衡的荷载值 q_b。

（3）选定预应力筋束的形状。根据荷载特点选定抛物线、折线等束形，在中间支座处的偏心距和跨中截面的垂度要尽量大，端支座偏心距应为零；如有悬臂边跨，则端部预应力筋 c. g. s. 线的斜率应为零。

（4）根据每跨需要被平衡掉的荷载求出各跨要求的张拉预应力，取各跨中求得的最大预应力值 N_p 作为连续梁的预加力。调整各跨的垂度并满足 N_p 与被平衡荷载的关系。其中，初始张拉力 N_{con} 约等于$(1.2\sim1.3)N_p$。

（5）计算未被平衡掉的荷载 q_{nb} 引起的不平衡弯矩 M_{nb}，将梁当作非预应力连续梁按弹性分析方法进行计算。其中，$q_{nb}=q-q_b$。

（6）校核控制截面应力，其计算公式如下：

$$\sigma=\frac{N_p}{A}\pm\frac{M_{nb}}{W} \tag{9.10-4}$$

如计算出截面纤维应力不超过允许值，则设计可进行下去。如应力值超过规定值，则修改设计，一般应加大预应力或改变截面形式及尺寸。

(7) 修正预应力筋的理论束形，使中间支座处预应力筋的尖角改为反向相接的平滑曲线，并计算这样修正给内力带来的影响。这种修改会引起次弯矩，但这种弯矩对板的影响不大，可以忽略，对梁的影响可能较大。

9.10.3 荷载平衡法应用中的探讨

荷载平衡法是一种近似计算方法，特别适合于估算结构构件中的预应力筋的数量和布置形式。但亦存在不足之处：

(1) 采用荷载平衡分析时，在连续梁中间支座处，预应力筋束形应按锐角弯折。然而实际情况中，为避免预应力筋的扭结，预应力筋载支座处呈平滑的曲线。工程中实际的预应力曲线不再满足荷载平衡，与理想布置之间的弯矩差值需要进行分析计算。

预应力筋的理想布置的曲线如图 9.10-4(a)，实际布置的曲线如图 9.10-4(b)跨中为两段抛物线在控制点处相互连接，并且有共同的水平切线。从跨中到中间支座 B 处采用两段曲率相反的抛物线，它们在反弯点相接，并具有共同的斜向切线。

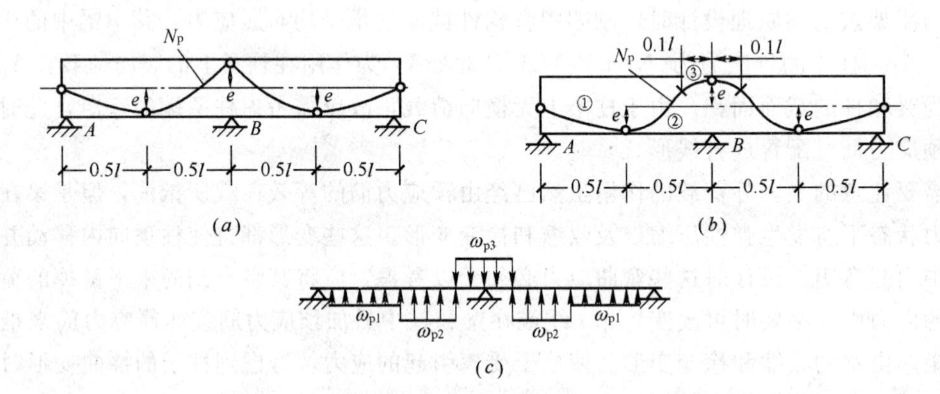

图 9.10-4 理想曲线与实际曲线引起的弯矩差值

根据第 9.4 节的内容，可知，反弯点位于 $c.g.s$ 中间支座的最高点和跨中支座的最低点的连线上。过渡曲线(反弯点至预应力筋最高点)的长度通常在 1/2～1/8 跨长范围内变动，典型位置取为 $0.1l$。

上述三段抛物线均是抛物线的一半，由第一段抛物线引起的反向等效荷载为：

$$\omega_{p1}=\frac{8N_p e_1}{l_1^2}=\frac{8N_p e}{(2\times0.5l)^2}=\frac{8N_p e}{l^2}$$

对第二段、第三段预应力筋有：

$$\frac{e_2}{e_3}=\frac{0.4l}{0.1l},e_2+e_3=2e$$

解得 $e_2=1.6e$，$e_3=0.4e$。

由第二段、第三段抛物线引起的反向等效荷载为：

$$\omega_{p2}=\frac{8N_p e_2}{l_2^2}=\frac{8N_p\times1.6e}{(0.8l)^2}=\frac{20N_p \mathrm{e}}{l^2}$$

$$\omega_{p3}=\frac{8N_{p}e_{3}}{l_{3}^{2}}=\frac{8N_{p}\times 0.4e}{(0.2l)^{2}}=\frac{80N_{p}e}{l^{2}}$$

故，可以得到实际布筋时预应力筋对连续梁引起的等效荷载，如图 9.10-4(*c*)所示。

按理想布筋得出 B 点的综合弯矩值为 $M_{B}=1.5N_{p}e$，按实际布筋得到 $M_{B}=1.388N_{p}e$，可见实际布筋情况下所产生的 B 点的弯矩值与按简单得多的理想布筋所求得的值相比较只差 7.5%。故，进行荷载平衡法计算时，都按理想布筋形式。计算结果表明，在确定实际布筋形式时，若用理想布筋时的控制点，则在计算弯矩值时可以达到期望的精度。

对连续板，由于在支座处预应力筋角度的改变较小，过渡段限于支座宽度范围内，故在实用上荷载平衡仍可视为有效。

(2) 荷载平衡不能直接考虑预应力筋端支座处锚固端偏心引起的弯矩，即在端支座处预应力筋不能有偏心。

(3) 荷载平衡法不考虑沿预应力束长方向的预应力损失的影响。这个局限在其他方法中至少在初步设计阶段也是存在的，可通过恰当的假定预应力损失值来估计。

(4) 平衡荷载的大小。应用荷载平衡法设计时，一个关键问题是怎样选择平衡荷载，亦即预应力应该平衡掉多大的荷载。目前，平衡荷载是凭设计经验来选取的，一般取全部恒载或恒载加部分活荷载。国内外工程设计经验表明，预应力平衡掉全部恒载是合理的。当考虑用预加力平衡活荷载时，取用的活荷载值应当是实际的活荷载值，而不是规范规定的设计活荷载值。如果规定的设计活荷载值比实际值高很多，就只需要平衡掉活荷载的一小部分甚至完全不考虑平衡。对活荷载的准永久部分是持久作用的，应当被预应力所平衡。

对平衡荷载值的选择，还应考虑对弹性应力限值、裂缝控制、结构反拱和挠度控制，以及极限强度等条件的要求，这些都是应当满足的。在实际设计中变形主要由结构的跨高比控制，裂缝控制等级主要由预应力筋的配筋控制。当按裂缝控制要求配置的预应力筋量不满足承载力要求时，可通过增配非预应力钢筋予以满足。因此，预应力筋的配筋实际上是由裂缝控制要求确定的。

我国《无粘结预应力混凝土技术规程》中规定：当采用荷载平衡法估算无粘结预应力筋时，对一般民用建筑，平衡荷载值可取恒载标准值或恒载标准值加不超过 50% 的活荷载标准值。柱网尺寸各向不等时，平衡荷载值各向可取不同值。

9.10.4 应用举例

【例】 按荷载平衡法设计一双跨连续矩形大梁。如图 9.10-5(*a*)所示，梁的截面尺寸为 400mm×800mm，两跨跨度均为 20m，承受均布荷载 12kN/m(不包括自重)，承受均布活荷载为 36kN/m。

【解】 (1)选择截面尺寸

取梁高 $h=l/15=1300\text{mm}$，梁宽为 $b=500\text{mm}$

截面面积为：$A=1300\times 500=450000\text{mm}^2$

截面惯性矩为：$I=\frac{1}{12}\times bh^{3}=\frac{1}{12}\times 500\times 1300^{3}=9.154\times 10^{10}\text{mm}^{4}$

梁自重为：$q=0.45\times 25=11.25\text{kN/m}$

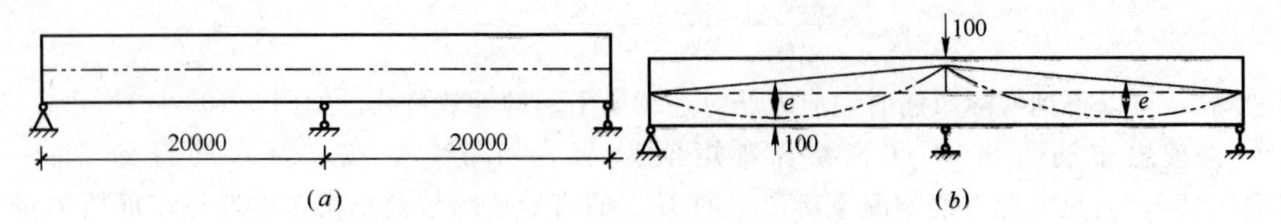

图 9.10-5　预应力梁的配筋图

(2) 计算由恒载和活荷载在跨中和支座处产生的弯矩

由恒载产生的内支座弯矩为：

$$M=\frac{ql^2}{8}=-\frac{(12+11.25)}{8}\times20^2=-1162.5\text{kN}\cdot\text{m}$$

由活荷载产生的内支座弯矩为：

$$M=-\frac{ql^2}{8}=-\frac{36}{8}\times20^2=1800\text{kN}\cdot\text{m}$$

由恒载产生的跨内最大弯矩为：

$$M_{\max}=\frac{9}{128}ql^2=\frac{9}{128}\times(12+11.25)\times20^2=654\text{kN}\cdot\text{m}$$

由活荷载产生的跨内最大弯矩为：

$$M_{\max}=\frac{9}{128}ql^2=\frac{9}{128}\times36\times20^2=1012.5\text{kN}\cdot\text{m}$$

由活荷载产生的跨中弯矩为：

$$M=-\frac{36\times20^2}{16}=900\text{kN}\cdot\text{m}$$

(3) 估计预应力的大小

假定采用抛物线预应力束。跨中预应力束中心距底面为 100mm，支座处预应力钢筋中心离顶面 100mm，如图 9.10-5(*b*)所示，等效偏心距为：

$$e=300+300/2=450\text{mm}$$

设预应力束引起的等效荷载平衡掉全部的恒载和 10％的活荷载，则要求平衡的均布荷载为：

$$23.25+3.6=26.85\text{kN/m}$$

∴
$$N_{\text{p1}}=\frac{26.85\times20^2}{8\times0.45}=2983\text{kN}$$

假设预应力的总损失为 $20\%\sigma_{\text{con}}$；

∴
$$N_{\text{con}}=\frac{N_{\text{p1}}}{0.8}=\frac{2983}{0.8}=3729\text{kN}$$

选用 $\phi^{s}15.24$ 的 1860 低松弛钢绞线：

$$\sigma_{\text{con}}=0.65f_{\text{ptk}}=0.65\times1860=1209\text{N/mm}^2$$

则所需预应力筋的面积为：

$$A_p = N_{con}/\sigma_{con} = 3729 \times 10^3/1209 = 3084\text{mm}^2$$

所需钢绞线的根数：

$$n = \frac{A_p}{139} = \frac{3084}{139} = 22$$

分为两束布置，每束 11 根。实际预应力筋的面积为：

$$A_p = 22 \times 139 = 3058\text{mm}^2$$

$$N_{pe} = 0.8 \times \sigma_{con} \times A = 0.8 \times 1209 \times 3058 = 2.96 \times 10^6\text{N}$$

（4）预应力钢筋的布置

按荷载平衡法设计要求的预应力筋的形状为理想的抛物线，在中间支座处有尖角，这种尖角在实际施工中是难以实现的。施工过程中，支座处的预应力筋采用反向抛物线来过渡。施工中实际布置的预应力筋在跨中由两段抛物线在控制点处相切，并有共同的水平切线。在内支座处，用一反向的抛物线，和跨内抛物线相切反弯点处。反弯点距支座附近约 $0.1l$ 处，反弯点位于预应力筋的最高和最低点的连线上。现取反弯点距内支座为 $0.1l$，根据比例关系求得两段反向抛物线的垂度。

因此，可以得到由三段半抛物线形预应力筋引起的实际等效荷载：

$$q_1 = \frac{8N_{pe}e_1}{l_1^2} = \frac{8 \times 2.96 \times 10^6 \times 0.3}{(2 \times 10)^2} = 17.76\text{kN/m}$$

对于二、三段预应力筋存在下列关系式：

$$\frac{e_2}{e_3} = \frac{0.4l}{0.1l}, e_2 + e_3 = 2e$$

因此，$e_2 = 1.6e = 480\text{mm}, e_3 = 0.4e = 120\text{mm}$

$$q_2 = \frac{8N_{pe}e_2}{l_2^2} = \frac{8 \times 2.96 \times 10^6 \times 0.48}{(2 \times 0.4 \times 20)^2} = 44.4\text{kN/m}$$

$$q_3 = \frac{8N_{pe}e_3}{l_1^2} = \frac{8 \times 2.96 \times 10^6 \times 0.12}{(2 \times 0.1 \times 20)^2} = 177.6\text{kN/m}$$

预应力筋的实际布筋图及等效荷载如图 9.10-6 所示。

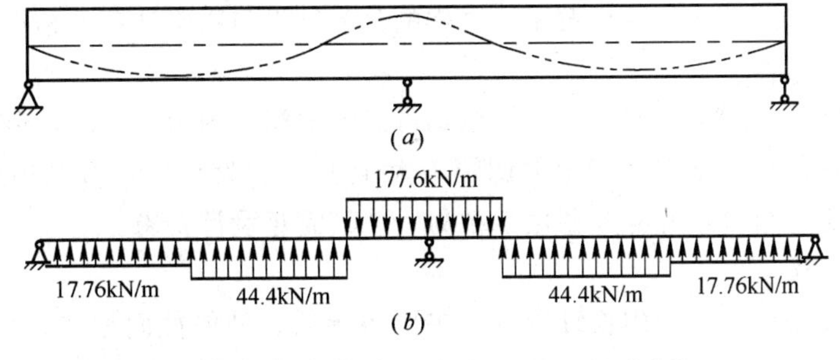

图 9.10-6 预应力筋的实际布筋图及等效荷载

9.11 后张有粘结预应力混凝土框架设计

9.11.1 概述

框架结构是由柱和梁相连接承担竖向荷载和侧向荷载的结构。框架结构按所用的材料不同，可以分为钢结构和混凝土结构。钢框架结构一般是在工厂预制钢梁、钢柱，运送到施工现场再拼装连接成整体框架，具有自重轻、抗震性能好、施工速度快、机械化程度高等优点。但有用钢量大、造价高、耐火性能差、维修费用高等缺点。预应力混凝土框架结构适合用来建造工业与民用多层建筑，它的优点是结构性能好，建造跨度大，节约用钢量，有利于建筑的空间布局等。

预应力混凝土框架可采用有粘结或无粘结工艺，本章仅讨论后张有粘结预应力混凝土框架结构。后张预应力混凝土框架一般仅对框架大梁施加预应力，但是当框架顶层边柱偏心弯矩较大时，也可以对边柱施加竖向预应力，避免配筋过多过密。

9.11.2 设计原则及设计步骤

(1) 设计原则

在设计后张预应力混凝土框架时，除了应遵循普通钢筋混凝土框架的结构设计原则，尚应注意以下几点[4]：

1) 设计现浇后张预应力混凝土框架结构，对框架大梁和预应力柱均可采用混合配筋的部分预应力混凝土进行结构设计；对建于地震区的预应力框架，由于部分预应力混凝土具有良好的弹性滞回性能，更应按此原则进行结构设计。

2) 框架结构在外荷载作用下的内力分析，应取主要受力方向(如横向框架)进行计算；对有抗震设防要求的框架，则应对结构的两个主轴方向进行内力分析。

3) 预应力作用下产生的次弯矩建议用约束次内力法求解，使用荷载下的内力分析可按弹性计算进行，应考虑由预应力、徐变、收缩、温度变化、轴向变形、连续结构杆件的约束和基础下沉等因素产生的内力。柱的计算长度按《混凝土结构设计规范》(GB 50010—2002)中的规定取用，框架梁的计算跨度一般取柱中心线之间的距离。

4) 在进行框架的内力和位移计算时，现浇楼面可以作为框架T形梁的有效翼缘，取值可按规范对钢筋混凝土梁的规定进行。当有试验依据时，可取用比规范规定值大的有效翼缘宽度。

5) 后张预应力作用于超静定框架结构，除产生主弯矩外，还产生次弯矩，在预应力框架各极限状态计算中，均应包括次弯矩的影响。编者经过分析，建议沿梁跨内对 N_p 取均值，用约束次弯矩形式计算次弯矩。这样的分析结果与精确计算的结果比较接近，并且大大简化了设计工作。

在垂直荷载的作用下，预应力框架结构可以考虑塑性内力重分配，但调幅程度比钢筋混凝土框架结构的小，梁端负弯矩的调幅不大于10%。设计中，将调幅后的弯矩与水平荷载下的弯矩进行组合，并验算截面承载力，使其满足设计要求。

(2) 设计步骤

后张预应力混凝土框架的设计内容，主要包括梁、柱的截面形状、尺寸和配筋设计。一般说来，对梁跨、柱高、材料、荷载、支承条件、施工方法等条件是已知的，设计的任务就是针对上述条件选择合适的截面形状、尺寸和配筋，进行截面校核，如不满足，通过试算法得到经济合理的截面。大致步骤如下：

1）框架的几何特征及外荷载作用下的内力计算

框架结构杆件中的梁一般采用T形截面，截面高度 h 可选用(1/18～1/12)L，当荷载或跨度较大、正截面裂缝控制等级要求较高时，h 取值可以适当加大。梁的截面宽度 $b=(1/5\sim1/3)h$，当截面中配置一束预应力筋时，$b=250\sim300\text{mm}$；当在同一截面高度处配置两束预应力筋时，$b=300\sim400\text{mm}$。悬臂梁的截面高度 h 可取至 $0.1L$。

柱一般采用矩形截面，可按轴压比小于0.6，即 $\sigma_c<0.6f_c$ 确定截面尺寸。此外，柱宽尚应满足梁的预应力筋与柱的纵筋的布置要求。

对双跨和多跨预应力框架，如需对内支座处的梁端加腋，加腋高度可取(0.2～0.3)h，长度取(0.1～0.15)L。加腋对内力分析的影响通常可以忽略。

计算截面几何特征的时候，除对精确性有特殊要求外，一般可取用毛截面特征值。上文中提到的T形梁有效翼缘宽度问题，根据弹性理论分析、编者近年来的工程实测以及国内许多资料来看，有效翼缘若按规范取值过于保守。编者建议取有效翼缘宽度为 $16h'_f$ 较能体现现阶段的各方面因素，既有突破，又给施工和推广留有足够的安全储备。

2）结构在外荷载及地震作用下的内力计算

用弹性理论计算结构在各种外荷载作用下的内力，包括预应力引起的内力，进行内力组合，得出内力的设计值。

3）与预应力有关的估计和计算

① 预应力筋的布置形式。包括预应力束的张拉锚固体系及吨位；预应力筋的线形及布置；预应力张拉控制应力值及张拉方式等；

② 预应力筋用量的估算，可以按正截面承载力、裂缝控制要求或者荷载平衡法进行；

③ 预应力损失的计算，短期和长期的预应力损失均应当考虑；

④ 预应力引起的内力，包括预应力引起的等效荷载计算，综合弯矩计算以及次内力计算。

4）承载能力极限状态计算

框架梁的受弯承载力计算应当符合规范的要求。分别计算梁在支座处和跨中处的受弯承载力，均应满足 $M_u\geqslant M$，其中 M 是弯矩设计值，M_u 是梁在相应位置的受弯承载力。如果所配的预应力筋数量不满足承载力要求，可以考虑配一定数量的非预应力筋；当按计算得出的非预应力筋数量小于构造要求时，按构造配筋。

柱的设计也需要考虑次内力的影响。

各项设计的极限内力应考虑抗震要求，让地震作用的内力参加组合，并根据抗震要求视地震烈度作适当修正。

5）正常使用极限状态和施工阶段的验算

① 构件变形验算，包括短期和长期的反拱与挠度验算。框架梁反拱的计算可以按结构力学的方法进行，截面刚度可取混凝土弹性模量 E_c 与梁的毛截面惯性矩 I 的乘积。梁的挠度计算按规范方法进行。

② 正截面抗裂验算和裂缝宽度验算。

③ 施工阶段的验算。对框架梁进行施工阶段的应力验算时，应考虑荷载的不利情况，

即在施加预应力时可能的最小自重荷载，分别对在预应力和施工荷载下控制截面上、下边缘的法向应力进行验算。施工阶段锚固区的局部承压与配筋设计按照现行规范方法计算。

验算过程中发现某些要求不满足，则调整预应力筋和非预应力筋数量，或者重新选择截面几何尺寸，或在张拉施工时采取工程措施。

6）抗剪、抗扭计算和配筋设计

① 抗剪与抗扭矩，确定箍筋的面积。预应力框架梁斜截面承载力计算时，应考虑次剪力的影响。应用相应公式计算并配制横向钢筋；

② 锚固区的局部承压与配筋设计。

9.11.3　预应力筋的用量估算和布置方式

(1) 框架梁中预应力筋的布置

1）按正截面承载力要求估算预应力筋数量

$$A_p=\lambda\cdot\frac{M_d}{f_{py}(h_p-x/2)} \tag{9.11-1}$$

式中　f_{py}——预应力筋的抗拉强度设计值；

M_d——由外荷载效应组合引起的弯矩设计值；

λ——预应力度，应根据环境条件及恒载与活载的比值确定。通常 λ 可在 0.55～0.75 之间选用。对于室内正常条件的屋面梁，因活载占的比例相对较小，所以选用 0.75 较恰当。

x 值按下式计算：

$$x=h_0-\sqrt{h_0^2-\frac{2M_d}{1.1f_cb}} \tag{9.11-2}$$

非预应力筋截面面积

$$A_s=\frac{1}{f_yz_s}(M_d-A_pf_{py}z_p)\geqslant A_{s,min}=0.15\%A_c \tag{9.11-3}$$

式中　$z_p=h_p-x/2$；　(9.11-4)

$z_s=h_s-x/2$。　(9.11-5)

当 A_s 计算结果小于最小配筋率的要求时，按构造要求配筋。

2）按裂缝控制要求估算预应力筋数量

对处于室内正常环境内的单跨、双跨和三跨框架梁，通常由最大弯矩截面的裂缝控制要求来决定其预应力筋的配筋量。分别用荷载的短期效应组合和长期效应组合按下式估算，取较大值，其余截面的配筋量采用相同值。

$$A_p\geqslant\frac{M/W-\alpha_{ct}\gamma f_{tk}}{\left(\frac{1}{A}+\frac{e_0}{W}\right)\cdot\sigma_{pe}} \tag{9.11-6}$$

式中　M——按均布荷载的短期效应组合或长期效应组合计算的弯矩设计值；

σ_{pe}——预应力筋的有效预应力，对单跨框架梁可取 $0.8\sigma_{con}$；对双跨或三跨框架梁的内支座截面，可取 $0.7\sigma_{con}$；边跨跨中及边支座截面，可取 $0.8\sigma_{con}$，三跨内跨中，可取 $0.6\sigma_{con}$；

α_{ct}——混凝土的拉应力限制系数，根据裂缝控制等级以及短期荷载效应组合和长期荷载效应组合的要求选用。

求出 A_p 后，可按式(9.11-3)求得 A_s。如果计算得到的 A_s 为负值，则说明设计的框架梁截面过小，应作适当调整，重新计算。

用荷载平衡法估算预应力筋用量前文已有，故不赘述。

3）线形布置

对于单跨框架梁，其预应力筋的线形布置主要有四种，如图 9.11-1。[21]

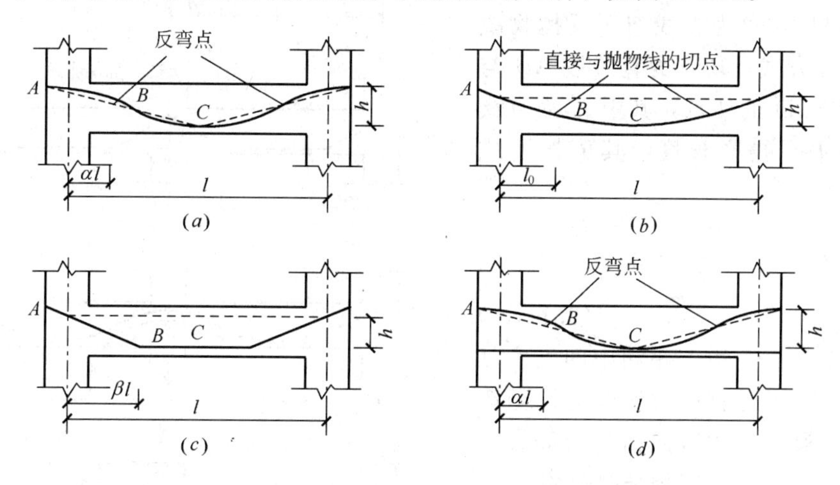

图 9.11-1　单跨框架梁预应力筋的布置

(a)双抛物线形；(b)直线与抛物线形；(c)折线形；(d)双抛物线与直线形混合

图 9.11-1(a)为双抛物线形布置，通常用于支座弯矩与跨中弯矩基本相等的单跨框架梁。预应力筋的线形从跨中 C 点到支座 A 点采用两段曲率相反的抛物线，在反弯点 B 处相接并相切，A 点与 C 点分别为两抛物线的顶点。此时 $\lambda=0.5$，α 取值一般在 0.1 与 0.2 之间。图 9.11-1(a)中抛物线方程为：

$$y=Ax^2 \tag{9.11-7}$$

式中　跨中区段　　$A=\dfrac{2h}{(0.5-\alpha)\ l^2}$

　　　梁端区段　　$A=\dfrac{2h}{2l^2}$

反弯点 B 的位置和斜率为：

$$e_0=2\alpha(e_1+e_2) \tag{9.11-8}$$

$$\tan\theta=4(e_1+e_2)/l \tag{9.11-9}$$

式中　e_1、e_2——分别为预应力筋在跨中和支座处的最大偏心距。

图 9.11-1(b)为直线和抛物线相切的线形布置，是用于支座弯矩较小的单跨框架梁或是多跨框架的边跨梁外端，以减少框架梁跨中和内支座处的摩擦损失。切点 B 到梁端 A 的距离 l_0 可以取为(0.2～0.3)l。

图 9.11-1(c)为折线形布置，宜用于集中荷载作用下的框架梁或开洞梁，使预应力筋引起的等效荷载可直接抵消部分竖向荷载以及方便在梁腹中开洞。但是此种布置方式的折角较多，预应力筋的穿筋施工困难，且跨中处的摩擦预应力损失也较大，故不宜用于三跨以上的框架体系。折点 B 至梁端 A 点的距离 βl 可以是 $l/4$～$l/3$。

图 9.11-1(d)为直线形与抛物线形混合布置，这种布置方式可以使次弯矩对框架柱造

成有利的影响，从而减小了边柱的弯矩。

在双跨和三跨框架中，预应力筋的线形布置可以采用上述基本的预应力筋形状和布置形式进行组合。图 9.11-2 为等双跨框架梁预应力筋的布置方式。

图 9.11-2(*a*)为直线与正反抛物线相切的布置方式，*B* 点为直线段 *AB* 与抛物线段 *BCD* 的切点，其中 l_0 为直线段 *AB* 的水平投影长度，其值按下式确定：

$$l_0=\frac{l}{2}\sqrt{1-\frac{h_1}{h_2}+2\alpha\frac{h_1}{h_2}} \tag{9.11-10}$$

式中 h_1、h_2——边支座和中间支座处预应力筋合力点至跨中截面预应力筋合力点间的竖向距离。

图 9.11-2(*b*)为折线形组合布置，在中间支座处采用局部过渡曲线段以方便施工及减少摩擦引起的预应力损失，一般 $\beta_1 l$ 取$(l/4\sim l/2)l$，$\beta_2 l$ 可取$(l/4\sim l/3)l$。

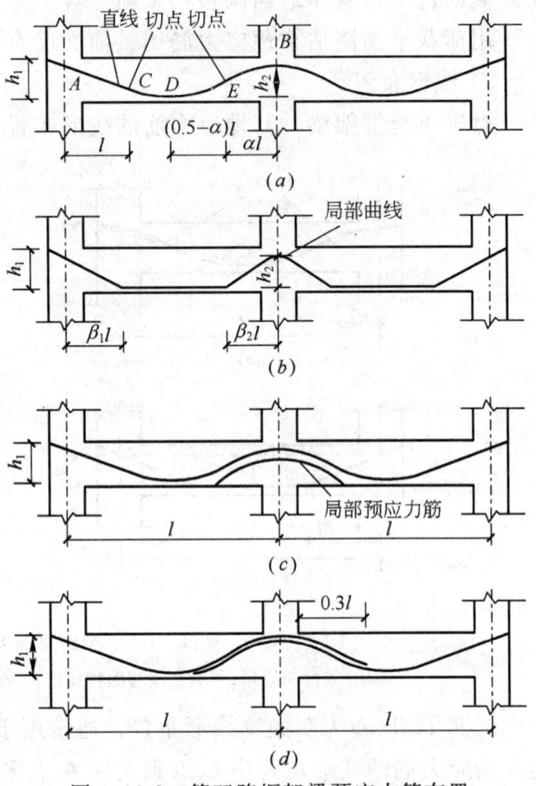

图 9.11-2 等双跨框架梁预应力筋布置
(*a*)直线与抛物线形；(*b*)折线形；
(*c*)连续曲线形及局部预应力筋组合布置；(*d*)分跨布置预应力筋

在双跨和三跨框架梁中，中间支座的弯矩比其他控制截面处的弯矩大得多，因此受弯承载力和裂缝控制的控制截面都在中间支座处。为了保证所有控制截面在预应力筋的数量相等的情况下，各控制截面均具有比较接近的承载能力和抗裂性能，可以在中间支座处的梁端加腋。如果建筑上不允许加腋，则可以采用附加的局部曲线预应力筋，如图 9.11-2(*c*)所示；或分跨布置预应力筋，如图 9.11-2(*d*)所示。但是这两种方案的预应力施工难度相对较大，特别是图 9.11-2(*c*)所示的布筋方式下，需要在大梁下部张拉预应力筋。

同时，边支座截面处的预应力筋在满足抵抗该截面负弯矩的前提下，可以将预应力筋整体下移或将一部分预应力筋移至梁底，从而减少中间支座截面处的摩擦损失。预应力筋下移还会对顶层边柱的设计产生有利影响，这将在下一小节中加以说明。

在不等跨预应力混凝土框架体系中，梁中预应力筋的布置与等跨梁相比有较大的不同。当竖向荷载以均布荷载为主时，可采用图 9.11-3 所示的布置方式，当竖向荷载以集中荷载为主时，可采用类似图 9.11-2(*b*)的方式。其中方式一和方式二适用于两跨跨度相差较小，短跨跨中弯矩为正弯矩的情况；方式三适用于两跨跨度相差较大，短跨跨中弯矩值为负的情况。[4]

图 9.11-3 中 l_{10} 和 l_{20} 是长跨和短跨中预应力筋直线段的水平投影长度，其值按式(9.11-10)计算。

三跨预应力混凝土框架梁的预应力筋的布置方式主要有三跨连续布置、连续与局部型布置和连续与分跨型布置三种，如图 9.11-4 所示。前述折线形方式不宜采用，因为通过较多的折角布筋，施工困难，且中跨跨中处的预应力摩擦损失也较大。[4]

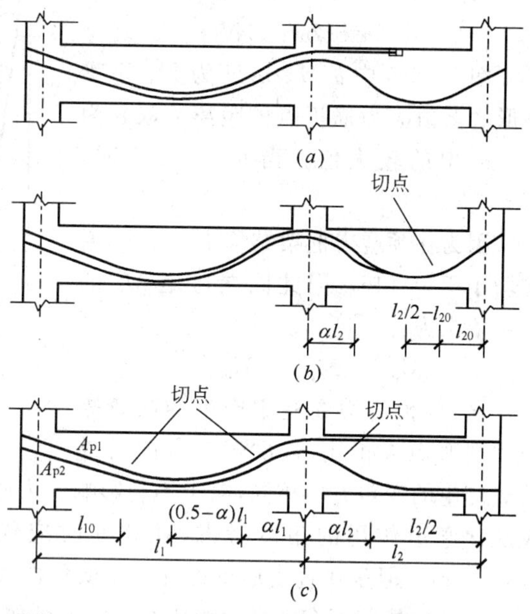

图 9.11-3　不等双跨框架梁预应力筋布置方式

(a)方式一；(b)方式二；(c)方式三

(2) 框架柱中预应力筋的布置

预应力框架顶层梁柱节点采用刚结的时候，由于跨度较大，在竖向荷载作用下顶层边柱的设计弯矩很大，并处于大偏心受压状态，如果设计不妥，柱中往往需要配置很多纵筋才能满足受力要求，这将造成钢材的浪费，且难以施工。为减少该设计弯矩，可调整节点的梁柱刚度比，以调整框架梁跨中截面与梁端截面的弯矩分配；同时将梁中预应力筋的抛物线矢高增大，从而取得较大的平衡荷载。也可以将顶层边柱设计成部分预应力柱，达到优化配筋的效果。柱中预应力筋的布置形式应采取接近于竖向荷载作用下的弯矩图的形状，且它们在柱顶和柱底截面的偏心距应尽可能取最大值。框架柱的预应力筋布置方式一般来说有三种，如图 9.11-5 所示。[24]

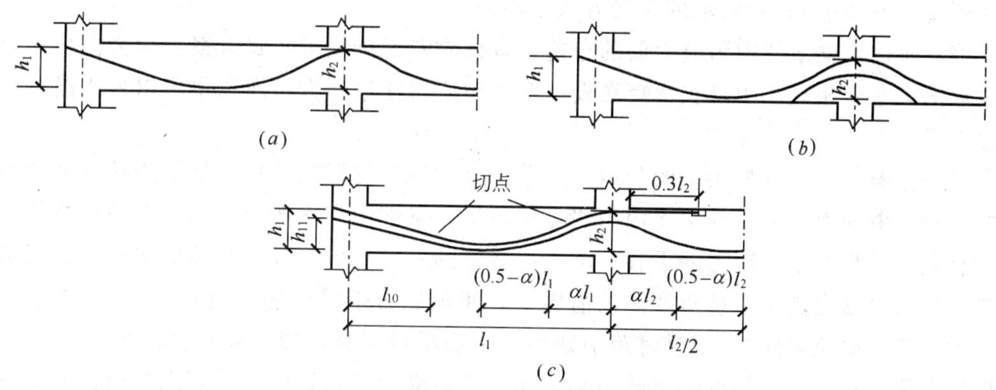

图 9.11-4　三跨框架梁预应力筋布置方式

(a)连续性布置；(b)连续与分跨形布置；(c)连续与局部性布置

若预应力筋采用 9.11-5(a)所示的布置方式，固端弯矩 M_p 为：

$$M_p = N_p e$$

预应力筋采用 9.11-5(b)的布置方式，固端弯矩 M_p 为：

$$M_p = N_p e + N_p e/4 = 5N_p e/4$$

预应力筋采用 9.11-5(c)的布置方式，固端弯矩 M_p 为：

$$M_p = N_p e + 2\alpha(1-\alpha)N_p e$$
$$= (-2\alpha^2 + 2\alpha + 1)N_p e$$

图 9.11-5 中 $\alpha_1 H$、$\alpha_2 H$ 为上、下梁的形心至预应力筋折点的距离，取 α 为 α_1、α_2 中的较大值。当 $\alpha \leqslant 0.146$ 时，$M_p \leqslant 5N_p e/4$。

因为在预应力框架结构中 α_1、α_2 通常均小于 0.146，因此固端弯矩 M_p 的大小依次为：

$$M_{p(a)} < M_{p(c)} < M_{p(b)}$$

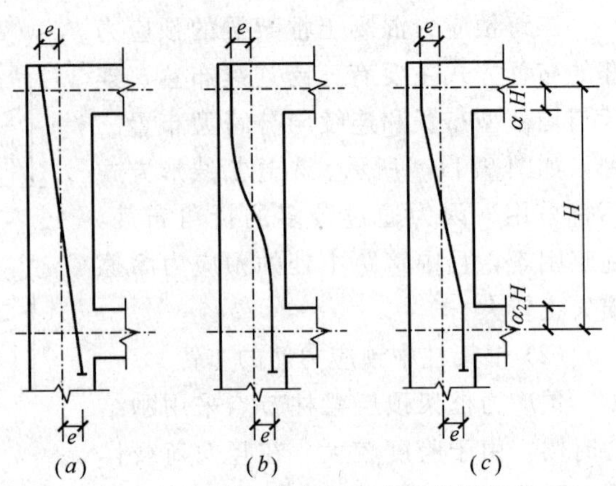

图 9.11-5　框架柱中预应力筋布置方式

(a)直线形；(b)抛物线形；(c)折线形

显然，预应力在柱中产生的次弯矩与固端弯矩成正比，且次弯矩方向与外荷载产生的弯矩方向相同，属于不利影响。为使此不利影响最小，就应使 M_p 最小。因此若仅从次弯矩作用的角度考虑，在布筋时应优先采用图 9.11-5(a)的形式，其次是图 9.11-5(c)。但是在直线形布置时，柱顶和柱底处预应力筋组成的柱截面有效高度与梁截面形心处的柱截面有效高度相比有一定的削弱。同时，视梁柱节点区为刚域计算得到的柱顶(上层梁底处)和柱底(下层梁顶处)的截面弯矩常常比按不考虑刚域计算得到的柱顶和柱底(梁截面形心处)的截面弯矩要大，柱的控制截面位于图 9.11-5(c)的预应力筋折点处。由此可见，图 9.11-5(a)所示的布筋方式不经济。

综上所述，框架柱中预应力筋的布置，宜优先考虑折线形布置方案。因为抛物线形与折线形的次弯矩相差较小且次弯矩在设计弯矩中所占比例不大，所以也可以采用抛物线形布置方式。

另一方面，如果框架梁中的预应力筋采用合适的布置形式，可对顶层边柱配筋产生有利的影响。由前面所述的约束次内力法分析可知，梁端约束次弯矩越大，对顶层边柱的影响越有利，而将梁中预应力筋下移是增大次弯矩的一个有效途径。具体做法是：框架边跨锚具处预应力筋在满足抵抗负弯矩的前提下，使预加力矩尽可能小(预应力筋整体下移或将其中一部分移至梁底)；同时将跨中处预应力筋尽量下移，以及将中间支座处的预应力筋尽量上移。显然，这与框架梁跨中和中间支座截面处的弯矩较大，要求截面的有效高度 h_0 尽量大的通常情况是吻合的。

9.11.4　变形计算

在后张预应力混凝土框架未开裂或者仅出现微裂缝的情况下，若 $\kappa_{cr} = M_{cr}/M_k > 0.9$ 且梁的跨高比 $L/h < 18$，则不需要验算框架梁的挠度，一般说来均满足要求；当 $\kappa_{cr} < 0.9$ 或跨高比较大时，应验算挠度是否满足规范要求。在未开裂的情况下，计算使用阶段构件刚度时应考虑混凝土的非弹性变形，取 $B_s = 0.85E_c I_0$；计算预加力使用阶段反拱值时，刚度取为 $E_c I_0$。当采用高强钢材作预应力筋时，换算截面惯性矩 I_0 可以用构件毛截面惯性矩 I 代替。

框架的变形计算可以应用虚功原理。对预应力框架结构而言，其位移系统为截面应变和由它们产生的位移；力的系统由所求位移方向上作用的单位外力及由该力产生的截面内力组成。

由预应力在混凝土截面重心处产生的应变为：

$$\varepsilon_{cen}=-\frac{P}{E_c A_c}$$

$$\phi=\frac{Pe}{E_c I_c}$$

式中 A_c——混凝土截面面积；

I_c——混凝土截面惯性矩；

e——预应力筋偏心距。

对如图 9.11-6(a)所示的框架，假设框架梁中预应力筋的张拉力为 P。其预应力曲率图为图 9.11-6(b)，预应力轴向变形图为图 9.11-6(c)。

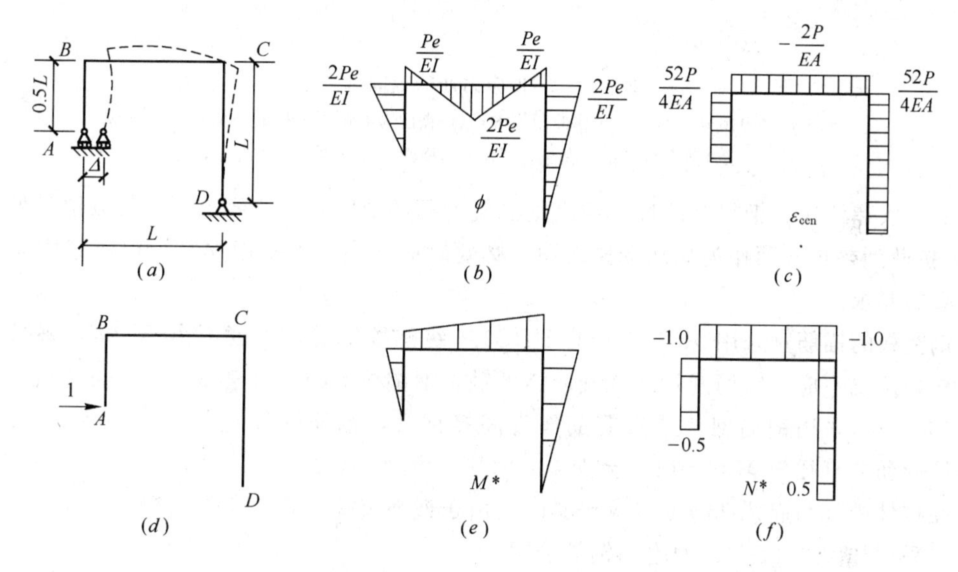

图 9.11-6 虚功原理用于预应力框架位移计算

(a)预应力位移；(b)预应力曲率；(c)预应力轴向变形；

(d)在 A 点作用单位力；(e)单位力产生的弯矩；(f)单位力引起的轴力

显然，由虚功原理可知，图 9.11-6(d)所示外力在图 9.11-6(a)所示位移上作的外功为 $1\times\Delta=\Delta$，内功为：

$$内功=\int_L M^* \phi \mathrm{d}x+\int_L N^* \varepsilon_{cen} \mathrm{d}x$$

由此，$\Delta=\int_L M^* \phi \mathrm{d}x+\int_L N^* \varepsilon_{cen} \mathrm{d}x$，用图乘法计算即可。[4]

9.11.5 构造设计

(1) 锚固区的构造设计[4]

在预应力混凝土构件的端部，必须保证预应力筋牢固地锚固在混凝土上。后张有粘结预应力梁或柱中预应力筋的锚固是通过外承压板或浇筑在混凝土内的锚具提供的，其端部构造见图 9.11-7(a)、(b)。相应的，预应力筋在梁柱节点的锚固端可以设在柱的凹槽内，或者凸出于柱外。此外锚固端也可以设在悬臂梁端或埋在梁内，见图 9.11-7(c)、(d)。

锚具下钢垫板的厚度一般取为 15～30mm，若厚度过小，垫板刚度不够，则会影响预

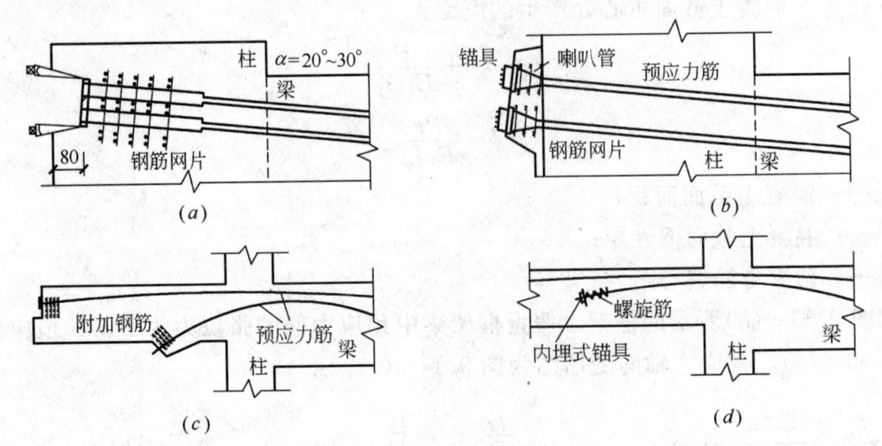

图 9.11-7 预应力筋的锚固做法

(a)预应力筋锚固在柱的凹槽内；(b)预应力筋锚固在柱的外侧；
(c)预应力筋锚固在悬臂梁端；(d)预应力筋埋在梁体内

应力的扩散和传递。钢垫板的尺寸应满足混凝土局部受压面积的要求，一般以锚具外边缘按 45°扩散到垫板底面作为局部受压面积。必要时应适当扩大平面尺寸，以满足安装千斤顶撑脚的要求。

钢垫板的锚筋宜采用 ϕ12～ϕ16 的 HRB335 级螺纹钢筋，长度不小于 $10d$，根数一般为 4 根，位置不应与钢筋网片或螺旋筋相抵触。钢垫板上如焊有喇叭管时，可不设锚筋。

锚具下可采用钢筋网片或螺旋筋作为间接钢筋，钢筋网片直径为 ϕ6～ϕ10，至少 4 片；螺旋筋的直径为 ϕ10～ϕ14，至少 4.5 圈。

在构件中部凸起或凹进处设置锚具时，由于截面突变，在折角处混凝土可能产生斜裂缝，应采用如图 9.11-7(c)的附加钢筋加固。

当预应力筋锚固在悬臂梁端时，为防止沿预应力筋产生劈裂，应在间接钢筋配置区之外增配均布的附加箍筋或网片。

在预应力混凝土构件的端部锚固区，预应力筋的间距与锚具尺寸、千斤顶最小工作面要求、预应力筋合理布置、局部承压等因素有关。各锚具系统都规定了其允许的最小排列间距，表 9.11-1 列出了部分典型锚具系统的规定值。

梁端顶部预应力筋排列的最小间距表 **表 9.11-1**

锚 具 类 型	排列间距(mm)	锚 具 类 型	排列间距(mm)
DM5A-20	≥130	QM15-1	≥80
DM5A-28	≥140	QM15-3	≥180
DM5A-36	≥150	QM15-4	≥220
DM5A-42	≥160	QM15-5	≥240
XM15-1	≥80	QM15-6	≥270
XM15-3	≥140	QM15-7	≥270
XM15-4	≥180	QM15-8	≥280
XM15-5	≥200	QM15-9	≥320

续表

锚具类型	排列间距(mm)	锚具类型	排列间距(mm)
XM15-6	≥205	JM15-4	≥130
XM15-7	≥205	JM15-5	≥140
XM15-8	≥240	JM15-6	≥150
XM15-9	≥250		

注：1. 对 XM、QM 系列锚具，本表仅列出在框架施工中常遇到的 $\phi15$ 钢绞线或 $7\phi5$ 平行钢丝束，以及张拉力在 2000kN 以内梁端预应力筋排列间距；

2. XM 型锚具排列间距指多孔钢垫板上孔道最小间距，为安装千斤顶所需尺寸的下限；

3. QM 型锚具排列间距是按相邻锚具的中心线≥螺旋筋直径＋20mm 列出的，采用钢筋网片时，其排列间距可以减小。

如果框架节点处钢筋密布，两束筋难以布置在同一平面内时，可将预应力筋由跨中处的平行布置转为在结点附近竖向布置。

(2) 梁柱节点铰接做法[4]

预应力框架梁和柱的节点一般为刚接，但在顶层边柱处为了减小柱顶弯矩，有时也采用铰接。在对框架梁施加预应力阶段，有时为了避免受柱的约束，可以先将梁端做成滑动支座，仅设置两块钢板，张拉时两块钢板可以相对滑动，张拉完毕将两块钢板焊为一体，将该节点做成刚接。如图 9.11-8 所示。

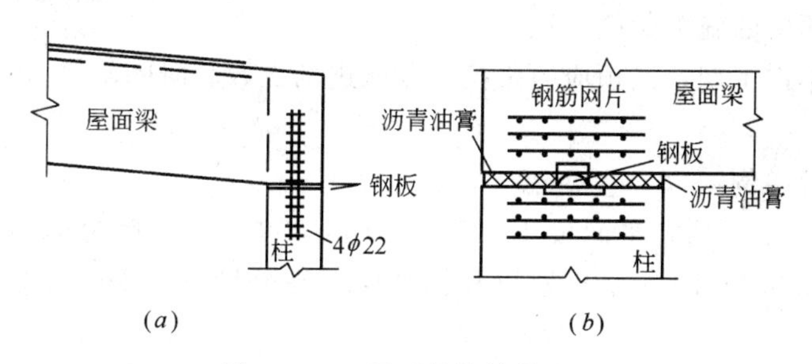

图 9.11-8 屋面梁铰接做法

9.11.6 张拉顺序的影响

在预应力框架结构施工中，有多种框架混凝土的浇筑和张拉预应力筋的施工顺序方案，如"逐层浇筑、逐层张拉"，"数层浇筑、逆向张拉"，"数层浇筑、顺向张拉"等，不同的施工顺序对整个工程的工期、质量及经济效益等都有较大的影响。现在大多采用的是"逐层浇筑、逐层张拉"的施工顺序，即施工上层时对下层预加应力，以实现连续施工。

(1) 逐层浇筑、逐层张拉(如图 9.11-9a)。施工顺序为逐层浇筑框架梁混凝土，逐层张拉预应力筋。

由于在该施工方案中，混凝土达到设计规定的强度后才能张拉预应力筋，所以在工期中应记入每层混凝土养护时间及预应力筋张拉所需的工时。对于平面尺寸较大的工程，可采取划分流水段的方法，将预应力张拉穿插在框架主体混凝土施工过程中，使张拉少占或不占工期。该方案的施工中，梁下支撑只承担该层的施工荷载，支撑和模板的占用时间、数量较少。

(2) 数层浇筑、逆向张拉。施工顺序为首先按普通钢筋混凝土结构逐层施工，在浇筑

2～3 层框架梁的混凝土后暂停，待最上层梁混凝土达到设计要求的强度后，自上而下逐层张拉框架梁的预应力筋，如图 9.11-9(*b*)。

采用该方案时，底层支撑要承受上边数层的施工荷载。预应力筋自上而下完成张拉后，支撑也逐层拆除。对平面尺寸较小的 2～3 层预应力框架结构，可以按普通框架先施工到顶，再逐层向下张拉预应力筋，这样可以减少预应力张拉专业队进场次数和时间，但会占用较多的支撑、模板。

(3) 数层浇筑、顺向张拉，如图 9.11-9(*c*)。

这种施工方案，框架同样按普通钢筋混凝土结构逐层连续施工，预应力筋自下而上错开一层跟着张拉，底层支撑承受上面两层的施工荷载。这样，预应力张拉不占工期，但预应力张拉专业队进场次数和时间较多，也会占用较多的支撑、模板。[4]

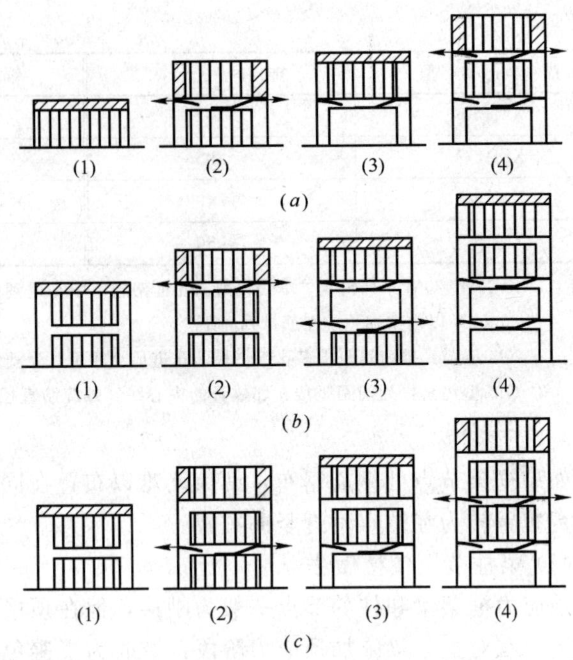

图 9.11-9　框架张拉方案

(*a*)逐层浇筑、逐层张拉；(*b*)数层浇筑、逆向张拉；(*c*)数层浇筑、顺向张拉

9.11.7　设计实例

某 PPC 标准工业厂房，平面尺寸为 72m×18m，共 4 层，单跨 18m，柱距 6m。其结构布置平面图如图 9.11-10 所示。地层和标准层层高分别是 4.8m 和 4.2m，总建筑面积约为 5000m²。

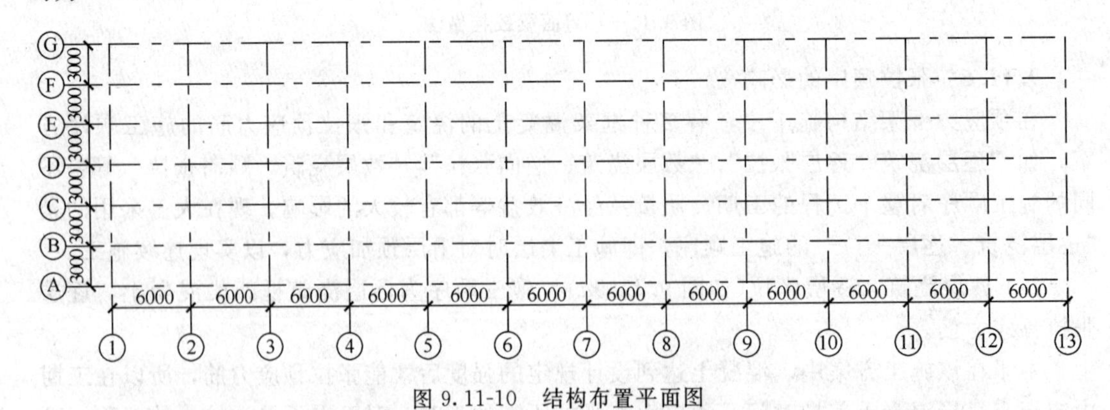

图 9.11-10　结构布置平面图

厂房采用有粘结部分预应力混凝土现浇框架和现浇楼板结构体系。由于该建筑采用横向布置，而横向框架比纵向框架多得多，因此可以简化为平面框架进行结构计算。

楼面活荷载为 8kN/m²，屋面活荷载为 1.5kN/m²。次梁和板的混凝土强度等级均为 C25，主梁和柱的混凝土强度等级为 C35。框架按 7 度抗震设防，场地土类别为Ⅱ类。

(1) 框架的几何特征及外荷载作用下的内力计算

1) 结构构件截面的初选

① 楼面梁格的布置

确定主梁跨度 18m，次梁跨度为 6m，主梁跨内布置 5 根次梁，次梁间距为 3m。

② 截面尺寸的初选

板的厚度：按高垮比条件，要求板厚 $h>l/40=3000/40=75$mm，对工业建筑的楼盖板，要求 $h>80$mm，取板厚 $h=100$mm。

次梁截面尺寸：一般取 $h=l/15\sim l/10=6000/15\sim6000/10=400\sim600$mm，考虑到楼面荷载较大，取 $h=600$mm，$b=250$mm。

主梁截面尺寸：一般取 $h=l/18\sim l/12=18000/18\sim18000/12=1000\sim1500$mm，考虑到楼面荷载较大，取 $h=1200$mm，$b=300$mm；屋面主梁截面尺寸取：$h=1200$mm，$b=250$mm。

柱截面尺寸：$h=800$mm，$b=500$mm。

2) 梁柱截面的几何特征

梁柱截面的几何特征参见表 9.11-2。

梁柱截面的几何特征 **表 9.11-2**

	截面形状	截面几何尺寸	值
楼面梁	1500; 100; 1100; y_0; 300	面积 A(mm^2)	480000
		形心位置 y_0(mm)	737.5
		惯性矩(mm^4)	7.0425×10^{10}
屋面梁	1450; 100; 1100; y_0; 250	面积 A(mm^2)	370000
		形心位置 y_0(mm)	646.0
		惯性矩(mm^4)	3.7252×10^{10}
柱	500; 800	面积 A(mm^2)	400000
		惯性矩(mm^4)	2.13×10^{10}

3) 计算简图

框架各构件的轴线取在截面形心位置。标准层的层高为 4.2m，底层层高为 4.8m。现浇基础顶离±0.000 标高处的距离为 700mm，室内外地坪差为 150mm，故底层计算高度为 5.65m。

4）竖向荷载分析（略）

5）地震作用部分（略）

6）风荷载作用的计算（略）

7）荷载效应组合

荷载效应组合

截　面	恒载	活载	地震	恒＋活	1.2恒＋1.4活	1.2×（恒＋活）＋地震×1.3
屋面梁梁端	−928.0	−186.5	±89.4	−1114.5	−1384.7	−1454
屋面梁跨中	880.4	105.1	0	985.5	1203.6	1183
底层楼面梁梁端	−850.2	−849.8	±382.5	−1700.0	−2210.0	−2538
底面楼面梁跨中	703.7	705.4	0	1409.1	1832	1691

(2) 预应力筋的估算

梁中预应力筋的估算

该工程跨中与支座截面弯矩相差较小，故采用如图 9.11-11 所示的预应力筋布置方法。

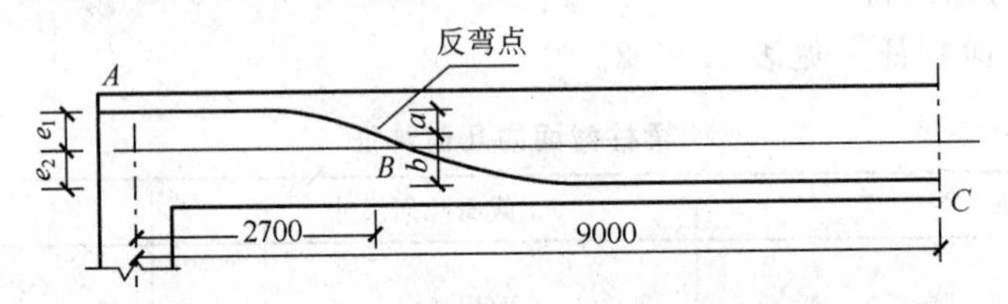

图 9.11-11

梁端和跨中预应力筋的保护层厚度均取 80mm，所以预应力筋的矢高如表 9.11-3 所示。

预应力筋的矢高　　　　**表 9.11-3**

楼　面　梁		屋　面　梁	
支座 e_1	跨中 e_2	支座 e_1	跨中 e_2
382.5	657.5	274	566

由几何关系有：$a=2\alpha e$，$b=e-a$，其中：$e=e_1+e_2$。

采用 ϕ^s15.2 低松弛预应力钢绞线：$f_{ptk}=1860\text{N/mm}^2$，$f_{py}=1320\text{N/mm}^2$，$E_p=1.95\times10^5\text{N/mm}^2$，$A_{p1}=139\text{mm}^2$。张拉控制应力取：

$$\sigma_{con}=0.70f_{ptk}=0.70\times1860=1302\text{N/mm}^2,$$

框架梁预应力筋的有效预应力预估为：$\sigma_{pe}=0.8\sigma_{con}$。

① 楼面梁预应力筋的估算

选取底层梁的内力作为标准层的设计内力。因为作用在楼面梁上的恒载和活载均较大，故将荷载标准效应短期组合及准永久组合下的混凝土拉应力取二级抗裂等级。楼面梁控制截面在支座处，为考虑次弯矩对支座截面产生的有利影响，这里近似取 0.9 的系数以降低设计弯矩，现按在荷载标准效应组合下，构件边缘混凝土拉应力满足下列限制要求估算预应力筋：

$$\sigma_{ck}-\sigma_{pc}=f_{tk}$$

跨中截面所需的预应力筋面积为：

$$A_p=\frac{M_{ck}/W-f_{tk}}{\left(\frac{1}{A}+\frac{e_p}{W}\right)\cdot\sigma_{pe}}=\frac{1700\times10^6\times0.9\times737.5/7.0425\times10^{10}-2.20}{(1/480000+657.5\times737.5/7.0425\times10^{10})\times0.8\times0.7\times1860}$$

$=1480\text{mm}^2$

② 屋面梁预应力筋的估算

因为作用在楼面梁上的活载相对较小，故根据荷载效应准永久组合下满足混凝土拉应力的限值要求，估算屋面梁的预应力筋。设活荷载的准永久系数为 0.7，为考虑次弯矩的影响，将弯矩设计值在支座处取系数 0.9，在跨中处取系数 1.2 加以调整。即要求满足下式：$\sigma_{cq}-\sigma_{pc}\leqslant 0$

截面所需的预应力筋截面积为：

支座截面

$$A_p=\frac{M_{cq}/W}{\left(\frac{1}{A}+\frac{e_p}{W}\right)\cdot\sigma_{pe}}=\frac{(928+0.7\times 186.5)\times 10^5\times 0.9\times 354/3.7252\times 10^{10}}{(1/370000+274\times 354/3.7252\times 10^{10})\times 0.8\times 0.7\times 1860}$$

$=1638\text{mm}^2$

跨中截面

$$A_p=\frac{M_{cq}/W}{\left(\frac{1}{A}+\frac{e_p}{W}\right)\cdot\sigma_{pe}}=\frac{(880.4+0.7\times 105.1)\times 10^6\times 1.2\times 646/3.7252\times 10^{10}}{(1/370000+566\times 646/3.7252\times 10^{10})\times 0.8\times 0.7\times 1860}$$

$=1522\text{mm}^2$

屋面梁取 12 根 $A_p=1668\text{mm}^2$

楼面梁取 12 根 $A_p=1668\text{mm}^2$

(3) 预应力损失的计算

1) 楼面梁(梁高 1200mm)

由图，并根据几何关系，得 $a=312\text{mm}$，$b=728\text{mm}$，$\theta=0.231\text{rad}$。

① 由孔道摩擦引起的预应力损失 σ_{l2}(采用一端张拉)

采用预埋波纹管，$\kappa=0.0015$，$\mu=0.25$，计算结果见表 9.11-4。

计 算 结 果 **表 9.11-4**

线段	x(m)	θ	$\kappa x+\mu\theta$	$e^{-(\kappa x+\mu\theta)}$	终点应力(N/mm²)	σ_{l2}	σ_{l2}/σ_{con}(%)
AB	3.0	0.231	0.0623	0.9396	1223.4	78.6	6.04(B处)
BC	6.3	0.231	0.0672	0.9350	1143.9	158.1	12.14(C处)
CB'	6.3	0.231	0.0672	0.9350	1069.5	232.5	17.85(B′处)
$B'A'$	3.0	0.231	0.0623	0.9396	1004.9	297.1	22.82(A′处)

② 锚具内缩损失 σ_{l1}

采用夹片锚具，其回缩值为 5mm，参照《无粘结预应力混凝土结构技术规程》(JGJ/T 92—93)有关建议公式有：

$$i_1=\frac{1302\times(1-e^{-0.0015\times 2.7-0.25\times 0.231})}{2.7}=28.9\text{N/mm}^2/\text{m}$$

$$i_1=\frac{1302\times(1-e^{-0.0015\times 6.3-0.25\times 0.231})}{6.3}=13.4\text{N/mm}^2/\text{m}$$

$$l_f=\sqrt{\frac{aE_p}{1000i_2}-\frac{i_1(l_1^2-l_0^2)}{i_2}+l_1^2}=7.546<9.3\text{m}$$

所以，端部：$\sigma_{l1}=2\times28.9\times2.7+2\times13.4\times(7.546-3)=277.9\text{N/mm}^2$

跨中：$\sigma_{l1}=0$

楼面梁配置 2 孔预应力筋，每孔 6 索，每孔采用一端张拉，并分别在两端同时张拉两孔预应力筋。故第一批预应力损失 σ_{l1}：

支座处：$\sigma_{l1}=(277.9+297.1)/2=287.5\text{N/mm}^2$

跨中处：$\sigma_{l1}=158.1\text{N/mm}^2$

③ 钢筋应力松弛损失 σ_{l4}

$$\sigma_{l4}=0.125\left(\frac{\sigma_{\text{con}}}{f_{\text{ptk}}}-0.5\right)\sigma_{\text{con}}=0.125\times(0.7-0.5)\times1302=32.6\text{N/mm}^2$$

④ 混凝土收缩徐变引起的预应力损失 σ_{l5}(考虑自重的影响，近似取恒载全部)

$$\sigma_{\text{pc}}=\frac{N_{\text{p}}}{A}+\frac{N_{\text{p}}e_{\text{p}}-M_{\text{G}}}{W}$$

支座处：

$$N_{\text{p}}=(1302-287.5)\times1668=1692186\text{N}$$

$$\sigma_{\text{pc}}=\frac{1692186}{480000}+\frac{(1692186\times382.5-850.2\times10^6)\times382.5}{7.0425\times10^{10}}=2.423\text{N/mm}^2$$

跨中处：

$$N_{\text{p}}=(1302-158.1)\times1668=1908025\text{N}$$

$$\sigma_{\text{pc}}=\frac{1908025}{480000}+\frac{(1908025\times657.5-703.7\times10^6)\times657.5}{7.0425\times10^{10}}=9.118\text{N/mm}^2$$

假设非预应力筋的面积(HRB335 级钢筋)：

取预应力度 $\lambda=0.75$，跨中及支座处的非预应力筋均取：

$$A_{\text{s}}=\frac{A_{\text{p}}f_{\text{py}}(1-\lambda)}{f_{\text{y}}\cdot\lambda}=\frac{1668\times1320\times(1-0.75)}{300\times0.75}=2447\text{mm}^2$$

取 $5\phi25$，$A_{\text{s}}=2454\text{mm}^2$

$$\rho=\frac{1668+2454}{480000}=0.00858$$

则收缩徐变损失为(张拉时，混凝土立方体抗压强度为混凝土设计强度的 80%)：

支座处：

$$\sigma_{l5}=\frac{25+280\times\dfrac{\sigma_{\text{pc}}}{f'_{\text{cu}}}}{1+15\rho}=\frac{25+280\times2.423/0.8\times25}{1+15\times0.00858}=61\text{N/mm}^2$$

跨中处：

$$\sigma_{l5}=\frac{25+280\times9.118/0.8\times25}{1+15\times0.00858}=144.1\text{N/mm}^2$$

⑤ 总预应力损失 σ_l 及有效预加力 N_{p} 如表 9.11-5 所示

σ_l 及 N_{p} **表 9.11-5**

截面	σ_l(N/mm²)	N_{p}(kN)
支座	287.5+32.6+61=381.1	$(1302-381.1)\times1668\times10^{-3}=1536$
跨中	158.1+32.6+144.1=334.8	$(1302-334.8)\times1668\times10^{-3}=1613$

故平均 $\sigma_{pe}=944\text{N/mm}^2$，平均 $N_p=1574.5\text{kN}$。

2）屋面梁（梁高 1000mm）

由图 9.11-11，并根据几何关系，得 $a=252\text{mm}$，$b=588\text{mm}$，$\theta=0.187\text{rad}$。

同理，可以求出屋面梁预应力筋的有效预应力如表 9.11-6 所示。

屋面梁预应力筋的有效预应力 **表 9.11-6**

	σ_{l1}	σ_{l2}	σ_{l4}	σ_{l5}	σ_{pe}	N_p	平均 N_p
支座	258.8(0)	0/(182.4)	32.6	50.2	998.6	1666	1686
跨中	132.7	0	32.6	114.1	1022.6	1706	

另外，屋面梁跨中及支座处的非预应力筋均取：$5\phi25$，$A_s=2454\text{mm}^2$。

（4）预应力引起的次弯矩计算

作为工程设计，可以取支座和跨中截面有效预应力的平均值作为跨间的预应力值来计算。

楼面约束次弯矩：

$$m_{se}=N_p\left[\frac{2}{3}(1-a)e-e_1\right]=1574.5\times\left[\frac{2}{3}\times(1-0.15)\times1014-(462.5-80)\right]=302\text{kN}\cdot\text{m}$$

屋面约束次弯矩：

$$m_{se}=N_p\left[\frac{2}{3}(1-a)e-e_1\right]=1686\times\left[\frac{2}{3}\times(1-0.15)\times840-(354-80)\right]=341\text{kN}\cdot\text{m}$$

根据图 9.11-12，采用弯矩分配法，可算得：楼面梁次弯矩 $M_2=278.3\text{kN}\cdot\text{m}$，屋面梁次弯矩 $M_2=247.5\text{kN}\cdot\text{m}$。

由于结构对称，梁中的次弯矩为常数，故梁中的次剪力为零。

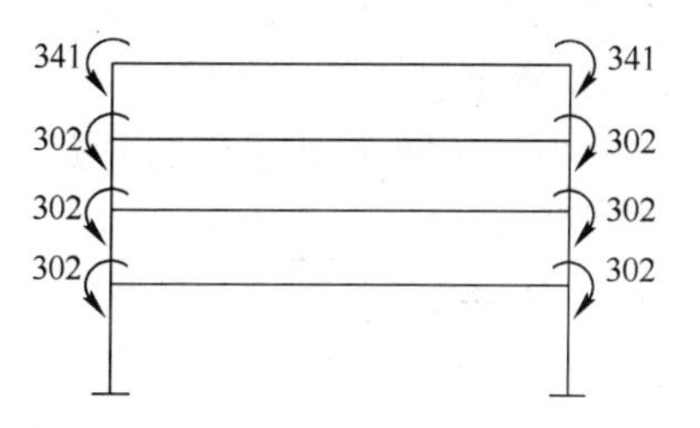

图 9.11-12 次内力计算简图

（5）正截面承载力计算

1）楼面梁

① 支座处

预应力筋 $A_p=1668\text{mm}^2$，$f_{py}=1320\text{N/mm}^2$；非预应力筋 $A_s=2454\text{mm}^2$，$f_y=300\text{N/mm}^2$；混凝土 $f_c=16.7\text{N/mm}^2$，$b=300\text{mm}$，$h=1200\text{mm}$，$h_p=1120\text{mm}$，$h_s=1165\text{mm}$，$h_0=1140\text{mm}$

支座处因翼缘部分处为受拉区，故按矩形截面设计。

$$\sigma_{p0}=\sigma_{pe}+\alpha_E\sigma_{pc}=908.45+\frac{19.5}{3.15}\times2.423=923.45\text{N/mm}^2$$

$$\xi_b=\frac{\beta_1}{1+\dfrac{0.002}{\varepsilon_{cu}}+\dfrac{f_{py}-\sigma_{p0}}{E_s\varepsilon_{cu}}}=\frac{0.8}{1.6+\dfrac{0.002}{0.0033}+\dfrac{1320-923.45}{2.0\times10^5\times0.0033}}=0.363$$

支座处弯矩为

$$M=M_{max}-M_{se}=2210-1.0\times278.3=1931.7\text{kN}\cdot\text{m}$$

$$x=\frac{300\times2454+1320\times1668}{300\times16.7}=586.4\text{mm}>\xi_bh_0=422\text{mm}$$

故取 $$x=\xi_bh_0=422\text{mm}$$

$$M_u = \alpha_1 f_c bx(h_0 - x/2) = 2488\text{kN} \cdot \text{m} > M$$

满足承载力要求。

② 跨中处

跨中处按 T 形截面设计，

$$x = \frac{300 \times 2454 + 1320 \times 1668}{1500 \times 16.7} = 117.4\text{mm} > h_f' = 100\text{mm}$$

属于第Ⅱ类 T 形截面。

$$x = \frac{f_y A_s + f_{py} A_p - \alpha_1 f_c (b_f' - b) h_f'}{\alpha_1 f_c \cdot b} = 186.4\text{mm}$$

设计弯矩为：

$$M = M_{max} + M_{se} = 1832 + 1.2 \times 278.3 = 2166\text{kN} \cdot \text{m}$$

$$\begin{aligned} M_u &= \alpha_1 f_c bx\left(h_0 - \frac{x}{2}\right) + \alpha_1 f_c (b_f' - b) h_f' \left(h_0 - \frac{h_f'}{2}\right) \\ &= 1.0 \times 16.7 \times 300 \times 186.4 \times \left(1140 - \frac{186.4}{2}\right) \\ &\quad + 1.0 \times 16.7 \times (1500 - 300) \times 100 \times \left(1140 - \frac{100}{2}\right) \\ &= 3161.9\text{kN} \cdot \text{m} > M \end{aligned}$$

满足承载力要求。

2）屋面梁

参照楼面梁计算进行，具体步骤从略。

3）框架柱正截面抗压

本工程中采用普通钢筋混凝土框架柱，设计方法与普通钢筋混凝土结构中的柱正截面设计类似，但需考虑次弯矩的影响。一般情况下，次弯矩方向与竖向荷载产生的弯矩方向相反。具体设计计算步骤从略。

(6) 斜截面承载力设计

对于预应力框架大梁，进行斜截面承载力设计计算时，应考虑预应力筋的有利作用：第一是预张力的竖向分量直接抵消截面上的剪力；第二是预应力筋对截面混凝土所产生的有效预应力可以提高混凝土的抗剪能力。对于框架柱同样应当考虑次应力影响。具体设计计算步骤从略。

(7) 截面抗裂验算

按现行《混凝土结构设计规范》进行正截面抗裂验算，计算时采用毛截面参数，楼面和屋面活荷载的准永久系数分别为 0.7 和 0.4，计算结果见表 9.11-7。

截面抗裂验算 **表 9.11-7**

计算公式	楼面梁		屋面梁	
	支座截面	跨中截面	支座截面	跨中截面
$\sigma_{ck} = M_{ck}/W$	11.2	13.16	10.6	17.09
$\sigma_{cq} = M_{cq}/W$	9.5	12.54	9.5	16.0
$\sigma_{pc} = N_p/A +$ （$N_p e_p \pm M_2$）$/W$	12.5	17.0	16.8	25.4
$\sigma_{ck} - \sigma_{pc} \leqslant f_{tk}$	<0	<0	<0	<0
$\sigma_{cq} - \sigma_{pc} \leqslant 0$	<0	<0	<0	<0

经验算，楼面梁和屋面梁正常使用极限状态下截面抗裂性能满足要求。

(8) 预应力梁的挠度验算

正常使用状态下预应力梁的挠度验算按现行混凝土设计规范进行，需分别计算框架梁和柱在荷载效应标准组合作用下的短期刚度 B_s 和考虑长期作用影响的构件刚度 B，然后计算相应的短期和长期挠度以及预应力引起的反拱。具体计算步骤从略。

(9) 施工阶段预应力梁正截面抗裂验算和两端局部受压验算

1) 施工阶段预应力混凝土梁正截面抗裂验算

对预应力混凝土梁进行施工阶段正截面抗裂验算时，应注意以下几点：

① 应考虑荷载的不利情况，即在张拉预应力筋时可能的最小自重荷载；

② 在施工阶段，预应力筋只产生第一批损失；

③ 考虑张拉时混凝土立方体抗压强度为设计混凝土强度等级的 80%；

④ 尚应考虑施工顺序的影响。

要求在自重、预应力及施工荷载作用下，按截面边缘的混凝土不出现裂缝要求进行计算，即：

$$\sigma_{ct} \leqslant 2f'_{tk}$$

$$\sigma_{cc} \leqslant 0.8f'_{c}$$

具体计算步骤从略。

2) 预应力梁端局部受压承载力验算

计算按现行混凝土设计规范进行，具体步骤从略。

思 考 题

1. 超静定结构的优点是什么？
2. 什么是压力线、线性变化和吻合索？
3. 试说明预应力筋的设计原则。
4. 推导常用预应力筋线形的等效荷载和弯矩图。
5. 约束次内力法的基本原理是什么？
6. 了解预应力连续梁的弯矩重分布原理和次弯矩的影响。
7. 掌握荷载平衡法的原理和设计步骤。
8. 后张有粘结预应力混凝土框架设计的基本原则和设计步骤是什么？
9. 有粘结预应力框架结构中预应力筋在梁和柱中的布置方式有哪些？
10. 有粘结预应力框架结构中混凝土浇筑和张拉预应力筋的施工方案有哪些？简述其过程与特点。

第10章 后张无粘结预应力混凝土平板设计

10.1 概 述

后张无粘结预应力混凝土平板通常是指采用无粘结预应力筋和普通钢筋混合配筋形式的混凝土板。它广泛的应用于高层建筑、办公楼、车库、学校、医院、仓库、住宅及地下结构中，作为屋盖和楼盖的混凝土结构层。

10.1.1 无粘结预应力混凝土平板的优点

大量的工程实践和统计分析说明，后张预应力混凝土平板结构具有如下突出的优点：

(1) 可以降低层高，减少建筑结构用料，具有良好的经济效益。这种结构和普通混凝土板结构相比，减小了结构高度，可在维持总建筑高度不变的情况下增加楼层数和有效面积；它和同柱网普通钢筋混凝土结构方案相比，其单位面积楼盖混凝土用量可减少为后者的2/3～3/4，钢筋用量也有一定程度的降低，经济效益显著。

(2) 与其他结构相比，可以减少水暖管线及设备的容量和维护费用，降低装修费用，并取得良好的通风采光效果，综合经济效益显著。

(3) 可以改善结构的受力性能，在自重和准永久荷载作用下预应力平板的挠度很小，几乎不存在裂缝。

(4) 可以为建筑物提供较大跨度的空间，便于灵活布置各种用房，以满足较高的使用功能要求。

(5) 由于此种体系的房屋便于采用定型模板与“飞模”技术施工，具有可大大简化预应力筋与非预应力筋布置的特点，因而可以节省模板，加快施工速度。

10.1.2 无粘结预应力混凝土平板的设计原则

无粘结后张预应力混凝土板多按预应力度进行设计，预应力度的大小取决于构件的裂缝控制等级。一般在恒载或恒载与活载的准永久性部分的共同作用下，结构不出现拉应力或出现少量拉应力；在全部使用荷载下允许出现一定数量的拉应力或裂缝，并验算结构的挠度使满足规范要求。构件配筋采用无粘结预应力筋(控制裂缝)和非预应力筋(补足强度)的混合配筋方式，既满足了强度要求，又有良好的裂缝控制。这样的设计增加了整个结构的延性，可以防止结构突然倒塌，对地震区是一项重要的设计标准。而混合配筋，既可以节约钢筋，又减少了在张拉预应力筋时产生的弹性缩短和后期混凝土的徐变。

10.2 无粘结预应力混凝土平板的工作性能

图10.2-1是无梁平板中与相邻板块部分在一起的典型中间板块。当平板受到预应力筋的张力或是外荷载的作用时，就会变形为双向曲面，其主弯矩的法线方向与柱子的中心线方向平行[19]。

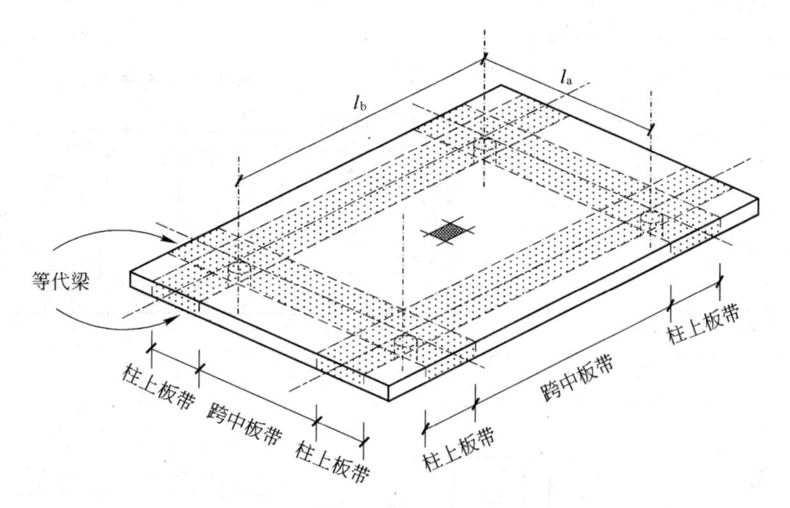

图 10.2-1　等代梁的双向无梁楼板体系

虽然无梁平板没有沿柱子中心线的梁为板块提供周边支承，但是在各个方向上与柱子中心线对中的板条部分起了相同的作用。当荷载作用在中央小面积上的时候，沿长跨方向和短跨方向的板条将分担该荷载。与周边有支承板相同，长跨和短跨方向的板条各自分担的比例取决于该板块的边长比和边界条件。每一个方向上的板条将其分担的荷载传递到图10.2-1中用阴影部分表示的柱上板带，这个传递过程也是一样的，不同之处在于有支承板的边支承梁比中间板带厚，而无梁平板的柱上板带与中间板带厚度相同。

长跨方向的中间板带分担的荷载，被传递到板块短跨方向的柱上板带。这一部分荷载，加上直接由中间板带在短跨方向上传递的荷载，总和等于作用在板块上的荷载的100％。同理，短跨方向的中间板带分担的荷载被传递到板块长跨方向的柱上板带，加上中间板带直接在长跨方向上传递的荷载，总和也等于作用在板块上的荷载的100％。

图 10.2-2(a)表示在 a、b、c、d 处由柱子支承，承受面积集度为 q 的均布荷载的无梁平板。图 10.2-2(b)所示为跨度 l_1 方向的弯矩图。在此方向内可以将板看作一根宽度为 l_2 的宽板梁，单位跨径上的荷载为 ql_2。

在连续梁的任一跨内，跨中正弯矩与相邻支点处两个负弯矩平均值之和等于相应简支梁的跨中正弯矩，该值在平板结构计算中被称为总静力设计弯矩。对于这块板来说，就是

$$\frac{1}{2}(M_{ab}+M_{cd})+M_{ef}=\frac{1}{8}ql_2l_1^2 \tag{10.2-1}$$

同理，在垂直方向

$$\frac{1}{2}(M_{ac}+M_{bd})+M_{gh}=\frac{1}{8}ql_1l_2^2 \tag{10.2-2}$$

这些公式没有揭示支点弯矩和跨中弯矩的相对大小。每一个危险截面所分配到的总静力设计弯矩的比值需要通过弹性分析来求得，或者在限定条件下采用实用分析方法，详情见 10.3 节。

沿危险截面宽度(如沿 ab 线或 ef 线)的弯矩都不是常值，在定性上是如图 10.2-2(c)和图 10.2-2(d)所示变化的。沿曲率较大的柱子中心线，弯矩较大，而沿板块中心线的曲

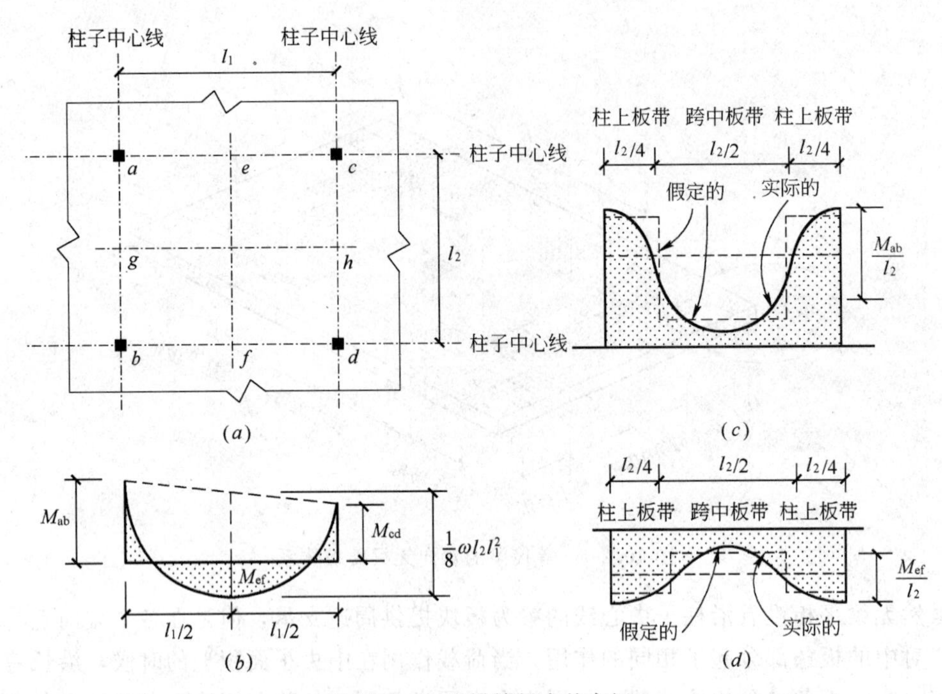

图 10.2-2 无梁楼板内的弯矩

(a)平面图；(b)l_1 方向内的弯矩；(c)沿宽度 ab 的弯矩变化；(d)沿宽度 ef 的弯矩变化

率比较平缓，则相应的弯矩也比较小。在设计中可以将板块在所示每一方向内化分为柱上板带和中间板带。在每种板带范围内弯矩假定为常值。

显然，考虑到弯矩的这种横向分布，在每一方向内预应力筋的布置方式应该沿板块宽度呈不均匀分布。在中间板带内预应力筋将布置得稀些，在柱上板带内则密一些，详见10.4 节。

10.3 实用分析方法

平板结构受竖向荷载时的实用分析方法有两种，即直接设计法和等代框架法。等代框架法是国内外广泛采用的一种实用分析方法，可以用于分析各种钢筋混凝土和预应力混凝土双向板结构，包括梁支承板、密肋板、带托板和不带托板的平板体系。对于柱子相对较细长或柱与板不是刚性连结时，也可以忽略柱子的刚度，采用连续梁分析方法。

直接设计法的应用范围没有等代框架法那样广泛，它以符合一定条件的理论分析为基础，作了设计方法上的简化，并结合了工程实践，因此应用时须满足如下条件：

(1) 在每个方向至少有三个连续跨，如果只有连续两跨，中间支座处截面负弯矩过大，与该方法给定的条件不符；

(2) 各板格均为矩形，且每一板格支座中至中的长跨短跨比不大于 2；

(3) 沿每一方向上连续跨支座中至中的跨长之差不大于较长跨的 1/3；

(4) 在偏置方向上，柱子偏置不得超过相邻柱中心线之间距离的 10%；

(5) 竖向荷载应为均布荷载，活载不得超过恒载的 3 倍。

10.3.1 直接设计法

(1) 确定总静力设计弯矩

如 10.2 节所述，一跨的总静力设计弯矩是指支座中线两侧以板格中线为界限的条带范围的的弯矩，记作 M_0。M_0 按下式确定[141]：

$$M_0=\frac{1}{8}ql_2l_n^2 \tag{10.3-1}$$

$$l_n=l_1-c \tag{10.3-2}$$

式中 q——单位面积上的竖向均布荷载设计值；

l_2——板格的横向跨度或柱两侧二板格横向跨度的平均值，在计算邻近且平行于边缘的那一跨时，l_2 应取边缘到板格中心线的距离；

l_n——计算弯矩方向柱子的边至边的净跨度，不应小于 $0.65l_1$；

l_1——计算弯矩方向柱子中心线间的距离；

c——矩形或等效矩形截面柱、柱帽或牛腿宽度，具体规定可参阅 ACI 318R—95，R13.6.2.5。

如图 10.3-1 所示，l_1 跨度内在均布荷载 ql_2 的作用下，条带内有三个控制截面弯矩，即 $-M_左$、$+M$和$-M_右$。根据 10.2 节中的分析，要求在每一方向三个控制截面上的设计正弯矩和平均负弯矩绝对值之和不得小于 M_0，即

$$\left|\frac{(-M_左)+(-M_右)}{2}\right|+(+M)\geqslant M_0 \tag{10.3-3}$$

总静力设计弯矩 M_0 应分别在两个方向上单独计算，因为这两个方向上的极限平衡条件出现是相互独立的。在两个方向上分别计算 M_0 时，竖向均布荷载设计值 q 都按 100%取用。

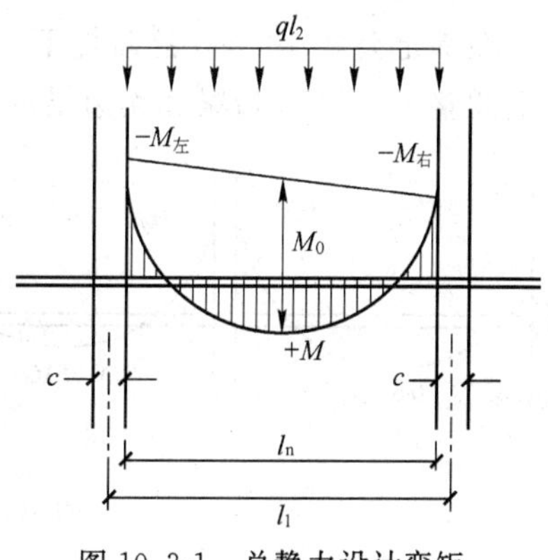

图 10.3-1 总静力设计弯矩

(2) 正、负弯矩的分布

根据结构力学的知识可知，内跨在跨度方向的弯矩分布是对称的，且认为内跨支座处截面无弯矩方向的转角。ACI 318—95 在此基础上规定：

支座负设计弯矩 $0.65M_0$

跨中正设计弯矩 $0.35M_0$

因为外支座和第一内支座对板带的约束程度不一样，端跨跨度方向的弯矩分布一般不是对称的，其分布状态主要取决于外柱的等效相对抗弯刚度 α_{ec}

$$\alpha_{ec}=\frac{K_{ec}}{\Sigma(K_b+K_s)}$$

式中 K_{ec}——外柱的等效抗弯刚度；

K_b+K_s——梁与板的抗弯刚度之和。

端跨弯矩可以由下列各式确定：

外支座负设计弯矩 $M_0\left(\frac{0.65}{1+1/\alpha_{ec}}\right)$ (10.3-4)

第一内支座负设计弯矩 $M_0\left(0.75-\frac{0.10}{1+1/\alpha_{ec}}\right)$ (10.3-5)

跨中正设计弯矩 $M_0\left(0.63-\frac{0.28}{1+1/\alpha_{ec}}\right)$ (10.3-6)

在设计时可以使用公式(10.3-4)～公式(10.3-6)计算设计弯矩。同时为简化计算过程，表 10.3-1 给出了各种情况下相应的弯矩分配系数，设计时用总静力设计弯矩 M_0 乘以表中的系数即可。

端跨设计弯矩系数 **表 10.3-1**

	(1)	(2)	(3)	(4)	(5)
	外边缘无约束	板在各支座间均有梁	板在支座间无梁		外边缘完全约束
			无边梁	有边梁	
第一内支座负设计弯矩	0.75	0.70	0.70	0.70	0.65
跨中正设计弯矩	0.63	0.57	0.52	0.50	0.35
外支座负设计弯矩	0	0.16	0.26	0.30	0.65

在满足公式 10.3-3 的前提下，内跨或端跨的正、负弯矩系数可以在规范给定值的基础上调整 10%。有边梁和无边梁的端跨及内跨设计弯矩如图 10.3-2 所示。

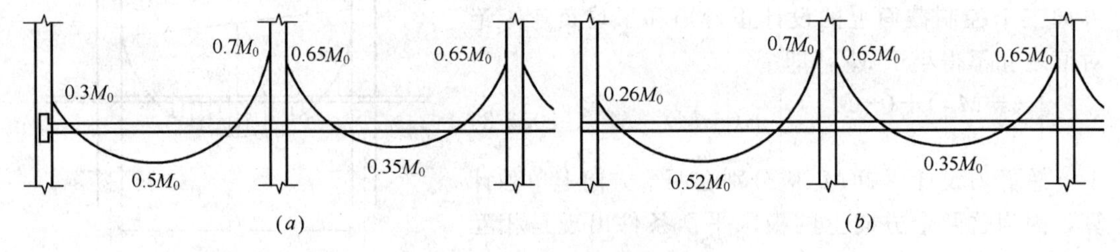

图 10.3-2 端跨及内跨的设计弯矩

(a)有边梁；(b)无边梁

负弯矩截面应设计成能够抵抗支座两侧所求出的内支座负弯矩设计值中较大者，否则应通过计算分析按相邻构件的刚度分配不平衡弯矩。

(3) 柱端弯矩计算

对于中柱(如图 10.3-3)，ACI 318—95 中规定用下式计算：

$$M=0.07[(w_d+0.5w_l)l_2(l_n)^2-w'_d l'_2(l'_n)^2] \tag{10.3-7}$$

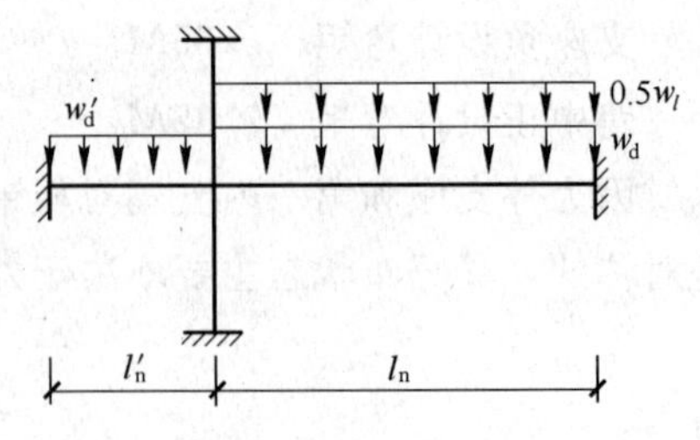

图 10.3-3 中柱设计弯矩计算简图

式中 M——柱的设计弯矩；

l_n、l'_n——长跨及短跨的净跨度；

l_2、l'_2——长跨及短跨的板格宽度；

w_d、w'_d——长跨及短跨的单位面积均布恒载设计值；

w_l——长跨内单位面积均布活载设计值。

对于端跨外柱，在节点上、下方的柱端总弯矩应当等于板系端跨外端的负弯矩，即

$$M=M_0\left(\frac{0.65}{1+1/\alpha_{ec}}\right) \tag{10.3-8}$$

根据节点上方和下方等代框架柱的刚度将求得的设计弯矩 M 成比例的分配给上柱的下端和下柱的上端，即得柱端弯矩。

$$M_t=M\frac{K_t}{K_t+K_b} \tag{10.3-9}$$

$$M_b=M\frac{K_b}{K_t+K_b}$$

式中　K_t、K_b——上柱、下柱的抗弯刚度；

M_t、M_b——上柱、下柱在节点处的分配弯矩。

10.3.2　等代框架法

(1) 概述

等代框架法的实质是将空间结构划分为由横向和纵向穿过建筑物的柱轴线的等代框架。每榀桁架由一列等效柱或支座和板梁条带构成，板梁条带以柱或支座的中心线的两侧的板格中心线为界限，每榀等代框架可以作为一个整体分析。在竖向荷载作用下，每层楼板和屋面板可以分开进行分析，此时假定柱的远端为嵌固，如图 10.3-4 所示。对无梁平板应假设纵向和横向每一方向的等代框架分别承受全部荷载。[24]

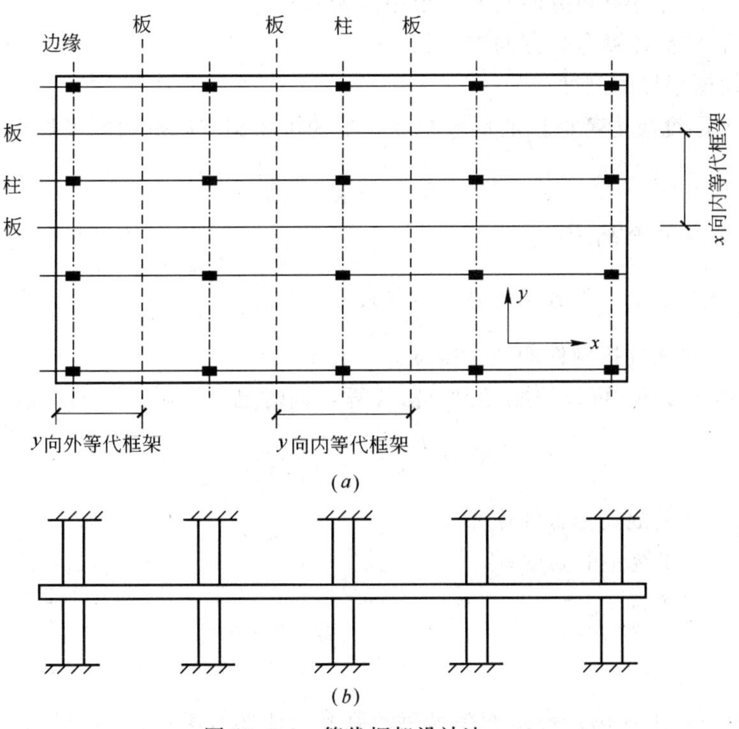

图 10.3-4　等代框架设计法

等代框架由三部分组成：①板、梁——框架的水平构件；②柱——框架的纵向构件；③板与柱之间传递弯矩的部件。水平构件与纵向构件之间的弯矩传递与它们之间的连接情况和相对刚度有关。在一般情况下，结构中柱所承受的弯矩，比从普通板柱框架计算模型求得的要小，所以必须考虑柱子的转动性能，并以等代柱来代替。在无梁楼盖等代框架中的等代柱应该包括板梁上、下方的实际柱和与所求弯矩方向相垂直的附加抗扭构件(横向梁或板带)，此构件的边界延伸至柱两侧的板块中心线。

(2) 等代框架梁的刚度

等代框架梁的高度取板的厚度。在竖向荷载作用下，等代框架梁的计算宽度可以取柱轴线两侧半跨之和。在侧向力作用下，等代框架梁的计算宽度取下列公式计算结果的较小值：

$$b_2=\frac{1}{2}(l_1+b_d) \tag{10.3-10}$$

$$b_2=\frac{3}{4}l_2 \tag{10.3-11}$$

式中 b_2——等代框架梁的计算宽度；

l_1、l_2——两个方向的柱距；

b_d——平托板的有效宽度。

设等代框架梁的截面惯性矩为 I_b，它的刚度为：

$$K_b=\frac{4E_{cb}I_b}{l_1-c_1/2} \tag{10.3-12}$$

式中 E_{cb}——等代框架的混凝土弹性模量；

l_1——沿计算弯矩方向支座中至中的跨长；

c_1——柱沿计算弯矩方向的边长。

(3) 等代框架柱的刚度

等代柱的刚度应为考虑柱的抗弯刚度和附加抗扭构件的抗扭刚度后的等代刚度。

$$\frac{1}{K_{ec}}=\frac{1}{\Sigma K_c}+\frac{1}{K_t} \tag{10.3-13}$$

式中 K_{ec}——等代柱的刚度；

$\frac{1}{\Sigma K_c}$——板梁上、下方实际柱子的柔度；

K_t——附加抗扭构件的抗扭刚度。

柱的基本刚度 K_c 可以按照经典方法计算，同时也可以用如下的近似公式计算：

$$K_c=\frac{E_{cc}I_c}{h}\left[3\left(\frac{h}{h'}\right)^2+1\right] \tag{10.3-14}$$

式中 E_{cc}——柱的混凝土弹性模量；

h——柱中至中的高度；

h'——柱净高。

或

$$K_c=\frac{4E_{cc}I_c}{h-2t} \tag{10.3-15}$$

式中，t 为板厚。上述两式得出的结果与经典方法计算值误差在5%以内。

K_t 按下式计算：

$$K_t=\Sigma\frac{9E_{cb}C}{l_2(1-c_2/l_2)^3} \tag{10.3-16}$$

式中，c_2 为柱沿垂直于计算弯矩方向的边长；抗扭常数 C，可以将附加抗扭构件横截面分为若干个矩形然后按下式计算：

$$C=\Sigma\left(1-0.63\frac{x}{y}\right)\frac{x^{3}y}{3} \tag{10.3-17}$$

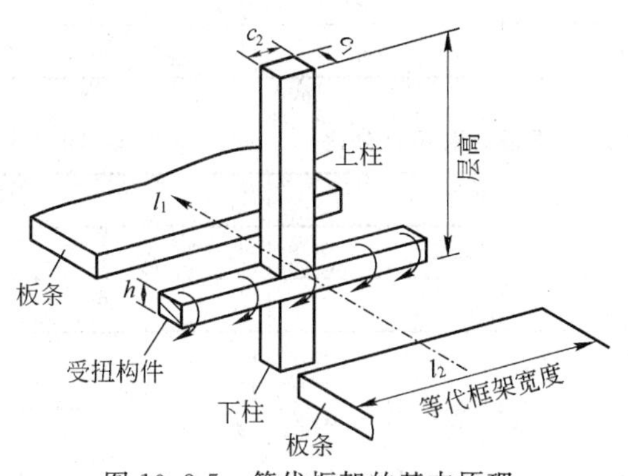

图 10.3-5 等代框架的基本原理

这里 x 和 y 分别为每一个矩形的短边和长边的几何尺寸。在图 10.3-5 中，仅有一个矩形，$x=h$ 和 $y=c_1$。

当柱和板梁的等效刚度确定以后，就可以按结构力学的方法进行等代框架分析。按等代框架计算时，应考虑活载的不利组合。通常，当活载不超过恒载的 3/4 时，可按活载在整个楼盖均布考虑。由此得出的柱的内力，可以直接用于柱的截面设计。

(4) 弯矩在截面上的分布

用直接设计法或等代框架法求得板系条带的支座截面负设计弯矩和跨中截面正设计弯矩后，应当确定它们在横截面上的分布，从而完成设计。

如图 10.3-6 所示，在侧边板格的内支座截面、跨中截面和端板格的第一内支座截面、跨中截面上，板带间的弯矩分配与同样形状、相对刚度梁的中间板格具有相同的比例关系；端板格在外支座截面上板格间的弯矩分配是一个单独的问题。在同一截面上，柱上板带弯矩和中间板带弯矩之和总是等于该截面的设计弯矩，因此在柱上板带弯矩确定之后，用截面设计弯矩减去柱上板带弯矩就是中间板带弯矩。

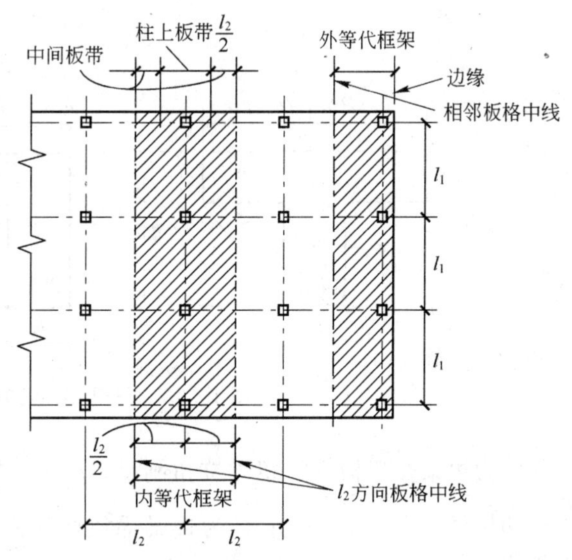

图 10.3-6 等代框架的定义(板带划分)

在 ACI 318—95 中，是以表 10.3-2、表 10.3-3、表 10.3-4 的形式给出了在不同情况下柱上板带承担截面设计弯矩的百分比。未指定由柱上板带承担的弯矩由中间板带来承担。未出现在表中的中间值可以用线性内插法求得。

指定由柱上板带承担的内支座负设计弯矩百分比 **表 10.3-2**

l_2/l_1	0.5	1.0	2.0
$(\alpha l_2/l_1)=0$	75	75	75
$(\alpha l_2/l_1)\geqslant 1.0$	90	75	45

指定由柱上板带承担的外支座负设计弯矩百分比 **表 10.3-3**

l_2/l_1		0.5	1.0	2.0
$(\alpha l_2/l_1)=0$	$\beta_t=0$	100	100	100
	$\beta_t\geqslant 2.5$	75	75	75

续表

l_2/l_1		0.5	1.0	2.0
$(\alpha l_2/l_1)\geqslant 1.0$	$\beta_t=0$	100	100	100
	$\beta_t\geqslant 2.5$	90	75	45

指定由柱上板带承担的跨中正设计弯矩百分比 **表 10.3-4**

l_2/l_1	0.5	1.0	2.0
$(\alpha l_2/l_1)=0$	60	60	60
$(\alpha l_2/l_1)\geqslant 1.0$	90	75	45

在表 10.3-2、表 10.3-3、表 10.3-4 中，α_1 为梁相对刚度，$\alpha_1=\dfrac{E_{cb}I_{b1}}{l_2D}$；$E_{cb}$为计算方向(边)梁的混凝土弹性模量；$I_{b1}$为计算方向(边)梁截面惯性矩，梁截面按图 10.3-7 取用；D 为单位宽度板的抗弯刚度，$D=\dfrac{E_{cb}t^3}{l_2D}$，$t$ 为板厚，μ 为混凝土泊松比，$\mu=1/6$；对无梁平板，内板格和周边不设边梁的边端板格的 $\alpha_1=0$。

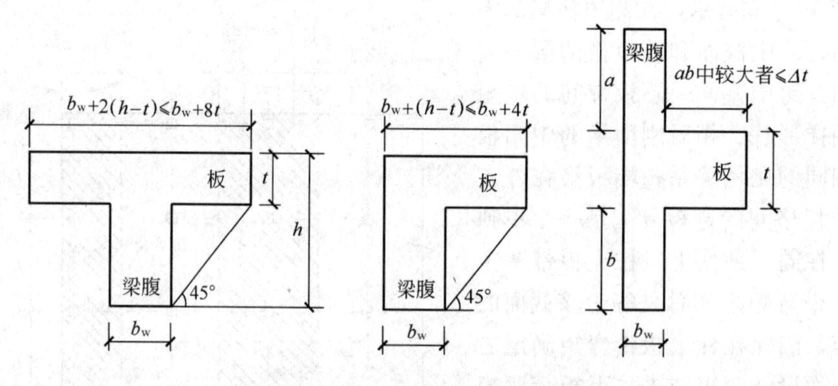

图 10.3-7　计算惯性矩时考虑的梁截面

β_t 为边梁受扭构件的相对抗扭刚度，$\beta_t=\dfrac{G_{cb}C}{l_1D}=\dfrac{E_{cb}C}{2\cdot l_1D}$；$G_{cb}$为边梁受扭构件混凝土剪切模量，$G_{cb}=0.5E_{cb}$；$C$ 为边梁受扭构件横截面的抗扭常数；对周边不设边梁的边端板格 $\beta_t=0$。

当$(\alpha l_1/l_1)\geqslant 1.0$ 时，支座间的梁应设计成能承受柱带弯矩的 85%；当$(\alpha l_2/l_1)$的值介于 0 和 1.0 之间时，梁承受的柱带弯矩的部分用线性内插法在 0 和 85%之间求得。对于设边梁的边等代框架，柱上板带的板应设计成能承受梁不承担的那部分弯矩。

10.4　平板的布筋形式

10.4.1　无粘结预应力筋的布置形式

由于无梁平板沿截面上的弯矩分布不均匀，因此预应力筋在柱上板带和中间板带中的分布应该是不同的。预应力筋的布置有多种不同方式，如图 10.4-1 所示。[24]

(1) 按柱上板带和中间板带布筋

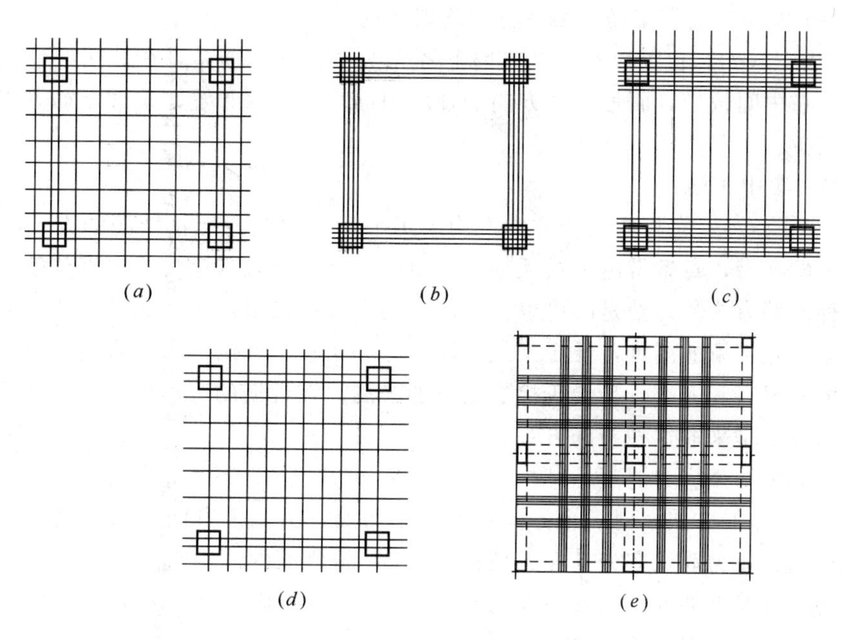

图 10.4-1　钢筋的布置方式

(a)75％布置在柱上板带，25％分布在中间板带；(b)双向均集中通过柱子布筋，板内配普通钢筋；(c)一个方向为带状集中布筋，另一个方向均匀布筋；(d) 一个方向按(a)方式布筋，另一方向均匀布筋；(e)双向均呈带状集中布筋

试验结果表明，通过柱子或靠近柱边的无粘结预应力筋比远离柱子的预应力筋分担的荷载多。因此应该将一些无粘结预应力筋穿过柱子或至少沿柱边布置。按柱上板带和中间板带分布预应力筋，反映了柱间弯矩分布的特点。可采取下列两种方式布置：①将60％～75％的预应力筋布置在柱上板带，其余 25％～40％分布在中间板带(如图10.4-1a)；②将 50％的预应力筋直接穿过柱子布置，其余的在柱间均匀布置。这种布筋方式虽然与板中弯矩分布情况一致，但是需要将预应力筋编结成网，给施工带来不便，甚至影响施工速度。

(2) 按两个方向均集中通过柱布筋

20 世纪 70 年代初，BBR 公司研究提出如图 10.4-1(b)所示的布筋方式，将两个方向的预应力筋都集中布置在柱轴线附近，用来形成预应力暗梁支承内平板，内平板则按梁支承的钢筋混凝土双向板进行设计，使之满足实用阶段裂缝宽度和极限承载力的设计要求。从抗剪受力来看，两个方向的预应力筋都布置在柱轴线附近，有利于提高板柱节点的抗冲切承载力。若使用中板的跨度很大，可以将钢筋混凝土内平板做成下凹形，已减小板厚。由于这种方式在平板中未配预应力筋，便于在板上开洞。

(3) 一个方向为带状集中布筋，另一个方向均匀布筋

这种方式将预应力筋沿一个方向柱轴线呈带状集中布置在离柱边 1.5h 的范围内，而在另一个方向采取均匀分散布筋的方式，如图 10.4-1(c)所示。这样可产生具有双向预应力的单向板系统，平板中的带状预应力筋起到支承梁的作用，可以获得较为均布的平衡荷载。试验表明，采用这种布筋方式的平板无论是在使用阶段还是在极限荷载阶段的结构受力和变形性能都很好，亦便于施工。

(4) 一个方向按板带布筋，另一方向均匀布筋

如图 10.4-1(d)，也可以在一个方向上将 75%的预应力筋布置在柱间板带，25%的预应力筋布置在中间板带，而另一个方向的预应力筋均匀分散布置。这种布筋方式在实际工程中应用较少。

(5) 双向集中布筋

如图 10.4-1(e)，在板内两个方向上均采用平行集中配置无粘结筋的方式，且双向均配置了若干配筋带，每条带由多根无粘结筋组成。在张拉端附近将集中束分散，以便布置锚具。这种配筋方式的好处是：可以在不同方向上分批铺束，避免无粘结筋在铺设过程中相互干扰、相互穿束的困难，便于工人掌握；有利于板上开洞、布置管线；定位架数量减少，从而节省材料和人工，且便于检查筋束的矢高。在近期的工程中，珠海机场候机楼无粘结预应力楼盖是采取这种布筋方式。

我国《无粘结预应力混凝土结构技术规程》(JGJ/T 92—93)建议采用图 10.4-1(a)及图 10.4-1(c)的布筋方式。对一个方向带状集中布筋，另一个方向均匀布筋的方式，集中布置的无粘结预应力筋，宜分布在各离柱边 1.5h 的范围内；均布方向的预应力筋，最大间距不得超过板厚度的 6 倍，且不宜大于 1.0m。各种布筋方式每一方向穿过柱子的无粘结预应力筋的数量不得少于 2 根。

10.4.2 非预应力筋的布置形式

采用无粘结预应力混凝土的构件，应当在混凝土受拉区含有一定数量的非预应力筋。如果构件在使用中出现裂缝，这种钢筋可用来控制和分布裂缝。此外，由于避免了在裂缝开展处的混凝土应力集中，非预应力筋可以改善构件的延性，并增大其正截面抗弯强度。

对于无粘结预应力双向板，非预应力筋的截面面积及分布应符合下列规定[16]：

(1) 在柱边的负弯矩区内，每一方向上纵向非预应力钢筋的截面面积应符合：

$$A_s \geqslant 0.00075lh \tag{10.4-1}$$

式中 l——平行于计算纵向钢筋方向上板的跨度；

h——板的高度。

这些纵向非预应力钢筋应分布在各离柱边 1.5h 的板宽范围内，每一方向至少应设置 4 根直径不小于 16mm 的钢筋，纵向非预应力钢筋的间距不应大于 300mm，外伸出柱边长度至少为每一边净跨的 1/6。在受弯承载能力中若考虑纵向非预应力钢筋作用时，其外伸长度应按计算确定，并应符合钢筋锚固长度的要求。

(2) 在正弯矩区每一方向上的纵向非预应力钢筋的截面面积应符合：

$$A_s \geqslant 0.0015lh \tag{10.4-2}$$

在正常使用极限状态下受拉区不允许出现拉应力时，双向板每一方向上的纵向非预应力钢筋的截面面积应满足下式要求：

$$A_s \geqslant 0.001bh \tag{10.4-3}$$

钢筋直径不应小于 6mm，间距不应大于 200mm。

纵向非预应力钢筋应均匀分布在板的受拉区内，并应靠近受拉边缘布置，在受弯承载力计算中若考虑纵向非预应力钢筋的作用时，其长度应符合钢筋锚固长度的规范要求。

(3) 在平板的边缘和拐角处，应设置暗圈梁或设置钢筋混凝土边梁。暗圈梁的纵向钢筋直径不应小于 12mm，且不应小于 4 根；箍筋直径不应小于 6mm，间距不应大

于 250mm。

10.4.3 柱网不规则楼板中预应力筋的布置形式

图 10.4-2 所示无梁平板结构平面布置，奇数的柱轴线和偶数的柱轴线错半跨。按照预应力筋平衡荷载的概念，平行于“横向”柱轴线的主预应力筋系统，可以不考虑柱的位置，只需将预应力筋的高点，放在预应力筋与纵向轴线的交叉点，然后，该体系的反力由放在纵向柱轴线上的次预应力筋来承受。这样，由预应力筋平衡的那部分重力荷载将直接传到柱上，而板中不产生任何弯曲。

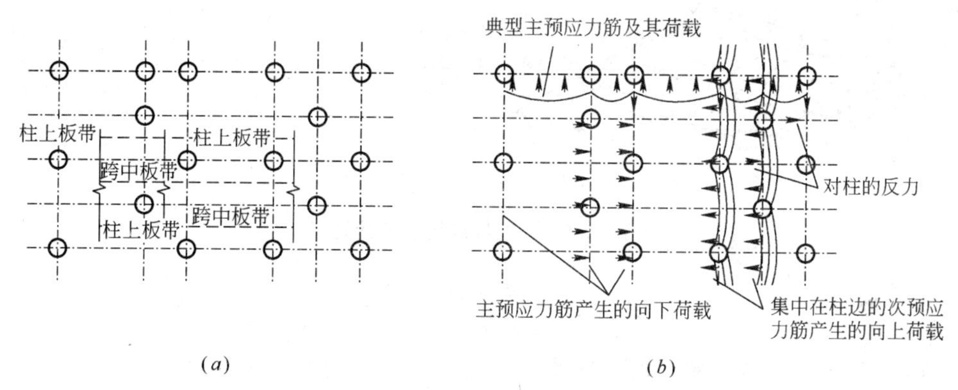

图 10.4-2　不规则柱网楼板布筋

(*a*)不规则柱网布置；(*b*)不规则柱网中条带预应力筋的荷载平衡

这是一个方向集中布筋而另一方向均匀分散布筋在柱子不按矩形网格布置时的应用，不仅受力合理，施工方便，且允许方便地将荷载传向柱子。

10.5　受弯承载力计算

为计算无粘结预应力构件的承载力，应根据跨高比区别梁或板，采用公式计算出相应的无粘结预应力筋的强度设计值，然后按现行规范的相应规定计算。详情参见本书关于预应力混凝土构件抗弯性能研究的部分。

10.6　无梁双向平板挠度计算

10.6.1 等代框架法用于柱支承双向板的变形计算

板格的跨中变形等于柱上板带的跨中变形与垂直方向的中间板带的跨中变形之和(图 10.6-1)[21]。

每块板的变形值可认为是以下三部分之总和：

(1) 假定板的两端固定，则板的跨中变形值由下式表示：

$$\Delta=\frac{\omega l^4}{384E_c I_{框架}} \tag{10.6-1}$$

上述变形值必须分解为柱上板带变形 Δ_c 和中间板带变形 Δ_m：

$$\Delta_c=\Delta\cdot\frac{M_{柱上板带}}{M_{框架}}\cdot\frac{E_c I_{cm}}{E_c I_c} \tag{10.6-2}$$

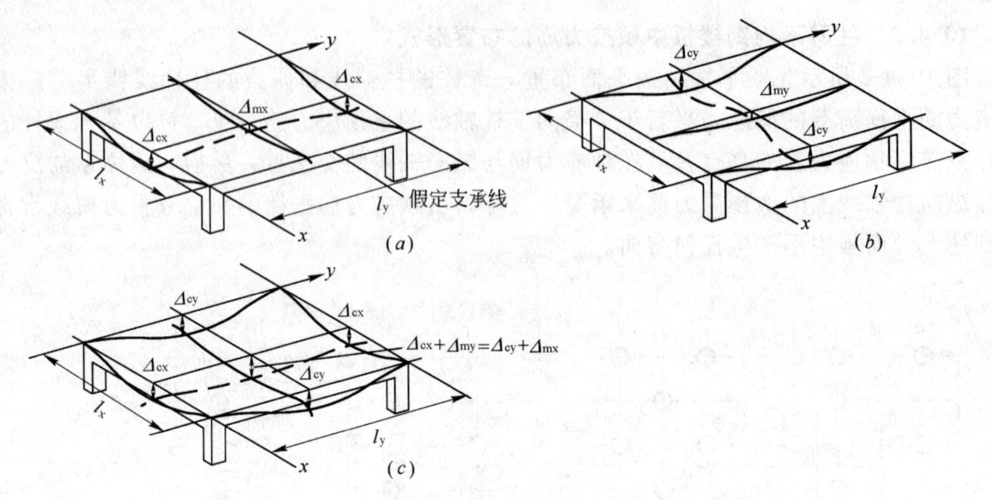

图 10.6-1　平板结构挠度计算

$$\Delta_{m}=\Delta\cdot\frac{M_{跨中板带}}{M_{框架}}\cdot\frac{E_{c}I_{cm}}{E_{c}I_{m}} \tag{10.6-3}$$

式中　I_{cm}——全部等代框架梁的惯性矩；

I_{c}——柱上板带的惯性矩；

I_{m}——中间板带的惯性矩。

（2）板心的变形值，$\Delta''_{\theta_L}=\frac{1}{8}\theta_L l$ 为右端作为固定、左端旋转时的变形，

式中
$$\theta_{l}=\frac{左\ M_{net}}{K_{ec}} \tag{10.6-4}$$

K_{ce}——等代柱抗弯刚度；

M_{net}——等代柱处板的不平衡弯矩。

（3）板心变形值，$\Delta''_{\theta_R}=\frac{1}{8}\theta_R l$ 为左端作为固定、右端旋转时的变形，

式中
$$\theta_{R}=\frac{右\ M_{net}}{K_{ec}} \tag{10.6-5}$$

因此，

$$\Delta_{cx}\text{或}\ \Delta_{cy}=\Delta_{c}+\Delta''_{\theta_L}+\Delta''_{\theta_R} \tag{10.6-6}$$

$$\Delta_{mx}\text{或}\ \Delta_{my}=\Delta_{m}+\Delta''_{\theta_L}+\Delta''_{\theta_R} \tag{10.6-7}$$

上式所用之 Δ_{c}、Δ''_{θ_L} 及 Δ''_{θ_R} 值应与所计算跨度方向相适应。所以，总变形值为：

$$\Delta=\Delta_{cx}+\Delta_{my} \tag{10.6-8}$$

或
$$\Delta=\Delta_{cy}+\Delta_{mx} \tag{10.6-9}$$

所得跨中挠度原则上应相等。

10.6.2　柱支承双向板挠度的简化计算方法

双向板的挠度计算除考虑边界条件、荷载分布、加载时间等因素外，还与混凝土开裂、预应力损失及徐变引起的刚度变化有关，所以计算比较复杂。如果挠度计算是为了设计的目的，则宜采用近似而偏于安全的简单方法。如果挠度计算是非常重要的，则应采用

较精确的计算方法。[4]

由双向板典型的变形状态，板在中点的挠度可近似取为正交板挠度之和。为计算这些板梁的挠度，可查有关静力计算手册连续梁的计算系数表。例如，有一两向各为三连跨的双向板，与计算内板格在活载 q 作用下的最大挠度。根据求连续梁某跨跨中最大正弯矩的荷载分布，除将荷载布置在该跨外，每隔一跨均匀布置活荷载的不利荷载布置原则，查表得三跨板梁中间跨的位移 $\Delta=2.60ql^4/(384EI)$，见图 10.6-2。双向板内板格最大挠度可由下式求得：

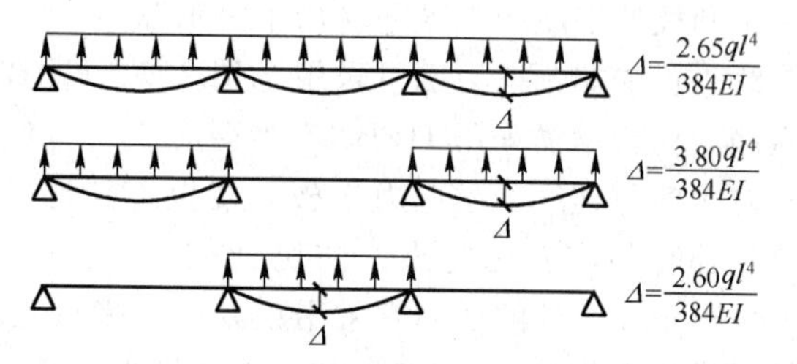

图 10.6-2　连续板梁的挠度计算公式

$$\Delta=\left(\frac{2.60+2.60}{384}\right)\frac{ql\cdot l^4}{E\cdot l\cdot h^3/12}=0.163\frac{ql^4}{Eh^3} \quad (10.6\text{-}10)$$

在挠度计算中，若板中混凝土的应力小于开裂应力，即按《混凝土结构设计规范》(GB 50010—2002)正常使用极限状态下要求不出现裂缝的板，计算短期荷载时的惯性矩取用换算截面惯性矩的 0.85 倍。

10.7　冲切设计计算

预应力无梁平板的承载力往往受剪力控制。在板柱结构中，由于柱支承着双向板，所以在靠近柱子处就有很高的剪应力，产生冲切或冲剪破坏。此时，围绕柱子出现斜裂缝。破坏面从柱子处的板底斜向伸展至顶面，形成圆锥面或棱锥面——“冲切破坏锥”。斜裂缝与水平线的倾角 θ 取决于板的配筋和预加应力的程度，一般在 20°～50°之间。

无粘结预应力混凝土板的冲切承载力，主要取决于混凝土的抗拉强度及板中施加预应力值的大小。此外，也与冲切面的计算周长及板的有效厚度有关，通常规定取距柱边 $h_0/2$ 处的周长作为计算周长。

在柱子集中反力或局部荷载作用下，当混凝土板的冲切承载力不满足设计要求且板厚度受到限制时，可采取各种配筋加强措施来增加板的冲切承载力，如采用配置箍筋、弯起钢筋或锚栓承担柱周围冲切荷载。箍筋应做成封闭式，并沿柱两个轴向均匀配置。若用型钢如工字钢、槽钢或角钢来承担柱周围冲切荷载的，称作型钢剪力架法。

具体情况请参阅本书第 8 章。

10.8　设计步骤

无粘结预应力混凝土平板结构设计的一般步骤如下：

(1) 结构选型与结构布置

后张预应力板柱结构适用于跨度为 6～12m，活荷载在 5kN/m² 以内。中等地震烈度区，柱网宜优先选取等柱网，有时从建筑和使用上可设置悬挑部分，同时一个方向的柱子不宜少于 3 个，必要时需设置剪力墙。

(2) 材料、构件截面的选择

板和柱的混凝土强度等级均不宜低于 C30；预应力筋宜采用无粘结预应力碳素钢丝、钢绞线。板中非预应力筋可采用 HPB235、HRB335 级钢筋，柱的受力纵筋采用 HRB335 级钢筋，构造钢筋采用 HPB235 级钢筋。

对于各跨连续的预应力平板，楼板跨高比可取 40～45，屋盖的跨高比可取 45～48。板厚选择时还应考虑防火及防腐蚀的要求。一般来说，板厚不宜小于 120mm，常用为 160 ～200mm。柱的截面宜采用正方形或接近正方形，其截面尺寸可通过轴压比限值(与钢筋混凝土框架柱相同)来控制，柱的最小边长不宜小于 350mm。

(3) 冲切承载力的初步验算

估算柱的集中反力设计值，应用《无粘结预应力混凝土结构技术规程》中公式 4.3.6 对板厚做冲切承载力的初步验算。

(4) 预应力筋的估算及布置

对于后张预应力平板，宜采用荷载平衡法估算预应力筋的面积。平衡荷载通常取板自重或自重加 20%活载。板中预应力筋用量还应满足平均预压应力的要求，一般来说，其值不宜小于 1.0N/mm^2，也不宜大于 3.5N/mm^2。

(5) 结构内力计算

预应力板柱结构在恒载、活载、等效荷载以及风载和水平地震作用下板梁和柱的内力可按等代框架法进行。

(6) 使用阶段应力验算

应分别采用荷载短期效应组合和长期效应组合，按《无粘结预应力混凝土结构技术规程》中的公式进行正截面抗裂验算。其中，短期和长期的拉应力限制系数分别为 $\alpha_{ct,s}=0.6$，$\alpha_{ct,t}=0.25$。另外，在使用荷载下，混凝土板边缘纤维的压应力不应超过 $0.8f_c$。

若设置的预应力筋不能满足设计要求，则需调整预应力筋的面积，重新计算。

(7) 正截面承载力验算

在进行正截面承载力验算时，应考虑次弯矩的影响。

(8) 受冲切承载力验算

节点冲切承载力计算时应考虑节点不平衡弯矩的影响。然后，按《无粘结预应力混凝土结构技术规程》中的公式进行验算。若不能满足设计要求，可采取配置附加钢筋加强等措施来解决。

(9) 挠度验算

(10) 施工阶段的验算

施工阶段应对在施工荷载和预加力作用控制截面上、下边缘的法向应力进行验算，并进行局部承压设计计算。

(11) 绘制结构施工图

预应力板柱结构施工图包括预应力筋和非预应力筋的布置图，预应力筋的坐标图，局部承压垫板及配筋图，有关构造措施、大样及施工说明等内容。

10.9 构造及施工要求

(1) 板的锚固区构造

1）单根无粘结预应力筋的锚固区应配有承压板及螺旋筋。当每根无粘结钢绞线设单独垫板时，钢承压板的尺寸一般为100mm×100mm，厚度为10mm。为了局部承压的需要，承压板的尺寸可以适当放大。螺旋筋可采用$\phi 6$钢筋制成，直径95～100mm，长4.5圈。

2）当张拉端设在建筑物周边时，混凝土楼板宜伸出柱边，形成宽约200mm的悬挑带，方便预应力施工。

3）无粘结预应力筋张拉完毕后，应及时对锚固区进行保护和防腐蚀处理。然后用防腐油脂将锚杯内充填密实，并用塑料或金属帽盖严，再在锚具及承压板表面涂以防腐涂料。

4）固定端锚具可以设置在结构端部的墙内，或板柱节点内。当锚固端设置在板跨内时，应配置如图10.9-1的传递拉力的构造钢筋，防止出现图中虚线所示的裂缝或限制其宽度。

当少部分预应力筋需锚固在板内时，为避免拉力集中使混凝土开裂，可采取交错位置锚固，使相邻锚板位置错开300mm。

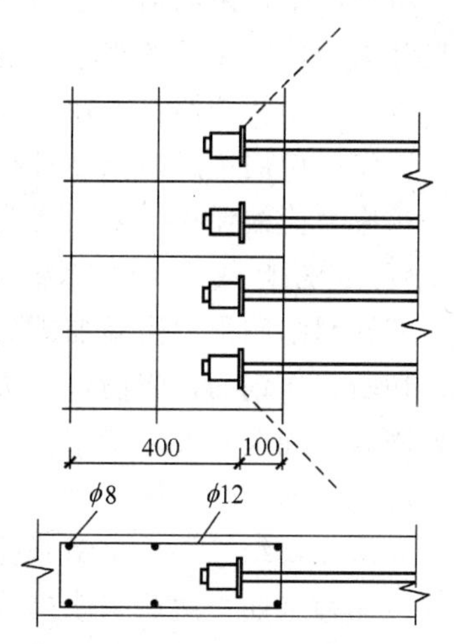

图10.9-1 跨中锚固端构造钢筋

（2）板柱节点

现浇板柱节点形式及构造设计应符合下列要求：

1）无粘结预应力筋和按规定配置的非预应力纵向钢筋应正交穿过板柱节点。每一方向穿过柱子的无粘结预应力筋不应少于2根。

2）如需增强板柱节点的受冲切承载力，可采用以下方法：

① 将板柱节点附近的板局部加厚或加柱帽。

② 可采用穿过柱截面布置于板内的暗梁，暗梁由抗剪箍筋与纵向钢筋构成。此时上部钢筋不应少暗梁宽度范围内柱上板带所需非预应力纵向钢筋，且直径不应小于16mm；下部钢筋直径也不应小于16mm。

③ 可采用相互垂直并通过柱子截面的型钢，如工字钢、槽钢焊接而成的型钢剪力架。

（3）边板和角板的构造配筋

由于锚固端的预加力传递到板中需要一定的距离，所以在板的边缘存在无预应力的死角。在这些区域需要配置非预应力分布钢筋，这种钢筋布置在与板边垂直的方向上。我国目前还没有相关的构造规定，在设计时可以参考瑞士的工程设计建议，对边板板底的非预应力筋：

$$\rho_s = 0.0015 - 0.5\rho_p \geq 0.05\% \quad (10.9\text{-}1)$$

式中 ρ_s——非预应力筋的配筋率，$\rho_s = A_s / bh_0$；

ρ_p——预应力筋的配筋率，$\rho_p = A_p / bh_0$。

（4）其他

1）当无粘结预应力筋长度超过25m时，宜采用两端张拉；当长度超过50m时，宜采取分段张拉。

2）在密肋板、单向连续平板和双向平板中，必须配置无粘结预应力筋的支撑钢筋，其间距不宜大于2m，直径不宜小于10mm。支撑钢筋应采用HPB235级钢筋。

10.10 开洞平板的设计探讨

在无粘结预应力平板结构应用过程中，经常会遇到开洞处理的问题。楼面上洞口由于楼梯、电梯、管道(管道井)等的需要总是存在的，洞口周边的正确处理就成为工程实践中不可缺少的环节。目前，在无粘结预应力平板开洞可采用如下方法[20]：

(1) 断筋直接锚固法

将开洞结构采取适当措施加固后，在混凝土板上通过钻孔机或其他手段开凿洞口，洞口尺寸大于使用要求的规格。切断非预应力筋，清除周边混凝土碎渣，将特殊承力架放入洞口内，采用特殊锚具，在应力状态下将无粘结筋锚固至有效预应力值，然后切断无粘结筋，再将洞口周边用高强度等级细石混凝土封堵。采用这种工艺切断的无粘结预应力筋，筋内预应力值被保存下来，无需二次张拉，且洞口处预应力筋保持连续。

(2) 断筋卸载二次张拉法

将开洞结构采取措施加固后，采用钻孔或其他方法开凿洞口，剔除洞口周边混凝土碎渣，切断普通钢筋，将洞口周边用高强度等级细石混凝土或高强度等级砂浆找平，嵌入槽钢加固洞口周边，安装专用夹具及弹性可压缩支垫，通过特殊工艺手段缓速释放无粘结筋内预应力，即可达到卸载目的。

如果无粘结筋要求重新张拉锚固，则可在卸除预应力后，换上普通锚具，按设计值重新张拉无粘结筋，然后采取措施保护锚具，封堵周边混凝土。如果洞口尺寸较小，张拉设备不好操作，可采用变角张拉工艺。

(3) 卸载拆除法

对于无粘结预应力结构中的预应力筋拆除，可采用中间卸载法消去无粘结筋内预应力，其操作工艺及原理见“断筋卸载二次张拉法”，也可采用端头卸载法消去无粘结筋内预应力，端头卸载法的原理是通过适当措施使端头承压垫板移动，达到卸载目的。

无粘结预应力板中的洞口问题有很多方面：

(1) 洞口对板的弹性弯矩的影响；

(2) 当洞口靠近板柱结构的柱时引起的板的抗剪强度的降低；

(3) 洞口对板的强度的影响；

(4) 洞口对板的破坏载荷的影响；

(5) 预应力筋绕过洞口时的偏移而产生的无粘结筋的侧向力作用，对洞口产生裂缝形态的影响；

(6) 板内有预加应力，而洞口周边板无预加应力，对有洞口板破坏形态的影响。

《无粘结预应力混凝土结构技术规程》(JGJ/T 92—93)中规定：在板内无粘结预应力筋可分两侧绕过开洞处铺放，无粘结预应力筋距洞口不宜小于150mm，水平偏移的曲率半径不宜小于6.5m。洞口边还应配置构造钢筋加强。在此基础上，经过计算分析和实验研究，在工程结构设计中提出以下几条建议：

(1) 预应力平板开洞后，洞口周边的应力分布发生很大变化，因而在构造配筋时，洞口周边必须配置加强钢筋，同时，洞口角部还需配置斜向角筋，配筋范围在洞口外围 $0.25l$（洞口边长）以内。

(2) 开洞对预应力平板整体性也有一定程度的影响，削弱了平板的强度和刚度，同时也降低其承载能力，因而建议开洞平板的厚度设计取值比普通平板增厚10%左右，以确保其强度、刚度及抗裂性。

(3) 考虑到不同位置的洞口对板的影响程度不同，建议洞口尽量开在板的侧中部或角部，避免开在板的中心处。因为中心开洞板整体性能被削弱的程度最大。

(4) 结构分析时，对开洞楼板可采用有限元方法进行内力和变形计算。预应力筋的布置和外形应尽可能与弯矩图一致，并尽可能的靠近受拉区边缘布置，以提高结构的抗裂度和承载能力。遇到洞口，无粘结筋距离洞口侧边需大于150mm，距离洞口角部须大于300mm。遇到大的洞口，预应力筋可不绕行，可截断并锚固在洞口侧边，但洞口周边必须另行设置暗梁或小梁。

10.11 无粘结预应力混凝土平板设计实例

10.11.1 设计资料

图10.11-1为后张无粘结预应力混凝土平板用于多层办公楼的楼面结构体系。南北方向三跨，东西方向五跨，柱网为7.0m×9.0m。柱截面600mm×600mm。

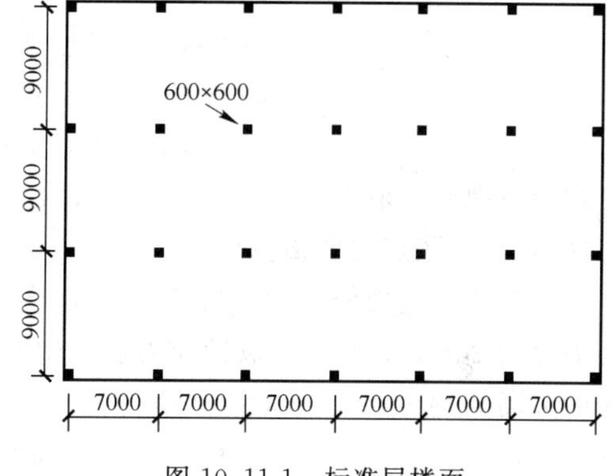

图10.11-1 标准层楼面

其设计资料如下：

(1) 荷载：

活荷载 $p_k=2.0\text{kN/m}^2$（办公荷载）

附加恒载 $g'_k=2.0\text{kN/m}^2$（隔墙、服务设施、面层）

(2) 标准层层高：3.6m

(3) 耐火期限：1.5h

(4) 材料：

混凝土采用强度等级C40，

$$f_{tk}=2.39\text{N/mm}^2,\quad f_t=1.71\text{N/mm}^2$$

$$E_c=3.25\times10^4\text{N/mm}^2$$

预应力筋采用 $\phi^s15.2$ 无粘结低松弛钢绞线，$f_{ptk}=1860\text{N/mm}^2$

$$E_p=1.95\times10^5\text{N/mm}^2$$

普通钢筋：

HPB235级：$f_y=210\text{N/mm}^2$，$E_s=2.1\times10^5\text{N/mm}^2$

HRB335级：$f_y=300\text{N/mm}^2$，$E_s=2.0\times10^5\text{N/mm}^2$

板的跨厚比取45，板厚$=l/45=9/45=0.2\text{m}$，取 $h=200\text{mm}$

10.11.2 冲切承载力的初步验算

(1) 中柱

作为初步估算，近似地将不平衡弯矩的影响看成是竖向荷载剪力乘以扩大系数1.2。

$$q=1.2\times(0.2\times25+2.0)+1.4\times2.0=11.2\text{kN/m}^2$$

$$F_l=1.2\times9.0\times7.0\times11.2=847\text{kN}$$

设 $h_0=0.9h=0.9\times200=180\text{mm}$

$$u_m=4\times(600+180)=3120\text{mm}$$

设 $\sigma_{pc}=2.5\text{N/mm}^2$

$$\begin{aligned}F_{lu}&=(0.6f_t+0.15\sigma_{pc})u_m h_0\\&=(0.6\times1.71+0.15\times2.5)\times3120\times180\\&=787\text{kN}<F_l\end{aligned}$$

(2) 边柱

同理

$$F_l=1.5\times7.0\times4.5\times10.5=529\text{kN}$$

$$u_m=600+180+2\times(600+180/2)=2160\text{mm}$$

$$F_{lu}=(0.6\times1.71+0.15\times2.5)\times2160\times180=545\text{kN}>F_l$$

修正板厚，取 $h=220\text{mm}$,则 $q=1.2\times(0.22\times25+2.0)+1.4\times2.0=11.8\text{kN/m}^2$。

对中柱，

$$F_l=1.2\times9.0\times7.0\times11.8=892\text{kN}$$

$$h_0=0.9\times220=198\text{mm}$$

$$u_m=4\times(600+198)=3192\text{mm}$$

$$F_{lu}=(0.6\times1.71+0.15\times2.5)\times3192\times198=886\text{kN}<F_l$$

综合考虑后，取 $h=220\text{mm}$，可通过设置附加钢筋的方法满足中柱冲切承载力要求。

10.11.3 预应力筋估算

采用三跨预应力筋连续布置方案。由于耐火期限为1.5h，无粘结预应力筋的最小保护层厚度为20mm。所以，取预应力筋的中心线至上、下板面的距离为30mm。则边跨和中跨的矢高分别为

$$f_1=80+80/2=120\text{mm}$$

$$f_2=f_1=120\text{mm}$$

在柱顶部位的预应力筋采用过渡曲线，反弯点的位置为 $al=0.005\times9000=450\text{mm}$，且 $\lambda=0.5$，反弯点距最高点的位置为：

$$e=\frac{\alpha}{\lambda}(e_1+e_2)=\frac{0.05}{0.5}(80+80)=16\text{mm}$$

$$\tan\theta=\frac{2(e_1+e_2)}{\lambda l}=\frac{2\times(80+80)}{0.5\times900}=0.071$$

过渡曲线的曲率半径 r_c 为：

$$r_c=\frac{\alpha\lambda l^2}{2(e_1+e_2)}=\frac{0.05\times0.5\times9^2}{2\times(0.08+0.08)}=6.33\text{m}$$

取平衡荷载为板的自重，即 $w_b=q_G=0.22\times25=5.5\text{kN/m}^2$，按荷载平衡法确定预应力筋的有效预加力为：

$$N_p=\frac{w_b l^2}{8f_1}=\frac{5.5\times9^2}{8\times0.12}=464\text{kN/m}$$

低松弛预应力钢绞线的张拉控制应力可取为：

$$\sigma_{con}=0.75f_{ptk}=0.75\times1860=1395\text{N/mm}^2$$

为简化起见，取总损失为 $\sigma_l=0.15\sigma_{con}=0.15\times1395=209\text{N/mm}^2$

故有效预应力为 $\sigma_{pe}=0.85\sigma_{con}=1186\text{N/mm}^2$，单根 $\phi^s15.24$ 预应力钢绞线的面积为 $A_{p1}=140\text{mm}^2$，所需预应力钢绞线的根数为：

$$n=\frac{N_p}{\sigma_{pe}A_{p1}}=\frac{464\times10^3}{1186\times140}=2.79\ \text{根/m}$$

在 N－S 方向需配置 2.79×7＝20 根预应力钢绞线，总有效预拉力为 $N_{pe}=3321\text{kN}$。混凝土平均预压应力为：

$$\sigma_{pc}=\frac{2.79\times1860\times140}{1000\times220}=2.11\text{N/mm}^2$$

10.11.4 平板内力分析

(1) 刚度

在竖向荷载作用下，等代框架梁的计算宽度可取柱两侧半跨之和，即 $b=7\text{m}$，则板梁的抗弯线刚度 K_s 为：

$$K_s=\frac{4E_c\times7\times0.2^3/12}{9-0.6/2}=0.00215E_c$$

柱的抗弯线刚度 K_c 为：

$$K_c=\frac{4E_c\times0.6\times0.6^3/12}{3.6-2\times0.2}=0.0135E_c$$

内柱的抗扭常数 C 为：

$$C=\left(1-0.63\times\frac{0.2}{0.6}\right)\frac{0.2^3\times0.6}{3}=0.00126$$

内柱两侧抗扭构件的抗扭线刚度 K_t 为：

$$K_t=2\times\frac{9E_c\times0.00126}{7\times(1-0.6/7)^3}=0.0042E_c$$

所以，柱的等效刚度为：

$$K_{ec}=\frac{2\times0.0135E_c}{1+2\times0.0135/0.0042}=0.00363E_c$$

(2) 单位线荷载作用下的弯矩

应用力矩分配法，单位线荷载作用下的弯矩值如图 10.11-2 所示。

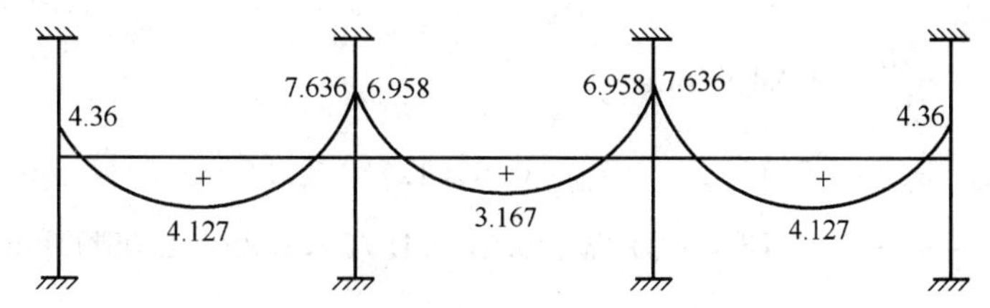

图 10.11-2 等代框架上的板端弯矩图

(3) 弯矩设计值

由于作用于板端的活荷载小于恒载的 75%，为方便起见，可以不考虑活荷载的不利布置，按均布荷载考虑。板在各种荷载组合下的控制截面弯矩见表 10.11-1。其中线荷载取值如下：

基本组合

$$q_0=[1.2\times(0.22\times25+2.0)+1.4\times2.0]\times7.0=82.6\text{kN/m}$$

短期组合

$$q_s=[(0.22\times25+2.0)+2.0]\times7.0=66.5\text{kN/m}$$

长期组合

$$q_l=[(0.22\times25+2.0)+0.4\times2.0]\times7.0=58.1\text{kN/m}$$

预加应力

$$q_p=0.22\times25\times7.0=38.5\text{kN/m}$$

各种荷载下板控制截面的弯矩值(kN·m)　　**表 10.11-1**

荷载作用	边跨			中跨	
	跨端支座	跨中	内支座	左支座	跨中
单位荷载	−4.36	4.127	−7.636	−6.958	3.167
基本组合	−360.1	340.9	−630.7	−574.7	261.6
短期组合	−289.9	274.4	−507.8	−462.7	210.6
长期组合	−253.3	239.8	−443.7	−404.3	184.0
预加应力	167.9	−158.9	294.0	267.9	−121.9

10.11.5 使用阶段应力验算

板的截面几何特征为：

$$A=7000\times220=1.54\times10^6\text{mm}^2$$

$$I=\frac{1}{12}\times7000\times220^3=6.211\times10^9\text{mm}^4$$

$$W=6.211\times10^9/110=5.65\times10^7\text{mm}^3$$

(1) 边跨跨中截面

$$\sigma_{pc}=\frac{N_{pe}}{A}+\frac{M}{W}=\frac{3321\times10^3}{1.54\times10^6}+\frac{158.9\times10^6}{5.65\times10^7}=4.97\text{N/mm}^2$$

$$\sigma_{sc}=\frac{M_s}{W}=4.86\text{N/mm}^2$$

$$\sigma_{lc}=\frac{M_l}{W}=4.24\text{N/mm}^2$$

$$\sigma_{sc}-\sigma_{pc}=-0.11<\sigma_{ct,s}\gamma f_{tk}=0.6\times1.75\times2.39=2.51\text{N/mm}^2$$

$$\sigma_{lc}-\sigma_{pc}=-0.73<\sigma_{ct,l}\gamma f_{tk}=0.25\times1.75\times2.39=1.05\text{N/mm}^2$$

满足要求。

(2) 边跨内支座截面

计算步骤同(1)。经验算，满足要求。

(3) 非预应力筋的布置

在跨中处不存在拉应力，所以按构造要求配置非预应力筋：

$$A_s=0.001bh=0.001\times1000\times220=220\text{mm}^2$$

则配置 $\phi8@200$，$A_s=252\text{mm}^2$。

在柱支承处板的顶面，应按下式配置非预应力筋：

$$A_s=0.00075hl=0.00075\times220\times9000=1485\text{mm}^2$$

配 $6\phi18$，$A_s=1527\text{mm}^2$。

垂直于自由边的板底配筋率为(取 $h_0=190\text{mm}$)：

$$\rho_s=0.0015-0.5\rho_p=0.0015-0.5\times\frac{20\times140}{9000\times190}=0.0007<0.001$$

所以仍按 $\rho_s=0.001$ 配置，即 $\phi8@200$。

10.11.6　正截面承载力验算

(1) 边跨跨中截面

$$M_{综}=158.9\text{kN}\cdot\text{m}$$

$$M_{主}=3321\times0.08=256.7\text{kN}\cdot\text{m}$$

$$M_{次}=M_{综}-M_{主}=-97.8\text{kN}\cdot\text{m}$$

设计弯矩 $M=M_{外}+M_{次}=340.9+97.8=438.7\text{kN}\cdot\text{m}$

假定预应力筋与非预应力筋设在同一高度，则

$$h_p=190\text{mm}$$

$$\beta_0=\frac{\rho_p\sigma_{pe}}{f_c}+\frac{\rho_s f_y}{f_c}=\frac{2.79\times140\times1186}{1000\times190\times19.1}+\frac{252\times300}{1000\times190\times19.1}=0.149$$

$$\sigma_p=\frac{1}{\gamma_s}[\sigma_{pe}+(250-380\beta_0)]=\frac{1186+(250-380\times0.149)}{1.2}=1149.5\text{N/mm}^2$$

取 $\sigma_p=\sigma_{pe}=1186\text{N/mm}^2$

$$x=\frac{A_p\sigma_p+A_s f_y}{b\cdot f_c}=\frac{2.79\times140\times1186+252\times300}{1000\times19.1}=28.2\text{mm}$$

$$\frac{x}{h_0}=\frac{28.2}{190}=0.148<0.25$$

$$\begin{aligned}M_u&=bx\cdot f_c(h_0-x/2)=7000\times28.2\times19.1\times(190-28.2/2)\\&=663.2\text{kN}\cdot\text{m}>M=438.7\text{kN}\cdot\text{m}\end{aligned}$$

符合要求。

(2) 边跨内支座截面

计算步骤同(1)。经验算，承载力符合要求。

10.11.7　抗冲切承载力验算

(略)

10.11.8　挠度验算

(略)

10.11.9　钢筋布置

(略)

思 考 题

1. 试简要描述后张预应力混凝土平板结构的结构形式、适用范围及主要优点。
2. 平板结构受竖向荷载时的实用分析方法有哪些？应用这些分析方法的前提条件是什么？
3. 等代框架法的基本设计思路是什么？等代框架由哪些部分组成？
4. 等代框架法的设计步骤可分为哪几部分？
5. 平板无粘结预应力筋的布置形式有哪几种？有何特点？

第11章　预应力混凝土结构的抗震设计

11.1　概　　述

11.1.1　地震震害简述

随着社会经济的发展，城市人口越来越多，目前全世界的半数人口集中在不到0.7%的陆地面积上。世界上多次破坏性地震都集中在城市，如1906年美国旧金山大地震(M8.3)、1923(M8.4)、1968年日本十胜冲大地震(M8.0)、1976年中国唐山大地震(M7.8)、1989年美国洛马·普里埃塔地震(M7.0)、1994年美国诺斯雷奇地震(M6.7)、1995年日本神户大地震(M7.2)等。这些城市在地震中均遭到毁灭性的破坏，经济损失严重。地震震害不仅是因其巨大能量的释放造成大量地面构筑物和各种设施的破坏与倒塌，而且随着城市现代化与经济高度发展，次生灾害造成的交通及其他设施的毁坏也越来越严重。统计数据表明，1960年以来大地震所造成的经济损失每十年几乎翻一番，个别震害的经济损失更加巨大(如1995年1月日本神户地震，总损失为1000亿美元)。

我国是世界上的多地震国家之一，全国大多数地区都处于地震区。我国地震活动带大致可划分为六个地震活动区：①台湾及其附近海域；②喜马拉雅山脉地震活动区；③南北地震带；④天山地震活动区；⑤华北地震活动区；⑥东南沿海地震活动区。从1966年至1976年，我国大陆发生的八大地震均具有强度大、频度高、震源浅的特点。从地质构造上看，都是断裂剧烈活动的地区。近10年来，我国地震活动较为频繁，因此，工程结构的抗震设计就显得更为重要。

11.1.2　历次地震中预应力混凝土结构的震害现象

(1) 前南斯拉夫斯科普里(Skopje)地震(1963年7月)

前南斯拉夫斯科普里是地震多发地区，历史上每500年左右可能发生一次灾难性的地震。1963年7月斯科普里地震震级为里氏6.2级，浅震，震中在斯科普里附近。由于斯科普里建在几百英尺的冲积层之上，冲积层在地震前饱和液化，且因为震源浅，斯科普里受到极大破坏。砌体结构、木结构、砖和钢筋混凝土混合结构的建筑物都发生严重破坏或倒塌。

但在强震区的单层工业厂房，由于广泛采用了预制预应力混凝土构件，例如吊车梁和屋面板采用高强预应力钢丝束。在这些工程中预应力混凝土构件没有一根受损破坏。

(2) 阿拉斯加(Alaska)地震(1964年3月)

美国阿拉斯加地震为里氏8.4级，震中位于安克雷奇(Anchorage)以东120km，在13万km^2范围内的建筑物、港湾、公路、铁路等都受到震害。安克雷奇的振动周期为大于0.5s的长周期振动，主震约持续3min。多数高层建筑都受到严重破坏，但低层工业建筑和木结构建筑都几乎没有受到破坏。

在这次地震中，有27栋建筑物采用预应力混凝土构件，其中21栋没有受到破坏或仅仅是非结构构件产生局部破坏，6 幢倒塌或严重破坏(占 22%)。

在受损破坏的 6 栋建筑物中，有 5 栋采用了 18m 跨预应力单 T 或双 T 形屋面板，由于墙体的强度和稳定性不够，墙体与屋面板的连接薄弱，在强烈地震作用下，墙体倒塌，预应力屋面板塌落。另外一栋建筑名为四季大楼，6 层升板结构，采用了无粘结预应力混凝土技术，在地震中倒塌。这件事在 1965 年第三届世界地震工程会议上引起了激烈的争论。根据参与调查分析的大多数专家的意见，四季大楼倒塌的主要原因，不是混凝土楼板施加预应力，而是由于作为抗侧力结构的钢筋混凝土筒体强度不足，筒体与基础连接不牢固。

(3) 罗马尼亚布加勒斯特(Bucharest)地震(1977 年 3 月)

罗马尼亚布加勒斯特已于 1940 年遭受过一次地震，大量建筑物在该次地震中受到震动，但没有一幢倒塌，这些建筑物的自振周期可能因开裂而大大地延长。

1977 年的地震震级为里氏 7.2 级，震中位于布加勒斯特以北约 160km 的弗朗恰(Vrancea)山区，震源深度约 100km，属中深源地震。这次地震波及面广，位于平原地区的布加勒斯特地震烈度达 8～9 度，旧建筑破坏较普遍，有 1000 幢房屋遭严重破坏，但震中区破坏程度并不严重。布加勒斯特有 35 幢 9～12 层的钢筋混凝土高层建筑物倒塌或局部倒塌，其中有 32 幢是在二次世界大战前建造的，在 1940 年地震中可能受到了振动，另外 3 幢为考虑 7 度设防的钢筋混凝土新建筑。

布加勒斯特有 30 万幢新住宅是战后建造，其中 7 万幢为预制预应力结构，这是首次出现大量的预制预应力混凝土建筑经受地震作用。二次世界大战后，罗马尼亚的预制预应力混凝土建筑开始以 4 层为主，后来发展到 7 层、9 层、13 层、15 层。这些预制预应力建筑采用各种各样的结构体系，但大多数使用剪力墙体系来抵抗水平力，预制构件通过钢筋焊接和节点现浇来保证结构的连续性。预制构件以预制预应力楼板为主，其他还有预制预应力混凝土梁，预制混凝土墙板等。这些不同结构类型的预制预应力建筑在地震中受破坏程度最轻。值得注意的是，这些预制预应力建筑物的自振周期估计为 0.6～0.7s，而地震周期为 1.5s。

布加勒斯特运输部计算中心的一幢 4 层预制预应力混凝土结构倒塌。该建筑为钢筋混凝土无梁楼盖结构形式，内部为轻质隔墙，外墙为轻质挂板，楼板为预制预应力混凝土空心板。由于钢筋混凝土柱强度和延性不足，导致底层柱主筋压屈，造成建筑物上部倒塌。

(4) 墨西哥城(Mexico City)地震(1985 年 9 月)

1985 年墨西哥地震是历史上对现代建筑破坏最强的一次地震，地震连续两次，震级分别达里氏 8.1 级和 7.5 级，震中位于距离墨西哥城 400km 的太平洋，距离墨西哥太平洋海岸 30km。在墨西哥城，地质条件变化较大，人口密集的市区为湖床沉积层，而离震中近的西部市郊为坚硬的山丘。根据记录，市区湖床回填土层中地面加速度高达 0.2g，坚硬土层加速度却仅为 0.04g，说明软弱回填土将地面加速度明显放大。

据统计，有 265 幢建筑物倒塌或严重破坏，多数为 6～15 层建筑，其中 143 幢为钢筋混凝土框架结构，10 幢为钢框架结构，85 幢为平板(或密肋板)结构，17 幢为砌体结构，10 幢是其他结构类型。后来，墨西哥工程学会公布 760 幢建筑需要拆除。

墨西哥每年需用 7000～8000 吨预应力钢丝束和 7000 吨预应力钢绞线。由于街道拥挤狭小，吊装大型预制预应力构件非常困难，因此市中心只有少量建筑采用预制预应力混凝土构件。虽然预制预应力混凝土建筑只占城市建筑的一小部分，但墨西哥城仍有许多多层住宅、商店、停车库等采用预制预应力混凝土构件。墨西哥城预应力混凝土结构主要有两种：第一种结构类型是现浇混凝土框架，其大跨度梁采用预应力筋单向或双向后张，节点用普通钢筋加强；第二种结构类型是柱采用混凝土现浇，梁为不同种类的预制预应力混凝土构件，节点的连续性则由预制预应力梁板上现浇一层钢筋混凝土来保证。大多数预应力混凝土结构为 4～8 层，除一些建筑采用剪力墙外，多数依靠纯框架结构来抵抗水平力。

即使有些位于地震破坏严重地区，大部分预应力混凝土结构表现良好，很少受到破坏。在 265 幢严重破坏的建筑物中只有 5 幢为预制预应力混凝土结构，还有几幢预应力结构因水平位移过大而引起非结构构件破坏，如隔墙开裂，吊顶扭曲、下落等。

通过对预制预应力混凝土结构的破坏现象进行分析，发现这些建筑的梁柱节点完好无损，建筑物倒塌也不是由于预制预应力构件本身引起，其主要原因可能是柱子强度和延性不足。但也有人认为，预制预应力楼板平面内刚度严重偏低，引起水平剪力集中在部分柱子，加速了建筑物的破坏。

（5）日本神户(Kobe)地震(1995 年 1 月)

日本神户地震是日本有记录的最强地震之一，震级达里氏 7.2 级，震中距神户东北约 20km，震源深度约 14km 左右。神户是日本的第二大港口城市，地震对神户地区造成严重破坏。地震不仅对按旧设计规范设计的建筑造成明显破坏，并且对按现行规范和规程设计的现代建筑也造成了破坏。

按 1971 年以前规范设计施工的钢筋混凝土建筑遭受的破坏最严重，有 18 幢 1971 年前的钢筋混凝土结构和钢骨混凝土建筑倒塌或严重破坏，有 2 幢 1971～1981 年建造的建筑倒塌或严重破坏，但是按 1981 年规范设计建造的混凝土建筑无一倒塌。

虽然神户地区预制预应力混凝土结构数量相对较少，但抗震性能表现相当好。由于日本规范禁止抗震结构使用无粘结预应力，因此，没有无粘结预应力建筑在此次地震中出现。在地震区有 163 幢建筑采用预应力混凝土构件，其中 11 幢为预制预应力混凝土结构，89 幢为现浇预应力混凝土结构，49 幢的非结构部分采用预制预应力构件，14 幢的非结构部分采用现浇预应力构件。总共只有 5 幢遭受破坏的建筑使用预制预应力构件，占全部 163 幢的 3%。

受损最严重的是一幢 4 层预应力混凝土保龄球馆，破坏现象为建筑物前面的钢结构外伸部分有一半完全塌落，第二层一半内柱和部分边柱以及底层部分柱受剪屈服破坏。该建筑为大跨度结构，按 1971 修订后的建筑规范设计，37.2m 长的梁采用预应力混凝土现浇。由于该建筑第三层只有边柱，上部荷载大部分被传递给第二层的边柱，在水平地震力作用下，导致柱子破坏。还有 2 幢受损建筑均是预制预应力体育馆，其双曲线预制预应力混凝土屋面板从枕梁上滑落。原因可能是枕梁与柱相对运动过大，混凝土梁柱位移超出板的范围。另外 3 幢为预制预应力混凝土车库，局部倒塌，现象为连接预制楼板的节点破坏，以及在水平大位移下竖向荷载将柱压曲。

11.1.3 预应力混凝土结构的震害评价及分析

预应力混凝土结构在历次强烈地震作用下抗震性能普遍表现较好。例如在某些地震中，即使周围大量建筑倒塌，预应力混凝土建筑没有一幢受到严重破坏。主要原因在于预应力混凝土结构建造时间一般较晚，在设计施工中吸收了现代抗震理论的最新成果，因此能有效地抵抗地震作用。这一点在1995年日本神户地震中表现非常突出。

预应力混凝土结构体型一般较规则，平面对称，预制预应力混凝土构件质量易保证，预制预应力构件强度较高，并且节点多数采用钢筋焊接或现浇钢筋混凝土加强，整体性能较好，这些对预应力结构抗震有利。

部分国家在预应力混凝土结构抗震设计中，将地震荷载适当加大，提高预应力混凝土结构的设计抗震能力，也是预应力混凝土结构抗震性能表现突出的一个原因。

对地震破坏的预应力混凝土结构进行调查分析，发现其抗震性能与普通钢筋混凝土结构的抗震性能比较一致，预应力混凝土构件对整体结构的抗震性能影响并不明显。

11.2 预应力混凝土结构抗震性能研究

预应力混凝土技术的大力发展是从二次世界大战后开始的，从20世纪50年代起，预应力混凝土结构开始兴建。经过40年来的推广，特别是20世纪80年代以来，预应力混凝土技术在世界范围内得到了非常广泛的应用和发展。

由于预应力混凝土结构自身的特殊性，其抗震性能受到广泛重视，也有过不少争论，有关预应力混凝土结构的抗震理论、试验研究和工程应用一直是结构工程领域的研究热点。FIP(国际预应力混凝土协会)于1963年成立了预应力混凝土结构抗震委员会，历届FIP会议和国际地震工程会议都将预应力混凝土结构抗震作为重点进行研究。

20世纪70年代以来，特别是近十几年来，国内外对预应力混凝土结构抗震性能进行了较为深入、系统的研究，也获得了一些重要的研究成果。

11.2.1 有粘结预应力混凝土结构

(1) 阻尼较小，滞回曲线形状狭窄，耗能差，地震反应大

1) 在振动过程中，使建筑物的能量不断耗散的因素称为建筑物的阻尼。由于预应力混凝土结构具有较高的抗裂性和弹性恢复性能，其阻尼比要比钢筋混凝土结构的小些。有关试验结果简介如下：

1985年墨西哥发生8.1级强震后，Comba及Meli二位教授对墨西哥城的5栋预应力混凝土建筑进行了脉动试验，并采用本次地震记录到的地震波对这5栋预应力混凝土建筑进行了动力时程分析。试验及分析的结果表明，这5栋预应力混凝土建筑的阻尼比在0.02～0.05之间，平均值约为0.035。

在20世纪80年代中期，中国建筑科学研究院抗震所对11栋已建成的整体预应力混凝土板柱结构进行了现场实测，得到的阻尼比值纵向为0.024～0.026，横向为0.036～0.04。

1990年国家地震局工程力学研究所对3层整体预应力混凝土板柱结构模型进行了系列研究，得到的阻尼比在0.012～0.034之间。我国中央电视塔在基础塔身塔楼及塔杆中均采用了预应力结构，在竣工后现场实测的阻尼比为0.028。

在20世纪90年代中期，东南大学对预应力混凝土框架结构、板柱结构进行了试验研究，得到的阻尼比约为0.03。

由上述国内外的研究分析表明，在弹性阶段，预应力混凝土结构的阻尼比一般可取为0.03；但随着结构开裂，刚度的退化，阻尼比将有所增大，一般在弹塑性地震反应分析中，可取与钢筋混凝土结构相同的阻尼比0.05（注：钢结构在弹性阶段的阻尼比为0.02～0.035）。

2）结构或构件在循环往复外力作用下得到的力-变形曲线，称为滞回曲线。在地震作用下，常用滞回曲线来描述结构的能量吸收和消散，滞回曲线所包围的面积代表能量消散能力。混凝土结构的弯矩-曲率滞回曲线是综合衡量混凝土结构抗震性能的最重要的指标。图11.2-1是用来作比较的全预应力混凝土结构、部分预应力混凝土结构和钢筋混凝土结构在低周反复荷载下的弯矩-曲率滞回环。研究表明，在地震作用下预应力混凝土结构的最大位移是具有相同设计强度、粘滞阻尼及初始刚度的钢筋混凝土结构的1.0～1.3倍左右。因此，为在地震区应用预应力混凝土结构，需要对预应力混凝土结构的地震反应、配筋构造作专门研究、分析，以使其具有良好的抗震性能和足够的能量耗散能力。

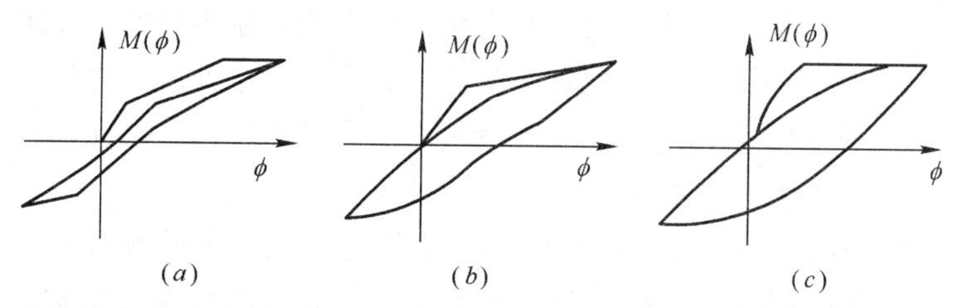

图11.2-1 不同预应力度混凝土构件的弯矩-曲率滞回曲线

(*a*)全预应力混凝土结构；(*b*)部分预应力混凝土结构；(*c*)钢筋混凝土结构

试验研究表明，如果在预应力混凝土结构中配置纵向非预应力筋，可以使结构的弯矩-曲率滞回环变“胖”，从而减少地震位移反应并增强能量耗散能力，纵向非预应力筋的设置可起受压钢筋的作用以改善其延性，图11.2-1(*c*)是典型的部分预应力混凝土结构的弯矩-曲率滞回曲线。有关文献对具有相同极限强度的三种混凝土结构节点的受力性能所作的比较列于表11.2-1。由表可见，部分预应力混凝土综合了预应力混凝土和钢筋混凝土两者的优点。因此，采用部分预应力混凝土将会带来良好的结构性能和经济效益。

三种混凝土结构节点的受力性能比较 **表11.2-1**

性能指标	预应力混凝土结构	部分预应力混凝土结构	钢筋混凝土结构
强度衰减	少	中	大
刚度衰减	少	中	大
能量吸收能力	稍小	中	稍大
能量耗散能力	小	中	大
阻尼	小	中	大
延性	稍小	中	稍大
延性要求	大	中	小
地震反应	大	中	小
节点核心区性能	好	次之	较差
弹性恢复能力	大	中	小

3）国内外的研究分析表明，在弹性阶段，预应力混凝土结构的地震反应比相应的钢筋混凝土结构约大10%～30%。例如，与具有同样几何尺寸、等效总重力荷载、周期和强度的钢筋混凝土板柱结构（阻尼比采用0.05）相比，预应力混凝土板柱结构在弹性阶段

(阻尼比采用 0.03)由于阻尼较小，所以地震反应大。预应力混凝土板柱结构的顶点位移约大 14%～21%，层间位移约大 10%～23%，受到的最大底部剪力约大 7%～18%；在弹塑性阶段(阻尼比采用 0.05)，由于预应力混凝土结构的滞回曲线形状狭窄，能量消散能力差，一般也表现为位移反应大，受到的最大底部剪力约大 7%～18%。

若预应力混凝土板柱结构的楼板厚度由 250mm 减为 200mm，则周期长 11%，等效总重力荷载小 15%，在弹性阶段，预应力混凝土板柱结构的顶点位移约大 6%～26%，层间位移约大 9%～44%，受到的最大底部剪力约小 6%～10%。

(2) 延性较差，能量消散能力较小，对抗震不利。

地震本质上并不是作用力而是一种强迫位移。结构的抗震性能涉及能量的消散，与构件的变形能力——延性有关。震害调查表明，结构倒塌往往并非强度不足而多因延性不够，无法承受地震作用造成的大幅度强迫变形，因耗能指标不够而脆性破坏(如折断、崩裂、破碎等)。

由于高强钢材的材性影响，预应力混凝土构件临界截面屈服较晚，屈服后很快达到极限状态，即屈服后的变形能力——延性较小。另一方面，由于预压应力的影响，预应力混凝土构件截面的转动能力降低，塑性铰长度较短，曲率延性较低。因此，预应力混凝土结构具有的延性要比承载力相同的钢筋混凝土结构的小些。

研究表明，预应力混凝土的延性与预应力度的大小有关。部分预应力混凝土的延性要比全预应力混凝土的好得多，如图 11.2-1 所示，它的滞回曲线与钢筋混凝土的很接近，尤其是当部分预应力混凝土出现裂缝之后，消耗能量的能力会有较大增加，会呈现出与钢筋混凝土结构接近的抗震性能。

随着预应力钢筋含量的增大，延性会显著减小。预应力筋的分布也将对其延性产生显著的影响。在地震作用下结构中接近柱面的梁中出现反方向力矩，此时要求截面具有抵抗正、负弯矩的能力。很自然预应力筋应设在靠近截面的上、下表面和中间，于是在保留设置一束中心张拉筋时，截面中预应力筋的分布将对其延性产生显著的影响。研究表明，当预应力筋束 $N=2\sim5$ 时，弯矩-曲率曲线是接近的，这些截面在高曲率时能保持接近最大弯矩的承载能力；而当 $N=1$ 时，由于内力臂较小且没有预应力筋起“抗压钢筋”的作用，使得其截面对于由受压混凝土的退化带来的中性轴高度的增大很敏感，同时，在高曲率时弯矩会明显减弱。因此，对于承受反向地震作用的截面，希望有 2 束或更多的预应力筋束，而且至少分别各有 1 束接近上表面和下表面。

Blakeley 和 Park 的试验指出，横向钢筋可以改善预应力构件的延性，箍筋使混凝土受约束，还可以防止承受循环荷载时纵向钢筋的屈曲和混凝土的进一步破坏。但研究表明，横向钢筋对延性的影响是较小的，在 $\varepsilon_c \leqslant 0.004$ 的混凝土压碎前区段，横向钢筋含量对其几乎没有任何影响，只有当 $\varepsilon_c \geqslant 0.004$ 时，这种影响才较明显。

混凝土保护层的厚度也是影响预应力混凝土结构延性的因素之一，当厚度较小时，可以确保梁在承受大曲率而混凝土保护层剥落时不致使弯矩承载力明显下降。从延性的角度出发，混凝土保护层的厚度应尽可能小。

(3) 构件截面尺寸较小，自重较轻，结构较柔，自振周期较长，可减小地震作用。

这是对抗震有利的一面。

11.2.2 无粘结预应力混凝土结构

国外对无粘结预应力混凝土结构的抗震也进行了较多的研究。日本的 H・Muguruma 等对部分预应力混凝土梁和框架进行了有无粘结、不同预应力度的抗震性能对比试验，发现：①为控制梁的裂缝宽度和限制挠度而施加适量的预应力，并不减少其变形延性，也没有使滞回环变窄；②有粘结和无粘结对于部分预应力混凝土梁的受力性能没有明显的影响；③有粘结和无粘结部分预应力混凝土框架的滞回曲线十分接近，并具有明显优于全预应力混凝土框架的耗能能力。M・Nishiyama 等进行了单层单跨无粘结预应力混凝土框架的水平反复荷载试验，着重分析了无粘结预应力筋在反复荷载作用下锚固端处的应力波动程度，试验结果表明：①无粘结预应力筋的波动明显小于有粘结筋，有粘结筋比无粘结筋应力增量约大 50%；②有粘结预应力筋与混凝土之间在高强度反复荷载下容易发生粘结退化，应力增量大部分传到锚固端；③无粘结预应力混凝土框架结构锚固端预应力筋的应力较小。英国的 N. M. Hawkins 等对无粘结预应力混凝土延性框架结构进行了研究，主要进行了预应力混凝土梁、柱边节点的反复荷载试验，研究表明，名义拉应力在 330psi (2.27MPa)左右的中等预应力混凝土框架结构的抗震性能影响不大。相反，在经受强烈地震时，预应力混凝土框架的抗侧刚度较大，而预应力筋起到了抑制梁筋从节点核心区中拔出来的作用。

同济大学朱伯龙、苏小卒进行了有粘结和无粘结预应力混凝土框架结构的静力和动力试验研究。静力试验研究表明：两类框架结构均能产生塑性铰，并具有一定的塑性转动能力，有粘结预应力混凝土框架塑性铰发生在一定的长度内，而无粘结预应力混凝土框架的塑性铰则集中在一条粗裂缝上；有粘结预应力混凝土框架塑性铰区预应力损失较大(约 70%左右)。动力试验研究表明：无粘结预应力混凝土框架中预应力筋始终处于受拉状态，而有粘结预应力混凝土框架中预应力筋可能会进入受压状态，且有粘结预应力混凝土框架中预应力筋可能达到屈服状态，而无粘结预应力混凝土框架中预应力筋总是保持在弹性范围内。

基于国内外最新研究成果，对无粘结预应力混凝土结构的抗震性能作如下总结：

(1) 在地震作用下，无粘结预应力混凝土结构在承受大幅度位移时，无粘结预应力筋一般处于受拉状态，不像有粘结预应力筋可能由受拉转为受压。这样，无粘结预应力筋的应力变化幅度较小，始终保持在弹性阶段。所以，从受力的角度看，无粘结预应力筋的地震安全性要比有粘结预应力筋高。

(2) 从变形的角度看，无粘结预应力混凝土结构具有良好的裂缝闭合性能和变形恢复性能，但同样也带来不足，即能量耗散能力不如有粘结预应力混凝土结构。为解决这个问题，引入了部分预应力的概念，即配置一定数量的非预应力钢筋，使结构的能量耗散能力得到保证，并仍保持良好的变形恢复性能。例如，在 1971 年美国圣费尔南多地震中，采用部分无粘结预应力混凝土框架结构，抗震性能表现良好。

(3) 在无粘结预应力混凝土平板-剪力墙结构中，无粘结预应力混凝土平板将起水平横隔板的作用，对结构抗震没有直接影响，影响楼板本身强度的主要因素是锚具。唐山大地震的震害调查表明，后张无粘结预应力混凝土楼板未发现任何损坏和裂缝，无粘结预应力混凝土平板结构经受了地震的考验。美国在地震后对 80 座无粘结预应力混凝土结构的震害调查表明，无粘结预应力混凝土结构未发生严重破坏。

基于上述无粘结预应力混凝土抗震的分析讨论，它完全可以应用在建筑物的楼面和屋面中，而对其在地震区框架结构中的应用则一般持比较谨慎的态度。

11.3 预应力混凝土结构抗震设计方法

国际上工程结构抗震理论是从20世纪50年代开始发展的。40多年来，大量工程结构在实际地震作用下的性能表现、地震记录数据等对现代建筑抗震设计理论的发展起到了重要作用。它既是对现有抗震理论的检验，又促进了工程结构抗震理论的发展与完善。

结构抵抗地震作用的能力是由结构抗力、延性、阻尼耗能等多种因素决定的。震灾调查也表明，结构抗力大、延性和耗能好的钢结构和按新规范合理设计的框架结构在地震中未遭严重破坏，而砌体结构、木结构以及按老规范设计的一些混凝土框架则在震灾中发生毁灭性的破坏。因此，如何确保强震作用下构件和结构的抗力和延性，以实现“小震不坏，大震不倒”的抗震设防思想，仍是今后在抗震设计中应予相当重视的问题。

11.3.1 FIP设计建议

国际预应力混凝土协会(FIP)于1977年提出了“预应力混凝土结构抗震设计建议”。在这个建议中，详细地叙述了抗震结构形式的选择、特征地震荷载确定的标准和地震分析的方法。在采用极限状态抗震设计时，宜考虑中等地震荷载的使用极限状态、强烈地震荷载的极端极限状态，有时还应考虑最大可信地震荷载的意外极端极限状态。在建议中还比较详细地叙述了抗震设计的要点：

(1) 为了确保塑性铰位置合适以及塑性铰具有足够的转动能力，应考虑影响延性的下列因素：①限制受拉钢筋的含量，满足 $x \leqslant 0.25h$，当采用能够保证足够延性的其他措施时，可适当放宽要求；②在弯矩变号处，要求延性最大，钢筋应设置在靠近两侧的最外边缘处，而不是集中在中性轴附近，以增加构件的延性；③临界截面应当配有约束箍筋，尤其是该截面有较大的弯矩和剪力作用时；④轴向受压荷载会大大减小预应力混凝土构件的延性；⑤截面设计弯矩至少等于开裂弯矩的1.3倍。

(2) 在计算设计剪力时，应考虑材料可能超强。考虑超强后的弯矩可取按材料特征强度计算的抗弯能力的1.15倍。

(3) 柱子的设计原则是，应具有比其他构件更强的安全储备，柱子同样必须满足延性的要求。在柱子抗剪设计时，应将柱子的端部区视为塑性铰区。

(4) 梁柱节点设计时，节点的强度应不小于其所连接构件的强度，并应在整个节点核心区范围内，沿柱的纵筋周围配置箍筋。

11.3.2 我国的预应力混凝土结构抗震设计有关规定

(1) 预应力混凝土结构设计一般规定

1) 在地震区的应用范围

在我国地震区设计应用预应力混凝土结构经验的基础上，规程规定预应力混凝土结构适用的设防烈度为6、7、8度地区。考虑到9度设防烈度地区地震反应强烈，目前尚缺少这方面的震害经验，故要求针对不同的结构类型，进行必要的试验和分析研究，在有充分依据，采取可靠的抗震措施后，并经有关专家审查认可，在9度设防地区也可采用预应力混凝土结构设计。

无粘结预应力筋主要适用于分散配置预应力筋的板类结构，可用来建造各种结构类型的多、高层建筑楼盖。对高层建筑常用结构类型，在楼盖中采用预应力平板的抗震设计，规定了楼板的跨高比及最小楼板厚度，设置扁梁或暗梁使内筒与外柱相连接，在平板凹凸不规则处及开洞处应设置加强边缘构件，以确保楼盖传递剪力的横隔板作用，增强其抗震性能。无粘结预应力筋不得用于承重结构的受拉杆件及抗震等级为一级的框架。但是，当满足下列三种情况之一时，无粘结预应力筋也允许在二、三级框架梁中应用：

① 当设有抗震墙或筒体，且其在基本振型地震作用下，承担的地震倾覆力矩占总地震倾覆力矩 65%以上时；

② 框架梁端部截面由非预应力钢筋承担的弯矩设计值不少于组合弯矩设计值的 65%；

③ 使用无粘结预应力筋，仅为了满足构件的挠度和裂缝要求。以上是综合国内外的研究成果和应用经验做出规定的。

2）结构最大高度范围

表 11.3-1 所列为预应力混凝土结构的最大高度范围，对不规则结构、有框支层抗震墙结构或Ⅳ类场地上的结构，适用的房屋最大高度应适当降低。

适用的房屋最大高度（m）　　**表 11.3-1**

<table>
<tr><th rowspan="2">结构类型</th><th colspan="4">地震烈度</th></tr>
<tr><th>6</th><th>7</th><th>8</th><th>9</th></tr>
<tr><td>预应力混凝土框架结构</td><td rowspan="4">同非抗震设计</td><td>50</td><td>40</td><td>20</td></tr>
<tr><td>预应力混凝土平板结构</td><td>30</td><td>20</td><td>—</td></tr>
<tr><td>预应力混凝土框架-抗震墙结构</td><td>120</td><td>100</td><td>50</td></tr>
<tr><td>预应力混凝土平板-抗震墙结构</td><td>120</td><td>100</td><td>50</td></tr>
</table>

对于 6 度、7 度和 8 度抗震设防且房屋高度分别超过 120m、100m 和 80m 时，不宜采用有框支层的现浇抗震墙结构；9 度时，则不应采用。

3）结构抗震等级的划分

预应力混凝土房屋，应根据地震烈度、结构类型和房屋高度采用不同的抗震等级，并应符合相应的计算和构造措施要求。结构抗震等级的划分，宜符合表 11.3-2 的规定；框架-抗震墙结构中，当抗震墙部分承受的倾覆力矩不大于结构总地震倾覆力矩的 50%时，其框架部分的抗震等级应按框架结构划分。

预应力混凝土结构的抗震等级　　**表 11.3-2**

<table>
<tr><th colspan="2" rowspan="2">结构类型</th><th colspan="9">地震烈度</th></tr>
<tr><th colspan="2">6</th><th colspan="2">7</th><th colspan="3">8</th><th colspan="2">9</th></tr>
<tr><td rowspan="2">预应力混凝土框架结构</td><td>房屋高度(m)</td><td>≤25</td><td>>25</td><td>≤30</td><td>>30</td><td>≤30</td><td colspan="2">>30</td><td colspan="2">≤20</td></tr>
<tr><td>框架</td><td>四</td><td>三</td><td>三</td><td>二</td><td>二</td><td colspan="2">一</td><td colspan="2">一</td></tr>
<tr><td rowspan="2">预应力混凝土平板结构</td><td>房屋高度(m)</td><td>≤25</td><td>>25</td><td>≤15</td><td>>15</td><td colspan="3"></td><td colspan="2"></td></tr>
<tr><td>平板</td><td>三</td><td>二</td><td>二</td><td>一</td><td colspan="3">一</td><td colspan="2">一</td></tr>
<tr><td rowspan="3">预应力混凝土框架-抗震墙结构</td><td>房屋高度(m)</td><td>≤50</td><td>>50</td><td>≤60</td><td>>60</td><td><50</td><td>50～80</td><td>>80</td><td>≤20</td><td></td></tr>
<tr><td>框架</td><td>四</td><td>三</td><td>三</td><td>二</td><td>三</td><td>二</td><td>一</td><td>二</td><td>一</td></tr>
<tr><td>抗震墙</td><td colspan="2">三</td><td colspan="2">二</td><td>二</td><td>一</td><td></td><td colspan="2">一</td></tr>
</table>

续表

结构类型		地震烈度								
		6		7		8			9	
预应力混凝土平板-抗震墙结构	房屋高度(m)	≤55	>50	≤55	>55	<45	45~75		≤15	>15
	平板	四	三	三	二	三	二	一	二	一
	抗震墙	三		二		二	一		一	

4）阻尼比取值及地震影响系数

我国抗震设计反应谱以地震影响系数曲线的形式给出，如图 11.3-1 所示。考虑到不同结构类型建筑的抗震设计需要，提供了不同阻尼比(0.01～0.2)地震影响系数曲线相对于标准的地震影响系数曲线(阻尼比为 0.05)的修正方法。对于不同阻尼比计算地震影响系数的调整系数如表 11.3-3。由图 11.3-1 和表 11.3-3 可看出，随着阻尼比的减小，地震影响系数增大，地震作用随之增大。因此，建议在多遇地震作用下，预应力混凝土结构的水平地震作用取值按阻尼比 0.03 采用《建筑抗震设计规范》(GB 50011—2001)进行计算。

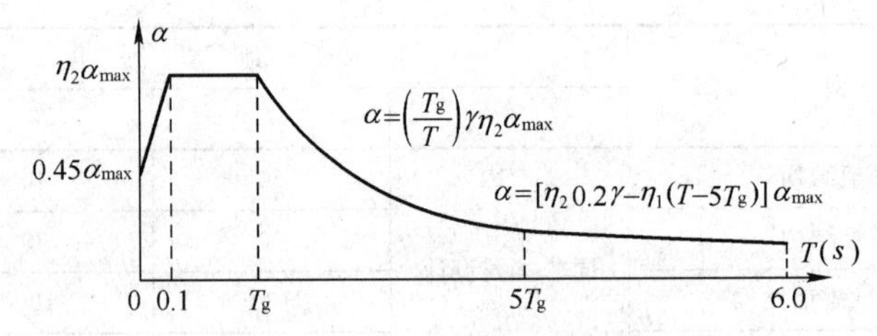

图 11.3-1　地震影响系数曲线

α—地震影响系数；α_{max}—地震影响系数最大值；η_1—直线下降段的下降斜率调整系数；γ—衰减指数；T_g—特征周期；η_2—阻尼调整系数；T—结构自振周期

地震影响系数曲线的阻尼调整系数和形状参数表　　**表 11.3-3**

ζ	η_2	γ	η_1
0.01	1.52	0.97	0.025
0.02	1.32	0.95	0.024
0.03	1.18	0.93	0.023
0.05	1.00	0.90	0.020
0.10	0.78	0.85	0.014
0.02	0.63	0.80	0.001
0.30	0.56	0.78	0.000

5）规定预应力作用应参与地震作用荷载效应组合

预应力混凝土结构构件的地震作用效应和其他荷载效应的基本组合主要按照《建筑抗震设计规范》(GB 50011—2001)的有关规定确定，但《预应力混凝土结构抗震设计规程》(JGJ 140—2004)明确规定预应力作用效应项应参与组合。考虑到预应力作用主要用来平衡建筑的重力荷载，故采用与重力荷载相同的分项系数，即当预应力作用效应对结构不利时，预应力分项系数 γ_p 应取 1.2，有利时应取 1.0。预应力作用效应包括预加力产生的次弯矩、次剪力。

6）预应力混凝土结构抗震变形验算

① 预应力混凝土框架(包括填充墙框架)、预应力混凝土平板结构、预应力混凝土平板-抗震墙结构和预应力混凝土框架-抗震墙结构(包括框支层)宜进行低于本地区设防烈度的多遇地震作用下结构的抗震变形验算，其层间弹性位移应符合下列要求：

$$\Delta U_e \leqslant [\theta_e] H \tag{11.3-1}$$

式中 ΔU_e——多遇地震作用标准值产生的层间弹性位移，计算时，各作用分项系数应采用 1.0，构件可取弹性刚度；

$[\theta_e]$——层间弹性位移角限值，可按表 11.3-4 采用；

H——层高。

层间弹塑性位移角限值 **表 11.3-4**

结构类型	条件	$[\theta_e]$
预应力混凝土框架(平板结构)	考虑砖填充墙侧力作用	1/550
	其他	1/450
预应力混凝土框架(平板)-抗震墙	装修要求高的公共建筑	1/800
	其他	1/650

② 下列结构宜进行高于本地区设防烈度预估的罕遇地震作用下薄弱层(部位)的抗震变形验算：①8 度Ⅲ、Ⅳ类场地和 9 度时，高大的单层大跨度结构的横向门架、排架结构；②7～9 度的楼层屈服强度系数小于 0.5 的框架和平板结构；③甲类建筑中的预应力混凝土结构。

③ 结构在罕遇地震作用下薄弱层(部位)弹塑性变形计算可采用下列方法：

a. 不超过 12 层且层刚度无突变的预应力混凝土框架结构、填充墙框架结构以及不超过 6 层的平板结构及单层大跨度门架、排架结构可采用下面④所述的简化计算法；

b. 超过 12 层的预应力混凝土框架结构、超过 6 层的预应力混凝土平板柱结构及它们的填充墙结构和甲类建筑，可采用时程分析法等方法。

④ 结构薄弱层(部位)层间弹塑性位移的简化计算，宜符合下列要求：

a. 结构薄弱层(部位)的位置可按下列情况确定：楼层屈服强度系数沿高度分布均匀的结构，可取底层；楼层屈服强度系数沿高度分布不均匀的结构，可取该系数最小的楼层(部位)和相对较小的楼层，一般不超过 2～3 处；单层厂房和空旷房屋，可取上柱。

b. 层间弹塑性位移可按下列公式计算：

$$\Delta U_p = 1.2\eta_p \Delta U_e \tag{11.3-2}$$

式中 ΔU_p——层间弹塑性位移；

ΔU_e——罕遇地震下按弹性分析的层间位移；

η_p——弹塑性位移增大系数，当薄弱层(部位)的屈服强度系数 ζ_y 不小于相邻层(部位)该系数平均值的 0.8 时，可按表 11.3-5 采用；当不大于该平均值的 0.5 时，可按表内相应数值的 1.5 倍采用；其他情况可采用内插法取值。

弹塑性位移增大系数 η_p 表 11.3-5

结构类型	总层数 n 或部位	ζ_y			
		0.5	0.4	0.3	0.2
多层均匀结构	2～4	1.30	1.40	1.60	2.10
	5～7	1.50	1.65	1.80	2.40
	8～12	1.80	2.00	2.20	2.80
单层厂房	上柱	1.30	1.60	2.00	2.60

⑤ 结构薄弱层(部位)层间弹塑性位移应符合下列要求：

$$\Delta U_p \leqslant [\theta_p] H \tag{11.3-3}$$

式中 H——薄弱层的层高或单层厂房上柱高度；

$[\theta_p]$——层间弹性位移角限值，可按表 11.3-6。

层间弹塑性位移角限值 表 11.3-6

结构类型	$[\theta_p]$	结构类型	$[\theta_p]$
单层预应力混凝土柱排架	1/50	预应力混凝土平板结构	1/50
预应力混凝土框架和填充墙框架	1/50		

(2) 预应力混凝土延性框架设计

在地震区采用预应力混凝土框架结构，为形成强柱弱梁延性框架，我国抗震设计规范所采用的“强柱、弱梁、更强核心区”，防止混凝土过早发生剪切破坏和压碎等脆性破坏以及强柱底层的要求等，同样适用于预应力混凝土结构的抗震设计。为减缓柱端的屈服，在节点处亦要求柱端实际受弯承载力之和大于梁端实际受弯承载力之和。此外，还要满足以下几点：

1) 预应力混凝土框架的截面尺寸，应符合下列要求：

① 梁截面的宽度不宜小于 250mm 及 $0.5b_c$(b_c 为计算弯矩方向的柱宽)；

② 矩形截面独立梁的高宽比不宜大于 3，整浇的 T 形截面梁的高宽比不宜大于 4；

③ 梁净跨与截面高度之比不宜小于 4，宜在(1/18～1/12)范围内选取梁高。

2) 混凝土截面相对受压区高度

一级 $x \leqslant 0.25h_0$

二、三级 $x \leqslant 0.35h_0$

对受压区高度的限制，本质上还是为了保证构件的变形能力——延性。计算中可以考虑受压钢筋的作用。

当配置受压钢筋时，框架梁截面中有一部分纵向受拉钢筋可以不包括在受弯承载力压区高度的计算中。但是，如果受拉钢筋面积过多，将使受压钢筋不能达到抗压设计强度，就可能引起梁截面发生脆性破坏。为使在地震作用下，在较大的曲率范围内弯矩一直保持接近最大值，梁具有良好的延性性能，故对受拉钢筋按非预应力钢筋抗拉强度设计值换算的最大配筋率作出不宜大于 2.5% 的限值。

上述纵向受拉钢筋的配筋率限值的规定，是采用 HRB400 级钢筋的抗拉强度设计值折算得出的，当采用 HRB335 级钢筋时，其限值可放松到 3.0%。

3）预应力强度比 λ 限值

预应力强度比 λ 的选择要结合工程具体条件，全面考虑使用阶段和抗震性能两方面要求。从使用阶段看，λ 大一些好；从抗震角度看，λ 不宜过大。规程对预应力强度比 λ 限值作出了具体规定：

预应力混凝土框架梁：宜在 $\lambda=0.5\sim0.7$ 范围内选取，其中

一级抗震等级 $\lambda\leqslant0.50$

二、三级抗震等级 $\lambda\leqslant0.7$

预应力混凝土框架柱：

一级抗震等级 $\lambda\leqslant0.5$

二、三级抗震等级 $\lambda\leqslant0.6$

当框架-剪力墙及框架-筒体结构中采用后张有粘结预应力混凝土框架时，规程还适当放宽了对 λ 限值的要求。

4）预应力钢筋配筋指数 ω 要求

预应力混凝土框架梁：一级抗震等级 $\omega\leqslant0.25$

二、三级抗震等级 $\omega\leqslant0.35$

预应力混凝土框架柱：一级抗震等级 $\omega\leqslant0.2$

二、三级抗震等级 $\omega\leqslant0.3$

配筋指数 ω 的定义为：

$$\omega=\frac{A_{p}f_{py}+A_{s}f_{sy}-A'_{s}f'_{sy}}{f_{c}bh_{p}} \tag{11.3-4}$$

式中 A_{p}、A_{s}——分别为受拉区预应力筋和非预应力筋截面面积；

f_{py}——预应力筋的抗拉强度设计值；

f_{sy}、f'_{sy}——非预应力筋的抗拉强度设计值；

f_{c}——混凝土抗压强度设计值；

b——梁宽；

h_{p}——预应力合力中心至受压边缘的距离。

5）预应力混凝土柱轴压比限值

对于承受的弯矩较大而轴向力相对不大的预应力混凝土框架的边柱，可采用预应力混凝土柱(轴压比$\leqslant0.2$)。预应力混凝土框架柱，宜采用非对称配置预应力筋(指一侧采用混凝土配筋，另一侧仅配普通钢筋)的配筋方式。

6）设计为延性框架或有限延性框架

针对预应力混凝土框架跨度大和有裂缝控制等级要求的特点，在采用混合配筋时，会在某种程度上增加梁的强度储备。为确保在一定程度上减缓柱端的屈服，规程对二、三级抗震等级的框架边柱，要求将柱端弯矩增大系数 η_{c} 比钢筋混凝土提高一级采用，分别取为1.4、1.2。并要求预应力混凝土框架结构柱的箍筋应沿柱全高加密，从而使预应力混凝土框架按照强柱弱梁的原则设计成梁铰屈服机制的延性框架，或在边柱不允许出现铰的混合铰屈服机制，以避免出现软弱层破坏，设计成为有限延性框架。

综上所述，当进行预应力混凝土梁的抗震设计时，其设计裂缝控制等级不宜取得过严，可考虑采用允许出现裂缝的三级裂缝控制等级。此外，可将框架边跨梁端预应力筋的

位置尽可能下移，使梁端截面负弯矩承载力设计值不致超强过多；并使梁端预应力偏心引起的弯矩尽可能小，从而使框架梁内所配置的预应力筋在柱中引起的次弯矩较为有利。按上述考虑设计的预应力混凝土框架梁可达到钢筋混凝土梁不能达到的跨度，且具有良好的抗震耗能和延性性能。

（3）预应力混凝土框架节点抗震设计

在预应力混凝土框架结构中，节点核心区在水平剪力和竖向柱压力的作用下，混凝土为平面双向受压状态，因而增强了约束。理论分析表明，预应力作用不仅可以提高节点的开裂荷载，也可提高节点的抗剪强度。在反复荷载下，可维持节点核心区不出现裂缝或只有局部的微小裂缝。有粘结预应力筋在反复荷载作用下，逐步变成无粘结状态，但不会促使节点核心区裂缝形成、扩大并导致破坏。

新西兰 Park 教授曾进行过对比试验：两个试件的梁尺寸和受弯承载力都是一样的，一个试件的梁仅配置非预应力钢筋，另一个试件的梁用了一根钢丝束放在梁的中部，施加全预应力（预压应力为 $0.22f'_c$）。虽然两个试件具有相同的节点核心箍筋，试验结果表明，预应力试件节点核心的破坏比非预应力试件轻得多。试验实测结果表明，配置在梁轴线上的一束预应力筋，试验过程中预应力值自始自终变化不大，加载后期略有增加，试件破坏后，卸荷后构件回弹性能良好。配有二束应力筋的节点（预压应力为 $0.1f'_c$），因为预应力筋离开梁中性轴一段距离，可以承担一部分弯矩，预应力筋应力随荷载反复而有所变化，到破坏时预应力筋仍然没有屈服，说明有效预应力仍能保持。考虑到反复荷载下有效预应力会有所降低，基于试验研究结果，可取由于施加预应力所提高得节点抗剪能力分量为：

$$V_p = 0.4N_p \tag{11.3-5}$$

式中　N_p——作用在节点核心范围内预应力筋中有效预应力的合力。

预应力混凝土框架节点核心区的抗剪承载力可由混凝土、水平箍筋和预应力作用三者组成，即在现浇框架节点抗剪承载力计算公式的基础上增加预应力作用一项，其表达式如下：

$$V_j \leqslant \frac{1}{\gamma_{RE}}\left[0.1\eta_j\left(1+\frac{N}{f_c b_c h_c}\right)f_c b_j h_j + \frac{f_{yy}+A_{svj}}{S}(h_{b0}-a'_s)+0.4N_p\right] \tag{11.3-6}$$

式中　γ_{RE}——承载力抗震调整系数，取 0.85；

b_j——框架节点水平截面宽度；

h_j——框架节点水平截面的高度，可取 $h_j=h_c$，此处，h_c 为框架柱的截面高度；

η_j——梁对节点的约束影响系数：对两个正交方向有梁约束的中间节点，当梁的截面宽度均大于柱截面宽度的 1/2，且框架次梁的截面高度不小于主梁截面高度的 3/4 时，取 $\eta_j=1.5$；其他情况的节点，取 $\eta_j=1$；

N——考虑地震作用组合的节点上柱底部的轴向压力设计值；当 $N>0.5f_c b_c h_c$ 时，取 $N=0.5f_c b_c h_c$；

h_{b0}——梁的截面有效高度，当节点两侧梁高不相同时，取其平均值；

A_{svj}——配置在框架节点宽度 b_j 范围内同一截面箍筋各肢的全部截面面积；

其余符号意义同前。

（4）预应力混凝土扁梁框架的抗震设计

为了进一步规范预应力混凝土扁梁框架的抗震设计，规程对扁梁的跨高比和截面尺寸要求作出了规定，跨高比过大，则扁梁体系太柔，对抗震不利，研究表明该限值取 25 比较适合。此外，对梁宽大于柱宽的预应力混凝土扁梁，所作规定有：

1）梁宽大于柱宽的扁梁不得用于一级框架结构；

2）为避免或减小扭转的不利影响，对扁梁的结构布置、边梁配筋构造措施及要求采用整体现浇楼盖的规定；

3）预应力筋穿过柱子布置时，宜布置在柱宽范围内；

4）验算梁柱节点核心区剪力限值及受剪承载力应符合的规定；

5）对预应力混凝土扁梁框架节点柱外核心区的配筋构造要求，扁梁端部箍筋加密区长度满足抗扭钢筋延伸长度的规定等。

（5）板柱结构的抗震设计

地震区板柱结构的设计、施工经验及震害调查结果表明，当 8 度抗震设防地区采用无粘结预应力多层板柱结构时，在增设剪力墙后，其吸收地震剪力效果显著。因此，规定板柱结构用于多层及高层建筑时，原则上应采用抗侧力刚度较大的板柱-剪力墙结构。考虑到在 6、7 度抗震设防烈度区建造多层板柱结构的需要，为了加强其抗震能力，规程增加了板柱-框架结构。实际上，在板柱-剪力墙结构的周边应布置边梁，以形成周边框架；在板柱-框架结构的周边也可适当布置剪力墙，从而形成板柱-框架-剪力墙的综合结构体系。板柱结构抗震设计要点如下：

① 在结构体系中除了板柱-剪力墙体系外，增加了板柱-框架结构体系，并规定了适用的房屋最大高度、结构抗震等级、结构布置以及相应的构造措施和计算要求。

② 规定了板柱-剪力墙结构适用的房屋最大高度、结构抗震等级、结构布置以及相应的计算要求和构造措施。

③ 考虑到板柱节点是地震作用下的薄弱环节，当 8 度设防时，规定板柱节点宜采用托板或柱帽，并提出了相应的尺寸布置要求。

④ 规定在柱上板带应设置构造暗梁，并对暗梁的宽度、上部及下部纵向受力钢筋的配置、支座处暗梁箍筋加密区长度及配箍要求等作出了规定。

⑤ 为了防止无柱帽板柱结构在柱边开裂以后发生楼板脱落，穿过内节点柱截面的后张预应力筋及板底两个方向的非预应力钢筋的受拉承载力应大于该层楼板重力荷载代表值产生的柱轴向压力设计值。

⑥ 在框架-核心筒结构中，在周边柱间设置框架梁的情况下，这种结构体系带有一部分仅承受竖向荷载的无梁楼盖时，不作为板柱-剪力墙结构。

（6）预应力混凝土门架结构的抗震设计

规程对以预应力混凝土门架为主体结构的空旷房屋，其应考虑竖向地震作用的跨度，柱及柱子根部、梁柱节点区域的截面形式，预应力筋和锚具的布置要求，门架立柱和横梁以及转角节点区域的箍筋加密区的位置及箍筋配置要求等作出了规定。

（7）其他规定

① 用于地震区的锚具，要求预应力筋锚具组装件能经受抗震周期荷载性能的试验，经 50 万次循环荷载后预应力筋在锚具夹持区域不发生破断。

② 规定后张预应力筋的锚具不宜设置在梁柱节点核心区，并应布置在梁端箍筋加密区以外。仅当有试验依据或其他可靠的工程经验时，才允许将锚具设置在节点区，但应处

理好柱中箍筋布置问题，必要时尚应计及锚具削弱受剪截面的不利影响。

③ 对无粘结预应力混凝土单向多跨连续板，要求设计时宜将无粘结预应力筋分段锚固，或增设中间锚固点，并应配置一定数量的非预应力钢筋，以免发生连续破坏现象。

④ 对与板整体浇灌的 T 形和 L 形预应力混凝土框架梁，当考虑板中部分钢筋承受弯矩时，规程在内、外柱处分别对有无横向框架梁等的取值作出了规定。

思 考 题

1. 有粘结与无粘结预应力结构在地震下的反应特性有何不同？
2. 我国的预应力混凝土结构抗震设计的规定有哪些？

第12章　预应力混凝土结构的防火设计

12.1　概　　述

混凝土和钢材是目前使用最广泛的结构材料，在现代建筑中大量采用钢筋混凝土结构和钢结构，尽管其材料本身不燃，且混凝土是热惰性材料，但由于火灾的高温作用，仍将对结构产生不利影响。钢结构中钢材在高温下其强度和弹性模量降低，造成截面破坏或变形过大而失效倒塌。钢筋混凝土结构中的钢筋虽有混凝土保护，但混凝土和钢材在高温下其强度和弹性模量降低，同样会造成构件截面破坏或变形过大而失效。构件截面温度梯度的作用可能产生极大的温度内力，并造成构件开裂弯曲变形，而构件热膨胀也可能使相邻构件产生过大位移。因此加强建筑结构防火、抗火的研究迫切重要。同木结构、钢结构相比钢筋混凝土结构耐火性能比较好。从专业角度来看，在一般火灾中钢筋混凝土结构确实比其他结构表现出更好的抗火性能，但当火灾发生时有效荷载较大，室内可燃物质较多，而起火后又未能及时扑灭，钢筋混凝土结构可能发生倒塌。建筑结构由于火灾中局部失效倒塌者更是不胜枚举，因此世界上一些防火发达国家如法国、瑞典等国，对常温状态使用下的钢筋混凝土结构也要求进行耐火稳定性验算，必要时进行补充设计，以确保结构在火灾中安全可靠。建筑结构的抗火研究已引起国内外学者的极大兴趣，越来越多的工程研究人员投入到抗火课题的研究中，这对提高我国结构抗火设计水平起到积极推动作用。

根据已有的实际经验和试验研究成果，钢筋混凝土结构在火灾(高温)下具有以下主要特点[48～50]：

(1) 材料性能的变化。高温下钢材和混凝土的强度、弹性模量等均随温度升高而下降，一般混凝土材料在400℃以上、钢材在300℃以上材料的力学性能严重恶化。因此高温下材料性能的变化是结构的承载力和耐火极限严重下降的主要因素，高温下材料性能的研究是结构抗火研究的一个主要内容。

(2) 不均匀温度场。结构受火时受火面温度随周围环境温度迅速升高，但由于混凝土的热惰性，内部温度增长缓慢，截面上形成不均匀温度场，而且温度变化梯度也不均匀。由于高温改变结构材料性能，产生温度变形，因此必须对温度场进行分析。决定截面温度场的因素主要是火灾温度和持续时间，以及结构的形状、尺寸和材料的热工性能。

(3) 应力、内力的重分布。截面的不均匀温度场产生不等的温度变形和截面应力重分布，蠕变和应力松弛也使截面的应力分布改变。超静定结构因温度变形受约束以及结构构件的不同温度分布均将产生结构的内力重分布。

(4) 应力—应变—温度—时间的耦合关系。进行一般结构的常温分析时，较少涉及材料力学性能与温度及时间的耦合关系。研究表明，高温下混凝土和钢材的强度、变形性能，不仅与材料所受的温度有关，而且与温度作用时间和温度—应力路径有关。另一方面，高温下材料蠕变急剧增大，且在短时间内即很明显，造成结构变形增大、应力松弛和内力重分布，成为结构分析的一个重要因素。由于上述耦合关系的影响，增加了高温结构分析的难度。但在一般情况下，温度场对结构的内力、变形和承载力有很大影响，而结构的内力状态、变形及细微裂缝对其温度场的影响却很小，因此结构温度场的分析可以独立于结构内力和表现分析单独进行。

火灾对建筑物的影响因素较为复杂，还有很多问题亟待研究解决。首先，真实火灾的发展、峰值温度、持续时间与标准火灾不同，由于建筑物的不同使用功能，室内可燃物数量及分布不同，以及建筑物的空间分割和门窗大小等诸多因素，致使真实火灾对建筑物的影响存在不确定性；其次，以往试验主要研究构件的耐火性能，而仅以热传导作为判断依据，无法对结构响应(损伤)如位移、开裂、屈服等进行有效的判断。

由于结构复杂的相互作用，受火构件的热变形将对其他构件产生影响，并存在较大的内力重分布。因此，有必要对结构在火灾下的整体作用特别是结构响应进行深入的研究；另外，材料特性如屈服强度和极限强度、弹性模量、蠕变率等在常温下较易测得，但在高温下上述特性变化很快且试验结果离散，特别是材料的高温蠕变对结构火灾响应有显著的影响，这方面的研究工作仍有待完善。

然而随着社会经济的快速发展，城市规模不断扩大，人口越来越多，火灾隐患不断增加，全球火灾日益频繁，抗火减灾已成为世界减灾的一大主题。为了保证人们有一个安全的环境，世界各抗火组织正在积极地从事抗火项目的研究工作。一方面，从减少火灾的根源出发，如消防设施的现代化和临场指挥调度的科学化；另一方面，积极提高建筑物的抗火能力，减少由于结构物抗火安全度不够而引起的损失，已有不少发达国家通过大量的试验研究制定了适合自己国情的混凝土结构抗火设计规范[51]。

我国抗火研究组织从 20 世纪 80 年代后期起着手进行混凝土结构抗火性能的研究工作，到目前已基本形成一套理论体系，其内容包括：①混凝土在高温下及冷却后的破坏机理，建立了在高温下混凝土及钢筋的本构关系；②研究不同升温方式下混凝土内部温度场分布规律及计算模拟温度场；③钢筋混凝土简支梁、连续梁、预应力楼板及框架在火灾(高温)下的结构反应、抗火性能。建筑物的抗火性能关系到国家的财产和人民的生命安全，我国已制定了建筑防火设计规范，但是火灾对建筑物的影响因素较为复杂，还有很多问题亟待解决。

预应力混凝土在世界上的工程应用历史较短，但由于它所特有的优点，使其发展迅速、应用范围极为广泛。现代预应力混凝土又称高效预应力混凝土，主要是指以采用高强预应力钢材、高强混凝土为特征的预应力混凝土，这种预应力混凝土节材效果大，结构性能好，在我国已被列为重点开发和推广的项目。我国高效预应力混凝土结构是在与钢筋混凝土结构竞争中成长壮大的。现代工业与民用建筑需要向大开间、大柱网的方向发展，以提供明快舒适的大空间和满足各种变化的使用条件，预应力混凝土结构比钢筋混凝土结构更能适应和满足这方面的要求。十几年来，通过预应力技术开发和工程实践，我国现代预应力混凝土材料和施工水平有了很大提高。

近年来预应力混凝土结构以其跨度大、强度高、抗裂性能好、综合经济指标显著等特点而被广泛用于工业与民用建筑中，然而其抗火性能更为人们所关注。预应力混凝土框架结构是重要的结构形式之一，随着火灾的发生，高温对预应力的影响极大，结构内部不均匀的温度场不仅直接使结构构件产生较大的温度变形，而且改变了材料的弹性模量，使框架结构的截面刚度数值和分布发生了很大变化，致使框架引起剧烈的内力重分布，从而改变破坏形式，大大降低结构承载能力。目前已建的建筑结构均未考虑这一因素，即使考虑温度的影响，也只是将温度引起的变形线性地加到内力分析中，只适用温度不高的情况，而实际结构的内力、变形和温度是耦合的，并随温度增加愈明显。对于高温(>200℃)和建筑火灾情况(通常可达1000℃以上)必须研究这种耦合关系才能正确地评估火灾下建筑结构的耐火性能和火灾后损伤程度，确保其安全性并给出合理的修复措施。

目前，国外结构抗火性能研究多是针对梁、板、柱等钢筋混凝土基本构件的抗火性能研究，对预应力混凝土结构整体的抗火性能的试验研究不多，理论研究也较少。国内对预应力混凝土结构、构件的抗火试验研究部尚处于起步阶段，缺乏足够的试验数据。国内规范中涉及预应力混凝土的抗火内容主要是参考国外经验确定的，如《无粘结预应力混凝土结构技术规程》(JGJ/T 92—93)防火部分第3章第3.2.1条规定保护层厚度来满足不同耐火等级要求，它对在不同耐火极限下无粘结预应力混凝土保护层最小厚度的确定，主要取自美国《后张预应力混凝土手册》。

因此，开展预应力混凝土结构火灾反应及抗火性能的研究，对完善我国建筑结构设计规范的编制具有重要的现实意义。

12.2 混凝土和预应力筋的高温性能

12.2.1 混凝土材料的高温物理力学性能

(1) 概述

混凝土是目前各种工业和民用建筑中使用最广泛的材料。当结构承受正常工艺过程或偶然事故灾害的高温作用时，混凝土的强度和弹性、塑性性质都将发生变化。一般结构所处正常工作环境温度大都低于60℃，承受高温作用的工作状态有两类：

1) 经常性的使用状态。如冶金车间等经常处于高温热辐射工作条件下的结构构件(200～300℃)，核电站的压力容器和安全壳(60～120℃)，烟囱(300～600℃)等。

2) 事故时的高温冲击。如建筑物火灾，核电站事故等，其环境温度可达到1000℃以上。

高温下混凝土的性能将发生变化。对高温下混凝土的性能，虽然国内外做了大量试验研究。但由于受混凝土常温下立方体强度、骨料类型、配合比、养护条件、升温湿度等因素影响，不同的试验结果有所差异。

混凝土材料的高温物理力学性能试验，大致可分为三类：

1) 无应力试验：试件在无应力状态加温至试验温度，然后进行荷载试验。

2) 有应力试验：试件在预加一定应力的状态下加温至试验温度，然后进行荷载试验。

3) 残余强度试验：试件加温至试验温度(一般为无应力状态)后经冷却，然后进行荷载试验。

目前已进行的大量试验主要是第1)、3)类试验，用于了解高温作用下和高温后混凝土的基本物理力学性能，并已经取得许多具有实用价值的结果。近年来进行的有应力试验表明，混凝土在受到一定应力作用下，其高温下的基本物理力学性能与无应力试验结果有所不同。由于有关这方面的研究较少，尚有待进一步的研究。

(2) 高温下混凝土的性能变化的物理、化学机理

混凝土是一种由水泥石、骨料等聚集组成的非均质人工石材，由于在加热过程中不同组成成分所发生的物理化学性能的变化，将导致其物理、力学性能的变化。

水泥石是非均质材料，是由不同固相组成幼毛细孔多孔体。固相主要是晶体及填充其空隙内的凝胶体；存在于水泥石中的水以自由水、毛细孔水、凝胶水、水化水等形式存在。水泥石加热到100～150℃时，内部水蒸气促进熟料进一步水化，使水泥石的强度增高。加热到200～300℃时，由于固相内的硅酸二钙凝胶体吸收的水分排出，氧化钙水合物结晶，以及硅酸三钙水化等，导致组织硬化，强度增高，体积增大。同时，在200℃以上，由于水化和未水化的水泥颗粒之间的结合力松弛，凝胶体组织受到破坏，造成收缩增大和强度降低。温度达到500℃以后，发生含水氢氧化钙脱水形成氧化钙。水化物的分解使水泥石的组织破坏，强度降低。700℃高温后水泥石内基本不存在CH，而且其余水化物也将由高碱向低碱产物转化。此时水泥石内部裂纹增多，结构变得疏散多孔。

混凝土中的骨料主要是岩石。硅质骨料的强度在加热到200℃后增高，这是因为在此温度下，岩石中的内应力消除了；加热到573℃之后，岩石中的石英的晶态由αβ型转化为β型，体积增大，因而产生裂纹致使强度下降。石灰岩的强度在加热到600℃之后有所提高，这是由于石灰岩的硬化引起的；在加热到700～900℃时，由于碳酸钙分解，体积增大，强度下降。

(3) 高温下混凝土的强度

对高温下混凝土的抗压和抗拉强度性能，国内外已经进行了大量试验研究。但由于试验混凝土材料的差异以及试验条件的不同等影响，不同的试验结果有所差异。根据各项研究，比较一致的结论有：

1) 低强度的混凝土比高强度混凝土在高温下的强度损失幅度小。普通混凝土(C40以下)高温下的强度损失情况基本相同。

2) 不同骨料的混凝土，其强度随温度的变化的幅度也不同。硅质骨料混凝土较钙质混凝土在高温下强度损失略大。但一般骨料(轻骨料除外)的影响可忽略。

3) 水灰比高的混凝土，其在高温下的强度降低较快。但温度较高时降低的幅度要小些。

4) 潮湿混凝土在短时加热到60～1 20℃时，强度有所下降。

5) 随高温作用时间的延长，混凝土的强度将逐渐降低，其下降幅度随强度等级的提高而增大。

6) 加温较慢比加热较快的混凝土强度稍低。

7) 降温后混凝土的强度较高温时的强度要低，并受冷却方式的影响。

混凝土高温抗压强度虽然受试验材料和试验条件的诸多因素影响，但从各文献反映的强度变化规律基本是一致的：在200℃以内强度变化不明显，基本上在常温下的强度值上下波动，波动幅度较小，但含水量高的混凝土抗压强度在100～200℃时较常温下强度略低；在300℃时混凝土的强度略有升高，达到最大值(一般均比常温下强度高)；当温度大于300℃后，其强度开始降低，并在400℃后出现显著下降。温度达到900℃后，混凝土的抗压强度几乎消失。高温下混凝土的抗拉强度试验结果离散性较大，在实际应用中，可按线性下降关系表示[55]。

由于试验结果的差异，根据试验资料得到的抗压强度—温度模型存在差异。文献［53］根据30个T形截面混凝土试件的抗压强度试验结果并参照国外有关试验资料，采用分段函数，进行线性拟合后给出：

$$\begin{cases} f_{c,T}=f_c & 0<T<400℃ \\ f_{c,T}=f_c(1.6-0.0015T) & 400℃<T\leqslant 800℃ \end{cases} \tag{12.2-1}$$

式中 $f_{c,T}$、f_c——分别为温度为 T 和常温时混凝土棱柱体抗压强度；

T——温度(℃)。

文献［55］根据213个不同强度和不同骨料的立方体和棱柱体混凝土试件试验结果，采用有理多项式等拟合后给出：

立方体抗压强度：

$$f_{cu,T}=\frac{f_{cu}}{1+2.4(T-20)^6\times 10^{-17}} \quad T\geqslant 20℃ \tag{12.2-2a}$$

棱柱体抗压强度变化和立方体相似：

$$f_{c,T}=\frac{f_c}{1+2.4(T-20)^6\times 10^{-17}} \quad T\geqslant 20℃ \tag{12.2-2b}$$

抗拉强度：

$$f_{t,T}=(1-0.001T)f_t \quad T\geqslant 20℃ \tag{12.2-2c}$$

式中 $f_{cu,T}$、f_{cu}——分别为温度为 T 和常温时混凝土立方体抗压强度；

$f_{t,T}$、f_t——分别为温度为 T 和常温时混凝土抗拉强度。

上述式(12.2-1)和式(12.2-2)在500℃以后差异变大。这是由于式(12.2-1)在试验中采用的T形截面棱柱体试件较式(12.2-2)采用的标准棱柱体试件在试验加温时能在较短时间达到试验温度，因此试件受高温影响时间短(后者试验加温时间在700℃时需6h)，加温时内部温度梯度小。

同济大学参考T. T. Lie等提出的模型，采用下式作为火灾高温下混凝土的强度分析模型：

立方体抗压强度：

$$\begin{cases} f_{cu,T}=f_{cu} & 20℃\leqslant T\leqslant 400℃ \\ f_{cu,T}=f_{cu}(1.76-0.00196T) & 400℃<T\leqslant 900℃ \\ f_{cu,T}=0 & t>900℃ \end{cases} \tag{12.2-3a}$$

棱柱体抗压强度变化和立方体相似：

$$\begin{cases} f_{c,T}=f_c & 20℃\leqslant T\leqslant 400℃ \\ f_{c,T}=f_c(1.76-0.00196T) & 400℃<T\leqslant 900℃ \\ f_{c,T}=0 & t>900℃ \end{cases} \tag{12.2-3b}$$

抗拉强度：

$$f_{t,T}=(1-0.001T)f_t \quad T\geqslant 20℃ \tag{12.2-3c}$$

混凝土在双轴压缩下比单轴状态强度高。升温时，承受双轴压缩(平面应力)的混凝土其抗压性能与常温时一样，比单轴状态强度高。根据Ehm的试验曲线可以看出，双轴压缩下高温时与常温具有相同的关系。因此在进行复杂应力分析时可以采用与常温一致的非线性双轴模型。对压缩—压缩区，采用Von Mises屈服准则；在拉伸—拉伸区，两方向应力不相关；在压—拉区和拉—压区，假设线性相互影响。但此时相应的拉、压强度取为相应温度时的强度。

(4) 高温下混凝土的弹塑性性质

高温下混凝土的弹塑性性质变化较强度变化更大。在加热时其弹性变形和塑性变形均明显增大，因此其极限变形随温度增加而增加。

高温下混凝土的弹性模量的试验研究成果，一般结论有：

1) 混凝土的弹性模量随温度的升高而降低；

2) 低强度的混凝土比高强度混凝土的弹性模量受温度的影响大；

3) 不同骨料的混凝土的弹性模量受温度的影响不同；

4) 混凝土的水灰比越高，其弹性模量随温度的升高而降低越多；

5) 混凝土在冷却时其弹性模量基本不变，其值主要取决于曾达到的最高温度，且与温度历史无关。

一般认为，影响高温下的弹性模量的主要因素是温度。文献［53］的试验结果与Bresler、Ellingwood等提出的模型差异较小，按混凝土在$\sigma=0.4f_{c,T}$处割线弹性模量的变化规律，采用分段函数，进行线性拟合后给出的模型为：

$$\begin{cases} E_{c0,t}=(1.00-1.5\times10^{-3}T)E_{c0} & 20℃\leqslant T\leqslant200℃ \\ E_{c0,t}=(0.87-8.2\times10^{-4}T)E_{c0} & 200℃<T\leqslant700℃ \\ E_{c0,T}=0.28E_{c0} & 700℃<T\leqslant800℃ \end{cases} \tag{12.2-4}$$

式中　$E_{c0,T}$、E_{c0}——分别为温度为T和常温时混凝土初始弹性模量。

常温下混凝土泊松比一般在0.15～0.20之间。由于很少有升温对泊松比的影响的资料，根据Shneider[19]建议仍按常温下的泊松比取值。

(5) 高温作用下混凝土的应力—应变关系

研究表明，高温作用下混凝土的应力—应变关系一般均可以用峰值应力和峰值应变表示的标准曲线表示。采用常温下应力—应变的各种计算模型，对涉及温度的变量和系数进行修正，得到的高温作用下混凝土的应力—应变模型均能与试验曲线很好地拟合。Baldwin提出的高温下混凝土受压的应力—应变模型使用较为方便，且在应力—应变关系的上升段和下降段均与有关试验结果相符，其表达式为：

$$\sigma_T=f_{c,T}\frac{\varepsilon_T}{\varepsilon_{cp,T}}\exp\left(1-\frac{\varepsilon_T}{\varepsilon_{cp,T}}\right)\qquad 0\leqslant\varepsilon_T\leqslant\varepsilon_{crush,T} \tag{12.2-5}$$

式中　σ_T、ε_T——分别为温度为T时混凝土应力、应变。

12.2.2　钢材的高温物理力学性能

(1) 高温下钢材性能变化的一般描述

在加热情况下，热轧钢的力学性能随温度升高而变化。一般表现为弹性模量、屈服强度、极限强度随温度的升高而下降，塑性变形和蠕变随温度的升高而增加。

在200～350℃时热轧钢出现所谓的“蓝脆”现象，此时钢材的极限强度提高而塑性降低，与其他温度段相比变“脆”，因为在此温度范围钢表面呈现蓝色氧化层而得名。“蓝脆”现象是由于随温度而变化的不同程度碳、氮原子在铁素体中的溶解引起的。在系统的平衡发生变化的条件下，多余的碳和氮从亚微观微粒化固态溶液中扩散出来，并排列在晶体的边缘，限制了晶体的位错移动，致使极限强度提高但延伸率降低。

在500℃时，钢的极限强度和屈服极限大大降低，塑性增大。在450～600℃时，碳化物趋于石墨化和球化。石墨化的产物是由于碳化铁分解，生成游离的石墨粒的结果。如果加热的温度越高，时间越长，钢的含碳量越高，则碳化物的球化便越剧烈。存在石墨化和球化，表明钢在高温下弱化了，力学性能降低。合金材料的加入一般会使钢的上述变化需要的温度提高。经拉、拔硬化的冷轧钢材和高强低合金冷拔钢丝在高于200℃时，冷作硬化减弱。致使极限强度降低，塑性增大，冷加工的效果消失。

常温下具有流幅的钢材(HPB235级钢至HRB400级钢，热轧钢)，在250℃以下时仍具有屈服台阶；当温度超过300℃后，屈服台阶消失，其应力—应变关系接近硬钢，此时基本强度特征是用等了0.2%的残余变形来确定其屈服强度。

常温下试件达到极限强度后继续拉伸，将出现局部预缩而断裂，试件的颈缩面积差别明显，颈缩段长度较短，约为直径的2倍。高温下试件达到极限强度后拉力缓慢下降，试件破坏时颈缩段的长度随温度升高而增长，颈缩现象反而不明显。温度达到800℃时钢材明显变软，强度几乎消失，而延伸率很大。

(2) 高温下钢筋的强度、弹性模量和弹塑性性质

高温下钢材的力学性能研究较为成熟，这在一定程度上得益对蒸汽机、化学反应装置等的设计制造，以及核工业、航天工业等领域在金属材料高温性能方面的研究。针对建筑结构用钢材的强度、弹性模量和弹塑性性质等，国外积累了许多资料，国内也进行了相应的试验研究[56]。由于各国的钢材品种很多，材料的高温性能不尽相同，但其各项随温度变化的规律基本相同。

钢材的高温强度试验研究表明：在200℃以内强度变化不明显，屈服强度略有下降，而极限强度基本没有变化。200℃以后屈服强度随温度升高而降低的速率开始加快。极限强度在200～300℃由于出现“蓝脆”而较常温下略有提高，300℃以后极限强度随温度升高明显降低。在600℃时，低碳钢的屈服强度和极限强度均只有常温时的35%～40%，而碳素钢丝的强度更低。随着温度进一步升高，在800℃时钢材的强度基本消失。

根据对HPB235级钢和HRB335级钢高温强度的比较可以发现，由于合金元素的加入，HRB335级钢的高温强度略高，但不明显。一般均可用下式描述其高温强度：

屈服强度：

$$\begin{cases} f_{y,T}=f_y & T\leqslant 200℃ \\ f_{y,T}=f_y(1.32-0.0016T) & 200℃<T\leqslant 700℃ \end{cases} \tag{12.2-6}$$

式中 $f_{y,T}$、f_y——分别为温度为T和常温时钢筋屈服强度。

高温下钢材的弹性模量随温度升高而下降。其变化可以解释为随着温度升高，材料的原子热振动加剧，造成原子之间距离增大，作用力减弱。因此弹性模量与材料的金相结构及合金成分的相关性不大，而仅与热变形性能有关，弹性摸量随温度的升高而降低。

文献[57]采用二折线描述低碳钢的弹性模量随温度的变化规律：

$$\begin{cases} E_{s,T}=(1-4.86\times10^{-4}T)E_s & 0\leqslant T\leqslant 370℃ \\ E_{s,T}=(1.515-1.879\times10^{-3}T)E_s & 370℃<T\leqslant 700℃ \end{cases} \tag{12.2-7}$$

式中 $E_{s,T}$、E_s——分别为温度为T和常温时钢筋弹性模量。

低碳钢的延伸率在500℃以下变化相当较小，只是在200～350℃时较常温略小，500℃以后开始随温度升高变大。由于在300℃以后低碳钢的屈服台阶消失，表现出应变

强化特性，因此在此温度之前其应力—应变关系可采用理想弹塑性模型，此后采用应变强化模型[57]。

当 0℃≤T≤300℃时：

$$\begin{cases}\sigma_{s,T}=E_{s,T}\varepsilon_{s,T} & 0<\varepsilon_{s,T}\leqslant\varepsilon_{y,T}\\ \sigma_{s,T}=f_{y,T} & \varepsilon_{y,T}<\varepsilon_{s,T}\leqslant\varepsilon_{u,T}\end{cases} \tag{12.2-8}$$

当 300℃<T≤700℃时：

$$\begin{cases}\sigma_{s,T}=E_{s,T}\varepsilon_{s,T} & 0<\varepsilon_{s,T}\leqslant\varepsilon_{y,T}\\ \sigma_{s,T}=f_{y,T}+E_{sh,T}(\varepsilon_{s,T}-\varepsilon_{y,T}) & \varepsilon_{y,T}<\varepsilon_{s,T}\leqslant\varepsilon_{u,T}\end{cases} \tag{12.2-9}$$

式中 $\sigma_{s,T}$、$\varepsilon_{s,T}$——分别为温度为T时钢筋的应力、应变；

$\varepsilon_{y,T}$、$\varepsilon_{u,T}$——分别为温度为T时钢筋屈服应变、极限应变；

$E_{sh,T}$——温度为T时钢筋进入弹塑性阶段的弹塑性模量。

(3) 高温下钢材的蠕变、松弛及相互关系

广义蠕变，是指对固体施加外力时其变形随时间增加的现象。这种现象的特征和重要性在于变形与外力已不再是一一对应关系，而是加上时间因素。狭义的蠕变，是指在恒定温度下在试件上施加恒定轴向荷载，其轴向变形随时间变化的蠕变现象。

对于金属材料的蠕变，在常温下也始终存在，但由于其值较小，通常是在长期荷载作用下才考虑蠕变。最早对蠕变进行的定量研究，是法国人 Vicat 在 1830 年进行的桥梁使用的钢索的材料研究。在 20 世纪，特别是二战以后，随着工业的发展，高温下使用的机械装置不断增加，对高温蠕变的理论研究和试验研究也得到发展，目前对蠕变的试验研究一般均建立在狭义蠕变试验的基础上的。

通常，蠕变可分为三个阶段（见图 12.2-1）：第一阶段称为过渡蠕变，这一阶段开始时蠕变速率很快，随着时间延长，蠕变速率减小；第二阶段称为稳态蠕变，这一阶段的特点是蠕变速率基本保持恒定；第三阶段称为加速蠕变，这一阶段的蠕变速率随时间增大而使材料失效，金属材料拉伸时在第三阶段由于颈缩加快了蠕变断裂速度。在恒定应力的蠕变中，过渡蠕变的应变速度与应力和塑性应变有关，而稳态蠕变速度仅与应力有关。

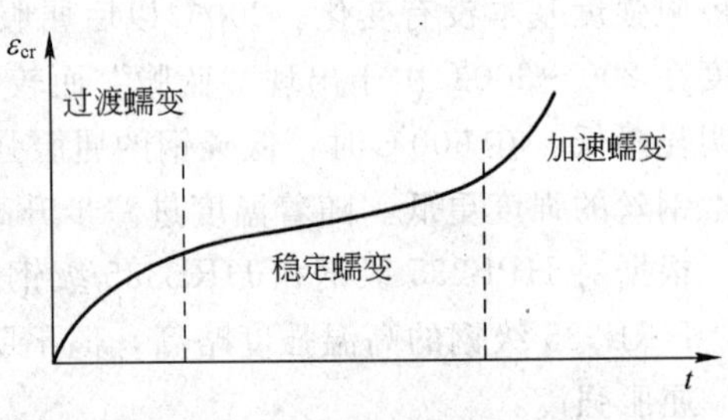

图 12.2-1 拉伸蠕变曲线

金属材料高温蠕变研究很多，各国学者给出了各种应变、应变速度、应力、温度。时间等之间的关系，表示金属高温蠕变的方法主要有固态方程法、辅助变量法和延迟理论法等。固态方程主要根据应变强化理论和时间强化理论等，是由当前的应变等状态量确定蠕变的发展；辅助变量法主要由 Dron 等人提出，是用材料所受的温度历史或内屈服应力等作为状态量表示其后的蠕变发展；延迟理论假定可以用过去的应力历史对现在的影响来描述蠕变特性。Dron 的高温瞬时蠕变模型适用于金属材料，根据辅助变量法把温度和时间结合成一个独立的变量。

松弛是在总应变一定的条件下材料的应力随时间的增加而减少的一种现象。松弛现象的主要起因在于蠕变变形，因此可以作为广义蠕变的一种特殊表现形式。一般说来松弛和(狭义)蠕变之间并不存在简单的对应关系，这主要是由于在松弛过程中应力下降的同时，

会产生应变回复现象(蠕变试验时，当去除荷载后，应变随时间增长而增长的现象)。但对一般材料，应变回复较小，因此仍可假定松弛和蠕变之间具有直接关系。

(4) 高温下钢材的热膨胀系数及其他热工性能

钢材随着温度的升高而膨胀。钢筋的热膨胀随钢号和钢种以及温度而不同。热膨胀随着加入钢中的合金元素的增加而变大，高合金钢的热膨胀比碳素钢和低合金钢大。热轧钢筋的热膨胀系数在常温下为$(9.5\sim11.5)\times10^{-6}$/℃，当温度为500℃时增加到$(12\sim14.5)\times10^{-6}$/℃。在结构抗火性能研究中，热膨胀系数随温度变化一般可按线性考虑或取为常数。

钢材具有良好的热传导性能，其热传导系数为混凝土的20～30倍，因此在混凝土结构的抗火性能研究时，由于钢筋在混凝土中所占体积很小，可以认为钢筋内外温度相等且均等于周围混凝土的温度。

12.2.3 预应力高强钢丝高温下材料特性

采用高强预应力钢材是现代预应力混凝土技术的一个重要特征。由于高强预应力钢材在预应力建立上的作用以及本身材料性质的特殊性，因此高强预应力钢材的高温材料性能研究是预应力结构火灾反应和抗火性能研究的一个重要组成部分。

高强预应力钢材包括：碳素钢丝(又称高强钢丝)、钢绞线、热处理钢筋和精轧螺纹钢筋。目前预应力混凝土广泛采用的是各种碳素钢丝和由碳素钢丝绞合成的钢绞线。碳素钢丝是采用优质高碳钢盘条经索氏体化材料、表面处理后冷拔而成。在建筑结构和桥梁结构中主要采用的是应力消除钢丝和低松弛钢丝，是在碳素钢丝冷拔后经回火或在张拉状态回火处理的钢丝，其各项力学指标优于普通冷拔、冷拉钢丝。特别是低松弛钢丝，尽管由于加工工艺要求较高，目前价格偏高，但随着生产技术的提高，将成为今后预应力混凝土结构的主要预应力钢材。

高温下预应力钢丝的性能，国内外已进行了一些研究。一般认为预应力钢丝的高温性能较热轧钢筋差。在升温至200℃以内，其强度、弹性模量均有一定程度的下降，延伸率略有增大。但与常温下比较，在200℃以内变化不大，其中强度损失为5%～10%，而屈服强度比极限强度下降快，弹性模量下降较小。当温度超过250℃以后，强度随温度的升高明显下降，弹性模量也有明显降低，同时延伸率增大。在加热至500℃时，屈服强度和极限强度均仅为常温时的25%左右，延伸率增加一倍左右。

高温下预应力钢丝材料性能和普通热轧钢材性能差异可能和以下因素有关：

1) 预应力钢丝因为经过冷加工，在200℃左右由于冷作硬化减弱。

2) 预应力钢丝一般为高碳钢，碳化物在高温下产生的石墨化和球化使钢在高温下强度弱化了。

由于各种预应力钢丝的成分，特别是合金元素含量的不同，以及加工工艺如回火和稳定化处理等的差异，可能会对材料的高温性能产生影响。

为进一步了解高强预应力钢丝的高温材料性能，同济大学预应力研究所对高强低松弛预应力钢丝进行了高温材料性能试验研究，通过试验，研究了高强预应力钢丝在高温下的强度、变形、弹性模量的变化规律以及高温蠕变特性，为进一步进行预应力结构火灾反应分析提供依据。

(1) 不同温度条件下试件破坏的表观特征

对比各种不同温度情况，试件破坏的表观特征有很大的差异，分别描述如下：

1）温度在200℃及以下时，试件破坏均为正断，在断口上下有不很明显的“颈缩”现象。断口表面布满细小颗粒，呈灰白色，随温度升高颜色略变深；

2）温度在250℃时，试件破坏形式为切断，在断口上、下截面无明显变化。断口表面光滑，呈紫铜色，有金属光泽；

3）温度在275℃和300℃时，试件破坏形式为切断，在断口上、下截面无明显变化。断口表面平整，呈深蓝色；

4）温度在325℃时，试件破坏形式基本为正断，但有约1/4截面为切断，在断口上、下截面无明显变化。断口呈浅蓝色，冷却后是灰蓝色；

5）温度在350℃及以上时，试件破坏均为正断，在断口上下有明显的“颈缩”现象，并随温度升高更为明显。断口表面布满细小颗粒，呈浅灰色，随温度升高变为灰黑色。

（2）试验结果及分析

试验结果表明在高温作用下，各试件的强度、弹性模量、延伸率均表现出与常温下不同的性能。在200℃时，极限强度、屈服强度、弹性模量均有下降，但下降幅度较小，极限强度下降仅3.6%，屈服强度下降为7.6%，弹性模量下降也仅为6%，而极限延伸率在200℃时增加12%，因此可以认为在200℃以内钢丝的力学性能变化很小；在200～300℃时，屈服强度和弹性模量进一步下降，下降速率略有增加，极限强度变动不大，较200℃时有所增加，极限延伸率增加30%左右：温度超过300℃后，钢丝的强度和弹性模量随温度的升高而降低的速率加快，在600℃时极限强度仅为常温时的15%，屈服强度仅为常温时的10%，弹性模量为21%，而延伸率则增加了180%。在各温度下钢丝均表现出应变强化现象；当温度大于350℃后，由于颈缩致使应力—应变曲线出现下降段；当温度大于500℃时，钢丝延伸率明显增大而强度明显降低。

试验结果表明，在高温下钢丝的蠕变在短时间内就很明显。在蠕变试验初期，蠕变速率一般均随时间增长而减慢，有短时间的过渡蠕变过程，其后便基本维持不变，进入稳态蠕变；温度对蠕变的影响比应力的影响大。在100℃和200℃，蠕变应变仍较小，对于在200℃和$0.7f_{ptk,T}$应力下，40min时蠕变应变为810$\mu\varepsilon$，虽较常温下一般材料的蠕变大许多，但对于预应力钢筋的总张拉应变仍较小。当温度达到300℃，蠕变明显增大，在500℃，$0.3f_{ptk,T}$应力下，40min时蠕变应变为6500$\mu\varepsilon$。$0.5f_{ptk,T}$应力下，25min时试件即因蠕变造成的颈缩而断裂，且试验过程没有明显的过渡蠕变阶段。

不同钢材的热膨胀系数差异不大。由于合金成分的加入，预应力钢丝的热膨胀系数较普通热轧钢略大，根据试验结果平均后得到的预应力钢丝的热膨胀系数600℃以内在12×10^{-6}/℃～17×10^{-6}/℃之间，并随温度增大而增大。

根据高强预应力钢丝高温性能试验研究，得出以下主要结论：

1）在高温作用下，预应力钢丝的强度、弹性模量、延伸率均表现出与常温下不同的性能。强度和弹性模量均表现为随温度升高而下降，延伸率则随温度升高而增大。但在200℃以内钢丝的力学性能变化很小；在200～300℃时，屈服强度和弹性模量下降速率略有增加，延伸率开始增加，极限强度变动不大；温度超过300℃后，钢丝的强度和弹性模量随温度的升高而降低的速率加快。

2）与普通热轧钢筋相似，预应力钢丝同样存在“蓝脆”现象，具体表现为在250～

300℃试件破坏形式为切断，钢丝的极限强度较200℃时略有增加，但增加的幅度小于普通热轧钢筋在“蓝脆”时增加的幅度。

3）试验得到的钢丝高温强度，特别是200℃以上时冷作硬化现象不明显。这可能与试件合金成分及加工工艺有关。特别是试验采用的是低松弛钢丝，在生产过程中为达到低松弛的目的，在对钢丝施加一定张力的同时对钢丝进行加热，并保持一定时间后冷却，因此使钢丝的高温强度得到改善。

4）温度对蠕变的影响比应力的影响大。在100℃和200℃，蠕变应变较小。当温度达到300℃后，蠕变明显增大。尽管预应力钢丝在450～500℃时，其强度仍为常温的40%～60%，但必须考虑高温蠕变的影响，因此蠕变强度是预应力筋抗火性能的一个重要指标。根据的试验结果，可以初步确定在400℃后，预应力钢丝的强度将由于蠕变而急剧下降。

12.2.4 高强预应力钢丝高温下力学模型的建立

根据试验结果，高强预应力钢丝的极限强度在300℃以内与常温强度相比变化很小，且在250℃附近由于“蓝脆”使强度较200℃有所增加，大于300℃后强度下降增快。因此极限强度随温度变化采用二段直线进行回归，并忽略“蓝脆”段的强度，得

$$\begin{cases} f_{ptk,T}=[1-2.27\times10^{-4}(T-20)]f_{ptk} & 20℃\leqslant T\leqslant300℃ \\ f_{ptk,T}=[1.66-2.59\times10^{-3}(T-20)]f_{ptk} & 300℃<T\leqslant600℃ \end{cases} \quad (12.2\text{-}10)$$

式中　$f_{ptk,T}$、f_{ptk}——分别为预应力钢丝在温度为 T 和常温时的极限强度。

高强预应力钢丝的条件屈服强度随温度变化规律与极限强度相似，但强度随温度升高的下降趋势较前者快，且“蓝脆”现象对条件屈服强度没有明显影响。同样可以对试验结果采用二段直线进行回归，得

$$\begin{cases} f_{0.2,T}=[1-5.07\times10^{-4}(T-20)]f_{0.2} & 20℃\leqslant T\leqslant300℃ \\ f_{0.2,T}=[1.56-2.51\times10^{-3}(T-20)]f_{0.2} & 300℃<T\leqslant600℃ \end{cases} \quad (12.2\text{-}11)$$

式中　$f_{0.2,T}$、$f_{0.2}$——分别为预应力钢丝在温度为 T 和常温时的条件屈服强度。

根据试验结果，高强预应力钢丝的弹性模量随温度变化规律，采用二次曲线进行回归得：

$$E_{s,T}=[1-1.87\times10^{-5}(T-20)-2.41\times10^{-6}(T-20)^2]E_s \quad 20℃\leqslant T\leqslant600℃ \quad (12.2\text{-}12)$$

式中　$E_{s,T}$、E_s——分别为预应力钢丝在温度为 T 和常温时的条件屈服强度。

高强预应力钢丝的极限延伸率随温度变化的试验结果离散较大，由于试验时为满足位移(应变)测试精度，采用的试验标距为200mm，对极限延伸率的测试结果有一定的影响，但其变化规律仍可采用二次曲线进行回归得：

$$\delta_{s,T}=[1-6.2\times10^{-4}(T-20)+6.1\times10^{-6}(T-20)^2]\delta_s \quad 20℃\leqslant T\leqslant600℃ \quad (12.2\text{-}13)$$

式中　$\delta_{s,T}$、δ_s——分别为预应力钢丝在温度为 T 和常温时的极限延伸率。

高强预应力钢丝的应力—应变关系可采用应变强化模型：

$$\begin{cases} \sigma_{s,T}=E_{s,T}\varepsilon_{s,T} & 0<\varepsilon_{s,T}\leqslant\varepsilon_{y,T} \\ \sigma_{s,T}=f_{0.2,T}+E_{sh,T}(\varepsilon_{s,T}-\varepsilon_{y,T}) & \varepsilon_{y,T}<\varepsilon_{s,T}\leqslant\varepsilon_{ptk,T} \end{cases} \quad (12.2\text{-}14)$$

式中 $\sigma_{s,T}$、$\varepsilon_{s,T}$——分别为预应力钢丝在温度为 T 时的应力、应变值；

$\varepsilon_{y,T}$、$\varepsilon_{ptk,T}$——分别为预应力钢丝在温度为 T 时的屈服应变和极限应变；

$E_{sh,T}$——预应力钢丝在温度为 T 时的强化段弹性模量。

根据实验结果，钢丝在达到极限应力时，其应变值可近似取 4%。

因此，上式中：

$$\varepsilon_{ptk,T}=0.04$$

$$E_{sh,T}=(f_{ptk,T}-f_{0.2,T})(0.04-\varepsilon_{y,T})$$

根据试验结果，高强预应力钢丝的蠕变可用下式表示：

$$\varepsilon_{cr}=8.5e^{0.0167T}\cdot\left(\frac{\sigma_{s,T}}{f_{ptk}}\right)^{T/300+0.6}\cdot t^{0.5}\quad 20℃\leqslant T\leqslant 400℃ \tag{12.2-15}$$

式中 ε_{cr}——预应力钢丝的蠕变；

T——温度(℃)；

t——时间(min)。

根据试验结果，高强预应力钢丝的热膨胀系数随温度变化采用下式表示：

$$\alpha_{s,T}=(12+0.008T)\times10^{-6}\quad 20℃\leqslant T\leqslant 600℃ \tag{12.2-16}$$

式中 $\alpha_{s,T}$——预应力钢丝在温度为 T 时的热膨胀系数(1/℃)。

12.3 预应力混凝土结构防火设计

12.3.1 建筑构件的燃烧性与耐火极限[58, 59]

(1) 建筑构件的燃烧性

建筑物无论用途如何，都是由墙、柱、梁、楼板、屋架、吊顶、屋面、门窗、楼梯等基本构件组成的。在建筑防火中，建筑构件的燃烧性能决定了建筑物的耐火性能。根据建筑构件在明火作用下的反应，可分为不燃烧体、难燃烧体、燃烧体三类。

(2) 建筑构件的耐火极限

建筑火灾的发生、发展及其熄灭，是受到多种因素影响的，而火灾对建筑物的破坏作用，除了建筑构件的燃烧性能之外，还有建筑构件的最大耐火时间。在实际建筑火灾中，由于建筑物及其容纳的可燃物的燃烧性能不同，每次火灾的实际温度时间曲线是各不相同的，即使在同一房间发生两起火灾，其燃烧状况也不尽完全相同。因此，为了对建筑构件的极限耐火时间有一个统一的检验标准，同时为了各国对火灾预防的研究与交流，国际标准化组织制订了标准火灾升温曲线。我国和世界大多数国家都采用了国际标准 ISO 834 的标准火灾升温曲线。

所谓耐火极限，是指任一建筑构件按时间—温度标准曲线进行耐火试验，从受到火的作用时起，到失去支持能力或完整性被破坏或失去隔火作用时为止的这段时间，用小时表示。由定义可知，确定建筑构件的耐火极限有 3 个条件，即：失去支持能力、完整性被破坏、失去隔火作用。在耐火试验炉中作建筑构件的耐火试验时，只要 3 个条件中任一个条件出现，就可以确定达到其耐火极限了。如何具体应用这 3 个条件呢？简要介绍如下：

1) 关于失去支持能力。主要是指构件在受到火焰或高温作用下，由于构件材质高温性能的变化，使承载能力和刚度降低，截面缩小，承受不了原设计的荷载而破坏。例如，钢筋混凝土简支梁、板等受弯承重构件，挠度超过设计规定值，就表明失去支持能力；钢柱受火作用发生失稳破坏；非承重构件受火作用后自身解体或垮塌等，均属失去支持能力。

2）关于完整性被破坏。主要是薄壁分隔构件在火焰或高温作用下，发生爆裂或局部塌落，形成穿透裂缝或孔洞，火焰穿过构件，使其背面可燃物燃烧起火。如，预应力钢筋混凝土楼板受火焰和高温作用时，使钢筋失去预应力，发生爆裂，出现孔洞，将火灾窜到上层房间。在实际中，这类火灾例子是相当多的。

3）关于失去隔火作用，主要是指具有分隔作用的构件，试验中背火面测得的平均温度升高了 140℃（不含背火面的初始温度），或背火面任一点的温度升高了 180℃（不含背火面的初始温度），或不考虑初始温度的情况下，背火面任一点的温度达到 220℃时，都表明构件失去了隔火作用。在上述温度下，在一定时间内，能够使一些燃点较低的可燃物如纤维系列可燃物（棉花、纸张、化纤制品等）烤焦，以至起火。

截止目前的研究表明，建筑构件的耐火极限与构件的材料性能、构件尺寸、保护层厚度、构件在结构中的连接方式等，有着密切的关系。图 12.3-1 表明：砖墙、钢筋混凝土墙的耐火极限基本上是与其厚度成正比增加的；图 12.3-2 表明：钢筋混凝土梁的耐火极限是随其主筋保护层厚度成正比增加的；表 12.3-1 是预应力多孔板、圆孔空心板耐火实验的数据。从表 12.3-1 可以看出，楼板的耐火极限是随着保护层厚度的增加而增加，随着荷载的增加而减小，并且支撑条件不同时，耐火极限也不相同。其基本规律是，四面简支现浇板大于非预应力板大于预应力板。原因是，四面简支现浇板在火灾温度作用下，挠度的增加比后二者都慢，非预应力板次之。

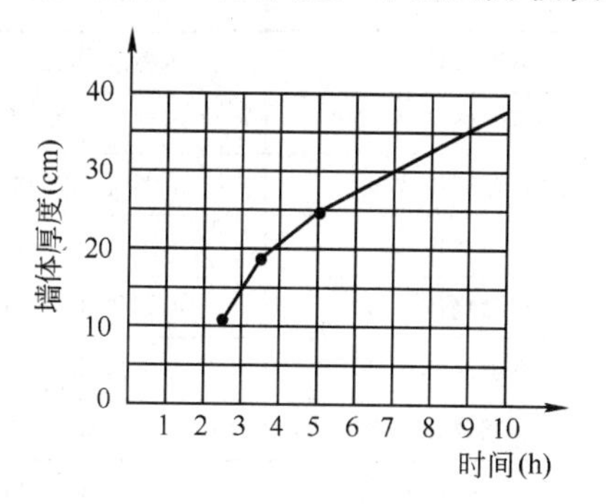

图 12.3-1　墙体厚度与耐火极限

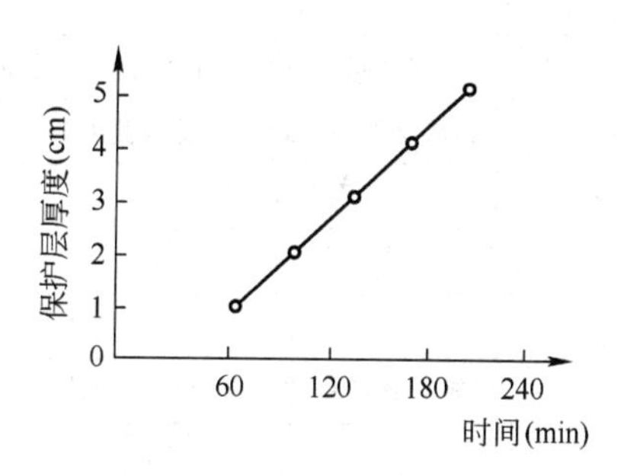

图 12.3-2　梁的主筋保护层厚度与耐火极限

12.3.2　耐火等级的划分

耐火等级是衡量建筑物耐火程度的标准，它是由组成建筑物的构件的燃烧性能和耐火极限的最低者所决定的。

划分建筑物耐火等级的目的在于根据建筑物不同用途提出不同的耐火等级要求，做到既有利于安全，又有利于节约基本建设投资。火灾实例说明，耐火等级高的建筑，火灾时烧坏、倒塌的很少；耐火等级低的建筑，火灾时燃烧快，损失大。

根据我国多年的火灾统计资料，结合建筑材料、建筑设计、建筑结构及施工的实际情况，并参考国外划分耐火等级的经验，将高层建筑划分为二级（表 12.3-2）。

高层建筑中设置了早期报警、早期灭火等保护设施，并对室内可燃装修材料加以限制，其综合防火保护能力比普通建筑要高。基本构件，如楼板、梁、疏散楼梯等的耐火极限，可保障高层建筑的基本安全。

三种板的耐火极限比较　　表 12.3-1

种类	耐火极限 min / 荷载 kN/m² / 保护层厚度 mm	0	1000	1500	2000	2500	2600	3000	4000	4600	5000
预应力多孔板标准荷载 2.6kN/m²	10	60	45	35	30	—	25*	—	—	—	—
	20	70	60	50	45	—	40*	—	—	—	—
	30	80	70	60	55	—	50*	—	—	—	—
圆孔空心板标准荷载 2.5kN/m²	10	80	70	65	60	55*	—	50	45	—	40
	20	100	95	85	75	70*	—	60	55	—	50
	30	120	110	100	95	90*	—	80	75	—	70
四面简支板标准荷载 2.6kN/m²	10	170	150	135	125	110	—	100	90	85*	80
	20	200	170	150	135	120	—	110	100	95*	90
	30	250	215	180	145	130	—	120	115	110*	100

* 为设计荷载值

建筑构件的燃烧性能和耐火极限　　表 12.3-2

构件名称	燃烧性能和耐火极限(h) / 耐火等级	一　级	二　级
墙	防　火　墙	不燃烧体 3.00	不燃烧体 3.00
	承重墙、楼梯间、电梯井和住宅单元之间的墙	不燃烧体 2.00	不燃烧体 3.00
	非承重外墙、疏散走道两侧的隔墙	不燃烧体 1.00	不燃烧体 3.00
	房　间　隔　墙	不燃烧体 0.75	不燃烧体 0.50
柱		不燃烧体 3.00	不燃烧体 2.50
梁		不燃烧体 2.00	不燃烧体 1.50
楼板、疏散楼梯、屋顶承重构件		不燃烧体 1.50	不燃烧体 1.00
吊　顶		不燃烧体 0.25	难燃烧体 0.25

但是，只有构件的耐火极限指标还不能完全满足建筑物的防火安全要求。因为，构件还有燃烧性能的区别。即便是相同的耐火极限，难燃烧体构件因本身燃烧，比起不燃烧体构件来，在火灾时的破坏性要大得多。例如一、二级耐火等级吊顶的耐火极限都是0.25h，但一级不燃烧体吊顶本身不燃烧，不会传播火焰面蔓延火灾；而二级难燃烧体吊顶(如难燃胶合板)不仅表面保护层容易脱落，而且还会因本身燃烧而扩大火灾范围。因此，虽然个别构件的耐火极限相同，其燃烧性能不同，在防火设计中应予以注意。如表12.3-2所示，一级耐火等级的构件全是不燃烧体。二级耐火等级的构件除吊顶为难燃烧体之外，其余都是不燃烧体。

12.3.3　预应力混凝土结构防火设计方法

(1) 预应力混凝土抗火设计的基本假定

1) 平均应变符合平截面假定；

2）忽略抗拉区混凝土的作用；

3）钢筋的温度在整个长度相等且等于最接近迎火面处钢筋的温度；

4）预应力材料在高温下的力学性能取17.2节建立的各种模型；

5）整跨受火假定，即假定板的一个区格、梁的一跨在火灾期间受到相同温度作用；

6）不考虑火灾期间的钢筋及混凝土的高温徐变作用。

(2) 预应力混凝土抗火设计的基本步骤

1）确定构件耐火极限；

2）确定耐火极限时构件截面温度场；

3）校核构件承载力；

4）确定构件(火灾)高温下的极限承载力；

5）校核结构构件在高温下的变形；

6）满足预应力混凝土抗火构造要求。

(3) 无粘结预应力混凝土结构构件抗火设计的构造要求

关于无粘结预应力混凝土结构构件的抗火构造要求，被关注较多的是保证预应力钢筋的混凝土保护层厚度，我国《无粘结预应力混凝土结构技术规程》(JGJ/T 92—93)对梁、板构件中预应力钢筋的最小保护层做了明确规定(表12.3-3、表12.3-4)。

板的混凝土保护层最小厚度(mm) **表12.3-3**

约束条件	耐火极限			
	1	1.5	2	3
简支	25	30	40	55
连续	20	20	25	30

梁的混凝土保护层最小厚度(mm) **表12.3-4**

约束条件	梁宽	耐火极限			
		1	1.5	2	3
简支	200	45	50	65	采取特殊措施
简支	≥300	40	45	50	65
连续	200	40	40	45	50
连续	≥300	40	40	40	45

对表12.3-4，如果梁宽在200～300mm之间时，混凝土保护层可取表中数据的插入值；如防火等级较高，当混凝土保护层厚度不满足列表要求时，应使用防火涂料。

增大预应力钢筋的混凝土保护层厚度是最直接、最有效提高构件抗火能力的措施，应该严格执行。此外，在抗火构造要求方面，以下的几个问题也需加以重视：

1）火灾下超静定结构的内力重分布。

超静定结构的刚度分布的任何变化，必然引起结构的内力重分布。火灾环境中，混凝土的弹性模量因高温作用而下降，结构构件各部分的刚度分布随之发生变化，导致超静定结构的内力发生重分布。随火灾作用时间的增加，梁的跨中弯矩相对值减小，而支座截面负弯矩相对值增加。在负弯矩区，截面受压区混凝土处于迎火面。负弯矩的增加和混凝土抗压能力的削弱，造成负弯矩截面破坏，且往往是“超筋”破坏。所以，在配置负钢筋时应有所限制，使负钢筋量较正常设计低。另外，内力重分布也会造成反弯点的变动，建议支座区钢筋的截断和弯起位置，应较正常设计更远离支座。

2）锚固区、锚具工作性的保证。

无粘结预应力混凝土结构的锚固区破坏或锚具失效，就会引起整个结构的失效或破坏。所以，保证锚固区和锚具的抗火能力，是预应力结构抗火设计的重点之一。建议锚固区的耐火等级较构件自身提高一级，选用高温下工作稳定的锚固体系(如螺栓、墩头等锚定方法)另外尚应考虑构件局部高温对锚固的影响，加强对锚固区和错具的高温防护。

3）防火涂料的使用。

喷涂防火涂料是提高预应力构件抗火能力的一种有效手段。在条件允许情况下，宜要求所有的无粘结预应力混凝土结构构件都喷涂防火涂料，如同对钢结构的要求一样，常用的混凝土防火涂料有 107、LG、LB 等防火涂料。

4）抗火概念设计。

除了抗火设计中的分析计算以及上述的构造要求之外，结构抗火的概念设计也是非常重要的。首先，对具体结构构件的抗火设计目标要有清楚的认识，按不同的目标去有所侧重地进行抗火设计。其次，对结构上的荷载值要有完整的了解。一般情况下，火灾期间结构上的荷载达不到其设计值，甚至达不到标准值，在设计中应有所考虑。再次，失火建筑隔间内的温度并不是均布的。在了解具体建筑中火灾发生和蔓延的可能位置和方向，在抗火设计中做到“有所为，有所不为”，重点放在可能遭遇火灾高温的结构构件，必然会收到显著的效果。

思 考 题

1. 混凝土和预应力筋的高温性能与常温下有何不同？
2. 预应力混凝土结构防火设计的基本步骤是什么？

第13章　预应力混凝土特种结构设计

13.1　预应力混凝土特种结构的现状与发展

在土建工程中，特种结构是指除房屋、桥梁以外的各种构筑物，如水池、水塔、油(气)罐、筒仓、烟囱、冷却塔、电视塔、闸墩、输水管道、输电杆塔，岩土工程中的锚杆、管桩、安全壳、海洋平台等。特种结构的荷载形式与工业民用建筑中的常规荷载形式不同，所考虑的荷载系数与一般建筑物也不同。

预应力技术的发展是与各种特殊构筑物的兴建是分不开的，特种结构的使用功能和承载力要求常常需要通过预应力才能实现，随着公共事业的发展，各种新型构筑物不断出现，预应力技术在这些特种结构中发挥了重要的作用。

我国预应力技术在特种结构中的应用，已有40多年历史。20世纪50年代末期，首次采用粗钢筋电热法对圆形贮池(罐)施加预应力。20世纪60年代中期，由于高强钢丝的出现和预应力绕丝机的研制成功，绕丝预应力开始用于圆形贮池与筒仓，并于20世纪70年代获得较大的发展。20世纪70年代末，大吨位钢丝束镦头锚固体系用于葛洲坝水利枢纽闸墩获得了成功。20世纪80年代，在改革开放形势的鼓舞下，我国现代化建设加快了步伐，预应力技术突飞猛进。高强钢绞线、金属波纹管、大吨位张锚体系、无粘结预应力等相继出现，预应力技术在特种结构中扩大了应用范围，预应力工艺在解决环向预应力和竖向预应力的过程中也有了新的发展。到了20世纪90年代，预应力技术应用蓬勃展开，建成了一大批预应力特种结构，如上海东方明珠广播电视塔、上海港绿华山海域减载平台等。

随着预应力设计和施工水平的不断提高，预应力技术在各种领域中的应用范围将不断扩大。现在越来越多的高等路面使用混凝土，以取代沥青路面，其重要特点是维修费用低，每年建造约有2500km的普通混凝土路面的主要问题是由于接缝过多使得车辆行驶不舒服，预应力混凝土可以解决这个问题。使用预应力混凝土路面几百米才设置裂缝，这种路面可以做到不开裂，这种结构体系将有很大的发展前景。另外，预应力混凝土技术在深基坑开挖、边坡稳定、大面积重载荷基础底板等领域的应用也会越来越普遍。

13.2　预应力筒仓设计

筒仓是用来贮存散料，如矿石、碎煤、碎石、砂子、水泥、石灰、纯碱、谷类等的贮藏结构。它既可作为生产企业调节和贮存用料的措施，又可作为贮存粮食及生产用原材料、成品料的仓库。近年来，已广泛建造筒仓代替库房建筑，因为它具有占地面积少、容积大、运行费用低、减少了对环境污染和粉尘损失等优点。

随着国民经济建设的高速发展，在我国所建钢筋混凝土筒仓的数量不断增加，直径不断增大，容量亦不断增多，近年来建立了许多万吨煤仓，直径多在 20～22m 间，还建了一些更大直径的钢筋混凝土圆筒煤仓，有直径 20m、30m、40m 的仓，甚至还设计研究了直径 50m 的钢筋混凝土圆筒煤仓。这些大仓的建立同建材的发展进步、施工技术的更新及先进的施工工艺有着密切的关系。预应力技术由于其自身独特的优越性，在筒仓建筑中被逐步采用。

筒仓设计按计算方法和外观的不同应分为深仓和浅仓。对于矩形浅仓，应分为漏斗仓、低壁浅仓和高壁浅仓。其划分标准应符合下列规定：当筒仓内贮料计算高度(h_n)与圆形筒仓内径(d_n)或与矩形筒仓短边(b)之比大于或等于 1.5 时为深仓，小于 1.5 时为浅仓。对于矩形浅仓，当无仓壁时为漏斗仓，当仓壁高度(h)与短边(b)之比小于 0.5 时为低壁浅仓，大于或等于 0.5 时为高壁浅仓。

深仓的仓壁厚度较大，在计算贮料对仓壁的压力时，需要考虑贮料与仓壁间摩擦力的影响；在浅仓中贮料与仓壁的摩擦力较小，计算中可不考虑，这是深仓与浅仓的主要区别。

13.2.1 筒仓的内力计算

荷载取值、贮料压力的计算公式参见《钢筋混凝土筒仓设计规范》(GBJ 77—85)采用。荷载组合及单位均按《建筑结构载荷规范》(GB 50009—2001)采用。

13.2.2 材料和锚具系统

混凝土强度不宜低于 C30；当采用碳素钢丝、钢绞线、热处理钢丝作预应力钢筋时，混凝土强度等级不宜低于 C40；预应力钢筋一般采用钢绞线，在非预应力钢筋的选取过程中，筒壁中的竖向、水平钢筋采用 HRB335 级钢筋，其他构造钢筋用 HPB235 级钢筋；无粘结预应力筋必须采用Ⅰ类锚具，锚具的使用应当根据无粘结预应力筋的品种、张拉吨位及工程使用情况选定，钢绞线束主要采用夹片锚具。

13.2.3 基本设计规定

(1) 一般规定

预应力混凝土筒仓应进行承载能力极限状态的计算、正常使用极限状态的验算和施工阶段的验算。

(2) 承载能力极限状态计算规定

筒仓仓壁的承载力计算应按荷载效应的基本组合进行。

$$S = \gamma_G S_{GK} + \gamma_{Q1} S_{Q1K} + \sum_{i=2}^{n} \gamma_{Qi} \psi_{ci} S_{QiK} \qquad (13.2\text{-}1)$$

在筒仓设计中，贮料重按可变荷载计算，仓壁环向拉力由物料压力产生，所以将物料活荷载的分项系数取为 1.4，即 $\gamma_{Qi}=1.4$。在计算由设计荷载产生的环向拉力时，式(13.2-1)简化为 $S=1.4S_{QK}$。

(3) 正常使用极限状态验算规定

1) 筒仓仓壁在正常使用极限状态下，其变形抗裂度验算应分别按荷载的短期效应组合和长期效应组合进行。荷载标准组合的设计值和准永久组合的设计值应分别按下列公式确定：

标准组合：

$$S = S_{GK} + S_{Q1K} + \sum_{i=1}^{n} \psi_{ci} S_{QiK} \tag{13.2-2}$$

准永久组合：

$$S = S_{GK} + \sum_{i=1}^{n} \psi_{qi} S_{QiK} \tag{13.2-3}$$

在荷载准永久组合下，当筒仓不会始终处于满负荷状态时，可变荷载的准永久值系数可取 0.6～0.8。式中各系数含义见《建筑结构荷载规范》(GB 5009—2001)。

2）无粘结预应力混凝土构件的裂缝控制应符合下列规定：

一级：使用上严格要求不出现裂缝的筒仓。按荷载标准组合进行计算时，构件受拉边缘混凝土不应产生拉应力，即处于全截面受压状态，$\sigma_{sc}-\sigma_{pc}\leqslant 0$；

二级：使用上一般要求不出现裂缝的受弯构件。按荷载标准组合进行计算时，构件受拉边缘混凝土产生的拉应力不应超过 $\alpha_{cts}\gamma f_{tk}$，即 $\sigma_{sc}-\sigma_{pc}\leqslant\alpha_{cts}\gamma f_{tk}$，$\alpha_{cts}$取不大于 0.6。

按荷载准永久组合进行计算时，构件受拉边缘混凝土产生的拉应力不应超过 $\alpha_{ctl}\gamma f_{tk}$，即 $\sigma_{sc}-\sigma_{pc}\leqslant\alpha_{ctl}\gamma f_{tk}$，$\alpha_{ctl}$取不大于 0.25。此处，$\alpha_{cts}$为荷载标准组合下的拉应力限制系数，$\alpha_{ctl}$为荷载准永久组合下的拉应力限制系数，$\gamma$ 为受拉区混凝土塑性影响系数，f_{tk}为混凝土抗拉强度标准值。

使用上一般要求不出现裂缝的轴心受拉构件，按荷载准永久组合进行计算时，构件混凝土区不应产生拉应力；而按荷载标准组合进行计算时，构件混凝土允许产生拉应力，但拉应力不应超过 $0.3f_{tk}$。

13.2.4 筒仓仓壁的设计计算

（1）一般规定

有效预应力的建立可以通过张拉控制力 σ_{con} 扣除掉各项预应力损失得到，预应力损失的计算这里就不再重述，可以参照第二章。

（2）预应力筋数量的估算

① 预应力筋截面的面积可以按下式计算：

$$A_p = \frac{N_{pe}}{\sigma_{con}-\sigma_{t,tot}} \tag{13.2-4}$$

式中 A_p——单位高度上预应力筋的总截面积；

σ_{con}——张拉控制力；

$\sigma_{t,tot}$——预应力筋的预应力总损失估算值；考虑到《无粘结预应力技术规程》(JGJ/T 92—93)中的取值是按照受弯构件，针对贮仓设计，按轴心受拉构件考虑，取 $\sigma_{t,tot}=0.35\sigma_{con}$；

N_{pe}——预应力筋的有效预应力(可取筒仓竖壁单位高度的环向拉力标准值)。

② 预应力筋数量的估算

将筒仓沿竖壁分为若干区段，一般为 3m 左右。也可以根据实际情况按拉力大小分段取。仓壁内的预应力筋通常采用成束配置，以节省锚具数量。每束由多根预应力筋组成。每束为一圈，按内力情况下密上疏分段布置预应力筋束，区段内单位高度上，所需预应力筋的圈数 $n=A_p/n_1A$。

式中 A——每束单根预应力筋的截面积；

n_1——每束中预应力筋的根数。

(3) 筒仓仓壁的计算

1) 使用阶段

① 承载能力极限状态下，承载力计算：

$$N \leqslant f_y A_s + f_{py} A_p \tag{13.2-5}$$

式中 A_s、A_p——普通钢筋、预应力钢筋的全部截面积(mm^2)；

N——由设计荷载产生的环向拉力(kN)；

f_y、f_{py}——钢筋，钢绞线强度设计值 (N/mm^2)。

② 正常使用极限状态下，抗裂验算(按一般要求不出现裂缝的构件计算)，荷载标准组合作用。

轴心受拉构件：

$$\sigma_{sc} - \sigma_{pc} \leqslant 0.3 f_{tk} \tag{13.2-6}$$

$$\sigma_{sc} = \frac{N_{sc}}{A_0} \qquad A_0 = A_h + \alpha_E A_s + \alpha'_E A_p$$

$$\alpha_E = \frac{E_s}{E_c} \qquad \alpha'_E = \frac{E'_s}{E_c}$$

α_E、α'_E 分别为非预应力和预应力钢筋的弹性模量与混凝土的弹性模量的比值。

式中 N_{sc}——按荷载标准组合计算的仓壁环向拉力；

A_0——构件换算面积(包括扣除孔洞、凹槽等削弱部分以外的混凝土全部截面面积，以及全部纵向预应力筋和非预应力钢筋截面面积换算成混凝土的截面面积，mm^2)；

σ_{pc}——扣除全部预应力损失后在抗裂验算边缘混凝土的预压应力(N/mm^2)；

σ_{sc}——荷载的标准组合下，在抗裂验算边缘混凝土的预压应力(N/mm^2)；

f_{tk}——混凝土的抗拉强度标准值(N/mm^2)。

荷载准永久组合作用下：

$$\sigma_{lc} - \sigma_{pc} \leqslant 0 \tag{13.2-7}$$

轴心受拉构件：

$$\sigma_{lc} = \frac{N_{lc}}{A_0} \tag{13.2-8}$$

式中 N_{lc}——按荷载准永久组合(标准值乘以 0.8)计算的仓壁环向拉力；

σ_{lc}——荷载的准永久组合作用下在抗裂验算边缘混凝土的预压应力(N/mm^2)。

2) 施工阶段

① 构件的承载力验算：

$$\sigma_{cc} \leqslant 1.2 f'_c \tag{13.2-9}$$

按轴心受拉布置预应力束时，$\sigma_{cc} = \sigma_{con} \cdot A_p / A_0 = \dfrac{N_p}{A_0}$ (13.2-10)

当预应力束对截面有偏心时，应考虑偏心的影响：

$$\sigma_{cc} = \frac{N_p}{A_0} + \frac{M_p}{W} \tag{13.2-11}$$

式中 σ_{cc}——相应施工阶段计算截面边缘纤维的压应力；

M_p——由于预应力筋的预压力 N_p 对截面形心产生的弯矩，$M_p=N_p \cdot e(\text{N/mm}^2)$；

e——预应力筋对截面形心的偏心距；

W——截面抵抗矩，$W=\frac{t^2}{6}$（t 为壁厚）。

当采用超张拉时，计算 N_p 应当考虑超张拉力。

② 构件锚固区的局部受压验算：

锚具区的局部受压验算参看本书第 7 章。

③ 曲线筋的伸长值计算：

精确计算法：

$$\Delta L=\frac{P_j L_t}{A_{pl} E_s}\left[\frac{1-e^{-(kL_t+\mu\theta)}}{kL_t+\mu\theta}\right] \tag{13.2-12}$$

式中 P_j——预应力筋的张拉力($P_j=\sigma_{con} \cdot A_p$)，并应考虑超张拉力的影响；

A_{pl}——预应力筋的截面面积；

L_t——从张拉端至计算截面的孔道长度(m)。

简化计算法：

$$\Delta L=\frac{PL_t}{A_p E_s}$$

式中 P——预应力筋的平均张拉力。取张拉端的拉力与计算截面处扣除孔道摩擦损失后的平均值，即：$P=\frac{P_j+P_j\,[1-(kL_t+\mu\theta)]}{2}=P_j\left(1-\frac{kL_t+\mu\theta}{2}\right)$。

13.2.5 构造

(1) 筒仓仓壁壁厚

$$t=0.7(0.01d_n+\sqrt{H})$$

式中 d_n——筒仓内径(mm)；

t——仓壁壁厚(mm)；

H——筒仓竖壁高度(mm)。

(2) 非预应力筋的计算及布置

仓壁竖向钢筋按构造配筋，水平钢筋的配筋计算应按承载力计算确定，考虑施工阶段温度应力的作用，应控制单位仓壁长度内的总非预应力筋配筋率不小于 $\mu=0.004$。

(3) 水平预应力筋的布置及张拉

每段曲线筋的长度不宜超过 30m，上下交叉错开，对称布置，使张拉时筒壁受力对称。一般将无粘结预应力筋束布置靠筒壁外侧，使预应力效果更好。

为使预应力筋张拉时仓壁受力合理，预应力损失较小以及施工方便等，仓壁采用自上而下分批张拉的张拉顺序。同一束预应力筋应先张拉仓壁内侧的预应力筋，后拉外侧的预应力筋。

(4) 预应力筋的张拉方式

① 直角张拉：在贮仓仓壁四周对称设置若干个扶壁(锚固肋)，扶壁的个数视周长大小而定。预应力筋在扶壁侧面张拉并锚固。直角张拉方便、简单，但扶壁增加投资，也影响外型美观(图 13.2-1)。

② 变角张拉：使用变角张拉技术，在仓壁内侧预留槽口，使张拉都在筒仓内侧进行，

取消扶壁，使整个筒仓结构造型新型美观。

变角张拉装置是由顶压器、变角块、千斤顶等组成，其关键部位是变角块。采用变角张拉装置施工时，仓壁预留口的尺寸仅为200mm×100mm，由于变角块的作用，千斤顶已位于预留槽口之外，所以此时所需的预留孔尺寸将大为减少，只是普通张拉方式的1/5～1/2(图13.2-2)。

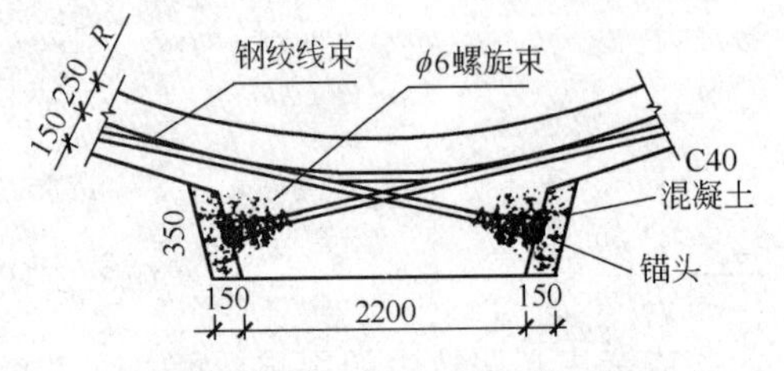

图13.2-1　直角张拉锚固壁柱构造图

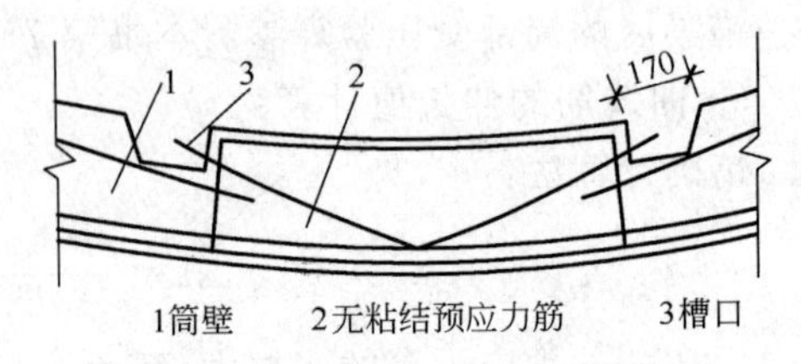

图13.2-2　变角张拉锚固壁柱构造图

③ 当预应力筋长度超过25m，宜采用两端张拉和锚固；当预应力筋长度超过50m时，宜采用分段张拉和锚固。

13.2.6　仓顶结构及基础设计

对于大直径混凝土筒仓，其仓顶盖直径较大，荷载较小。采用薄壳结构最经济，但施工复杂。采用普通混凝土结构体系，则混凝土梁断面较大，不经济。通常采用井字梁楼盖体系和钢与混凝土组合体系，比较经济，且施工方便。

基础设计：对于钢筋混凝土落地式筒仓和直径较大的支承式筒仓，可设计成圆环式基础。对于直径较小的钢筋混凝土筒仓或地基承载力不高的筒仓一般采用圆板式基础。

位于基础上部的环梁，采用无粘结预应力结构，该范围的环向拉力应由贮料堆载产生(相当于地面超载产生的侧向压力)。

13.3　无粘结预应力圆形水池设计

无粘结预应力技术由于其自身的特点，在水池的设计中被广泛采用，可不受预应力吨位的限制，随着圆形水处理池直径的增大，高度增高，容量加大，水池的环向轴拉力大大增加，要求环向预加应力的吨位也相应增大，采用无粘结钢绞线束可获得较高的吨位，每一束预应力筋可用多根钢绞线组成，可达到数十吨甚至上百吨的预加力，这个特点解决了采用连续配筋时受到预加力吨位限制的矛盾，因此一般直径大、水位高、环拉力大的大容量圆形水处理池，采用无粘结预应力技术是首选方案；摩擦损失远较有粘结预应力筋要小得多，因此可节省高强钢材；施工比较简便；耐久性好；张拉锚固可靠。

通过近十几年来无粘结预应力水处理池的工程实践，在全国各地已建成投入使用的无粘结预应力圆形水处理池中绝大部分均是一次闭水、闭气合格，交付使用。因此可以认为无粘结预应力技术在水处理池中的应用是成功的，具有广泛的推广应用价值。

13.3.1　水池的荷载及荷载组合

(1) 水池的荷载

过去的水池设计，一般只考虑池内水压和池外土压(如有地下水时，还包括地下水水压)两种荷载的作用，少数水池还考虑了温度变化所引起的内力，而多数水池未考虑温度变化的影响；湿度变化所引起的内力基本上没有考虑。工程实践告诉我们，有些水池，在施工过程中，尚未承受水压和土压荷载之前池壁就产生了裂缝。显然，这些裂缝与水压和土压的荷载无关，而是温度或温度变化引起的内力所致。还有一些外露(即地面式)水池，在开始使用时未出现裂缝，但经过一段时间以后，就陆续出现了裂缝，这说明水压不是导致出现裂缝的主要原因，只有在水压与温度变化(或湿度变化)的共同作用下，才会出现裂缝。还有很多地下式(即有覆土的)水池，只要施工过程中不产生裂缝，覆土以后，一般就不会再产生裂缝，这说明是由于地下式水池其温度和湿度变化比较小的缘故。以上这些现象都说明，水池的荷载并非只有水压和土压两种，同时还必须考虑温度变化和湿度变化的影响。

温度变化对于水池池壁的影响，可以分为两种情况来考虑。一种是由于水池池内的水温与池外空气(或填土)的温度不同，这就使池壁内、外壁面的温度不同，两者之差称为壁面温差；另一种是由于施工期间混凝土闭合时的温度与水池使用时最高或最低温度之差，称为季节平均温差。一般来说，由于混凝土具有热胀冷缩的物理性能，所以温度变化就会使池壁产生变形。当这种变形受到约束时，壁面温差对池壁的影响，造成池壁温度高的一侧膨胀，温度低的一侧收缩。现以圆环为例，从图13.3-1(a)的圆环取出单位宽度的截面来研究。

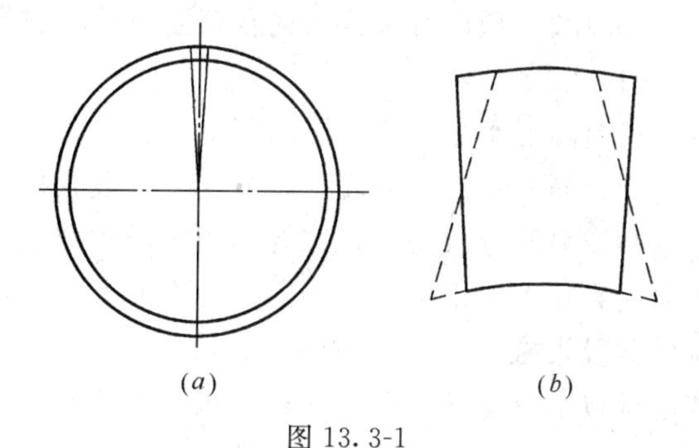

图 13.3-1

假设圆环外侧温度低于内侧，就会出现和图13.3-1(b)所示虚线部分的变形，即外侧纤维沿圆周方向要缩短，同时内侧的纤维沿圆周方向要伸长，圆环内外侧的伸长和缩短，必然导致圆环曲率的改变。由于封闭圆环自身阻碍这种曲率的改变，致使温度低的一侧不能自由缩短而产生拉力，温度高的一侧不能自由伸长而产生压力。这种自身阻碍变形的作用称之为自约束，由于温度变形受到约束而产生的应力称为温度应力。

(2) 水池的荷载组合问题

荷载组合是否符合实际，是关系到结构物是否安全和经济合理的问题。根据上述的调查研究，结合以往的实践和温、湿差计算等因素，有如下几种荷载组合：

第一种荷载组合：水压＋自重。这是水池的基本荷载组合。在这种荷载组合下，所产生的环向弯矩较小，一般可以忽略不计，环向力的截面可近似按中心受拉情况计算。

第二种荷载组合：水压＋自重＋冬期温差(包括冬期壁面温差和季节平均温差)。这是水池池壁最不利荷载组合之一。冬期由于干湿迁移，使得池外壁混凝土的水分增加，所以在气温低于零摄氏度时，可以不考虑温差而只计算冬季温差。这种荷载组合是否属于最不利的组合，要看气候条件而定。当冬期壁面温差的绝对值大于夏季壁面湿差(指化为等效温差的数值)的绝对值时，一般属于最不利的荷载组合。在这种荷载组合下，池壁均有较大的内力，环向力的截面应按偏心受拉情况计算。

第三种荷载组合：水压＋自重＋夏季壁面温差。这也是水池池壁最不利的荷载组合之一。由于夏季最大温差与湿差所引起的变形几乎抵销，两者同时作用所引起的内力可以忽略不计，但是壁面温差受气温变化的影响，当气温下降至与水温的数值接近相等时，而湿差并不会减小。所以，夏季只需要考虑壁面温差所引起的内力。一般的说，当夏季壁面湿差(指化为等效温差的数值)的绝对值大于冬期壁面温差的绝对值时，就是最不利的荷载组合(如中南、华东地区)。这种荷载组合的截面计算与第二种荷载组合相同。

第四种荷载组合：土压+自重。这是池外覆土的水池，当有地下水时，应包括地下水的水压。这种组合也是水池的基本荷载组合之一。在这种荷载组合作用下，产生较大的竖向弯矩，深度较大的水源泵站尤为明显。竖向力的截面可按偏心受压或近似按受弯构件作强度验算来确定配筋。环向力的截面由于属中心受压或偏心受压情况，一般都有足够的安全度。

上述的第二种和第三种荷载组合，在某些情况下，当冬期壁面温差与夏季壁面湿差(指化为等效温差的数值)相差不大时，哪一种属于最不利的荷载组合，还不能直接从温、湿差的数值来判断，需要通过内力计算才能确定。

13.3.2 预应力张拉工艺及预应力筋和锚具的选择

(1) 张拉工艺

目前圆形水处理池采用的预应力技术，其张拉方法以后张法为主，大致有两种类型：①连续配筋方式；②分段张拉方式。分段张拉方式又可分为有粘结预应力筋分段张拉与无粘结预应力筋分段张拉，二者均用千斤顶配油泵张拉。相比之下，无粘结预应力分段张拉工艺是直径大、水位高、环向拉力大的大容量圆形水处理池的首选方案。它比之有粘结预应力分段张拉工艺能节省钢材，降低造价，节约投资，且因施工简便而大大缩短张拉工期，优点十分显著。因此在选择张拉工艺时，直径大(超过26m)、水位高(超过15m)的污泥消化池宜用无粘结预应力张拉工艺；对水位相对不高(一般水位在4～10m)，但直径大(一般在40～60m)的沉淀池或曝气池中也应采用无粘结预应力张拉工艺。由于连续配筋方式已不能满足大吨位水处理池对环拉力的要求，目前仅在小吨位水处理池中使用。

(2) 预应力筋

无粘结预应力筋材料的选择得当与否，对锚具、张拉工艺以及张拉效果等均起到十分重要的影响。目前，国内生产的无粘结预应力筋材料有：无粘结钢丝束(即7ϕ5)和由7根钢丝组成的无粘结钢绞线(即ϕ^s15.2)两大类。无粘结钢绞线又分普通松弛型及低松弛型两类，其中低松弛无粘结钢绞线，其标准强度达到1860N/mm^2。选用钢绞线比钢丝束要好，价格上虽略高，但锚固和张拉均容易保证质量；在钢绞线中，应尽量采用强度较高的低松弛无粘结钢绞线，这不仅是因为低松弛钢绞线的钢丝是经稳定化处理后弹性极限和屈服强度都得到提高，应力松弛率大大降低，有利于提高混凝土的抗裂性能和减小钢材用量，在配筋时由于强度高、用量少可使每根无粘结预应力筋的间距增大，便于无粘结筋的布置、张拉和锚固，使构造设计更加趋于合理；同时，低松弛钢绞线也有利于抗震，因此，对地震区受动水压作用下的圆形水处理池壁更为适合。

(3) 锚具选择

选用无粘结预应力筋(无粘结预应力钢绞线)必须采用锚固性能不仅适用于静载的无粘结预应力混凝土结构，同时也适用于承受动载的无粘结预应力混凝土结构的锚具，其适用于在地震区建造的无粘结预应力混凝土圆形水处理池。采用无粘结预应力钢绞线常用的锚固体系有QM、XM、OVM、HVM、B&S和VLM六大锚固体系，夹片形式分为二片、三片两大类。

13.3.3　几种预应力损失的考虑

在圆形水处理池中推荐采用的无粘结分段张拉工艺中，预应力损失应包括以下五项：

(1) 张拉端锚具变形和无粘结预应力筋内缩引起的预应力损失 σ_{l1}。

由于张拉完毕，在卸荷时，夹片锚固(一般无粘结筋采用夹片锚具)前无粘结预应力筋会内缩 5～6mm；当无粘结预应力筋为直线筋时，此项损失与内缩值(mm)成正比，与张拉端至锚固端之间的距离成反比。在圆形水处理池中，无粘结预应力筋为曲线筋，此时由于锚具变形和无粘结预应力筋内缩引起的预应力损失值 σ_{l1}，应考虑无粘结预应力曲线筋与壁之间的反向摩擦作用的影响。

(2) 无粘结预应力筋的摩擦损失 σ_{l2}

对于圆形处理池，由于预应力筋是沿着周圈环形布置的，无粘结预应力筋是弧线形的即呈曲线形状，根据其弧度和弧线长度，在张拉时会产生预应力筋与池壁之间的摩擦引起的摩擦损失，该项损失与摩擦系数 μ 成正比，无粘结预应力筋较之有粘结预应力筋，其 μ 值小得多，因而摩擦损失也要小得多，为了减少摩擦损失，往往采用两端同时张拉的施工方案。

(3) 无粘结预应力筋的应力松弛损失 σ_{l4}

预应力筋的松弛首先取决于钢筋的种类及松弛等级；采用超张拉法可以减少无粘结预应力筋的松弛损失，此时，无粘结预应力筋的张拉程序宜为：从零应力开始张拉至 1.05 倍预应力筋的张拉控制应力持荷 2min 后，卸荷至预应力筋的张拉控制应力；或从应力为零开始张拉至 1.03 倍预应力筋的张拉控制应力。

(4) 混凝土收缩徐变引起的预应力损失

该项预应力损失计算的值对于处于高湿度环境(如南方沿海多雨地区的潮湿地方)的结构，可降低 50%；对处于干燥环境(如西北少雨干燥地区)的圆形水处理结构，由于混凝土收缩量大，σ_{l4} 应增加 30%来考虑，计算时应予以注意。

(5) 分批张拉引起的预应力损失

无粘结预应力筋采用分批张拉时，应考虑后批张拉筋所产生的混凝土弹性压缩对先批张拉筋的影响，为了使先张拉预应力筋的应力在后张拉完毕时建立的预应力筋的应力接近，则需要将先张拉的预应力筋考虑后批张拉预应力筋所引起的弹性压缩预应力损失；该项损失可以在施工时预先加在第一批先张拉预应力筋的控制应力上超张拉；也可在第二批张拉预应力筋完毕时，再对第一批预应力筋进行补张拉。施工时往往采用后者，能够获得预期的效果。

建议在圆形水处理池采用无粘结钢绞线时宜用 1860N/mm^2 级低松弛型，一般张拉控制应力为 $0.7f_{ptk}$。此时，预应力损失约占 8%～24%左右，由此看出所占比重是较小的，这是采用无粘结预应力张拉工艺的一个优势。由于应力损失少，采用同样强度等级的预应力筋可获得最大的有效预应力值，因此少用了钢材，降低了造价。

13.3.4　等厚度圆柱薄壳池壁的内力计算

组成水池的各种壳体，如前所述的圆柱壳、圆锥壳、球壳，作为一个独立的基本结构，都是根据弹性薄壳的理论，建立弹性曲面微分方程来求解的。为了简化旋转壳体的计算，采用了弹性薄壳小挠度的理论以及轴对称荷载的假定。

所谓弹性薄壳小挠度理论，就是说，所研究的壳体材料是各向同性的均匀连续弹性体；壳体的厚度远较其弯曲半径为小；而壳体上各点的位移又远较壳体厚度为小。并认为，变形前垂直于壳体中间平面的直线，在变形后仍为直线并垂直于中面；垂直于中面方向上的应力可以略去不计。根据这些假定，可以在内力和变形的计算中，引用应力与变形成正比的虎克定律，并可以略去某些微小的物理量，而不会导致显著的计算误差。

所谓轴对称荷载，就是说在钢筋混凝土水池中，通常所遇到的一些荷载，如液体压力、温(湿)差以及壳体边缘力等，都是对称于壳体的旋转轴而作用在壳体上的。这样，旋转壳体的内力计算问题将归结为求解常微分方程，而不是偏微分方程。

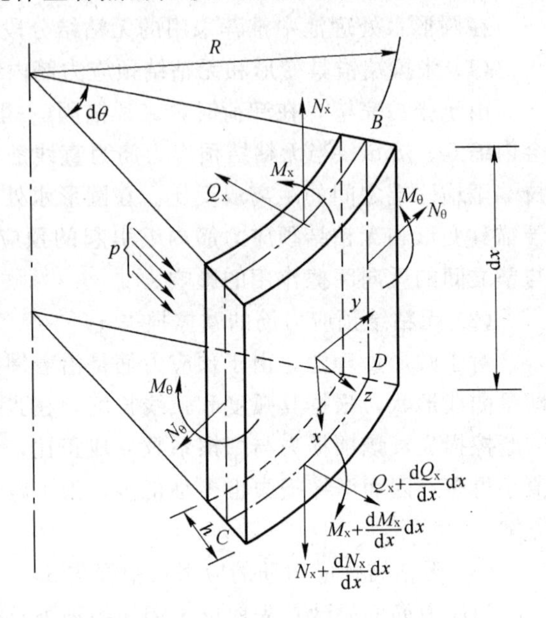

图 13.3-2　圆柱壳体微分体

如图 13.3-2 所示圆柱壳体微分体，圆柱壳内力计算的一般途径，都是从考虑壳体微分体的平衡条件、几何条件和物理条件着手，从而建立壳体弹性曲面的基本微分方程，并进行求解。不少著作中，对上述分析途径均作了详尽地阐述。

13.3.5　预应力水池的构造要求

(1) 锚固肋的设置

为了便于无粘结钢绞线的分段张拉和锚固，必须沿圆形池壁周围设置锚固肋。锚固肋的设置应根据圆形水池直径的大小，每段预应力筋的长度来确定设置数量和位置。一般当无粘结筋长度超过 50m 时，宜采取分段张拉和锚固。举例如下：某圆形沉淀池内径为 45m，壁厚为 300mm，无粘结筋布置在池壁中央，池壁中线周长 142.32m。将预应力筋分为三段：每段长为 47.44m，满足小于 50m 的要求。分为三段张拉，需设置 6 个锚固肋。锚固肋的位置从圆心出发到圆周等分为 6 份，每一锚固肋的平面夹角为 60°；为了便于锚固，每两个锚固肋的间距(即平面夹角为 120°)为一张拉段，每周圈分三段张拉。一般圆形水处理池的锚固肋至少设置 4 个，即每周围分二段张拉，预应力筋为 180°包角，直径超过 50m 的圆形水池，一般需设置 8 个锚固肋，此时每个锚固肋的平面夹角为 45°，两个锚固肋的间距为一张拉段、即每周围分 4 段张拉，即预应力筋为 90°包角。

锚固肋一般凸出于池壁外侧，其凸出于池壁外侧不于小 200mm(肋宽)，肋长以 1500～2000mm为宜。肋宽尺寸根据锚具和锚垫板尺寸以及张拉设备而定。只有当池壁厚度比较厚(一般在 500mm)，需要将凸出在池壁外的锚固肋取消时，才在池壁内侧设置锚固槽，此时局部池壁将削弱截面积，同时对配筋带来一定困难，工程上很少这样做。

(2) 锚固肋配筋

锚固肋除平面尺寸需满足受力要求和张拉锚固构造要求之外，配筋亦需要适当加强，特别是对锚固区域、承受局部压力要进行核算，锚垫板部位承受局部压力比较大，需配置足够的螺旋钢筋网片或普通钢筋网片，且要求周围混凝土振捣密实，决不能出现蜂窝和孔洞。

(3) 无粘结筋遇洞口(池壁开洞尺寸超过 300mm 时)不能直接通过时，可适当加长无粘结筋长度，用 V 形钢筋架立绕过洞口，在张拉时先张拉绕行通过洞口的无粘结筋，后张拉未绕行的无粘结筋。

(4) 池壁混凝土强度等级

为了与池壁配置无粘结预应力筋相匹配，池壁混凝土强度等级不低于 C30，由于建议采用的 $1860N/mm^2$ 低松弛无粘结钢绞线强度等级比较高，故建议池壁混凝土强度等级适当提高，采用 C40 比较适合。圆形水处理池常年盛水满载，防渗要求高，尚需根据水位高度和池壁厚度，按给排水结构设计规范要求考虑抗渗等级。

思 考 题

1. 试述预应力技术在特种结构中的应用现状和发展趋势。
2. 预应力筒仓设计要点有哪些?
3. 无粘结预应力圆形水池设计要点有哪些?

第14章　预应力组合结构设计

14.1　概　　述

组合梁是指横截面由两种或更多种不同材料的杆件组合而成的一种结构，如同一个整体用来承受部分或全部荷载。预应力混凝土组合结构一般包括预制的预应力梁和现浇的混凝土，而后者比前者采用较低级的混凝土。首先安装预制杆件而后在梁的顶面浇筑混凝土，梁或者作为灌筑混凝土时的支撑，或者作为永久模板或临时模板。当现浇混凝土凝固后，这部分就如同一整体起作用。根据预制杆件的不同刚度它可以按承受现浇混凝土的重量进行设计，或者另加支撑，以便浇筑混凝土时预制杆件只承受其自重；在后一种情况下，当混凝土凝固后，即将支撑拆除，于是现浇混凝土盖板重量由组合截面来承受。

钢—混凝土组合梁是由钢与混凝土通过剪力连接件组合而成，它充分发挥了钢材的抗拉压强度、混凝土的抗压强度，弥补了单一材料的短处，具有强度高、延性好、抗疲劳性能优越、施工简便等优点。但是，钢—混凝土组合梁仍然具有变形大、在连续梁等超静定结构的负弯矩区域混凝土板处于受拉等缺点。预应力钢—混凝土组合结构正是克服了这些缺点，同时具有了钢—混凝土组合结构与预应力结构的优点，完善了钢—混凝土组合结构的受力性能，拓宽了钢—混凝土组合结构的应用领域。预应力钢—混凝土组合结构是在钢—混凝土组合结构上施加中心力或偏心力，使其在外荷载和预应力共同作用下的应力限制在特定范围内。和混凝土结构施加预应力的目的不同，组合结构中钢构件施加预应力不是消除材料差异，使脆性材料转变成弹性材料，而是扩大材料的弹性范围，更加充分地利用高强材料，发挥材料特性。

预应力组合结构的特点是：

(1) 施加预应力扩大了结构的弹性范围，调整了结构中内力分布，减小了结构变形。

(2) 使用预应力技术可以有效地利用高强钢材，减轻结构自重，工程实践证明可节约钢材10%～30%，降低总造价10%～20%。

(3) 增强了结构的疲劳抗力，预应力降低了最大拉应力，低韧性钢梁的脆断可能性减小，有效应力幅值的降低增强了结构的疲劳使用寿命。

(4) 充分发挥了钢材与混凝土的优势，大大改善了连续结构中间支座区域的受力性能。

(5) 使用体外预应力体系，可以减小预应力摩阻损失，便于重复张拉与维护，更换已损坏的钢索。预应力钢—混凝土组合结构的不足之处在于锚固构造要求较高，防腐与防火要求也比较严格。

(6) 单个杆件可以在工场制作，便于运至工地安装，而混凝土的正常整体性能仍得以保证，在严格控制下制成的高质量预制混凝土，可限用于使用荷载作用下产生很大弯曲拉应力的范围内，而较低等级的现浇混凝土则限用于受压区范围内。

钢梁部分施加预应力通常有三种方法：

(1) 预弯法，即预弯复合梁技术，多用于劲性混凝土结构；

(2) 梁反拱状态下在钢梁上、下翼缘贴焊高强钢板，然后解除约束，钢梁回弹，但由于贴焊的高强钢板限制了钢梁的回弹，因此能在钢梁中建立一定的预应力；

(3) 张拉高强钢筋或钢索，并且锚固到钢构件上，即体外预应力技术。随着张拉锚固体系日趋完善，在新结构设计与既有结构加固方面更多地倾向于使用体外预应力技术。

钢梁或组合梁施加预应力的思想最早由德国学者 Dischinger 于 1949 年提出的，工程实践中有很多应用预应力组合结构的实例。1955 年，在德国 Neckar 运河上建成了跨度为 34m 的 Lauffen 桥，该桥由两片钢板梁支承混凝土顶板，每片梁由 4 根直线钢索(52 根 ϕ5.3 钢丝编组)，放在钢梁下缘，采用沥青防腐，待两片梁间横向联结系安装完毕后张拉预应力钢索，最后浇筑桥面混凝土。施加预应力后，截面上弦杆应力降低了 28%，下弦杆应力降低了 61%。

1984 年，T. Y. Lin 公司设计的美国爱达荷州 BonnersFerry 桥，是预应力钢梁概念在工程中应用的范例。该桥为四车道 4 片主梁，共计 10 跨，跨径介于 30.5～47.2m 之间，内支座负弯矩区预加应力分为两个阶段，第一阶段在浇筑混凝土桥面之前对钢梁施加预应力，以控制其上翼缘的恒载应力；第二阶段，对混凝土桥面纵向施加预应力，以抵消活荷载产生的拉应力。全桥用钢量可节约 20%，以经济效益显著而中标。

预应力技术还用于加固既有桥梁。据美国公路桥梁的 AASHTO 的统计，随着交通荷载等级的提高，全美高速公路上有近半数的钢桥或组合桥需要加固或更新，而预应力技术被认为是简便、高效、实用的加固手段，不仅用于加固简支梁桥，还用于加固连续梁桥。

我国在 20 世纪 80 年代钟善桐等(1986 年)曾经开展过预应力钢结构的研究，主要在工业厂房框架体系上使用了体外预应力技术；铁道部科学研究院西南分院在成都附近彭县至白水河窄轨铁路澈江大桥上首次采用体外预应力技术进行加固钢梁获得成功；此外在北京航天立交桥(44m ＋ 6m ＋ 44m)等城市高架或立交桥上也开始采用建立预应力的措施；北京西客站主楼钢结构采用了预应力钢—混凝土组合梁和预应力钢桁架；福建会堂采用了 35m 跨度的预应力钢—混凝土组合简支梁，满足了大跨度空间的建筑要求，并解决了施工的困难。

欧洲规范 4(EC. 4)是当今较完整的一部钢—混凝土组合结构设计规范，最早是 CEB、FIP、ECCS 和 IABSE 共同组成的组合结构委员会于 1981 年颁布，后来由欧洲标准委员会(CEN)进行了系统的修订和完善；新的 EC. 4 由两部分组成：Part1 分别涉及了组合结构设计的一般规则和建筑工程中组合结构的设计方法与防火规定，于 1992 年颁布；Part2 是关于桥梁组合结构设计的内容，包括受动载作用组合梁的设计，但没有给出无粘结钢索和组合斜拉桥的应用条文，于 1997 年颁布。组合结构的抗震设计规定则在欧洲规范 8 (EC. 8)的 Part1 和 Part2 中给出。《公路桥涵钢结构及木结构设计规范》(JTJ 025—86)对公路组合板梁桥作了一般规定，《铁路结合桥设计规定》(TBJ 24—89)对铁路组合梁桥做了规定。我国上述规范或规定仅适用于承受静载作用的普通简支组合梁，对预应力组合结构的设计与施工尚无明确规定。

本章主要介绍体外预应力钢—混凝土组合梁的受力性能与设计方法。

14.2　预应力钢—混凝土组合梁的受力性能与分析计算

预应力组合结构的受力比普通组合结构复杂得多，既有与普通钢结构相类似的强度、刚度与疲劳问题，又有与普通组合结构相似的剪力连接、次内力问题，还有与预应力混凝土结构相似的预应力度、锚固与防腐等问题，而且分析计算随施工方法不同而不同；精确的计算要借助于复杂的非线性数值分析方法，在实际应用中通常采用以弹性理论和塑性极限理论为基础的简化分析方法。

14.2.1　预应力组合梁的受力性能

(1) 截面分类

Climanhaga 等发现由于钢梁失稳的影响，组合梁截面负弯矩—曲率特性可分为四类：第Ⅰ类是梁腹板和翼缘的局部失稳不影响组合梁的极限荷载和截面延性，可按塑性极限理论进行设计，截面最大承载力 M_u，大于全塑性弯矩 M_{pl}，称为塑性截面；第Ⅱ类是在弹塑性阶段发生局部屈曲后负弯矩区截面 M_u 仍可达到塑性抗弯极限状态 M_{pl}，但梁截面延性会因局部失稳或混凝土破坏而减小，称为密实截面；第Ⅲ类截面在弹塑性阶段发生局部失稳后，负弯矩区截面抗弯能力明显降低，截面最大抗弯能力 M_u，仅能达到弹性弯矩 M_{el}，称为半密实截面；第Ⅳ类截面处于弹性状态时即发生局部失稳，截面最大抗弯能力 M_u 达不到弹性弯矩 M_{el}，称为非密实或柔细截面。

截面分类取决于弯矩梯度、构件宽厚比以及材料屈服强度等，EC.4 采纳了上述分类方法，并且规定了轧制型钢和焊接钢截面不同类别受压翼缘和腹板的宽厚比；根据总力不变和应变相等的原则，可将混凝土截面按照钢与混凝土两者弹性模量之比 $n=E_s/E_c$ 换算为等效钢截面(称为换算截面法)；对于受压翼缘和腹板均为第Ⅰ、Ⅱ类的普通组合梁，换算截面中可以来用塑性应力分布，而对于第Ⅲ、Ⅳ类截面的普通组合梁，则换算截面中采用弹性应力分布。我国《钢结构设计规范》(GB 50017—2003)中采用塑性设计方法的组合梁截面，相当于 EC.4 的第Ⅰ类截面；当考虑截面的部分塑性发展时，则相当介于 EC.4 的第Ⅱ类截面和第Ⅲ类截面之间；如果取截面的塑性发展系数，则和 EC.4 的第Ⅲ类截面相当。

(2) 混凝土板的有效宽度

组合梁受弯时，由于剪力滞后的影响，混凝土翼板的纵向弯曲应力沿宽度方向的分布不均匀。弯曲分析时考虑剪力滞后的效应，一般用有效宽度来表示。EC.4Part1(1992)关于房屋建筑结构的有效宽度按下式计算：

$$b_{eff}=b_{e1}+b_{e2} \tag{14.2-1}$$

式中　$b_{ei}=\dfrac{L_0}{8}\leqslant b_i$ ($i=1$，2)。

b_i 为混凝土板外伸宽度(图 14.2-1)，当有相邻梁时，取 b_i 为相邻梁间距的一半；L_0 为弯矩零点之间的距离，等于单跨简支梁的跨长；对于连续梁由图 14.2-1 确定。

EC.4Part2(1997)关于桥梁结构的有效宽度可依据下列方程确定(其中 b_{eff} 如图 14.2-2 典型截面所示)：

$$b_{eff}=b_0+\Sigma b_{ei} \tag{14.2-2}$$

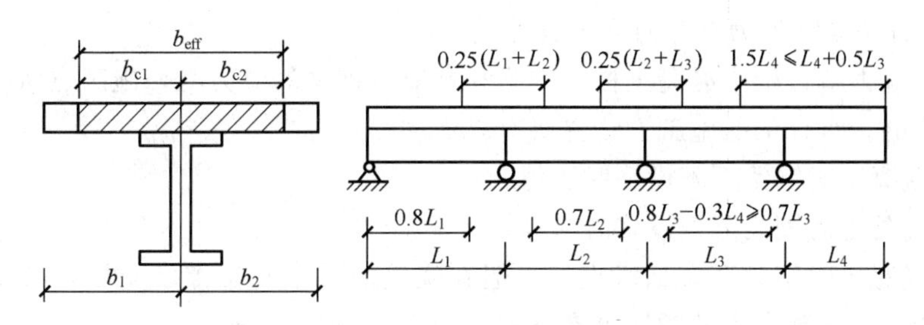

图 14.2-1 房屋建筑结构的有效宽度取值

式中 b_0——图 14.2-2 中梁剪力连接件之中心间距；

b_{ei}——为腹板两侧混凝土冀缘的有效宽度值，取$\frac{L_e}{8}$但不超过板的几何宽度 b，长度 L_e 是两零弯矩点之间的距离。

内支座和跨中之间有效宽度可假设按照图 14.2-3 取用；端支座处的有效宽度取跨中之间有效宽度，可假设按照图 14.2-3 取用；端支座处的有效宽度取值按下式：

$$b_{eff,0}=b_0+\Sigma\beta_i b_{ei} \tag{14.2-3}$$

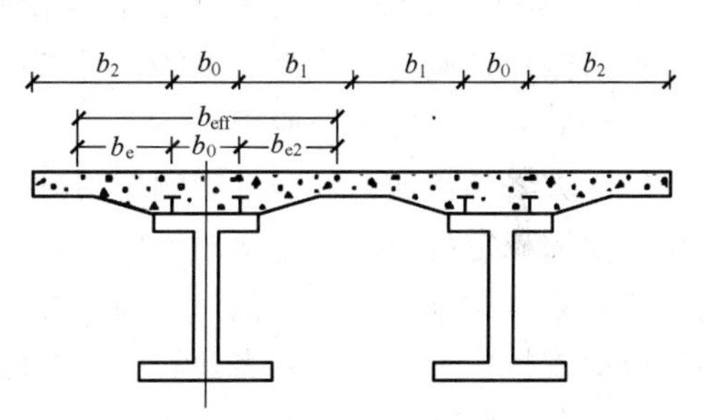

图 14.2-2 桥梁中有效宽度取值

式中 $\beta_i=(0.55+0.25L_e/b_i)\leqslant 1.0$；

b_{ei}——边跨跨中的有效宽度；

L_e——根据图 14.2-3 确定的边跨相应跨长。

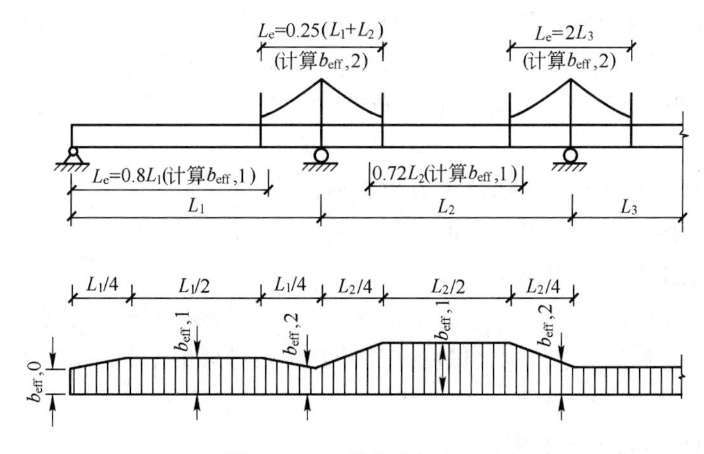

图 14.2-3 等效跨长的确定

我国《钢结构设计规范》(GB 50017—2003)中对于钢—混凝土组合梁混凝土板有效宽度的取值基本上是参照《混凝土结构设计规范》(GB 50010—2001)规定的，其取值分别考虑了组合梁跨度、混凝土板厚度以及相邻梁的净距等的影响；AASHTO 的“荷载与抗力系数设计法”的规定与(GB 50017—2003)相似，而欧洲规范 4 中混凝土板有效宽度的取值主要取决于跨度以及相邻梁的间距，同时还考虑连续梁中负弯矩的不利影响，有效宽度与板的厚度无关。从总体看，我国规范关于有效宽度的取值偏大一些。

(3) 施工方法和预加力顺序对受力性能的影响

在确定预应力组合梁中混凝土板、钢梁和预应力钢索的应力时，施工方法与预加力顺序是非常重要的。组合梁的施工方法主要有以下三种：

1) 浇筑混凝土时钢梁下不设临时支撑；

2) 浇筑混凝土时钢梁下架设临时支撑；

3) 浇筑混凝土时钢梁下有临时支撑，但在浇筑混凝土时支撑已受压，其反力使钢梁产生反拱。通常施加预应力的顺序也有下列三种：

1) 混凝土板和钢梁分别施加预应力，然后通过剪力连接件将混凝土板连接到钢梁顶翼缘上，称为预制先张梁；

2) 钢梁先施加预应力，再浇筑混凝土顶板，负弯矩区还可通过混凝土板中的无粘结钢索对混凝土板进行张拉，称为现浇先张梁；

3) 在钢梁上现浇混凝土板形成普通组合梁，然后利用混凝土板中或钢梁中的钢索对组合梁后张拉预应力，称为后张梁。对普通组合梁采用后张法需要较多的预应力筋才能达到一定的效果，一般较少使用。

施工方法和预加力顺序将影响使用阶段预应力组合梁的受力和变形以及钢梁翼缘进入屈服或丧失稳定的时间。因此对于所有类型截面在正常使用极限状态和承载能力极限状态的验算，要考虑施工方法和预加力顺序的影响；此外钢梁施加预应力阶段和浇筑混凝土时不设临时支撑的组合梁，尚需验算钢梁在施工阶段的强度、挠度和稳定性。

(4) 内应力对受力性能的影响

在组合梁中，混凝土徐变将导致截面中的内力重分布，在长期荷载作用下，混凝土板的部分应力将转移给钢梁，从而使得混凝土板的应力降低，钢梁应力增加。另外混凝土的收缩和温度变化在静定体系中只引起初始内应力，在超静定体系中还将引起次内应力。

在承载能力极限状态下，初始内应力和次内力的存在将导致Ⅰ、Ⅱ类组合梁的钢梁提前进入塑性状态，但不影响组合梁的最终承载力；Ⅲ、Ⅳ类截面的组合梁，Ec. 4Part1规定：

1) 计算截面承载力时忽略初始内应力的影响；

2) 第Ⅳ类截面的组合梁应考虑次内力的影响；

3) 第Ⅲ类截面组合梁可以忽略次内力的影响。

在正常使用极限状态下混凝土的裂缝和变形特征明显受到初始内应力和次内力的影响，因此对于所有截面在正常使用极限状态的验算必须考虑由于收缩、徐变和温差引起的次内力。

(5) 预应力对受力性能的影响

钢梁部分施加预应力后，在外荷载作用下，预应力钢索中产生应力增量，该预应力增量产生和外荷载效应相反的附加弯矩，使得组合梁截面上的应力降低，从而明显地提高了组合梁的屈服荷载；同时在疲劳阶段应力循环可能由单纯的拉应力循环转为压应力循环或拉压应力循环，这增强了钢梁的疲劳强度；预加反拱度的存在减小了组合梁在使用荷载下的挠度。此外，在新建桥梁设计和旧桥加固中，为了提高负弯矩区段混凝土板的抗裂性和耐久性，通常也对混凝土板施加预应力。当采用上述第2)种施加预应力顺序时，会对连续组合梁内支座区域产生次弯矩，如果预应力大小及预应力筋长度合适，则混凝土板预应力对内支座区域产生的效应就如同负弯矩区钢梁施加预应力产生的效应一样。预应力组合梁中预应力的存在使得钢梁截面受压区高度加大，而腹板受压区高度加大会使截面转动能力明显降低，增大翼缘和腹板局部屈曲和整体失稳的可能性。

（6）剪力连接程度对受力性能的影响

预应力组合梁的受力性能受到剪力连接程度的影响。若在预应力组合梁最大弯矩截面和零弯矩截面之间，钢与混凝土交界面上剪力连接件的数量为 N，而保证最大弯矩截面抗弯能力充分发挥所需的剪力连接件数量为 N_f，则定义 $\eta=N/N_f$ 为剪力连接度。

图 14.2-4 表示简支组合梁在均布荷载作用下抗弯能力和剪力连接度的关系。梁 A 的连接度 $\eta=0$，表明钢梁与混凝土板之间没有采取连接措施，极限承载力由钢梁的极限承载力确定。梁 B 中，$0<\eta<1$，此类梁称为部分连接组合梁，其抗弯能力受到交界面上纵向抗剪能力的限制；部分连接组合梁的截面应变分布图上存在两个中性轴，交界面上有明显的相对滑移存在，因此连接件必须由较好的柔性性能。梁 C 为完全组合梁，$\eta=1$，其连接件数量能保证极限状态下组合梁达到全塑性弯矩。需要指出的是，一般的连接件都能够表现出一定的柔性性能。

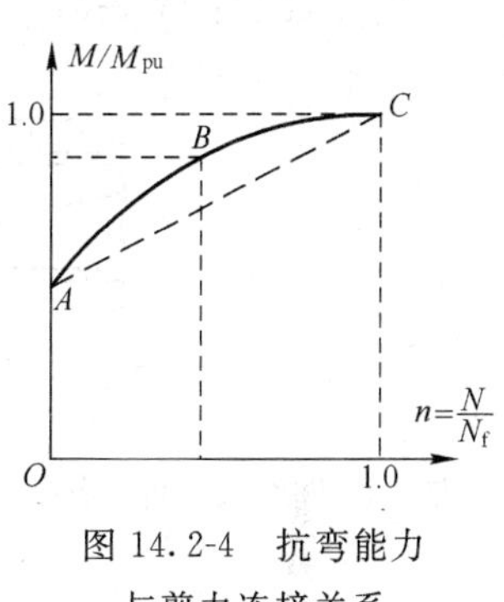

图 14.2-4　抗弯能力与剪力连接关系

14.2.2　预应力组合梁的弹性分析

预应力组合梁在正常使用极限状态的验算主要是挠度的验算、钢梁和混凝土板的应力及混凝土裂缝宽度的验算以及混凝土板与钢梁之间的相对滑移验算。而在施加预应力阶段主要是控制截面的应力与构件反拱度的验算。在施加预应力阶段与正常使用阶段的荷载特点可分为短期荷载与长期荷载。在短期荷载作用下，组合结构一般处于弹性工作状态，其内力可由弹性理论按结构力学的方法来求解，并按线弹性关系与平截面变形假定求得截面应力。在长期荷载作用下，混凝土板将产生徐变与收缩变形，但由于混凝土板的这种塑性变形受到钢梁的约束，导致混凝土板与钢梁连接界面上的内力重分布，对于超静定结构体系还将引起结构的内力重分布。在长期荷载作用下，组合结构的变形也将明显增大。

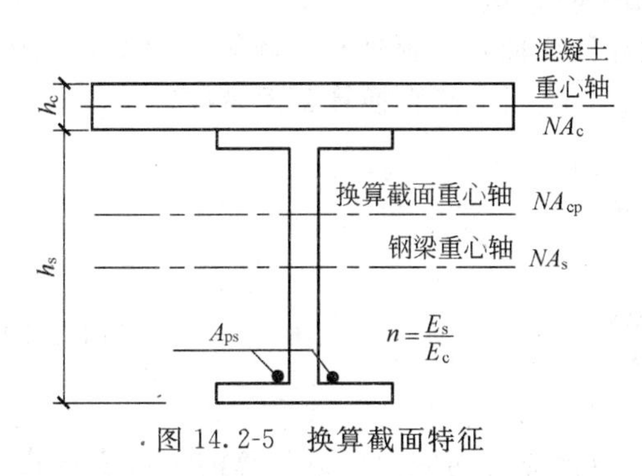

图 14.2-5　换算截面特征

如图 14.2-5 所示，混凝土的换算截面面积为：

$$A_c'=\frac{A_c}{n} \tag{14.2-4}$$

组合截面的换算面积为：

$$A_c=A_{st}+A_c' \tag{14.2-5}$$

式中　A_c——混凝土截面积；

A_{st}——全部钢材(钢梁和钢筋)的面积。

基本假定：

1）钢梁截面或组合截面应变为线性分布；

2）忽略钢梁和混凝土界面上的相对滑移，符合平截面假定；

3）钢梁预应力钢索和组合梁整体变形相协调；

4）忽略残余变形和残余应力的影响。

预应力组合简支梁是一次内部超静定结构，预应力连续组合梁是内外部高次超静定结构，确定外荷载作用下预应力钢索应力增量是关键。

(1) 预应力筋应力增量

1）简支梁(图 14.2-6)。

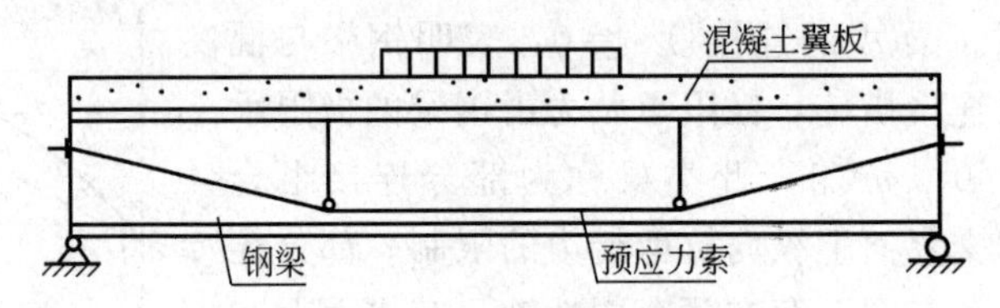

图 14.2-6 预应力组合简支梁

依据虚功原理和变形协调条件取预应力筋中轴力增量 ΔN 为虚力，则有：

$$\delta_{11}\Delta N+\delta_{1p}=0 \tag{14.2-6}$$

式中 δ_{11}——预应力筋单位轴力增量引起的虚位移；

$$\delta_{11}=\int\frac{e_x^2\mathrm{d}x}{EI_x}+\int\frac{\mathrm{d}x}{EA_x}+\int\frac{\mathrm{d}x}{E_{ps}A_{ps}} \tag{14.2-7}$$

δ_{1p}——外荷载在静定结构上引起的虚位移；

$$\delta_{1p}=\int\frac{e_x^2M_x\mathrm{d}x}{EI_x} \tag{14.2-8}$$

式中 e_x——预应力筋到钢梁或组合梁换算截面重心轴的偏心距；

E、A_x、I_x——钢梁弹性模量、钢梁或组合梁换算截面面积和惯性矩，随梁长而变化；在截面形成组合作用之前为钢梁参数，之后为组合换算截面参数；

M_x——外荷载产生的弯矩；

A_{ps}、E_{ps}——预应力钢索(筋)的面积和弹性模量。

从而各荷载阶段 i 预应力筋应力增量为：

$$\Delta\sigma_{p,i}=\frac{\Delta N_i}{A_{ps}} \tag{14.2-9}$$

2）连续梁(图 14.2-7)。

以两跨连续梁为例，推导预应力组合连续梁中预应力筋应力增量计算的一般表达式。

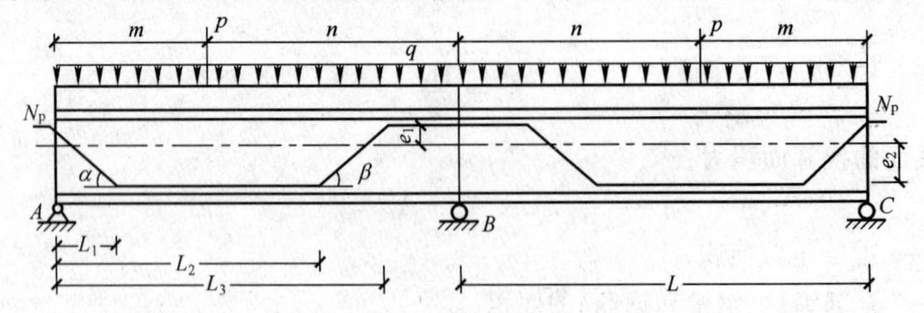

图 14.2-7 预应力组合连续梁

取内支座负弯矩 M 和预应力筋轴力增量 ΔN 为多余未知力，变形协调方程为：

$$\delta_{11}M+\Delta N\delta_{12}+\Delta_{1l}=0$$

$$\delta_{21}M+\Delta N\delta_{22}+\Delta_{2l}=0 \tag{14.2-10}$$

式中 δ_{ij}——在位置 i(分别为内支座弯矩和预应力筋中轴力增量)由外荷载 j(均布荷载或集中力)引起的虚变形；

Δ_{il}——在位置 i 由外荷载 L(均布荷载或集中力)引起的虚变形。

由虚功原理可得虚位移 δ_{ij} 的一般表达式：

$$\delta_{ij}=\int\frac{M_iM_j}{EI_x}\mathrm{d}x+\int\frac{N_iN_j}{EA_x}\mathrm{d}x \tag{14.2-11}$$

式中 M_i、M_j——分别为沿梁长的弯矩；

N_i、N_j——沿梁长的轴力；

A_x、I_x——为组合梁的截面面积和惯性矩。

具体表达式分别为：

$$\delta_{11}=\frac{2L}{3EI_x}$$

$$\delta_{12}=\delta_{21}=\frac{1}{3EI_xL}\{L_1^2(-a-c)+L_2^2(b+d)+L_3^3c-L^2d+L_1L_2+L_2L_3(c+d)-L_1L_3d\}$$

$$a=e_1,b=e+e_1L_1/L,c=e+e_1L_2/L,d=e_1(1-L_3/L)$$

$$\delta_{22}=\frac{2}{EI_x}\left[\frac{L_1}{6}(2a^2-2ab+2b^2)+\frac{L-L_3}{6}(2b^2+2bc+2c^2)+\frac{L_3-L_1}{6}(2c^2-2cd+2d^2)\right]$$

$$+\frac{2L}{EA_x}+\frac{2L_1}{E_{ps}A_{ps}\cos\alpha}+\frac{2(L_2-L_1)}{E_{ps}A_{ps}}+\frac{2(L_3-L_2)}{E_{ps}A_{ps}\cos\beta}+\frac{2(L-L_3)}{E_{ps}A_{ps}}$$

$$\Delta_{1L}=\Delta_{1L}^q+\Delta_{1L}^p \tag{14.2-12}$$

式中 $\Delta_{1L}^q=-\dfrac{qL^3}{24EI_x}$

$$\Delta_{1L}^q=-\frac{p}{EI_xL^2}\left(\frac{1}{3}m^3n+\frac{1}{2}m^2n^2+\frac{1}{6}mn^3\right)$$

其中：$m+n=L$

$$\Delta_{2L}=\Delta_{2L}^q+\Delta_{2L}^p \tag{14.2-13}$$

$$\Delta_{2L}^q=\frac{q}{24EI_x}\left\{aL_1^2\left(\frac{1}{6}L-\frac{1}{12}L_1\right)\right\}+b\left[(L_1+L_2)\left(-\frac{LL_2}{6}\right)+\frac{L_2}{12}(L_2^2+L_1L_2+L_1^2)\right]$$

$$+c\left[(L_1+L_2)\frac{LL_1}{6}-\frac{L_1}{12}(L_2^2+L_1L_2+L_1^2)\right]+(L_2+L_3)\left(-\frac{LL_3}{6}\right)+\frac{L_3}{12}$$

$$(L_3^2+L_3L_2+L_2^2)+d\left[(L_2+L_3)\left(-\frac{LL_2}{6}\right)+\frac{L_2}{12}(L_3^2+L_3L_2+L_2^2)+\frac{L}{12}(-L_3^2+L^2+LL_3)\right]$$

$$\Delta_{2L}^p=-\frac{P}{EI_xL}\left\{n\left[(a-2b)\frac{L_1^2}{6}+\left(\frac{b-c}{L_2-L_1}\right)\left(\frac{m^3}{3}+\frac{L_1^3}{6}-\frac{L_1m^2}{2}\right)-\frac{b}{2}(m^2-L_1^2)\right]\right.$$

$$+m\left[\frac{(b-c)(L_2-m)}{L_2-L_1}(L_2+m)\left(\frac{L}{2}+\frac{L_1}{2}-\frac{L_2}{2}\right)-L_1L-\frac{m^2}{3}+b(L_2-m)\right.$$

$$\left.\left.\left(-L+\frac{L_2+m}{2}\right)+c(L_3-L_2)\left(-L+\frac{L_3+L_2}{2}\right)\right]\right.$$

$$(c+d)\left((L_3+L_2)\left(\frac{L}{2}+\frac{L_2}{6}\right)-LL_2-\frac{L_3^2}{3}\right)+\frac{d}{3}(L-L_3)^2\Big\}$$

依据上述参数便不难求得 M 和 ΔN：

$$M=\frac{\Delta_{1L}\delta_{22}-\Delta_{2L}\delta_{21}}{\delta_{12}^2-\delta_{11}\delta_{22}}$$

$$\Delta N=\frac{\Delta_{2L}\delta_{11}-\Delta_{1L}\delta_{21}}{\delta_{12}^2-\delta_{11}\delta_{22}} \tag{14.2-14}$$

式中 A_x、I_x、A_{ps}、E_{ps}的含义同简支梁情形。

对于其他较简单的布索形状，上述诸表达式可做相应简化。

如果预应力组合连续梁负弯矩混凝土板再施加预应力，则会对组合连续梁内支座区域产生附加弯矩(包括次弯矩)M_c，此时只需在式(14.2-12)和式(14.2-13)中分别增加一项由附加弯矩引起的虚变形量 $\Delta_{1L}^{M_c}$ 和 $\Delta_{2L}^{M_c}$，变成：

$$\Delta_{1L}=\Delta_{1L}^{q}+\Delta_{1L}^{p}+\Delta_{1L}^{M_c} \tag{14.2-15}$$

$$\Delta_{2L}=\Delta_{2L}^{q}+\Delta_{2L}^{p}+\Delta_{2L}^{M_c} \tag{14.2-16}$$

(2) 截面内力分析

1) 现浇先张梁

① 预加力产生的应力

$$\sigma_s^1=-\frac{N_{pe}}{A_s}\pm\frac{N_{pe}e_s}{I_s}y_s \tag{14.2-17}$$

式中 σ_s^1——钢梁截面上由于预加力产生的应力；

I_s——钢梁的惯性矩；

y_s——钢梁截面计算点至钢梁重心轴的距离；

N_{pe}——扣除本阶段预加力损失的预加力值；

e_s——预应力筋重心至钢梁截面重心轴的距离。

② 恒载及附加恒载作用下

a. 施工时钢梁下无临时支撑时，分为两个阶段考虑。

在混凝土顶板强度达到75%设计强度之前，组合梁自重及其上部的施工荷载由钢梁承担，则钢梁截面上由恒载及附加恒载产生的应力为：

$$\sigma_s^2=-\frac{\Delta N_{D+SD}}{A_s}\pm\frac{\Delta N_{D+SD}e_s}{I_s}\pm\frac{M_{D+SD}}{I_s}y_s \tag{14.2-18}$$

式中 ΔN_{D+SD}——由恒载及附加恒载产生的预应力筋轴力增量；

M_{D+SD}——由恒载及附加恒载产生的弯矩。

当混凝土板达到75%设计强度以后，按照组合截面进行计算。

钢梁截面应力为：

$$\sigma_s^2=-\frac{\Delta N_{D+SD}}{A_{cp}}\pm\frac{\Delta N_{D+SD}e_{cp}}{I_{cp}}\pm\frac{M_{D+SD}}{I_{cp}}y_{cs} \tag{14.2-19}$$

式中 A_{cp}、I_{cp}——组合截面面积和惯性矩；

e_{cp}——预应力筋重心至组合(换算)截面重心轴的距离；

y_{cs}——钢梁截面计算点到组合截面形心轴距离。

混凝土板中应力 σ_c^2 为：

$$\sigma_c^2=\frac{1}{n}\left(-\frac{\Delta N_{D+SD}}{A_{cp}}\pm\frac{\Delta N_{D+SD}e_{cp}}{I_{cp}}y_s\pm\frac{M_{D+SD}}{I_{cp}}y_c\right) \tag{14.2-20}$$

式中　y_c——混凝土截面计算点至组合(换算)截面重心轴的距离。

b. 施工时钢梁下有临时支撑时，全部荷载作用由组合截面承担，计算公式同式(14.2-19)、式(14.2-20)。

③ 使用荷载作用下

使用荷载包括后期恒载、活载和冲击荷载三个部分，在短期荷载作用下，钢梁部分截面应力为：

$$\sigma_s^3=-\frac{\Delta N_{GD+L+J}}{A_{cp}}\pm\frac{\Delta N_{GD+L+I}e_{cp}}{I_{cp}}y_{cs}\pm\frac{M_{GD+L+I}}{I_{cp}}y_{cs} \tag{14.2-21}$$

式中　ΔN_{GD+L+J}——由后期恒载、活载和冲击荷载产生的预应力筋轴力增量；

M_{GD+L+I}——由后期恒载、活载和冲击荷载产生的弯矩。

混凝土板中应力 σ_c^3 为：

$$\sigma_c^3=\frac{1}{n}\left(-\frac{\Delta N_{GD+L+J}}{A_{cp}}\pm\frac{\Delta N_{GD+L+I}e_{cp}}{I_{cp}}y_c\pm\frac{M_{GD+L+I}}{I_{cp}}y_c\right) \tag{14.2-22}$$

2）后张梁

① 恒载及附加恒载作用下

a. 施工时钢梁下无临时支撑时，分为两个阶段考虑。

在混凝土顶板强度达到75%设计强度之前，组合梁自重及其上部的施工荷载由钢梁承担，则钢梁截面上由恒载及附加恒载产生的应力 σ_s^1 为：

$$\sigma_s^1=\pm\frac{M_{D+SD}}{I_s}y_s \tag{14.2-23}$$

当混凝土板达到75%设计强度以后，按照组合截面进行计算：

$$\sigma_s^1=\pm\frac{M_{D+SD}}{I_{cp}}y_{cs} \tag{14.2-24}$$

$$\sigma_c^1=\frac{1}{n}\left(\pm\frac{M_{D+SD}}{I_{cp}}y_c\right) \tag{14.2-25}$$

b. 施工时钢梁下有临时支撑时，全部荷载由临时支撑承担，计算公式同上述式(14.2-24)、式(14.2-25)。

② 预加力产生的应力

$$\sigma_s^2=-\frac{N_{pe}}{A_{cp}}\pm\frac{N_{pe}e_{cp}}{I_{cp}}y_{cs} \tag{14.2-26}$$

$$\sigma_c^2=\frac{1}{n}\left(-\frac{N_{pe}}{A_{cp}}\pm\frac{N_{pe}e_{cp}}{A_{cp}}y_c\right) \tag{14.2-27}$$

③ 使用荷载作用下

短期荷载效应组合时计算公式同式(14.2-21)、式(14.2-22)。

不论是先张梁还是后张梁，钢梁、混凝土板和预应力筋中的总应力应分别为：

$$\sigma_s=\sigma_s^1+\sigma_s^2+\sigma_s^3\leqslant f_y \tag{14.2-28}$$

$$\sigma_c=\sigma_c^2+\sigma_c^3\leqslant f_{c,t} \tag{14.2-29}$$

$$\sigma_p=\sigma_{pe}+\Delta\sigma_{p,D+SD}+\Delta\sigma_{p,GD+L+I}\leqslant f_{py} \tag{14.2-30}$$

式中　f_y、$f_{c,t}$、f_{py}——分别为钢梁设计强度、混凝土抗拉或抗压强度设计值以及预应力筋的设计强度。

3）预应力组合连续梁

在通常情况下，预应力组合连续梁截面内力可以按弹性理论进行计算，可能的弯矩重分布程度取决于截面转动能力。预应力的效应使得截面转动能力明显减小，因而预应力组合连续梁的弯矩重分布将小于普通组合连续梁。

由于负弯矩区混凝土板的开裂，沿连续梁跨度方向的抗弯刚度是不相等的，要精确地考虑沿跨度方向的刚度变化是很复杂的，

EC.4 在内力计算时采用了图 14.2-8 所示的两种简化方法。方法 1 简单地假定沿跨度方向连续梁的刚度是均匀的，抗弯刚度按未开裂截面刚度 $EI_{cp,1}$ 确定；方法 2 则近似地考虑负弯矩区混凝土开裂引起的弯矩重分布的影响，在内支座两侧各 0.15 跨长范围内的抗弯刚度按开裂截面(不考虑混凝土板的作用而保留板中钢筋的作用)的刚度 $EI_{cp,2}$ 取值，其余未开裂部分仍取 $EI_{cp,1}$，预应力组合梁中抗弯刚度的计算可参照 EC.4 的上述方法。

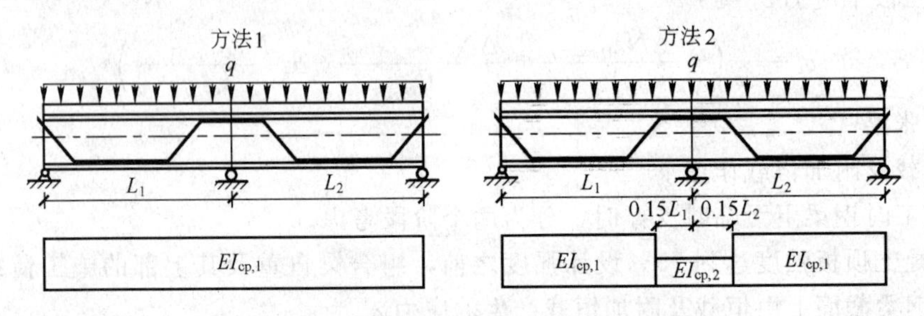

图 14.2-8　连续梁抗弯刚度的确定方法

(3) 挠度计算

正弯矩区预应力简支组合梁在外荷载作用下产生的挠度可由等刚度法计算，而负弯矩区简支梁和连续梁的挠度计算考虑混凝土开裂的影响可采用变刚度法，刚度计算可采用上述方法 2。使用阶段的总挠度由预应力反拱度和各个荷载阶段的挠度的代数和确定。

(4) 长期荷载效应的影响

组合梁在长期荷载作用下，由于混凝土的徐变将使内力和变形增大。对于长期荷载作用下的应力与变形的计算，EC.4Partl 采用引入增大系数的方法来计算组合换算截面的面积和惯性矩，而 EC.4Part2 和我国规范相似，在短期荷载作用下的计算公式中采用增加模量比的方法来考虑徐变的影响。

14.2.3　预应力组合梁的抗弯极限分析

对于Ⅰ、Ⅱ类截面正负弯矩区预应力简支组合梁，截面极限弯矩可按塑性极限理论进行计算；对于组合连续梁按塑性极限理论进行计算的基本前提是：在塑性铰范围内的截面除了有足够的塑性承载力外，还应该有足够的转动能力，以保证该截面能够产生充分的塑性转动和结构的弯矩重分布。直接求解截面转动能力需借助于数值方法，为简化起见，EC.4 对普通连续组合梁的塑性分析作了如下限制：

1）在塑性铰处，钢梁的横截面应该是关于腹板平面对称的；

2）塑性铰处的钢梁截面应是第Ⅰ类截面，其他范围的截面至少应是第Ⅱ类截面；

3）相邻两跨的跨度相差不得超过短跨跨长的 50%；

4）边跨跨度不得大于相邻跨长的 115%；

5）混凝土板内的钢筋必须有良好的延性；

6）必须避免发生局部屈曲或整体失稳而导致过早破坏；

7）对于跨中首先出现塑性铰，且有50%以上的设计荷载作用于跨长范围的组合梁，塑性铰区域混凝土板受压区高度不应超过组合截面高度的15%。上述限制也同样适用于预应力组合连续梁，目前对于预应力组合连续梁的研究尚不充分，在进行设计估算时可以借鉴EC.4的计算方法。下面给出Ⅰ、Ⅱ类截面正负弯矩区截面抗弯极限承载力的计算方法。

（1）基本假定

1）钢梁和混凝土板之间有可靠的连接，以保证组合截面抗弯能力的充分发挥。

2）钢梁和混凝土板受弯时均符合平截面假定。

3）钢梁的应力—应变关系采用理想弹塑性曲线，拉应变没有上限值，如果能避免发生局部屈曲，并保证负弯矩区的侧向稳定，其压应变也没有上限值；钢筋的应力－应变关系也采用理想弹塑性曲线，应变没有上限值。

4）混凝土的应力—应变关系可取同预应力混凝土部分。

5）正弯矩区混凝土受压应力采用等效矩形应力块，且不考虑受压区高度的折减，负弯矩区忽略混凝土的抗拉强度。

6）试验研究证明，钢梁中预应力筋极限应力可取其设计强度 f_{py} 的90%。

（2）正弯矩截面抵抗弯矩

在正弯矩作用下，根据组合截面塑性中性轴的位置，可以分成以下两种情况来计算组合截面的受弯承载力：

1）塑性中性轴位于混凝土板中（图14.2-9a）

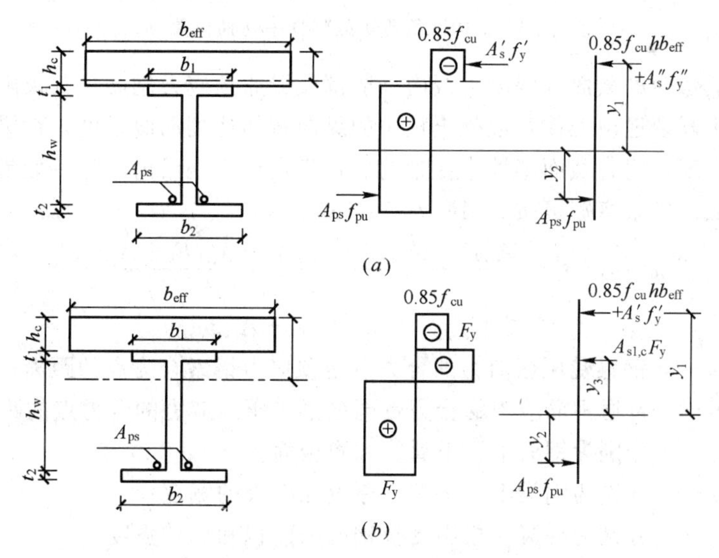

图14.2-9　正弯矩区塑性中性轴位置

（a）塑性中性轴在混凝土板内；（b）塑性中性轴在钢梁内

$$A_{st}F_y + A_{ps}f_{pu} \leqslant 0.85f_{cu}b_{eff}h_c + f'_yA'_s \tag{14.2-31}$$

$$x = \frac{A_{st}F_y + A_{ps}f_{pu} - f'_yA'_s}{0.85f_{cu}b_{eff}} \leqslant h_e \tag{14.2-32}$$

$$M_u \leqslant 0.85 f_{cu} b_{eff} x y_1 + A_{ps} f_{pu} y_2 \tag{14.2-33}$$

2）截面塑性中性轴在钢梁截面内(图 14.2-9b)

$$A_{st} F_y + A_{ps} f_{pu} > 0.85 f_{cu} b_{eff} h_c + f'_y A'_s \tag{14.2-34}$$

$$M_u \leqslant 0.85 f_{cu} b_{eff} h_c y_1 + A_{ps} f_{pu} y_2 + A_{st,c} F_y y_3 \tag{14.2-35}$$

式中 x——组合梁截面塑性中性轴至混凝土板顶面的距离；

f_{cu}——混凝土立方体抗压强度设计值；

y_1——钢梁受拉区应力的合力点至混凝土受压区应力合力点的距离；

y_2——钢梁受拉区应力的台力点至预应力索合力点的距离；

b_{eff}、h_c——混凝土冀板的有效跨度和厚度；

A_{st}、F_y——钢梁截面积和设计强度；

A_{pe}、F_{pu}——预应力钢索面积和极限应力；

$A_{st,c}$——钢梁受压区面积；

y_3——钢梁受拉区应力的合力至钢梁受压区应力合力的距离。

(3) 负弯矩截面抵抗弯矩(图 14.2-10)

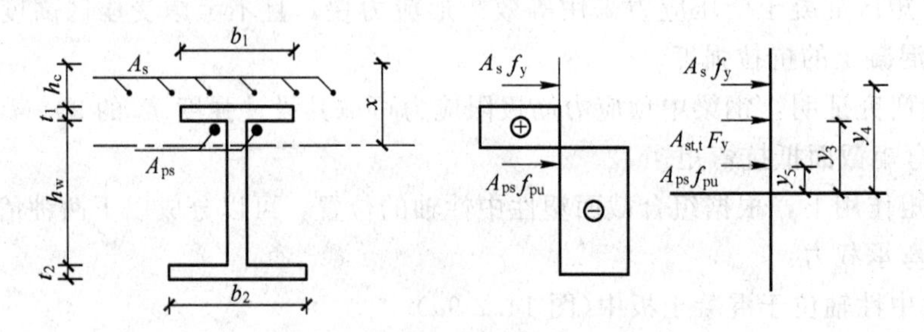

图 14.2-10 负弯矩区塑性中性轴位置

对于承受负弯矩的截面，混凝土板内一般都设置非预应力钢筋，其极限弯矩的计算一般认为：混凝土开裂退出工作，混凝土板中的纵向钢筋达到屈服强度，钢梁的受拉和受压区亦达到屈服强度，组合截面塑性中性轴的位置肯定位于钢梁内，且一般都位于钢梁腹板内，因此，其截面极限弯矩可按式(14.2-37)计算。

$$x = h_c + t_1 + \frac{A_w F_y + A_{1,2} F_y - f_y A_s - A_{t,1} F_y + A_{ps} f_{pu}}{2 w F_y} \tag{14.2-36}$$

$$M_u \leqslant A_s f_y y_4 + A_{st,t} F_y y_3 + A_{ps} f_{pu} y_5 \tag{14.2-37}$$

式中 y_5——钢梁受压区应力的合力点至预应力钢索合力点的距离；

y_4——普通钢筋应力的合力点至钢梁受压区应力的合力点的距离；

$A_{t,1}$、$A_{t,2}$、A_w——分别为钢梁上、下翼缘和腹板面积；

t_1、t_2、w——分别为钢梁上、下翼缘厚度和腹板的宽度；

A_s、A_y——分别为混凝土板中受拉钢筋的面积和设计强度。

其余符号同前正弯矩区的相关表达式。

14.2.4 预应力组合梁的抗剪设计

预应力组合梁的抗剪设计包括竖向抗剪和混凝土板的纵向抗剪两个部分。EC.4 和我国规范(GBJ 17—88)都认为在极限状态下组合梁的全部竖向剪力仅由钢梁腹板承担，所不同的是 EC.4 除了给出按塑性理论的竖向抗剪承载力的计算方法外，还给出了钢梁腹板局部屈曲后竖向剪力的计算方法，并考虑了弯剪相关作用；而我国规范则是在钢材的设计强度上乘以 0.9 的折减系数，且未对弯剪相关作用提出专门要求。对于混凝土板的纵向抗剪，EC.4 根据桁架模型导出了相应的抗剪承载力计算公式，而我国规范尚无相关内容。对于预应力组合梁而言，可以在普通组合梁的抗剪基础上考虑预应力的影响；对于混凝土板的纵向抗剪承载力，可借鉴 EC.4 的计算方法：对于腹板竖向抗剪承载力，在不同的荷载阶段都可按下列公式计算(图 14.2-11)：

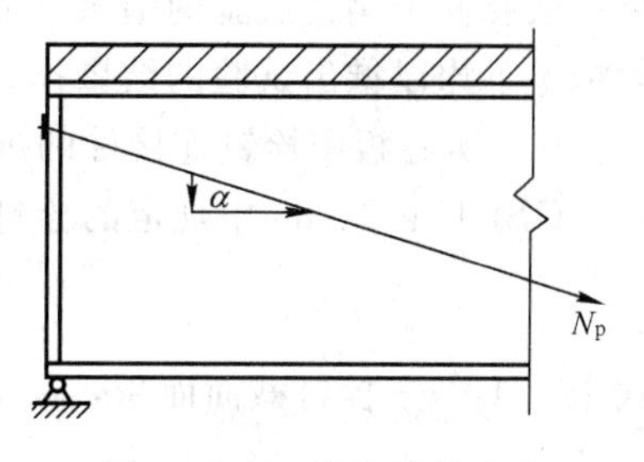

图 14.2-11　竖向抗剪应力

$$V=V_0-N_p\sin\alpha \tag{14.2-38}$$

$$\tau=\frac{VQ}{Iw}\leqslant f_{vy} \tag{14.2-39}$$

式中　V_0——静定结构上所考虑截面的竖向剪力；

N_p——预应力筋的轴力；

Q——组合截面所考虑纤维以上部分面积对中性轴的一次矩；

I、w——截面惯性矩和钢梁腹板宽度；

f_{vy}——钢材塑性阶段抗剪强度设计值 $f_{vy}=0.9f_v$。

V_0、N_p、I 等在不同的荷载阶段对应取不同的值。

14.3　剪力连接件设计

14.3.1　剪力连接件的类型

剪力连接件的主要作用是传递钢梁和混凝土板之间的纵向剪力和抵抗混凝土板与钢梁之间的掀起。剪力连接件的形式很多，一般可将其分为刚性连接件和柔性连接件两大类。刚性连接件包括方钢、T 形、槽形、马蹄形及带孔钢板连接件等，而栓钉、高强螺栓、锚环及角钢连接件等则属于柔性连接件，方钢和栓钉是典型的刚性连接件和柔性连接件。两类连接件除了刚度有明显区别外，其破坏形态也不一样：刚性连接件易于在周围混凝土中引起应力集中，导致混凝土被压碎或产生剪切破坏；柔性连接件的刚度较小，作用在接触面上的剪切力会使连接件发生变形，在钢梁与混凝土交界面上产生相对滑移，但其抗剪强度不会降低。

在铁路组合桥梁中日本采用过马蹄形连接件，加拿大使用过带孔钢板连接件，我国采用过钢块和高强螺栓连接件；欧洲和美国多使用栓钉连接件，我国业已定型生产栓钉连接件。本书主要介绍栓钉连接件的承载力计算方法，对于其他类型的剪力连接件承载力的计算，可参照我国公路或铁路桥梁规范和 EC.4 的规定。

14.3.2　栓钉连接件的抗剪承载力

影响连接件抗剪承载力的主要因素有混凝土类型与强度等级、混凝土中横向钢筋的含量及放置位置、连接件类型等，比如在其他条件相同的情况下，钢纤维混凝土中栓钉的承载力就高于普通混凝土中栓钉的承载力，同样类型混凝土中带孔钢板的承载力就高于栓钉的承载力。确定连接件抗剪承载力的试验方法有推出试验和梁式试验两种，推出试验的结果一般要低于梁式试验的结果，但梁中连接件的受力性能可用推出试验的结果来描述，一般情况下均以推出试验的结果作为编制规范的依据。

(1) 实心板中栓钉连接件的抗剪承载力

GBJ 114.2—88 中规定的栓钉承载力计算公式为($h/d \geqslant 4$)：

$$V_u = 0.43A_d\sqrt{E_c f_c'} \leqslant 0.71A_d f \tag{14.3-1}$$

式中 A_d——栓钉截面面积，$A_d = \frac{\pi d^2}{4}$，h、d 分别为栓钉高度和直径；

E_c、f_c'——分别为混凝土弹性模量和轴心抗压强度；

f——栓钉抗拉设计强度。

上述规定的计算值偏小，导致实际结构中连接件布置太密，新的规范修改建议将 f 限制值放宽为 f_u，即

$$P_{RD} = 0.5A_d\sqrt{E_c f_c} \leqslant A_d f_u \tag{14.3-2}$$

式中 E_{cm}、f_c——分别为混凝土弹性模量平均值和圆柱体抗压强度；

f_u——栓钉抗拉极限强度。

与 EC.4 的计算模型和式(14.3-2)相似，EC.4 根据大量的推出试验结果在可靠度分析的基础上得出栓钉抗剪承载力为下列两式计算的较小者：

$$P_{Rd} = 0.29\alpha d^2\sqrt{E_{cm} f_{ck}}/\gamma_v \tag{14.3-3}$$

$$P_{Rd} = \frac{0.8A_d f_{uk}}{\gamma_v} \tag{14.3-4}$$

式中 f_{uk}、f_{ck}——分别为栓钉连接件值标准抗拉强度和混凝土圆柱体标准抗压强度；

α——栓钉长度影响系数，$\alpha = 0.2\left(\frac{h}{d}+1\right) \leqslant 1.0$；

γ_v——连接件抗力分项系数，$\gamma_v = 1.25$，式(14.3-3)、式(14.3-4)还需满足一定的构造要求。

(2) 压型钢板中钉连接件的抗剪承载力

研究发现带压型钢板的栓钉连接件的剪力传递性能和破坏模型与实体推出试件不同，其受力性能要比实心板中的栓钉的受力性能复杂得多，目前尚未找到一个理想的计算模型，EC.4 采用实心板中栓钉承载力进行折减的方法来计算带压型钢板栓钉抗剪承载力，尚需进一步研究。

EC.4 规定：当压型钢板肋垂直于钢梁时(图 14.3-1)，计算公式为：

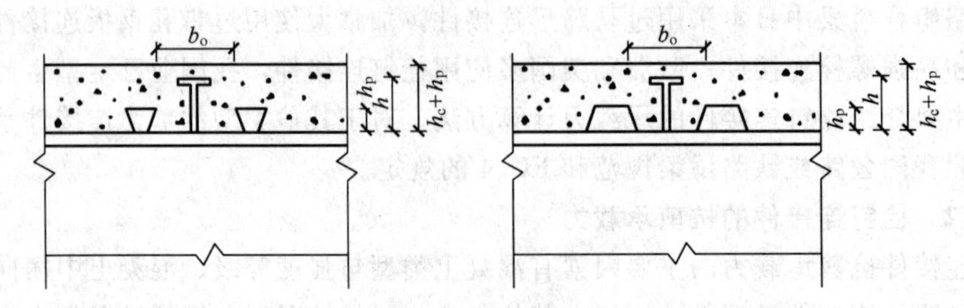

图 14.3-1 压型钢板肋与钢梁垂直时的栓钉连接件

$$P_{t,Rd} = k_t P_{Rd} \tag{14.3-5}$$

式中　P_{Rd}——按照式(14.3-3)或式(14.3-4)计算，但其中 $f_{uk}\leqslant 450$MPa；

k_t——折减系数，取 $k_t=\frac{0.7}{\sqrt{N_R}}\frac{b_0}{h_p}\left(\frac{h-h_p}{h_p}\right)$，当 $N_R=1$ 时，$k_t\leqslant 1$；当 $N_R=2$ 时，$k_t\leqslant 0.8$；

N_R——为一个肋中的栓钉数，$N_R\leqslant 2$；

h_p——压型钢板肋高，$h_p\leqslant 85$mm；

b_0——压型钢板肋的计算宽度，按图 14.3-1 取用，且 $b_0\geqslant h_p\geqslant 50$mm；

$h-h_p$——栓钉伸入压型钢板楼盖平板的深度，$(h-h_p)\geqslant 2d$。

式(14.3-5)仅适用于采用透焊接技术的栓钉连接件，采用非透焊接技术的带压型钢板栓钉连接件的承载力要低 15%左右。

当压型钢板肋平行于钢梁时(图 14.3-2)，压型钢板的底翼缘可以连续，也可以间断，计算公式为：

$$P_{l,Rd}=k_l P_{Rd} \tag{14.3-6}$$

式中　k_l——折减系数，取 $k_l=0.6\frac{b_0}{h_p}\left(\frac{h-h_p}{h_p}\right)\leqslant h_0$，栓钉长度 $h\leqslant(h_p+75)$。

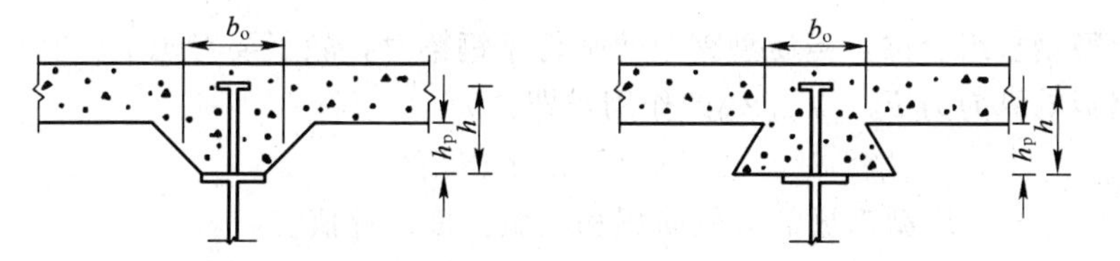

图 14.3-2　压型钢板肋与钢梁平行时的栓钉连接件

14.3.3　梁中剪力连接件设计

组合梁中的剪力连接设计是指在设计中使临界截面之间有足够的连接件来传递钢梁与混凝土板之间的纵向剪力。

剪力连接设计的临界截面是：

1) 弯矩和剪力最大处；

2) 所有的支点；

3) 较大的集中力作用处；

4) 组合梁截面突变处；

5) 悬臂梁的自由端；

6) 需要做附加验算的其他截面。

组合梁交界面上的纵向剪力由临界截面之间的钢梁或混凝土板的纵向力之差确定。在塑性极限状态下，对采用延性连接件的Ⅰ、Ⅱ类截面的组合梁，EC.4 规定：在正弯矩区，可以采用完全剪力连接设计和部分剪力连接设计两种方法，而在负弯矩区由于缺乏足够的试验研究，不允许采用部分剪力连接设计。当采用非延性连接件时，EC.4 也允许采用部分剪力连接设计，只不过其纵向剪力由临界截面之间混凝土板的轴向力之差确定，且按整个组合截面的平截面假定为基础，避免钢梁和混凝土板交界面上产生相对滑移。

(1) 完全剪力连接设计

对于如图 14.3-3 所示的预应力连续组合梁，临界截面Ⅰ(零弯矩截面)和Ⅱ(最大正弯矩截面)之间完全剪力连接所需要的连接件数目 N_f 应该由截面Ⅱ混凝土板的压力 f_c 确定：

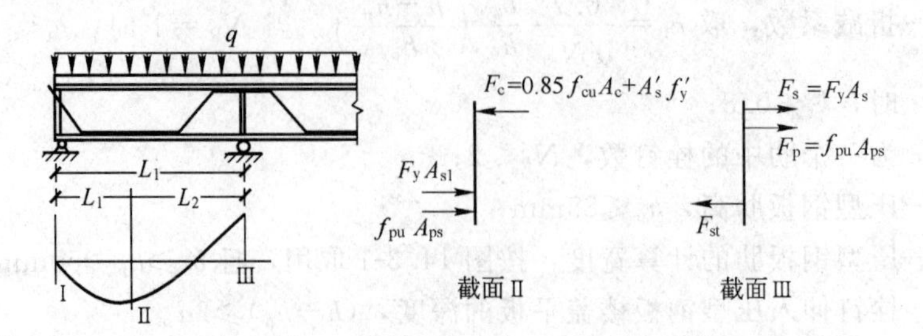

图 14.3-3　连续梁临界截面之间的纵向剪力

$$V_l=F_c \tag{14.3-7}$$

式中　$F_c=F_yA_{st}+A_{ps}f_{pu}$ 或 $F_c=0.85F_{cu}A_c+f'_sA'_s$

V_l 取其中的较小值，A_c 为混凝土板的有效面积；其余符号同前。

临界截面Ⅱ和Ⅲ(最大负弯矩截面)之间的纵向剪力可由截面Ⅱ混凝土压力 F_c 和截面Ⅲ的钢筋和钢索拉力 $F_s=A_sf_s+A_{sp}$ 确定：

$$V_l=F_c+F_s \tag{14.3-8}$$

对于压型钢板组合梁，当压型钢板肋平行于钢梁时，除了要考虑 F_c 和 F_s 外，还应当考虑压型钢板的纵向力 $F_p=f_{ypd}A_{ap}$ 的作用，即：

$$V_l=F_c+F_s+F_p \tag{14.3-9}$$

式中　A_{sp}、f_{ypd}——压型钢板的有效面积和屈服强度设计值。

从而 N_f 可由下式计算：

$$N_f=\frac{V_l}{p_{Rd}} \tag{14.3-10}$$

连续梁中间跨的连接件亦可类似进行设计。如果上述临界截面之间有较大的集中力作用，则可将连接件总数按各段剪力图面积进行分配，并在各个剪力区段内均匀布置。

(2) 采用延性连接件时的部分剪力连接设计

对于部分连接组合梁，临界截面之间的连接件数目 N 小于完全剪力连接时的连接件数目 N_f，由于交界面上存在相对滑移，导致截面应变有两个中性轴，最大弯矩截面混凝土板中的压力取决于交界面上全部剪力连接件所能提供的纵向抗剪能力：

$$F_c=\Sigma P_{Rd}=NP_{Rd} \tag{14.3-11}$$

进而可以确定出混凝土板中塑性受压区高度，从而可以仿照完全剪力连接假定时截面抗弯能力的计算方法，区分钢梁的中性轴在受压翼缘和腹板两种情况，来计算部分剪力连接时截面抗弯承载力。

(3) 梁中剪力连接件的布置

剪力连接件沿梁纵向的布置应该与交界面上的纵向剪力分布相一致。对于延性连接件，由于塑性极限状态下连接件变形后的塑性内力重分布，不论连接件如何布置，临界截面之间各个连接件都能同时达到其极限抗剪能力，因而一般将连接件沿梁纵向均匀布置。同时，也可以考虑剪力图与之间距成反比的不均匀布置。研究表明，这两种布置方式，组合梁的抗弯承载力基本一致，而挠度也仅相差 3%。但均匀布置便于施工，也符合连接件的实际受力，并有利于减缓组合梁端部混凝土的局部受压和发挥跨中最大弯矩截面承载力。非延性连接件不可能产生显著的内力重分布，故一般按照竖向剪力图的分布进行布置。此外，连接件布置需满足一定的构造要求，比如AASHTO规定：组合梁在负弯矩截面为非结合截面时，在永久荷载反弯点两侧各1/3有效板宽范围内应加配连接件。

14.4 预应力钢—混凝土组合梁的疲劳与稳定

14.4.1 预应力组合梁的疲劳

预应力钢—混凝土组合梁的疲劳强度取决于其组成材料，如混凝土、钢材、预应力钢索、剪力连接件等的疲劳强度及其构件细节的疲劳性能，AASHTO和EC.4都对普通组合梁的疲劳极限状态作出了规定。我国有关规范已对钢筋混凝土或预应力钢筋混凝土和钢梁的疲劳作了详细规定，这同样适用于组合梁；国内对预应力钢索和剪力连接件的疲劳性能研究不很充分，国内外对预应力组合梁的疲劳性能研究也尚在进行之中。

(1) 预应力钢索的疲劳

预应力组合结构中使用的钢索一般多为7ϕ5无粘结索，尽管已有的疲劳试验结果都是针对预应力混凝土而言的，但这些测试都是材性试验，只受轴向循环荷载和预应力组合结构中无粘结预应力钢索的受力状况一样，因而这些试验结果同样适用于预应力组合结构。

WuLinLi等总结了13组有关国家共计832个7丝钢索试件的疲劳测试数据，经筛选其中有700个数据可用于分析；这700个试件中，有595个试件发生钢索疲劳破坏，断点远离锚固区，有26个试件在锚固区发生疲劳破坏，还有剩下的79个试件经历100万～1000万次后没有发生疲劳破坏。

试验研究发现：应力幅是钢索疲劳的决定因素，而钢索最小应力是位于第二位的影响参数，第三个则是制造厂商方面的，不同厂商提供的试件，测试结果差别很大。需引起注意的是，上述试验是20多年前在专门的锚具系统上进行的，尚无足够的证据来保证商用锚具系统的疲劳可靠性。

在公路桥梁结构中，AASHTO规定：对于卡车荷载作用于多车道的钢桥，应具备200万次疲劳寿命，对卡车荷载作用在单车道上，应具备超过200万次的疲劳寿命，并且根据构造细节将钢梁的疲劳强度划分为若干等级；根据材料试验结果，7ϕ5无粘结钢索(1860级)应至少具备C类构造的抗疲劳等级，其常幅疲劳应力限值分别为90MPa(200万次)和69MPa(超过200万次)。因此，可以认为在预应力组合结构中无粘结钢索可以按C类构件进行疲劳设计，但设计师和业主务必予以校核。

我国铁路混凝土桥梁规范修订稿中对钢绞线200万次常幅疲劳允许应力幅限值取为140MPa，《高强钢丝钢绞线预应力混凝土结构设计与施工指南》中对7ϕ5钢绞线1860级，允许应力幅为180MPa，1670级则为160MPa。鉴于国内钢索疲劳强度取值缺乏可靠度分析依据，初步考虑公路桥梁预应力钢索疲劳设计可参照从AASHTO或EC.4，铁路预应力钢桥和组合桥设计中预应力钢索疲劳强度需经一定数量试验确定。

(2) 栓钉连接件的疲劳

就栓钉连接而言，由于钢翼缘的弯曲应力和组合作用引起的截面剪应力，疲劳裂纹总是始于连接焊缝处。试验研究发现，反复加载下的栓钉较单向加载下的栓钉有较长的疲劳寿命，除了加载方向以外，连接件所在的混凝土类型和强度等级、受剪方向横向钢筋含量等对连接件的疲劳性能均有影响。

1）EC.4 的规定

实心板中标准重量混凝土中标准焊接的栓钉疲劳强度曲线由下式定义：

$$\lg N = 22.123 - 8\lg \Delta\tau_R \qquad (14.4\text{-}1)$$

式中 N——应力循环次数；

$\Delta\tau_R$——疲劳强度，取 $\Delta\tau_R = \frac{4\Delta P_{Rd}}{\pi d^2}$，$d$ 为栓钉直径；

ΔP_{Rd}——单个栓钉的疲劳抗力。

在轻骨料混凝土板中，计算公式同上但要用 $\Delta\tau_{RL} = \frac{\Delta\tau_R}{2.2}$ 代替 $\Delta\tau_R$。

2）AASHTO 的规定

和上述 EC.4 中的双对数型疲劳强度表达式不同，从 AASHTO 的"荷载与抗力系数设计法"(1994)中采用单一对数表达式，这是基于 20 世纪 60 年代和 70 年代栓钉研究的成果。单个栓钉疲劳抗力应取为：

$$\Delta P_{RD} = ad^2 \qquad (14.4\text{-}2)$$

式中 $a = 238 - 29.5\lg N \geqslant 38.0$，$d$、$N$ 的意义同上。栓钉剪应力幅限值见表 14.4-1。

栓钉剪应力幅限值 **表 14.4-1**

循环次数 N	允许剪应力幅（MPa）	循环次数 N	允许剪应力幅（MPa）
100000	120.64	2000000	69.64
500000	93.06	>2000000	48.26

AASHTO 规定，首先对栓钉进行疲劳设计，然后根据疲劳设计的结果来检查它们的最终极限状态；而在 EC.4 中，则是首先使其满足使用状态，再检查焊接部分及焊接区域附近母材的疲劳强度。

3）梁中连接件疲劳应力幅计算

钢梁和混凝土板间水平剪力由连接件承担，界面上水平剪力流由下式计算：

$$S = \frac{VQ_{cp}}{I_{cp}} \qquad (14.4\text{-}3)$$

式中 V——外荷载引起的竖向剪力；

Q_{cp}——混凝土板换算面积对组合截面重心轴的面积矩。

每个栓钉的剪应力为：

$$f_{vr} = \frac{S_u}{2A_d} \qquad (14.4\text{-}4)$$

式中 A_d、u——单个栓钉横截面面积和成对栓钉间距。

从而依据疲劳上下限荷载可以计算栓钉上下限的剪应力，进而可以计算出梁中栓钉连接件的疲劳应力幅。

(3) 预应力组合梁的疲劳性能

试验研究发现，疲劳阶段钢梁和混凝土板的交界面上产生了明显的相对滑移，这种滑移不同于连接件刚度不足产生的相对滑移，而完全是由于荷载的重复或反复作用引起的。界面上相对滑移的存在，使得混凝土板中的内力向钢梁重分布，导致正弯矩区截面刚度下降，而负弯矩区开裂截面刚度却有强化现象。在预应力连续组合梁中，负弯矩区混凝土控制疲劳设计。随着疲劳次数的增加，负弯矩区混凝土板开裂并且裂缝发展，开裂和相对滑移相互影响，使得连续梁中负弯矩区的相对滑移远大于正弯矩区的相对滑移，因而在负弯矩区宜采用钢纤维混凝土板或顶应力混凝土板或兼而有之。连续梁中由于相对滑移和开裂导致的结构内力重分布很小。

在已有的疲劳试验中，没有发现预应力钢索、锚具和栓钉连接件的疲劳破坏，证明按照现有规范(如 AASHTO、EC. 4 等)进行设计，在合理的应力幅值范围内，现有的混凝土预应力技术可以用于组合结构预应力体系。

14.4.2 预应力组合梁的稳定

组合结构施加预应力后轴向压力的存在、混凝土顶板的约束效应等使得预应力组合连续结构的稳定问题变得尤为突出。但由于截面几何特征、弯矩梯度、轴向力大小、混凝土顶板配筋率等因素以及纵横向加劲肋、局部与整体相关屈曲等效应的影响，考虑塑性发展影响的预应力组合结构稳定极限承载力特性，迄今并未得到充分的认识。

预应力组合梁的稳定极限承载力与其正负弯矩区截面的转动能力有关，因此，在设计组合梁时，为了实现完全的内力重分布，应校验塑性铰的转动能力是否足够。

截面转动能力主要受到以下因素的影响：

1）钢梁的局部与整体失稳；

2）材料特性如屈服强度、极限强度等；

3）截面几何特征；

4）加载方式或荷载类型；

5）预加力大小；

6）混凝土板中钢筋延性及含量等。

(1) 钢梁冀缘和腹板宽厚比

钢梁翼缘和腹板宽厚比对截面转动能力的影响是显著的，随翼缘宽厚比 b/t_f 的降低，截面转动能力增强；当腹板宽厚比 h_w/w 在允许的范围内增加时，截面转动能力下降。各国规范对工字形钢截面塑性设计的弯曲延性(即截面转动能力)要求不很一致(表 14.4-2)，但都强调发生局部屈曲就是弯矩—转角曲线开始下降，即依据翼缘和腹板宽厚比来定义转动延性，这适用于屈服强度。

工字形钢塑性设计的弯曲延性　　表 14.4-2

分类目的	荷载效应分析法	塑性分析	弹性分析	
	抵抗弯矩计算法	屈服应力块		弹性屈服应力
EC. 3(1997)分类		Ⅰ	Ⅱ	Ⅲ
伸出翼缘长细比 $\frac{b'}{t_f}$	ISC/LRFD	$\frac{171}{F_y}$	—	$\frac{370}{F_y}$
	EC. 3(1997)	$\frac{153}{F_y}$	$\frac{169}{F_y}$	$\frac{230}{F_y}$
	CSAI6. 1(1989)	$\frac{145}{F_y}$	$\frac{171}{F_y}$	$\frac{200}{F_y}$

续表

分类目的	荷载效应分析法	塑性分析	弹性分析	
	抵抗弯矩计算法	屈服应力块		弹性屈服应力
腹板弯曲受压部分长细比 $\frac{h_w}{w}$	AISC/LRFD	$\frac{1680}{F_y}$	—	$\frac{2550}{F_y}$
	EC.3(1997)	$\frac{1104}{F_y}$	$\frac{1272}{F_y}$	$\frac{1901}{F_y}$
	CSAI6.1(1989)	$\frac{1100}{F_y}$	$\frac{1700}{F_y}$	$\frac{1900}{F_y}$

注：适用于轧制型钢梁，焊接钢梁有不同的限值。

GBJ 17—88 的规定是：翼缘悬伸长度与厚度之比 $b/t_f=(9\sim25)\sqrt{235/f_y}$；腹板计算以弹性理论为依据，无加劲肋或构造设置加劲肋时：$h_w/w\leqslant80\sqrt{235/f_y}$；有横向加劲肋但无纵向加劲肋时：$h_w/w\leqslant170\sqrt{235/f_y}$。对于宽厚比超过上述限值的构件，GBJ 17—88 采用有效截面法进行设计，不考虑屈曲后的强度，只是在腹板局部稳定计算中，略微提高塑性发展参数，以考虑屈曲后的潜力；这样做的不足是：不论有无屈曲后强度，一律对局部稳定降低安全系数，使得宽厚比不大的腹板安全度偏低，而宽厚比较大的腹板又未充分利用其潜力。对于局部屈曲和整体失稳，EC.4、AASHTO、GBJ 17—88 等是分别加以考虑的，没有考虑局部和整体相关屈曲的影响。

(2) 弯矩梯度(L_p/t_f)

试验研究发现，局部或整体屈曲受荷载作用方式(即弯矩梯度)的影响，而塑性区发展长度 L_p 由外荷载作用确定；当塑性区长度 L_p 与翼缘厚度 t_f 之比达到临界值时，受压翼缘发生局部屈曲，这一点 GBJ 17—88 规范中没有提及。另外，受压翼缘局部屈曲并不立即导致弯矩—转角关系进入下降段，尚有屈曲后性能可以发挥。这一方面缘于翼缘受压屈曲时，侧向变形允许维持应变协调；另一方面，受压翼缘的局部屈曲明显地降低了截面对侧向屈曲的抵抗，有可能导致侧向屈曲的发生。

(3) 侧向屈曲长细比(L_i/r_y)

侧向支撑间距之半 L_i 与钢梁受压部分(翼缘和部分腹板)回转半径 r_y 之比 L_i/r_y 定义为侧向屈曲长细比。当该值达到临界值时，发生侧向屈曲。当 $L_i/r_y\geqslant1000/F_y$ 时，应变软化(即弯矩—转角曲线开始下降)在达到塑性屈服长度 L_p 以后发生，L_p 小于产生局部翼缘屈曲所需的长度。因此，塑性区翼缘局部屈曲不会对最大弯矩抗力产生很大影响；腹板局部屈曲可能会降低侧屈抗力。一旦出现软化，侧向变形就会加大，塑性区进一步扩展，导致局部屈曲发生，这本是侧向屈曲的结果，但是卸载后的永久变形也许会过分突出了局部屈曲对破坏的影响，尤其在较高的侧屈长细比的情况下，当侧向变形以弹性为主时，往往如此。当 $L_i/r_y<1000/F_y$ 时，应变软化在塑性屈服长度 L_p 以内发生，且 L_p 足以容纳局部翼缘和腹板联合屈曲所需要的波长，结果在屈服区域内翼缘局部屈曲在最大侧屈附近起到部分铰的作用，直接限制了截面转动和最大抗力。弯曲抗力的大小和翼缘局部屈曲波长受腹板局部屈曲的影响，特别是当 L_i/L_y 降低时，往往导致翼缘和腹板局部屈曲与侧向变形屈曲的完全相互作用模态出现。由于既有试验研究中较高侧屈长细比的情况并不多见，因而许多试验中侧屈长细比重要的应变软化对局部屈曲和侧向屈曲联合作用模态的影

响也就未予考虑，今后应关注此类研究。

（4）轴向压力

预应力组合梁中钢梁轴向力效应来自三个方面，一是预应力钢索提供的；二是负弯矩区钢梁用以平衡混凝土板中预应力筋或非预应力筋的受拉作用产生的；三是工字形钢梁上下冀缘尺寸不等产生的。轴向压力的存在，使得钢梁截面受压区高度加大，截面延性分类时，规范是以调整腹板长细比限值来反映腹板受压区高度的加大，这样处理对翼缘和腹板局部屈曲或相关屈曲不甚敏感；另外实验显示，腹板受压区高度加大，会导致截面转动能力(延性)的明显降低。这是因为：

1）构件屈服区域的非弹性转角是由该区域内非弹性曲率积分而得，曲率或应变梯度是随腹板受压区高度增加而减小的，这种效应用于解释轴向压力存在导致延性损失是可行的；

2）受压部分腹板较大的高度增加了腹板屈曲的可能性；

3）受压部分(翼缘和部分腹板)回转半径 r_y 随计算 r_y 时受压弹性截面部分增加而减少。截面转动延性的明显降低，使得结构达不至形成机构时的荷载值。

（5）混凝土顶板的侧向约束

在正弯矩区，预应力组合梁中混凝土板往往能够压碎，混凝土板的过早压碎，使得钢梁难以产生较大的应变，限制了正弯矩区截面的转动；在负弯矩区，由于要保证使用状态下的性能，必然增加混凝土板中的配筋或施加预应力来限制裂缝的发生和发展，同样制约了负弯矩区截面的转动；另一方面，负弯矩区混凝土对侧向扭转屈曲提供了附加约束，而侧向屈曲会影响到钢截面的扭转和翘曲。侧向约束效应的量化尚有待于进一步的试验研究。

结构弹塑性稳定承载力的计算本质上是一个寻找荷载—挠度曲线的极值问题，由于涉及几何非线性(稳定的变形本质及初始缺陷)和材料非线性(部分或全部进入塑性)以及这两者的耦合作用，涉及多模态屈曲以及后屈曲行为，使得这方面的研究所遇到的困难远比弹性稳定性理论大得多。比如板壳失稳时，应力分量之间的变化很激烈，按理说全量形式的本构理论已不适用，但是实验结果却支持全量理论，增量本构理论结果的误差反而较大，其中原因，目前尚无明确结论。许多讨论都是针对具体模型或具体构造来进行的，而关于弹塑性稳定分叉的一般性理论还很不成熟，尚待进一步的发展。

思 考 题

1. 什么是预应力组合结构？有哪些特点？

2. 某工程一大跨度楼盖结构为满足使用功能及解决施工困难，采用预应力钢—混凝土组合梁。计算简图如图 1、图 2 所示。主梁为等截面简支结构，计算跨度为 35m。组合梁的钢梁采用 16Mn 钢，混凝土板为 C40 级混凝土，预应力钢筋采用高强低松弛钢绞线。试设计此梁。

材性及截面的力学特性如下：

16Mn 钢：钢材强度设计值 $f_y=300$MPa，抗剪强度设计值 $f_v=175$MPa，弹性模量 $E_s=2.06\times10^5$MPa。C40 混凝土：$f_c=19.1$MPa，弹性模量 $E_c=3.25\times10^4$MPa，抗拉强度设计值 $f_t=1.8$MPa。预应力钢绞线：强度标准值 $f_{ptk}=1860$MPa。

栓钉：$\phi19$，长为 80mm，抗拉极限强度：$f_{du}=435$MPa。

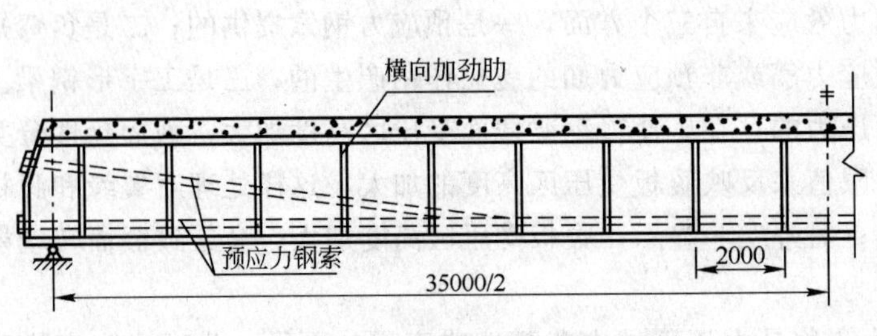

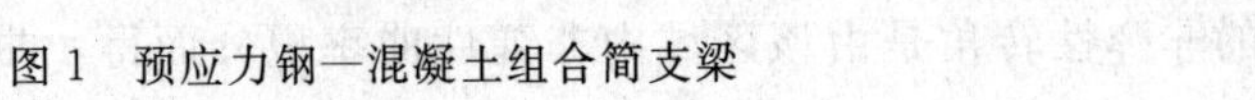

图 1　预应力钢—混凝土组合简支梁

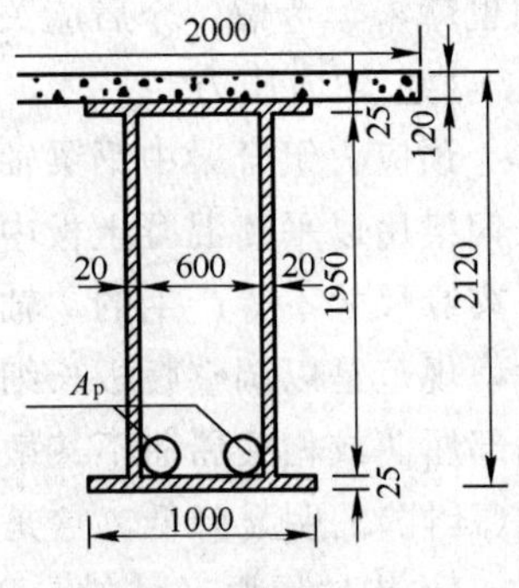

图 2　横截面图

第 15 章　预应力混凝土叠合受弯构件设计

15.1　概　　述

预应力叠合受弯结构是将预应力的预制构件与现浇叠合层结合而产生的一种结构形式，这种结构形式在楼盖结构应用上具有比较突出的优点。由于构件截面的先后“叠合”而产生了一系列诸如二次受力叠合式受弯构件的“应力超前”和受压区混凝土“应变滞后”等现象以及“荷载预应力”效应对结构承载能力的影响等复杂问题，使得预应力叠合受弯结构的设计与一般的混凝土受弯构件设计有较多的不同点。

叠合式受弯构件由于施工时受力情况不同，可分为：(1)一次受力叠合式受弯构件；(2)二次受力叠合式受弯构件。

(1) 一次受力叠合式受弯构件是指施工阶段在预制构件下设有可靠支撑，能保证施工阶段作用的荷载不使预制梁受力而直接传至支撑。待叠合层后浇混凝土达到设计强度后再拆除支撑，而由二次浇筑后所形成的叠合截面，来一次承受全部荷载在叠合后形成的装配整体式结构中所引起的荷载效应，这类叠合结构也可称为施工阶段设有可靠支撑的叠合结构。

(2) 二次受力叠合式受弯构件是指施工阶段在简支的预制构件下不设支撑，而由预制构件截面承受施工阶段作用的永久荷载(预制梁及预制板自重、叠合层混凝土自重等)和施工荷载(一般取 $1500N/mm^2$)在预制构件上引起的荷载效应，待后浇混凝土达到设计强度后，再在预制构件已经受力的基础上(此时施工荷载已经卸掉)，由二次浇筑后形成的叠合截面继续承担后加的永久荷载(如楼、屋面面层自重或吊顶重)以及使用阶段的楼面或屋面可变荷载等在叠合后形成的装配整体式结构中引起的荷载效应。这种叠合式受弯构件亦可称为“施工阶段不设支撑的叠合结构”。

一次受力叠合式受弯构件主要应用在预制构件截面受限制且施工阶段荷载特别大的情况下，否则在实际工程中，一般都采用二次受力叠合式受弯构件，因而可节约支撑，降低造价。

值得指出的是，若预制构件虽然在施工阶段设有支撑，但由于支撑可能变形沉陷而不能可靠保证预制构件在施工阶段不承担荷载时，则仍应按“二次受力叠合式受弯构件”设计。

15.2　预应力叠合式受弯构件设计规定

(1) 叠合式受弯构件设计的一般规定：

1) 施工阶段不加支撑的叠合式受弯构件，应对叠合构件及其预制构件部分分别进行计算；预制构件应按整浇受弯构件的规定计算，叠合构件应按现行规范提出的叠合式受弯构件计算公式进行计算。

2）施工阶段设有可靠支撑的叠合式受弯构件，可参照普通整浇的受弯构件的规定计算，但其斜截面和叠合面的受剪承载力应按叠合式受弯构件的规定进行计算。当 $h_1/h<0.4$ 时，应在施工阶段设置可靠支撑。此处，h_1 为预制构件截面高度，h 为叠合构件截面高度。

(2) 叠合式受弯构件的内力计算规定：

对施工阶段不加支撑的叠合式受弯构件的内力，应分别按下列两个阶段进行计算：

1）第一阶段，叠合层混凝土未达到强度设计值前的阶段。预制构件按简支构件计算，此时，荷载考虑预制构件自重、预制叠合楼板自重、叠合层自重及本阶段的可变荷载，其弯矩和剪力设计值按下列规定取用：

$$M_1=M_{1G}+M_{1Q} \tag{15.2-1}$$

$$V_1=V_{1G}+V_{1Q} \tag{15.2-2}$$

2）第二阶段，叠合层混凝土达到强度设计值后的阶段，叠合构件按整体结构计算，此时，荷载考虑下列两种情况，并取其较大值：

① 施工阶段考虑叠合构件自重、预制楼板自重、面层、吊顶等自重以及本阶段的施工可变荷载(即此阶段的施工可变荷载大于使用活载的情况，例如施工材料砖和钢材等在楼面大量堆积等)；

② 使用阶段考虑叠合构件自重、预制楼板自重、面层、吊顶等自重以及使用阶段的可变荷载。其弯矩和剪力设计值应按下列规定取用：

对叠合构件的正弯矩区段：

$$M=M_{1G}+M_{2G}+M_{2Q} \tag{15.2-3}$$

$$V=V_{1G}+V_{2G}+V_{2Q} \tag{15.2-4}$$

对叠合构件的负弯矩区段：

$$M=M_{2G}+M_{2Q} \tag{15.2-5}$$

式中 M_{1G}、V_{1G}——预制构件自重、预制薄板自重和叠合层自重在计算截面产生的弯矩和剪力设计值；

M_{2G}、V_{2G}——第二阶段面层、吊顶等自重在计算截面产生的弯矩和剪力设计值；

M_{1Q}、V_{1Q}——第一阶段施工可变荷载在计算截面产生的弯矩和剪力设计值；

M_{2Q}、V_{2Q}——第二阶段可变荷载产生的弯矩和剪力设计值，取本阶段施工可变荷载或使用阶段可变荷载在计算截面产生的弯矩和剪力设计值的较大值。

(3) 预制构件和叠合构件的正截面受弯承载力按本书 3.1 节进行计算，其中弯矩设计值按 15.2.2 取用。

在计算中，正弯矩区段的混凝土强度等级，按叠合层取用；负弯矩区段的混凝土强度等级，按计算截面受压区的实际情况取用。

(4) 预制构件和叠合构件的斜截面受剪承载力按本书 3.2 节进行计算，其中剪力设计值按 15.2.2 取用。

在计算中，叠合构件斜截面上混凝土和箍筋的受剪承载力设计值 V_{cs} 应取叠合层和预制构件中较低的混凝土强度等级进行计算，且不低于预制构件的受剪承载力设计值；不考虑预应力对受剪承载力的有利影响，取 $V_p=0$。

（5）当叠合梁符合箍筋间距、直径等各项构造要求时，其叠合面的受剪承载力应符合下列规定：

$$V\leqslant 1.2f_t bh_0+0.85f_{yv}\frac{A_{sv}}{s}h_0 \tag{15.2-6}$$

此处混凝土的抗拉强度设计值 f_t 取叠合层和预制构件中的较低值。

对不配箍筋的叠合板，当符合 15.2.14 条的构造规定时，其叠合面的受剪强度应符合下列公式的要求：

$$\frac{V}{bh_0}\leqslant 0.4 \tag{15.2-7}$$

（6）预制构件和叠合构件应进行正截面抗裂验算。此时，在荷载效应的标准组合下，抗裂验算边缘混凝土的拉应力不应大于预制构件的混凝土抗拉强度标准值 f_{tk}。抗裂验算边缘混凝土由荷载产生的法向应力应按下列公式计算：

预制构件

$$\sigma_{ck}=\frac{M_{1k}}{W_{01}} \tag{15.2-8}$$

叠合构件

$$\sigma_{ck}=\frac{M_{1Gk}}{W_{01}}+\frac{M_{2k}}{W_0} \tag{15.2-9}$$

式中 M_{1Gk}——预制构件自重、预制楼板自重和叠合层自重标准值在计算截面产生的弯矩值；

M_{1k}——第一阶段荷载效应标准组合下在计算截面的弯矩值，取 $M_{1K}=M_{1QK}+M_{1GK}$，此处 M_{1QK} 为第一阶段施工可变荷载标准值在计算截面产生的弯矩值；

M_{2k}——第二阶段荷载效应标准组合下在计算截面上的弯矩值，取 $M_{2K}=M_{2QK}+M_{2GK}$ 此处 M_{2GK} 为面层、吊顶等自重标准值在计算截面产生的弯矩值；M_{2QK} 为使用阶段可变荷载标准值在计算截面产生的弯矩值；

W_{01}——预制构件换算截面受拉边缘的弹性抵抗矩；

W_0——叠合构件换算截面受拉边缘的弹性抵抗矩此时叠合层的混凝土截面面积应按弹性模量比换算成预制构件混凝土的截面面积。

（7）应按本书第 6 章进行斜截面抗裂验算，混凝土的主拉应力及主压应力应考虑叠合构件受力特点计算。

（8）叠合式受弯构件在荷载效应的标准组合下，其纵向受拉钢筋的应力应符合下列规定：

$$\sigma_{sk}\leqslant 0.9f_y \tag{15.2-10}$$

$$\sigma_{sk}=\sigma_{s1k}+\sigma_{s2k} \tag{15.2-11}$$

在弯矩 M_{1Gk} 作用下，预制构件纵向受拉钢筋的应力 σ_{s1k} 可按下列公式计算：

$$\sigma_{s1k}=\frac{M_{1GK}}{0.87A_s h_{01}} \tag{15.2-12}$$

式中 h_{01}——预制构件截面有效高度。

在弯矩 M_{2k} 作用下，叠合构件纵向受拉钢筋中的应力增量 σ_{s2k} 可按下列公式计算：

$$\sigma_{s2k}=\frac{0.5\left(1+\frac{h_1}{h}\right)M_{2k}}{0.87A_s h_0} \tag{15.2-13}$$

当 $M_{1GK}<0.35M_u$ 时，公式 $\sigma_{s2k}=\frac{0.5\left(1+\frac{h_1}{h}\right)M_{2k}}{0.87A_s h_0}$ 中的 $0.5\left(1+\frac{h_1}{h}\right)$ 值应取等于 1.0，此处 M_{1u} 为预制构件正截面受弯承载力设计值。

(9) 预应力混凝土叠合构件应验算裂缝宽度，按荷载效应的标准组合并考虑长期作用影响所计算的最大裂缝宽度 w_{max} 不应超过表 6.2-2 规定的最大裂缝宽度限值。

按荷载效应的标准组合并考虑长期作用影响的最大裂缝宽度 w_{max} 可按下列公式计算：

$$w_{max}=2.2\,\frac{\psi(\sigma_{s1k}+\sigma_{s2k})}{E_s}\left(1.9c+0.8\,\frac{d_{eq}}{\rho_{te1}}\right) \tag{15.2-14}$$

$$\psi=1.1-\frac{0.65f_{tk1}}{\rho_{te1}\sigma_{s1k}+\rho_{te}\sigma_{s2k}} \tag{15.2-15}$$

式中 d_{eq}——受拉区纵向钢筋的等效直径按式(6.3-4)计算；

ρ_{te1}、ρ_{te}——预制构件叠合构件的有效受拉混凝土截面面积计算的纵向受拉钢筋配筋率按《混凝土结构设计规范》(GB 50010—2002)第 8.1.2 条计算；

f_{tk1}——预制构件的混凝土抗拉强度标准值，按 6.3.2 节规定采用。

(10) 预应力叠合构件应进行正常使用极限状态下的挠度验算，其中，叠合式受弯构件按荷载效应标准组合并考虑荷载长期作用影响的刚度可按下列公式计算：

$$B=\frac{M_k}{\left(\frac{B_{s2}}{B_{s1}}-1\right)M_{1Gk}+(\theta-1)M_q+M_k}B_{s2} \tag{15.2-16}$$

$$M_k=M_{1Gk}+M_{2k} \tag{15.2-17}$$

$$M_q=M_{1Gk}+M_{2Gk}+\varphi_q M_{2Qk} \tag{15.2-18}$$

式中 θ——考虑荷载长期作用对挠度增大的影响系数；

M_k——叠合构件按荷载效应的标准组合计算的弯矩值；

M_q——叠合构件按荷载效应的准永久组合计算的弯矩值；

B_{s1}——预制构件的短期刚度；

B_{s2}——叠合构件第二阶段的短期刚度；

φ_q——第二阶段可变荷载的准永久值系数。

荷载效应标准组合下叠合式受弯构件正弯矩区段内的短期刚度可按下列规定计算：

1) 预制构件的短期刚度 B_{s1} 可按式(3.3-1)计算；

2) 叠合构件第二阶段的短期刚度可按下列公式计算：

$$B_{s2}=0.7E_{c1}I_0 \tag{15.2-19}$$

式中 E_{c1}——预制构件的混凝土弹性模量；

I_0——叠合构件换算截面的惯性矩，此时叠合层的混凝土截面面积应按弹性模量比换算成预制构件混凝土的截面面积。

(11) 荷载效应标准组合下叠合式受弯构件负弯矩区段内第二阶段的短期刚度 B_{s2}，可按式(15.2-20)计算，其中弹性模量的比值取 $\alpha_E=\frac{E_s}{E_{c2}}$。

$$B_{s2}=\frac{E_sA_sh_0^2}{0.7+0.6\frac{h_1}{h}+\frac{4.5\alpha_E\rho}{1+3.5\gamma_f'}} \tag{15.2-20}$$

(12) 预应力混凝土叠合构件在使用阶段的预应力反拱值可用结构力学方法按预制构件的刚度进行计算。在计算中预应力钢筋的应力应扣除全部预应力损失，考虑预应力长期作用影响可将计算所得的预应力反拱值乘以增大系数1.75。

(13) 叠合梁除应符合普通梁的构造要求外，尚应符合下列规定：

① 预制梁的箍筋应全部伸入叠合层，且各肢伸入叠合层的直线段长度不宜小于 $10d$（d 为箍筋直径）；

② 在承受静力荷载为主的叠合梁中预制构件的叠合面可采用凹凸不小于6mm的自然粗糙面；

③ 叠合层混凝土的厚度不宜小于100mm，叠合层的混凝土强度等级不应低于C20。

(14) 叠合板的预制板表面应做成凹凸不小于4mm的人工粗糙面。承受较大荷载的叠合板，宜在预制板内设置伸入叠合层的构造钢筋。

思 考 题

1. 什么是叠合结构？主要有哪几类？受力有何区别？

2. 叠合结构与普通结构的主要区别在什么地方？

3. 试设计一预应力混凝土空心板叠合连续板，设计资料如下：

(1) 截面尺寸及材料性能

某多层工业厂房楼面结构，采用预制空心板叠合连续板，预制空心板采用先张法台座（100m）生产，自然条件下养护，宽度为1000mm，厚度为110mm，空心板长度 $L=6000-300+40=5740$mm，抽孔10ϕ68(如图1)。

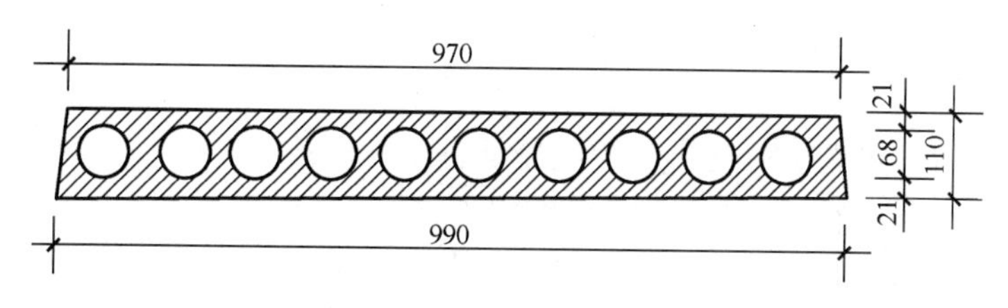

图1 空心板截面尺寸图

混凝土强度等级采用C40，$f_c=19.1\text{N/mm}^2$，放张时混凝土强度为设计强度的80%，预应力主筋采用高强度刻痕钢丝，$f_{ptk}=1570\text{N/mm}^2$；$f_{py}=1110\text{N/mm}^2$；$E_p=2.05\times10^5\text{N/mm}^2$；$\sigma_{con}=0.75\times1570=1185\text{N/mm}^2$。

后浇混凝土强度等级采用C20，$f_c=9.6\text{N/mm}^2$；叠合层厚度取50mm，支座负弯矩钢筋采用HRB335级钢，$f_y=300\text{N/mm}^2$，叠合层高厚比 $h/L=(110+50)/6000=\frac{1}{37.5}<\frac{1}{40}$，满足要求。

(2) 荷载取值

多孔板自重①	1.81kN/mm^2
叠合层重②	1.25kN/mm^2
砂浆找平重③	0.5kN/mm^2

板底粉刷重④　　　　　　　0.3kN/mm²

$$G_1=①+②=3.06\text{kN/m}^2$$

$$G_2=③+④=0.8\text{kN/m}^2$$

施工可变荷载 $q'=2\text{kN/m}^2$

使用可变荷载 $Q=5\text{kN/m}^2$

(3) 安全等级

新型结构按一般构件等级提高一级，即结构重要性系数 $r_0=1.1$，准永久性系数$\psi_q=0.4$。

第16章　体外预应力结构设计

16.1　概　　述

16.1.1　发展概况

体外预应力是后张预应力体系的重要分支，是预应力技术的研究热点之一。通常我们所说的预应力混凝土技术是将预应力筋埋放在结构混凝土的内部，通过有粘结或无粘结后张工艺施加预应力，这种预加应力方法也叫体内预应力法。体外预应力是指将预应力钢筋布置于截面之外的预应力。

体外预应力筋和有粘结预应力筋、无粘结预应力筋的相同和不同之处在于受荷后截面的应变变化不一样。在有粘结后张预应力混凝土结构中，任一截面处预应力筋与混凝土应变保持同步；在无粘结后张预应力混凝土结构和体外预应力混凝土结构中，任一截面处预应力筋的应变变化值与该处混凝土的应变变化值并不相同。

体外预应力的概念及方法产生于法国，由 Eugene Freyssinet 完成了体外预应力的首次应用。体外预应力的发展经过了几个阶段，随着施工技术的不断进步，于20世纪70年代末期开始在工程中大量采用。在其发展过程中主要有以下一些工程：

1936年由 Franz Dischinger 设计，采用极限强度为500MPa高强粗钢筋建造了德国 Aue 桥；1950年比利时在 G. Magnel 教授的主持下，设计建造了 Sclayn 等数座体外预应力桥；1950～1952年，法国的 Henri Lossier 设计了 Villeneuve-Saint Georges 桥，Coignet 设计了 Vaux-Sur-Seine、Ponta Binson 及 Can Bia 桥；1952年古巴建造了美洲的第一座体外预应力桥——Canas 河大桥（该桥采用三跨连续箱梁结构，跨度为15m＋76m＋15m，箱内的体外预应力筋采用直径25.4mm的镀锌钢绞线，锚固于铸铁隔梁端块处）；1979年 E. C. Figg 和 Jean Muller 设计并建造了 Long Key 桥，充分证明了体外预应力在桥梁建设中的优越性。

20世纪80年代在 Jean Muller，法国公路技术设计部(SETRA)及 M. P. Virlogeux 的影响下，美国与法国均大量采用了体外预应力技术建桥。但两个国家采用体外预应力的出发点有所不同：美国是为了获得最大的经济效益并节省施工时间；而法国是在政府的影响下，为了提高工程质量、简化预应力施工而采用的，相对减少了其经济上的优越性。目前法国的多数大跨度桥梁建设均采用体外预应力技术。1992年9月，英国运输部经过对1986年因灌浆不实预应力筋锈蚀而倒塌的桥梁调查、分析后，颁布法令：后张预应力混凝土结构不再允许用于新建桥梁。因为检查预应力筋时很难发现其是否锈蚀，同时很难满足新建成桥梁中更换预应力筋的要求。由英国权威部门颁布的上述法令，震动了整个建筑行业，但同时也促进了体外预应力技术的飞速发展。

我国自20世纪50年代以来，预应力混凝土技术发展迅速，特别是近20余年来的改革开放以后，我国的预应力混凝土桥梁的发展业已成熟，各建设、设计和施工单位均具有了较高的技术水平和丰富的实践经验。但是，在体外预应力混凝土结构在世界各国广泛运用和不断创新的今天，我国桥梁结构中体外预应力的应用是屈指可数的。1990 年通车的福州洪塘大桥的引桥采用了与 Long Key 桥相类似的体外预应力体系。

近年来，我国的结构工作者正日益认识到体外预应力结构的重要价值，已从多方面展开研究工作，并且在桥梁及建筑结构的加固和新结构的设计中进行了探索[66]。

目前，世界上许多国家开始广泛应用体外预应力技术。其主要应用范围包括：预应力混凝土桥梁、特种结构和建筑工程结构；预应力混凝土的结构重建、加固、维修；临时性预应力混凝土结构或作为施工临时性钢索。

16.1.2 体外预应力体系和特点

体外预应力混凝土结构的基本组成部分(图 16.1-1)包括以下内容：

(1) 体外预应力索、管道和灌浆材料；

(2) 体外预应力索的锚固系统；

(3) 体外预应力索的转向装置；

(4) 体外预应力索的防腐系统。

从图 16.1-1 中可以看出，体外预应力索与混凝土结构可能有粘结联系的地方只有在锚固区域和设转向装置处。

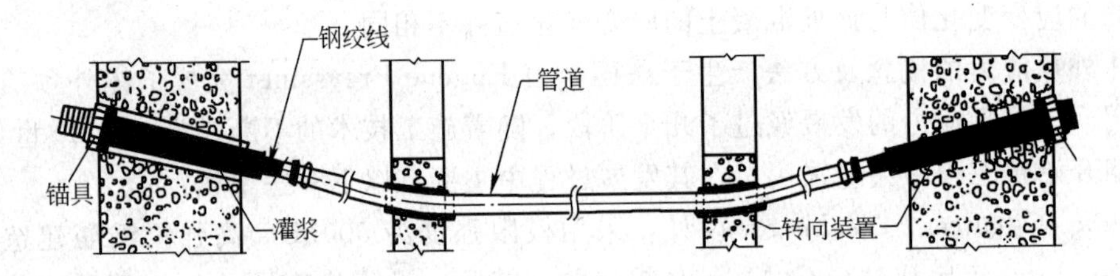

图 16.1-1 体外预应力混凝土结构的基本组成

到目前为止，体外预应力已经形成两种主要体系：有粘结体外预应力和无粘结体外预应力。

所谓的有粘结体外预应力是指在体外束锚固点与折角块间用高密度聚乙烯套管(HDPE)或钢管连接，穿入预应力钢绞线束，张拉之后，再灌入水泥浆；无粘结体外预应力指在高密度聚乙烯套管或钢管内穿入无粘结预应力筋束，然后将孔道内灌满水泥浆，再张拉预应力筋束。

体外预应力混凝土结构有很多优点：①由于预应力截面与混凝土截面分离，既提高了混凝土本身的施工质量，又方便了预应力束的施工，并提高其施工质量；②预应力筋布置在混凝土截面外侧且束形相对简单，减少了预应力摩阻损失，提高了预应力的效益；③由于预应力筋布置在腹板外边，减少了结构尺寸，减少了结构自重；④能够在结构使用期内检测、维护和更换。

16.2 体外预应力结构的预应力损失

体外预应力损失与一般预应力损失的计算基本相同，主要差异在：

(1) 弯折点摩擦损失 σ_{l2}

体外预应力一般不存在孔道偏差，因此，$\kappa=0$，弯折点摩擦损失：

$$\sigma_{l2}=\sigma_{\mathrm{con}}(1-e^{-\mu\theta}) \tag{16.2-1}$$

式中　θ——张拉端至计算截面曲线孔道部分切线的夹角(rad)；

　　μ——预应力钢筋与孔道壁之间的摩擦系数。

(2) 混凝土收缩、徐变损失 σ_{l5}

当体外预应力结构的加固工程中，由于在加固前构件混凝土的收缩、徐变已基本完成，而加固后截面内混凝土的应力方向一般不会改变，因此，混凝土收缩、徐变损失 σ_{l5} 可忽略不计。而新建体外预应力结构，仍应按新建结构计算混凝土收缩、徐变损失。

16.3　体外预应力结构的承载力极限状态设计

16.3.1　预应力增量计算

通常计算破坏时预应力筋的应力的公式如下：

$$f_{\mathrm{ps}}=f_{\mathrm{pe}}+\Delta f_{\mathrm{ps}} \tag{16.3-1}$$

式中　f_{ps}——破坏时预应力筋应力；

　　f_{pe}——有效应力，即张拉预应力筋扣除预应力损失后的拉力；

　　Δf_{ps}——预应力筋极限应力增量。

试验研究分析表明：体外预应力结构中预应力筋极限应力增量 Δf_{ps} 主要取决结构体系的变形能力，所有影响结构整体变形的因素都将影响无粘结筋应力增量值。采用部分预应力和混合配筋设计方法，可以有效地提高 Δf_{ps} 值。

16.3.2　设计要点

在体外预应力结构设计中，一般应遵循：

(1) 体外预应力结构设计中，必须配置合理的最小非预应力钢筋量，以改善结构受力特性，保证结构在极限状态下产生塑性变形特征。

(2) 结构体系应具有足够的延性，避免小体系变形情况下结构发生脆性破坏。

(3) 结构体系在荷载极限状态时，预应力钢材的极限应力不应大于其屈服强度，混凝土的应变上限控制值为 2%，跨中最大挠度不超过跨径的 1%。

(4) 结构体系在使用状态下应具有良好的抗裂性能。

(5) 体外预应力结构在活荷载作用下，体外束在弯折节点处的滑移量应较小。

(6) 体外预应力连续结构的极限应力增量 Δf_{ps} 一般应小于简支结构的 Δf_{ps}。

16.4　体外预应力转向块设计[10]

体外预应力混凝土结构中的偏转向装置是一种特殊构造，它是除锚固构造外，体外预应力索在跨内惟一与混凝土体有联系的构件，并且担负着预应力索转向的重要任务，也是体外预应力混凝土结构中最重要、最关键的结构构造之一。图 16.4-1、图 16.4-4 是体外预应力混凝土结构中最常见的转向装置构造。

图 16.4-1 为最简单的块状式转向构造，只能承受钢索的竖向分力，它大量应用于跨

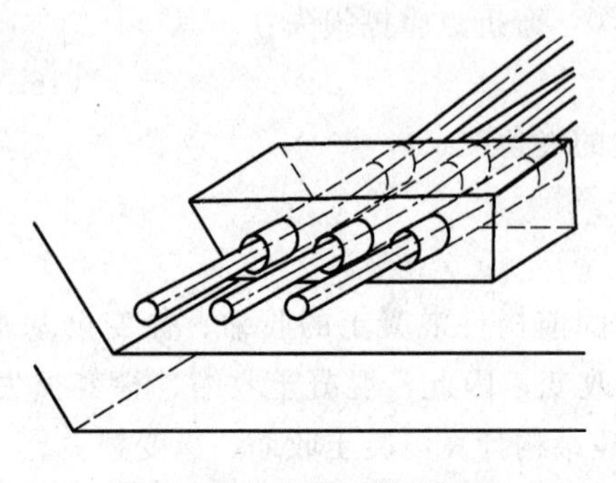

图 16.4-1　块状式转向构造

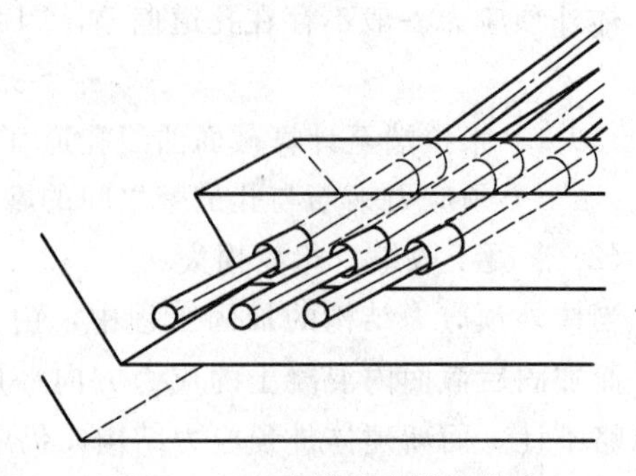

图 16.4-2　底横肋式转向构造

径较小、采用节段施工的第一种体外预应力混凝土结构。图 16.4-2 为能够承受钢索横向转向产生的横向水平分力的转向构造，为承受水平力，转向构造混凝土在箱梁底板上是贯通的，该种转向构造常用于斜、弯的体外预应力结构。图 16.4-3 所示的转向构造能够承受较大的钢索分力，该种转向构造称为转向竖横肋，竖横肋把钢索的转向力传至箱梁腹板和上梗腋，具有较好的受力保障。同时，由于箱梁采用斜腹板，故横肋在底板用另一根横梁贯通以承受该种转向构造产生的水平分力。如竖向及横向的横肋全部加宽，这样的转向构造就成为转向横梁，它往往应用于钢索转向力特别大的结构中。图 16.4-4 所示的体外预应力转向鞍座由较轻的钢构件组成，力学模式与图 16.4-3 中的相同，即钢板用于传力及定位，斜杆和水平杆的合力用于抵消体外钢索在转向时产生的竖直及水平分力。这种轻型的钢鞍座转向构造使用起来灵活、方便，也可以用于加固结构中。同时必须注意：在这种类型转向结构中，体外预应力索所使用的转向钢管除与以上其他转向构造中钢管同样具有定位作用以外，还需要承受钢索产生的向上弯折力，所以一般需要壁厚较大的钢管。

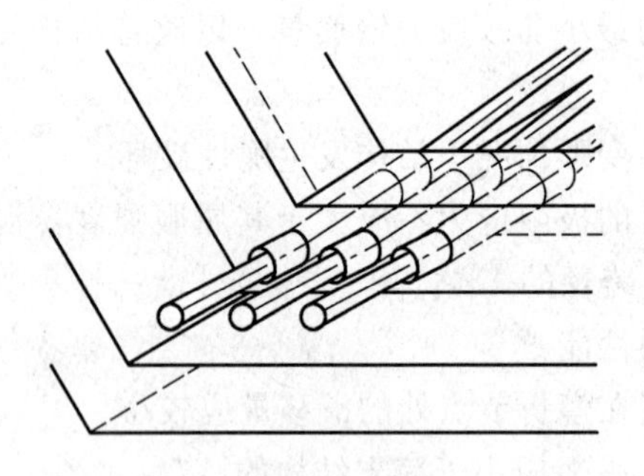

图 16.4-3　竖横肋式转向构造

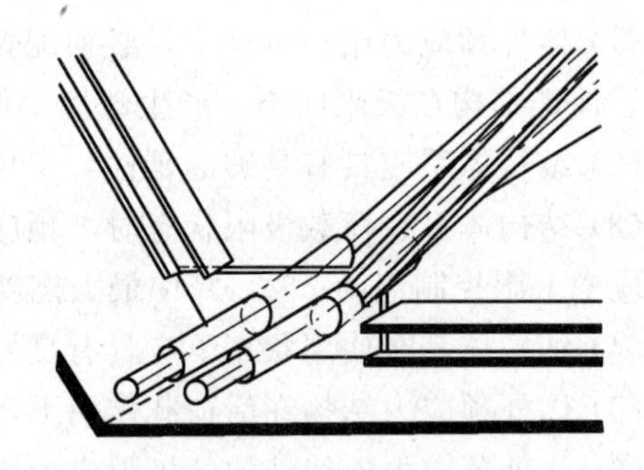

图 16.4-4　钢鞍座式转向构造

体外预应力混凝土结构的预应力筋必须通过转向块改变方向，从而形成预应力曲线配筋。在转向块与预应力筋的接触区域，由于摩擦和横向力的挤压作用，如果转向块设计不合理或构造措施不当，预应力钢材容易产生局部硬化和摩阻损失过大。转向块的设计要求预应力筋在折角点的位置必须高度准确，避免产生附加应力，转向块在结构使用期内也不应对预应力钢材有任何损害，FIP 标准和欧洲预应力规范均对转向块内预埋管道所需的最小弯曲半径作了规定。转向块的功能是传递体外束产生的水平和垂直横向力。体外束通过折角点产生集中荷载，这个荷载应能通过转向块安全地传递至混凝土结构。

16.5 体外预应力梁的设计

16.5.1 截面抗弯承载力的计算

根据试验研究结果，体外预应力简支梁，尤其是在采用钢绞线作为预应力筋的条件下，采用弹性分析方法计算内力是足够准确的。设计中一般采用简化计算方法，即传统的截面计算方法，见第3章相关内容。

16.5.2 简支梁的设计

体外预应力结构的计算基本上与无粘结预应力结构类似，可把体外预应力作用简化为等效荷载考虑。在分析计算时采用如下的假定：

(1) 结构在变形后保持平截面；

(2) 开裂后不考虑混凝土的抗拉能力；

(3) 体外预应力筋的预应力为有效预应力值，即扣除锚具、温差、混凝土弹性压缩及力筋松弛、混凝土收缩和徐变因素的影响；

(4) 假定梁体有足够的抗剪强度，忽略剪切变形，梁体承载力失效弯曲破坏。

配有体外预应力筋的梁在竖向荷载作用下，梁弯曲变形大致成抛物线形状，而体外预应力筋在梁的两端固定点之间始终保持直线形状，沿梁长度上各个截面上体外预应力筋的偏心距 e，有效高度 h_p 随荷载大小、荷载方向变化而变化，该现象称为体外预应力结构的二次效应。如施工时梁反拱，跨中偏心距加大；梁承受荷载后向下挠曲，跨中偏心距变小。显然二次效应的存在增加了结构受力状态下的不确定性和分析计算的复杂性，应采取构造措施等方法加以抑制。现有实验与理论分析均表明，合理设置转向块的位置和数目可以有效地减小二次效应的大小，在承载力极限状态下由二次效应引起的截面承载能力损失可以较容易地降低到总承载能力的5%以内。因此，在体外预应力简支梁设计中可以用传统的截面计算方法计算承载力，同时通过合理设置转向块来保证结构的安全。

16.5.3 连续梁的设计

(1) 体外预应力连续梁的受力特点

在预应力结构应用于混凝土工程的实践中，很多情况采用预应力连续梁或预应力多跨框架连续梁。近年来，体外预应力技术在桥梁结构的连续箱梁中应用较多，在多跨框架加固中应用也有不少成功的实例。与预应力简支梁相比，体外预应力连续梁在使用上有如下优点：

1) 设计弯矩小，结构的跨中和支座处弯矩分布相对较均匀。

2) 体外预应力筋束可连续布置，使用同一束预应力筋既可抵抗跨中弯矩又能抵抗支座弯矩，用钢量省。比简支梁节省锚具，预应力损失少。

3) 构件截面不受预留管道尺寸影响，可以充分发挥高强混凝土作用，构件尺寸小，结构自重轻。

4) 结构刚度好。

5) 预应力筋束内力可调节、可换束，在桥梁结构中易于维护。

针对体外预应力技术而言，目前其最主要的应用领域是在节段式预应力混凝土梁桥建设和既有结构的加固补强，这些领域恰恰又极多地应用了超静定结构，因此研究体外预应力超静定结构的性能与设计方法兼具理论价值与现实意义。

(2) 体外预应力连续梁的结构内力分析和截面设计特点

有粘结预应力连续结构的设计内力分析时，在使用极限状态，构件在恒载、活载和预应力筋等效荷载作用下，按弹性理论计算弯矩、剪力、轴力的设计值，用材料力学进行施工阶段的强度和反拱验算，此时计算预应力筋的张拉力采用标准强度，用平截面假定计算截面承载力，此时预应力筋采用强度设计值。

无粘结预应力连续结构与有粘结连续结构的不同之处在于，用平截面假定计算截面承载力时，无粘结预应力筋的计算应力小于有粘结筋的强度设计值，应按专门公式计算。公式考虑梁的高跨比和含钢量。

体外预应力连续结构与上述二者都不同，首先，在计算内力设计值时，体外预应力筋与相同外型的体内筋(包括有粘结、无粘结)产生的预应力筋等效荷载不同。因为体外筋在截面高度上的位置是随着构件弯曲而改变的。其次，体外筋的强度设计值即有效拉应力之后的应力增量要经专门计算。体外预应力筋只在构件二端和中间的有限个点(即转向块)处与混凝土构件之间固定。

目前预应力连续梁和多跨框架梁的设计内力有以下三类分析方法：

1) 根据弹性理论确定截面内力，用结构力学方法计算各种荷载作用下的最大内力及其作用的截面。并以此作为使用极限状态和承载力极限状态的验算截面。

2) 根据混凝土的非线性应力—应变关系并考虑截面开裂状态，建立非线性的弯矩—曲率关系。用逐次迭代或相应的有限元方法计算内力，然后校核计算截面的使用极限状态和承载力极限状态。

3) 用塑性理论确定承载力极限状态，此时截面应有足够的转动能力。

建筑结构设计中，通常采用弹性理论分析，同时考虑到混凝土构件开裂后线刚度的变化，用弯矩调幅的方法来弥补弹性分析的不足。对于裂缝控制等级为Ⅰ级、Ⅱ级的构件即不允许出现拉应力或不允许出现裂缝的构件，不应考虑塑性内力重分布。对于裂缝控制等级为Ⅲ级，控制裂缝宽度的构件，可按专门规定考虑降低支应弯矩和相应调整跨中弯矩后设计截面。

体外预应力结构受力分析中针对连续结构的实验研究国内外都较少。由于体外预应力连续结构中力筋本身起着内部多余联系的拉杆作用，在混凝土梁体开裂后内力重分布的特征明显不同于有粘结预应力混凝土连续结构，因而有必要进行此类结构的实验研究。在国内，福州大学完成了一根全预应力和一根部分预应力体外索混凝土两跨连续梁的实验；西南交通大学进行了四片 3 跨箱形截面变高度体外预应力混凝土连续梁的实验，均得出了一些有益的结论[152]。

1) 连续梁的弯矩重分布是截面延性的体现。对于预应力混凝土连续梁，只要截面具有一定的延性，就可能发生弯矩重分布。

2) 连续梁截面的开裂意味着连续梁弯矩重分布的开始，因为连续梁截面开裂改变了梁体的抗弯刚度分布状况，从而引起弯矩重分布。从图 16.5-1 中可以看出 3 跨连续梁弯矩重分布的规律。梁体开裂前实测弯矩值基本与弹性计算值吻合，可以认为没有弯矩重分布发生。加载至中跨中截面开裂，继续加载，此时在荷载—弯矩曲线图上表现为中跨中向减小的方向偏离弹性弯矩值，中支座弯矩向增加的方向偏离弹性弯矩值；荷载—跨中弯矩

/中支座弯矩曲线图上表现为比值随荷载的增加而上升，不再是定值。这是由于随着中跨中截面裂缝的出现和不断延伸，截面刚度下降，中跨中截面弯矩开始不断向中支座分布。加载至中支座截面开裂，其截面刚度开始下降，随着荷载的增加，截面刚度下降速度比中跨中截面更快，故中支座截面弯矩反过来开始向跨中分布；荷载—跨中弯矩/中支座弯矩曲线图上表现为比值随荷载的增加而下降。

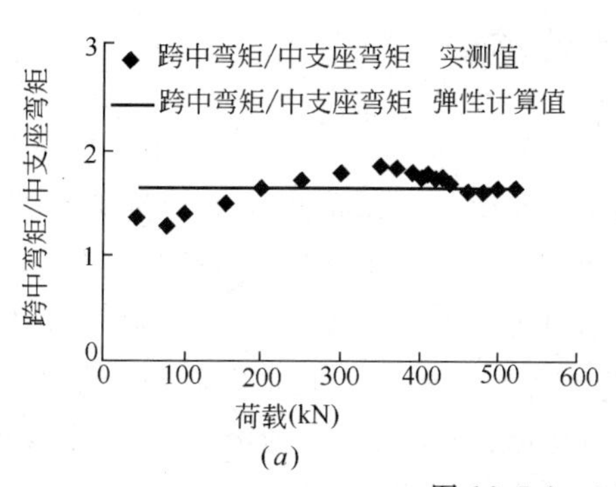

(*a*)

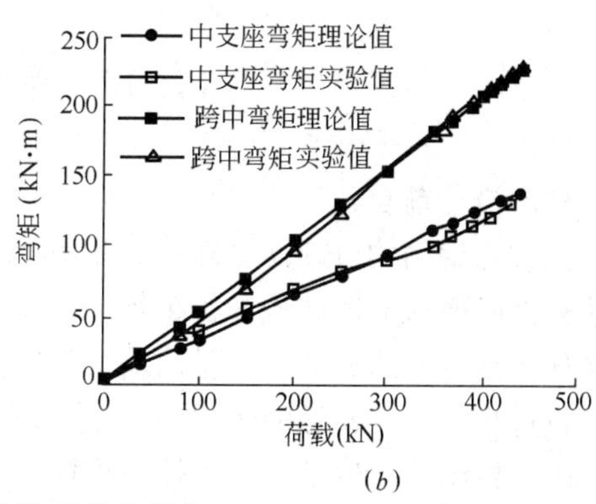

(*b*)

图 16.5-1 3跨连续梁弯矩重分布规律

(*a*)荷载—跨中弯矩/中支座弯矩曲线；(*b*)荷载—弯矩曲线

3）随着预应力比率的增大，最大弯矩重分布的出现相应地提前了。预应力比率小意味着普通钢筋较多，裂缝形成后控制截面有更多的钢筋承担拉力，裂缝的延伸会有所延缓，梁体刚度的下降变得缓慢，因此最大弯矩重分布的出现相应地推迟了。

4）影响体外预应力混凝土连续梁弯矩调幅程度的因素很多，其中主要有配筋指标、混凝土强度、预应力度和有效预应力的大小；实验表明，随着体外预应力混凝土连续梁配筋指标的增加，弯矩调幅系数减小。

5）全预应力与部分预应力连续梁在实验中均形成了内支座和跨中3个塑性铰，全预应力梁塑性铰区域较窄，含非预应力筋的梁塑性铰区域较宽。

思 考 题

1. 体外预应力结构是什么？体外预应力结构和有粘结预应力结构、无粘结预应力结构的差别有哪些？

2. 体外预应力混凝土结构体系主要包括哪些部分？

3. 与有粘结和无粘结预应力结构相比，体外预应力混凝土结构的预应力损失计算需要注意什么？

4. 体外预应力结构中转向块的作用是什么？有哪几种形式？

5. 体外预应力结构的二次效应指的是什么？

第 17 章　预应力钢结构设计

17.1　预应力钢结构综述

17.1.1　前言

预应力钢结构(PSS)学科从诞生到现在已经历了 50 年。二次世界大战后恢复生产，重建经济时要求对旧结构和桥梁加固补强，20 世纪 50 年代材料匮乏资金短缺的年代里要求降低用钢量节约成本，于是出现了在传统钢结构中引入预应力的预应力钢结构学科。随着科技进步、工业发达的步伐，20 世纪末期在涌现大量新材料、新技术、新理论的推动下，PSS 领域中产生了一批张拉结构体系，它们受力合理、节约材料、形式多样、造型新颖、应用广泛，成为建筑领域中的最新成就。PSS 学科从初始的简单节材思想发展到现代预应力张拉钢结构系列，历经了探索、观望、前进、突破、创新、繁荣的各种阶段。回顾历史，得出经验教训才能指导现在，回顾历史了解发展规律才能把握未来。这样我们才能真正做到借鉴昨天，掌握今天，规划明天。

17.1.2　PSS 发展历程

PSS 的发展大致可分为三个时期。

(1) 初创期(二战后～1960 年前后)——探索与前进

由于二战后百废待兴中的物资匮乏及资金不足和对原有建筑物、桥梁等承重结构继续服役时的安全要求，在欧洲的土建行业里萌生了把在钢筋混凝土结构中已应用多年的预应力技术移植到钢结构工程中的想法。最初的研究者及实践者中有德国狄辛格教授(Dischinger)、英国萨姆莱工程师(JFSamuely)、比利时马涅理教授(GMagnel)、美国阿什通教授(LAshton)和前苏联瓦胡金工程师(MBaxypKиH)等人，其中马涅理教授对 PSS 学科的推动与发展贡献最大。他不仅对 PSS 进行了理论分析，还做过平行弦钢桁架模型试验，在 1953 年他首次成功地设计并建造了布鲁塞尔机场飞机库双跨预应力连续钢桁架门梁结构(76.5+76.5)m，省钢率 12%，降低造价 6%。同一时期建造的 PSS 工程还有前苏联双伸臂公路桥(1948)，英国伦敦国际展览会会标塔 Skylon (1952)，德国三跨连续实腹梁公路桥(1954)和美国双曲悬索屋盖雷里竞技场(1953)等。但是在钢结构中采用预应力新技术也遭到一些专家学者的非议与反对，并在刊物上展开激烈辩论。反对者指责 PSS 中带来许多传统钢结构中没有的缺点及问题，例如省钢率不高却带来制造施工中的诸多麻烦；锚头耗钢量抵消不少省钢率；新增的预应力拉索易腐蚀，增大养护费用；由于构件截面减小结构挠度加大，不适用于许多结构，如桥梁；一些施加预应力的方法引起过大的次应力，甚至超过荷载应力等等。

虽然更早就有在钢结构中采用预应力的做法，如在桥梁中的悬索张拉结构等，但在 20 世纪 50 年代中开展的这场学术争论中，GMagnel 教授等人除耐心逐条澄清一些误解外，还郑重指出 PSS 与预应力混凝土结构的本质差别，告诉大家不要用预应力混凝土中的设计思想和概念来看待新兴的 PSS 学科。

科技进步总是不以人们的主观愿望为转移的，在一片质疑声中 PSS 学科继续发展，20 世纪 50 年代，国际上兴建了一批 PSS 工程(表 17.1-1)，完成一批预应力钢杆件和桁架的模型试验。但是绝大多数试验及工程是在平面钢结构的体系中引入预应力进行的，研究的内容也限于预应力基本构件的分析与试验，最佳预应力效果的结构体系并未创建。

初创时期国内外主要大型预应力钢结构工程 **表 17.1-1**

序号	建成年份	国别	工程名称	承重结构及预应力工艺特征	省钢率	备注
1	1948	前苏	基辅公路桥	L=28.4m，梁与钢架混合结构，梁悬臂端先敷设桥面荷载再连接梁端与柱脚处以预应力拉杆形成新刚架体系		降低造价25%
2	1951	英	博展会会标塔 Skylon	H=77m，由梭形格构式塔身及两组索系和三根撑杆组成。撑杆下端千斤顶顶起塔身，在索系内产生预应力，提高塔身刚度		塔尖位移减少 3～4 倍
3	1953	美	雷里竞技场	67.4m×38.7m，椭圆形场地由两个交叉拱支承马鞍形交叉索系，索系锚头以预应力锚在拱圈上，拱脚间用拉杆相连，减少拱脚反力		
4	1953	比	布鲁塞尔机库机库大门	双跨(76.5+76.5)m 连续桁架在中间柱两侧廓内布索两组，钢丝束 2×ϕ7－64，施加预应力，采用夹具群锚固	12	降低造价4%
5	1954	德	蒙塔堡公路桥	三跨连续实腹梁(37.8+50.4+37.8)m，廓内曲线布索张拉	30	
6	1958	前苏	布鲁塞尔博览会苏联馆	主附跨(12+48+12)m，两立杆顶斜吊挂主跨拱桁架		会后拆运回国
7	1958	比	布鲁塞尔博览会交通馆	预应力钢立柱与梭形铝屋架铰接后借预应力斜撑连成平面刚架，刚架间以十字交叉预应力支撑系保证纵向稳定，L=67.5m		
8	1958	前苏	某地无线电发射塔	h=164m，由撑杆式预应力压杆单元组成，在单元节点处以索锚固于地面基础		
9	1958	中	大同煤矿输煤栈桥	L=25m，平行弦钢桁架廓外布索，借正反扣螺栓施加预应力	20	中国首座预应力钢栈桥
10	1959	中	太原钢厂输煤栈桥	L=53m，平行弦钢桁架廓外双重布索施加预应力	35	降低造价30%
11	1959	前苏	罗斯托夫顿河公路桥	五跨连续梁，实腹梁，L_{max}=147m，在中间支座处上翼缘处用∞形索张拉	18	混凝土用量减少 12.7%
12	1960	美	加州冬奥会溜冰馆	斜立柱顶吊挂变截面屋盖钢梁，跨度91.5m		因使用不当已塌毁
13	1960	美	芝加哥国际机场机库	L=42m，悬臂钢桁架在上弦杆处布置三组长度不等预应力高强筋，每组 2－ϕ28.6	12	
14	1960	美	纽约国际机场航站楼	32 根实腹梁呈辐射状布置在椭圆形屋盖平面，以预应力索吊挂于梁两端		应力峰值与挠度减小

续表

序号	建成年份	国别	工程名称	承重结构及预应力工艺特征	省钢率	备注
15	1961	前苏	明斯克工厂厂房屋盖	L=42m，钢屋架支座间直线布索，与屋架间悬挂吊车梁以∞形拉杆联合张拉	20	
16	1961	美	纽约多层停车场增层扩建	L=60m 平行弦钢桁架沿下弦局部重叠布索张拉	20	
17	1962	前苏	阿拉木图机场机库	L=(84+84)m 双跨简支弧形钢桁架，沿下弦全长直线布索 $4\times\phi5-24$ 张拉	14	
18	1963	美	西部州立大学体育馆	D=94m 圆平面，有 36 榀径向桁架与内环相连，以 36 对钢索将桁架支座相连张拉		

在中国国民经济建设的"一五"、"二五"时期，节约钢材提高结构性能也是十分重大的课题，我国积极从事 PSS 研究及采用 PSS 工程的单位亦不在少数，PSS 的课题曾于 1956 年列入国家研究计划。当时清华大学对预应力钢压杆件及组合钢屋架进行过理论和试验研究，并建造了一座高 36m 的试验性预应力桅杆塔；哈尔滨工业大学进行了预应力钢屋架及钢梁的研究，并主持了预应力输煤钢栈桥的设计与试验工作；西安冶金建筑学院对预应力钢桁架等开展过研究，并将成果应用于国内工矿企业。1959 年曾由冶金工业部建筑研究总院主持召开过一次 PSS 学术会议。国内厂矿中也采用过一批预应力钢吊车梁及多座预应力钢栈桥。但我国科技工作者亦步国外发展后尘，把研究的注意力只放在传统的平面结构体系上，形式简单，结构传统，未能在 PSS 的学科上取得突破。

这一时期由于客观条件要求而诞生发展的 PSS 学科在已有的传统钢结构体系中进行了广泛系统的研究探索，并在各种类型结构中进行了试验，尤其一批大型 PSS 工程的实践经验都说明了预应力技术对钢结构具有减轻自重，提高刚度，改善性能，降低成本的功能，为以后 PSS 的深入发展与结构创新奠定了科学基础。

(2) 发展期(1960 年前后～20 世纪 80 年代中期)——发展与突破

经过 10 余年的探索与研究后，对 PSS 基本杆件、平面结构体系及构造、施工设备及工艺等有所掌握。对"零刚度"杆件为 PSS 体系中最佳形式广为认同。进一步如何提高 PSS 的经济效益和创造高效 PSS 体系是专家学者们的关注问题。在此时期土建领域中出现两件大事：一是电子计算机技术进入计算、设计(CAD)与制造(CAM)领域，解决了高难度计算与高精度加工问题；二是涌现出大量新型空间结构，如网架、网壳、混凝土薄壳、折板、悬索及膜结构等新型承重体系及张拉结构体系，其静、动力性能良好，造型新颖独特，一时期风靡世界，我国亦不例外。PSS 学科在一些国家深入发展、继续探索提高效率与创新体系。1963 年于德国德累斯顿，1966 年于前捷克斯洛伐克可布拉格，1971 年于前苏联列宁格勒先后召开过三届国际预应力金属结构会议，到会的前苏、德、捷、美、意、日、波、罗、南、保、匈、瑞典等近 20 个国家的学者和专家们交流了 250 余篇论文和报告。会议充分肯定了 PSS 学科取得的成就，并讨论了存在的问题及发展方向。一致认为 PSS 已从初始的探索和试验阶段发展为标志当代先进工程技术水平的一门新兴学科，必将给结构工程带来崭新的面貌。

1963 年在国际上第一次出版了俄罗斯功勋科技活动家 Е. И. Беленя 教授的专著《预

应力承重金属结构》一书，为学科的全面、系统发展奠定了理论基础。同年前苏联又出版了《预应力钢结构设计规程》，成为本学科统一工程实践的首部行动指南。

PSS的理论研究与工程结构学科的研究同步发展，从结构静定性能深入到动态与抗震，从弹性强度理论扩展到塑性、疲劳及稳定，从平面结构扩展到空间体系，从设计、计算延伸到经济学、可靠度及优化成型理论。20世纪70年代前苏联科学院院士H. Л. Мельников教授提出的“结构成型理论”指导了1980年莫斯科奥运会体育场馆系列PSS屋盖的设计，诞生了一批钢悬膜结构，钢张力膜块体结构等预应力空间体系。尤其理论中“集中使用材料”及“兼并功能”两项设计原则对以后预应力现代空间钢结构体系的发展与繁荣产生重大影响。在此时期预应力技术从传统平面钢结构体系中走出，与广泛采用的优秀空间钢结构相结合，衍生出预应力空间钢结构(PSSS)，如预应力网架、预应力网壳、预应力立体桁架、预应力空间张弦梁结构等等，同时张力“零刚度”杆件也在找寻自己的最佳结构形式。瑞典工程师JawerthD推出一种全部由预应力拉索组成上、下弦杆及斜腹杆的平面索桁架“Jawerth体系”。以后又有将索桥体系引入建筑屋盖的尝试。早期的工程有意大利某造纸厂主厂房，长度近250m，宽度30m，沿长度方向布置两根立柱，悬索自柱顶通过，连接垂直吊索以吊挂屋面，车间立面酷似桥梁。近期的这类结构有北京朝阳体育馆，造型别致新颖，是北京亚运会体育建筑中的佼佼者。将斜拉桥体系引入建筑屋盖中就出现斜拉索屋盖，早期的工程有美国加利福尼亚州冬奥会溜冰馆及纽约国际机场候机楼等，都是用斜吊索通过柱头吊挂梁式结构。这类结构具有突出在屋面上的承重结构与吊索，建筑造型与传统者相异，又称之为“暴露结构”，也是人们想在建筑结构上广泛应用“零刚度”杆件的试探。因此初始的吊索结构(cable supported structure)多是平面体系。20世纪60年代德国F. Otto教授成功设计了空间“零刚度”杆系——全部为张力索的索网结构，并应用于1972年慕尼黑奥运会主赛场馆中，覆盖面积为74800m^{2}的索网群，有11根巨型钢管柱及若干边柱支撑全部为张力索正交编制的屋盖，实际上它是无圈梁结构的整体张拉索系。之后Otto又创造了一种以格构拱代替中间柱的索网支承方式，1983年建造了慕尼黑奥林匹克公园溜冰馆为以后体育场馆中用大跨拱结构支承屋盖体系提供了借鉴模式。在传统空间钢结构与预应力技术结合上许多国家都做出过贡献。20世纪70年代前苏联就建造过以支座位移法及拉索法引入预应力的平板网架，南斯拉夫亦在网壳结构中以支座位移法施加预应力，但经济效果都不显著。在利用吊点代替支点为大跨空间结构扩大无阻挡空间方面，英、法都做出过不少努力，外露于屋面之上的承重结构有立柱、刚架、拱架、悬索等多种类型，因此“暴露结构”具有丰富多姿的建筑造型，常为现代建筑设计所青睐。1980年莫斯科奥运会体育场馆屋盖中推出了4座钢悬膜结构，有圆形、椭圆形、方形等多种平面形式，用厚度为2～5mm的不锈钢板以卷材方式覆盖屋面，钢板双向受拉，既为承重结构，又为围护结构，体现了“兼并功能”思想。另有3座双层蒙皮块体结构，是在一对桁架的上下弦平面上覆盖张力态$\delta=1\sim1.5$mm的铝合金或钢板。上、下预应力板皆参与结构受力并起着弦杆平面内支撑作用，因此这里的板材具有围护、承重及保证稳定的三重功能。这一时期新材料的出现大大丰富了建筑结构的类型，人工合成材料及纤维加强塑膜的出现产生了塑膜结构，大大减轻结构自重，加快施工，丰富建筑造型与色彩。但是经过时间与工程实际的考验，其中的充气膜式(airinflated)及气承式(airsupported)结构已日渐少用。目前广泛应用于国内外工程中的是张力膜结构(tension membrane structures)，因为膜面是连于承重结构钢索上的覆盖层，又称为索膜结构，它不受膜面内外压差的影响，且又传力于坚固可靠的钢承重结构之上，因此广受国内外工程界重视。1986年建成的沙特利雅得国际体育场张力膜看台天棚就是预应力索系与新材料组成新体系的早期试验工程。

我国在PSS科研的工作上虽受国内形势动荡而滞后，并且处于我国钢结构发展的低潮时期，但由于科技进步大势所趋及国际赛事的需要，在工程上也有所进展与突破。1962年建成直径94m的北京工人体育馆，是国内最大的悬索结构屋盖。1967年建成了双曲马鞍形悬索屋盖浙江人民体育馆。20世纪80年代前后又研究和建造过一批预应力平板网架、悬索及吊索屋盖，比较知名的有江西体育馆，四川攀枝花体育馆，北京朝阳体育馆等。20世纪80年代研造，延至90年代初(人为原因)兴建成功的四川攀枝花体育馆采用多次预应力圆形钢网壳屋盖，是国内外首次应用多次预应力钢结构理论的大型建筑物，省钢率达38%，它的实践为PSS学科的深入发展做出了贡献。以后又兴建了西昌铁路体育中心多次预应力钢筒壳屋盖，省钢率28%，两者都是空间钢结构与预应力技术相结合的成功典范。这一时期国内外兴建的主要PSS建筑见表17.1-2。

发展时期国内外主要大型预应力钢结构工程 **表17.1-2**

序号	建成年代	国别	工程名称	承重结构及预应力工艺特征	单位用钢量或省钢率/%	备注
1	1970	前苏	乌拉尔热电站主厂房	屋盖钢桁架 $L=45$m及39m，以拉索连拱形屋架支座节点张拉	25～40	降低造价15%～30%
2	1972	德	慕尼黑奥运会体育建筑群	覆盖面积74800m^{2}的索网结构群由11根高70～80m的巨型钢柱及若干边柱支承，整体张拉施加预应力		
3	1973	澳	悉尼电视塔	$H=244$m，中央竖筒 $d=6.7$m，由槽钢组成56根ϕ63及ϕ114两组钢索呈双曲抛物面形布置并张拉，竖筒受压与索系形成整体		
4	1974	前苏	阿拉木图某建筑	36m×36m平板网架，以强迫位移法在柱头垫入不同厚度金属块以引入预应力	4～6	
5	1975	中	本溪钢厂输煤栈桥	$L=49$m，平行弦桁架，廓外布索张拉	20	
6	1977	前苏	伏尔日斯克商业中心	72m×72m平板网架支承于周边柱头，对角线廓外布索，跨中有一对撑杆，索呈折线形		网架高度降为2m，高跨比=1/30
7	1979	南	斯普利特体育场看台天棚	205m×47m双层柱面钢网壳支座与看台圈梁强迫就位连接引入预应力		
8	1979	中	香港汇丰银行新楼	$H=178.8$m，地面43层悬臂桁架吊挂体系将全部恒载传至8根巨型组合柱后再传向基础，楼层间立柱由拉杆取代		体系新颖，造价昂贵
9	1980	前苏	莫斯科奥运会体育建筑群	其中4座不同平面的预应力金属悬膜屋盖，2座预应力金属膜蒙皮块体结构屋盖均为空间钢结构		

续表

序号	建成年代	国别	工程名称	承重结构及预应力工艺特征	单位用钢量或省钢率/%	备注
10	1980	英	伯明翰国家工程中心展厅	屋盖由9块平板网架通过周边三分点处8根立柱吊挂而形成室内无阻挡空间		
11	1983	德	慕尼黑奥林匹克公园溜冰馆	椭圆平面104m×67m，$L=104$m，三角截面钢拱以拉索吊挂两片HP索网屋盖		
12	1983	英	雷诺汽车公司销售维修中心	整个建筑由单元式吊挂结构组成，面积2万m^2，预应力撑杆式钢压杆及蜂窝梁横杆组成单元体		
13	1984	中	天津宁河体育馆	42m×42m平板网架，由强迫支座位移法引入预应力	12	降低内力峰值15%
14	1985	日	日本大学理工学院体育馆	$L=58$m立体钢桁架，廓外布索施加预应力	50	
15	1986	中	宁夏大武口电站输煤栈桥	$L=60$m平行弦平面钢桁架，廓外双系统布索施加预应力		国内最大栈桥
16	1986	中	四川渡市洗选煤厂输料栈桥	双跨2×44.5m，简支平行弦钢桁架，廓外布索两次张拉预应力	26	国内首例多次预应力平面结构
17	1986	沙	利雅得国际体育场看台天棚	24个单元体索膜结构组成外径288m的看台天棚，预应力钢索内环将24个单元体连接，后拉索将单元体锚固于地面	35.8kg/m^2	
18	1986	中	吉林滑冰馆	预应力双层错位悬索结构，跨度$L=67.4$m	37kg/m^2	
19	1987	中	北京华北电力调度塔	$H=117$m，塔由$d=10$m内筒及HP索网组成		
20	1988	中	江西省体育馆	$L=88$m，$h=51$m混凝土大拱以垂直吊杆吊挂两块37.6m×75m梯形平板网架	39.5 kg/m^2	

从以上情况可以看出PSSS发展的特征是预应力新技术与空间结构新体系结合而衍生出来的PSSS，具有优秀的静动力特性和良好的技术经济指标，可以称得上是当代建筑结构学科中的最新成就。从悬索体系延伸出来的吊索体系大大扩展了“零刚度”杆件的应用范围，吊索体系与两类空间结构的结合又衍生出多种的暴露结构，扩展了无阻挡空间的幅度，提高了结构的功能与效益。而人工合成膜及玻璃等新材料与预应力钢索新体系相结合又衍生出以预应力钢承重结构为主的张力膜结构和玻璃幕墙结构，极大地丰富了建筑造型和减轻了结构自重。与初创时期相比应该说在PSSS体系上有了本质上的提高与突破。

(3) 繁荣期(20世纪80年代末期～21世纪初)——繁荣与创新

进入20世纪80年代末期PSSS在国际上得到了快速的发展，不仅是在数量上增多、规模上增大，而且在类型与品种上繁荣创新。这是因为：

1）经过30余年的工程实践，已经肯定了PSSS的可行性、可靠性、先进性，而其他材料的空间结构(如混凝土薄壳、充气膜结构等)则表现出了局限性、难于操作性等不足；

2）新材料(纤维加强膜、特种玻璃、耐候钢材及压型钢板等)的大量涌现与新技术(计算机技术在设计、制造、安装中的应用，张拉锚固技术等)不断完善提高；

3）举办奥林匹克运动会及大型国际体育赛事对大型体育场馆的需求与促进；

4）人们审美观念的转变与更新，对具有新奇、粗犷等非传统建筑风格的认同与青睐。

因此，自1980年莫斯科奥运会上出现了一批传统式PSSS以后，人们就沿着更新、更轻、更美的方向去追求探索，攀比竞争。2002年世界杯足球赛由韩、日两国各自兴建了10座足球场馆，而看台天棚结构采用预应力技术的就达13座，占65%，可以预见PSSS的发展前景广阔。经过多年的发展创新，现代PSSS已具有丰富多样的类型。在这一时期，国内外兴建的主要大型预应力空间钢结构工程见表17.1-3。

繁荣时期国内外主要大型预应力钢结构工程 **表17.1-3**

序号	建成年份	国别	工程名称	承重结构及预应力工艺特征	省钢率	备注
1	1988	韩	汉城奥运会主赛馆	体育馆 $D=119.79$m，击剑馆 $D=89.92$m，整体张拉索穹顶屋盖，上覆纤维加强膜面		自重仅14.6kg/m²
2	1990	中	北京亚运会主赛馆	一对大悬臂柱单向吊挂屋盖重量，以吊索预应力调整屋盖结构内力	83.4kg/m²	
3	1990	中	朝阳体育馆	一对悬索结构吊挂一对钢拱，拱上支承两片负高斯曲率索网，覆盖面积78m×66m	52.2kg/m²	
4	1992	西	巴塞罗那奥运会通讯塔	$H=288$m，预应力撑杆式钢压杆于塔身中部以6根预应力钢索锚在基础上		
5	1994	美	亚特兰大奥运会主赛馆	椭圆形(193m×240m)索穹顶屋盖，沿长轴中央设置一榀索桁架 $L=56$m，覆盖加强膜面层	38kg/m²	
6	1994	中	攀枝花体育馆	八角形双层网壳穹顶($D=60$m)，八点支承沿八边桁下布索二次张拉卸载	38kg/m²	首建成功多次预应力空间结构
7	1997	中	上海体育场看台	天棚结构覆盖面积33000m²，以空间悬臂结构支承四氟乙烯膜结构单元体57个		国内首用索膜结构于大型工程
8	1997	中	澳门国际机场机库	$L=86.55$m，格构拱架(澳STRARCH SYSTEM)大位移张拉		外国专利
9	1999	英	伦敦千禧穹顶	$D=320$m，沿周边斜立12根高100m格构钢柱，从柱顶吊挂特氟隆膜面屋盖		

续表

序号	建成年份	国别	工程名称	承重结构及预应力工艺特征	省钢率	备注
10	2000	中	浙江黄龙体育馆	由两悬臂塔柱单侧各斜吊9根索于天棚网壳上，网壳各设9根稳定索以抗风载	80kg/m²(不含环梁)	
11	2001	日	2002世界杯足球赛体育馆	10座新建体育场中6座天棚顶盖为张力膜结构		
12	2001	韩	2002世界杯足球赛体育馆	10座新建体育场中7座为吊挂式和索膜结构天棚		
13	2001	中	武汉体育中心	由钢桁架环梁和伞形膜单元组成天棚，覆盖面积30000m²	12	
14	2001	中	深圳游泳跳水馆	由4根桅杆吊挂立体桁架梁系屋盖结构(由1榀主桁架和8榀次梁组成)，覆盖面积120m×80m	—	应力峰值与挠度减小
15	2001	中	海口美兰机场飞机库	$L=99.6$m，格构拱架(澳STRARCH SYSTEM)，大尺度强迫位移法引入预应力		外国专利

17.1.3 预应力钢结构的种类和受力机理

根据采用材料的不同，预应力钢结构分为：同钢种预应力钢结构和异钢种预应力钢结构两大类。根据使用目的的不同，预应力钢结构又可分为提高承载力和提高刚度两种。但常常既提高了承载力，又提高了刚度。所谓同钢种预应力钢结构，即是将两个钢构件迭接，施加和使用荷载反向的弯曲，然后将两者焊接，连成整体后释去反向荷载，截面中就建立了预应力。异钢种预应力钢结构是在结构体系中增设一些高强度钢构件，并张拉它们，在体系中建立一种和使用时反号的预应力，提高了体系的承载力和刚度。同钢种预应力钢结构基本受力机理为扩大截面的弹性工作范围，调整结构的内力分布，使结构的各部分材料更充分地发挥承载潜力。也就是说，调动了低应力区材料的潜力，以提高高应力区的承载力。

异钢种预应力钢结构包括静定体系中不同部分采用强度不同钢材和超静定体系中由强度不同的钢构件组成两种。第一种也是利用强度较高的钢材参与受力，扩大构件的弹性工作范围。第二种即是采用高强度钢材作预应力筋，与一般钢结构组成超静定体系。这种预应力钢结构是目前国内外应用最普遍的。在静定结构中增加高强度赘余预应力杆，使结构转变为超静定体系。张拉预应力杆，可使结构获得与荷载引起的内力方向相反的预应力，而预应力杆却获得与荷载引起的内力方向相同的预应力。既充分发挥了高强度预应力杆的作用，又提高了普通钢构件强度的利用，因而取得了节约材料，改善结构性状的效果。

17.1.4 预应力钢结构的主要特点和经济效益

(1) 预应力钢结构的特点

应用预应力钢结构技术的基本思想是，采用人为的方法在结构或构件最大受力截面部位，引入与荷载效应相反的预应力，以提高结构承载能力(延伸了材料的强度幅度)，改善结构受力状态(调整内力峰值)，增大刚度(施加初始位移，扩大结构允许位移范围)，达到节约材料、降低造价的目的。此外，预应力还具有提高结构稳定性、抗震性，改善结构疲劳强度，改进材料低温、抗蚀等各种特性的作用。这方面国外已开展了研究，随着研究的深入与发展，还会有更多特性被揭示清楚，使预应力钢结构从理论到实践更为完善。

(2) 预应力钢结构的经济效益

预应力钢结构同非预应力钢结构相比要节约材料，降低钢耗，但节约程度要看采用预应力技术的是现代创新结构体系(如索穹顶和索膜结构等)，还是传统结构体系(如网架、网壳等)。对前者而言，由于大量采用了预应力拉索系而排除了受弯及压弯杆件，加之采用了轻质高强的围护结构(如压型钢板及人工合成膜材等)，其承重结构体系变得十分轻巧，与传统非预应力结构相比，其结构自重成倍或几倍地下降，例如汉城奥运会主赛馆直径约 120m 的索穹顶结构自重仅有 $14.6kg/m^2$。

在传统钢结构中采用预应力技术的经济效益与众多的因素有关，其主要影响因素有：结构体系、施加预应力方法、节点构造、几何尺寸、荷载性质与大小、施工方法和材料、劳动力价格等。设计中如能选用卸载杆多而增载杆少的结构形式，寻求轴拉杆件多而受弯杆件少的受载体系，统一和简化杆件与节点的构造与规格，尽量多地采用高强钢材替代普通刚材等等，将会获得更好地经济效果。

17.1.5 预应力钢结构的适用范围和开发前景

1) 需要大跨度及大无阻挡空间时，如体育场馆、展览厅、飞机库等；

2) 重荷载及超重负荷条件时，如桥梁、多层仓库、多层停车场等；

3) 活动及移动结构物，减少自重是重要原则时，如塔吊，开启式体育馆等；

4) 高耸结构物，稳定性及刚度是主导因素时，如无线电及电视塔，高压输电线塔等；

5) 高压大直径圆筒板结构，当板厚无法增大时，如储液、气罐、输油、气管线、冷却塔等；

6) 在运转条件下加固现役结构物时，如加固桥梁、运输栈桥、工业厂房等；

7) 创建新结构体系，以柔索取代受弯构件时，如吊挂体系，整体张拉体系等；

8) 从结构体系来说，可用于轴心受力(拉杆和压杆)杆件、受弯杆件(实腹梁和桁架)、拱和刚架、静定结构和超静定结构；

9) 目前，广泛应用于空间组合结构中，形成了新的建筑体系和形式(统称预应力空间组合结构)，如悬挂体系，整体张拉结构体系等；

10) 不但广泛用于新建工程，还可用于旧结构的加固，是一种值得研究、有发展前途的新结构。

在 21 世纪前半叶钢结构与钢筋混凝土结构仍将是建筑结构领域中两大承重结构体系，虽然并存，但有竞争。钢结构将依靠新技术、新材料、新工艺、新体系不断扩大与延伸自己的传统领域并部分取代砖石混凝土结构，使钢结构的绝对及相对年产量大幅增长。预应力钢结构及其新体系将在与钢筋混凝土结构的竞争中起主导作用，但预应力钢结构学科发展的历史短暂，许多领域尚待开发与研究，许多方面尚未涉足与揭示，许多外国已有的科研成果及工程实践，我国尚未起步，我国在基础研究，理论储备及创新结构体系等方面，与国际水平尚有差距。如可开合式结构、膜结构、索网结构、吊挂式高层结构等。因此，我国专业工作者应在下列方面投入力量，有所作为：

1) 新结构体系的创新与开发；

2）预应力钢结构动力特性的研究；

3）简捷预应力系统的开发与应用；

4）预应力加固技术与措施；

5）预应力钢构件的工厂化和商品化；

6）预应力专用设备的研制与优化；

7）预应力钢结构可靠度研究；

8）特种结构中预应力技术的开发利用；

9）预应力钢结构中应力损失的测定与补偿修复措施；

10）国外已有先进体系的掌握与移植，如整体张拉索穹顶结构、大位移拱架结构等。

通过对其受力变形特性和破坏机理的深入研究，建立计算理论和设计分析方法，从而开拓这一应用领域。研究成果可望推动和实现建筑结构、空间结构、桥梁结构等向大跨、大空间、重载、动载方向发展，大幅度地简化施工和降低造价，将会有较大的理论意义和应用前景及相当可观的经济效益。

17.1.6 预应力钢结构应用中若干问题的探讨

随着人们对建筑使用空间的要求不断提高，许多大跨度的建筑物随之出现，平面结构体系已不能满足，取而代之的是网架、悬索、索网、索拱等新型的空间结构体系，而且施加预应力的方式也由通过外部加力使受力构件产生预应力而变成直接在受力构件上施加预应力。特别是索结构，由于自身预应力的出现，给工程设计计算与施工带来了新的问题。

（1）屋盖系统的风、雪荷载的取值问题

悬索结构的屋盖通常为曲面，且面积较大，屋面的积雪分布情况比较复杂，很可能会产生积雪的聚集现象，这种荷载在设计取值时是难以准确确定的，国内外的资料也少见，即使我国的规程中也只给出了几种规则平面的雪载分布，如何较准确地考虑雪载不均匀分布对结构的不利影响，将直接关系到结构的安全和经济效益。风荷载的作用同样如此，虽然风荷载的体型系数可以由风洞试验来确定，但风雪荷载的组合效应，就难以由实验室给出数据了。

（2）结构的变形问题

柔性的索在未施加预应力之前既没有固定的形状，又没有刚度，只有被张拉达到初始平衡状态时，才能成为承受外荷的结构，此时索的变形可认为在弹性范围内。随着荷载的增加，而多次对索施加预应力，悬索结构必定要产生较大的位移，设计计算中考虑几何非线性问题也就不可避免了。几十年来，许多学者就此问题作了大量的研究，总结、归纳出许多悬索结构的解析计算方法和相应公式，但其假定与实际情况还存在一定的差距，例如风、雪荷载的取值。实际工程中，由于索的用钢量较小，通常是采用保留足够的安全储备原则，安全系数一般为2.5～3.0，从而致使高强钢索的强度得不到充分发挥，同时，由于可变荷载的变化，索的疲劳和松弛现象也不容忽略。

（3）多次预应力的应用问题

多次预应力的初期使用，主要是解决平面结构体系中充分利用构件的强度问题，以达到节约钢材的目的，而目前在空间结构体系中，多次预应力不仅仅是为了节约材料，同时也是为了整个结构体系的均匀受力，保证结构的安全。通常，单次施加预应力可节省钢材10％～20％，而多次施加预应力，可有效发挥高强度钢材的作用，节约钢材达35％以上，还可减少边缘构件中引起的弯曲和变形。但施加预应力的次数过多，会带来许多弊病。由于多次张拉，结构已具有较大的内部能量，一旦作用有偶然荷载，将会带来严重的后果，哪怕是由于恒载的卸除，例如屋面翻修，想要反次序地卸除预应力，也是一件非常困难的事情，过多次的张拉必将增加施工周期和管理难度，造成不必要的麻烦。因此，多次预应力的次数，应根据每个工程项目的结构形式及布置、荷载取值、张拉设备及方式、锚具等实际情况，按以下原则综合确定：既要有效利用预应力钢材的高强度，又要留有足够的安全储备；使结构或构件均匀受力，让构件的截面设计方便；张拉的分级宜均匀，便于设计、施工和控制；节约钢材。

(4) 防火问题

预应力钢结构与无粘结预应力体系和体外预应力体系类似，且多数结构长期暴露在外，因此，防火问题显得特别重要。钢材虽具有强度高、重量轻、材质均匀等许多优点，但有一个致命的缺点——不耐火。钢材抵抗高温的能力非常有限，在火灾高温作用下，其力学性能会随温度的升高而降低，变形会不断增大，在200℃以内时，其性能没有很大变化，430～540℃之间则强度急剧下降，600℃时强度很低，不能承担荷载。同时，260～320℃时还有徐变现象。纽约世界贸易中心主楼的“9·11”事件，飞机撞进大厦和大厦燃烧初期，大厦均没有立即倒塌，这说明钢结构是在火灾温度升到一定的时候才破坏的。而对于预应力的钢结构来说，不需要温度升到400℃以上，只要到达300℃左右，由于徐变现象的出现，预应力松弛而引起的内力重分布就可能造成整个结构的破坏，预应力越大的结构耐火性越差。因此，预应力钢结构的防火设计应比普通钢结构和预应力混凝土结构应更加严格。

17.2 预应力钢结构平面结构体系

17.2.1 引言

只考虑在二维空间承受荷载的结构称为平面结构体系，其中有些是在实际工程中只在结构平面内受力，不承受平面外荷载。而多数结构在实际中是可能三维受力的，但因其侧向刚度小或简化计算方法等原因，不考虑其平面外的承载功能，视作平面结构体系进行计算和分析。

预应力平面体系大多是在非预应力平面体系的基础上发展起来的，也就是说在传统的平面体系上局部或整体地引入预应力。因此其经济效益并不显著，一般钢材节约率在10%～20%左右。这类预应力结构的特征是保持了传统平面结构的组成形式及外形轮廓，沿杆件本身或在结构平面内进行廓内或廓外布索，局部或整体地施加预应力以改善个别或大部杆件的受力状态。但与此同时也会加大部分杆件的荷载内力，恶化其受力条件，为此增大的材料消耗与其他受益杆件的材料节约相抵消后才是预应力产生的经济效益。在传统平面结构体系中引入预应力虽可节约钢材，但在材料上的得失矛盾却是永恒的。因此不当的预应力方案经济效益甚微，错误的预应力方案适得其反，其得失间的比例大小确定了所选预应力方案的经济效益。

除实腹梁柱结构外，预应力平面结构体系主要包括有桁架、刚架、拱架、悬索及吊挂结构体系。下面将分别介绍各类结构的组成、构造等特征及研究应用情况：

17.2.2 平面结构体系的分类与特征

(1) 预应力平面桁架

平面桁架是预应力钢结构领域中研究得最早，最广泛的一种结构。因此在许多工程领域中都得到应用。其中尤以简支桁架、连续桁架、悬臂桁架、拱式桁架和立体桁架研究和应用较多。绝大多数是借助张拉锚固于支座和节点间的拉索而引入预应力的，所以又称其为拉索预应力桁架。

桁架的形式取决于跨度、荷载及功能的要求外，还要考虑预应力的经济效益与工艺可能。一般单跨时采用平行弦桁架，制造安装方便(图 17.2-1*a*、*b*)，或采用坡面桁架便于排水和施加预应力(图 17.2-1*c*、*e*、*f*)，跨度较大时采用弧形桁架(图 17.2-1 *d*)，内力分布合理。预应力索的布置有两种方案，一是局部布索，拉索位于个别杆件上(图17.2-1*a*、*c*、*d*)，预应力只影响布索杆件。二是整体布索，它又分为廓内布索(图17.2-1*b*、*i*、*l*)和廓外布索(图 17.2-1*e*、*f*、*g*)两种，张拉钢索时对桁架大部杆件卸载，对小部分杆件增载。局部布索效果明确，杆件可在工厂预制，工地装配，但锚头增多、节点构造复杂等原因使桁架整体经济效益不高。所以只有当跨度大，荷载重，每根杆件都是单独运送单元时采用局部布索才是合理的。整体布索时众多杆件皆可卸载，预应力工艺简捷，用料少，所以其经济效益比局部布索要大。但它仍对部分杆件增载，所以整体布索方案与桁架形式的选择会直接影响桁架的总体经济效果。廓外布索可加大预应力的力度与效果(图 17.2-1*e*、*f*、*g*)，净空允许时，它不失为可供选择的良好方案。局部布索时一般将索布于受拉的杆身，如悬臂桁架位于上弦，简支桁架位于下弦。跨度大、荷载重时，可按杆件受力大小重叠布索(图 17.2-1*h*、*k*)以节约索材。连续桁架布索一般亦位于受拉弦杆(图 17.2-1*j*)，也可用整体布索方式改善较多杆件的受力条件(图 17.2-1*i*、*l*、*m*)。连续桁架属静不定结构，还可利用支座升降法调整内力。如果工艺条件允许可设计多次预应力桁架(图 17.2-1*m*)，多次预应力的经济效益比单次的还要高出 10%。

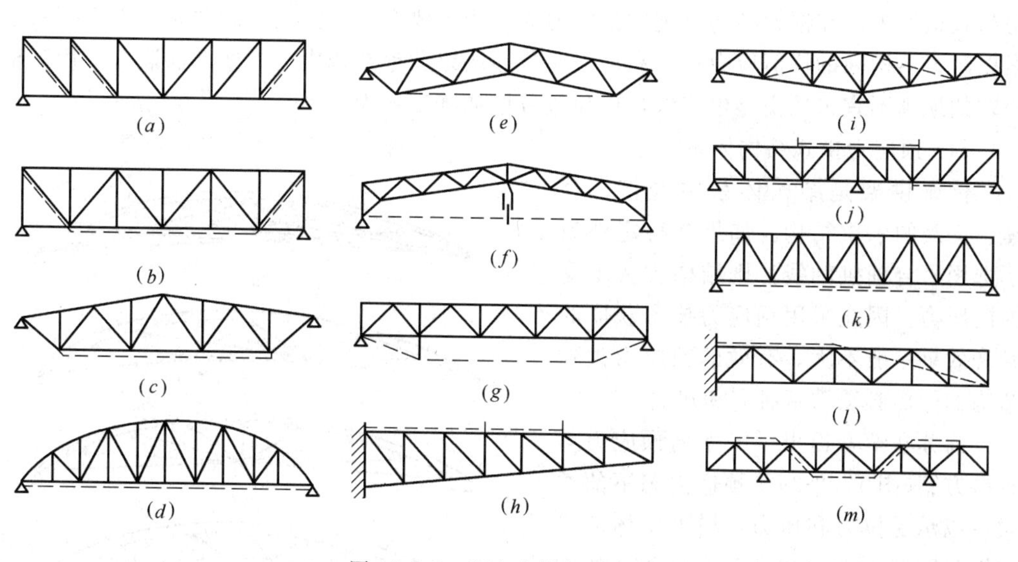

图 17.2-1 预应力桁架形式

(2) 预应力立体桁架

立体桁架有三边及四边截面两种形式(图 17.2-2)，可简化成平面桁架计算，具有设计、制造、安装简单，双向刚度大，省钢材，无特殊工艺要求等特点，其耗钢量约为平面桁架的 80%～85%左右与平板网架相近，兼有二者的优点，适用于我国广大城乡地区近年来在我国许多地区及援外工程中都采用过立体桁架。

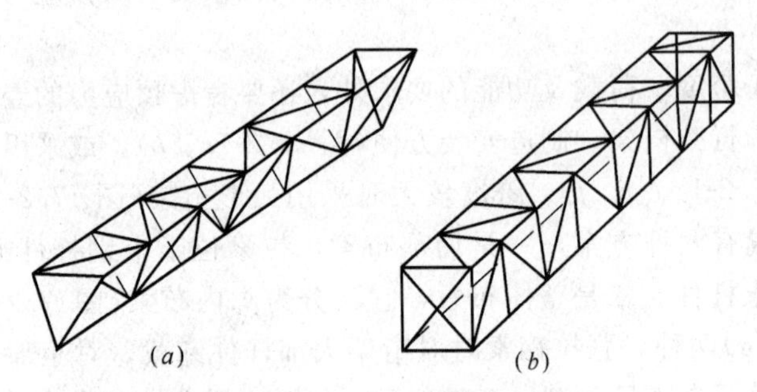

图 17.2-2 立体桁架类型

(a)三边形截面；(b)四边形截面

三边形立体桁架的截面几何形状为不变体系，自身稳定。而四边形的截面形状几何不变性则需增设横向支撑来保证。所以三边形桁架要比四边形的节约钢材 10%左右。就采用预应力技术而言，倒三边形截面比四边形的更易于在廓内布索，具有较大的卸载力臂，构造合理，方便施工。所以采用倒三角形截面形式是廓内布索的预应力立体桁架的合理选择。如果是采用廓外布索以增大预应力的经济效益，由于上、下弦受力状态的转换，采用正三角形截面是适宜的。

(3) 预应力平面框架体系

框架结构适用于大跨建筑且主要承受恒载，因此采用预应力技术经济效果显著。

传统的框架体系有实腹式与格构式两种，前者近年来较多的应用于轻型钢结构工业厂房门式钢架中。在框架结构上施加预应力的方法主要有三：①在不同的布索方案下张拉钢索以改善结构内的峰值应力；②利用支座位移法以调整结构内力；③两法联合应用。但是松软的地基不宜采用支座位移法，以免过分增加基础成本。

(4) 预应力拱式结构体系

传统拱架是结构体系中经济、合理、美观的承重结构。如果在特定外载下选用了合理拱轴线，则结构主要承受轴向压力。因此采用预应力技术获取的经济效果一般不大。有效的预应力拱式结构的图形必须重新研究和建立。

前苏联学者提出了一系列预应力柔索拱方案(图 17.2-3)。预应力态下的柔索可以承受拉力和压力，增大拱体的稳定性和刚度并大大减小其截面积，特别是当半跨荷载时，由于拉索的作用使得拱的强度和刚度明显提高。

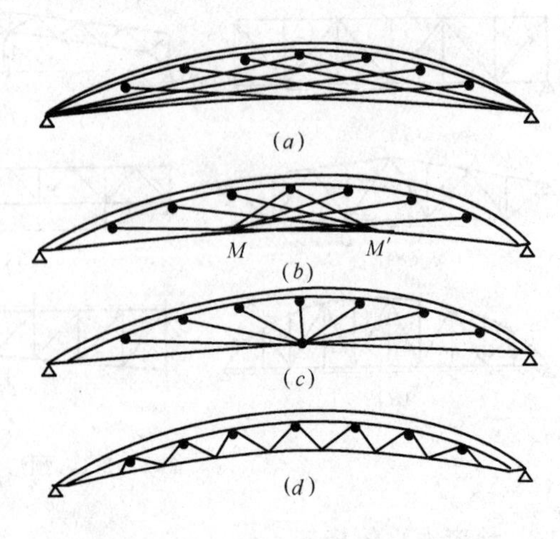

图 17.2-3 预应力柔索拱式结构

(5) 悬索结构体系

悬索结构是必然的预应力结构，每根柔索只有引入预应力后才能成为结构杆件。它受力合理，自重轻，用料省是预应力钢结构中的优秀承重体系。

平面悬索结构有单层索，双层索与索弦结构三类。前两类已在多种专著中有过阐述，索弦屋盖结构主要指由平行的预应力钢索或圆钢组成的单层多跨轻型屋面结构。张紧呈直线态的钢索两头锚固在建筑物两端的抗拉结构上，中间由若干支点承托着，防止荷载下的过大变形。索弦结构省料、构造简单，营建便捷，适用于长度较大的不保暖单层建筑，如月台、看台天棚、仓储库房等处。

(6) 吊挂结构体系(图 17.2-4)

这是用高强钢索吊挂屋盖的承重结构体系的统称。早在 20 世纪 50 年代末期就已创建了建筑结构中的吊挂体系，它是在斜拉桥形式引入建筑结构后，又在“暴露结构”潮流中发展起来的。它有高耸于屋面之上的结构与索系，造型奇异，挺拔刚劲；它有视野开阔的室内空间，满足功能要求，屋盖结构简洁。因此，至今吊挂结构发展势头不衰，形式多样。吊挂结构主要由三部分组成：(1)支承吊索的主承重结构；(2)斜向或竖向的吊索系；(3)屋盖结构。作为吊挂钢索的主承重结构一般有立柱、钢架、拱架、悬索等几种，各自形成自己独特的建筑造型。

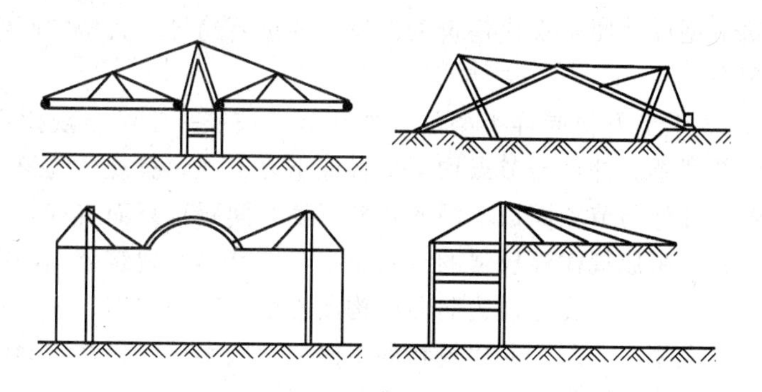

图 17.2-4 平面体系吊挂结构

17.3 预应力空间钢结构(PSSS)

17.3.1 引言

20 世纪 50～60 年代中涌现出各式各样的空间结构体系：悬索结构、混凝土薄壳结构。钢网壳网架结构、混凝土折板结构等，并建造了一些跨径超过 100m 的建筑物。经过多年工程检验，各类空间结构充分展示了自身的优缺点及适用范围。在预应力钢结构平面体系中得到验证与肯定的预应力技术在谋求新的出路与发展，在空间结构群体中倍受青睐的钢网格网架自然结合，于是衍生出预应力钢网格结构，成功地推出了预应力空间钢结构一族，并发展、繁荣、创新形成了现代预应力空间钢结构体系。之后，又与时俱进地陆续涌现出吊挂结构，索网、索膜、索穹顶结构，金属悬膜结构，蒙皮块体结构，张弦式点支承玻璃幕墙结构等类型众多的预应力钢结构新体系。由于其体系的先进性、科学性及经济性，它将不断繁荣、扩大并发展成为建筑结构中的主流。

17.3.2 PSSS的特点

由于结构构成先进合理，材料强度重复利用，建筑造型新颖独特，色彩光泽明亮丰富，施工安装便捷省工，所以近30年来预应力空间钢结构发展迅速，这种结构体系的力学特点是：

1）可以单次地引入与内力峰值符号相反的预应力以抵消或削减内力高峰，降低设计内力水平；

2）将荷载与预应力分批次地相间施加，可以进一步降低设计内力值，并多次反复地利用材料弹性强度幅值；

3）可将荷载不利内力形态（弯矩力）转换为有利内力形态（轴拉力），组成以轴拉、轴压杆件为主的先进结构体系；

4）可大量采用力价比大的高强钢材和钢索，在结构中大量引入零刚度的预应力柔索，进一步降低结构自重；

5）可以提高结构整体刚度减小扰度，调整结构自振频率，改善结构静、动力性能；

6）可以利用新材料、新构造组建新体系，创造出先进的崭新结构类型。

现代空间结构体系以其构造新颖、造型别致、尺度宏伟、色泽明快而区别于传统承重结构。因此在结构体系由“隐没”到“显现”的发展过程中，主动利用和展示结构体系的美学特征参与建筑造型设计便是现代建筑工程设计的重要趋势。大型空间结构所能体现的美学特征主要表现在：

1）图案美　由成千上万根同样类型的杆件和节点按照一定组合规律拼装而成的结构本身极具韵律感和节奏感。杆件与节点均匀交替地重复出现和有规律的组合，既和谐又统一，体现了韵律美。杆件与节点围成不同的几何形体，间隔排列而有规则的重复则体现了节奏美。这两种美感编织成规律性极强的空间结构，使其具有建筑装饰图案美的效果。例如罗马大小体育宫穹顶上展示壳板及边肋曲线构成美丽的穹顶图案；正反三角形交替排列的平板网架结构形成大型工业与公共建筑物的室内屋盖图案。如果在空间结构的杆件上涂以不同颜色的保护漆则更能增强图案美的层次和效果。

2）刚劲美　暴露主承重结构的杆件和支架于围护结构之外，是力图利用承重结构粗犷、刚健、挺拔的线条曲线以改善建筑物的呆滞形象，并且以阳刚之气的建筑造型向人们展示雄健有力的结构杆件以力量和安全感。如江西体育馆的外露大拱，北京中日青年交流中心的外露承重桁架等除美化建筑造型外，其雄伟壮观的气势，令人振奋、敬仰和信任。

3)造型美　结构体系可以构成建筑物的主轮廓线，任何优美动人、新颖独特的建筑造型都可以由空间结构体系构成。钢网架结构可以塑造各种建筑造型，甚至20世纪90年代初耸立在山顶的香港大佛骨架也是网架结构。而钢筋混凝土薄壳等结构更可逼真模拟各种形象，实现设计者的造型意图。如1964年奥运会上的东京代代木大小体育馆都是用空间悬索结构模拟的与大海有关的船形及螺形，而地处美洲的墨西哥将1968年奥运会的主馆用网壳设计成菠萝形，尤其以薄壳结构兴建的印度新德里穆斯林礼拜堂体现莲花形象，墨西哥某公园餐厅建筑模拟花瓣形，都是其他结构难以完成的。

4）环境美　大型空间结构占据庞大空间具有宏大体态，是人为建造的环境景观。成功的大型构筑物可以成为具有地方特征的地标建筑物，构成城市天际线的重要部分。例如艾菲尔铁塔一个世纪来成为巴黎的一大景观和象征，美化了巴黎的城市环境。上海的明珠电视塔成为浦东开发区的地标建筑物和改革开放的象征。香港的中银大厦和汇丰银行新楼构成了现代香港的形象，成为展示香港新貌不可缺少的重要建筑物。芦浮宫金字塔形的新馆结构最终也被认同是充满生气并尊重历史的成功之作，赋予了芦浮宫以新的生命，成为芦浮宫的现代形象。众多的大型构筑物及大跨建筑物美化了环境，已成为当地的主要景观和地标建筑物。

5）色泽美　现代建筑材料轻质高强、色彩多样、质感丰富、色泽动人。不锈钢、铝合金和玻璃材料的精致坚实、光彩熠熠，压型金属板材及人工合成膜材的宽润细腻、五彩缤纷，都为建筑设计提供了有利条件。运用结构暴露的线条及本身固有的色泽不仅可以美化建筑自身，而且可以突出建筑物的环境效果。塑料膜结构构成的各式屋盖和天棚具有明亮、多彩、柔和、舒适的气氛，彩色金属压型板、墙板以及玻璃幕墙整齐、规则、平滑、光亮带有高新技术建筑现代色彩。有些吊挂结构高耸暴露部分涂以鲜艳色彩，在蓝天、白云、绿树、红墙的环境之中显得格外迷人，尤如一幅以大自然为背景的美丽画卷。

预应力空间钢结构发展至今，可概括为四大类：

（1）传统空间结构

即传统的空间钢结构，采用适宜方式(如布索法、支座位移法等)引入预应力以改善本身静动力性能、调整内力峰值、降低钢耗、节约成本。在已有的空间钢结构体系基础上施加预应力，以降低结构内力峰值、调整内力、提高刚度与承载力。并非所有传统结构都可从预应力技术中获得满意的经济效益，选型或布索不当可能获益甚微，甚至适得其反，因此这类结构中要重视结构选型、布索方案、张拉工艺、预应力力度、节点构造等问题的研究。

目前主要的结构形式有：

1）平板网架

沿网架下弦杆方向或对角线方向进行廓内或廓外布索以调整上、下弦杆中内力峰值，提高结构刚度。国内外有代表性的工程有：俄伏尔日斯克商业中心网架屋盖(1977)(图17.3-2)；天津宁河体育馆网架屋盖(1984)；上海国际购物中心楼层网架结构(1993)。

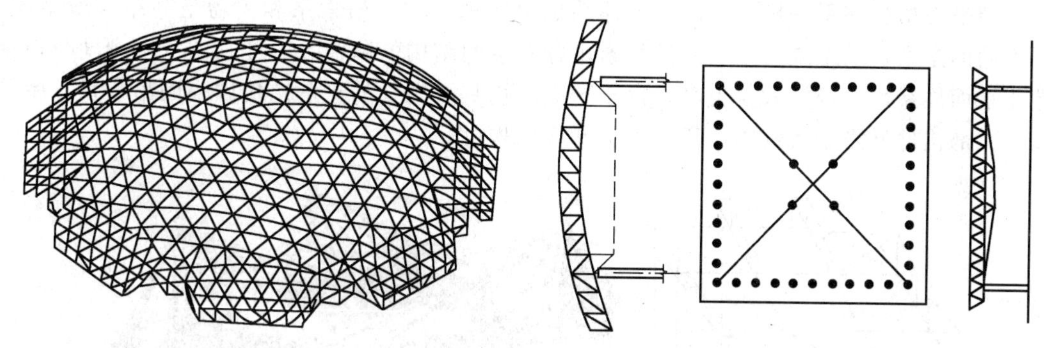

图 17.3-1　攀枝花市体育馆

图 17.3-2　俄伏尔日斯克商业中心

2）双层网壳

对各类网壳视不同情况，沿相邻或相间支座连线布索张拉或采用支座位移法强迫支座产生位移，以在网壳杆件内引入预应力，降低设计内力水平，提高结构刚度。典型工程有：攀枝花市体育馆网壳屋盖(1994)(图17.3-1)、西昌铁路分局体育中心组合网壳屋盖(1997)、广东清远市体育馆六边形扭网壳屋盖(1995)。

3）双曲悬索结构

这是国内外工程中早已采用的悬索体系，其结构的承载能力和刚度与预应力是相依共存的，但预应力力度则以保证结构起码刚度为依据，选用较小值。结构由承重索系与稳定索系及边缘构件组成，两种索系形成负高斯曲率屋面承受荷载。后期出现的金属悬膜结构是把厚为 2～6mm 的不锈钢板或高强钢板焊于边缘构件和悬挂杆件上，钢板在荷载作用下双向受拉力，既为承重构件又为围护构件。如为矩形屋顶则应布置对角线方向悬杆以将大部荷载传向边缘构件角点，避免边缘构件中出现过大弯矩应力。其承重索系与稳定索系施加预应力的目的不是降低与调整内力，而是保证刚度。国内外有代表性的工程有：雷里竞技馆(1953)(图 17.3-3)、东京代代木体育馆(1964)、北京朝阳体育馆(1990)、四川省体育馆(1988)。

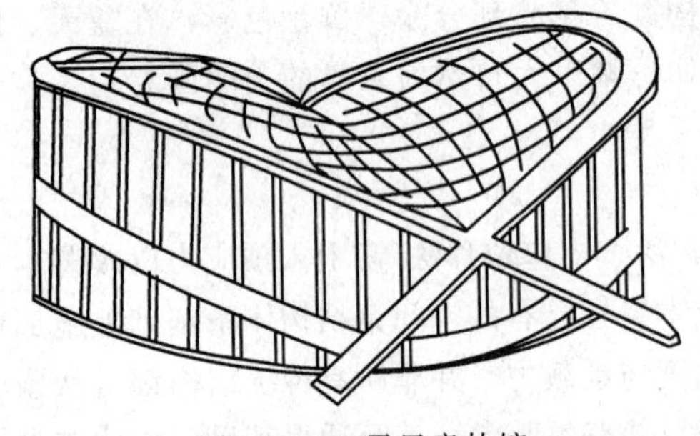

图 17.3-3　雷里竞技馆

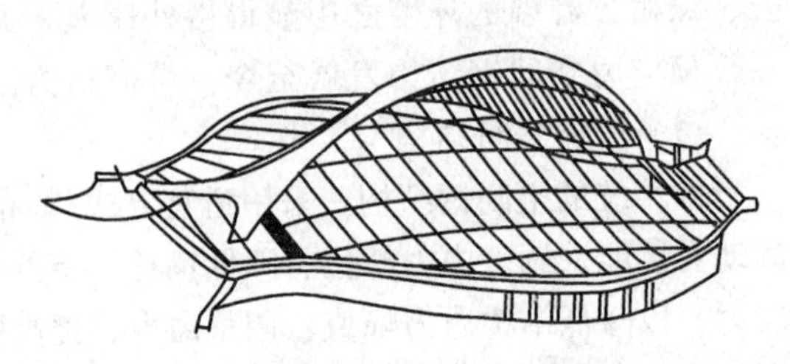

图 17.3-4　耶路大学冰球馆

4）张弦结构体系

上弦为刚性构件，下弦为张拉柔索，中间以若干撑杆相连的承重体系，它源自于张弦梁，其原始形式就是撑杆梁。这种体系目前已发展有：张弦桁架、张弦穹顶、张弦屋盖等结构形式，可覆盖各种建筑平面及较大跨度。在国内上海大剧院、广州会展中心、鞍山市体育馆屋盖等工程中广为应用。

(2) 吊挂式空间结构

与平面吊挂体系一样，空间吊挂体系也由支承结构、吊索系和屋盖空间结构所组成。所不同的是来自二维或三维空间的吊索吊挂着空间结构的屋盖。因此它的空间刚度与稳定性比平面体系好，经济效益也高。由于这类结构具有高耸的支承结构以锚固吊索系，屋盖以上大部构件暴露于大气中，所以又称暴露结构(图 17.3-5*a*、*b*)。

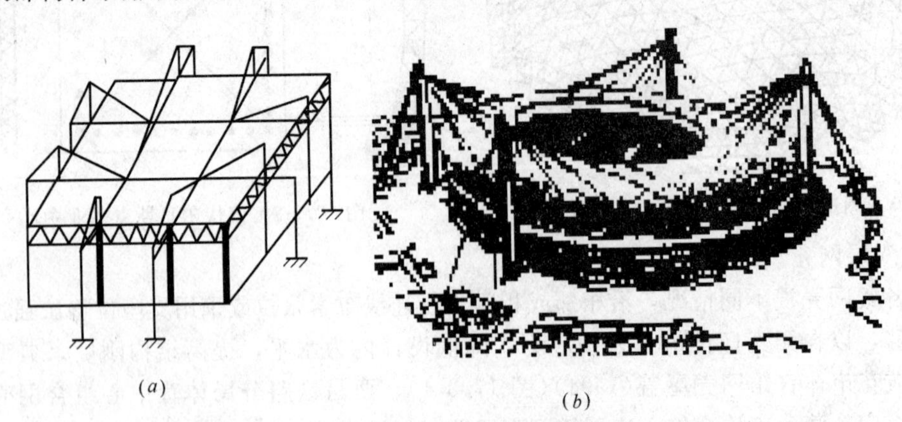

图 17.3-5　吊挂式空间结构

1）斜拉索式

一般由立柱、钢架等直立式承重结构顶部斜索吊挂网架、网壳、空间桁架的屋盖构成。吊挂网架的工程有英国伯明翰国家工程中心展厅屋盖（1980）、浙江大学体育场看台天棚、新加坡港务局码头仓库屋盖（1993）、浙江黄龙体育场（2000）（图 17.3-6）。

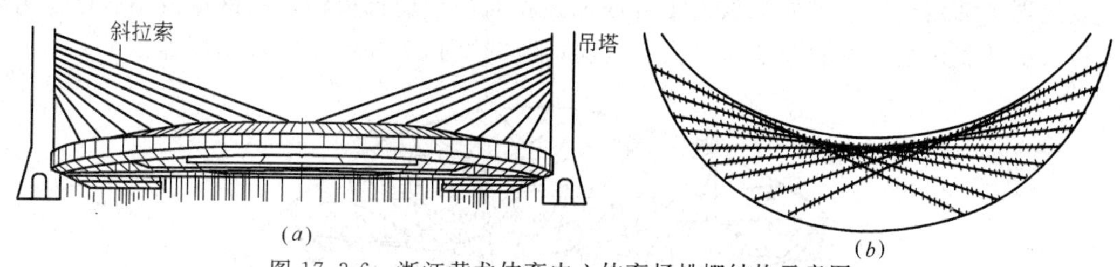

图 17.3-6　浙江黄龙体育中心体育场挑棚结构示意图

(a)斜拉索布置；(b)稳定索布置

2）直吊索式

代表性工程有：慕尼黑奥林匹克公园滑冰馆（1983）、江西省体育馆屋盖（1988）（图17.3-7）、泉州市侨乡体育馆屋盖（1994）。

（3）整体张拉式结构

是由压杆群与拉索系组成的全新空间结构，几乎全由轴向受力杆件组成。因此屋盖结构自重极轻，用料极省。它的维护结构往往采用轻质高强材料，如人工合成纤维加强膜，有机玻璃板，铝合金压型板等。结构造型新奇突兀，建筑外表流畅明亮，覆盖平面曲折多变，是迄今最佳的预应力钢结构体系。它又分为两大类：

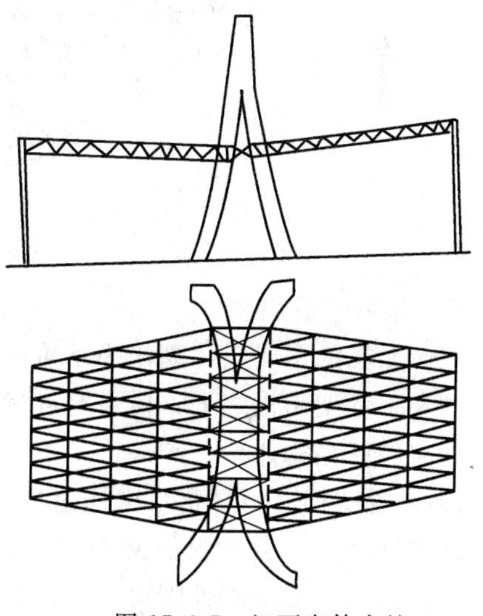
图 17.3-7　江西省体育馆

1）外平衡式

其主要压杆直接传力于地基，视柱的数量、位置、荷载大小而确定其高度。从立柱顶端吊挂索网或索膜屋盖，并有立柱定位索系与地面锚固。因为建筑物外缘设有侧立柱及锚索等构件，侵占场外的地面与空间，所以建筑平面极不规整而凌乱，如慕尼黑奥运会的建筑群。其他有代表性的建筑有沙特利雅德国际体育场

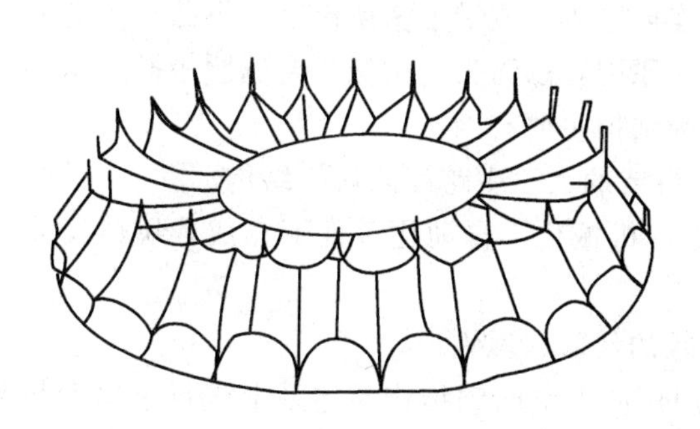

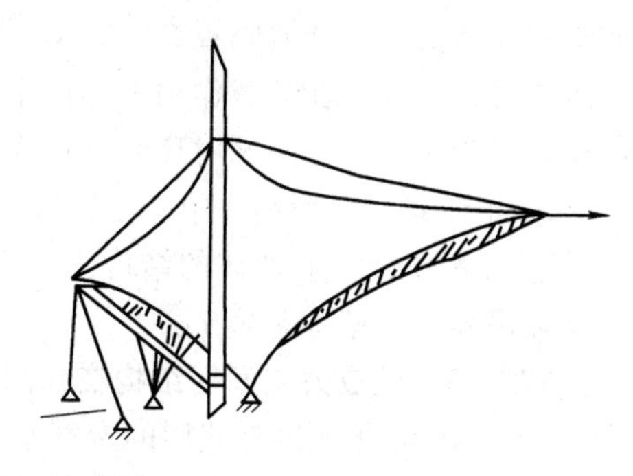

图 17.3-8　沙特利雅德国际体育场

的索膜天棚(图 17.3-8)、美国圣迭戈新会议中心展厅的索网屋盖等。

2）内平衡式

由短小压杆群及穿越压杆两端的各种索系构成屋盖，索系间的不平衡力均锚固于刚性外环。屋面荷载通过外环传于基础。除受压外环外屋盖其他杆件皆为轴向拉、压杆件，几乎接近理想结构构成。屋面敷设人工合成加强膜面，结构自重轻，用钢量极小。已建著名工程有汉城奥运会(1988)及亚特兰大奥运会(1996)(图 17.3-9)主赛场馆屋盖。

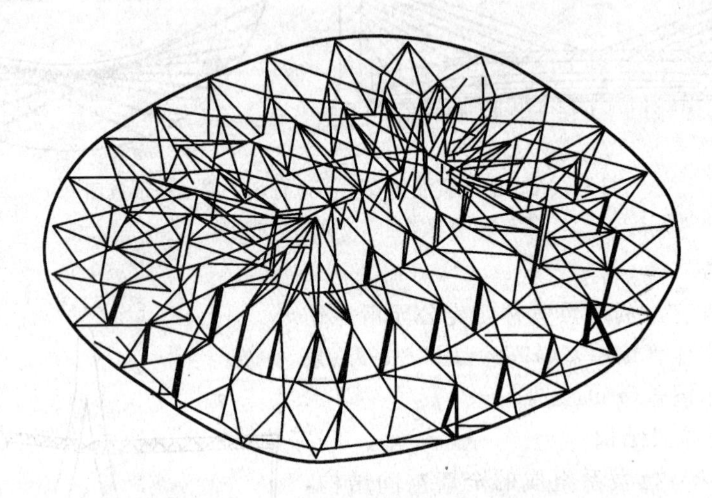

图 17.3-9　亚特兰大奥运会主赛场馆

(4）张力金属膜型

双向承拉的金属膜片既作为承重结构，又作为围护材料固定于边缘构件之上，或以张力态固定于骨架结构之上，覆盖跨度参与承重结构共同受力。两者都是结构成型新理论指导下诞生的新结构体系。

1）悬膜结构　与悬索结构构造相仿，以双向受张金属膜板代替双曲率正交索系固定于边缘构件之上。金属膜板又作为围护结构，在其上无需敷设屋面材料，只需涂刷保护层。悬膜结构一般由刚性圈梁、导向构件、金属膜片所组成。圆形、椭圆形圈梁受弯矩力较小，采用矩形边缘构件时则需沿对角线方向布置导杆以减小圈梁中弯矩内力。在莫斯科奥运会上采用的工程有：①赛车馆——负高斯曲率膜面；②游泳综合设施；③室内大运动场。

2）张力膜块体结构　梁式蒙皮块体结构的骨架由两榀桁架连以横向支撑组成几何不变空间块体而成。金属膜板在张力态下与骨架连成整体，或沿上弦或沿上、下弦将预应力膜板与骨架连接，在荷载作用下不产生压应力为原则，以防失稳褶皱。金属膜板既是围护结构，又为承重结构，同时还起支撑作用。这种结构主要有两类：

① 整体式　一般用在中、小跨度或在工地拼装的大、中跨度的块体结构。

② 装配式　空间块体的结构组装全部在工厂机械化、自动化条件下完成，块体尺寸以运输限界容许范围来确定。

17.3.3　预应力空间钢结构在我国工程实践的经验、教训

20 世纪 80 年代以来我国的专家学者在采用预应力空间钢结构新体系上进行过探索与努力。采用支座移位法在平板网架中引入预应力的天津宁河体育馆(1984)就是早期努力的见证。但是由于这种新体系的先进性、经济性和可行性并未得到有关领导和同行们的充分重视，在20世纪80年代里大家集中力量开发和推广的是单一类型的平板网架结构。“一枝独秀”的网架果然在此时期获得极大发展与普及，并成为建筑行业中闻名的“拳头产品”。至1988年汉城奥运会的主赛馆向世界展示了全新的整体张拉式结构后，在我国土建界产生不小的反响与震惊，但却未曾引起重视与行动。面对1990年北京亚运会的良好契机，本可充分展示我国土建科技水平和国家经济实力时，却由于专业上知识储备欠缺，领导上高瞻远瞩不足而不得不在新建及改建的27座体育设施中向世人推出几近清一色的网架建筑。虽然亚运建筑群中具有新意引人瞩目的工程廖若晨星(如北京体育大学体育馆、朝阳体育馆)，但结构选型不当、名实不符的工程亦无独有偶。也许是面对国际上出现众多新结构体系及高科技产品的强烈吸引，也许是对亚运会上未能展现建筑才华的深深遗憾，我国土建界在预应力空间钢结构的领域里积极投人力量。经过数年的研究与准备，终于在20世纪90年代初的后几年里，在现代大型钢结构工程中呈现出百花齐放的缤纷景象。在各地兴建了一批各种类型的预应力空间钢结构工程，它们无论在设计水平上，建设速度上和工程数量上与国外相比毫不逊色。从丰富多彩的结构类型及广泛的设计单位看，这是在钢结构领域我们土建界遵循科学规律行事，更新与积累知识的结果，也是大家勇攀学科高峰，追求与实践科技进步的结果。经过几年技术准备与方案论证的攀枝花体育馆首次在我国大型钢结构工程中实践了多次预应力理论，是对学科的推动与提高。这类工程中引人注目的还有饮誉狮城的新加坡港务局仓库、节约钢材的厦门太古机场飞机库，施工快捷经济的高要市体育馆，方案先进的西昌铁路体育中心及婀娜多姿的北京景山公园大篷展厅等。这些新体系的工程实践大大丰富了我国建筑结构的类型和提高了钢结构工程的科技含量。

但是少数工程中总是留下了或多或少的遗憾。本来属于高技建筑的先进工程却因技术准备不够，科学意识淡薄，知识储备欠缺等原因造成一些不是不可避免的缺陷。例如有的工程设计思想上虽属优秀，但轻视了制造加工与施工张拉环节，严重的质量问题困扰着工程的评定与验收，成为一项是非难清扯皮不断的“先进工程”；有的项目采用预应力新技术，却与其原则背道而驰，结构高度不仅未减小反而增高，构件断面不仅未节约反而加大，用钢量不仅未降低反而增多，成为一项只有新技术之名而无新技术之实的“先进工程”，有的建筑采用了不合理的主承重结构去模仿高技建筑的造型，加大了结构成本与用材量，成为一项徒有虚荣名实不符的“先进工程”；有的建筑采用的承重结构与布索方案过于繁多与分散，不仅结构整体性差，且施工复杂增大工程量及成本，成为一项名义上用料省而实际上造价高的“先进工程”。如此问题种种，不再详细列举。产生上述情况的原因有些是可以谅解吸取教训的，有些则是人为因素和缺乏科学态度所致。

17.4 其他预应力钢结构

(1) 预应力轻型钢结构

预应力组合结构如预应力组合钢梁(工字钢或H形钢)和混凝土板，通过抗剪件可靠地连接成整体，同时施加预应力。这种结构适用于楼盖、重型平台及桥面结构，不但能节约钢材，而且可降低结构高度，减少挠度。在欧美，高层建筑中普遍采用钢结构楼盖，广泛采用钢梁和混凝土板共同工作的组合结构。另一种即是预应力钢管混凝土组合结构。将钢管混凝土的优点(抗压、延性、施工方便等)与预应力技术完美结合。将预应力技术应用到钢管混凝土结构中，形成预应力钢管混凝土空间组合结构，充分发挥钢结构、管结构、细管高性能混凝土、预应力结构技术、空间结构等诸多优越性，综合成最佳效益，大大提高了结构的刚度和强度，改善结构性能，提高其静、动力特性。此类结构属于重型空间大跨结构，最适合于大跨度、重荷载、抗震、抗爆、施工和使用环境复杂、恶劣的建筑结构中。可广泛用于各种单层、多层、高层的柱、楼屋盖、框架、剪力墙、桥梁等工程中。

(2) 预应力高耸钢结构

高耸钢结构包括广播、电视、通讯用塔架及桅杆，高压输电线路塔架，石化工业尾气排放塔，气象探测及地质勘探塔等高耸构筑物，如图 17.4-1、图 17.4-2、图 17.4-3 所示，它们地处荒山僻野，交通困难，条件恶劣。采用预应力技术可使结构自重减轻，降低成本，而且大大方便运输及安装，节约劳力。

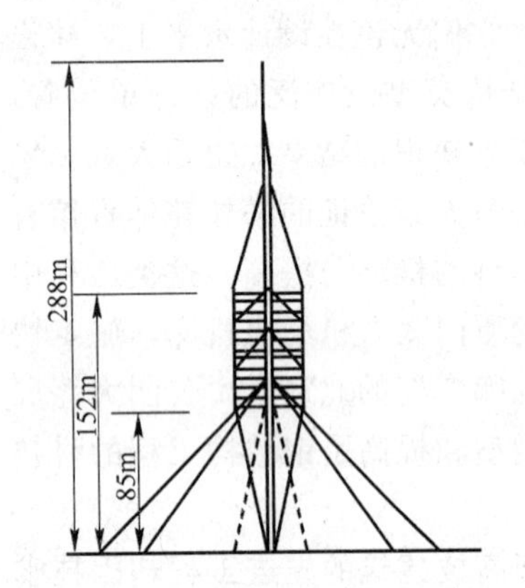

图 17.4-1　巴塞罗纳电讯塔示意

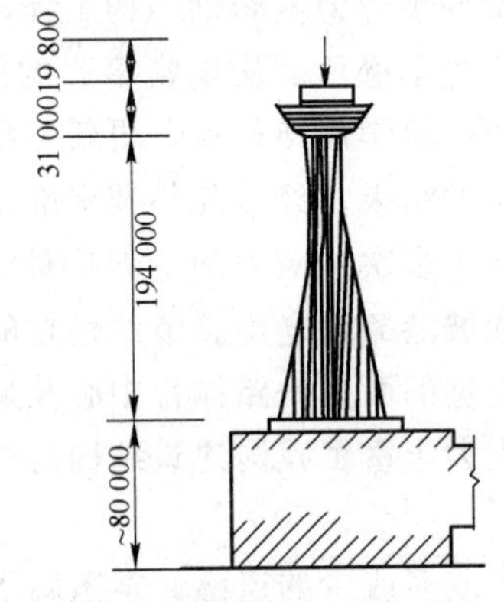

图 17.4-2　悉尼电视塔示意

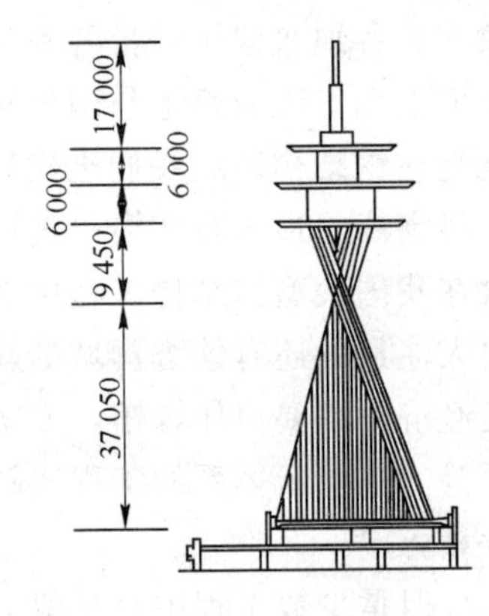

图 17.4-3　华北电力调度塔示意

预应力塔桅结构基本可分两类：一是以预应力柔性杆取代传统结构中刚性杆以节约用材、提高刚度、改善风动性能、降低成本；二是借助预应力拉索形成结构新的弹性支承，改善结构的边界条件从而提高结构的刚度及稳定性。

(3) 预应力钢板结构

在金属容器和高压管道中采用预应力技术始于 20 世纪 60 年代初期，这类钢板构筑物——储液罐、储气库、谷仓、料斗、大直径高压管道、石化及冶金工业设备等可用高强钢筋(丝)或板条连续紧绕筒体而施加预应力(图 17.4-4)。钢筋在一定张力下缠绕筒体，

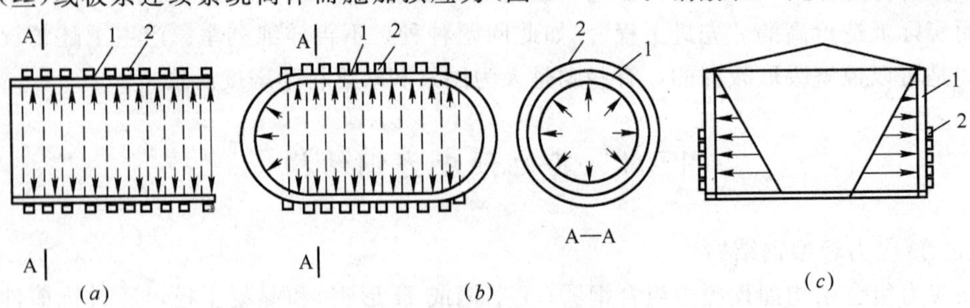

图 17.4-4　预应力钢板结构

1—壳板；2—绕丝

使筒形壳体产生法向预压应力。在内部使用荷载作用下，筒体与高强钢筋共同受力，显著提高容器承载能力，因而节约钢材，降低成本。尤其当存储强腐蚀性化工产品不得不采用贵重合金材料，或板材厚度较大($\delta>16$)不便加工制造和焊接时，采用预应力方案就更具优越性及经济性。在管形容器上缠绕高强钢丝的工序可在固定式绕线机上进行，在竖式大型圆筒($V\geqslant30000\mathrm{m}^3$)上可只在其下部缠绕高强钢筋以减小板厚，方便加工、运输及安装。20 世纪 60 年代起仅在前苏联对预应力板结构进行过理论研究及模型试验工作，但工程实践经验不多。

(4) 预应力桥跨结构

桥跨结构是一门历史悠久、内容丰富的传统工程学科，现已有多种专著问世。众所周知，桥跨结构从功能上分有：铁路桥、公路桥、人行桥、运料桥、输气管桥、索道桥、海岸运输桥等。从结构类型上分有：梁式桥、拱式桥、斜拉桥、悬索桥、索带桥、索桁桥、混合式桥等。从结构构造上分有：格构式桥、实腹式桥、上承式桥、中承式桥、下承式桥等。从材料上分有钢桥、钢筋混凝土桥、钢—混凝土混合桥、铝合金桥等，内容浩瀚，涉足广泛。悬索桥与斜拉索桥是桥梁结构中应用预应力技术的优秀结构体系，应用历史长，工程实践多。国内外过去和现在都有很多著名的工程如旧金山金门大桥，上海杨浦大桥、德聂泊河悬式管道桥(图 17.4-5)等等。它们已自成体系与形成学科。在传统桥跨结构中采用预应力技术的主要目的是：调整内力、降低应力峰值、节省材料；提高刚度，减小扰度，改善静、动力性能；创新体系，大量采用柔索杆件扩大高强材料应用范围，降低成本。

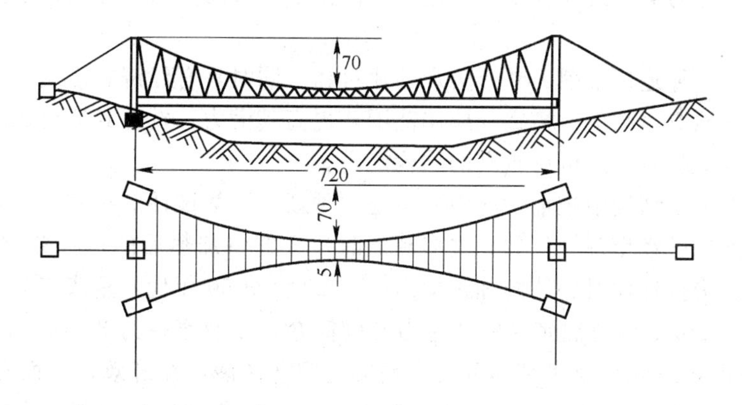

图 17.4-5　德聂泊河悬式管道桥

思　考　题

1. 简要叙述预应力钢结构的发展历程。
2. 试述预应力钢结构平面结构体系和预应力空间钢结构的类型。

第18章　预应力砌体结构

18.1　概　　述

随着预应力混凝土知识的完善以及一些配筋砌体结构的成功，使得人们开始挖掘和发挥砌体结构的潜力。在解决了对砌体施加预应力技术的难题以后，预应力砌体结构就应运而生。

预应力砌体是指在混凝土柱(或带)中，或者空心砌块的芯柱中施加预应力，来增加对砌体的约束作用，其所配的钢筋和预应力筋都计入受力计算。研究表明：无论是砖砌体还是砌块砌体，根据现行规范的资料表明，砌体的弯曲抗拉强度平均值和轴心抗拉强度平均值分别是其抗压强度平均值的7.5%和4.5%[82]，而混凝土的抗拉强度平均值则为10.4%[11]。由此可见，砌体抗拉强度低的问题远较混凝土来说更为突出。依照“素混凝土——钢筋混凝土——预应力混凝土”的结构发展模式，人们同样希望能由砌体较高的抗压强度来弥补其抗拉强度的不足。著名学者D. Foster[83]曾指出“由于砌体的徐变和收缩较混凝土小，因此发展预应力砌体的可能性是明显的”。为此，国内外很多学者在预应力砌体结构受力性能的实验研究和工程应用等方面作了巨大的努力，并取得了重要的突破和进展。

砌体结构是一种建造坚固、外形美观的建筑物，同时具有经济、迅速的简单技术。在砌体结构中增设预应力则更能拓宽其应用范围，提高其潜力，发挥其造价低的竞争力，使其不仅是一种围护材料，还可有较高的结构潜力。

事实上，在砌体结构中施加预应力并不是一种新的、尝试性的技术，它早在钢筋混凝土技术出现之前就已经出现。例如，维多利亚时代人们将加热后的钢杆穿过砌体并锚固，当钢杆冷却后成为拉杆便对砌体施加预应力[84]。20世纪60年代，重庆市某水泥厂就建成了直径5m、高12m的电热法张拉的预应力砖砌筒仓，以及直径为3.5m，高10m的机械化立窑，使用至今30余年未见墙体开裂和预应力钢筋锈蚀，经济效益显而易见。20世纪70年代初，我国开始采用缠绕钢丝来施加预应力，以提高水池的抗裂能力。尽管我国的《砌体结构设计规范》(GB 50003—2001)中还没有关于预应力砌体结构方面的内容，但对预应力砌体结构的研究仍有所开展，其研究的方向和出发点主要是有关预应力对砖砌体和砌块砌体的抗震性能影响。重庆建筑大学及西北建筑工程学院近几年开展了预应力抗震砖墙的变形、延性与耗能问题，预应力抗震砖墙在水平荷载下的抗裂与承载力的计算方法，以及预应力砖墙构造柱中钢筋应变等问题的研究，并进行了大量的预应力墙与非预应力墙的对比试验，研究结果表明：由于预应力的影响，墙体推迟开裂，提高了墙体的极限承载力；预应力墙的开裂荷载和极限荷载分别是非预应力普通砌体墙的2.4倍和3.18倍[85]。

国外的预应力技术已逐渐进入砌体结构领域。预应力砌体结构的研究已从结构的基本性能研究转入预应力砌体的实际应用和施工技术的研究，以及扩大预应力砌体应用的范围等方面。英国在预应力砌体结构的研究与应用方面卓有成效，美国、加拿大、日本等国的研究相对较少，但近年来也发表了一些研究成果。英国对预应力砌体结构设计并无专门的设计建议，更无规范，它是参照钢筋混凝土及预应力混凝土的设计原理，并按照 BS 5628 规范关于无筋砌体和 CP110 规范关于钢筋混凝土及预应力混凝土的设计方法结合起来进行截面承载力分析。英国、瑞士等国对楼板、墙、柱和挡土墙中采用预应力，进行过预应力砌体梁的试验研究。1967 年英国建成了一座竖向和环向施加预应力的砖砌水池，内径 12m，高 5m，池壁厚 230mm，钢筋直径 7mm。英国等国家也曾在墙体中均匀分布的预留孔槽、夹心墙内设置预应力筋，其间距约 140～1100mm[86]。用此种方式进行预应力传递较直接且分布均匀。不足之处是工程中需逐一张拉、锚固和灌浆，施工较为复杂。

应当说，预应力砌体结构具有抗拉强度高，抗裂缝性能好，抗震能力强的特点，在工业与民用建筑结构中可以发挥更大的作用。

18.2 预应力砌体的结构性能

预应力砌体结构与预应力混凝土结构有类似的作用，能够增加砌体的约束作用，延缓砌体的开裂，提高其抗裂荷载和极限荷载，增强砌体的延性和抗震性能，并且用筋量相对较小。国内研究资料表明[7]：带构造柱的墙片开裂荷载较素墙片的开裂荷载提高不到 10%～20%，而对前者施加预应力，则可较非预应力墙的开裂荷载提高 28%～30%，极限荷载可提高 24.7%左右。因此，预应力砌体结构的应用范围较广，其作用性能具体可包括：

(1) 改善抗弯性能；

(2) 提高竖向承载能力；

(3) 改善抗剪及主拉应力强度；

(4) 抵抗由不均匀沉降在墙体平面内产生的拉应力；

(5) 用于改善剪力墙抗斜向剪力的性能及提高柱子的抗扭能力；

(6) 抵抗偶然损害及冲击荷载；

(7) 充分提高结构的延性和刚度，提高抗震性能。

18.3 施加预应力的方法和预应力损失

18.3.1 施加预应力的方法

对砌体施加预应力的方法有两种：

(1) 先张法

先张法主要在工厂进行，用于长线连续生产标准构件(梁、过梁、檩等)，常用钢丝或钢绞线做预应力筋。该方法是将预应力筋一端锚固，另一端连接于可移动的锚夹具上，用千斤顶张拉夹具以张拉钢筋，砌体围绕张拉的钢筋砌筑，当砌体达到设计强度后，切断钢筋，预应力即传递到标准构件上。

(2) 后张法

后张法主要在工地进行，可用于挡土墙、柱、蓄水池、涵洞、承受较大侧向荷载，由于施工现场不便安置和固定钢绞线，故多用钢筋做预应力筋。其施工并不复杂，主要工序如下：

1）将做了防腐处理的后张钢筋(上端加工螺纹)锚固于基础底板中；

2）围绕钢筋砌筑墙体，边砌边用混凝土将空洞灌实，最后于墙体顶设置后张垫块；

3）待墙体的砂浆强度达到张拉所需的强度后，放置锚固铁板，拧上螺母，用扭矩扳手(部分预应力)张拉预应力筋到设计值；

4）张拉结束后对锚固端做防腐处理，最后用砂浆或混凝土封闭端；

5）当要求较大的张拉力时，可采用后张千斤顶(全预应力)张拉。

18.3.2　预应力损失

和预应力混凝土一样，从预应力的施加和传递开始以及在整个使用期内，预应力都会产生损失。研究表明：预应力砌体结构中钢筋的预应力损失要小于预应力混凝土中钢筋的预应力损失。新西兰 Honlon 在预应力砌块建筑施工中经 18 个月后，原拟进行二次张拉，但实际应力损失很小而取消了再张拉。英国 E. Tasta 对 3m 高的砌块墙体的预应力损失试验也表明，预应力损失未超过一般预应力混凝土构件。

产生预应力损失的因素包括：

(1) 预应力筋的松弛损失

英国标准 BS 5896 或 BS 4486 给出了在持续 1000h 后预应力的计算最大松弛损失。当用千斤顶张拉且初张拉力为断裂荷载的 70%时，取为张拉力的 8%，而当初张拉力为断裂荷载的 50%或者更小时，则近似取为零，其间按线性递减。

如果荷载在短时期内等于或者大于用千斤顶张拉钢筋相应的力(即在预应力筋锚固之前已将千斤顶的拉力放张)，应认为不会减小预应力筋的松弛损失。

锚固前的张拉或超张拉都不能减少设计中应考虑的钢筋松弛损失。

(2) 砌体弹性压缩和徐变损失

英国标准中将张拉钢筋至完成的短期砌体压缩变形(弹性应变)与随时间增长而继续压缩变形(徐变应变)分别加以考虑。前者根据砌体的短期弹性模量 E_m 进行计算。若为分批张拉，则必须考虑后批张拉对前批所产生的附加压缩变形损失。于是英国标准 BS 5628 第 2 部分建议，此连续发生的附加损失可按下式估算：

$$\Delta\sigma_L=\frac{(E_s/E_m)\times\sigma_m}{2} \tag{18.3-1}$$

式中　$\Delta\sigma_L$——后批张拉对前批张拉钢筋引起之预应力弹性压缩损失；

E_s、E_m——预应力钢和砌体的短期弹性模量；

σ_m——后批张拉时引起的砌体预压应力。

上式给出的 E_m 值是短期弹性模量，可用于短期荷载作用下的设计。对于长期荷载作用情况，英国标准 BS 5628 给出了长期弹性模量(考虑主要的徐变应变和收缩)，$E_m=450f_k$ 作为黏土砖砌体的长期弹性模量，$E_m=300f_k$ 作为硅酸盐砖砌体的长期弹性模量。

由于对徐变损失的研究很有限，故根据 W. G. Curtin 等人[84]建议：取徐变损失，烧结黏土砖砌体为 10%～15%，混凝土砌块砌体为 25%～35%。至于其他砌体尚无研究结果。相较之下，混凝土却要半年才能完成徐变总量的 70%～80%，第一年完成 90%，其余则要好几年。可见砌体徐变损失要比混凝土小得多。

(3) 砌体的收缩变形损失

混凝土砌块、砖和硅酸盐砌体都有随时间收缩的倾向，建议根据英国标准 BS 5628 第 2 部分规定，在确定收缩损失时取最大收缩应变为 500×10^{-6}，则其损失为 102.5N/mm^2。这较之我国规范预应力混凝土的损失要小得多。而其中黏土砖砌体比砌块砌体的收缩损失又要小得多。

(4) 锚具变形损失

先张法多用于长线法预制混凝土砌块过梁，其锚具变形或者钢筋松动引起预应力损失较后张法大，但是多由厂家自行测定。当此法用于现场时，则按英国标准 BS 8110 计算锚具变形损失。有螺丝端杆的预应力筋损失很小，可近似包括在总损失之内。

(5) 孔道摩擦损失

由于砌体中预留孔截面较大，按英国标准 BS 8110 规定可以忽略直线预应力筋的孔道摩擦，但对于曲线预应力筋则有其他规定。而当采用集中式配筋时，由于构造柱中预留管孔很小，故应按预应力混凝土结构来考虑孔道摩擦损失。

(6) 砌体的温度变形损失

砌体随温度提高而膨胀，随温度降低而收缩。膨胀使钢筋进一步伸长，从而增加预应力；收缩则会减少预应力。由于温度变化是很微小的，在通常的预应力和温度条件下，它不会带来说明影响。但是在使用低预应力度的地方(例如预应力独立墙，预应力将抵消横向风压引起的拉弯应力)，最好验证一下由于砌体和钢筋之间的温度变形差而产生的内应力(钢筋的膨胀收缩及其温度的变化都和砌体不同)。

(7) 预应力总损失

在这些损失中，砌体弹性收缩损失，可由重新施加预应力来补偿；构件采用后张法，能够使锚具损失减少到最小；预应力筋采用直线形，摩擦损失可忽略。所以对预应力砌体来说，主要以预应力筋松弛损失和砌体徐变损失为主。对于预应力筋松弛损失已经做过全面的研究，其结果是有理论根据的，但是对于砌体在预应力下徐变损失的研究却很有限，故实际设计中一般以总损失进行计算。W. G. Curtin 等人[84]根据经验，建议预应力砌体的总损失允许值为：黏土砖砌体为 20%，混凝土砌块为 35%左右。加拿大学者 N. G. Shrive 等人[88]采用碳纤维作为预应力筋(CFPR)，张拉后预应力总损失不超过 1.4%。

18.4 预应力砌体结构设计方法

18.4.1 施加预应力的大小和预应力的偏心距的确定

预应力砌体结构设计的基本原理与预应力混凝土结构相似，只是在预应力的损失上和细部节点等的处理上稍有不同。在理论计算上可用材料力学的弹性理论的一些公式计算；在受力特点上用施加的预压应力超过外荷载产生的拉应力，使构件处于“消压状态”或“无拉应力状态”，这是设计预应力砌体结构的基本出发点。

为了达到预应力砌体的“无拉力状态”，主要是确定施加预应力的大小和预应力的偏心距，也就是确定预应力钢筋的应力大小和放置位置。它包括了两种方法：

(1) 作用于砌体截面上的附加压力(预应力)作用于截面形心，如图 18.4-1 所示。

外荷载在截面上产生的最大拉应力为：

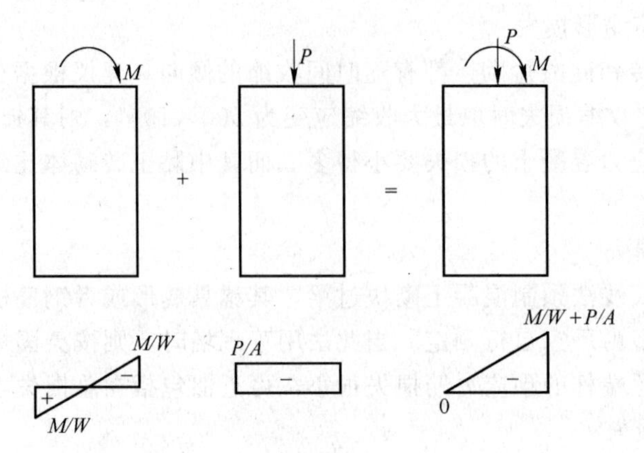

图 18.4-1　砌体截面的中心施加预应力

$$\sigma_t = M/W \tag{18.4-1}$$

预压应力为：

$$\sigma_c = P/A \tag{18.4-2}$$

用来抵消外荷载产生的拉应力。为使构件处于无拉力状态，则应使：

$$\sigma_t - \sigma_c = \frac{P}{A} - \frac{M}{W} = 0 \tag{18.4-3}$$

中心施压的缺点是虽然使构件截面上无拉应力，但是压应力也相应地增加了，外荷载产生的压应力

$$\sigma'_c = M/N \tag{18.4-4}$$

预压应力为

$$\sigma_c = P/A \tag{18.4-5}$$

所以，压应力可以达到：

$$\sigma_{压} = \sigma'_c + \sigma_c = \frac{M}{W} + \frac{P}{A} \tag{18.4-6}$$

压应力的增加也同样影响到结构的承载能力，使结构难以施加更高的预应力。如果采用增大截面或者提高构件材料本身强度的方法来解决此问题是很不经济的。所以，此方法一般只使用在轴心受拉构件上。

(2) 更常用的一种方法是附加压力(预应力)偏心作用于构件截面，即在增加一个预压应力的基础上还增加一个附加弯矩。当然，这一附加弯矩与外荷载产生的弯矩相反，以抵消其作用，如图 18.4-2 所示。

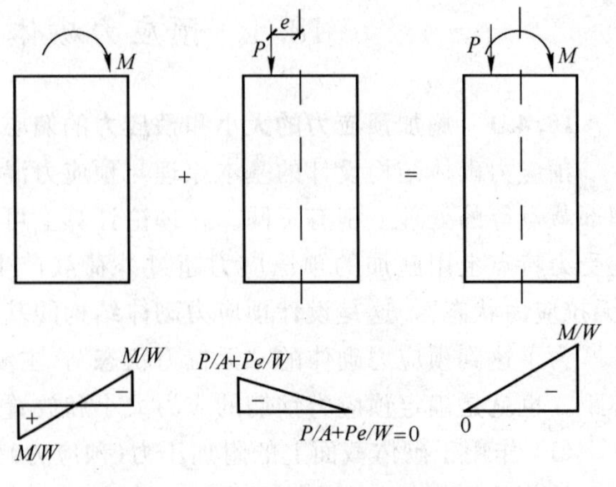

图 18.4-2　砌体截面的偏心施加预应力

外荷载在截面上产生的最大拉应力为：

$$\sigma_t = M/W \tag{18.4-7}$$

预压应力为：

$$\sigma_c=\frac{P}{A}+\frac{Pe}{W} \qquad (18.4\text{-}8)$$

用来抵消外荷载产生的拉应力。为使构件在不增加压应力的情况下抵消弯曲拉应力，则应使：

$$\frac{P}{A}-\frac{Pe}{W}=0$$

$$\frac{P}{A}+\frac{Pe}{W}=\frac{M}{W}$$

由此可得到：

$$P=\frac{MA}{2W}$$

$$e=\frac{W}{A} \qquad (18.4\text{-}9)$$

由(18.4-9)可得：

$$M=\frac{2PW}{A} \qquad (18.4\text{-}10)$$

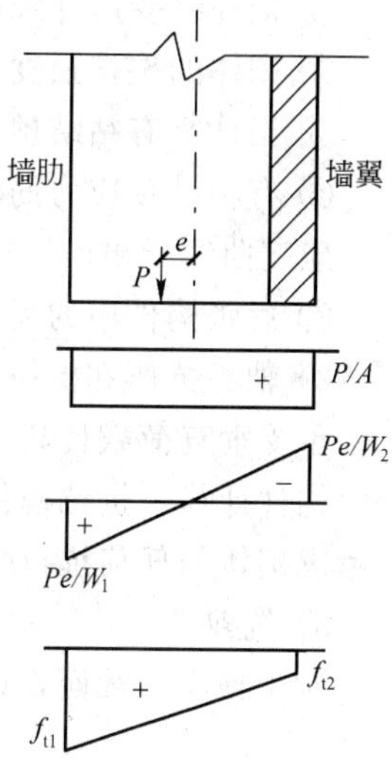

图 18.4-3　带肋砌体偏心后张力图

可以看出：对一定的 P 值，提高 W/A 将使截面产生较大的抗弯能力。因此在砌体结构中，如果施加预应力，在保证 A 相同的条件下 W 越大越好，所以预应力砌体中的计算截面一般都选用横隔空心墙截面或带肋截面或U形及槽形截面。对于带肋的墙体进行预应力砌体结构设计推导求 P 和 e 的公式如下：

如图 18.4-3 所示，设 f_{t1} 和 f_{t2} 分别为肋和翼缘最边缘处的最大理论弯曲拉应力(当为压应力时取为0，以使在不增加压应力的情况下抵消弯曲拉应力)，为了抵消拉应力，可得到：

$$f_{t1}=\frac{P}{A}+\frac{Pe}{W_1}$$

$$f_{t2}=\frac{P}{A}-\frac{Pe}{W_2} \qquad (18.4\text{-}11)$$

式中，W_1 为墙肋处截面抵抗矩，W_2 为墙翼处的截面抵抗矩。由以上式可得 P 和 e：

$$P=\frac{f_{t1}\cdot W_1+f_{t2}\cdot W_2}{W_1+W_2}\cdot A$$

$$e=\left(\frac{1}{A}-\frac{f_{t2}}{P}\right)\cdot W_2 \qquad (18.4\text{-}12)$$

18.4.2　具体设计方法

预应力砌体的具体设计方法主要是极限状态设计，它包括了承载能力极限状态设计和正常使用极限状态设计：

(1) 承载能力极限状态设计

1) 抗弯

对横截面进行分析以确定设计抵抗力矩 M_d 时，应建立如下假定：

① 计算砌体在受压作用下仍保持平截面。

② 整个受压区应力均匀分布并不超过 f_k/γ_{mm}，此处 f_k 是砌体的标准抗压强度；γ_{mm} 是砌体抗压强度的分项安全系数。

③ 最外缘受压纤维的最大应变 0.0035。

④ 砌体的抗拉强度可以忽略不计。

⑤ 当计算有粘结预应力筋的应变时，不论受拉还是受压，平截面仍然保持平面。

⑥ 有粘结预应力筋不论是否经过初张拉，其应力及其他钢筋的应力都应按相应的应力—应变曲线导出。

⑦ 后张构件中的无粘结预应力筋的应力不超过其抗拉强度设计值。

2）轴心抗压和抗拉

承受垂直荷载且其合力的偏心距不大于墙厚的 0.05 倍的预应力砌体构件，应按轴心受力构件计算。抗拉构件的轴心设计荷载应等于预应力筋和其他配筋的轴向设计荷载，而不考虑砌体的任何抗拉强度。

3）抗剪

对于预应力截面，设计荷载在构件中任意横截面上产生的剪应力 σ_L 可用下式计算：

$$\sigma_L = V/bd_c \tag{18.4-13}$$

此处 V 为设计荷载下的剪力；b 为矩形截面宽度。对于 T 形或工字形截面，b 为腹板宽度；d_c 为砌体受压宽度。这里的 σ_L 大于 f_v/γ_{mv}，γ_{mv} 为砌体抗剪强度的分项安全系数。

对于设置有粘结或无粘结预应力筋的预应力截面，砌体的标准抗剪强度 f_v 可以由下式求得：

$$f_v = (0.35 + 0.6g_B) \tag{18.4-14}$$

此处 g_B 为垂直作用于水平灰缝上的单位设计荷载(以 N/mm^2 计)。对平行于水平灰缝的预应力构件中 $g_B = 0$，故有 $f_v = 0.35N/mm^2$。对简支预应力梁或悬臂挡土墙，在其剪跨 a 与有效高度 d 的比值小于或等于 6 时，f_v 值可采用系数 [2.5－0.25(a/d)] 予以提高。

在任何情况下，f_v 值都不应取大于 $1.75N/mm^2$。

(2) 正常使用极限状态设计

1）应力验算

① 在预应力近似均匀分布的情况下，砌体的抗压强度应该至少是预应力产生的压应力的 2.5 倍；在预应力近似三角形分布的情况下，砌体的抗压强度应该至少是预应力产生的压应力的 2.0 倍。

② 在所有的预应力损失都完成的情况下，砌体的压应力不应超过：在预应力近似均匀分布的情况下，不超过 $0.33f_k$；在预应力近似三角形分布的情况下，不超过 $0.4f_k$。此处 f_k 为砌体标准抗压强度。

③ 当填充混凝土的面积大于所考虑截面积的 10%时，应该采用按弹性模量值换算的截面面积进行弹性分析。

2）挠度验算

结构或其任何一部分的挠度不能对结构性能或其任何饰面产生不利影响。预应力砌体结构的挠度应满足以下要求：

① 一般情况下，所有构件的最终挠度(包括温度、徐变和收缩影响)，对悬臂构件来说不应超过其长度的 1/125，对所有其他构件来说，不应超过跨度的 1/250。

② 应该考虑到结构建成后发生挠度部分对隔墙和其饰面的影响。其挠度限值为跨度的 1/500 或 20mm，并建议取两者的较小值。

③ 如果预应力砌体构件有饰面，在加饰面之前，除非相邻单元之间的向上挠度能保持一致，否则其总的向上挠度值不应超过跨度的 1/300。

3）裂缝

预应力砌体在受拉区可能出现微裂缝(特别是砌筑块材与灰浆的结合面处)，但是裂缝宽度绝不能达到影响结构构件的耐久性或者外观的程度。其开裂可能是由于材料的各种胀缩变化所产生的，例如：热胀、潮湿膨胀、收缩、徐变等。这些胀缩是不可避免的，谨慎的方法是控制这些裂缝的出现，即设置伸缩缝。英国标准 BS 5826 第 3 部分提出了一些有关伸缩缝的设置部位及其构造的建议。

18.5 有待进一步研究的问题

为充分开发利用预应力砌体结构，解决砌体结构的裂缝及抗震性能的薄弱性，更好地适应砌体结构向高层建筑和抗震的发展需要，尚应重点研究的问题包括：

(1) 砌体中的徐变以及预应力损失值的计算；

(2) 预应力砌体墙、柱受压承载力和预应力砌体墙受剪承载力的计算方法，基本思想是正确的，但计算公式有待于进一步简化和改善，以及需要更多试验数据的验证；

(3) 预应力砌体受力合理，施加预应力方便，构造简单，钢筋接头、锚固、锈蚀保护等问题的研究；

(4) 预应力砌体多高层建筑抗震设计理论和方法探讨，为我国砌体结构规范的完善提出建议；

(5) 预应力的总损失应有高限和低限控制量，目前已有的试验结果众说纷纭，对此有待于进一步研究，给定一个比较统一的范围；

(6) 在预应力砌体墙抗震性能研究中，对于所施加的预应力，应如何确定最佳预应力度；

(7) 提高受弯构件挠度计算的精度，比较分析应力和挠度两种控制方法，以改进、统一；

(8) 对预应力墙在高轴压比条件下的非弹性剪切性质的研究。

我国现行砌体规范中对砌块房屋的高度限制较实心砖墙体房屋的高度限制要严，但是由于预应力砌体结构具有较好的抗震性能和抗拉弯性能，这样就可使多层砌块房屋的高度适当提高。有关资料表明，在以竖向承重为主的砌体结构中，预应力砌体结构较配筋砌体施工要更为方便，抗剪、抗拉、抗弯性能的提高更加显著，抵抗风荷载和地震作用的能力更强。如果将预应力砌体与配筋砌体联合使用，将使房屋建筑具有更好的受力性能和使用性能，而且也可使钢筋用量更为经济，节省造价。由此可见，砌体结构在中高层建筑中有较好的使用前景。

砌体结构房屋普遍存在着由温度引起的墙体裂缝问题，它困扰着设计、建设单位。而抗裂性能好正是预应力砌体结构的一大特点，在砌体结构中建立预应力也不失为一个解决温度裂缝问题的途径和方法。

随着经济的繁荣和科学技术的发展，砌体的高层建筑正逐渐得以实现，预应力砌体结构是继约束砌体、配筋砌体在砌体类型、砌体材料方面的进一步发展，其结构必将成为一种具有丰富理论和先进的设计方法，并列入国家规范、颇具竞争力的结构体系。在中高层抗震结构中大量取代钢筋混凝土结构，可以达到结构安全、施工快速、节约投资、性能可靠的功效。

思 考 题

1. 预应力砌体结构的作用性能有哪些？
2. 预应力砌体结构的预应力损失是如何考虑的？
3. 预应力砌体结构有待进一步研究的问题主要有哪些？

第 19 章　预应力混凝土结构的耐久性

19.1　概　　述

结构在使用阶段，长期处于复杂的使用环境下，其使用性能会受环境作用时间的增长而不断衰退，直至丧失使用能力。在结构设计中，结构耐久性常被定义为预定作用和预期的维修与使用条件下，结构及其部件能在预定的期限内维持其所需的最低性能要求的能力。耐久性是结构重要的使用性能指标，同时也是结构能否达到设计年限的关键因素。结构的耐久性问题，在土木工程领域已引起越来越广泛的关注，早在 20 世纪 20 年代，国外已着手结构耐久性的广泛研究，国内 60 年代开始了对混凝土的碳化和钢筋锈蚀等耐久性基础理论的研究。预应力结构作为一种特殊的结构形式，在耐久性方面与非预应力结构有着许多相似之处，也存在着一些差异。影响预应力结构耐久性的环境作用因素包括：温度、湿度(水分)及其变化，空气中的氧、二氧化碳和空气污染物(盐雾、二氧化硫、汽车尾气等)，所接触土体与水体中的氯盐、硫酸盐、碳酸等，北方地区为融化降雪而喷洒的化学除冰盐，因动力荷载引起的疲劳荷载、振动与磨损等。

预应力混凝土结构通常采用高强预应力筋与高性能混凝土，与普通混凝土结构相比，预应力混凝土结构一般具有出色的抗裂性能，较高的密实度以及较厚的混凝土保护层厚度。因而，预应力混凝土结构发生耐久性失效的可能性要比普通混凝土结构小得多。但是，预应力筋长期处于高应力状态下，在环境腐蚀的作用下，极易产生应力腐蚀，应力腐蚀将最终导致预应力筋在低于极限强度的应力下发生脆断(图 19.1-1)。因而，预应力结构的耐久性失效往往是在没有任何征兆的情况下突然发生的脆性断裂破坏。

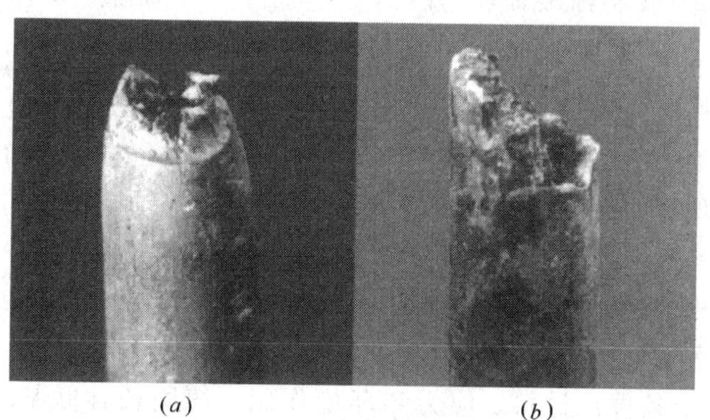

(*a*)　(*b*)

图 19.1-1　预应力筋的断裂

(*a*)延性断裂；(*b*)脆断

近 50 年来，预应力结构的腐蚀破裂与预应力的大量工程应用相比很小，但事故一旦发生，其产生的危害与影响却相当大，是一种“灾难性的破坏”。预应力结构、桥梁突然破坏所引起的不幸事故，常伴随有人员伤亡、爆炸、火灾、环境污染等。1967 年 12 月，美国西弗吉尼亚州和俄亥俄州之间的一座桥梁(银桥)突然塌陷，过桥的车辆连同行人坠入河中，死亡46人，事后经检查，桥梁因预应力筋应力腐蚀和腐蚀疲劳的联合作用，产生了裂缝而断裂；1977年，天津某纺织厂锅炉因为发生应力腐蚀(由局部碱性溶液引起的应力腐蚀)而爆炸，锅炉顶盖冲破屋顶飞出数十米远，当场死亡10来人；图19.1-2是美国一个储油罐因应力腐蚀破裂后发生爆炸的废墟[93]，这起事故造成了巨大的人员和财产损失，保险公司最终的赔偿额达到了5000万美元；2004年6月，辽宁盘锦田庄台大桥(预应力箱形梁桥)发生垮塌，多辆行驶中的车辆掉入水中(图19.1-3)；1978年一份调查报告[94]指出：在1950～1977年期间，世界范围内共发生28起预应力筋腐蚀破坏的工程实例，平均每年一起；据1982年的调查报告：在1978～1982年四年间，仅美国就有50幢建筑出现预应力筋腐蚀事故，平均每年10起。在这50起事故中，10起脆性破坏是由于应力腐蚀或氢脆腐蚀引起的；据估计在1988年，仅美国和加拿大预应力腐蚀事故就上百起；我国有关预应力桥梁结构钢筋腐蚀的事件时有发生，据1994年铁路部门统计，我国正在运营的有害桥梁共6137座，占总数的18.8%，其中预应力混凝土桥梁结构2675座，这些病害中，最普遍的是普通钢筋锈蚀引起的，而预应力筋腐蚀引起的病害所占的比例较少。

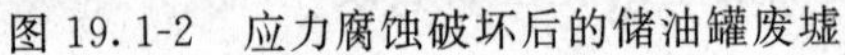

图19.1-2　应力腐蚀破坏后的储油罐废墟

图19.1-3　断裂的辽宁盘锦田庄台大桥

随着化学工业的发展，对混凝土及钢筋有害的工业生产技术和化工产品的广泛应用，以及在特殊腐蚀性环境(盐渍土、高矿物质水、海洋环境等)下大量建设项目的启动，使得设计和施工人员越来越迫切地需要对预应力结构的耐久性有一个全面的认识。一些重要建筑，如水电厂的大坝、跨海大桥、地下隧道、海港码头等，其设计使用年限多在百年以上，耐久性问题已经成为混凝土结构设计的主要方面。

有关预应力结构的耐久性研究，比较有代表性的是学者左景伊在20世纪80年代提出的三阶段理论，并著有《应力腐蚀破裂》一书[95]，该书中左景伊概括了结构发生应力腐蚀破裂所必需的三个条件：材料、应力和环境作用。德国柏林联邦材料研究试验学会(BAM)与斯图加特材料试验研究学院(FMPA)[96]对1960年以前广泛应用于预应力工程的旧型号调质钢制成的预应力钢丝进行了大量调查与试验，发现在使用此类钢丝的先张预应力混凝土结构及灌浆饱满的后张预应力混凝土结构中，容易发生预应力筋腐蚀开裂甚至由此导致结构破坏。德国学者U. Nurnberger比较全面的分析了预应力混凝土结构发生耐久性腐蚀的原因，并提出了预应力腐蚀疲劳和摩擦疲劳的分析方法。东南大学[97]通过预应力混凝土结构碳化腐蚀、盐雾腐蚀等试验，提出了预应力耐久性的分项系数设计方法；同济大学也做了大量的工作，分析了影响预应力结构耐久性的各个因素及防护措施；浙江大学近几年开展了预应力结构耐久性的试验分析工作，针对预应力管桩在土壤地下水环境中的耐久性进行了试验研究，并对不同预应力筋在不同腐蚀环境中的腐蚀性能进行了试验与分析。

19.2 影响预应力混凝土结构耐久性的主要因素

影响预应力混凝土结构耐久性的因素很多，而且各种因素之间相互联系、错综复杂，归结起来可分为内在因素、环境因素和受荷状况三个方面，其中内在因素包括材料、裂缝宽度、保护层厚度、施工和养护质量等；环境因素包括侵蚀条件、相对湿度和温度等；受荷状况包括腐蚀疲劳、摩擦腐蚀等。归根结底就是内因与外因共同作用的过程。

19.2.1 内在因素

(1) 混凝土的影响

混凝土是预应力结构的重要组成部分，混凝土自身的耐久性在一定程度上决定了预应力混凝土结构的耐久性。影响混凝土耐久性的因素主要有混凝土碳化、碱—骨料反应、硫酸盐侵蚀、冻融循环、温湿度变化、表面磨损和空隙中盐类结晶等。

1) 混凝土碳化

混凝土中的水泥石含有呈碱性的氢氧化钙 $Ca(OH)_2$，当大气中的酸性介质及水通过各种孔道、裂隙而渗入混凝土，便会中和这种碱性。例如，工业污染造成的酸雨或是大气中的二氧化碳 CO_2 与水形成的碳酸，虽然酸性很弱，但也能中和氢氧化钙而生成无碱性的碳酸钙，这个过程为“碳化”。在普通大气中，密实混凝土 20mm 厚的钢筋保护层，完全碳化需要几十年，但对不密实混凝土可能在几年之间完成，当混凝土保护层被碳化至钢筋表面时，将破坏钢筋表面的氧化膜。此外，当混凝土构件的裂缝宽度超过一定限制时，会加速混凝土的碳化。

碳化对结构有两个方面的不利影响：一是由于碳化生成物细度很高，与混凝土相比强度很低，因此碳化的过程就是结构受力截面不断减小的过程；二是混凝土是碱性物质，其 pH 值一般在 13 左右，这种碱性物质在钢筋表面形成一层氧化膜(钝化膜)，能有效地保护钢筋以防止锈蚀，碳化使混凝土的碱度降低，钢筋去钝激发锈蚀。

2) 碱骨料反应

当混凝土骨料中夹杂着活性氧化硅时，如果混凝土中所用的水泥又含有较多的碱，就可能发生碱骨料反应。这是因为碱性氧化物水解后形成的氢氧化钠和氢氧化钾与骨料中的活性氧化硅起化学反应，结果在骨料表面生成了复杂的碱—硅胶凝胶。这样就改变了骨料与水泥浆原来的界面，生成的凝胶是无限膨胀性的(是指不断吸水后体积可以不断肿胀)，由于凝胶为水泥石所包围，故当凝胶吸水不断膨胀时，会把水泥石胀裂。这种碱性氧化物和活性氧化硅之间的化学作用通常称为碱骨料反应。碱骨料反应在国际上被成为混凝土的癌症，是影响混凝土耐久性的主要原因之一，应予以重视，重要工程的混凝土所使用的碎石和卵石应进行碱活性检验。

混凝土发生碱骨料反应必须同时具备以下三个条件：①混凝土中的各组成材料含碱量

高，以当量 NaO_2 计大于 0.6%；②砂、石骨料中含有活性二氧化硅等成分，如蛋白石、玉髓、鳞石英等，它们常存在于流纹岩、安山岩、凝灰岩等天然岩石中；③有水存在，否则碱—硅酸胶不会产生体积膨胀而引起破坏。以上三个条件只有同时具备，才会发生破坏，缺一不可，因此只要采取措施阻滞其中任何一条，即可防止碱骨料反应的发生。

3）硫酸盐侵蚀

在海水、湖水、盐沼水、地下水、某些工业污水以及流经高炉矿渣或煤渣的水中常含有钠、钾、铵等硫酸盐，它们与水中的氢氧化钙起置换作用，生成硫酸钙。多孔性是混凝土结构重要特性之一，首先硫酸盐离子扩散进入混凝土的孔中（扩散由渗透系数和硫酸根离子的扩散系数控制），继而与水泥石中的固态水化铝酸钙作用生成高硫型水化硫铝酸钙，其含有大量的结晶水，比原有体积增加 1.5 倍以上，由于是在已经固化的水泥石中产生上述反应，因此引起内部开裂，使混凝土有效的渗透系数增加，从而进一步加速了硫酸盐的腐蚀。对于硫酸盐侵蚀，主要是控制水灰比，提高混凝土密实性。

4）冻融循环

在寒冷气候条件下，由于附存于结构空隙的水冻结成冰，体积膨胀而产生膨胀力，过冷的水发生迁移从而引起各种压力，当压力超过混凝土结构所能承受的强度时，将产生微裂缝。经过若干次冻融后，混凝土的内部产生疲劳，微裂缝逐渐增大、扩展并贯通，最终导致混凝土基层组织被破坏而出现面层剥落。

5）温、湿度变化

自然界中大部分物质都有热胀冷缩、浸水膨胀、失水收缩的性质，混凝土也不例外。当混凝土处于此类作用的交替发生且骤然发生的情况时，其表层及内部体积会产生不协调的变化，从而出现裂缝。这种损伤若长年累月的经常发生，最终会使混凝土的强度降低，削弱结构的抵抗能力。

（2）钢筋的影响

钢筋腐蚀是预应力混凝土结构退化和瓦解最常见及最严重的形式。

1）预应力筋的应力腐蚀

预应力结构的耐久性失效不同于普通混凝土结构的耐久性失效，其突出原因使预应力结构在同一环境侵蚀作用下，预应力筋对应力腐蚀非常敏感，往往在没有任何预兆的情况下发生脆性断裂。预应力筋较普通钢筋应力高而且脆，特别是高强钢丝，断面小，即使腐蚀轻微，断面损失率也较大，并对应力腐蚀和应力疲劳敏感。而且，预应力钢丝发生锈蚀时，并不像非预应力混凝土结构中钢筋锈蚀会在表面产生锈斑，引起混凝土保护层的剥落、层裂等外在现象，而极有可能在无任何预兆的情况下导致结构的突然破坏。

根据金属腐蚀学理论：金属材料在没有腐蚀的情况下，对光滑试件，只有当应力大于金属的抗拉强度时才会断裂；在应力腐蚀条件下，对光滑拉伸试样，当应力还远低于抗拉强度时，就会引起应力腐蚀裂纹的产生和发展。应力腐蚀是指金属和合金在腐蚀介质和拉应力的同时作用下引起的金属破裂。应力腐蚀的特征是形成腐蚀—机械裂缝，这种裂缝不仅可以沿晶界发展，而且也可以穿过晶粒。由于裂缝向金属内部发展，使金属结构的机械强度大大降低，严重时会使金属设备突然损坏。出现应力腐蚀的条件如下：

① 存在一定的拉应力。此拉应力可能使冷加工、焊接或机械束缚引起的残余应力，也可能是在使用条件下外加的，引起应力腐蚀的拉应力值一般低于材料的屈服极限。在大

多数产生应力腐蚀的系统中存在一个临界应力值，当所受应力低于此临界应力值时，不产生应力腐蚀。相反，压缩应力可以减缓应力腐蚀。预应力筋张拉后在自身截面上会建立一定拉应力，该拉应力大于其发生应力腐蚀的临界应力。

② 金属本身对应力腐蚀具有敏感性。合金和含有杂质的金属比纯金属容易产生应力腐蚀。预应力钢筋含多种化学成分，因此属于应力腐蚀敏感型金属。

③ 存在能引起该金属发生应力腐蚀的介质。对某种金属或合金，并不是任何介质都能引起应力腐蚀，只有在特定的腐蚀介质中才能发生。预应力高强钢丝、钢绞线属于低碳钢，能引起其产生应力腐蚀的介质主要有：NaOH 溶液、硝酸盐溶液、含 H_2S 和 HCl 溶液、沸腾浓 $MgCl_2$ 溶液、海水、海洋大气和工业大气等。

结构中的预应力钢筋完全有可能满足上述三个条件。预应力钢筋的应力腐蚀过程一般可以分为三个阶段，第一阶段为孕育期，在这一阶段内，因腐蚀过程的局部化和拉应力作用的结果使裂纹生核；第二阶段为腐蚀裂纹发展时期，当裂纹生核后，在腐蚀介质和预应力筋拉应力的共同作用下裂纹扩展；第三阶段中由于拉应力的局部应力集中，裂纹急剧生长导致预应力钢筋的拉断。预应力筋在拉应力作用下，裂缝一般是在引起局部腐蚀的介质中生核。钢丝、钢绞线所有可能的缺陷及涂层保护膜上的亚微观裂缝均可能是裂纹生核的地方，它们显著地提高预应力筋在应力作用下的腐蚀倾向。裂纹生核后，在裂纹或蚀坑内部出现了闭塞电池腐蚀，并且裂纹内部各处的介质浓度也会有很大差别。腐蚀介质的这种不均匀性，会导致裂纹内部各处有不同的阴极极化曲线，从而使裂纹继续向纵深发展。

2）预应力筋的电化学腐蚀

在一般环境条件下，预应力筋的腐蚀通常由两种作用引起：一种是碳化作用；另一种是氯离子的侵蚀。

① 当碳化深度到达力筋表面时将破坏力筋的钝化膜，使裂缝初的力筋处于活化状态，且为阳极，裂缝间钝化区则为阴极，在足够的氧气及水分条件下导致力筋近似的均匀腐蚀的发生，图 19.2-1 为裂缝状态下碳化作用诱发的力筋电化学腐蚀过程示意图，其主要反应方程式如下：

$$2Fe + O_2 + 2H_2O \longrightarrow 2Fe(OH)_2$$
$$4Fe(OH)_2 + O_2 + 2H_2O \longrightarrow 4Fe(OH)_3 \qquad (19.2\text{-}1)$$

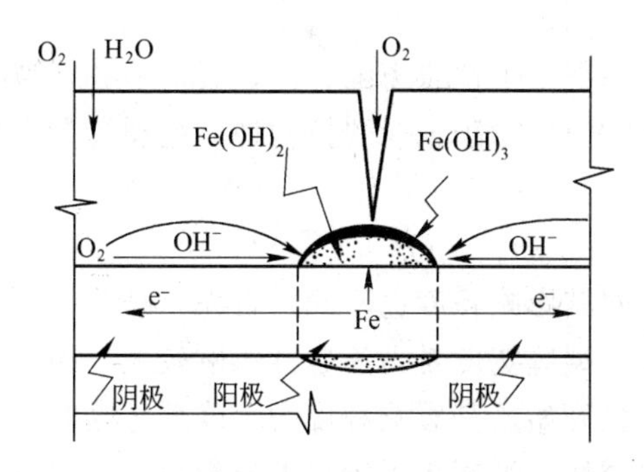

图 19.2-1　碳化诱发的力筋腐蚀电化学过程示意

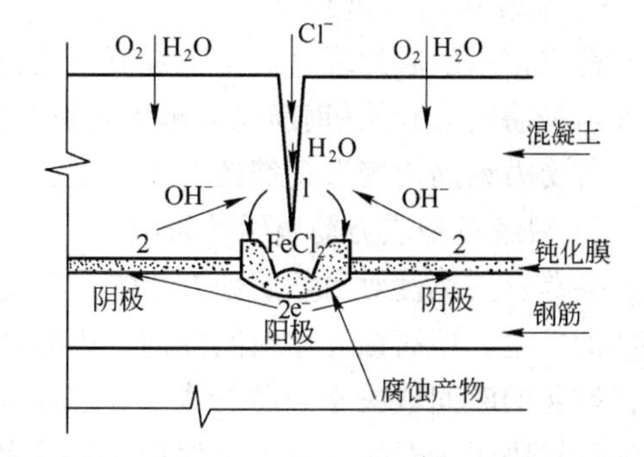

图 19.2-2　氯离子侵蚀诱发的力筋腐蚀电化学过程示意

② 当侵入到力筋表面的氯离子浓度达到临界值时，即使混凝土的碱度很高，也能破

坏力筋的钝化保护膜，在足够的氧气及水分条件下引起腐蚀的发生，通常氯离子侵蚀作用诱发力筋局部腐蚀，图 19.2-2 为裂缝状态下氯离子侵蚀作用诱发的力筋电化学腐蚀过程示意图，反应方程式如下：

$$Fe^{2+}+2Cl^{-}+4H_2O \longrightarrow FeCl_2 \cdot 4H_2O$$
$$FeCl_2 \cdot 4H_2O \longrightarrow Fe(OH)_2\downarrow+2Cl^{-}+2H^{+}+2H_2O \qquad (19.2\text{-}2)$$
$$4Fe(OH)_2+O_2+2H_2O \longrightarrow 4Fe(OH)_3$$

$Fe(OH)_3$ 即是铁锈，铁锈的生成使其体积膨胀 3 倍，有效钢筋面积急剧减小。

(3) 裂缝的影响

预应力可以防止或延缓混凝土开裂，或可以把裂缝宽度限制到无害的程度，从而提高耐久性，其原理是施加预应力后，对结构的混凝土施加了压应力，从而避免了因混凝土上存在拉应力而产生的裂缝。因此，在进行预应力混凝土结构耐久性研究时，应着重探讨裂缝对其耐久性的影响，并合理选用预应力程度，使活荷载可能产生的裂缝在永久荷载的长期作用下重新自行闭合，这样可以大大提高预应力混凝土结构的耐久性水平。

1) 混凝土裂缝产生的原因

① 混凝土干燥收缩产生的干缩裂缝

例如：*a.* 混凝土初凝之前如环境温度比较高，空气相对湿度低，再加上有风吹，混凝土表面的水分很容易蒸发，水分蒸发及表面收缩导致裂缝产生，此类裂缝比较细(0.1～0.3mm)，数量较多，无方向性；*b.* 泵送混凝土泵前加水局部水灰比过大，水泥浆含水过多，当水分蒸发后表面收缩也会产生裂缝。

② 温度裂缝

温度裂缝通常发生在养护期间，水泥胶结材料的水化热使得塑性混凝土膨胀。在混凝土凝结过程中混凝土的外部冷却收缩，而内部仍然处于高温膨胀，易产生表面开裂，特别在昼夜温差大的地区更是如此。

③ 混凝土初凝时受到扰动而出现的裂缝

混凝土在未凝结前受到外力作用，混凝土可以恢复原状，但是初凝后，混凝土逐渐失去流动性，此时受力则可能出现不可恢复的裂缝。混凝土扰动的来源如：泵送管道支撑对模板的冲击和振动；底板模板刚度不足，受力变形而造成混凝土裂缝等。

④ 荷载作用引起的裂缝

荷载作用引起的裂缝产生于混凝土受拉区，垂直于主拉应力的方向，裂口整齐，裂缝宽度与钢筋应力有关(钢筋应力越大，裂缝宽度越宽)，对于轴向受拉构件，主裂缝贯穿截面。若受力钢筋为变形钢筋还有次生裂缝。

2) 裂缝对预应力筋腐蚀的影响

裂缝及其宽度对力筋腐蚀有影响，且宽度不同其影响程度也不同。首先，裂缝加快了腐蚀的发生，即腐蚀开始时间提前。而且在早期，裂缝宽度对力筋腐蚀影响较大，因为力筋去钝化的时间取决于裂缝的宽度，然而腐蚀一旦开始，其影响程度大大降低。这时，腐蚀速度取决于未开裂处混凝土保护层的质量和渗透性，混凝土保护层的质量越好，渗透性越小，氧气及水分的供给量也越少，腐蚀速度越慢，并随着碳化进程的深入，毛细孔将逐渐被堵塞，混凝土渗透性逐步降低，腐蚀速度也随之下降。

有关试验表明：对于试件上宽度在 0.3mm 范围内的横向裂缝，对钢筋锈蚀速率的影响不明显。这是因为有横向裂缝的地方，钢筋有局部锈蚀，但锈蚀面积很小，当初始裂缝很细时，随着时间的推移，尚未水化的水泥可起愈合作用，裂缝的闭合将使锈蚀不再发展；即使对 0.2～0.3mm 的横向裂缝，钢筋锈蚀深度也只有几分之一毫米以下，且锈蚀随时间减慢。即表明横向裂缝并不是控制力筋腐蚀的速度，它的作用仅是启动腐蚀进程并使该处的力筋活化。尽管如此，由于预应力筋应力高、断面细、较脆、其结构破坏无预兆性等特点，因此预应力结构的裂缝控制比普通混凝土应更为慎重。

（4）保护层厚度的影响

保护层厚度对钢筋锈蚀速率产生影响，保护层厚度越大，混凝土电阻率越大，钢筋锈蚀速率减小，而且当裂缝处的力筋腐蚀发生时，腐蚀速度取决于阴、阳极间的电阻及阴极处的供氧程度，而氧气的供给是通过未开裂处混凝土保护层渗入的，腐蚀速度取决于力筋保护层的质量和渗透性。

（5）水灰比的影响

除碱骨料反应外，其他对混凝土的侵蚀大多是通过裂缝进入结构侵蚀，所以要控制混凝土的耐久性，就需要增加混凝土的密实性，提高其抗渗性。水灰比越大，混凝土的孔隙率越大，密实性越差，在相同条件下，钢筋的锈蚀率也越大。

（6）施工与养护质量的影响

施工及养护质量对混凝土的渗透性影响很大，对同一水灰比的混凝土来讲，振捣密实的与振捣差的混凝土相比，其渗透性可以相差 10 倍；而养护好的与养护差的混凝土渗透性相差可达 5 倍。因此，施工及养护质量对预应力筋的腐蚀速度影响很大。

预应力技术在工程中需要经过多道工艺，如波纹管的制作、埋置，管道的灌浆，力筋的锚固及锚固的防腐处理等，任何一个环节的疏忽或质量的缺陷都有可能影响结构的耐久性。

1）先张法中可能的影响因素

在先张法结构中，预应力钢筋直接被浇筑在高强度、高密实度的混凝土中，这对预应力钢筋的防腐蚀很有利。但是其也有不足之处，例如在先张法构件中，通常采用的预应力钢绞线，其芯线与边线之间就存在着空隙，在浇筑混凝土时，混凝土中的水分就会从空隙流入内部；此外构件端部的预应力钢绞线的切断面一般均处在芯线和边线间的空隙内便有锈蚀产生。为此，在构件中端部预应力钢绞线的切断面上进行充分的防腐蚀处理是十分必要的。

2）后张法构件中预应力钢筋的防腐蚀

在构造上，后张法预应力钢筋是裸露的，不是浇筑在作为最佳防腐材料的混凝土中，而是采用套管和后灌浆的办法进行施工，常因孔道灌浆不密实引起预应力结构耐久性失效。灌浆不密实的一个原因是施工和混合料配制不好。配合比是否合理，直接影响到灰浆强度和灌浆密实度是否达到预定的设计要求。传统的灌浆手段是压力灌浆，压入的浆体中常含有气泡，当混合料硬化后，气泡处会变为孔隙，成为渗透雨水的聚积地，这些水可能含有有害成分，易造成构件腐蚀；在严寒地区，也是冻融循环的原因之一；另外水泥浆容易离析，干硬后收缩，析水会产生孔隙，致使强度不够，粘结不好，给工程留下隐患。采用压力灌浆的英国 Ynys-Gwaa 大桥就是因为灌浆不密实而引起预应力筋被腐蚀而倒塌的。为此，为完全防止预应力钢筋锈蚀，除使用水密性好的混凝土，在结构设计上避免使用状态下预应力混凝土构件不发生裂缝或是有害裂缝的开展，以及预应力钢筋的保护层应充分确保厚度外，至关重要的是必须注意灌浆充分、锚固部分完全防锈。

19.2.2 环境因素

对混凝土结构耐久性研究过程中，较多采用的是将混凝土结构的工作环境分为六类：大气环境、土壤环境、海洋环境、受环境水影响的环境、化学物质侵蚀的环境、特殊环境。若按照腐蚀的强弱，可以分为强度腐蚀环境、中度腐蚀环境、弱度腐蚀环境、无腐蚀环境四大类。环境对结构的物理和化学作用，是影响结构耐久性的因素。

(1) 侵蚀条件

大气环境(氧气、二氧化碳、盐雾、二氧化硫、汽车尾气等空气污染物)以及水体、土体环境中的氯盐、硫酸盐、碳酸等化学物质侵蚀对于结构的耐久性都有影响，其部分侵蚀机理见上述内容。我国预应力结构在海岸、海洋工程中的应用很广，海水对混凝土的侵蚀作用除化学作用外，尚有反复干湿的物理作用；盐分在混凝土内的结晶与聚集、海浪的冲击磨损、海水中的氯离子对混凝土内钢筋的锈蚀作用更不容忽视。为保持冬季雨雪天气的正常交通，在公路与桥梁上喷洒除冰盐，其中氯盐对于公路、桥梁中的钢筋有锈蚀作用(机理见文章前面部分)。土壤中还含有种类繁多的有机物，如氨基酸、碳水化合物、有机酸、油、羧基、石碳酸氢氧基、酯等其他聚合体，这些物质的存在或是给土中的微生物提供养料，使微生物活动更为频繁，恶化桩基的使用环境，或是直接腐蚀混凝土，进而腐蚀钢筋。

(2) 湿度

有关研究指出：在其他条件不变时，当相对湿度 RH=90%～95%时，预应力筋的腐蚀速度最快；若 RH<90%，预应力筋腐蚀速度降低；当 RH<55%时，预应力筋腐蚀速度将非常慢；若 RH>95%，因水饱和的混凝土中缺乏氧气，也使预应力筋腐蚀速度降低至非常的值。

(3) 温度

温度对于混凝土养护期间的裂缝有影响，昼夜温差大的地区较易产生温度裂缝；许多试验证明，环境温度升高，腐蚀速度加快；寒冷地区还会因为温度过低而产生冻融循环等破坏。

19.2.3 受荷状态的影响

(1) 腐蚀疲劳

如混凝土处在带裂缝工作状态，预应力筋仅能承受有限的动力荷载。在高动力荷载作用(如交通繁忙的桥梁)下，预应力筋所受的应力幅度在裂缝区可能达到 200N/mm^2 以上，而在非裂缝区，预应力筋的应力幅度一般不会高于 100N/mm^2。

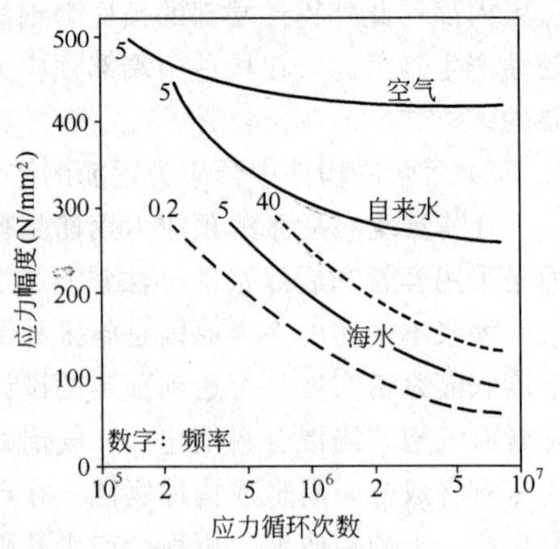

图 19.2-3 冷拉预应力钢丝(f_{ptk}=1750N/mm^2)在脉冲拉应力作用下的疲劳性能

当腐蚀性介质通过混凝土裂缝进入受动力荷载效应的预应力筋表面时，预应力筋可能发生腐蚀疲劳断裂。由于腐蚀作用的影响，在水溶液、盐溶液中的预应力钢材表现出比在空气中更为不利的疲劳特性[98]。交变应力的循环作用下，材料位错往复地穿过晶界运动，形成一些细小的裂缝源，在介质的作用下成为腐蚀源。在应力的循环作用下，沿着裂缝滑移面出现局部高温，结果引起腐蚀加快进行，裂缝源便发展为微裂缝，进一步扩展成宏观腐蚀疲劳裂缝。图 19.2-3 为一冷拉预应力钢丝分别在空气、水以及海水中进行的腐蚀疲劳试验。对于在海水中进行的频率为 $0.5s^{-1}$，疲劳循环 10^7 次试验，其疲劳应力幅度低于 $100N/mm^2$。

（2）接触腐蚀和摩擦疲劳

在承受动力荷载的带裂缝工作的预应力构件中，预应力筋在裂缝处会与混凝土或砂浆的裂缝面发生位移错动。在预应力结构的锚固端，锚具与预应力筋之间也会发生类似的位移错动。此外，预应力桥梁的预应力筋连接件与预应力筋之间也会由于交变荷载及太阳辐射等影响发生位移错动。这样的位移错动会使预应力筋的疲劳极限下降 $80 \sim 150N/mm^2$。如位移错动区还存在有腐蚀性介质作用，则预应力筋的疲劳极限会有更大的下降。

19.3 预应力混凝土结构耐久性设计

预应力结构的耐久性设计就是根据预应力结构破损的规律来验算结构在设计使用寿命期内抵抗环境作用的能力是否大于环境对结构的作用。耐久性设计应包括两部分内容：计算部分和构造要求部分；其中计算部分是预应力结构耐久性设计的关键，它要求分析出抗力与荷载随时间变化的规律，使新设计的结构有明确的使用期，使改建或扩建的结构具有同原结构相同的使用寿命，达到安全、经济和实用的建设目的。

对预应力结构进行耐久性设计，首先应确定结构耐久性极限状态。结构耐久性极限状态的一般表达式为：

$$R(t)-S(t)=0$$

非预应力结构的耐久性极限状态可以表述为：腐蚀介质到达力筋表面，力筋发生锈蚀并且锈蚀率不断增大，力筋有效截面减小，直至结构无法承受自重及外荷载而发生破坏。预应力结构的抗力由预应力筋和非预应力筋两部分组成，即 $R(t)=R_s(t)+R_p(t)$。通常预应力结构中预应力筋承受较大部分的荷载，非预应力筋则承受较小部分，结构抗力主要取决于预应力筋的腐蚀情况：预应力筋开始腐蚀前，结构抗力衰减缓慢，一旦预应力筋发生腐蚀，由于存在着应力腐蚀的可能，抗力随时都会衰减至零，结构突然破坏。因而，预应力结构的耐久性极限状态，宜取为预应力筋发生锈蚀的时刻。

对腐蚀环境中的预应力混凝土结构，首先应根据结构重要性等级和腐蚀环境的不同，选择合适的材料与结构形式，确定裂缝控制等级，然后根据不同的腐蚀类别计算混凝土保护层最小厚度。接着通过荷载短期效应组合与荷载长期效应组合下的裂缝控制要求进行配筋计算，最后进行承载能力校核与反拱变形验算。

预应力结构的耐久性设计，考虑的因素纷繁复杂，一般而言，碳化腐蚀和氯离子腐蚀是最为常见的两种腐蚀类型，本节仅介绍这两类腐蚀的耐久性设计计算方法。

19.3.1 混凝土碳化的耐久性设计

混凝土的碳化是伴随着 CO_2 气体向混凝土内部扩散，溶解于混凝土空隙内的水，再与各水化物发生碳化反应这样一个复杂的物理化学过程。研究表明，混凝土的碳化速度取决于 CO_2 气体的扩散速度及 CO_2 与混凝土成分的反应性。而 CO_2 气体的扩散速度又受混凝土本身的组织密实性、CO_2 气体的浓度、环境湿度、试件的含水率等因素的影响。所以碳化反应受混凝土内孔溶液的组成、水化产物的形态等因素的影响。这些影响因素可归结为与混凝土自身相关的内部因素已经确定，因此影响其碳化速度的主要因素是外部因素，如 CO_2 的浓度、环境温度和湿度。

国内外学者对混凝土碳化进行了深入的研究，在分析碳化试验结果的基础上，提出了碳化深度 D 与碳化时间 t 的关系式为：

$$D=\alpha\sqrt{t} \tag{19.3-1}$$

式中 D——混凝土的碳化深度，mm；

α——碳化速度系数，mm/年；

t——混凝土浇筑年限，年。

有关碳化速度系数的取值，Kishitani[98]、山东建研所[99]、上海建材学院[100]、中国建科院[101]、清华大学[102]、西安建筑科技大学[103]、同济大学[104]等都提出了各自的经验计算公式。一般而言，对于普通混凝土，可取 $\alpha=2.32$；对于轻骨料混凝土，取 $\alpha=4.18$[105]。

当碳化到达预应力筋表面时，预应力筋钝化膜发生破坏，此时我们假定，结构达到了耐久性极限状态，其极限状态方程为：

$$f(t)=X-D(t)=0 \tag{19.3-2}$$

式中 X——混凝土保护层厚度。

19.3.2 抗氯盐侵蚀的耐久性设计

通常，氯离子的侵入是几种侵入方式组合作用的结果，另外还受到氯离子与混凝土材料之间的化学结合、物理粘结、吸附等作用的影响。而对应特定的条件，其中一种侵蚀方式是主要的，对于现有没有开裂且水灰比不太低的结构，大量的检测表明氯离子的浓度可以认为是一个线性的扩散过程，这个扩散过程一般引用 Fick 第二定律可以很方便地将氯离子的扩散浓度、扩散系数与扩散时间联系起来。氯离子在混凝土中的扩散模型可以表述为：

$$C(x,t)=C+\frac{(C_s-C)}{1-m}\left[1-erf\left[\frac{x}{\sqrt{4D_{cl,0}\cdot\left(\frac{t_0}{t}\right)^m\cdot t}}\right]\right] \tag{19.3-3}$$

其中，erf 为误差函数：

$$erf(z)=\frac{2}{\sqrt{\pi}}\int_0^z\exp(-z^2)\mathrm{d}z$$

式中 C——混凝土内部初始氯离子百分比含量；

C_s——结构表面氯离子百分比浓度，它对于一个指定的环境是一个恒定的值；

$D_{cl,0}$——氯离子在混凝土中的扩散系数(mm^2/mon)；

m——氯离子在混凝土中的扩散系数的衰减系数；

x——为检测点到混凝土构件表面的距离(mm)；

t_0，t——时间。

有关氯离子临界浓度 C_{cr}的值，国内外研究人员运用多种检测脱钝方法，对各种混凝土在不同环境的不同情况进行了试验，得到了各种各样的临界值，离散性比较大。由于氯离子临界值受到多种因素和试验条件的影响，理论上它是一个随机变量，氯离子的临界值应在大量统计的基础上，在一定的概率下取值。我国学者对氯离子临界值作了大量的工作，对码头调查、暴露试验和现场取样，得到了华南和华东地区混凝土结构氯离子临界含量(占混凝土)分别为0.105%～0.145%和0.125%～0.150%[112]。

当预应力筋表面的氯离子浓度达到临界浓度C_{cr}时，认为预应力筋开始发生腐蚀，即结构达到耐久性极限状态。由此，我们可以得到氯盐腐蚀的耐久性极限状态方程为：

$$f(t)=C_{cr}-C(x,t)=0 \tag{19.3-4}$$

19.3.3 耐久性设计的构造要求

(1) 混凝土材料的选用

混凝土材料的选用应考虑混凝土水灰比、抗渗性、稳定性等要求。表19.3-1为《混凝土结构耐久性设计与施工指南》中规定的采用非稳态氯离子快速电迁移法(RCM法)测得的氯离子扩散系数D_{RCM}值的最大限值。

混凝土中氯离子扩散系数 D_{RCM} 限值　　　　**表19.3-1**

使用年限级别	一级(100年)			二级(50年)		
环境作用等级	D	E	F	D	E	F
氯离子扩散系数 D_{RCM}	<8	<5	<4	<10	<7	<5

我国《混凝土结构设计规范》(GB 50010—2002)和《海港工程混凝土结构防腐蚀技术规范》(JTJ 275—2000)对预应力结构的混凝土初始氯离子含量规定为不得高于水泥质量的0.06%。

对于二、三类环境的重要预应力结构，要求在设计中：限制混凝土的水灰比；适当提高混凝土的强度等级；保证混凝土抗冻性能，混凝土的抗冻等级应符合有关标准的要求，如《水工混凝土结构设计规程》(DL/T 5057)；提高混凝土抗渗能力，混凝土的抗渗等级应符合有关标准的要求；必要时使用环氧涂层钢筋；构造上注意避免积水；构件表面增加防护层使构件不直接承受环境作用；对于冻融环境下的混凝土，建议采用引气混凝土。

(2) 预应力筋和非预应力筋的选用

当环境作用非常严重和极端严重时，可在优质耐久混凝土的基础上选用环氧涂层钢筋。环氧涂层钢筋可与钢筋阻锈剂联合使用，但不能与阴极保护联合使用。

环氧涂层钢筋的原料、加工工艺、质量检验及验收标准，应符合现行行业标准《环氧树脂涂层钢筋》(JG 3042—1997)的有关规定，不符合质量与验收标准者不得使用。环氧涂层钢筋在运输、吊装、搬运和加工过程中应避免损伤涂层，钢筋的断头和焊接热伤处应在2h内用钢筋生产厂家提供的涂层材料及时修补。

在碳化引起钢筋锈蚀的一般环境下，可选用镀锌钢筋延长结构的使用年限。对于预应力结构的钢丝网片及预埋件，也可选用热镀锌方法加强防护。镀锌钢筋的质量应符合相关规定。

采用耐腐蚀钢种为材料的钢筋，可在腐蚀环境下选用，其耐腐蚀性能应事先得到确认。在特别严重的腐蚀环境下，要求确保百年以上使用年限的特殊重要工程，可选用不锈钢筋。不锈钢钢筋不得与普通钢筋连接。

19.3.4 提高预应力混凝土结构耐久性的措施

针对上述预应力混凝土结构耐久性的主要因素，借鉴混凝土结构耐久性研究的成果，根据预应力混凝土结构的重要程度及其使用环境，从设计、施工、养护三个方面采取措施，以提高预应力混凝土结构的耐久性。

基本措施是确保预应力结构耐久性最有效、最经济的途径，根据具体情况采用下述一项或多项措施：

(1) 混凝土保护层是保护预应力筋免受腐蚀破坏的第一道屏障，因此通过精心设计、施工及养护，提高保护预应力筋保护层的质量及密实性，降低其渗透能力，以阻止或延缓环境侵蚀介质(如氯化物、二氧化碳等)对预应力筋的侵蚀。具体可以采取如下措施：增加混凝土保护层的厚度，减小水灰比，提高施工及养护质量。

(2) 为防止混凝土渗透，隔离预应力筋，使其免受外界不良因素的影响，可以很大程度提高预应力混凝土结构的耐久性，具体可以采取如下措施：减小水灰比，采用高性能混凝土，在拌合料中使用掺和料及外加剂，以降低在混凝土中掺入火山灰，在混凝土拌合物中掺入硅粉，选用小尺寸的粗骨料，采用与水泥浆温度膨胀系数相近的不可渗透的骨料，做好养护工作，混凝土表面做涂层等。

(3) 控制拌合料中氯离子的含量。

(4) 根据结构物的重要程度及其具体环境条件，选用相应的裂缝控制等级。

(5) 为防止预应力筋发生应力腐蚀破坏，对预应力钢筋来讲主要应从减少腐蚀方面采取措施。首先，应选用质量好的预应力钢筋材料，尽量避免预应力筋中含有对应力腐蚀敏感的金属材料；其次，在设计金属设备结构时要力求合理，尽量减小应力集中和避免积存腐蚀介质，减少介质的腐蚀性，在介质中添加缓蚀剂，采用保护层和阴极保护也可以放防止或抑止金属的应力腐蚀。

(6) 为了防止预应力筋被腐蚀，提高结构的安全和耐久性，建议采用真空灌浆工艺。采用的浆体要消除离析现象，降低硬化水泥浆的孔隙率以堵塞渗水通道，减少和补偿水泥浆在凝结硬化过程中的收缩变形，防止裂缝的产生。真空灌浆可以消除孔道中90%的空气及稀浆中的气泡。对弯束、U形束、竖向束的孔道灌浆更具优越性。

(7) 在实际工程中，预应力锚具部位的防腐能力与其端头封堵的材料的施工质量密切相关，施工中尤应注意。对严重侵蚀环境中的建筑物，应预先在其预应力锚具表面涂一层防腐脂或其他防腐涂料，然后再用混凝土或水泥砂浆封堵，做到多道设防。

(8) 采用超静定结构，防止因某一构件的失效而导致整个结构的破坏。

思 考 题

1. 影响预应力混凝土结构耐久性的主要因素有哪些？
2. 提高预应力混凝土结构耐久性的措施有哪些？

第20章　预应力结构施工技术

20.1　概　　述

20.1.1　预应力结构施工技术的发展

(1) 混凝土与预应力筋

用于后张预应力结构中的混凝土比常规的普通混凝土结构要求有更高的强度，因为预应力筋比普通钢筋强度高出许多，为充分发挥预应力筋的强度，混凝土必须相应有较高的抗压强度与之匹配。特别是现代高效预应力混凝土技术的发展，要求混凝土不仅有较高的抗压强度指标，还要求混凝土具有多种优良的结构性能和工艺性能。预应力混凝土结构的发展方向是高性能混凝土。

关于高性能混凝上，目前国际上还没有一个公认的定义，从预应力混凝土结构的要求来看，它应具有强度高、变形能力均匀、耐久性好、收缩徐变小、施工操作方便等综合优点。从施工角度来看，混凝土应该是强度高、强度增长快，易于早拆模；和易性好，质量均匀、稳定，易于浇筑；含气量少、收缩徐变小，表面质量均匀。此外混凝土中应不含有对预应力筋有侵蚀作用的外加剂。

我国后张预应力混凝土用预应力筋的发展可分为三个阶段，20世纪50年代后期我国预应力技术开始起步，当时采用冷拉钢筋作预应力筋，主要生产预制预应力屋架、吊车梁等构件；20世纪70年代推广使用低碳冷拔钢丝，生产预应力空心楼板等中小构件；20世纪80年代，随着我国经济建设步伐加快，高强预应力钢丝与钢绞线得到推广应用，预应力技术从单个构件发展到预应力混凝土结构阶段。目前，我国后张预应力混凝土结构工程中常用的预应力筋主要是高强度预应力钢绞线，年产量约20万t，年消耗量约15～18万t，其中低松弛、1860级钢绞线占80%以上；高强预应力钢丝年产量约8～10万t，年消耗约5～8万t。钢筋类预应力筋使用量不足1万t，主要是房屋建筑标准图中的冷拉HPB235、HRB335级钢筋、热处理钢筋和精轧螺旋钢筋。

国外预应力技术的发展从一开始就使用高强度预应力筋，目前，欧美等发达国家后张预应力结构中大量使用的预应力筋同样为高强度钢丝、钢绞线和粗钢筋。为增加预应力结构的耐久性，提高预应力筋对腐蚀性环境的抵抗能力，欧美等国在工程中使用了钢丝、钢绞线的深加工产品，这些产品有镀锌钢丝、环氧涂裹钢绞线等。在北美洲，环氧涂裹钢绞线已用于桥梁结构以抵抗盐水化雪对桥梁的侵蚀。近年来国外有几家大公司在开发玻璃纤维预应力筋(GFRP)、碳纤维预应力筋(CFRP)和聚酯纤维预应力筋(AFRP)，并已在小型工程中试用，总的说来这是一种有前途的新型预应力配筋材料，但目前仍处于开发研究和工程试验阶段。预应力筋材料的总体发展趋势：高强度、低松弛、耐腐蚀、易施工操作。

(2) 锚具

预应力锚具是确保预应力结构能保持持久正常工作状态的重要部件。它是随着预应力主材(高强度钢筋、钢丝或钢绞线)生产技术的发展而研制开发的。在20世纪中叶我国仅用强度甚低的冷拉热轧钢筋作为预应力主材，故用简单的螺丝端杆，甚至绑焊钢筋作为锚具。到了20世纪60～70年代我国开始生产高强度钢筋及普通松弛钢绞线(强度约在1170～1570MPa之间)就相应的研究开发了应用甚广的锥销锚(弗氏锚)、JM—12锚及其他形式的锚具。在使用中深感这些锚具的单锚吨位偏小，不能适应工程建设的的需用，促使大家参照国际上锚具开发的趋势，在20世纪70年代末开始自主开发夹片式锚具——一组夹片锚碇一根7股钢绞线或7根高强度钢丝，形成一个锚固单元，它可根据工程结构的需要，将几个乃至几十个这样的锚固单元组合成一个“大小由之”的单个锚具。单索锚固索力可达千吨之多。在20世纪80年代中引进了能生产经连续中频热处理、强度达到1860MPa级的低松弛钢绞线后，更促使研究开发与之相适应的新型锚具，同时原有型号的锚具也在改进生产技术，使其能锚固新的强度更高的钢材。

1) XM锚具

XM锚具是我国第一个自主开发研制的夹片式锚具。中国建筑科学研究院于1979年立项开始研究，直至1986年鉴定，历时7年之久才告完成。由于受当时国内高强钢材生产水平的限制，起点比较低，研制的锚固钢材为$\phi5$高强钢丝束($\sigma_b=1200\sim1500$MPa)及同样强度级别的普通松弛7$\phi5$钢绞线，为此将楔片制成三片斜向剖开式，以能锚夹7$\phi5$钢丝，这使夹片的受力较为复杂。控制夹片紧固是采用液压顶楔器(如弗氏锚的顶销功能)，这使夹片组楔入平齐，各夹片受力较为均匀。一个锚具上有几根铰线，配合的顶楔器上就有相同数量的高压顶压油缸。当绞线数量较多时，顶楔器的制造难度甚大。它限制了XM锚具向大吨位发展。因之通常用于一个锚具不多于12根钢绞线的场合。在研制过程中，随着冶金工业绞线强度的提高，同步提高了锚具的性能，使XM锚也能锚固强度级别更高的绞线。锚固性能符合国际预应力联合会(FIP)建议的性能指标。

2) QM锚具

QM锚具是我国第一个与国际同类锚具接轨，采用限位、自动跟进的张拉工艺。夹片是三片垂直剖开式的。夹片用一个O形橡胶圈紧箍在钢绞线上，使夹片在张拉千斤顶回油、绞线束回缩时与铰线同步回去，达到楔紧锚固绞线的作用。在这个锚固过程中，绞线发生几毫米的回缩量(我国规定此值不得大于5mm，VSL等锚具规定不得大于6mm)。这个回缩量就是产生锚具应力损失的主要原因。

中国建筑科学研究院于1984年立项，1987年通过鉴定，已大量用于锚碇1770～1860MPa级$\phi12.7$、$\phi15.2$的低松弛钢绞线。每个锚具最大可锚碇数十根钢绞线。QM锚具也符合FIP建议的性能指标。

3) OVM锚具

从20世纪80年代中期起，我国陆续引进多条带有连续中频热处理设备，专门生产低松弛钢绞线的生产流水线，强度达到1860MPa级(270K级)，而当时国内尚无与之配套的高性能锚固体系。东方预应力集团组织柳州市建机械总厂等成员单位联合研制专门锚固1860MPa级低松弛钢绞线的夹片式锚具，于1990年通过了鉴定。它是我国首个两片四开式、带弹性槽的夹片锚固体系。自那以后，继续根据工程实际使用要求，不断研制新的配套设备(部件)扩大OVM锚具的应用范围，迄今已在基本锚固体系的基础上研制成功了6个专用体系。

① OVM21 具系列　配上大吨位(4000kN)小行程(50mm)张拉千斤顶可与 $\phi7$ 镦头锚具联合应用于大吨位短索长的场合，如大型水坝弧形闸门的闸墩。

② 环形锚固体系　设计了游动型锚具和有转向头张拉千斤顶，主要用于压力输水洞排沙隧洞及圆形贮池结构。

③ 起重提升引索千斤顶　主要用于重物提升(如上海东方明珠电视塔的天线杆，上海大剧院的整体屋盖及北京西客站的门楼、虎门大桥的桥面箱梁等)、桥梁顶推和转体工艺等。

④ 岩上锚碇系列　用于地锚，边坡稳定锚索等处。

⑤ 斜拉索系列　以钢绞线组成斜拉索，可以逐根穿、张，整体调索，可以组合成索力达千吨级的巨型拉索。

⑥ 悬索桥主锚碇体系　可以替代钢质锚架、省工省料(如厦门海湾大桥的锚碇体系)。

4) HVM 锚具

20 世纪末我国已能生产强度达 2000MPa 的低松弛钢绞线。海威姆建筑机械有限公司于 2000 年研制成功了专门锚固这种钢绞线的 HVM 锚具。与以往的实验研究不同，HVM 锚具首先是应用三维空间应力分析方法对锚具各部件的应力分布作了仔细的计算分析。据此确定锚具各部件的设计参数，拟定各部件的尺寸和工艺参数，如把夹片减薄 1mm 反而改善了锚固性能。

HVM 锚是不带弹性槽的两片式夹片锚，避免了偶有发生夹片沿槽纵裂，跟进不齐，影响锚固性能的弊端。以钢丝圈取代橡胶圈，约束夹片更有效，钢丝圈抗剪能力强，可有效阻止夹片跟进锚固时发生错位、跟进不齐现象。它的夹片全部参与咬合钢丝线的作用，故虽夹片长度减短了 2mm，但有效咬合长度反而增长了 3mm。经空间应力分析，原锚圈强度有富裕，为此各夹片的孔距亦减小了 2mm。它亦开发了 6 种工程应用系列。

以上仅是我国在各个时期有代表性的夹片锚具，在此同时各方面亦成功开发生产了多种型号(品牌)的夹片式锚具也能符合 FIP 建议的性能指标，但它们的技术含量(水准)并未超过同期已开发成功的上述各型锚固体系，故不再一一赘述。

(3) 预应力设备的发展

后张预应力用设备主要有预应力筋制作设备、穿束设备、张拉设备、灌浆设备等。20 世纪 80 年代以前，我国后张预应力设备品种较少，预应力张拉设备以 YC-60、YL-60、YC-18、YC-20 等小吨位千斤顶为主，最大张拉吨位仅能到 YC-120 的 120t；固定端制作设备有 LD-10 镦头器；其他配套设备品种基本没有。20 世纪 80 年代中期以后，随着大吨位预应力锚固体系的研制开发和无粘结预应力成套技术的开发，我国后张预应力设备的品种、规格越来越多，性能越来越好。张拉设备的张拉力从 YC-300 一直到目前使用的 8000～10000kN，先后开发出多种大吨位群锚千斤顶和斜拉索用千斤顶。为配合无粘结预应力技术的发展，研制开发了以小油泵、前卡千斤顶为代表的单根钢绞线张拉设备。目前我国预应力设备生产厂家很多，但我国的后张预应力设备的整体水平与国际先进水平还有相当差距，主要表现在：

1) 后张预应力设备品种不全、配套不完善；

2) 设备产销量大、价格便宜，但质量不稳定，耐用性差，使用寿命短；

3) 设备计量精度低、使用功能少。

20.1.2 预应力技术的展望

在新世纪土木工程的各项专业活动中，预应力技术将进一步发挥作用，并推动土木工程科技的创新和发展

(1) 预应力材料方面

在新世纪预应力材料及技术本身将有所创新和进一步发展。土木工程建设的发展，必将促进新材料、新技术及新理论、新设计方法不断涌现。

混凝土及预应力混凝土仍是土木工程中最为重要的结构材料。混凝土将继续朝高强、高性能方向发展。各国都在开展这方面研究。C120 混凝土在国外工地上使用已不是新纪录。称为高强活性粉末混凝土的抗压强度可达 200～800MPa，但在工程中实用只能期望 150MPa，或稍高些。免振混凝土、密筋混凝土可能在结构中试用。

预应力钢材，也待有多方面的新发展。如高吨位索的需要将促使大直径、大截面钢绞线的研制、生产；超过 2000 级的高强钢绞线也可能推出；镀锌、环氧涂层钢绞线将被采用；不锈钢绞线的应用将有大的增长。

耐久、轻质(重量只有钢材的 20%)、更高强 (大于 2000MPa)的高性能纤维加强塑料筋将较多地获得应用。近年来，人们开始使用碳纤维加劲塑料 (CFRP)、玻璃纤维加劲塑料(GFRP)、芳纶纤维加劲塑料(AFRP)。这时，RC 就不再单指钢筋混凝土，它可以是碳纤维、玻璃纤维或芳纶纤维加劲塑料混凝土。CFRP 和 AFRP 还将部分地替代预应力钢材。

预制预应力混凝土和无粘结预应力筋将分别获得发展和广泛的采用。新型无粘结 CFRP 预应力筋将得到开发和应用。在我国房屋建筑和桥梁中体外预应力配筋将获得较多应用。

(2) 在土木工程方面

在建筑工程中，预应力技术是建造大跨度公共建筑、大型会议展览中心及大开间住宅的重要技术，也是高层、超高层建筑和承受特重荷载(如转换层结构、重型传力大梁等)的不可缺少的关键技术。一句话，预应力技术在解决大、高、重、新建筑工程的设计和建造难题中将继续发挥其独特的优势。并且它也是调整结构内力和减少、甚至取消大面积工程伸缩缝，防止开裂的重要手段。此外，预应力技术还将推动建筑结构的创新，如预应力拉杆替代柱的悬挂建筑结构将获得一定的发展。南京正在设计中的一座高楼已考虑采用悬挂结构方案。

在桥梁和隧道工程中，预应力技术的应用更为广阔。不论是超大跨的悬索桥(1000m 以上，甚至达 2000m)、特大跨的斜拉桥(500～1000m)，还是大中跨度的系杆拱桥(小于 500m)、连续梁桥、刚构桥及小跨度的简支梁桥、板桥，都可有效地应用预应力技术。在我国今后的地铁车站等地下工程中也将应用预应力技术。

在特种结构工程及海洋工程中，预应力混凝土抗裂性高、耐久性好等优越性得到充分的发挥。世界上几座最高的电视塔，如多伦多塔、莫斯科塔及上海塔等，都是采用预应力技术建造的，否则解决不了抗风防裂等难题。预应力混凝土更是建造海洋工程的最好材料。预应力技术在海洋采油平台、海洋储罐，海上运输船以及海上防波堤、跨海大桥等海洋工程中将发挥更高的效能。

建筑工程中的大跨度建筑、大面积结构工程、巨型结构、转换层结构、悬挂建筑、大

开间住宅和预制预应力建筑以及各型桥梁、水利工程、铁道工程、特种结构工程等等，还有结构加固、改造与拆除，都有赖于预应力技术的进步和设备的发展。尤其应提出的是，充满现代气息的玻璃幕墙结构和索膜结构建筑，都离不了现代预应力技术。

同时，新结构的研究和开发面将拓宽，房屋结构与桥梁各种结构之间的交叉、借鉴也待有所发展。理论和试验研究，包括预应力混凝土结构的耐久性、抗火、抗震、抗爆等性能及设计方法(包括采用新材料结构的设计方法)的研究都将有新的发展。预应力工艺与施工管理水平有普遍的提高。由于计算机的发展，预应力结构设计中将更多地考虑空间作用和非线性，并努力推行信息技术。

此外，预应力技术也将在水利工程或其他工程如旧建筑的加固改造、加层和拆除中获得更多的应用。一句话，预应力技术在土木工程中的应用极为广泛，并且，还将进一步扩大。

20.2 先张法预应力施工技术

20.2.1 概述

预应力混凝土工程中先张拉预应力筋、后浇筑混凝土的施工方法，称为先张法施工。施工的一般过程是：先在张拉台座上，按设计规定的张拉控制力张拉预应力筋，并用锚具临时固定，再浇筑混凝土，待混凝土达到一定强度(为保证具有足够的粘结力和避免过大的徐变变形，放张时混凝土的强度一般不低于其设计强度的70%)后，放松预应力筋，让预应力筋的回缩力，通过钢筋与混凝土间的粘结作用，经过一定的传递长度全部传给混凝土，使混凝土获得预压应力。如图20.2-1所示。

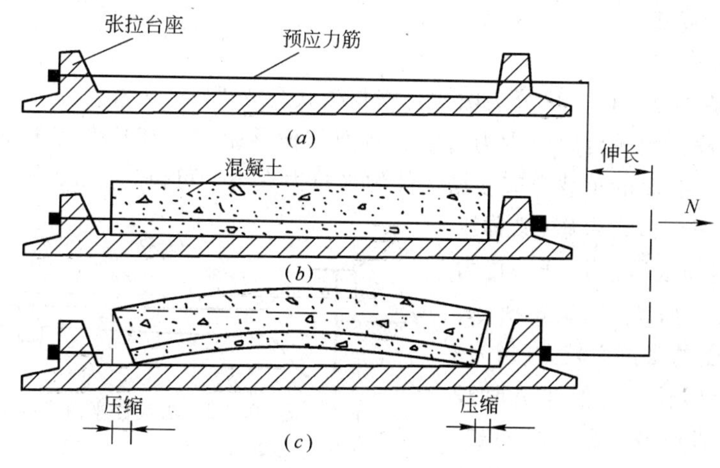

图20.2-1 先张法施工示意图

(a)预应力筋就位；(b)张拉锚固并浇筑混凝土；(c)放张

先张法施工的优越性有以下几点[134]：

(1) 在全部长度上受拉钢筋和混凝土之间可以得到极好和可靠的粘结；

(2) 由于先张法一般都是在永久的或临时的工厂中进行，和现场相比，更容易得到良好的管理，也容易保证正确地养护混凝土；

(3) 可以节省大量锚具及金属附件，经济效益高。

先张法的缺点是：

(1) 一般需用固定的台座生产，因此，占地面积较大；若采用钢模生产，则一次投资费用又较大；

(2) 构件在预制厂集中生产时，运送到现场，需要相当的起重运输设备，因此对于跨度大、重量大的大型构件的生产受到一定限制；

(3) 采用蒸汽养护时(在台座上生产)，会产生温度应力损失，需要采用两阶段养护法，比较麻烦。

先张法预应力混凝土构件的生产方法有两种；短线模板法与长线台座法。它们之间并没有什么区别，都有三个阶段，即：张拉预应力筋、成型构件和传递预应力。但就工艺过程进行的方式来说，就大不相同，采用台座法生产构件时，底模自始至终位置固定不变，而采用短线模板法时，底模随着工序的进行变动其位置。

模板法是利用模板作为锚定预应力筋的承力架，以浇筑混凝土后的模板为单元进行机组流水的一种生产方法，机械化水平高，手工操作量较小，生产周期短，模板周转快，效率较高，适于工厂化大生产。常用于制作长度较短、重量较轻的预应力构件。但不适合制作中型和大型构件，而且由于模板要承受预应力筋的张拉反力，用钢量较多，因此只有预制厂(场)生产标准构件、小型和部分中型构件时采用。台座法是以专门设计的台座来承受预应力筋的张拉反力，用台座的台面作为构件底模的一种生产方法。台座的长度通常可达100m，一次可生产多根构件，适于制作长度较长、预应力较大的大中型预应力构件。台座法具有设备简单、适应性大、投资省效率高等特点，是一种经济实用的现场型生产方式，但占用场地较大，生产周期长，台座和模板周转较慢。

20.2.2 台座法

(1) 台座种类

台座按构造类型不同，可分为墩式台座与槽式台座[18]。

1) 墩式台座。墩式台座由承力台墩、台面与横梁组成，其长度宜为100～150m，如图20.2-2所示。台座的承载力应根据构件的张拉力大小，可设计成200～500kN/m。

2) 槽式台座。槽式台座(又称压杆式台座)由钢筋混凝土压杆，传力架及台面组成，如图20.2-3所示。槽式台座能承受的张拉力较大(100～400t)，台座变形较小，但建造时较墩式台座材料消耗多，需用时间长。为便于混凝土运输和蒸汽养护，槽式台座多低于地面。在施工现场还可利用已预制好的柱、桩等构件装配成简易槽式台座。

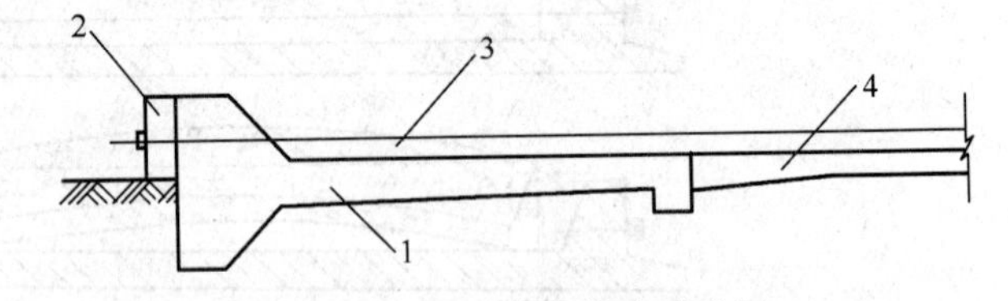

图20.2-2 墩式台座构造示意图

1—传力墩；2—横梁；3—预应力筋；4—台面

(2) 台座的构造要求[16]

台座长度应根据构件的长度倍数再加上一定的生产需要长度确定，以100m左右为宜，但不宜小于50m。台座太长，钢筋在进行运输和放入台座时都很不方便，而且钢筋的垂度过大，对预应力有一定的影响。台座表面应光滑平整，平整度用2m靠尺检查，不得超过3mm；横向应做成5‰的排水坡度。

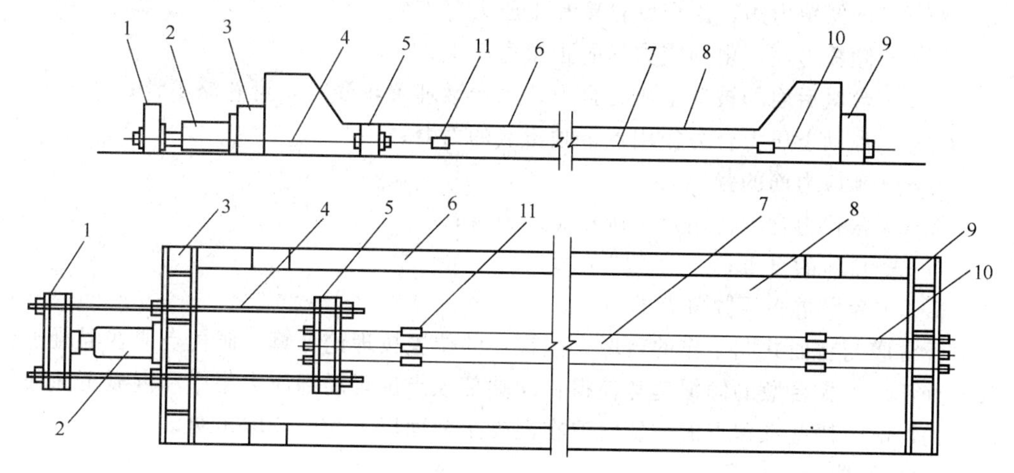

图 20.2-3　槽式台座构造示意图

1—活动前横梁；2—千斤顶；3—固定前横梁；4—大螺丝杆；5—活动后横梁；6—传力柱；7—预应力筋；8—台面；9—固定后横梁；10 —工具式螺丝杆；11—夹具

台座宽度主要决定于构件外形尺寸的大小、生产操作的方便程度以及用料的经济情况等。台座宽度太窄，会影响模板的安装与拆卸；太宽则需用较大的横梁，用钢量就增多。

墩式台座的各部件应符合下列要求：

1）台座的承力台墩必须具有足够的强度和刚度，并应满足抗倾覆的要求；

2）台座横梁受力后的挠度应控制在 2mm 以内，并不得产生翘曲；

3）钢丝锚固板的挠度应控制在 1mm 以内。

槽式台座整体式的压杆由于张拉力是依靠柱子本身来平衡，故不存在倾覆和滑移的问题。压杆应进行屈曲验算。

钢筋混凝土台座面层每隔一定距离应设置伸缩缝，伸缩缝的间距可根据当地的温差情况和经验确定，宜在 10～15m 之间。

采用预应力混凝土滑动台面，可不设置伸缩缝。但台座的基层与面层之间应有可靠的隔离措施，在台墩与面层的联接处留有供台面伸缩的间隙，构件生产时在台座端部应留出长度不小于 1m 的钢丝。

（3）台座验算

各类台座的设计原则基本相同，下面仅以墩式台座的设计验算为例（图 20.2-4）。台墩应具有足够的承载力、刚度和稳定性。设计时应考虑张拉力所引起的倾覆、滑移以及台墩各部分的强度和刚度。因此，抗倾覆与滑移是设计的关键。

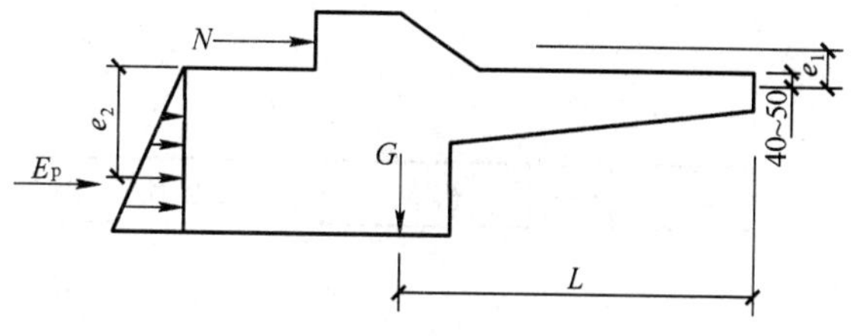

图 20.2-4　台座验算简图

1）台墩的抗倾覆验算

$$K=\frac{M_1}{M}=\frac{G_L+E_pC_2}{P_jC_1} \tag{20.2-1}$$

式中　K——抗倾覆安全系数，应不小于 1.5；

M_1——抗倾覆力矩，由台座自重和土压力等产生；

M——倾覆力矩，由预应力筋的张拉力产生；

E_p——台墩后面的被动土压力合力，当台墩埋置较浅时，可忽略不计；

C_2——被动土压力合力作用点至倾覆点的力臂；

P_j——预应力筋的张拉力；

C_1——张拉力合力作用点至倾覆点的力臂；

G——台座的自重；

L——台墩重心至倾覆点的力臂。

对于台墩与台面共同工作的台墩，倾覆点的位置按理论计算，倾覆点应在混凝土台面的表面处，但考虑台墩的倾覆趋势使得台面端部顶点出现局部应力集中和混凝土抹面的施工质量的影响，因此倾覆点的位置宜取在混凝土台面以下 40～50mm 处。

2）台墩的抗滑移验算

$$K_c = \frac{N}{P_j} \tag{20.2-2}$$

式中 K_c——抗滑移安全系数，应不小于 1.3；

N——抗滑移的力，对独立的台墩，由侧壁土压力和底部的摩阻力等产生。

20.2.3 施工工艺流程

（1）流程图

先张法施工工艺流程如图 20.2-5 所示。

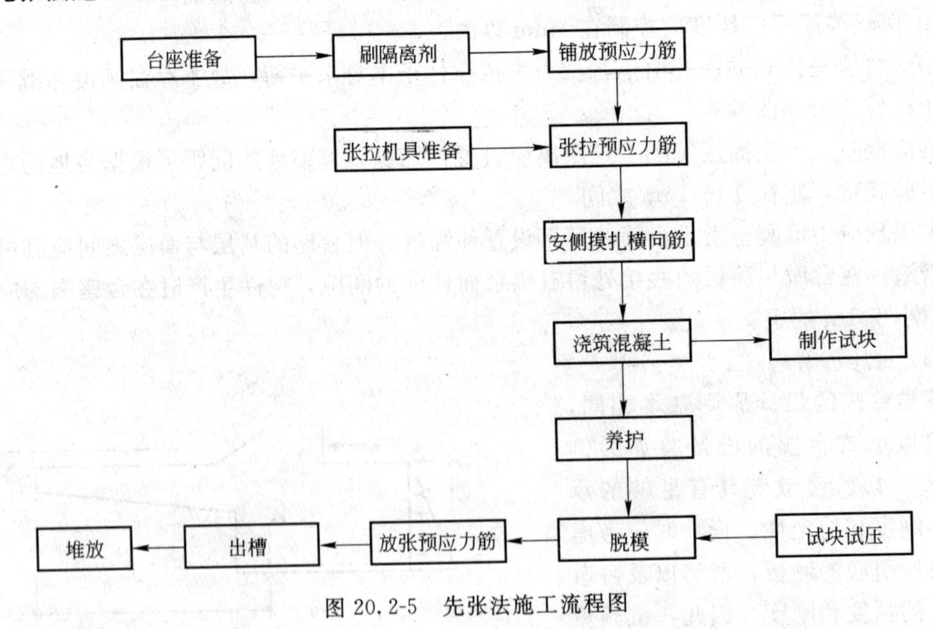

图 20.2-5 先张法施工流程图

（2）对模板的要求

模板应满足承载力、刚度和稳定性的要求，并应具有构造简单、装拆方便、不漏浆的特点。长线生产的模板宜采用钢模或外包钢板的木模。混凝土胎模表面应平整光滑，转角处应做成圆角。短线生产的钢模承载力和刚度应能满足张拉、成型、起吊时的要求。

（3）张拉工艺

1）预应力筋的铺设

预应力筋铺设。预应力筋应在台面上的隔离剂干燥之后铺设，隔离剂应有良好的隔离效果，又不应损害混凝土与钢丝的粘结力。如果预应力筋遭受污染，应使用适当的溶剂加以清刷干净。隔离剂若被雨水冲掉应进行补涂。

长线生产时应在预应力筋下放置保护层垫块，以防止预应力筋垂直挠度过大，影响保护层的厚度和预应力值。

2）预应力筋张拉

预应力筋的张拉工作是预应力施工中的关键工序，为确保施工质量，预应力筋的张拉应严格按设计要求进行。预应力筋张拉时应采取安全措施，以防止钢丝拉断或滑脱时伤人。

张拉控制应力。预应力筋张拉控制应力的大小直接影响预应力效果，影响到构件的抗裂度和刚度，因而控制应力不能过低。当然，控制应力也不能过高，否则会使构件出现裂缝的荷载与破坏荷载很接近，在破坏前没有明显的警告，这是很危险的；同样，超张拉过大使钢筋的应力值超过屈服点，产生塑性变形将影响预应力值的准确性和张拉工艺的安全性；此外控制应力较大造成构件反拱过大或预拉区出现裂缝也是不利的。但其最大控制应力不得超过表 20.2-1 的规定。

张拉控制应力限值 **表 20.2-1**

钢 筋 种 类	先 张 法	钢 筋 种 类	先 张 法
消除应力钢丝、钢绞线	$0.75f_{ptk}$	热处理钢筋	$0.70f_{ptk}$

当符合下列情况之一时，表 20.2-1 中的张拉控制应力上限值可提高 $0.05f_{ptk}$：

① 要求提高构件在施工阶段的抗裂性能而在使用阶段受压区内设置的预应力钢筋；

② 要求部分抵消由于应力松弛、摩擦、钢筋分批张拉以及预应力钢筋与张拉台座之间的温差等因素产生的预应力损失。

3）预应力值的校核

预应力钢筋的张拉力，一般用伸长值校核。实测伸长值与理论伸长值的差值与理论伸长值相比在±6%之间(考虑钢筋弹性模量变化所允许的范围)时，表明张拉后建立的预应力值满足设计要求，超过这个范围应检查原因，重新张拉。

也可以采用钢丝内力测定仪直接检测预应力筋的预应力值来对张拉结果进行校核。

（4）养护的方法及要求

混凝土浇筑成型以后，通过水泥的水化作用逐渐凝结和硬化，水泥的水化作用充分与否以及水化作用的快慢，与混凝土所处的环境温度和湿度密切相关。如果浇筑后的混凝土一开始就处于很干燥的环境中，表面水分蒸发过快，则混凝土胶凝体中的水泥颗粒不能充分水化，就会产生粉状和片状的表皮而脱掉，这就是通常所说的“起尘”或“脱皮”。由于水泥不能充分水化，混凝土的强度将达不到设计强度，这种情况在气温高时尤为严重。同时，由于水分的蒸发，混凝土会产生干缩，当混凝土尚未具有足够的强度时，过大的干缩将会引起干缩裂缝，使混凝土耐久性降低。如果环境温度低，水泥的水化作用就缓慢，混凝土强度增长也很慢。当温度降至－3℃时，水泥的水化作用就停止，强度也就停止增长。因此，应使浇筑后的混凝土处在适当的温度和湿度条件下凝结和硬化，也就是说，必须进行养护，这对于保证混凝土达到要求的强度和耐久性是十分必要的。

混凝土构件的养护是构件生产中周期最长的工艺过程。因此，养护工艺的改进对缩短构件生产周期将有重要的作用。混凝土构件的养护方法有自然养护、太阳能养护和蒸汽养护等多种。

1）自然养护

自然养护是指在平均气温高于5℃的自然条件下，用适当的材料如草袋等对混凝土构件加以覆盖，并适当浇水，使混凝土在一定的时间内保持足够的润湿状态。

自然养护周期较长，尤其在气温较低时。为了缩短养护周期，加快台座周转，宜在混凝土中掺早强剂，但不得掺加对钢丝有腐蚀作用的早强剂。

混凝土浇筑完毕12h以内加以覆盖和浇水。如气温炎热，覆盖和浇水的时间应提前，如气温低于5℃时不得浇水。混凝土强度达到设计强度标准值的75%以上时可以停止浇水。

2）太阳能养护

太阳能养护就是在混凝土构件外部加盖一种太阳能集热装置，利用这种集热装置吸收太阳的辐射能并转换成热能，在构件周围形成适于加速混凝土硬化的温度和湿度条件，达到加快混凝土构件硬化、提高混凝土早期强度的一种养护方法。覆盖要求密闭，防止构件失水开裂。

3）蒸汽养护

混凝土的蒸汽养护，实质上是在湿热气体作用下，使混凝土发生一系列物理、化学变化，从而加速其内部结构形成的速度，获得早强、快硬的效果。蒸汽养护是缩短养护周期的有效方法之一，也是提高生产效率的重要手段之一。

蒸汽养护过程一般分为预养、升温、恒温和降温四个阶段。预养时间（也称静停时间）常温下宜在2～6h。升温速度不得超过25℃/h。降温速度不得超过10℃/h，且出池后，构件表面与外界的温差不得大于20℃。

（5）放张工艺和要求

放松预应力钢丝时，混凝土立方体抗压强度应符合设计规定，如设计无明确要求时，不得低于设计的混凝土立方体抗压强度标准值的75%。放松预应力筋宜缓慢，防止受突然冲击。预应力筋放张应根据构件类型与配筋情况，选择正确的顺序与方法。放松顺序如设计无要求时，应符合下列规定：

1）应先放松预压力较小区域的预应力钢丝，后放松预压力较大区域的预应力钢丝；

2）板类构件应按对称的原则从两边同时向中间放松，以防止放松过程中构件发生翘曲、裂缝；

3）采用剪丝钳剪断预应力筋时，两手用力要均匀，不得采用扭折的办法；

4）对有多根预应力钢丝密集的构件，宜采用螺杆松张器等缓慢放松后再逐根剪断；

5）对用胎模生产的构件，放松预应力钢丝时应采取防止构件端部产生裂缝的有效措施，并使构件能自由滑动。

常用的放张方法有[34]：

1）螺杆放张法

螺杆放张装置由螺杆、钢横梁、传力架等组成（图20.2-6）。承力架通过螺杆固定在台座的横梁上，预应力钢丝用夹具锚定在承力架上。混凝土强度达到要求时，由两人用大扳手将两个螺母同时缓慢拧松，然后剪断钢丝。

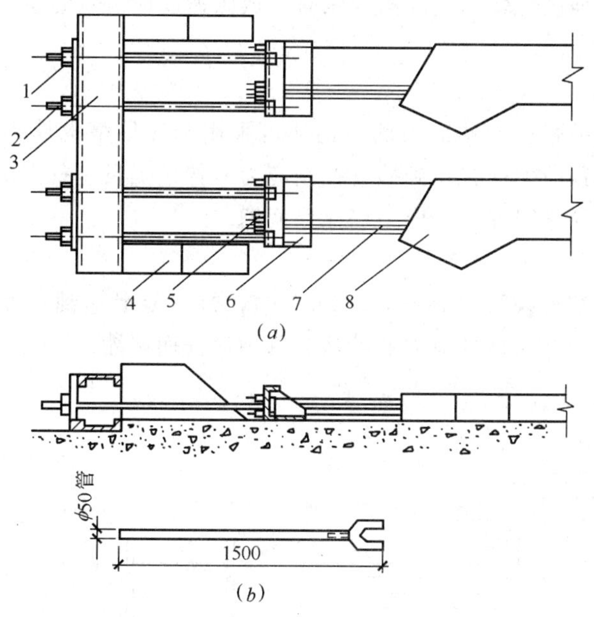

图 20.2-6　螺杆放张装置示意图

(a)螺杆放松装置；(b)放松扳手

1—螺母；2—螺杆；3—钢横梁；4—台墩；5—夹具；6—传力架；7—冷拔钢丝；8—构件

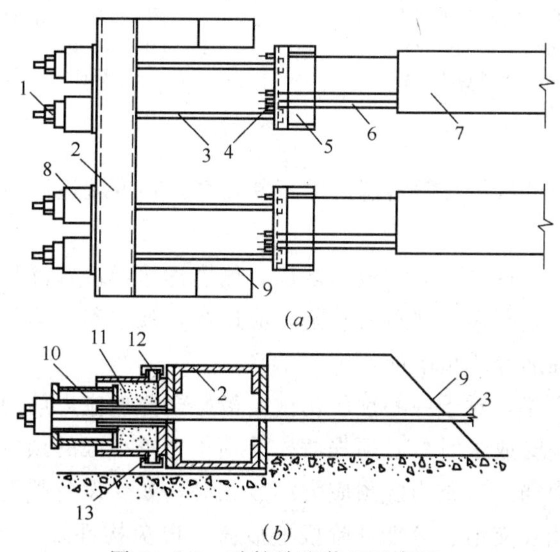

图 20.2-7　砂箱放张装置示意图

(a) 砂箱放张平面图；(b) 砂箱放张剖面图

1—螺母；2—横梁；3—螺杆；4—夹具；5—传力架；6—冷拔丝；7—构件；
8—砂箱；9—台墩；10—活塞；11—套筒；12—进砂口；13—出砂口

2)砂箱放松法

砂箱放松预应力钢丝的装置，由砂箱、螺杆、横梁、承力架四部分组成(图20.2-7)。砂箱内预先装入干燥而洁净的砂，装砂量约为砂箱容积的 2/3。钢丝张拉完毕后，由于预应力作用，将砂压紧。混凝土强度达到要求时，打开砂箱出砂口，砂子在压力作用下缓慢往外流出，砂箱中的活塞逐渐套入套筒内，钢丝就得到放松。这种方法安全可靠，设备简单，操作方便，劳动强度较轻。但砂箱放张时，放张速度应注意尽量一致，以免构件受扭损伤。

3）千斤顶放张法

凡采用千斤顶成批张拉的预应力筋，仍然可采用千斤顶整批放张（图 20.2-8）。与张拉时的布置一样，将预应力筋张拉到接近控制应力时拧松工具丝杠上的螺母，并留出放张后回缩的距离，然后徐徐回油，预应力筋徐徐回缩。

4）楔形垫放张法

张拉时，在张拉端设楔形马蹄垫（图 20.2-9），待混凝土达到强度时，从下往上打掉楔形马蹄垫，往右打开套筒，预应力筋就从夹具中松开而回缩。

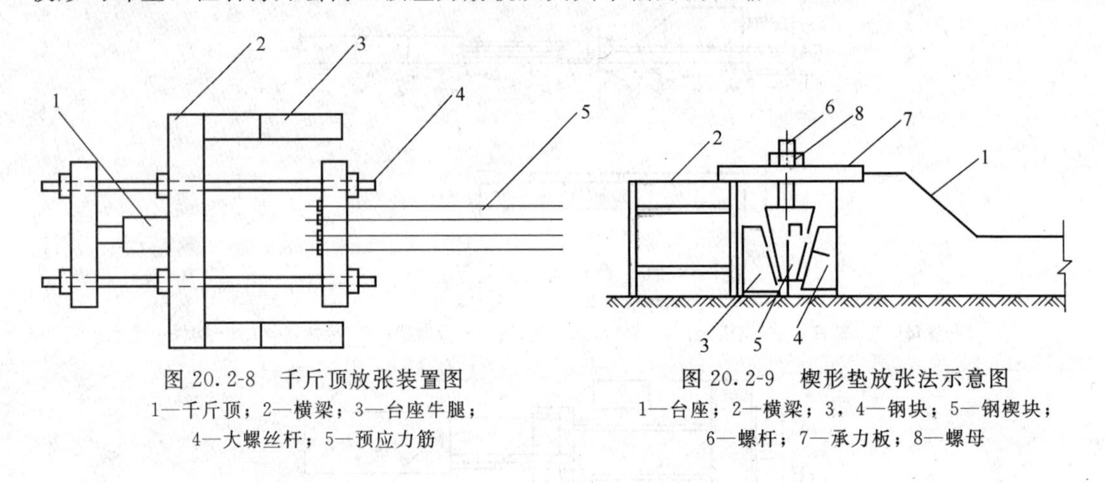

图 20.2-8 千斤顶放张装置图
1—千斤顶；2—横梁；3—台座牛腿；4—大螺丝杆；5—预应力筋

图 20.2-9 楔形垫放张法示意图
1—台座；2—横梁；3，4—钢块；5—钢楔块；6—螺杆；7—承力板；8—螺母

5）预热放张法

可采用氧乙炔焰轮流烘烤，随着温度的不断提高，强度就逐渐降低，烘烤部位产生局部伸长，然后熔割切断。

预应力筋放张前，应将非承力模板的端模、侧模拆除，检查混凝土振捣质量，尤其是传力区段，如有蜂窝、孔洞等较严重的缺陷，应进行补强并养护达到规定强度，才可放松预应力筋，以免发生抽筋等严重事故。

预应力筋放张的顺序，对于中心预压构件，最好全部预应力筋同时放张；对于偏心预压构件，如不能全部同时放张时，必须先放松受预压力较小区的预应力筋，然后再放松受预压力较大区的预应力筋。各受力区预应力筋放张时，如受设备限制不能同时放松全部预应力筋，则应对称、相互交错、分批分阶段地放张，以免构件发生不应有的裂纹、弯曲、预应力筋断裂等现象。

（6）堆放要求

堆放构件的场地，应平整夯实。防止不均匀沉陷而使构件断裂。堆放时使构件与地面之间留有一定空隙，并有排水措施。构件堆放应按构件的刚度及受力情况平放或立放并应保持稳定。

重叠堆放的构件，应吊环向上，标志向外。堆垛高度应按构件强度、地面承载力、垫木强度及堆垛的稳定性确定，各层垫木的位置，应在一条垂直线上。垛与垛之间应留有一定的空隙。

20.2.4 先张法预应力构件的构造措施

(1) 当先张法预应力钢丝按单根方式配筋困难时，可采用相同直径钢丝并筋的配筋方式。并筋为国外混凝土结构中常见的配筋形式，一般用于配筋密集区域布筋困难的情况。并筋对锚固及预应力传递性能的影响由等效直径反映。并筋的等效直径取与其截面积相等的圆截面的直径：对双并筋应取为单筋直径的1.4倍，对三并筋应取为单筋直径的1.7倍。并筋的保护层厚度、钢筋间距、锚固长度、预应力传递长度及正常使用极限状态验算均应按等效直径考虑。

根据我国的工程实践，预应力钢丝并筋不宜超过3根。对热处理钢筋及钢绞线因工程经验不多，需并筋时应采取可靠的措施，如加配螺旋筋或采用缓慢放张预应力的工艺等。

(2) 先张法预应力钢筋之间的净间距应根据浇筑混凝土、施加预应力及钢筋锚固等要求确定。预应力钢筋之间的净间距不应小于其公称直径或等效直径的1.5倍，且应符合下列规定：对热处理钢筋及钢丝，不应小于15mm；对三股钢绞线，不应小于20mm；对七股钢绞线，不应小于25mm。

(3) 先张法预应力传递长度范围内局部挤压造成的环向拉应力容易导致构件端部混凝土出现劈裂裂缝。因此端都应采取构造措施，以保证自锚端的局部承载力。预应力钢筋端部周围的混凝土应采取下列加强措施：

1) 对单根配置的预应力钢筋，其端部宜设置长度不小于150mm且不少于4圈的螺旋筋；当有可靠经验时，亦可利用支座垫板的插筋代替螺旋筋，但插筋数量不应少于4根，其长度不宜小于120mm；

2) 对分散布置的多根预应力钢筋，在构件端部$10d$(d为预应力钢筋的公称直径)范围内应设置3～5片与预应力钢筋垂直的钢筋网；

3) 对采用预应力钢丝配筋的薄板，在板端100mm范围内应适当加密横向钢筋。

(4) 为防止预应力构件端部及预拉区的裂缝，对下列各种预制构件提出了配置防裂钢筋的措施：

1) 对槽形板类构件，应在构件端部100mm范围内沿构件板面设置附加横向钢筋，其数量不应少于2根。

2) 对预制肋形板，宜设置加强其整体性和横向刚度的横肋。端横肋的受力钢筋应弯入纵肋内。当采用先张长线法生产有端横肋的预应力混凝土肋形板时，应在设计和制作上采取防止放张预应力时端横肋产生裂缝的有效措施。

在预应力混凝土屋面梁、吊车梁等构件靠近支座的斜向主拉应力较大部位，宜将一部分预应力钢筋弯起。

对预应力钢筋在构件端部全部弯起的受弯构件或直线配筋的先张法构件，当构件端部与下部支承结构焊接时，应考虑混凝土收缩、徐变及温度变化所产生的不利影响，宜在构件端部可能产生裂缝的部位设置足够的非预应力纵向构造钢筋。

20.2.5 先张法预应力构件的检验和验收

构件质量的好坏，影响着结构的安全与使用。先张法预应力构件在生产的全过程中要有一套完善的质量管理制度，从原材料进厂(场)，半成品的质量控制到成品出厂(场)，每一个生产环节都必须检验合格。出厂(场)的构件必须要符合设计要求。

构件质量检验包括下列内容[132]：

(1) 预应力筋

主要检验预应力筋的等级、抗拉强度及伸长率以及预应力筋的数量、位置和张拉控制应力。

预应力筋进场时，应按现行国家标准《预应力混凝土用钢绞线》(GB/T 5224)等的规定抽取试件做力学性能检验，其质量必须符合有关标准的规定。

预应力筋使用前应进行外观检查，其质量应符合下列要求：有粘结预应力筋展开后应平顺，不得有弯折，表面不应有裂纹、小刺、机械损伤、氧化铁皮和油污等。

张拉过程中应避免预应力筋断裂或滑脱。对先张法预应力构件，在浇筑混凝土前发生断裂或滑脱的预应力筋必须予以更换。

预应力筋的张拉力、张拉或放张顺序及张拉工艺应符合设计及施工技术方案的要求，并应符合下列规定：

① 当施工需要超张拉时，最大张拉应力不应大于国家现行标准《混凝土结构设计规范》(GB 50010—2002)的规定；

② 张拉工艺应能保证同一束中各根预应力筋的应力均匀一致；

③ 先张法预应力筋放张时，宜缓慢放松锚固装置，使各根预应力筋同时缓慢放松；

④ 当采用应力控制方法张拉时，应校核预应力筋的伸长值。实际伸长值与设计计算理论伸长值的相对允许偏差为±6%。

预应力筋张拉锚固后实际建立的预应力值与工程设计规定检验值的相对允许偏差为±5%。

(2) 混凝土

检验内容包括，混凝土标准养护 28d 的强度，放张时及构件出厂(场)时的强度。

预应力筋张拉或放张时，混凝土强度应符合设计要求；当设计无具体要求时，不应低于设计的混凝土立方体抗压强度标准值的 75%。

(3) 外观检查

检查构件表面的露筋、裂缝、蜂窝及麻面等缺陷的情况；放张预应力筋时钢筋(丝)的内缩量；构件各部分尺寸的偏差。

预应力筋张拉后与设计位置的偏差不得大于 5mm，且不得大于构件截面短边边长的4%。

(4) 构件结构性能

检验构件的强度、刚度、抗裂度或裂缝宽度和反拱度。构件的结构性能检验采用短期静力加载的方法。

此外，构件在生产过程中进行检验的项目，如预应力筋张拉机具设备及仪表，应定期维护和校验。水泥、砂、石材料及外加剂的质量检验，混凝土配合比设计，混凝土坍落度的测定值等都应详细记录，整理存档备查。模板的偏差必须符合设计及规范规定的要求。预应力筋用锚具、夹具和连接器的质量检验。

20.3 后张法有粘结预应力施工

20.3.1 概述

预应力技术按预应力钢筋的张拉顺序可分为先张法和后张法，后张法又可分为有粘结和无粘结。后张法是指混凝土构件先浇筑并留置孔道，待混凝土达到一定强度后，将预应力钢筋穿入孔道进行张拉，张拉完毕并锚固后，若在孔道内灌以水泥砂浆，使预应力钢筋和混凝土之间产生粘结力，则称为后张法有粘结预应力；若不灌以水泥砂浆，则称为后张法无粘结预应力。

后张法有粘结预应力技术一般用于预制大跨径简支梁、简支板结构，屋面梁、屋架结构，各种现浇预应力结构或块体拼装结构。该技术在房屋建筑、特种结构、桥梁结构中都有广泛的应用。后张法有粘结预应力施工技术的主要工艺流程如图 20.3-1 所示：

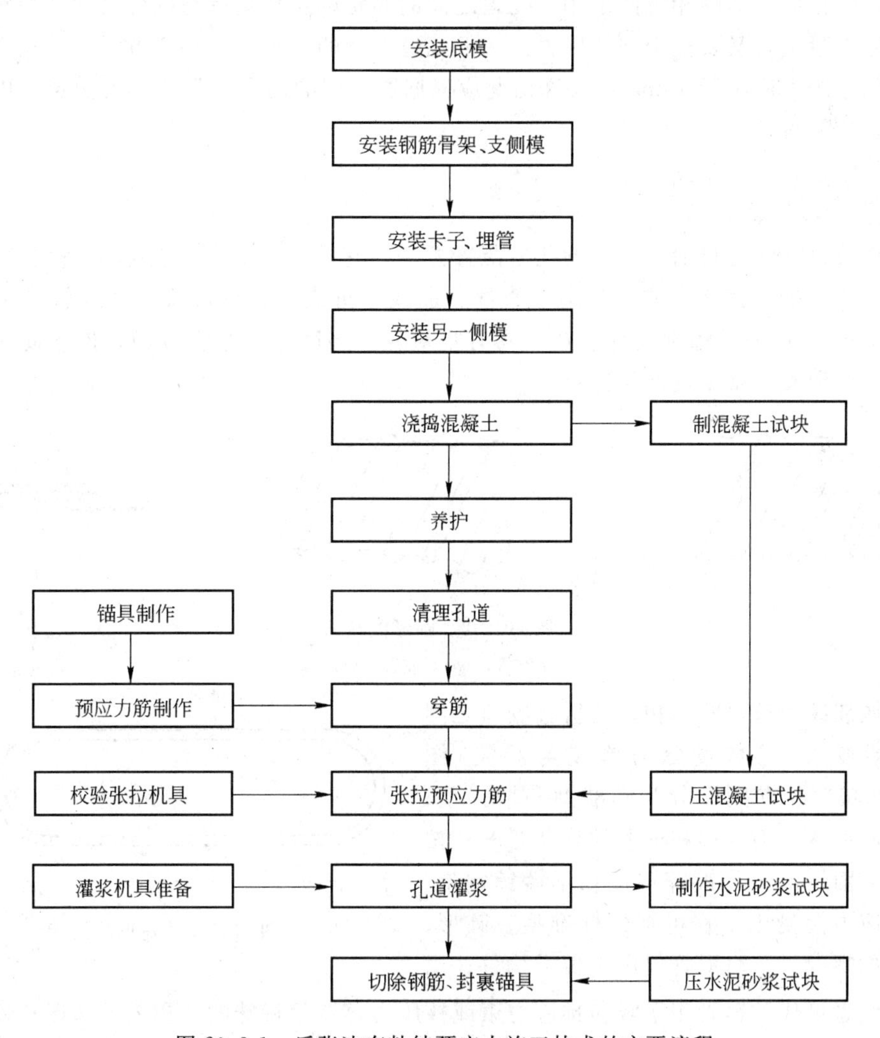

图 20.3-1 后张法有粘结预应力施工技术的主要流程

20.3.2 孔道的留置

(1) 孔道留置的原则

孔道在混凝土浇捣时留置。孔道的尺寸与位置应正确，预留孔道的位置，也就是预应力束(筋)的位置，如果孔道位置不正确，就使预应力束(筋)位置偏移，张拉后会使构件受力不均，容易引起翘曲，影响构件质量；要保证预留孔道畅通，如孔道不畅通，不仅穿筋困难，而且会产生很大摩阻力，影响张拉力的准确；孔道的线形应平顺，接头不漏浆等；孔道端的预埋钢板应垂直于孔道中心线。孔道成型的质量，直接影响到预应力筋的穿入与张拉，应严格控制。

孔道的直径应根据预应力筋的外径和所用锚具的种类而定，对粗钢筋，一般应比预应力筋的直径、钢筋对焊接头处外径或穿过孔道的锚具或连接器外径大 10～15mm，以便于它们顺利通过，并易于保证灌浆密实。对钢丝或钢铰线，孔道的直径应比预应力束外径或锚具外径大 5～10mm，且孔道面积应大于预应力筋面积的两倍。曲线孔道的转向角和曲率半径均按预应力筋的相应值采用。孔道之间的间距以及孔道壁与构件表面的净距，既要便于浇灌混凝土，又要便于预加应力。一般孔道之间的净距不应小于 50mm，孔道壁与构件表面的净距不应小于 40mm，特殊情况应根据所采用的锚具和张拉设备而定，以免预加应力时造成困难。

(2) 孔道留置的方法

1) 预埋波纹管法

预埋波纹管法是目前最常用的孔道留置方法，它始于 1981 年的南京金陵饭店预应力混凝土井式梁板屋盖施工中。它适于直线、曲线、折线等各种形式。波纹管是由薄钢带(厚 0.3mm)经压波后螺旋咬合卷成，具有重量轻、刚度好、弯折方便、连接简单、摩阻系数小、与混凝土粘结性好等优点。

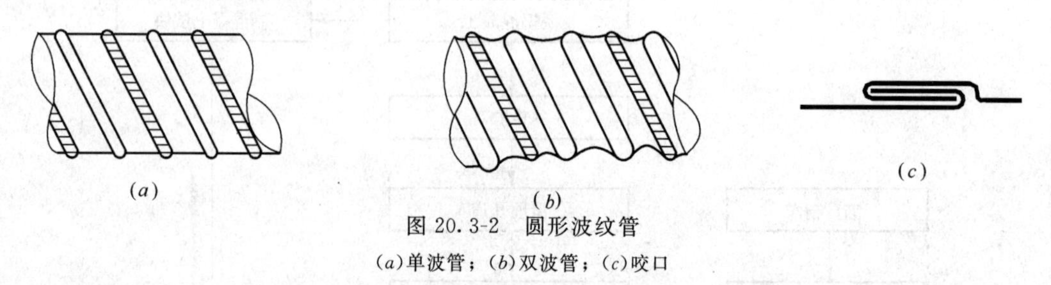

图 20.3-2　圆形波纹管

(a)单波管；(b)双波管；(c)咬口

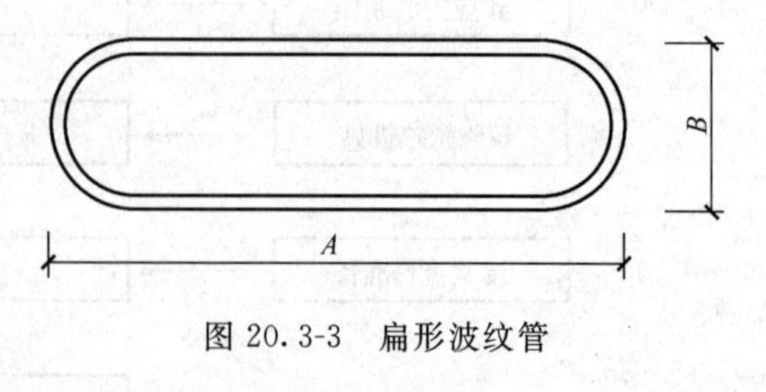

图 20.3-3　扁形波纹管

金属波纹管按每两个相邻的折叠咬口之间凸出(即波纹)的数量分为单波与双波(图 20.3-2)；按照径向刚度分为标准型和增强型；按照截面形状分为圆形和扁形(图 20.3-3)；按照钢带表面情况分为镀锌钢带和不镀锌钢带。一般预应力混凝土工程可选用标准型、圆形、不镀锌的螺旋管；扁形管仅用于板类构件；增强型波纹管可代替钢管用于竖向预应力束或核压力容器等特殊的、重要的情况；镀锌波纹管宜用于有腐蚀性介质的环境、重要的工程或使用期较长的情况。

圆形波纹管和扁形波纹管的规格分别见表 20.3-1 和表 20.3-2；波纹高度：单波为

2.5mm，双波为3.5mm。

圆形波纹管规格(mm)　　表 20.3-1

内　径		40	45	50	55	60	65	70	75	80	85	90	95	100
钢带厚	标准型	0.25		0.30										
	增强型						0.40				0.50			

扁形波纹管(mm)　　表 20.3-2

短　轴　A	19			25		
长　轴　B	57	70	84	67	83	99

注：钢带厚度0.3mm

波纹管的生产长度主要由运输尺寸确定，当使用量较小时，一般生产长度为6m左右。当用量较多时，生产长度可达10～12m，用量更大时，生产厂也可带制管机到施工现场加工。这时，波纹管长度可根据实际需要确定。

波纹管在仓库内长期保管时，仓库应干燥、防潮、通风、无腐蚀气体和介质。波纹管在室外保管的时间不可过长，不可直接堆放在地面上，必须放在枕木上并用苫布等有效措施防止雨露和各种腐蚀性气体、介质的影响。波纹管搬运时应轻拿轻放，不得抛摔或在地上拖拉，吊装时不得以一根绳索在当中拦腰捆扎起吊。波纹管外观应清洁，内外表面无油渍、无引起锈蚀的附着物，无空洞和不规则的折皱，咬口无开裂、无脱扣。并应满足两项基本要求：一是在外荷载的作用下，有抵抗变形的能力；二是在浇筑混凝土过程中，水泥浆不能渗入管内。

波纹管的接长可采用大一号同型波纹管作为接头管。接头管的长度：管径为ϕ40～65时取200mm；ϕ70～85时取250mm；ϕ90～100时取300mm。管两端用密封胶带或塑料热缩管封裹(图20.3-4)，以防接缝处漏浆。预留孔道端部波纹管与预埋钢板的连接有两种做法：一是波纹管延伸至预埋钢板的孔洞外口齐平(图20.3-5*a*)。这种做法，孔道密封较好，但预埋钢板的孔径要稍大于波纹管外径；另一种是采用长为100mm、小一号同型波纹管作为接头管，一端插入预埋钢板孔洞内，另一端与波纹管连接(图20.3-5*b*)。这种做法，接头较麻烦，但预埋钢板的孔洞与波纹管内径相同即可。无论采用哪一种连接方法，都必须注意端头预埋钢板应与波纹管孔道中心线垂直。当张拉端采用波纹管做扩大孔(镦头锚体系)时，扩大孔的波纹管与中间孔的波纹管连接方法，是将扩大孔连接端的波纹管剪开，搭在中间孔的波纹管上，并用密封胶带封裹(图20.3-5*a*)。

波纹管安装时，宜事先按设计图中预应力筋的曲线坐标在侧模板上弹线，以波纹管底为准，定出波纹管曲线位置；也可以梁底模板为基准，按预应力筋曲线坐标，直接量出相应点的高度，标在箍筋上，定出波纹管曲线位置。波纹管的固定，可采用钢筋托架(图20.3-6)，间距为600mm。钢筋托架应焊在箍筋上，箍筋下面要用垫块垫实。波纹管安装就位后，必须用铁丝将波纹管与钢筋托架绑在一起或在波纹管顶部绑一根钢筋，以防浇筑

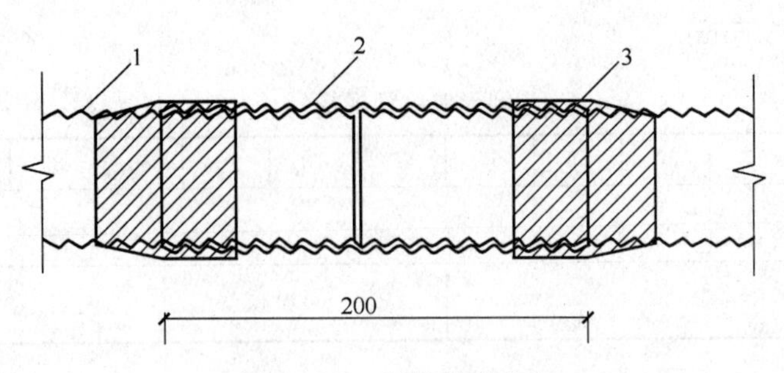

图 20.3-4 波纹管的连接

1—波纹管；2—接头管；3—密封胶带

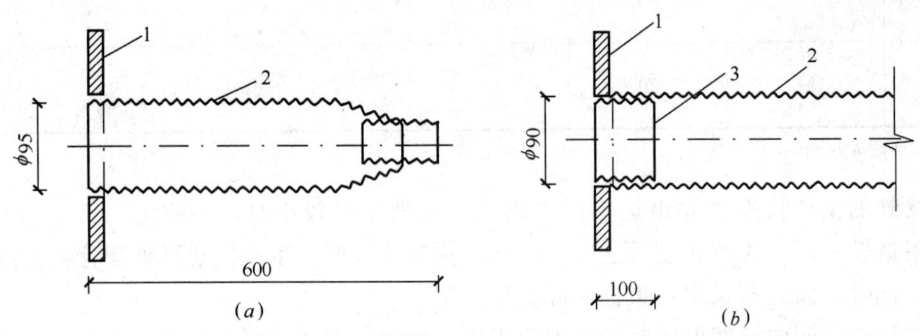

图 20.3-5 端头波纹管接头

(a)波纹管插入预埋板孔内；(b)用接头管连接

1—预埋钢板；2—波纹管；3—接头管

混凝土时波纹管上浮而引起严重的质量事故。波纹管安装就位过程中应尽量避免反复弯曲，以防管壁开裂，同时，还应防止电焊火花烧伤管壁。波纹管安装后，应检查波纹管的位置、曲线形状是否符合设计要求，波纹管的固定是否牢靠，接头是否完好，管壁有无破损等。如有破损，应及时用粘胶带修补。波纹管控制点的安装偏差：垂直方向为±10mm；水平方向为±20mm。从梁整体上看，波纹管在梁内应平坦，从梁侧看，波纹管曲线应平滑连续。

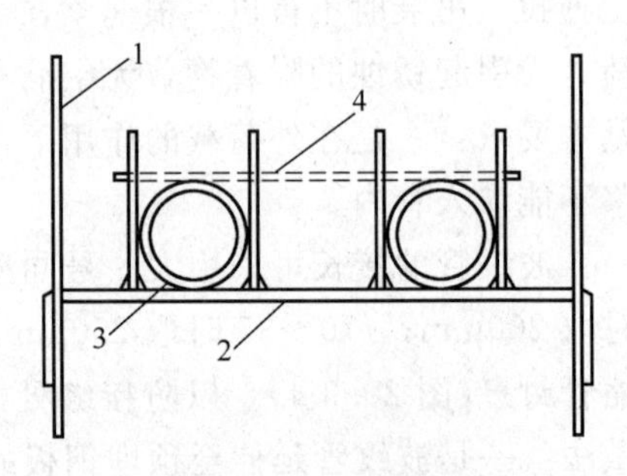

图 20.3-6 波纹管固定

1—箍筋；2—钢筋托架；3—波纹管；4—后绑的钢筋

2）钢管抽芯法

钢管抽芯法适用于留置直线孔道和曲率不大的圆弧形短孔道。用做芯管的焊接钢管或无缝钢管，外径应符合要求，表面光洁顺滑，预埋前应除锈、刷油。长度比孔道长 1m，一端应钻一个 16mm 的对穿孔，以便插入钢筋棒转动和抽拔钢管(图 20.3-7)。抽管前每隔 10～15min 应转管一次。

一根钢管的长度不够时，可用电焊接长。焊接时，为了能使中心线对准，可在接头处套以衬管(图 20.3-8)。焊好后，接头处用砂轮打平，再用砂纸磨光。

孔道较长时，抽拔芯管的阻力会很大，将芯管拔出会很困难，因此，当孔道长度大于 15m 时，不宜采用通长芯管，而宜采用对接芯管，从孔道两端抽拔。两段芯管可用短衬管连接，其外径与芯管内径相适应，长度大于 200mm，一半插入一段芯管中并焊固，另

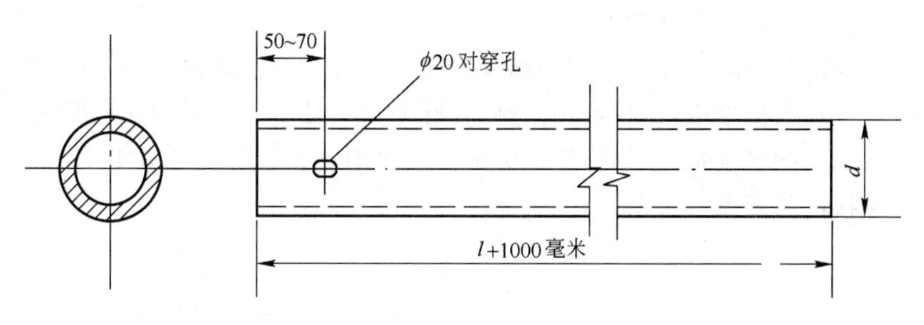

图 20.3-7　钢芯管

l—孔道长度；d—孔道直径

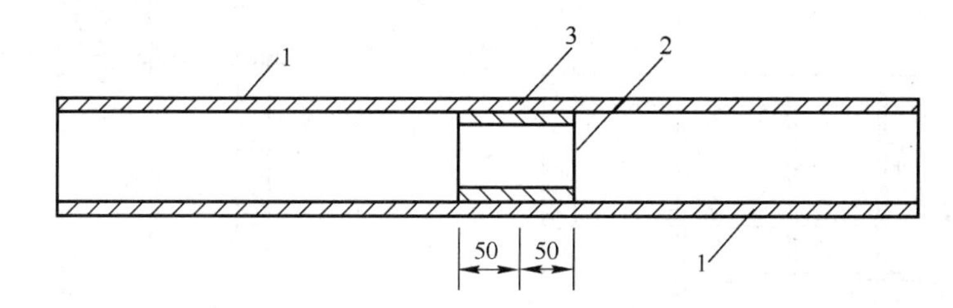

图 20.3-8　钢芯管接头

1—芯管；2—衬管；3—焊缝

一半在装设时插入另一段芯管中，接头处用两层水泥袋纸包覆，并用 22 号钢丝绑扎数道(图 20.3-9)，以免灰浆进入接头处。或用 0.5mm 厚铁皮做成的套管连接(图 20.3-10)，套管内表面要与钢管外表面紧密贴合，同样为防漏浆堵塞孔道。

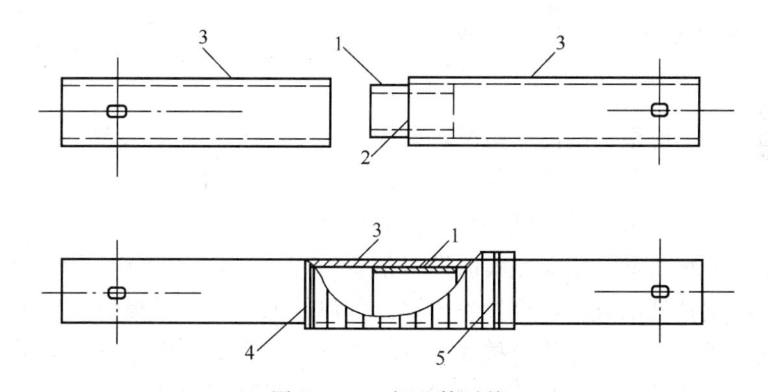

图 20.3-9　钢芯管对接

1—短衬管；2—焊缝；3—芯管；4—包覆纸；5—捆扎铁丝

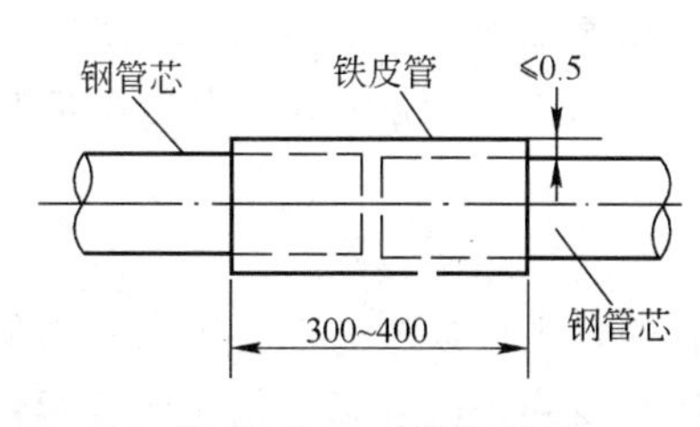

图 20.3-10　铁皮套管

在构件的钢筋骨架安装完毕，侧模支好后，芯管从模板的一端或两端穿入，安装在规定的位置上，每隔 2～3m 设置定位架，以免下挠和侧弯。施工中，一般都采用焊接钢筋网做定位架(图 20.3-11)。截面不大的预应力杆件(如桁架的下弦)，通常在侧模钻孔，间距 2m，横穿钢棒(直径 8～12mm)托住芯管，以固定其上下位置；同时从上向下插入钢梳，以固定芯管的左右位置(图 20.3-12)，它们都在混凝土浇捣完后抽出。采用这种方法固定芯管位置，质量可靠，操作方便，节省材料。

芯管在浇灌混凝土时，除了能侧向移动变形外，还会发生纵向移动，严重时，芯管的一端会脱离端模掉入模型中，对接的芯管则往往从接头处脱开，影响孔道的质量。为了避免发生这种情况，除横向固定外，芯管端部也必须用支顶顶住，不让它有纵向移动的可能，尤其是对接的芯管更有必要。

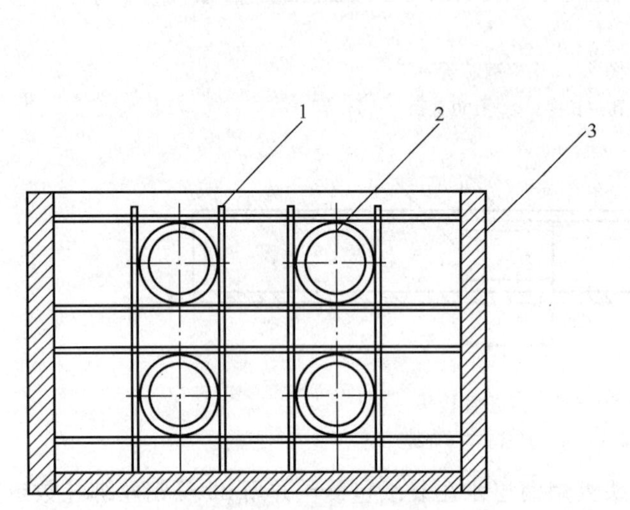

图 20.3-11　用焊接钢筋网做芯管定位架

1—焊接钢筋网；2—芯管；3—模板

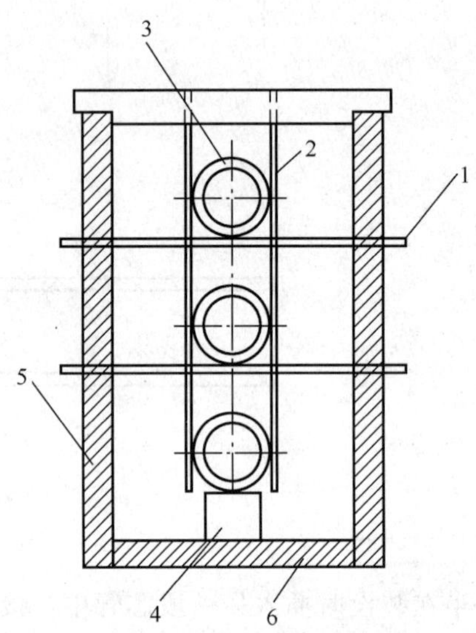

图 20.3-12　用横穿钢棒和竖插钢梳的方法固定芯管位置

1—钢棒；2—钢梳；3—芯管；4—砂浆垫块；5—侧模；6—底模

混凝土浇筑后，应根据气温的情况，每隔 10～20min 将芯管转动一次；对曲线芯管，由于不能转动，可在端部用锤轻轻敲击，使芯管在混凝土内移动 1～2cm，以免被混凝土粘住。抽管时间与混凝土性质、气温和养护条件有关，一般在混凝土初凝后、终凝前，以手指按压混凝土不粘浆又无明显印痕时即可抽管(常温下为 3～6h)。否则，抽管过早，会造成塌孔，太晚则抽管困难，甚至抽不出来。气温较低时，为了提前抽出芯管，可在芯管中通蒸汽加热混凝土。抽拔芯管应按先上后下、先曲后直的顺序进行，可用人工抽拔或用卷扬机，抽拔力作用的方向应与孔道轴线方向一致。最好用导架将芯管托住，以免抽出部分下垂，导致另一端部翘起顶坏混凝土，使孔道上表面产生裂缝，甚至坍塌。若不用导架，则应将抽拔端抬高一些，以使抽拔力作用的方向应与孔道轴线方向一致(图20.3-13)。抽拔时，对于直线孔道，芯管应边抽拔边转动，速度应均匀，对曲线孔道，应当避免转动，以免混凝土表面发生裂缝。

3）胶管抽芯法

胶管抽芯法的应用范围较钢管抽芯法要大，由于胶管弹性大，易于弯曲，因而它不但可以用于留设直线孔道，而且可用于留设任何形状的曲线孔道和折线孔道。由于胶管柔性大，使用时应在管中填充其他物质以增加其刚性，一般填充的物质是空气、水或在其中穿入一根外径合适的小橡皮管或适量的钢丝束，避免在浇捣混凝土时被压扁。混凝土浇筑

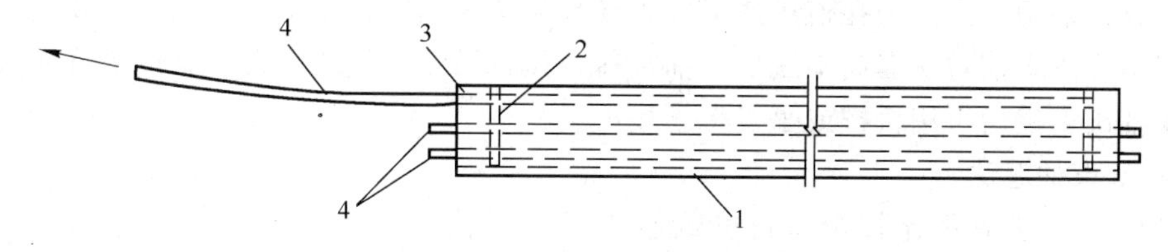

图 20.3-13　芯管抽拔端抬高示意

1—底模；2—端模；3—侧模；4—芯管

完，初凝后终凝前即可抽管，抽管时应先放掉管中的空气、水或先抽出管中的小橡皮管或钢丝束，此时胶管孔径变小，并与混凝土脱离，胶管即可很容易被抽出并形成孔道。抽管顺序应遵循先上后下、先曲后直。

用于此法的胶管一般有两种：5 层或 7 层的夹布胶管和钢丝网橡皮管。胶管外径应与孔道直径相适应，值得注意的是：当管内充气或充水时，应考虑充气或充水后直径胀大的影响，以免孔径过大，与设计值不符。一般胶皮管中充入压力为 0.6～0.8MPa 的压缩空气或压力水，此时胶皮管可增大 3mm 左右。胶管抽芯法，关键在于胶管的质量与胶管的保管，对充气或充水的胶管，必须有良好的密封装置。使用前，应把胶管的一段密封，勿使漏水漏气，密封的方法是将胶管一段外表面削去 1～3 层胶皮及帆布，然后将外表面带有粗丝扣的钢管(钢管一段用铁般密封焊牢)插入胶管端头孔内，再用 20 号铅丝在胶管外表面密缠牢固，铅丝头用锡焊牢(图 20.3-14)。胶管另一端接上阀门，其接法与密封端基本相同(图 20.3-15)。用胶管留孔充分利用了胶管的弹性和充气或充水后的刚性，才能形成良好的孔道。为此，不允许在混凝土硬化过程中漏气或漏水。在施工中要随时注意防止钢筋头或铁丝刺破胶管，并随时补足气或水，以保证孔道尺寸。被动端因在抽芯时要通过混凝土孔道，所以封闭后直径不应大于原来的直径。橡皮管应比孔道长 1.5～2m，当孔道较长一根橡皮管长度不够时，可采用两根橡皮管接起来，从孔道两端抽拔。接头处用铁皮套管连接，套管长 50cm，端部缝隙抹废肥皂堵严，以免水泥砂浆进入套筒。

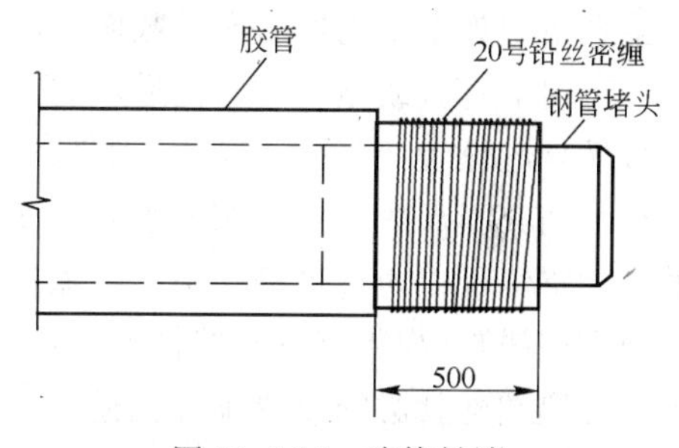

图 20.3-14　胶管封端

胶皮管穿入钢筋骨架后，应固定其位置以免使以后的成孔位置与设计不符。为此，应

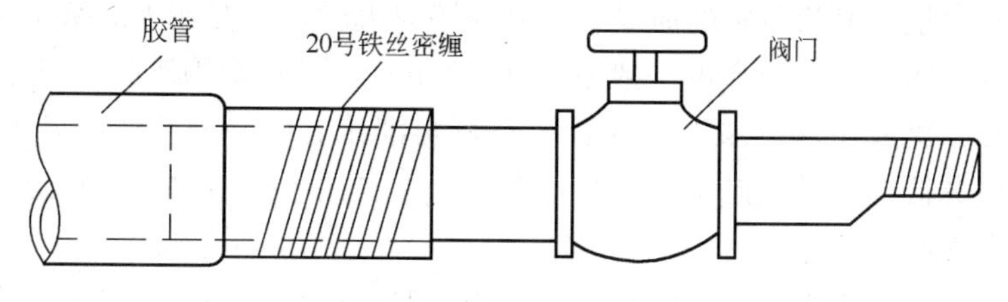

图 20.3-15　胶管与阀门连接

每隔 300～500mm 设一定位架，定位架用电焊焊固于钢筋骨架上。孔道的弯曲处，定位架应适当加密，间距不应大于 400mm。橡皮管就位后，便可充气、充水或在管内填充适量的冷拔钢丝。橡皮管充气可用小型空气压缩机，充水可用手压泵。胶管充气或充水时外

径增大、长度缩短。当一个孔道用两根胶管接起来从两端抽拔时，应边充边将胶管段往模内送，以免橡皮管缩短从套筒中脱出。抽拔前，先将压缩空气或压力水放掉或将穿入管中的钢丝束抽出，然后可用机械或手工将管拔出。

4）钢丝束抽芯法

钢丝束抽芯法应用比较少，它也既适用于直线孔道，也适用于曲线孔道。钢丝束芯有空心和实心两种。空心钢丝束芯是由许多纵向钢丝紧密排列于螺旋钢丝上用布条密缠而成(图 20.3-16)。螺旋钢丝圈用直径为 4mm 或 5mm 冷拔低碳钢丝绕成，螺距 5～8cm。纵向钢丝采用直径 4～5mm 冷拔低碳钢丝。布条宽为 8～10cm，缠扎顺序要一致。实心钢丝束芯是将成捆的直径 4mm 冷拔低碳钢丝密缠布条而成。抽芯时，对空心钢丝束应先抽出螺旋圈，再逐根抽出纵向钢丝，最后将布条拉出；对实心钢丝束应先用钳子逐根抽出少量钢丝，然后用手工陆续将钢丝全部抽出，最后拉出布条。

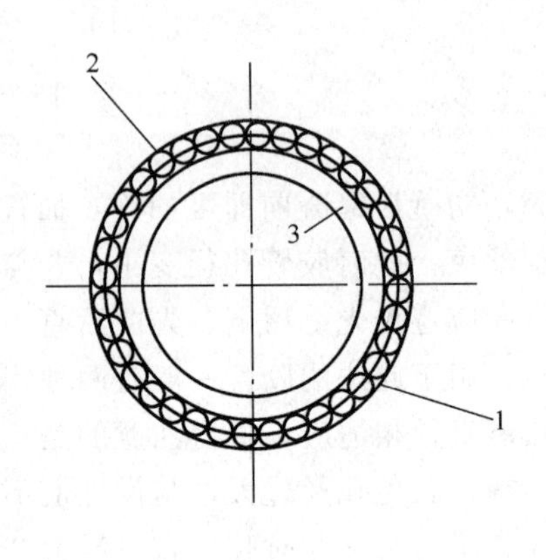

图 20.3-16　空心钢丝束芯
1—缠布；2—钢丝；3—螺旋钢丝

5）灌浆孔、排气孔、排水孔、泌水孔的设置

灌浆孔、排气孔、排水孔、泌水孔必须在留置孔道的时候同时留置。

灌浆孔或排气孔应设置在构件两端及跨中，也可设置在锚具或铸铁喇叭处，孔距一般不宜大于 12m，灌浆孔的直径应与输浆管管嘴外径相适应，一般不宜小于 16mm。各孔道的灌浆孔不应集中于构件的同一截面，以免截面积过分减少。灌浆孔的方向应能使灌浆时灰浆自上向下垂直或倾斜注入孔道，或自侧向水平注入孔道，以便于操作。曲线孔道灌浆时的最低点应设置灌浆孔，以利于排除空气，保证灌浆密实。设置排气孔是为了保证孔道内气流通畅，不形成死角，保证水泥浆充满孔道。有些锚具在锚固后仍然有孔洞或空隙，孔道中的空气可以通过这些孔洞、空隙排除，在这种情况下，孔道端部就不必专设排气孔槽。但有些锚具(如带有螺丝端杆的锚具)在锚固预应力筋后就将孔道端部封闭，在这种情况下，孔道端部就必须设置排气孔槽。排气孔对直径要求不严，一般施工中将灌浆孔与排气孔统一做成灌浆孔。灌浆孔或排气孔在跨内高点处应设在孔道上侧方，在跨内低点处应设在下侧方。

对连续结构中呈波浪状布置的曲线束，且高差较大时，应在孔道的每个峰顶处设置泌水孔，开口向上，露出梁面的高度一般不小于 500mm。泌水管用于排出孔道灌浆后水泥浆的泌水，并可二次补充水泥浆。泌水管一般可与灌浆孔统一留用；起伏较大的曲线孔道，应在弯曲的最低点处设置排水孔，开口向下，主要用于排出灌浆前孔道内冲洗用水或养护时进入孔道内的水分。

灌浆孔、排气孔、排水孔、泌水孔的做法为：对一般预制构件，可采用木塞留孔。木塞应抵紧钢管、胶管或波纹管，并应固定，严防混凝土振捣时脱开，如图 20.3-17。对现浇预应力结构波纹管留孔，其做法是在波纹管上开口，其上覆盖海绵垫片与带嘴的塑料弧形压板，并用铁丝扎牢，再用增强塑料管(外径 20cm，内径 16cm)插在嘴上，并将其引出梁顶面 400～500mm(图 20.3-18)。为保证留孔质量，波纹管上可先不打孔，在外接塑料管内插一根ϕ12 的光面钢筋露出外侧，待孔道灌浆前再用钢筋打穿波纹管，拔出钢筋。泌水孔、排气孔必要时可考虑作为灌浆孔用。

在混凝土浇筑过程中，为了防止波纹管偶尔漏浆引起孔道堵塞，应采用通空器通孔，通空器由长 60～80mm 的圆钢制成，其直径小于孔径 10mm，用尼龙绳牵引。

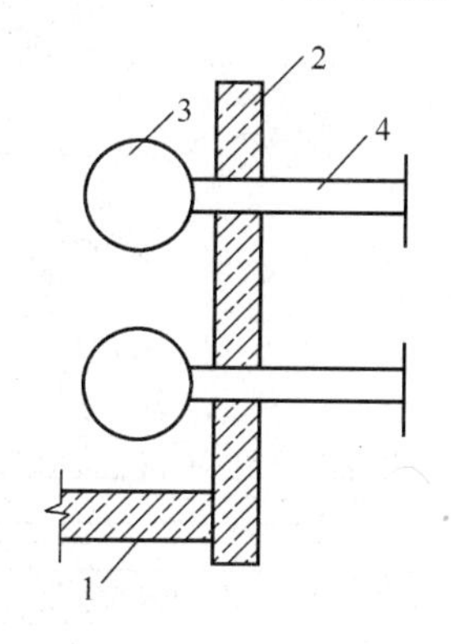

图 20.3-17 用木塞留灌浆孔

1—底模；2—侧模；
3—抽芯管；4—ϕ20 木塞

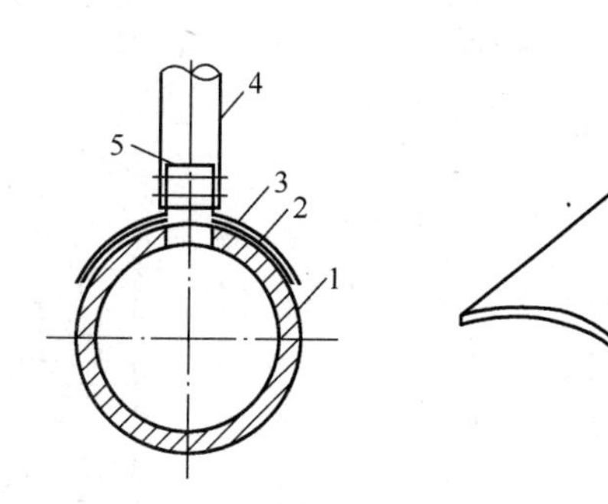

图 20.3-18 波纹管上留灌浆孔

1—波纹管；2—海绵垫；3—塑料弧形压板；
4—塑料管；5—铁丝扎紧

20.3.3 预应力筋的制作及张拉

(1) 预应力筋的制作

预应力筋的制作，主要根据所用的预应力钢材品种、锚具形式及生产工艺等确定。

1) 粗钢筋

预应力粗钢筋(单根筋)的制作一般包括下料、对焊、冷拉等工序。热处理钢筋及冷拉 HRB400 级钢筋宜采用切割机切断，不得采用电弧切割。预应力筋的下料长度应由计算确定，计算时应考虑锚夹具的厚度，对焊接头的压缩量、钢筋的冷拉率、弹性回缩率、张拉伸长值和构件长度等的影响。

采用螺杆锚具与拉杆式千斤顶时，粗钢筋的下料长度，可按下式计算(图 20.3-19)：

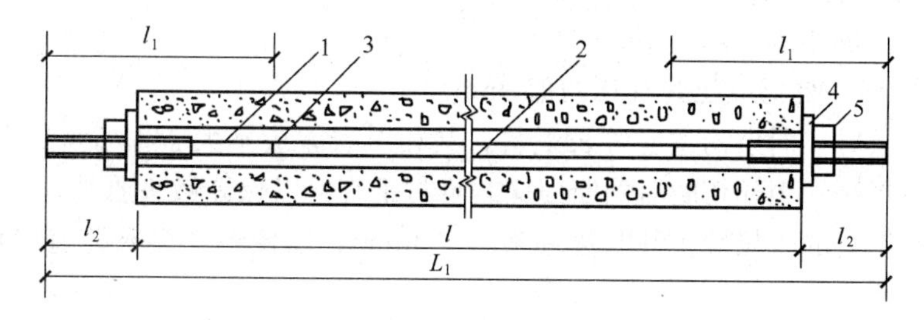

图 20.3-19 粗钢筋下料长度计算示意图

1—螺丝端杆；2—预应力钢筋；3—对焊接头；4—垫板；5—螺母

预应力钢筋的成品长度：$L_1=l+2l_2$

预应力钢筋部分的成品长度：$L_0=L_1-2l_1$

预应力钢筋部分的下料长度：$L=\dfrac{L_0}{l+\gamma-\delta}+nl_0$ (20.3-1)

式中 l——构件的孔道长度(mm)；

l_1——螺杆长度(mm)；

l_2——露出构件外的长度，对张拉端为 $l_2=2H+h+5\text{mm}$，对固定端为 $l_2=H+h+10\text{mm}$,其中，H 为螺母高度，h 为垫板厚度；

l_0——每个对焊接头的压缩量(mm)；

γ——预应力钢筋的冷拉率；

δ——预应力钢筋的冷拉弹性回缩率；

n——对焊接头数量。

2）钢丝束

钢丝束的制作一般包括开盘(冷拉)、下料和扁束等工序，当采用镦头锚具时，还应增加镦头工序，钢丝束的下料，一般采用砂轮锯或切割机切断，切口平整，无毛刺，无热影响区，以免造成不必要的损伤。下料长度须经计算确定，一般为孔道净长加上两端的预留长度，这与选用何种张锚体系有关。

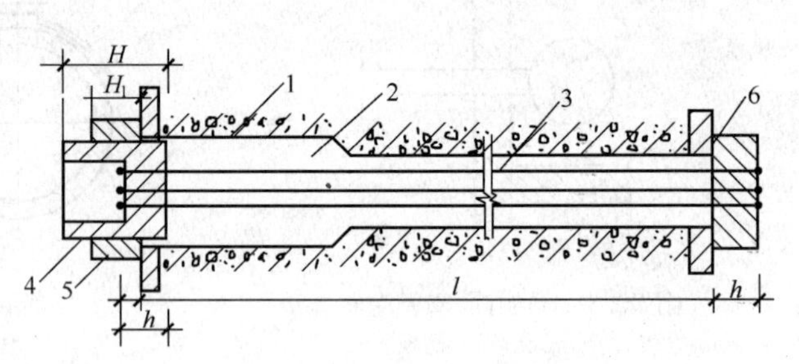

图 20.3-20 采用镦头锚具时钢丝下料长度计算简图

1—混凝土构件；2—孔道；3—钢丝束；4—锚环；5—螺母；6—锚板

采用镦头锚具时，钢丝的下料长度 L，按照预应力筋张拉后螺母位于锚杯中部进行计算(图 20.3-20)：

$$L=l+2h+2\delta-k(H-H_1)-\Delta L-C \tag{20.3-2}$$

式中 l——孔道长度(mm)，按实际丈量；

h——锚杯底厚或锚板厚度(mm)；

δ——钢丝镦头预留量，取 10mm；

k——系数，一段张拉时取 0.5，两端张拉时取 1.0；

H——锚杯高度(mm)；

H_1——螺母高度(mm)；

ΔL——钢丝束张拉伸长值(mm)；

C——张拉时构件混凝土弹性压缩值(mm)。

采用镦头锚具时，同束钢丝应等长下料，其相对误差应不大于 $L/5000$。钢丝下料宜采用钢管限位下料法。钢丝切断后的断面应与母材垂直，以保证镦头质量。

钢丝束镦头锚具的张拉端扩孔长度一般为 500mm，以便钢丝穿入孔道后伸出固定端一定长度进行镦头。

钢丝编束与张拉端锚具安装同时进行。钢丝一端先穿入锚杯镦头，在另端用细铁丝将内外圈钢丝按锚杯处相同的顺序分别编扎，然后将整束钢丝的端头扎紧，并沿钢丝束的整个长度适当编扎几道。

3）钢绞线束

钢绞线束与钢丝束类似，其制作也包括开盘(冷拉)、下料和扁束等工序。钢绞线的切割，宜采用砂轮锯；不得采用电弧切割，以免影响材质。

钢绞线束的下料长度 L，当一端张拉另一端固定时可按下式计算：

$$L=l+l_1+l_2 \tag{20.3-3}$$

式中 l——孔道的实际长度(mm)；

l_1——张拉端预应力钢筋外露的工作长度，应考虑工作锚厚度、千斤顶长度与工具锚厚度等，一般取600～800mm；

l_2——固定端预应力钢筋的外露长度，一般取150～200mm。

钢铰线可单根或整束穿入孔道，采用单根穿入时，应按一定的顺序进行，以免钢铰线在孔道内紊乱。采用整束穿入时，钢铰线应排列理顺，每隔2～3m用铁丝扎牢。

(2) 预应力筋穿束

预应力筋穿入孔道，简称穿束。穿束需要解决两个问题：穿束时机与穿束方法。

1) 穿束时机

根据穿束与浇筑混凝土之间的先后关系，可分为先穿束和后穿束两种。

① 先穿束法。

先穿束法即在浇筑混凝土之前穿束。对埋入式固定端或采用连接器施工，必须采用先穿法。此法穿束省力，但穿束占用工期，束的自重引起的波纹管摆动会增大摩擦损失，束端保护不当易生锈。施工时穿束与预埋波纹管需密切配合，特别注意要绝对保证波纹管不因施工振捣引起过大变形漏浆，影响预加力张拉施工。按穿束与预埋波纹管之间的配合，又可分为以下三种情况：

一是先放束后装管，即将预应力筋先放入钢筋骨架内，然后将波纹管逐节从二端套入并连接。

二是先装管后穿束，即将波纹管先安装就位，然后将预应力筋穿入。

三是两者组装后放入，即在梁外侧的脚手上将预应力筋与套管组装后，从钢筋骨架顶部放入就位，箍筋应先作成开口箍，再封闭。

② 后穿束法。

后穿束法即在浇筑混凝土之后穿束。此法可在混凝土养护期内进行，不占工期，便于用通孔器或高压水通孔，穿束后即行张拉，易于防锈，但穿束较为费力。

2) 穿束方法

根据一次穿入数量，可分为整束穿和单根穿。钢丝束应整束穿，钢绞线优先采用整束穿，也可用单根穿。穿束工作可由人工、卷扬机和穿束机进行。

① 人工穿束。

人工穿束可利用起重设备将预应力束吊起，工人站在脚手上逐步穿入孔内。束的前端应扎紧并裹胶布，以便顺利穿过孔道。对多波曲线束，宜采用特制的牵引头，工人在前头牵引，后头推送，用对讲机保持前后二端同时出力。对长度不大于50m的二跨曲线束。人工穿束还是方便的。在多波曲线束中，用人工穿单根钢绞线较为困难。

② 用卷扬机穿束。

用卷扬机穿束主要用于特长束、特重束、多波曲线束等整束穿的情况。卷扬机的速度宜慢些(每分钟约为10m)，电动机功率为1.5～2.0kW。束的前端应装有穿束网套或特制的牵引头。穿束网套可用细钢丝绳编织。网套上端通过挤压方式装有吊环。使用时将钢绞线穿入网套中(到底)，前端用铁丝扎死，顶紧不脱落即可。

③ 用穿束机穿束。

用穿束机穿束适用于单根穿钢绞线的情况。穿束机有以下二种类型：一是由油泵驱动链板夹持钢绞线传送(图 20.3-21)，速度可任意调节，穿束可进可退，使用方便。二是由电动机经减速箱减速后由两对滚轮夹持钢绞线传送。进退由电动机的正反控制。穿束时钢绞线前头应套上一个子弹头形的壳帽。

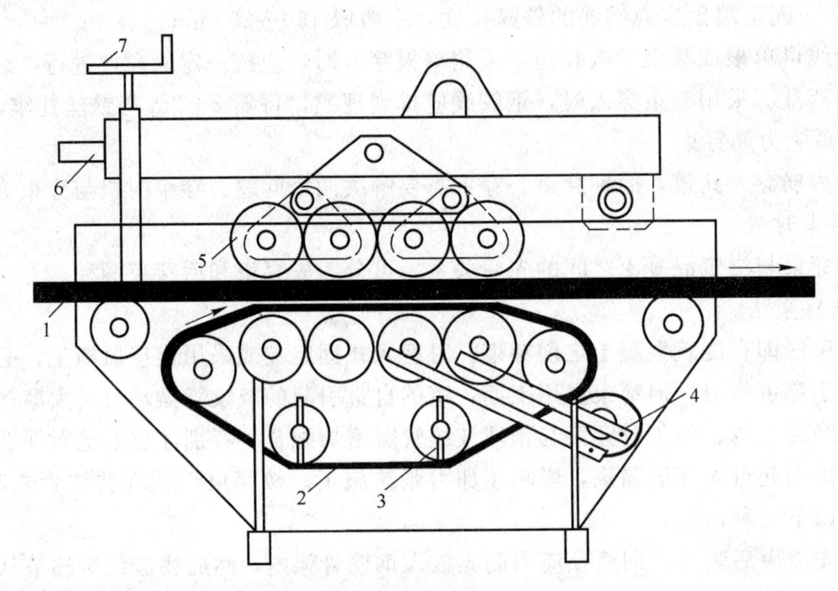

图 20.3-21 穿束机的构造简图

1—钢铰线；2—链板；3—链板扳手；4—油泵；5—压紧轮；6—拉臂；7—扳手

(3) 预应力钢筋的张拉

1) 张拉时机

施加预应力时的混凝土立方体强度，直接影响构件的安全度、锚固区的局部承压、徐变引起的损失等，是施加预应力成败的关键。对施工阶段不允许出现裂缝的构件或预压时全截面受压的构件，在预加应力、自重及施工荷载作用下，截面边缘的混凝土压应力 $\sigma_{cc} \leqslant 1.2f'_c = 1.2 \times 0.5 \times f'_{cu}$，$f'_{cu} \geqslant 1.7\sigma_{cc}$，即施加预应力时的混凝土立方体强度必须等于或大于由预应力产生的混凝土最大压应力的 1.7 倍；预应力筋锚固时锚下混凝土将承受较大的局部应力，因此，锚固区的混凝土强度必须满足局部承压要求，以免构件端部开裂，甚至破坏；混凝土徐变引起的预应力损失，当 $\sigma_{cc} \leqslant 0.4f'_{cu}$时呈线性变化，当 $\sigma_{cc} \geqslant 0.5f'_{cu}$时，增加较快，呈非线性变化，因此，$\sigma_{cc}/f'_{cu}$比值应控制在 0.5 范围内。施加预应力时，混凝土的立方体强度，应根据以上三方面核算综合确定，但不宜低于混凝土设计强度等级的 75%。如后张法构件为了搬运等需要，可提前施加一部分预应力，使梁体建立较低的预压应力，足以承受自重荷载，但混凝土的立方体强度不应低于设计强度等级的 60%。

2) 张拉设备的选择

为了确保预应力钢筋混凝土构件的工程质量，准确地使预应力钢筋达到要求的张拉力，保证在张拉过程中安全操作，在张拉之前，必须根据构件特点、生产工艺及钢筋(或钢丝)的规格、根数等因素，合理地选用张拉机具与设备。预应力筋的张拉力一般为设备额定张拉力的 50%～80%，预应力筋的一次张拉伸长值不应超过设备的最大张拉行程。当一次张拉不足时，可采用分级重复张拉的方法，但所用的锚具与夹具应适应重复张拉的要求。

3）张拉控制应力

张拉控制应力是指预应力钢筋在进行张拉时所控制达到的最大应力值。其值为张拉设备(如千斤顶油压表)所指示的总张拉力除以预应力钢筋面积得到的应力值，以 σ_{con} 表示。预应力筋张拉控制应力的大小直接影响预应力效果。如果控制应力取值过低，则预应力钢筋在经历各种损失后，对混凝土产生的预压应力过小，不能有效地提高预应力混凝土构件的抗裂度和刚度。当然，控制应力也不能过高，否则会使构件出现裂缝的荷载与破坏荷载很接近，在破坏前没有明显的预兆，构件的延性较差；也可能造成预拉区开裂以及端部混凝土局部受压破坏；同样，超张拉过大使钢筋应力超过屈服点，产生塑性变形将影响预应力值的准确性和张拉工艺的安全性；此外控制应力较大造成构件反拱过大或预拉区出现裂缝也是不利的。

预应力筋张拉控制应力应符合设计要求且应符合下列规定：对碳素钢丝、刻痕钢丝、钢铰线，其最大张拉控制应力允许值为 $0.75f_{ptk}$(极限抗拉强度)；对热处理钢筋、冷拔低碳钢丝，其最大张拉控制应力允许值为 $0.65f_{ptk}$。当符合下列情况之一时，张拉控制应力的限值可提高 $0.05f_{ptk}$：①要求提高构件在施工阶段的抗裂性能而在使用阶段受压区内设置的预应力钢筋。②要求部分抵消由于应力松弛、摩擦、钢筋分批张拉以及预应力钢筋与张拉台座之间的温差等因素产生的预应力损失。

张拉控制应力取值，后张法低于先张法。这是因为后张法构件在张拉钢筋的同时，混凝土已受到弹性压缩，而先张法构件，混凝土是在预应力筋放松后才受到弹性压缩。因此预应力值的建立后张法受弹性压缩的影响较小，而先张法较大。此外，混凝土收缩、徐变引起预应力损失，后张法也比先张法小。

4）张拉程序

预应力筋的张拉程序，主要根据构件类型、张锚体系、松弛损失取值等因素确定。用超张拉方法减少预应力筋的松弛损失时，预应力筋的张拉程序为：

$$0 \longrightarrow 1.05\sigma_{con}(\text{持荷 2min}) \longrightarrow \sigma_{con}$$

如果在设计中钢筋的应力松弛损失按一次张拉取值，则其张拉程序为：

$$0 \longrightarrow \sigma_{con}$$

如果预应力筋的张拉吨位不大，根数很多，而设计中又要求采用超张拉以减少应力松弛损失，则其张拉程序为：

$$0 \longrightarrow 1.03\sigma_{con}$$

5）张拉方式

张拉方法有一端张拉和两端张拉。

一端张拉工艺就是将张拉设备放置在预应力筋一端的张拉形式，主要用于埋入式固定端、分段施工采用固定式连接器连接的预应力筋和其他可以满足一端张拉要求的预应力筋。对抽芯成孔的直线预应力筋长度不大于 24m 时可采用一端张拉；对预埋波纹管的直线预应力筋，长度不大于 30m 可在一端张拉。为了克服孔道摩擦力的影响，使预应力钢筋的应力得以均匀传递，采用反复张拉 2～3 次，可达到较好的效果。一段张拉工艺过程可以是分级张拉一次锚固，也可以是分级张拉、分级锚固。

两端张拉工艺是将张拉设备同时布置在预应力筋两端同时同步张拉的施工工艺，适用于较长的预应力筋束，是为了避免因预应力筋较长而造成较大的摩擦损失。对曲线预应力筋，应在两端张拉；对抽芯成孔的直线预应力筋、长度大于 24m 应在两端张拉；对预埋波纹管的直线预应力筋，长度大于 30m 宜在两端张拉；对竖向预应力结构，宜采用两端分别张拉，且以下端张拉为主；当同一截面中有多根一端张拉的预应力筋时，张拉端宜分别设置在结构的两端。原则上讲，两端张拉应同时同步进行，但当张拉设备数量不足或由于张拉顺序安排关系，也可现在一端张拉完成后，再移至另一端补足张拉力后锚固。对一端张拉完成后，另一端损失不大，再补张另一端时，出现张拉力达到要求而伸长值没有增加的情况时，应考虑采用两端同步张拉工艺。出现这种情况是因为夹片式锚具锚固楔紧后，若要重新打开夹片，必须同时克服夹片与锚环锥孔的楔紧摩擦力和预应力筋中的锚固力，方能重新打开夹片，此时预应力钢筋中张拉力才与油表显示值一致。

6）张拉顺序

预应力筋的张拉顺序应符合设计要求，当设计无要求时，可根据具体情况采用具体的张拉顺序，总体要求是：应使结构及构件受力均匀、同步，不产生扭转、侧弯；不应使混凝土产生超应力；不应使其他构件产生过大的附加内力及变形等。因此，无论对结构整体，还是单个构件而言，都应遵循同步、对称张拉的原则。此外，安排张拉顺序还应考虑到尽量减少张拉设备的移动次数。

① 分级张拉一次锚固。

这种张拉顺序是在施加预应力过程中按五级加载过程依次上升油压，分级方式为 20％、40％、60％、80％、100％，每级加载均应量侧伸长值，并随时检查伸长值与计算值的偏差。张拉到规定油压后，持荷复验伸长值，合格后，实施一次性锚固。

张拉前安装张拉设备时，对直线预应力筋，应使张拉力的作用线与孔道中心线重合；对曲线预应力筋，应使张拉力的作用线与孔道中心线末端的切线重合。

对不同的锚固体系应注意安装张拉设备与锚固方式的不同：对粗钢筋螺杆锚固体系，应事先选择配套的张拉头，将垫板与螺母安装在构件端头，但应注意垫板的排气槽不得装反，锚固时，应通过专用工具拧紧螺母后，千斤顶卸载锚固；对钢丝束锥形锚固体系，由于钢丝沿锚环周边排列且紧靠孔壁，因此安装钢质锥形锚具时必须严格对中，钢丝在锚环周边应分布均匀，锚固时，应在持荷后实施顶压锚固工艺，然后卸载锚固；对钢丝束镦头锚固体系，由于穿束关系，其中一端锚具要后装并进行镦头，配套的工具式拉杆与连接套筒应事先准备好，此外还应检查千斤顶的撑脚是否适用，锚固时，千斤顶卸载即可锚固，也可顶压后卸载锚固。

② 分级张拉分级锚固。

预应力筋张拉用液压千斤顶的张拉行程一般为 150～200mm，对较长的预应力筋束(一般当预应力筋长度大于 25m 时)，其张拉伸长值会超过千斤顶的一次全行程，必须分级张拉、分级锚固。对超长预应力筋束(如大跨径桥梁、电视塔等结构)，其张拉伸长值甚至达到千斤顶行程的好几倍，必须经过多次张拉，多次锚固，才能达到最终张拉力和伸长值。

分级张拉、分级锚固应根据计算伸长值，将张拉过程分成若干次，每次均实施一轮张拉锚固工艺，每一轮的初始油压即为上一轮的最终油压，每一轮的拉力差值应取相同值，以便控制，一直到最终油压值锚固。

③ 分批张拉。

分批张拉是指在后张构件或结构中，多根预应力筋需要分批进行张拉的方式。由于后批预应力筋张拉所产生的混凝土弹性压缩对先批张拉的预应力筋造成预应力损失，所以先批张拉的预应力筋张拉力应加上该弹性压缩损失值，即先批张拉的预应力筋张拉应力 σ_{con} 应增加 $\alpha_E\sigma_{pci}$（α_E 为预应力筋弹性模量与混凝土弹性模量比值；σ_{pci} 为张拉后批预应力筋时在已张拉预应力筋重心处产生的混凝土法向应力）。但张拉时增加了麻烦，实际工作中也可采取下列办法解决：

a. 采用同一张拉值，逐根复拉补足；

b. 采用同一张拉值，在设计中扣除弹性压缩损失平均值；

c. 统一提高张拉力，即在张拉力中增加弹性压缩损失平均值；

d. 对重要的预应力混凝土结构，为了使结构均匀受力并减少弹性压缩损失，可分两阶段建立预应力，即全部预应力筋先张拉 50％以后，再第二次拉至 100％。

平卧重叠浇筑的构件，宜先上后下逐层进行张拉。为了减少上下层之间因摩阻引起的预应力损失，可逐层加大张拉力，但最大不宜超过 $1.05\sigma_{con}$。当隔离层效果较好时，可采用同一张拉值。

④ 分段张拉。

分段张拉是指在多跨连续梁板分段施工时，通长的预应力筋需要逐段进行张拉的方式。对大跨度多跨连续梁，在第一段混凝土浇筑与预应力筋张拉后，第二段预应力筋利用锚头联结器接长，以形成通长的预应力筋。对多跨无粘结预应力板，先铺设通长的无粘结筋，然后浇筑第一段混凝土，待混凝土达到强度后，利用专门千斤顶卡在无粘结筋上对已浇筑段进行张拉锚固；再进行第二段施工。

⑤ 分阶段张拉。

分阶段张拉是指在后张结构中，为了平衡各阶段的荷载，采取分阶段逐步施加预应力的方式。所加荷载不仅是外载(如楼层重量)，也包括由内部体积变化(如弹性缩短、收缩与徐变)产生的荷载。梁的跨中处下部与上部纤维应力应控制在容许范围内。这种张拉方式具有应力、挠度与反拱容易控制，材料省等优点，适用于跨越地道支承高层建筑荷载的大梁或各种传力梁。

⑥ 补偿张拉。

补偿张拉是指在早期的预应力损失基本完成之后再进行张拉的方式。采用这种补偿张拉，可克服弹性压缩损失，减少钢材应力松弛损失、混凝土收缩与徐变损失等，以达到预期的预应力效果。此法在水利工程中采用较多。

7）变角张拉工艺[20]

变角张拉工艺是由于受空间限制，在张拉端锚具后安装变角块，使预应力筋改变一定角度后进行预应力张拉的一种张拉工艺。它是解决空间小或有障碍物时预应力筋张拉的有效方法。由于预应力筋改变一定的角度，在张拉时摩阻会增大，因而一般的预应力设计、施工中，尽量不采用这种方法。

① 单根预应力筋的变角张拉工艺。

单根预应力筋变角张拉工艺(图 20.3-22)，适用于变角范围 0°～60°，角度越大，摩阻也越大。由于变角增大了摩擦阻力，应在设计时予以考虑，避免由于摩阻增大拉断预应力筋。变角在0°～20°时，摩擦增加的较小，可以忽略不计，变角在20°～40°时，应采用超张拉5%弥补其损失。如果设计时控制应力已在0.75f_{ptk}时，超张拉应慎重。用QM锚具时，也可以不加顶压器，在变角块前加限位板，或在第一块变角块上加工出限位空间，也可以获得可靠的锚固。

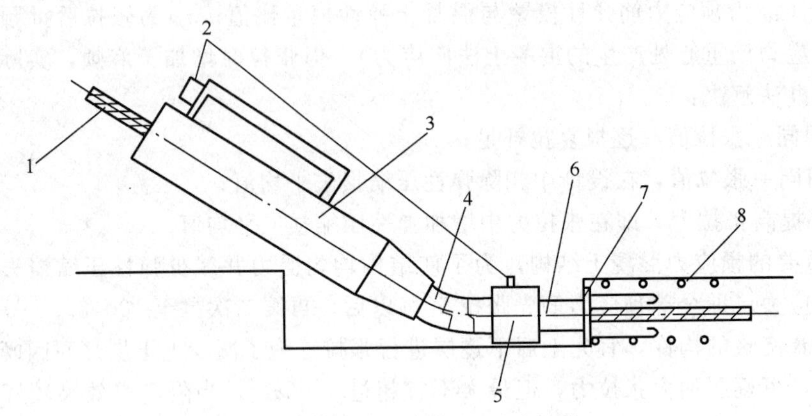

图20.3-22 单根预应力变角张拉

1—预应力筋；2—油嘴；3—YCQ20千斤顶；4—变角块；
5—顶压器或限位板；6—锚具；7—垫板；8—螺旋筋

多根预应力筋的变角张拉工艺，与单根的雷同，只是变角块做成多孔的，选用相适应的大千斤顶。多根变角块前面多采用加顶压器，使夹片锚固整齐、可靠。

② 环形预应力筋的变角张拉工艺。

隧道涵洞的环形预应力筋选用中间锚固(也有称环锚)，必须采取变角张拉工艺才能进行张拉作业，如图20.3-23所示。

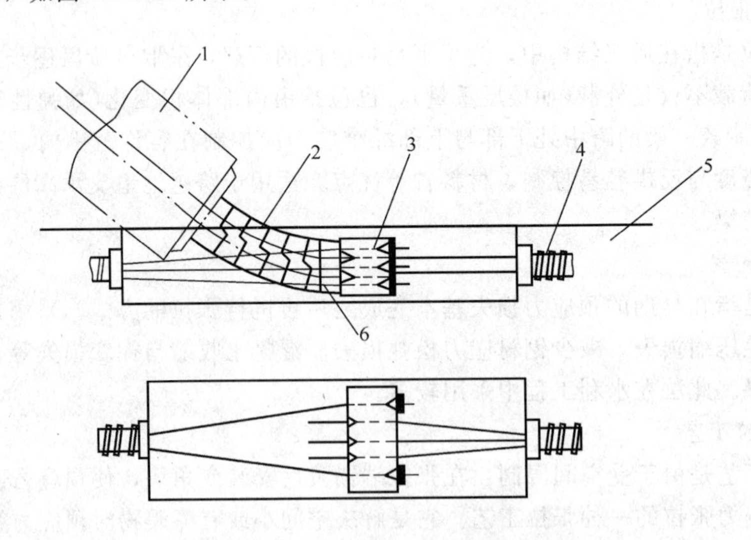

图20.3-23 环形预应力筋变角张拉示意图

1—千斤顶；2—变角块；3—中间锚具(环锚)；
4—波纹管；5—环形混凝土构件；6—顶压器

环形预应力筋的首尾均锚固在同一块锚板上，由于预应力筋的限制，不变角无法进行张拉。一般的采用变角40°左右，锚板中间部为张拉端锚孔，变角后安装顶压器、千斤顶，使之躲开预应力筋，顺利地进行张拉作业。

多根筋变角张拉，可采用在锚具后加装液压式顶压器，再接装变角块、千斤顶及工具锚。多根变角张拉适用于0°～60°，一般0°～20°范围摩擦损失可忽略不计，如果变角20°～40°时，应采取超张拉5%来弥补由于变角而增加的摩阻损失。如果变角更大时，必须在设计时选取的控制张拉力不能过高，否则变角后易拉断。

8）张拉伸长值校核

① 张拉伸长值的计算。

预应力筋的计算伸长值ΔL可按下式计算：

$$\Delta L=\frac{F_{p}L}{A_{p}E_{s}} \tag{20.3-4}$$

式中 F_p——预应力筋的平均张拉力(kN)直线筋取张拉端的拉力；两端张拉的曲线筋，取张拉端的拉力与跨中扣除孔道摩阻损失后拉力的平均值；

A_p——预应力筋的截面面积(mm^2)；

L——预应力筋的长度(mm)；

E_s——预应力筋的弹性模量(kN/mm^2)。

$$F_{p}=P\left[\frac{1+e^{-(kL+\mu\theta)}}{2}\right]$$

式中 P——预应力筋的张拉力；

K——孔道每米局部偏差对摩擦的影响系数；

μ——预应力筋与孔道壁的摩擦系数；

θ——从张拉端至计算截面曲线孔道部分切线的夹角之和(rad)。

对于由多段曲线组成，或由直线与曲线段组成的曲线筋，张拉伸长值应分段计算，然后叠加。在计算时，首先应将每段的两端扣除孔道摩阻的有效拉力计算出来，然后再计算每段的伸长值。

② 张拉伸长值的量测。

预应力筋的实际伸长值$\Delta L'$，宜在初应力张拉控制应力10%左右时开始量测(量测油缸的外露长度，在相应分级荷载下量测相应油缸外露长度，如果中间锚固，则第二级初始荷载应为前一级最终荷载，将多级伸长值叠加即为初应力至终应力间的实测伸长值)：

$$\Delta L'=\Delta L_{1}+\Delta L_{2}-A-B-C \tag{20.3-5}$$

式中 ΔL_1——从初应力至最大张拉力之间的实测伸长值(mm)；

ΔL_2——初应力以下的推算伸长值(mm)；

A——施加预应力时，后张法混凝土构件的弹性压缩值和固定端锚具楔紧引起的预应力筋的内缩量；当其值微小时，可略去不计；

B——千斤顶体内预应力筋的张拉伸长值；

C——构件的弹性压缩值。

关于初应力以下的推算伸长值ΔL_2，可根据弹性范围内张拉力与伸长值成正比的关系，用计算法或图解法确定。

③ 张拉伸长值校核。

如果实际伸长值比计算伸长值大于10%或小于5%，应暂停张拉，在采取措施予以调整后，方可继续张拉。伸长值校核应在张拉过程中同时校核。通过这样的校核可以综合反映张拉力是否足够、孔道摩阻损失是否偏大以及预应力筋是否有异常现象等。

20.3.4 孔道灌浆

(1) 孔道灌浆的作用

后张法预应力筋张拉完毕后，孔道必须灌注水泥浆或砂浆。灌浆主要有如下两个主要作用：

孔道灌浆的第一个作用是保护预应力筋免遭锈蚀，保证结构物的耐久性。由于预应力筋在高应力状态下容易锈蚀，尤其是以钢丝组成的钢丝束、钢绞线等，如不及时采取防锈措施，就会很快被锈蚀断裂。国外曾发生过预应力筋因锈蚀而断裂的事故。用水泥浆或砂浆包覆预应力筋是最简单最有效的防锈措施。

孔道灌浆的第二个作用是使预应力筋通过灰浆与周围混凝土结成整体，增加锚固的可靠性，提高构件的抗裂性和承载能力。灌入孔道的水泥浆或砂浆，既包覆预应力筋，又接触孔道壁，硬化后像粘合剂一样，把预应力筋和孔道壁混凝土粘结起来，共同工作。实验证明：通过孔道灌浆可以使预应力筋与混凝土之间产生很好的粘结作用，而且不论在裂缝出现前和裂缝出现后，水泥浆或砂浆对预应力筋和孔道壁之间的这种粘结力都起着很重要的作用。在裂缝出现前，孔道灌浆的梁，由于粘结力的存在，能够阻止预应力筋中较高应力向较低应力处传递，在长度方向，预应力筋的应力是不等的，即两端小、中间大；而孔道不灌浆的梁，如果不考虑摩擦力的影响，在长度方向，预应力筋的应力是相等的，即两端和中间一样大。所以，在相同外荷载作用下，孔道灌浆的梁，无论在受拉区的应变上或梁的挠度上，都比孔道不灌浆的梁小，裂缝出现也晚。在裂缝出现后，孔道灌浆的梁，由于粘结力的存在，裂缝多而细；而孔道不灌浆的梁，裂缝少而宽。荷载继续增加时，孔道不灌浆的梁，将以增加裂缝的宽度和高度代替裂缝的数量，使梁提前破坏。

(2) 灌浆材料

孔道灌浆用的水泥浆应具有较大的流动性，以便于灌注；较小的干缩性，较小泌水性，以免泌出的水积于孔道上部，蒸发后形成间隙影响质量。其强度不应小于30MPa，且不低于混凝土强度的80%。水泥宜用强度等级不低于32.5级的普通硅酸盐水泥，也可用强度等级不低于32.5级的矿渣硅酸盐水泥。对矿渣硅酸盐水泥，因其早期强度较低，故在寒冷地区和低温季节时，不宜采用。为了改善水泥浆的性能，可在其中加入适当的外加剂。

水泥浆的水灰比宜控制在0.4～0.45，试验表明，当水泥浆的水灰比为0.4～0.45时，流动度为150～200mm，即可满足灌浆工艺要求。水泥浆流动度可采用金属制的流动度测定器进行测定。流动度测定器及其测定方法如图20.3-24所示。测定时，先将测定器放在玻璃板上，再把拌合好的水泥浆装入测定器内，抹平后用双手迅速将测定器垂直提起，在水泥浆自然流淌30s后，量两个垂直方向流淌的直

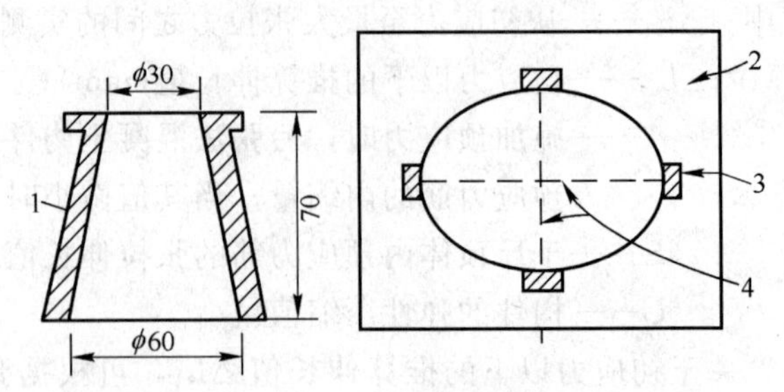

图 20.3-24 用流动度测定器测定方法

1—测定器；2—玻璃板；3—小铁块；4—水泥浆流淌直径

径，其平均值即为流动度值。

水泥浆搅拌后3h的泌水率宜控制在2%，最大不得超过3%。

为提高水泥浆的强度，可掺入适量的减水剂(如掺入占水泥重0.25%的木质素磺酸钙、0.25%的FDN等，一般可减水10%～15%，水灰比降为0.36～0.40，泌水率也大为减少，对保证灌浆质量有明显效果)；为增加灌浆密实度，可使用一定比例的膨胀剂；为减少干缩性，可在其中加入适量的加气剂。所用的任何一种外加剂均应事先检验，不得含有氯盐及其他导致预应力钢材锈蚀的物质。建议拌合后的收缩率应小于2%，自由膨胀率不大于5%。

(3) 灌浆设备

灌浆设备有：砂浆搅拌机、灌浆泵、计量设备、贮浆桶、过滤器、橡胶管、连接头、控制阀等。

灌浆泵分为柱塞式、挤压式和螺杆式三种。

灌浆机使用时应注意；

1) 使用前应检查部件是否有损坏或存有干灰；

2) 起动时应先用清水试车，检查各管道及连接头和泵盘根是否漏水；

3) 使用时应配合搅拌机搅拌，灰浆不得沉淀，灰浆过滤应保证；

4) 当灌浆过程中需短暂停顿时，应将出浆孔对准搅拌机，循环搅拌、出浆；

5) 出浆口应有控制阀，以保安全并节省灰浆；

6) 设备用完后，应及时清洗，不得留有余灰。

(4) 灌浆施工

灌浆前，对抽拔管成孔，应用压力水冲洗孔道，以利于保持压入灰浆的流动性，利于灰浆与孔道壁的结合，另一方面也可检查灌浆孔、排气孔是否正常；对金属波纹管或钢管成孔，孔道可不用冲洗，但应用空气泵检查通气情况。

对于水平孔道，灌浆顺序应先灌下层孔道，后灌上层孔道；对于竖直孔道，应自下而上分段灌注，每段高度视施工条件而定，下段顶部及上端低部应分别设置排气孔和灌浆孔。

每一孔道灌浆时，直线孔道一般从孔道一端的第一灌浆孔开始灌注；曲线孔道则应从最低处的灌浆孔进行灌注。其余灌浆孔依次在喷出浆时用木塞堵住，排气孔槽必须在稀浆流尽并流出足量(30～50mL)的浓浆时堵塞。接着继续压注至0.5～0.6MPa维持20～30s后，将灌浆孔用木塞堵住。然后逐个向灌浆孔依次补充压注、一气呵成。压注过程的作用在于使孔道中的气泡外挤，封闭部分缝隙，填实不易填满的边角、并使部分水泥浆渗入孔壁、增加它与混凝土的粘结。对不掺外加剂的水泥浆，可采用二次灌浆法，以提高密实性。

当采用电动灰浆泵灌浆时，为了做到徐缓均匀地进行，可采用间断供电的方法使灰浆泵在灌浆进行中暂停工作(关闭电门)然后再恢复其工作。一般都在灰浆灌满孔道、封闭排气孔后压力达到0.5～0.6MPa时暂停灰浆泵的工作，进行压注。等到灰浆继续进入孔道、压力降低时再开动灰浆泵继续压注至0.5～0.6MPa，维持20～30s，如果压力不再降低，就证明已压注密实。在其他灌浆孔做补充压注时，也按相同方法进行。

为了测定水泥浆或砂浆强度，每个工作班应制作试块两组，一组测定构件吊装时的强度，另一组测定28d强度。

孔道灌浆进行中，有时会发生局部堵塞现象。这时候，如果在堵塞段后面还有灌浆孔时，可在最靠近堵塞处的灌浆孔继续灌注；如果没有灌浆孔时，应在孔道壁凿洞，进行灌注。

冷期施工时，孔道灌浆后水泥浆内的游离水在低温下结冰，会将混凝土胀裂，造成沿孔道位置混凝土出现“冻害裂缝”，裂缝宽度可达到0.1～0.3mm，因此，在冷天灌浆前，孔道周边的温度应在5℃以上，水泥浆的温度在灌浆后至少有5d保持在5℃以上，灌浆时水泥浆的温度宜为10～25℃。在灌浆前，如能在孔道内通入50℃的温水，对洗净孔道与提高孔道附近的温度是很有效的。此外，在水泥浆中加入适量的加气剂与减水剂或采取二次灌浆工艺等，都有助于减少孔道内的游离水，避免冻害裂缝。

(5) 端部封裹措施

预应力筋锚固后的外露长度应不小于30mm，多余部分宜用砂轮锯切割。锚具应采用封头混凝土保护。封头混凝土的尺寸应大于与埋钢板尺寸，厚度不小于100mm。封头处原有混凝土应凿毛，以增加粘结性。封头内应配有钢筋网片，细石混凝土强度为C30～C40。

20.3.5 后张法有粘结预应力混凝土结构施工质量检验与验收要点

(1) 材料、设备及制作

1) 预应力筋、锚具、波纹管、水泥、外加剂等主要材料的分批出场合格证、进场检测报告、预应力筋、锚具的见证取样检测报告等；

2) 张拉设备、固定端制作设备等主要设备的进场验收、标定；

3) 预应力筋制作交底文件及制作记录文件。

(2) 预应力筋及孔道布置

1) 孔道定位点标高是否符合设计要求；

2) 孔道是否顺直、过渡平滑、连接部位是否封闭，能否防止漏浆；

3) 孔道是否有破损、是否封闭；

4) 孔道固定是否牢固，连接配件是否到位；

5) 张拉端、固定端安装是否正确，固定可靠；

6) 自检、隐检记录是否完整。

(3) 混凝土浇筑

1) 是否派专人监督混凝土浇筑过程；

2) 张拉端、固定端处混凝土是否密实；

3) 是否能保证管道线形不变，保证管不被损伤；

4) 混凝土浇筑完成后是否派专人用清孔器检查孔道或抽动孔道内预应力筋。

(4) 预应力筋张拉

1) 张拉设备是否良好；

2) 张拉力值是否准确；

3) 伸长值是否在规定范围内；

4) 张拉记录是否完整、清楚。

(5) 孔道灌浆

1）设备是否正常运转；

2）水泥浆配合比是否准确，计量是否精确；

3）记录是否完整；

4）试块是否按班组制作。

20.4　后张无粘结预应力施工

20.4.1　我国规范中的一般规定

我国《无粘结预应力混凝土结构技术规程》(JGJ/T 92—93)中规定无粘结预应力混凝土结构应根据建筑功能要求和材料供应与施工条件，确定合理的施工方案，编制施工组织设计做好技术交底，并应由预应力专业施工队伍进行施工，严格执行质量检查与验收制度。

无粘结预应力混凝土结构的施工除应符合《无粘结预应力混凝土结构技术规程》(JGJ/T 92—93)的要求外还应遵守《混凝土结构设计规范》(GB 50010—2002)、《混凝土结构工程施工质量验收规范》(GB 50204)、《建筑结构荷载规范》(GB 50009—2001)、《预应力筋用锚具、夹具和连接器应用技术规程》(JGJ 85)和《预应力筋用锚具、夹具和连接器》(GB/T 14370)以及其他相关规范的有关规定。

(1) 材料

1）混凝土

规程规定，对无粘结预应力混凝土结构的混凝土强度等级，对于板不应低于C30，对于梁及其他构件不宜低于C40。

2）钢绞线或钢丝

用于制作无粘结预应力筋的钢绞线或碳素钢丝，其性能应符合国家标准《预应力混凝土用钢绞线》(GB/T 5224—2000)，和《预应力混凝土用钢丝》(GB/T 5223—95)的规定。常用的钢绞线和碳素钢丝的主要力学性能应按规程中表2.1.2采用。无粘结预应力筋用的钢绞线和钢丝不应有死弯，当有死弯时必须切断，无粘结预应力筋中的每根钢丝应是通长的，严禁有接头。采用的无粘结预应力筋系指带有专用防腐油脂涂料层和外包层的无粘结预应力筋。质量要求应符合《钢绞线、钢丝束无粘结预应力筋》(JG 3006—93)及《无粘结预应力筋专用防腐润滑脂》(JG 3007—93)的规定。

无粘结预应力筋外包层材料，应采用聚乙烯或聚丙烯，严禁使用聚氯乙烯。其性能应符合下列要求：

① 在−20～+70℃温度范围内低温不脆化高温化学稳定性好；

② 必须具有足够的韧性抗破损性；

③ 对周围材料(如混凝土、钢材)无侵蚀作用；

④ 防水性好。

无粘结预应力筋涂料层应采用专用防腐油脂，其性能应符合下列要求：

① 在−20～+70℃温度范围内不流淌、不裂缝变脆，并有一定韧性；

② 使用期内化学稳定性好；

③ 对周围材料(如混凝土钢材和外包材料)无侵蚀作用；

④ 不透水、不吸湿、防水性好；

⑤ 防腐性能好；

⑥ 润滑性能好、摩阻力小。

(2) 锚具系统

1) 无粘结预应力筋—锚具组装件的锚固性能，应符合下列要求：

① 无粘结预应力筋必须采用Ⅰ类锚具，锚具的静载锚固性能应同时符合下列要求：

$$\eta_a \geqslant 0.95 \tag{20.4-1}$$

$$\varepsilon_{apu} \geqslant 2.0\% \tag{20.4-2}$$

式中 η_a——预应力筋锚具组装件静载试验测得的锚具效率系数；

ε_{apu}——预应力筋锚具组装件达到实测极限拉力时的总应变。

② 锚具的效率系数可按下式计算：

$$\eta_a = \frac{F_{apu}}{\eta_p \times F_{apu}^c} \tag{20.4-3}$$

$$F_{apu}^c = f_{ptm} A_{pm} \tag{20.4-4}$$

式中 F_{apu}——预应力筋锚具组装件的实测极限拉力；

η_p——预应力筋的效率系数，取 0.97；

F_{apu}^c——预应力筋锚具组装件中各根预应力钢材计算极限拉力之和；

F_{ptm}——由预应力钢材中抽取的试件的实测抗拉强度平均值；

A_{pm}——由预应力钢材中抽取的试件的截面面积平均值。

2) 无粘结预应力筋—锚具组装件的疲劳锚固性能，应通过试验应力上限 σ_{max}，取预应力钢材抗拉强度标准值的 65%，应力幅度取 80N/mm²，循环次数为 200 万次的疲劳性能试验。当用于地震区时，无粘结预应力筋锚具组装件应通过上限取预应力钢材抗拉强度标准值的 80%，下限取预应力钢材抗拉强度标准值的 40%、循环次数为 50 万次的周期荷载试验。

3) 无粘结预应力筋锚具的选用，应根据无粘结预应力筋的品种、张拉吨位以及工程使用情况选定，对常用的直径为 15、12mm 单根钢绞线和 7ϕ5 钢丝束无粘结预应力筋的锚具可按表 20.4-1 选用。

4) 夹片锚具系统的张拉端可采用下列做法：

① 当锚具凸出混凝土表面时，其构造由锚环、夹片、承压板螺旋筋组成，见图 20.4-1。

② 当锚具凹进混凝土表面时，其构造由锚环、夹片、承压板、塑料塞、螺旋筋、钩螺丝和螺母组成，见图 20.4-2。

夹片锚具系统的固定端必须埋设在板或梁的混凝土中，可采用下列做法：

① 挤压锚具的构造由挤压锚具、承压板和螺旋筋组成(图 20.4-3)。挤压锚具应将套筒等组装在钢绞线端部经专用设备挤压而成。

② 焊板夹片锚具的构造由夹片锚具、锚板与螺旋筋组成(图 20.4-4)。该锚具应预先用开口

式双缸千斤顶以预应力筋张拉力的 0.75 倍预紧力将夹片锚具组装在预应力筋的端部。

常用单根无粘结预应力筋锚具选用表　　表 20.4-1

无粘结预应力筋品种	张拉端	固定端
d = 15.0（7ϕ5）或 d = 12.0（7ϕ4）	夹片锚具	挤压锚具、焊板夹片锚具、压花锚具
7ϕ5 钢丝束	镦头锚具、夹片锚具	镦头锚板

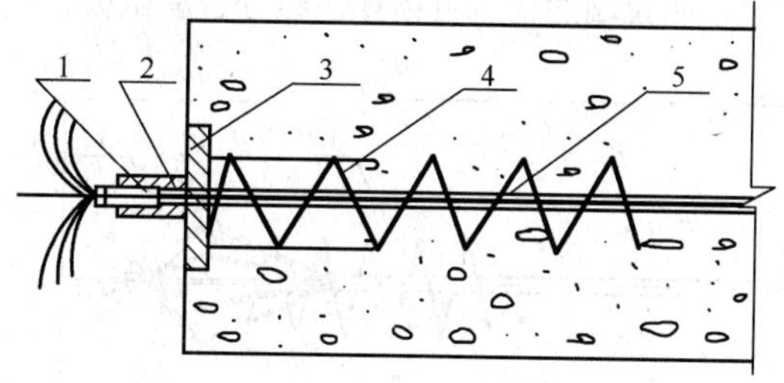

图 20.4-1　夹片锚具凸出混凝土表面

1—夹片；2—锚环；3—承压板；4—螺旋筋；5—无粘结预应力筋

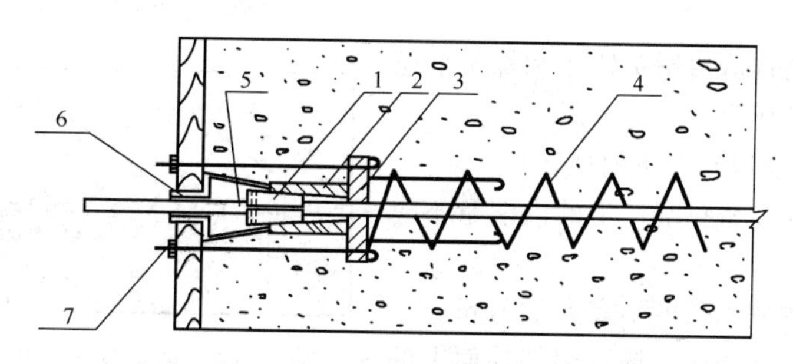

图 20.4-2　夹片锚具凹进混凝土表面

1—夹片；2—锚环；3—承压板；4—螺旋筋；5—无粘结预应力筋；6—塑料塞；7—钩螺丝和螺母

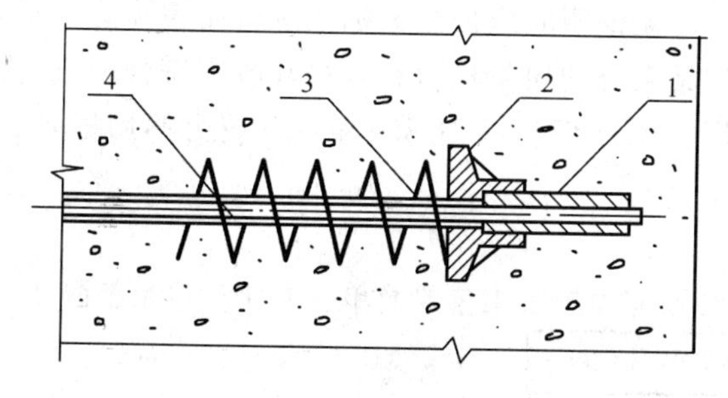

图 20.4-3　挤压锚具

1—锚环；2—承压板；3—螺旋筋；4—无粘结预应力筋

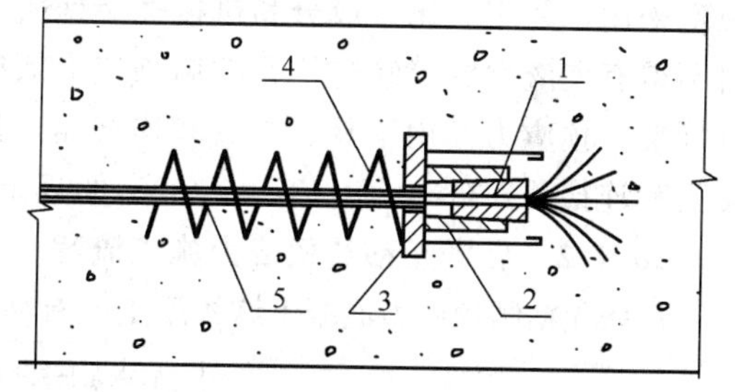

图 20.4-4　焊板夹片锚具

1—夹片；2—锚环；3—承压板；4—螺旋筋；5—无粘结预应力筋

③ 压花锚具的构造由压花端及螺旋筋组成(图 20.4-5)。压花端应由压花机直接将钢绞线的端部制作而成。

5）夹片锚具系统应符合下列规定：

① 本锚具主要用于锚固由钢绞线制成的无粘结预应力筋，当用于锚固 7ϕ5 组成的钢丝束，必须采用斜开缝的夹片；

② 预应力筋在张拉端的内缩量，不应大于 5mm；

③ 单根无粘结预应力筋在构件端面上的水平和竖向排列最小间距可取 60mm。

镦头锚具系统的张拉端和固定端可采用下列做法：

① 张拉端的构造由锚杯、螺母、承压板、塑料保护套和螺旋筋组成，如图 20.4-6 所示。

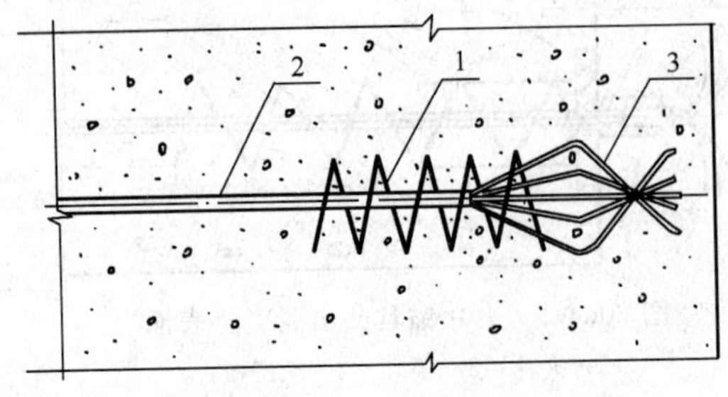

图 20.4-5　压花锚具

1—螺旋筋；2—无粘结预应力筋；3—压花端

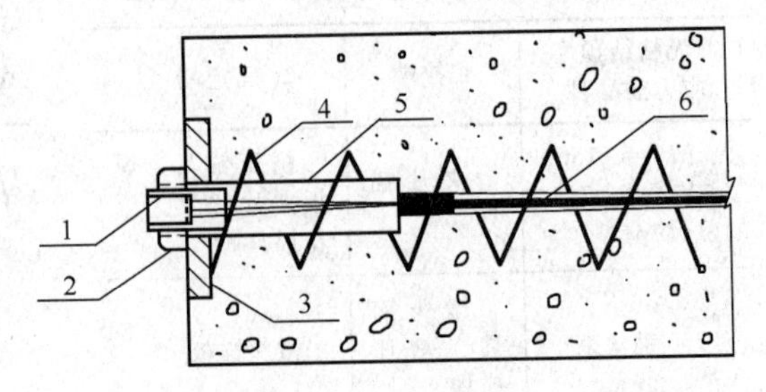

图 20.4-6　镦头锚具系统构造——张拉端

1—锚杯；2—螺母；3—承压板；

4—螺旋筋；5—塑料保护套；6—无粘结预应力筋

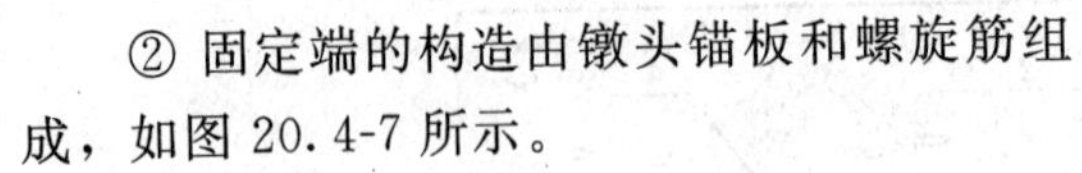

② 固定端的构造由镦头锚板和螺旋筋组成，如图 20.4-7 所示。

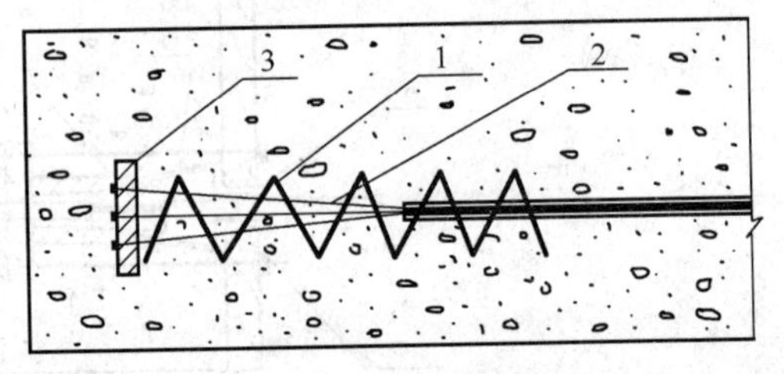

图 20.4-7　镦头锚具系统构造——固定端

1—螺旋筋；2—无粘结预应力筋；3—镦头锚板

镦头锚具系统应符合下列规定：

① 预应力筋在张拉端产生的内缩量不应大于 1.0mm；

② 钢丝束的使用长度不宜大于 25m；

③ 单根无粘结预应力筋在构件端面上的水平和竖向排列最小间距可取 80mm。

锚具组装件的零件材料应按设计图纸的规定采用，并应有化学成分和机械性能证明书。无证明时应按国家标准进行质量检验。材料不得有夹渣裂缝等缺陷。无粘结预应力筋锚具系统的质量检验和合格验收应符合国家现行标准《预应力筋用锚具、夹具和连接器应用技术规程》（JGJ 85）和《预应力筋用锚具、夹具和连接器》（GB/T 14370—2000）的规定。

20.4.2　后张无粘结预应力施工流程

后张无粘结预应力混凝土结构施工比有粘结预应力施工工艺要简单、方便，它无需留孔、

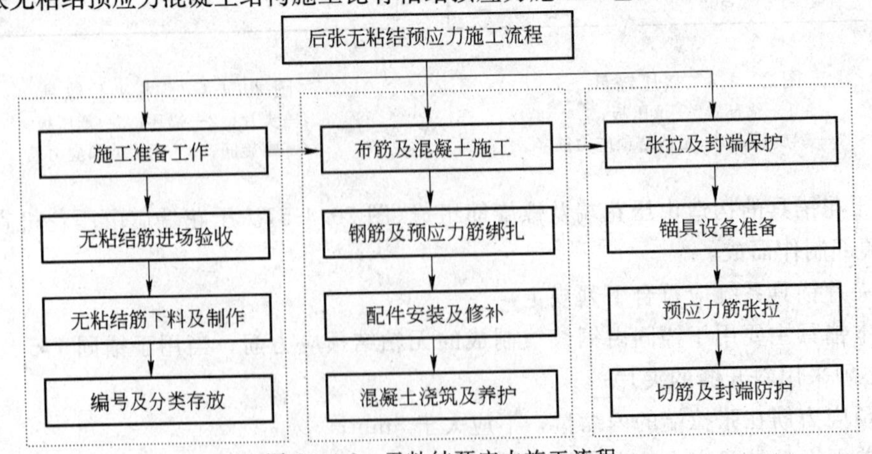

图 20.4-8　无粘结预应力施工流程

穿束、灌浆，张拉设备也极为轻巧。后张无粘结预应力混凝土施工工艺流程如图20.4-8所示。

20.4.3 无粘结预应力筋布置工艺

（1）无粘结预应力筋的制作、包装及运输

单根无粘结预应力筋的制作，涂料层的涂敷和外包层的制作应一次完成，涂料层防腐油脂应完全填充预应力筋与外包层之间的环形空间，外包层宜采用挤塑成型工艺，并由专业化工厂生产。挤塑成型后的无粘结预应力筋应按工程所需的长度和锚固形式下料、组装，镦头锚具系统无粘结预应力筋的制作和组装应按下列规定进行：

① 钢丝下料长度 l_p 按下列公式计算：

$$l_p = l_{pi} - \Delta l_{pi}^c + 2l_b \qquad (20.4\text{-}5)$$

式中 l_{pi}——无粘结预应力筋在构件内的长度；

Δl_{pi}^c——按构件内长度计算的无粘结预应力筋张拉伸长值；

l_b——钢丝镦头预留长度。

② 钢丝下料宜采用砂轮锯成束切割。切割时，必须采取水冷措施，钢丝切割端应平直。同一束各根钢丝下料长度的相对误差值，不应大于无粘结预应力筋长度的1/5000，且不得大于5mm。

③ 成束钢丝下料宜采用两次下料的方法。第一次为粗下料，下料长度应略长于计算长度；第二次切割应先从一端将成束钢丝找齐，再按计算长度在另一端进行切割。

④ 镦头锚具的组装应按下列规定进行：

a. 在无粘结预应力筋的端头，剥掉300～400mm的外包层，套上长度为500mm、直径为28mm的塑料软管；

b. 穿上塑料保护套、锚具，穿锚具时，严禁用铁器敲打；

c. 镦头；

d. 将锚具退回到端部，使全部镦头进入锚杯内，塑料保护套也退回到端部，并与塑料软管连接。

⑤ 钢丝镦头采用液压冷作镦头。$\phi5$ 钢丝的镦头外形要求图20.4-9所示。

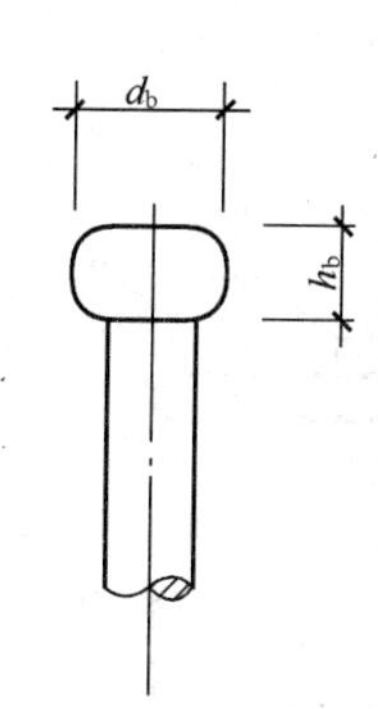

图20.4-9 镦头外形尺寸

钢丝镦头直径 $d_b = 7 \sim 7.5$mm；

钢丝镦头厚度 $h_b = 4.8 \sim 5.3$mm；

镦头外形要求圆整，肉眼不见偏斜，镦头颈部母材断面不削弱。

无粘结预应力筋下料长度，应综合考虑其曲率、锚固端保护层厚度、张拉伸长值及混凝土压缩变形等因素，并应根据不同的张拉方法和锚固形式预留张拉长度。无粘结预应力筋的包装、运输、保管应符合下列要求：

① 在不同规格、品种的无粘结预应力筋上，均应有易于区别的标记；

② 带有镦头锚具的无粘结预应力筋，应采取有效措施防止锚具及塑料保护套磨损或沾染灰沙；

③ 无粘结预应力筋应成盘或顺直运输；成盘运输时，盘径不宜小于2m，每盘长度不宜超过200m；长途运输时，必须采取有效的包装措施；

④ 装卸吊装时，应保持在成盘或顺直状态下起吊、搬运，不得摔砸踩踏，严禁钢丝绳或其他坚硬吊具与无粘结预应力筋的外包层直接接触；

⑤ 无粘结预应力筋应按规格、品种成盘或顺直地分开堆放在通风干燥处；露天堆放时，不得直接与地面接触，并应采取覆盖措施。

(2) 无粘结预应力筋的铺放和浇筑混凝土

无粘结预应力筋送到现场后，应及时检查其规格尺寸和数量，逐根检查其端部配件无误后，方可分类堆放。对局部破损的外包层，可用水密性胶带进行缠绕修补，胶带搭接宽度不应小于胶带宽度的1/2，缠绕长度应超过破损长度，严重破损的应予以报废。

张拉端端部模板预留孔应按施工图中规定的无粘结预应力筋的位置编号和钻孔。张拉端的承压板应用钉子或螺栓固定在端部模板上，且应保持张拉作用线与承压板面相垂直。

无粘结预应力筋应按设计图纸的规定进行铺放。铺放时应符合下列要求：

① 无粘结预应力筋允许采用与普通钢筋相同的绑扎方法，铺放前应通过计算确定无粘结预应力筋的位置，其垂直高度宜采用支撑钢筋控制，亦可与其他钢筋绑扎。支撑钢筋应符合要求。无粘结预应力筋位置的垂直偏差，在板内为±5mm，在梁内为±10mm。

② 无粘结预应力筋的位置宜保持顺直。

③ 铺放双向配置的无粘结预应力筋时，应对每个纵横筋交叉点相应的两个标高进行比较。对各交叉点标高较低的无粘结预应力筋应先进行铺放，标高较高的次之，宜避免两个方向的无粘结预应力筋相互穿插铺放。

④ 敷设的各种管线不应将无粘结预应力筋的垂直位置抬高或压低。

⑤ 当集束配置多根无粘结预应力筋时，应保持平行走向，防止相互扭绞。

⑥ 无粘结预应力筋采取竖向、环向或螺旋形铺放时，应有定位支架或其他构造措施控制位置。

张拉端和固定端的安装，应符合下列规定：

① 镦头锚具系统张拉端的安装。先将塑料保护套插入承压板孔内，通过计算确定锚杯的预埋位置，并用定位螺杆将其固定在端部模板上。定位螺杆拧入锚杯内必须顶紧各钢丝镦头，并应根据定位螺杆露在模板外的尺寸确定锚杯预埋位置(图20.4-10)。

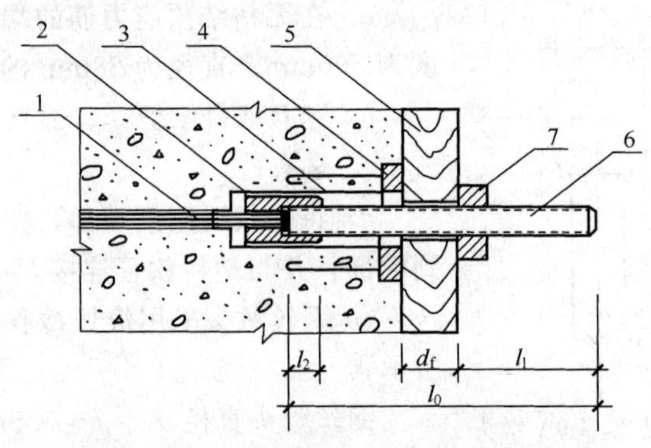

图 20.4-10 镦头锚具系统张拉端安装示意

1—无粘结预应力钢丝束；2—镦头锚杯；3—塑料保护套；4—承压板；5—模板；6—定位螺杆；7—螺母

外露定位螺杆尺寸按下列公式计算：

$$l_1 = l_0 - l_2 - (\Delta l_p^c - h_1) - d_f \qquad (20.4\text{-}6)$$

式中 l_1——定位螺杆外露在模板外的尺寸(mm)；

l_0——定位螺杆长度(mm)；

l_2——定位螺杆拧入锚杯内的长度(mm)；

Δl_p^c——无粘结预应力筋计算伸长值(mm)；

h_t——张拉后，锚杯拧套锚具螺母所需长度(mm)；

d_f——模板厚度(mm)。

② 镦头锚具系统固定端的安装。按设计要求的位置将固定端锚板绑扎牢固。钢丝镦

头必须与锚板贴紧，严禁锚板相互重叠放置。

③ 夹片锚具系统张拉端的安装。无粘结预应力筋的外露长度应根据张拉机具所需的长度确定，无粘结预应力曲线筋或折线筋末端的切线应与承压板相垂直，曲线段的起始点至张拉锚固点应有不小于 300mm 的直线段。在安装带有穴模或其他预先埋入混凝土中的张拉端锚具时，各部件之间不应有缝隙。

④ 夹片锚具系统固定端的安装。将组装好的固定端按设计要求的位置绑扎牢固。

⑤ 张拉端和固定端均必须按设计要求配置螺旋筋，螺旋筋应紧靠承压板或锚杯，并固定可靠。

浇筑混凝土时，除按有关规范的规定执行外，尚应遵守下列规定：

① 无粘结预应力筋铺放、安装完毕后，应进行隐蔽工程验收，当确认合格后方能浇筑混凝土；

② 混凝土浇筑时，严禁踏压撞碰无粘结预应力筋、支撑架以及端部预埋部件；

③ 张拉端、固定端混凝土必须振捣密实。

20.4.4 无粘结筋张拉

(1) 张拉的一般规定

无粘结预应力筋张拉机具及仪表，应由专人使用和管理，并定期维护和校验。张拉设备应配套校验。压力表的精度不宜低于 1.5 级；校验张拉设备用的试验机或测力计精度不得低于±2%；校验时千斤顶活塞的运行方向，应与实际张拉工作状态一致。张拉设备的校验期限，不宜超过半年。当张拉设备出现反常现象时或在千斤顶检修后，应重新校验。

安装张拉设备时，对直线的无粘结预应力筋，应使张拉力的作用线与无粘结预应力筋中心线重合；对曲线的无粘结预应力筋，应使张拉力的作用线与无粘结预应力筋中心线末端的切线重合。

无粘结预应力筋的张拉控制应力，应符合设计要求。如需提高张拉控制应力值时，不宜大于碳素钢丝、钢绞线强度标准值的 75%。当采用超张拉方法减少无粘结预应力筋的松弛损失时，无粘结预应力筋的张拉程序宜为：从零应力开始张拉至 1.05 倍预应力筋的张拉控制应力 σ_{con}，持荷 2min 后，卸荷至预应力筋的张拉控制应力；或从应力为零开始张拉至 1.03 倍预应力筋的张拉控制应力。

其中 σ_{con} 为无粘结预应力筋的张拉控制应力。

当采用应力控制方法张拉时，应校对无粘结预应力筋的伸长值。如实际伸长值大于计算伸长值 10%或小于计算伸长值 5%，应暂停张拉，查明原因并采取措施予以调整后，方可继续张拉。

无粘结预应力筋伸长值，可按下式计算：

$$\Delta l_{p}^{c}=\frac{F_{pm}l_{p}}{A_{p}E_{p}} \tag{20.4-7}$$

式中 F_{pm}——无粘结预应力筋的平均张拉力(kN)，取张拉端的拉力与固定端(两端张拉时，取跨中)扣除摩擦损失后拉力的平均值；

l_p——无粘结预应力筋的长度(mm)；

A_p——无粘结预应力筋的截面面积(mm)；

E_p——无粘结预应力筋的弹性模量(kN/mm²)。

无粘结预应力筋的实际伸长值，宜在初应力为张拉控制应力10%左右时开始量测，分级记录。其伸长值可由量测结果按下列公式确定：

$$\Delta l_{p}^{0}=\Delta l_{p1}^{0}+\Delta l_{p2}^{0}-\Delta l_{c} \tag{20.4-8}$$

式中 Δl_{p1}^{0}——初应力至最大张拉力之间的实测伸长值；

Δl_{p2}^{0}——初应力以下的推算伸长值，可根据弹性范围内张拉力与伸长值成正比的关系推算确定；

Δl_{c}——混凝土构件在张拉过程中的弹性压缩值。

无粘结预应力筋张拉过程中，当有个别钢丝发生滑脱或断裂时，可相应降低张拉力。但滑脱或断裂的数量，不应超过结构同一截面无粘结预应力筋总量的2%，且同束钢丝只允许1根。对于多跨双向连续板，其同一截面应按每跨计算。张拉时，混凝土立方体抗压强度应符合设计要求。当设计无要求时，不宜低于混凝土设计强度等级的75%。

无粘结预应力筋的张拉顺序应符合设计要求，如设计无要求时，可采用分批、分阶段对称张拉或依次张拉。当无粘结预应力筋需进行两端张拉时，可先在一端张拉并锚固，再在另一端补足张拉力后进行锚固。无粘结预应力筋张拉时，应逐根填写张拉记录表。

(2) 不同锚具时的张拉要求

1) 镦头锚具张拉时，应符合下列要求：

① 张拉前，清理承压板面，并检查承压板后混凝土质量；

② 张拉杆拧入锚杯内的长度不应小于错具设计规定值，承力架应垂直地支承在构件端部的承压板板面上；

③ 无粘结预应力筋的实际伸长值 Δl_{p}^{0}，可按公式(20.4-8)确定；

④ 当张拉力达到设计要求，由于锚杯埋放定位误差致使锚杯外露长度过长或过短时，应采取增设螺母或接长锚杯进行锚固的措施。

2) 夹片锚具张拉时，应符合下列要求：

① 张拉前应清理承压板面，检查承压板后面的混凝土质量；

② 锚固采用液压顶压器顶压时，千斤顶应在保持张拉力的情况下进行顶压，顶压压力应符合设计规定值；

③ 无粘结预应力筋的实际伸长值 Δl_{p}^{0}，可按公式(20.4-8)确定。

为减少锚具变形和预应力筋内缩造成的预应力损失，可进行二次补拉并加垫片，二次补拉的张拉力为控制张拉力。

无粘结预应力筋张拉锚固后实际预应力值与工程设计规定检验值的相对允许偏差为±5%。

张拉后，宜采用砂轮锯或其他机械方法切断超长部分的无粘结预应力筋，严禁采用电弧切断。无粘结预应力筋切断后露出锚具夹片外的长度不得小于30mm。

20.4.5 无粘结预应力筋锚固端的处理

无粘结预应力筋张拉施工完毕后，应及时对锚固区进行保护。在预应力筋全长上及锚具与连接套管的连接部位，外包材料均应连续、封闭且能防水。

无粘结预应力筋张拉完毕后，应及时对锚固区进行保护。对激头锚具，应先用油枪通过锚杯注油孔向连接套管内注入足量防腐油脂(以油脂从另一注油孔溢出为止)，然后用防腐油脂将锚杯内充填密实，并用塑料或金属帽盖严(图20.4-11)，再在锚具及承压板表面涂以防水涂料。

对夹片锚具，可先切除外露无粘结预应力筋多余长度，然后在锚具及承压板表面涂以防水涂料(图 20.4-12)。

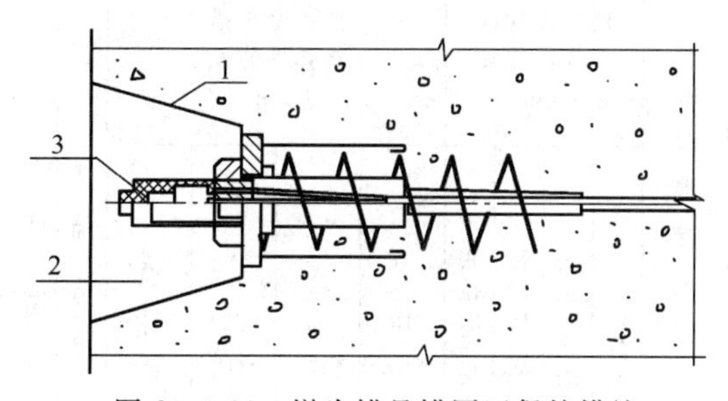

图 20.4-11 镦头锚具锚固区保护措施

1—涂粘结剂；2—后浇混凝土；3—塑料或金属帽

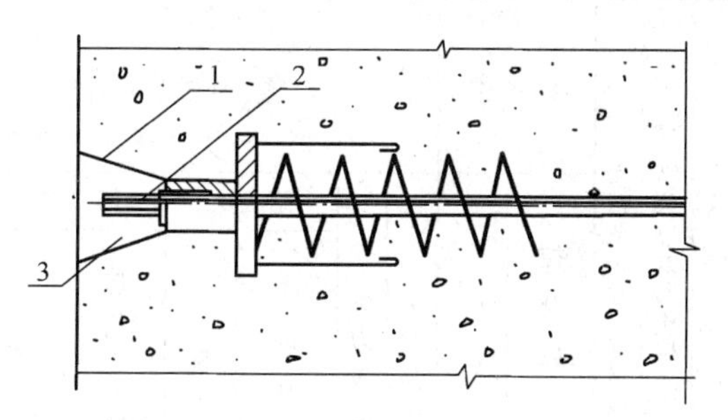

图 20.4-12 夹片锚具锚固区保护措施

1—涂粘结剂；2—涂防水涂料；3—后浇混凝土

处理后的无粘结预应力筋锚固区，应用后浇膨胀混凝土或低收缩防水砂浆或环氧砂浆密封。在浇筑砂浆前，宜在槽口内壁涂以环氧树脂类粘结剂。锚固区也可用后浇的外包钢筋混凝上圈梁进行封闭。外包圈梁不宜突出在外墙面以外。

对不能使用混凝土或砂浆包裹层的部位，应对无粘结预应力筋的锚具全部涂以与无粘结预应力筋涂料层相同的防腐油脂，并用具有可靠防腐和防火性能的保护套将锚具全部密闭。

20.4.6 后张无粘结预应力施工质量检验与验收

无粘结预应力混凝土结构验收时，应提供下列文件和记录：

(1) 文件

① 设计变更和钢材代用证件；

② 原材料质量合格证件；

③ 无粘结预应力筋、锚具出厂质量合格证件；

④ 工程的重大问题处理文件；

⑤ 其他文件。

(2) 记录：

① 混凝土试件的试验报告及质量评定记录；

② 无粘结预应力筋张拉记录；

③ 隐蔽工程验收记录；

④ 加工、组装无粘结预应力筋张拉端和固定端质量验收记录；

⑤ 钢丝镦头质量验收记录。

无粘结预应力混凝土工程的验收，除检查有关文件、记录外，尚应进行外观抽查。

当提供的文件、记录及外观抽查结果均符合《混凝土结构工程施工质量验收规范》(GB 50204—2002)和本规程的要求时，即可进行验收。

表 20.4-2 为无粘结预应力筋张拉记录。

无粘结预应力筋张拉记录表 **表 20.4-2**

工程名称

构件名称

无粘结预应力筋张拉程序　　　　　　施加预应力日期

<table>
<tr><th rowspan="3">构件编号</th><th rowspan="3">无粘结预应力筋张拉顺序编号</th><th rowspan="3">无粘结预应力筋规格</th><th colspan="2">设　计</th><th colspan="6">张　拉　时</th><th rowspan="3">张拉时混凝土强度（N/mm²）</th><th colspan="4">使用夹片锚具弹性伸长（mm）</th><th colspan="4">使用镦头锚具弹性伸长（mm）</th><th rowspan="3">注油情况</th><th rowspan="3">备注</th></tr>
<tr><th rowspan="2">控制应力（N/mm²）</th><th rowspan="2">张拉力（kN）</th><th rowspan="2">千斤顶编号</th><th rowspan="2">压力表编号</th><th colspan="2">第一次</th><th colspan="2">第二次</th><th rowspan="2">计算值</th><th rowspan="2">张拉前筋的长度</th><th rowspan="2">张拉后筋的长度</th><th rowspan="2">张拉前后长度差</th><th rowspan="2">10 MPa</th><th rowspan="2">20 MPa</th><th rowspan="2">30 MPa</th><th rowspan="2">设计值 MPa</th></tr>
<tr><th>压力表读数（MPa）</th><th>拉力（kN）</th><th>压力表读数（MPa）</th><th>拉力（kN）</th></tr>
<tr><td></td><td></td><td></td><td></td><td></td><td></td><td></td><td></td><td></td><td></td><td></td><td></td><td></td><td></td><td></td><td></td><td></td><td></td><td></td><td></td><td></td><td></td></tr>
<tr><td></td><td></td><td></td><td></td><td></td><td></td><td></td><td></td><td></td><td></td><td></td><td></td><td></td><td></td><td></td><td></td><td></td><td></td><td></td><td></td><td></td><td></td></tr>
<tr><td></td><td></td><td></td><td></td><td></td><td></td><td></td><td></td><td></td><td></td><td></td><td></td><td></td><td></td><td></td><td></td><td></td><td></td><td></td><td></td><td></td><td></td></tr>
<tr><td></td><td></td><td></td><td></td><td></td><td></td><td></td><td></td><td></td><td></td><td></td><td></td><td></td><td></td><td></td><td></td><td></td><td></td><td></td><td></td><td></td><td></td></tr>
<tr><td></td><td></td><td></td><td></td><td></td><td></td><td></td><td></td><td></td><td></td><td></td><td></td><td></td><td></td><td></td><td></td><td></td><td></td><td></td><td></td><td></td><td></td></tr>
</table>

操作人：　　　　　　记录人：　　　　　　校核人：

20.5 后张缓粘结预应力施工

20.5.1 概述

预应力混凝土出现，是混凝土技术的一次飞跃。由于施工工艺不同，后张法预应力混凝土分为无粘结和有粘结两种预应力体系。无粘结预应力体系中，预应力筋布置具有灵活方便，无成孔和灌浆等繁琐和复杂的施工工序。但由于预应力筋在工作中受力几乎处处相等，易造成预应力筋和锚具疲劳，以及受拉区混凝土裂缝数量少，裂缝宽度大，具有结构强度利用率低的缺点。而有粘结预应力体系克服了无粘结预应力工作中表现出来的缺点，但存在施工工艺要求预留孔道，压孔灌浆，造成施工干扰，以及预留孔道对构件截面削弱大等问题。把后张法中无粘结和有粘结相结合，取各自之长，避各自之短，即施工时与无粘结体系一样，使用中靠包裹于预应力筋上的缓凝砂浆逐渐硬化，达到有粘结预应力体系的效果，这种预应力筋前期如同无粘结筋一样，钢筋与砂浆之间没有粘结作用，后期则随着缓凝砂浆的硬化钢筋与砂浆之间逐渐有了粘结力，最终形成有粘结筋，这就是缓粘结预应力混凝土。一句话，缓粘结筋是一种具有无粘结筋工艺特点的有粘结筋。

20.5.2 工艺要求和机理

缓粘结预应力混凝土是取后张法预应力混凝土中无粘结和有粘结各之所长，避各之所短，所形成的一种新型独特的预应力形式。

缓粘结筋的构造如图 20.5-1 所示。

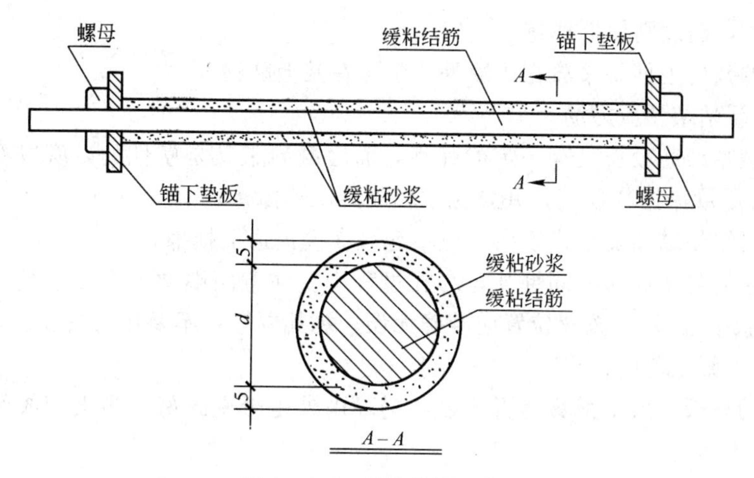

图 20.5-1　缓粘结筋示意图

缓粘结筋施工工艺流程如图 20.5-2 所示。

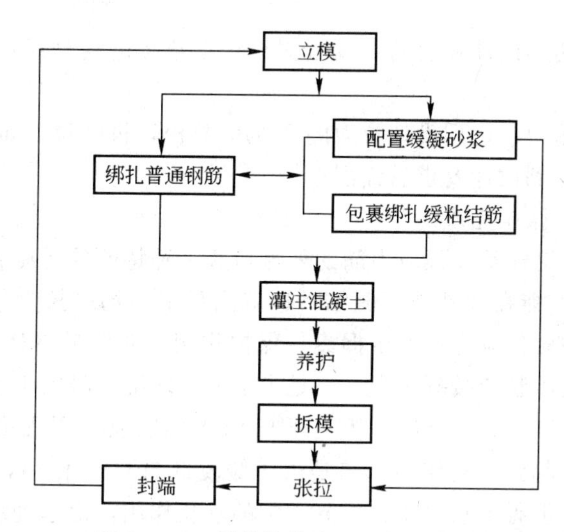

图 20.5-2　缓粘结筋施工工艺流程

其施工工艺要求有：

(1) 制备缓凝砂浆

① 严格按照配合比配制缓凝砂浆，尤其不能随意改变添加剂的掺量；

② 缓凝砂浆要随用随配，配好的砂浆要放在阴凉处，并用塑料布盖好，以防水分蒸发影响使用效果，放置超过 12h 则不允许使用。

(2) 包裹缓凝砂浆

① 将缓凝砂浆均匀地包裹在预应力筋上，边包边用塑料布按顺时针方向缠绕，一遍缠完后再反时针方向缠绕一遍，端头处塑料布一定要扎牢；

② 两端头根据设计弹性伸长值留出一段不包砂浆；

③ 包裹好的预应力筋外观要均匀、顺直，塑料布要缠牢，不得留有空隙，不能有破损，以防水分散失而影响使用效果；

④ 预应力筋用几根包几根，不得提前包好待用，如果包好的预应力筋未用完，保存

期不得超过 2d，超过则须拆掉重包；

⑤ 包好的预应力筋要平放在阴凉处，禁止在其上踩踏。

(3) 绑扎缓粘结预应力筋

① 由于缓粘结筋较长且有一定的弹性，而缓凝砂浆又是塑性的，所以在搬运到绑扎场的过程中要尽量保持其顺直，并要轻拿轻放，严禁抛摔；

② 包好的缓粘结筋要抬入模内，但不允许在模板边上拖擦；

③ 缓粘结筋与普通筋一同绑扎，绑扎过程中要注意两端伸出梁体的长度是否合乎要求(原则是宜长不宜短)，放置位置应准确无误，绑扎要轻，不要用力紧勒。

(4) 灌注混凝土前的检查

① 两端的垫板、大小弹簧是否可靠，锚环内外是否密封好，多根钢绞线分离处的缓粘结砂浆是否包裹好；

② 预应力筋根(束)数是否够。位置是否准确，有无与普通钢筋碰死的地方，垫板是否垂直。

(5) 张拉

① 梁体混凝土达到设计强度后，撕去露出锚下垫板的缓粘结筋端头的塑料布，安装好锚具和千斤顶；

② 操纵千斤顶施力，达到设计拉力的 20%时放松，再张拉，如此反复 3 次；

③ 千斤顶施力达到设计要求后锚固；

④ 拆除千斤顶，张拉完成。

缓粘结筋的作用机理是在预应力筋的外侧包裹一种特殊的缓凝砂浆，这种砂浆要求在 5～40℃密封条件下，能在 30d 前不凝结，这就满足了现场张拉力筋的时间要求。在 30d 后开始逐渐硬化，并对预应力筋产生握裹、保护作用，并能最终达到 30MPa 以上的抗压强度。目前认为缓凝砂浆的缓凝机理，一是由于复合缓凝剂吸附于水泥颗粒表面或水化产物表面，使得水分子和 Ca^{2+}、SO_4^{2-} 等离子与 C_3A 类物质作用程度变弱，难以较快地生成钙矾石晶体，从而起到缓凝作用；二是由于缓凝剂与 Ca^{2+} 作用，在水泥熟料相的表面形成不溶性物质膜，阻碍了水泥矿物成分正常的水化作用，而起到缓凝作用。当不溶性物质膜内渗透压增大使之破裂，暴露出新的熟料表面时，又会消耗缓凝剂，再生成不溶性物质，直到消耗尽缓凝剂后，才能使水泥正常水化，使砂浆硬化具有强度。

缓凝砂浆缓凝时间受温度影响很大。在 10～30℃内，温度愈高，缓凝时间愈长，硬化速度愈快，后期强度愈高；反之，温度愈低，缓凝时间愈短，硬化速度愈慢，强度愈低。缓凝砂浆硬化过程与是变温还是恒温环境无多大关系，起主要作用的是平均温度。缓凝时间与复合缓凝剂掺量有关，掺量愈大，缓凝时间愈长。

20.6 共张法预应力施工

20.6.1 概述

预应力共张法(以下简称共张法)指的是预应力先张法与后张法共用于同一个构件上的预应力张拉工艺。在生产大吨位梁时，若采用先张法施工，则由于其张拉应力较大，一般没有现成台座可以利用；若采用后张法施工，由于其生产工艺较为复杂，生产周期长，对锚具的质量要求较高，稍有不慎就会造成永久性隐患。加之锚具的加工要求高、费用昂贵，直接影响经济效益。如果能把较大的张拉值“分而治之”，比如将先张与后张同时并用，就能轻易地达到上述目的。这样便产生了共张法。这样利用工厂现有的预应力台座就能生产大吨位的吊车梁或较大荷载的预应力构件，为大吨位预应力构件的工厂生产开辟了一条新的途径。另外，共张法能把较大的张拉力从预应力先张台座上分离出来，把它转移到构件身上，达到“分而治之”的目的，从而更能灵活地选择工艺参数。比如张拉力和配筋数量就有可能事后加以调整，给施工人员创造一个较大的回旋余地。

我国吉林省建二公司构件厂，做过如下尝试：构件的受拉区所配置的预应力钢筋，采用先张法；构件的受压区或曲线配筋，采用后张法。实践证明该工艺理论上是合理的，施工工艺也是可行的。

20.6.2　结构计算

共张法除了在施工工艺方面与先张法和后张法有不同之处外，在结构的计算上也与单独使用先张法或后张法有很多不同的地方。在计算构件截面特征值时须与传统方法区别开来，既不能用先张法工艺所采用的换算截面，也不能用后张法工艺所采用的净截面来进行结构计算。建议用综合截面进行计算。这个“综合截面”的概念规定如下：综合截面分两种形式以区别不同的计算场合：

(1) 综合截面Ⅰ

在施工阶段验算中所使用的综合截面称综合截面Ⅰ，计算时：

① 扣除后张拉部分的预应力预留孔洞；

② 后张拉的预应力钢筋不计算；

③ 先张拉的预应力钢筋换算成相当于混凝土的截面面积。

采用上述原则所算出的构件截面叫做综合截面Ⅰ，以此所得截面面积、惯性矩、重心距和偏心距可分别写成 $A_{Z\,\mathrm{I}}$、$I_{Z\,\mathrm{I}}$、$y_{Z\,\mathrm{I}}$ 和 $e_{pZ\,\mathrm{I}}$。综合截面Ⅰ及其特征值只能使用到施工阶段各项计算方面，切不可与综合截面Ⅱ混淆。

(2) 综合截面Ⅱ

在使用阶段验算时所用的综合截面称综合截面Ⅱ，计算时须把所有配筋都换算成混凝土面积，孔道须扣除。以综合截面Ⅱ算得截面面积、惯性矩、重心距和偏心距分别写成 $A_{Z\,\mathrm{II}}$、$I_{Z\,\mathrm{II}}$、$y_{Z\,\mathrm{II}}$ 和 $e_{pZ\,\mathrm{II}}$。它们只能用于使用阶段的计算中，同样也不能同综合截面Ⅰ混淆。

(3) 基本计算公式

根据上述定义，基本计算公式如下：

① 由于预应力作用而产生的混凝土上下边缘纤维上的法向应力公式：

$$\sigma_{pe}=\frac{N_{pZ}}{A_Z}\mp\frac{N_{pZ}e_{pZ}}{I_Z}y_Z \qquad (20.6\text{-}1)$$

式中，N_{pZ}为预应力钢筋(包括先张和后张)和非预应力配筋的合力(单位：N)，其计算公式(图 20.6-1)：

$$N_{pZ}=\sigma_{p0}A_p+\sigma_{pe}A'_p-\sigma'_{l5}A'_s \qquad (20.6\text{-}2)$$

式中　e_{pZ}——综合截面的重心至钢筋合力点(N_{pZ})的距离(mm)，也叫偏心距；

A_Z、I_Z——综合截面面积(mm^2)、综合截面惯性距(mm^4)；

y_Z、y'_Z——综合截面的重心轴至下边及上边缘纤维的距离(mm)；

σ_{p0}、A_p——先张的预应力钢筋合力点处混凝土法向应力为零时的钢筋预应力(N/mm^2)及其截面面积(mm^2)；

σ_{pe}、A'_p——后张的预应力钢筋合力点处的有效应力(N/mm^2)及其截面面积(mm^2)；

σ'_{l5}——受压区配置的非预应力钢筋合力点处，混凝土在预应力作用下的收缩，徐变而引起的预应力损失(N/mm^2)；

A'_s——受压区非预应力钢筋的截面面积(mm^2)。

② 钢筋合力点的偏心距 e_{pZ}(图 20.6-2)：

对合力 σ_{pc}的作用点取矩，即可得到：

$$e_{pZ}=\frac{\sigma_{p0}A_p y_p-\sigma_{pe}A'_p y'_p+\sigma'_{l5}A'_s y'_s}{\sigma_{p0}A_p+\sigma_{pe}A'_p-\sigma'_{l5}A'_s} \tag{20.6-3}$$

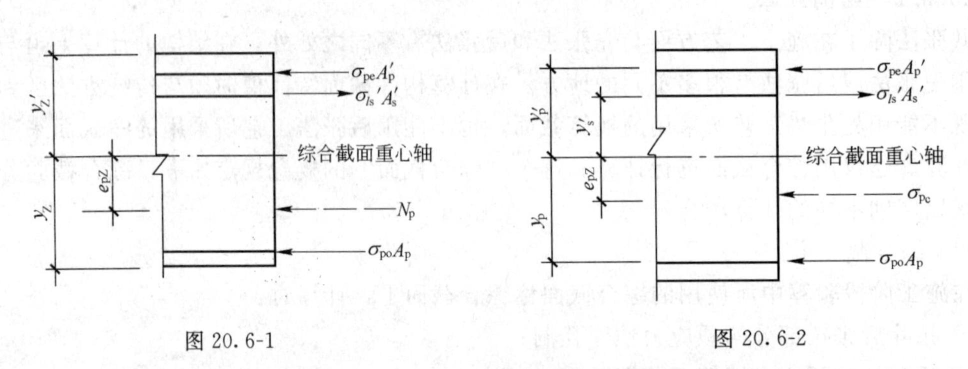

图 20.6-1　　　　图 20.6-2

式中　y_p——先张的预应力钢筋合力点至综合截面重心轴的距离(mm)；

y'_p——后张的预应力钢筋合力点至综合截面重心轴的距离(mm)；

y'_s——受压区非预应力钢筋合力点至综合截面重心轴的距离(mm)。

在计算综合截面Ⅰ的偏心距 $e_{pZ\text{I}}$ 时，公式(20.6-3)分子与分母中的第 3 项为 0。

③ 混凝土收缩与徐变引起的预应力损失的计算公式：

先张的预应力钢筋合力点处：

$$\sigma_{l5}=\frac{45+280\sigma_{pc}/f'_{cu}}{1+15\rho} \tag{20.6-4}$$

后张的预应力钢筋合力点处：

$$\sigma'_{l5}=\frac{35+280\sigma_{pc}/f'_{cu}}{1+15'\rho} \tag{20.6-5}$$

式中　σ_{pc}——在预应力作用下混凝土在验算部位的法向压应力(N/mm^2)；

f'_{cu}——施加预应力时的混凝土立方体抗压强度(N/mm^2)；

ρ、ρ'——先张与后张区域内预应力钢筋和非预应力钢筋的配筋率。计算公式为：$\rho=(A_p+A_s)/A_Z$，$\rho'=(A'_p+A'_s)/A_Z$，其中 A_p 为先张钢筋的截面面积(mm^2)；A_s 为后张区域内的非预应力钢筋截面面积(mm^2)；A'_p 为后张钢筋截面面积(mm^2)；A_p 为后张区域内的非预应力钢筋截面面积(mm^2)；A_Z 为综合截面面积(mm^2)。

在计算 σ_{l5} 和 σ'_{l5}时，所用的 σ_{pc}，仅考虑预压前的损失，因此钢筋的合力的大小应是：

$$N_{pZ}=\sigma_{p0}A_p+\sigma_{pe}A'_p \tag{20.6-6}$$

式中符号意义同前。

其他计算项目均无变化，仍按现行混凝土规范进行。

思 考 题

1. 简要叙述预应力施工技术在我国的发展情况，在新世纪具有怎样的发展前景?

2. 先张法预应力施工技术的优越性体现在什么地方? 施工工艺流程是怎样的?

3. 简要叙述后张法有粘结预应力施工的工艺流程。

4. 简要叙述后张法无粘结预应力施工的工艺流程，其与后张有粘结预应力施工技术的区别在什么地方?

5. 后张缓粘结预应力的工艺要求和机理是什么?

参 考 文 献

1 Lin T. Y., Burns N. H.. Design of Prestressed Concrete Structures: Third Edition. New York: John Wiley and Sons, 1981
2 Collins M. P., Mitchell, D.. Prestressed Concrete Structures. Prentice-Hall, Inc, 1991
3 Ramaswamy G. S.. Modern Prestressed Concrete Design. Pitman publishing Ltd, 1976
4 中国建筑科学研究院 陶学康主编 后张预应力混凝土设计手册．北京：中国建筑工业出版社，1993
5 杜拱辰编著．现代预应力混凝土结构．北京：中国建筑工业出版社，1988
6 徐有邻，周氏编著．混凝土结构设计规范理解与应用．北京：中国建筑工业出版社，2002
7 杜拱辰编著．部分预应力混凝土．北京：中国建筑工业出版社，1990
8 房贞政编著．无粘结与部分预应力结构．北京：人民交通出版社，1999
9 中华人民共和国国家行业标准 预应力筋用锚具、夹具和连接器应用技术规程 JGJ 85—2002. 北京：中国建筑工业出版社，2002
10 李国平主编．预应力混凝土结构设计原理．北京：人民交通出版社，2000
11 中华人民共和国国家标准 混凝土结构设计规范(GB 50010—2002). 北京：中国建筑工业出版社，2002
12 中国土木工程学会．部分预应力混凝土结构设计建议．北京：中国铁道出版社，1985
13 东南大学 吕志涛，孟少平编著．现代预应力设计．北京：中国建筑工业出版社，1998
14 吕志涛．新世纪我国土木工程活动与预应力技术展望．见：孟少平 主编．新世纪预应力技术创新学术交流会论文．南京：2002
15 薛伟辰，李杰．现代预应力结构体系研究新进展．结构工程师增刊，2000
16 中国建筑科学研究院主编．无粘结预应力混凝土结构技术规程 JGJ/T 92—93. 北京：中国计划出版社，1994
17 (美)P. 梅泰著，祝永年，沈威，陈志源译．混凝土的结构、性能与材料．上海：同济大学出版，1991.11
18 魏承景等编著．预应力混凝土施工．北京：冶金工业出版社，1986
19 [美] Nilson H. 著．预应力混凝土设计．北京：人民交通出版社，1984
20 中国建筑科学研究院 冯大斌，栾贵臣主编．后张预应力混凝土施工手册．北京：中国建筑工业出版社，1999
21 孙宝俊编著．现代 PRC 结构设计．南京：南京出版社，1995
22 P. W. Ables 等著．预应力混凝土设计手册．北京：人民交通出版社，1983
23 范立础主编．预应力混凝土连续梁桥．北京：人民交通出版社，2001
24 陶学康编著．无粘结预应力混凝土设计与施工．北京：地震出版社，1993
25 陈惠玲著．预应力高新结构技术预应力度法．北京：中国环境出版社，2001
26 陈晓宝著．预应力混凝土建筑结构分析与设计．北京：中国科学技术出版社，1996
27 上海市标准 预应力混凝土结构设计规程 DBJ 08—69—97. 上海：1997
28 中国建筑科学研究院结构研究所规范室译．英国混凝土结构规范(BS8110 修订版). 北京：1993
29 颜德姮，于庆荣，程文瀼．混凝土结构．北京：中国建筑工业出版社，1997

30 中华人民共和国国家标准 建筑结构荷载规范(GB 50009—2001). 北京：中国建筑工业出版社，2002
31 熊学玉，黄鼎业，颜德姮．预应力混凝土结构荷载效应组合及正截面承载力设计计算的建议．工业建筑，1998(2)
32 熊学玉，李伟兴，黄鼎业．预应力混凝土超静定结构的次内力简捷计算．工业建筑，1998，28(2)
33 吕志涛，孟少平．预应力混凝土结构设计若干基本问题的研究论文选集．东南大学，1996.10
34 张歧宣，夏心安编著．预应力混凝土．郑州：河南科学技术出版社，1981
35 钱永久，车惠民．疲劳荷载作用下无粘结部分预应力混凝上梁的受力行为．铁道学报，1992.12
36 中国建筑科学研究院结构所规范室译．1990 年 CEB-FIP 模式规范应用指南(混凝土结构). 北京：1993
37 《部分预应力混凝土结构设计建议》编写组编．部分预应力混凝土结构设计建议．北京：中国铁道出版社，1985
38 中华人民共和国交通部标准．公路钢筋混凝土及预应力混凝土桥涵设计规范 JTJ 023—85. 1985
39 华东预应力混凝土技术开发中心编．现代预应力混凝土工程实践预研究．北京：光明日报出版社，1989
40 (美)A. H. 尼尔逊，G. 温特尔著，过镇海，方鄂华，王娴明译．混凝土结构设计．北京：中国建筑工业出版社，1994.11
41 程文襄，李爱群主编．混凝土楼盖设计．北京：中国建筑工业出版社，1998
42 熊学玉，孙宝俊．有效预应力作用下预应力混凝土超静定结构的次弯矩计算．建筑结构学报，1994(12)
43 中华人民共和国国家标准 建筑抗震设计规范(GB 50011—2001). 北京：中国建筑工业出版社，2001
44 苏小卒著．预应力混凝土框架抗震性能研究．上海：上海科学技术出版社，1998
45 高小旺等编．建筑抗震设计规范理解与应用．北京：中国建筑工业出版社，2002
46 陶学康，吕志涛．《预应力混凝土结构抗震设计规程》(JGJ 140—2004)简介．建筑结构，2004(2)
47 孟少平，韩重庆等．多层多跨部分预应力混凝土框架结构抗震延性设计方法的探讨．地震工程与工程振动．1999(3)
48 李引擎，马道贞，徐坚编著．建筑结构防火设计计算和构造处理．北京：中国建筑工业出版社，1991
49 路春森，屈立军，薛武平编著．建筑结构耐火设计．北京：中国建材出版社，1995
50 T. T. Lie. Fire and Building, Division of Building Research, National Research Council of Canada, 1971
51 ACI 216R-81, Guide for Determining the Fire Endurance of Concrete Elements, By ACI Committee 216, Detroit, Michigan, Nov. 1982
52 时旭东，过镇海．高温下钢筋混凝土受力性能的试验研究．土木工程学报，Vol. 33 No. 6 Dec. 2000
53 钮宏，陆洲导，陈磊．高温下钢筋与混凝土本构关系的试验研究．同济大学学报，Vol. 18 No. 3 Sep. 1990
54 南建林，过镇海，时旭东．混凝土的温度—应力耦合本构关系，清华大学学报，1997 年第 6 期
55 李卫，过镇海．高温下混凝土的强度和变形性能试验研究．建筑结构学报，1993(2)
56 李明，朱永江，王正林．高温下预应力筋和非预应力筋的力学性能．重庆建筑大学学报，Vol. 20, No. 4, Oct., 1993
57 T. T. Lie, Barbaros Celikkol. Method to Calculate the fire Resistant of Circular Reinforced Concrete Columns. ACI Materials Journal, Vol. 88, Jan-Feb, 1991
58 中华人民共和国国家标准 高层民用建筑设计防火规范(GB 50045—95). 北京：中国建筑工业出版社，2001

59 张树平，郝绍润，陈怀德编著．现代高层建筑防火设计与施工．北京：中国建筑工业出版社，1998
60 王晶，高晰．无粘结预应力混凝土圆形筒仓设计方法．见：杜拱辰，米祥友主编．世纪之交的预应力新技术．北京：专利文献出版社，1998
61 郑菁．预应力筒仓若干设计问题的探讨．见：杜拱辰，米祥友主编．世纪之交的预应力新技术．北京：专利文献出版社，1998
62 钟善桐著．预应力钢结构．哈尔滨：哈尔滨工业大学出版社，1986
63 陆赐麟．预应力钢结构学科的新成就及其在我国的工程实践．土木工程学报，1999(3)
64 吕志涛等．北京西站主站房 45m 跨预应力钢桁架的设计与施工．建筑技术，第 28 卷第 3 期
65 周旺华著．现代混凝土叠合结构．北京：中国建筑工业出版社，1998
66 熊学玉等．体外预应力结构设计研究．工业建筑，2004(7)
67 陆赐麟．预应力钢结构发展 50 年(1)、(2)．钢结构，2002(4～5)
68 陆赐麟．预应力钢结构在苏联发展的近况(下)．工程建设，1959(6)5
69 陆赐麟．国外预应力钢结构发展的概况．北京工业大学学报，1980(4)6
70 陆赐麟．预应力空间钢结构的现状和发展．空间结构，1995(1)7
71 王国周．中国钢结构五十年．建筑结构，1999(10)
72 庄一舟，吴建华等．预应力钢组合结构的发展及应用．建筑技术开发，2002(1)
73 陆赐麟．预应力钢结构学科的新成就及其在我国的工程实践．土木工程学报，1999(3)
74 陆赐麟．现代大型建筑物的新结构体系及其建筑造型．工业建筑，1996(9)7
75 陆赐麟．预应力钢结构技术讲座(1)：预应力钢结构的发展、应用与特点．钢结构，1997(4)
76 李刚．预应力钢结构应用中若干问题的探讨．新建筑，2003(增)
77 陆赐麟．预应力钢结构技术讲座(4-1)、(4-2)：预应力钢结构平面结构体系．钢结构，1999(4)
78 陆赐麟．预应力钢结构技术讲座(5-1)、(5-2)、(5-3)：预应力钢结构空间结构体系．钢结构，2000(2)
79 董石麟．预应力大跨度空间钢结构的应用与展望．空间结构，2001(4)
80 陆赐麟．预应力钢结构学科的新成就及其在我国的工程实践．土木工程学报，1999(3)
81 陆赐麟．预应力钢结构技术讲座(6-1)、(6-2)、(6-3)：预应力特种钢结构．钢结构，2001(1)
82 砌体结构设计规范(GB 50003—2001)．北京：中国建筑工业出版社，2002
83 施楚贤．砌体结构理论与设计．北京：中国建筑工业出版社，1992
84 W. G. Curtin，G. Shaw，J. K. beck. Design of reinforced and prestressed masonry. Thomas Telford, London，1988
85 骆万康，王天贤．预应力抗震砖墙抗裂与承载力及其计算方法的试验研究．建筑结构．1995，(4)：24～32
86 丁大钧．砌体结构学．北京：中国建筑工业出版社，1997
87 骆万康．预应力砌体结构的若干问题．现代土木工程的新发展．南京：东南大学出版社，1998
88 Shrive N. G，Ezzeldin Y，Sayed-Ahmed. Post-Tensioning Masonry Diaphragm Walls Using Carbon Fibre Reinforced Plastic (CFRP) Tendons. Proceedings of the 11th International Brick/block Masonry Conference. Shanghai：1997. 10
89 张卫东，徐学燕．改善砌体受力性能的有效途径——预应力．文章编号：1001～6864(2002)03—0041—02
90 王艳晗，张春锋，吕志涛．预应力砌体结构的应用和研究
91 Robert J J. Reinforced and Prestressed Masonry. Concrete，(1986)7：6～9
92 叶燕华，孙伟民．预应力砌体的研究应用及发展．南京建筑工程学院学报，2004 年第四期．文章编号：1003—711x(2000)04—0051—07

93 Jarmila Woodtli, Rolf Kieselbach. Damage due to hydrogen embrittlement and stress corrosion cracking. Engineering Failure Analysis, 7 (2000)

94 Schupack, M. , and Suarez, M. G. Some Recent Corrosion Embritlement Failures ofPrestressing Systems in the United States. PCI Journal, 1982, 27(2)

95 左景伊.《应力腐蚀破裂》. 西安交通大学出版社,(1985)

96 J. Mietz and B. Isecke, Risks of failure in prestressed concrete structures due to stress corrosion cracking, Federal Institute for Materials Research and Testing(BAM), 1996

97 张德锋,吕志涛. 裂缝对预应力混凝土结构耐久性的影响. 工业建筑,2001 (11)

98 阿列克谢耶夫,黄可信,吴兴祖等译. 钢筋混凝土结构中钢筋腐蚀与保护. 北京:中国建筑工业出版社,1983

99 朱安民. 混凝土碳化与钢筋锈蚀的试验研究山东省建筑科学研究院,1989

100 许丽萍,黄士元. 预测混凝土碳化的数学模型. 上海建材学院学报,1991

101 邸小坛,周燕. 混凝土碳化规律的研究. 中国建筑科学研究院结构所,1994

102 赵宏延. 一般大气条件下钢筋混凝土构件剩余寿命预测. 硕士学位论文. 清华大学. 北京:1993

103 牛荻涛,陆亦奇,于澍. 混凝土结构的碳化模式与碳化寿命分析. 西安建筑科技大学学报,1995 (4)

104 张誉,蒋利学. 混基于碳化机理的混凝土碳化深度实用数学模型. 工业建筑,1998(1)

105 袁群,杨业奇. 混凝土保护层抗碳化的耐久性分析及影响保护层厚度取值的因素探讨. 北京:中国科学技术出版社,1995(36~37)

106 哈宽富. 断裂物理基础. 北京:科学出版社,(2000)

107 肖纪美等. 应力作用下的金属腐蚀. 北京:化学工业出版社,1990

108 魏宝明等. 金属腐蚀理论及应用. 北京:化学工业出版社,1985

109 C. Arya and L. A. Wood, The relevance of cracking in concrete to reinforcement corrosion, Technical Report No. 44, The Concrete Society, Slough, U. K. (1995)

110 Beeby A W. Corrosion of reinforceing steel in concrete and its relation to cracking. The Structural Engineer, (1978)

111 徐力,杨小平等. 预应力结构设计使用寿命模型. 江苏大学学报,Vol 23,(2002)

112 金伟良,赵羽习. 混凝土结构耐久性. 北京:科学出版社,2002,7

113 李宏毅,陈朝晖,白绍良,向长奎. 结构耐久性应用研究现状综述. 重庆建筑大学学报,2001,4. 23(2):98~103

114 袁承斌,梁正平. 预应力混凝土结构的耐久性研究综述. 水利水电科技进展,2002,2. 22(1):59~61

115 张德峰,吕志涛. 现代预应力混凝土结构耐久性的研究现状及其特点. 工业建筑,2000. 30(11):1~4

116 张德峰,吕志涛,胡祖光. 现有预应力混凝土结构耐久性评估研究. 建筑结构,2002,12. 32(12):22~25

117 蔡跃,黄鼎业,熊学玉. 影响预应力混凝土结构耐久性的因素和对策. 建筑技术,2003. 34(5):353~354

118 梅怀军. 钢筋混凝土耐久性多因素影响机制研究. 建筑工程,2003,5:30

119 贺善宁,麻永华. 预应力混凝土结构耐久性的施工控制,铁道建筑. 2003. (11):36~38

120 湖南大学,天津大学,同济大学,东南大学. 建筑材料,北京:中国建筑工业出版社. 1997

121 宗永红,彭维. 碱骨料反应对混凝土破坏的研究. 新疆大学学报,2002,2. 19(1):93~94

122 张德峰,吕志涛. 裂缝对预应力混凝土结构耐久性的影响. 工业建筑,2000. 30 (11):12~14

123 张曙光，王晓鹏，李惠兰．钢筋腐蚀对预应力混凝土结构耐久性的影响．长春工程学院学报(自然科学版)，2002. 3(1)：32～33
124 杨小平，刘荣桂，吕志涛．裂缝对预应力混凝土结构耐久性影响的试验研究．江苏大学学报(自然科学版)，2002，11. 23(6)：90～94
125 袁承斌，张德峰，刘荣桂，梁正平，吕志涛．裂缝对预应力混凝土结构耐久性影响的试验研究．工业建筑，2003. 33(2)：18～20
126 朱航征．预应力钢筋的防腐蚀技术．建筑技术开发，2001，5. 28(5)：53～55
127 何斌．对桥梁桩基耐久性问题的探讨，2003，4. (2)：40～43
128 熊学玉，黄鼎业．预应力工程设计施工手册．北京：中国建筑工业出版社，2003
129 金伟良，张治宇．预应力筋的应力腐蚀．全国预应力结构学术研讨会，杭州，2003
130 杨宗放，方先知编著．现代预应力混凝土施工．北京：中国建筑工业出版社，1993
131 陆宗林，裴星树．夹片式锚具在我国的发展与展望/见：孟少平 主编．新世纪预应力技术创新学术交流会论文．南京：2002
132 陈葆真主编．冷拔预应力构件设计与施工第二版．北京：中国建筑工业出版社，1987
133 蒋泽汉编著．预应力混凝土实用施工技术．成都：四川科学技术出版社，2000
134 王有志，薛云亘等编著．预应力混凝土结构．北京：中国水利水电出版社，1999
135 熊学玉．现代预应力混凝土结构设计与施工．安徽建筑工业学院，1994.12
136 《预应力混凝土施工应用手册》编写组编．预应力混凝土施工应用手册．北京：中国铁道出版社
137 中华人民共和国国家标准 预应力混凝土空心板．GB 14040—93
138 裘炽昌主编．冷拔钢丝预应力混凝土构件设计施工手册．北京：中国建筑工业出版社，1993
139 中国建筑科学研究院 浙江省建筑科学研究所．冷拔钢丝预应力混凝土构件设计与施工规程(JGJ 19—92)．1992
140 北京有色冶金设计总院．混凝土结构构造手册．北京：中国建筑工业出版社，1994
141 朱聘儒编著．双向板无梁楼盖．北京：中国建筑工业出版社，1999
142 何德湛．无粘结预应力技术在圆形水池中的推广和应用．土木工程学报，2002 年 8 月
143 陈载赋主编．钢筋混凝土建筑结构与特种结构手册．成都：四川科学技术出版社，1992
144 王秀逸，张平生编著．特种结构，北京：地震出版社，1997
145 中华人民共和国国家规范 钢筋混凝土筒仓设计规范(GB 77—85)．北京：1988
146 胡儒明，庄一舟．预应力组合结构设计及应用研究．冶金丛刊，2002(3)
147 王绍义．体外预应力连续梁的受力特点及体外预应力筋计算强度的试验研究．见：颜德姮，熊学玉编．第一届全国预应力结构理论及应用学术会议论文集 结构工程师(增刊)．上海：同济大学出版社，2000.12
148 孙长江．缓粘结预应力施工技术．铁道建筑技术，1995.5
149 何德湛．圆形水池采用无粘结预应力技术的若干问题探讨．结构工程师 2001(3)
150 湖北给水排水设计院．钢筋混凝土圆形水池设计．北京：中国建筑工业出版社，1977
151 李法千，马延超．预应力共张法的研究与应用．混凝土，1993(2)
152 房贞政．无粘结预应力混凝土连续梁的实验研究．福州大学学报(自然科学学报)，1994，22(6)：87～91
153 熊学玉等．多段曲线或折线筋预应力锚固损失计算．建筑结构，1998